20 世纪全球地震活动性（纲要）

赵荣国　魏富胜　曹学锋　张　炜
李卫平　王春珍　冯　蔚　　编著

地震出版社

图书在版编目（CIP）数据

20 世纪全球地震活动性（纲要）/赵荣国等编著. ——北京：地震出版社，2012. 1

ISBN 978-7-5028-3984-0

Ⅰ.①2…　Ⅱ.①赵…　Ⅲ.①地震活动性—研究—世界　Ⅳ.①P315.5

中国版本图书馆 CIP 数据核字（2011）第 279067 号

地震版　XM2562

20 世纪全球地震活动性（纲要）

赵荣国　魏富胜　曹学锋　张　炜　李卫平　王春珍　冯　蔚　编著

责任编辑：王秋月　江　楚

责任校对：庞亚萍

出版发行：地震出版社

北京民族学院南路 9 号　　邮编：100081

发行部：68423031　68467993　　传真：88421706

门市部：68467991　　传真：68467991

总编室：68462709　68423029　　传真：68455221

专业图书事业部：68721991　68467982

E-mail：68721991@sina.com

http://www.dzpress.com.cn

经销：全国各地新华书店

印刷：北京鑫丰华彩印有限公司

版（印）次：2012 年 1 月第一版　2012 年 1 月第一次印刷

开本：880×1230　1/16

字数：907 千字

印张：30

印数：0001～1300

书号：ISBN 978-7-5028-3984-0/P（4656）

定价：80.00 元

卷首词

这部编著为纪念B.古登堡逝世50周年而作。

2010年是伟大地球物理学家和地震学家B.古登堡逝世50周年。

我们仅以此卷敬献给故人和尊敬的读者，敬请示教和批评。

谢谢！

编著者

2010年9月9日

序

20世纪前半叶两次世界大战给人类带来巨大伤亡和损失，但20世纪也是人类社会各方面尤其是科学技术发展最快、科学观念产生巨大变革的时代，特别是近20年飞速发展起来的信息科学，它所依赖的基础数据的重要意义，都已经为更多的世人所共识。

在严重影响社会安全的诸多自然灾害之中，对社会震撼最大，形成恐灾心理最强的，莫过于大地震。全球本世纪造成重要城市毁灭，死亡10万人以上的重灾不下4次，死亡万人以上重灾不下28次。这些灾情和相应的地震减灾科学研究的发展，促成地震科学在本世纪发生了质的飞跃。

其实，地震不只是令人恐惧的灾害之源，也能成为由此认识地球内部构造的一种有效途径。与此同时，对地震活动的研究也是认识现今地壳激变运动的一种重要方式，进而认识在一次次大地震的过程中引起的地下流体，包括热流体的涌动和射流，所以通过地震也有助于认识激变态的地质过程及其对环境演变和成矿过程的贡献。

目前世界上测定地震物理基本参数尚无统一的方法，对于同一地震事件不同测震学家的测值差别很大，于是每每出现一震多解的情况，在这种情况下，时振梁等(1983)通过收集比较，整编出版了1900～1980年$M_S \geqslant 6$的世界地震目录，近期曹学锋等又增加了1981～2000年的数据，获得了101年期间累计11457次（条）地震数据。他们在续编过程中逐条核对修订各项基本参数及来源，力求无误，具有重要意义的工作之一是：他们统一了百年期间6级以上地震包括震中和震级等基本参数，使得数据的精度有了相对一致地标准。尤其是对于作为重要参数之一的震级选用了古登堡-里克特标度作为附地震目录的唯一震级标度，有效地避免了国际间长期存在的地震观测报告资料常见的“同一次地震事件出现多个震级数值”的令人无所适从的局面，也在很大程度上解决了震级数值世界台网的测定与《中国地震目录》中相对应地震的震级有相当多的次数差别大的问题。这一次的工作对于地震学家以及地震相关领域的专家，甚至社会科学等多领域的专家及至公众都具有极其重要的实用价值。研究全球地震活动的动态，特别是大地震以及巨大地震在全球活动中的规律性及其与中国地震活动起伏的关系等，都需要有一部相对完整的基础资料——根据现代全球地震台网近百余年来的地震观测资料编制的标度一致的“地震基本参数目录”。以这份资料为基础的研究成果会取得比较理想的时空过程的可比性。《目录》的编者们多年如一日，将20世纪全球震级6级以上的一万多次大地震数据的整编告一段落的同时对百年期间地震活动性作了简要回顾。希望此书的出版能够成为 21 世纪地震工作者回首过去百年地震活动性的一部分参考。

马宗晋

2010年春

“小船历尽风浪，带来的是一杯苦涩的水”

前 言

之所以用“纲要”形式表述，“全球地震活动性问题”浩如烟海，这里只能列举我们有限认知之点滴。

本书主要根据以下著作:

（1）古登堡和里克特(B. Gutenberg and C. F. Richter, 1954)《Seismicity of the Earth and Associated Phenomena》)为基础文献。

（2）1953~1965年的资料取自罗特(J. P. Rothe, 1969)《The Seismicity of the earth》;

（3）时振梁，赵荣国，曹学锋，卢寿德，王淑贞，王敬贤，1986. 世界地震目录（1900~1980，$M\geqslant6$。附《世界地震分布图》)。

（4）1966年至2008年的资料取自BISC（《国际地震中心通报》)。

（5）USGSNEIC 初定位《快报》作为2008年5月1日至12月31日的资料补遗。

（6）国内及邻近地区地震的审定先后参考李善邦、顾功叙、闵子群和汪素云等编撰的4个版本的《中国地震目录》。最后定稿以汪素云版本为主。

（7）傅征祥，刘桂萍，邵志刚，右军，晏锐，马宏生，2009. 板块构造和地震活动性，北京：地震出版社。

本书论及20世纪百年期间的全球地震活动性，资料来源以及著作者等涉及面广，原始数据的来历比较复杂，二三十年代的情况尤其突出。经过编者们的共同努力，统一了地震定位精度，选定了唯一震级标度，全部数据的取舍标准尽量做到（百年期间）前后基本一致。

地震学是观测科学，现代地震目录是地震观测数据的结晶。

地震目录（earthquake catalogue）是按时间顺序编撰的每一次地震的“地震基本参数”的索引，一般按地震发生的时间顺序编成目录。“地震基本参数”包括发震时刻（年、月、日、时、分、秒)、震中地理坐标、震源深度、震级、震源矩心矩张量（CMT)、震中烈度以及灾情摘要等。早期的地震一般根据历史记载编成“历史地震目录”。现代地震目录是用地震仪的连续观测，分析、解读地震图（seismogram）确定“震相”（seismic phase）名称和性质，进而计算地震基本参数，汇编成“地震通报”，《地震台网观测报告》（Bulletin of Seismological Network of Observation）和相应的地震目录，成为地震学家的一种“手册”性依据。

地震学（seismology）成为一门科学是使用现代地震仪对地震波的定量观测开始的。作为“观测科学”的必要手段之一是布置地震观测台站，随后逐渐发展成为地区的以致全球的地震观测网络，取得震相读数。进入 20 世纪以来，涉及地震问题各个方面的研究无不需要地震观测台网的震相数据。其中的关键技术问题是解读地震图和分析辨认震相，以了解地震波动的性质和传播路径，最后确定震相名称。各台站记录的震相，是一种因经过地球内部传播途径上复杂结构而发生畸变显示在地震图或电脑显示器上的地震波信号。我国 20 世纪 80 年代中期建设的对于地震学具有革命意义的宽频带、高分辨率、动态范围大的数字记录地震仪，及观测网络 COSN，与电脑联机，可以使地震学家“得心应手”地通过这种日臻完善的高灵敏度地震仪记录的地震图，经过电脑处理后提取所需的各种地震波信息。地震观测报告及其地震目录中凝集了这些信息。

迄今为止，地震波依然是研究地球内部结构的主要依据之一。

地震学是地球动力学的一个组成部分。其核心内容是研究地震波原理和/或地震仪记录的地震图震相，研究其传播速度（即运动学特征）以了解地球内部结构；计算其动力学参数以研究震源物理过程，探求地震的发生机制；震源定位研究地震的时、空分布以认识全球地震活动性规律，服务于工程抗震、防震减灾等社会公益事业。地震学既是学术性的也是应用性的科学。地震目录在上述诸多研究问题中具有普遍的实用价值和不可替代的地位。

地震活动性（seismicity）是地震学研究的基本（或特别重要）内容之一。在我国，曾将原文初译为“地震活动情况”，于 1955 年春季傅承义先生确定译名为“地震活动性”。名词“地幔”（mantle）也是当时傅承义先生确定的中文译名。

“大道之行也，天下为师；师之先行者，通揽历史”。地震目录也可以说是一种地震活动性的编年史 。

19 世纪中后期至 20 世纪初期，世界一些国家和地区已经有了研究全球或一些局部地区地震活动的记载资料。例如英国人马利特（R.Mallet，1859 ~ 1860）完成第一部全球地震活动性图等。比较系统的工作始于 20 世纪 40 年代（B.古登堡和 C.F.里克特，1941），50 年代初，B.古登堡和 C.F.里克特（1954）发表著名的《地球的地震活动性和相关现象》论著，被认为是 20 世纪地学界科学研究发展进程中具有“里程碑意义”的重要事件。该书中提供了 20 世纪前 50 年全球总体的和分区的地震目录（1904 ~ 1952 年）以及相应的地震分布图，同时全面讨论了地球地震的活动性问题。

这部巨著为世人提供了研究地学诸多问题所必需的重要信息，成为 20 世纪中后期地学家经常参阅的重要文献，并一时推动了世界地学诸学科快速地发展。其研究方法的基本理念以及呈现的全球地震活动性分区图象对于后人的研究是一种启迪，从而成为 20 世纪六七十年代诞生的具有划时代意义的全球构造——板块构造学说的启示和支柱之一，也是近代地球动力学研究的重要基础资料。随后地学界依据古登堡和里克特地震目录形式继续开展工作（J.P. Rothe，1969，等等）。地震活动较显著的国家和地区以这部论著为基础相继研究了国家和地区的地震活动性等问题。

在编撰 1900～2008 年全球 $M\geqslant 6$ 地震目录和撰写百年全球地震活动性纲要（以下简称《汇编》）中，20 世纪前 50 年主要引用 B.古登堡和 C.F.里克特（1954）《地球的地震活动性和相关现象》中的地震目录，后 50 年 和 21 世纪以来的地震定位参数（零时，纬度，经度和震源深度）主要以《国际地震中心通报》（BISC）为主，或部分引用 PDE—USGSNEIC。经过对比，发现 PDE 同 BISC 定位质量近似相同，而且数据较早于 BISC。《汇编》中不足 1%的 PDE 定位资料，所以没有特殊注明。震级数据主要选自《中国地震台网观测报告》中采用北京（白家疃）地震台震级经验公式（郭履灿等，1956；郭履灿、庞明虎，1981）测定的数值。

震级数据在讨论不同地区和不同时期的地震活动性"相对特征"具有十分的重要意义，从而必须采用如上强调的独具单一"震级标度"（magnitude scale）的地震目录资料。我们统一采用"北京（白家疃）地震台震级标度"的测定，从古登堡-里克特震级标度（B. 古登堡，1945a；1945b；B. 古登堡、C.F. 里克特，1954）演变过来唯一的震级标度。一方面与 1901～1952 年间地震的震级（古-里原始震级）标度"接轨"，基本排除了过去百多年间由于存在"震级标度多样化"而经常出现的"一次地震事件多个震级数值"的纷乱局面；另一方面对于实现"全球分区地震活动性"特征的对比研究具有重要意义。

地震活动性的实质是地球总体或分区的地震活动度的时间、空间、强度的分布和变化特征；是全球总体或分区的地震频度-强度之间的关系以及这种关系随着时间改变的随机现象。古登堡-里克特（1941）在美国地质学会会刊发表的"全球地震活动性"一文中指出：全球地震活动现象遵从震级—频度经验公式（古-里公式）$\lg N=a+b(8-M)$。式中 M 为震级，N 为对应震级 M 的地震次数。当震级范围在 $6.0\leqslant M\leqslant 8.0$ 时，可简单写为 $\lg N=a-bM$。

上述古-里公式相对于复杂、深邃和多变的全球地震活动现象来说看来似乎过于简单，然而却是认识全球地震活动性问题不可替代的一个经典方程式，是开启全球地震活动性诸多问题的一把万能钥匙。

随着20世纪七八十年代宽频带数字地震学的兴起，震源物理研究快速进展。1970年提出矩心矩张量（CMT），1977年测定矩震级（M_W），不久哈佛大学地质部（HAVR）在常规地震报告中震级5.5以上地震例行报出矩心矩张量（CMT）数据。于是产生了“新参数地震目录”（吴忠良、张天中，2003）。

我们特别关注巨大地震的活动性规律问题。为了对比，在地震目录中，凡是震级大于等于8均引入矩震级M_W数值以作对比。

地震活动源于地球岩石圈层地质构造运动。板块构造运动理论作为全球构造运动的“新地球观”成为现代世界认识和研究地震成因以及地震活动性特征等问题的主要依据之一。本《汇编》涉及的地震活动性理论根据主要是板块构造学。

板块构造学初萌于1961年，至1968年成为完整学科体系，是诸多地学科学家工作和智慧的结晶。最后定型该学科的关键人物被认为是Le Pichon（1968）(傅征祥等，2009，板块构造和地震活动性，序，第1页)。

傅承义（1972）在《大陆漂移、海底扩张和板块构造》论著中纵观板块构造运动学发展全过程，做过精炼地概括。

提到傅承义的有关论著我们联想到一个问题：世界主要学者的论著中，在涉及有关板块构造的“初现灵感”和最后确立成学术理论过程中，一个始终没有摆在正位的核心问题就是古登堡-里克特对于板块构造理论具有启蒙意义的全球震中分布图象等资料。

古登堡-里克特地震活动性震中分布图象等资料是后人为了验证板块的事实“临时”贴上去的，当初没有把它作为产生板块构造灵感的一个直观论据。

傅承义早在1958年初，即古-里论著问世不久，在一次前中国科学院地球所（现在的中国地震局地球物理研究所前身）年轻科学家“读书报告会”的总结讲话中讲到“古登堡和里克特的震中的分布把地球表面分成了好几块”。虽然当时的古-里地震目录定位精度一般比较低，但是现在看来古-里提供的全球地震分布图的轮廓是明显的基本吻合现在板块格局；他注意到太平洋洋底属于一“完整的块体”（参看古-里原著89页和第90页）。另一方面，在古-里震源深度剖面图的环太平洋地震带的日本列岛和南美洲等地区自海沟朝向内陆倾斜的图示等，也是对于后来提出的“板块沉降消融”概念的一种启示。正如当时傅承义所述，虽然古-里不能明确“板块”的出生和入地，但是对后人划分板块是一种提示。

我们采用板块构造学理论是因这一理论可以解释全球地震活动性诸多基本问题。

至于板块的复杂移动机理等问题，本书并无涉及。我们关心的是百多年的现在，而对于“过去”以及“未来”等一类的推测性问题不是本书的重点。

现代世界地震台网观测数据所绘制的地震分布是板块构造运动学说的直观证据之一，而解释地震活动及其分布特征在很大程度上只能依据板块构造运动理论。或者说，论证板块构造运动必须结合世界地震活动性研究。板块构造理论和地震活动性两者之间相互依存和印证。

板块构造运动学说目前尚存在争议。我们认为，在争论板块构造运动理论或建立自己新观点时不能不认真考虑“世界地震活动性分布图象”等的意义；讨论地震成因应该面向全球，面向全部大陆，面向海洋，应该能够解释全球的固体地球物理现象。

地震灾害在 20 世纪的百年期间已经给全世界造成数以千万计的人员伤亡和数以千亿计的财产损失。本书在分区地震活动性一节中摘录了一部分灾情资料，以供参考。

本书是在中国科学院院士马宗晋先生的支持和鼓励下发起和完成的。参加编著的先后有中国地震局地球物理研究所王春珍（编目 1981~2000），曹学锋（编目和审核），魏富胜（编撰计算审核），李卫平（编目 2001~2008），冯蔚（电脑核对），赵荣国（文字执笔），河南省地震局张炜（历史资料审核），有中国地震局地质研究所中科院院士马宗晋，中国地震局研究员卢寿德，山西省地震局武烈先生，以及河北省地震局王泽皋先生等资深科学家。并得到许忠淮、郭履灿、金严、刘正荣等资深科学家的热情指导。前期得到中国地震局联合基金会论著基金的部分资助，最终在地震行业科研专项基金项目（200708006）支持下完成。中国地震局震灾应急救援司应急协调处为完成此书提供十分重要条件。在此我们对各方面人士的参与，帮助和支持表示衷心感谢。

赵荣国
2011 年 12 月 13 日

目　录

第一章　地震目录之编制

全球地震目录（1900～2008 年，$M \geq 6$）的编制，得到了中国科学院院士马宗晋先生的指导，从而避免了弯路，提高了效率。

特别提出编入的震级大于等于 6 级的地震具有现实意义。

地震目录索引的“五个基本参数”包括发震时刻、震中经纬度、震源深度、震级等数据和震中参考地名。其中，1900～2000 年期间的地震目录是讨论“20 世纪百年期间全球地震活动性”问题的基础数据。补充汇编 2001～2008 年期间的资料附后供参考。

全球地震目录的编制主要依据古登堡-里克特（1954）地震目录和《国际地震中心通报》（BISC）等世界各家地震机构、台站的观测数据。

地震目录按发震时间先后顺序编排。发震时刻采用国际时。国际时加 8 即为北京时。

地震基本参数包括震源定位参数的震中纬度、震中经度、震源深度和发震时刻等，20 世纪前 50 年引自古登堡-里克特（1954）地震目录，后 50 年直至 2008 年主要引自《国际地震通报》（BISC）。震级主要采用北京（白家疃）地震台震级标度的测定值 M_S。由于百年期间所涉及的地震机构除国际地震中心（ISC）之外，另有其他几个地震部门，在 ISC 缺失的个别时段，主要选用 PDE—USGSNEIC 的测定。

1.1　震源定位参数的选择

1.1.1　震源坐标的选择

震源坐标参数依照编排顺序有发震时刻（零时 T_0：年、月、日、时、分、秒），震中纬度（ϕ，度），震中经度（λ，度），震源深度（h，公里）等 4 项。

汇编地震目录根据作者和精度分作 4 个时间段。

各个时段地震目录质量评价大致如下：

a 段，1900～1903 年，各项参数一般精度较低，尤其震级数值仅供参考。

b 段，1904～1952 年，来自 B. 古登堡和 C. F. 里克特，是经典数据之一。

c 段，1953～2000 年，据国际地震中心通报（BISC）和美国 USCGS（或 USGS.PDE），其精度高，作为讨论主要依据。

d 段，2001～2008 年，据国际地震中心通报（BISC），精度较高，作为对比评论的依据。

地震活动性特征部分的文字阐述主要依据 b、c 两个时间段的资料。

其中 a 段主要选自 Duda 目录，辅以《日本地震年表》、WDC—A，SE—31 等共计 56 次，占百年期间总数的不足 5‰，他们提供的巨大地震的震级测定一般偏大；b 段主要摘自古登堡-里克特（1954）《世界地震活动性和相关现象》以及 Abe 等补充资料。a 段加 b 段共计 3499 次，占百年期间总数的 30%；c 段的 7958 次地震事件主要选自《国际地震中心通报》（BISC），缺失的部分（1960～1963 年）从美国国家地震信息中心（USGSNEIC）补入；d 段地震事件是编后追补的。其中，2001～2008 年期间定位坐标选自 BISC，与上个世纪后 50 年的资料来源相同。震级均引自《中国数字地震台网观测报告》中的 M_S 和有限的 M_B（震源较深地震体波震级，根据经验公式换算，相当于面波震级 M_S）。

b 段和 c 段的地震资料中有个别部分作者（Abe 等）做过补充和修正。取自《日本地震年表》

的 17 次日本及其周边地区 1955 年以前的数据，占 b 段地震数据总数的 5‰；取自 Abe 目录中 M ≥7 共计 146 次的数据，占 b 段总地震数据的 4%；录自美国海岸和大地测量局（USCGS）地震通报 1960～1965 年期间有 968 次地震，占 c 段总数据的 12%；取自 WDC—A，SE—31 的 55 次地震，占总数的 7‰。凡上述补入的地震均在中国国境线以外的较远地区。

依据古登堡-里克特分区的第 27 区，划入距离国境线 50～100km 范围内的邻近地区地震，1900～1990 年期间主要选自《中国历史强震目录》和《中国近代地震目录》的数据，包括一部分非 BISC 定位（有中国地震台网、USCGS、USGSNEIS 或 USGSNEIC 等测定）的地震共计 785 次，约占 20 世纪全球地震总数的 7%。1990 年以后由于《中国近代地震目录》尚未出书，改用 BISC 定位资料。

1.1.2 关于震源深度

1．全球范围

1900～1952 年期间古登堡-里克特（1954）地震目录中的浅源地震（深度小于 60km）均未标注震源深度数据，我们一般认定陆地高原地区浅源地震的震源深度小于 70km，其他地区等于或小于 33km（或“震源在地壳内”，一般小于 25km），大陆裂谷地带、大洋中脊、海岭一般为 10km（±2km）。

1953～1965 年期间《全球地震活动性》（S.P. Rothe，1969）的资料中，共有地震 2739 次，其中无深度数值 1184 次，一般亦认定为浅源，概念同上。

1966～2008 年期间的浅源地震一般均有深度数值，但是各个地震机构的测定差别（“差别”的意义参见第 1.1.4 节）可达深度数值的 10%～50%。自此期间至现在，中深源尤其深源地震均给出了较高精度的震源深度数据（例如震源深度数百公里的数值，其或然误差只有±1～5km）。

2．中国地区

中国国内及邻近地区的浅源地震无震源深度数值者，根据李善邦等（1960，1965）“宏观、微观资料对比”和“地震波形特征”设定“震源在地壳内”，其中 h≤25km 者占 85%。大约 15%震源较深一些（大于 30km），但一般小于地壳厚度。另有大约 20%用宏观等震线计算的震源深度数值，在目录编排中用尖括号标注在“参考地名”栏之后。

1.1.3 关于震源定位精确度

这里所谓精度是指精确度或数据的精确程度（accurate level），不是误差。

震中坐标的精度在百年期间的不同时段因地震资料来源不同略有差别。

在 a 时段的 T_0 一般为年、月、日，有一部分无时、分、秒。震中纬度 ϕ、经度 λ 大都为整数度。

在 b 时段，古登堡-里克特数据中 T_0 为整秒，ϕ、λ 数据有大约 47%是整数度，另有大约 53%表示为分数，例如“1 又 1/4 度”（相当于 1.25 度），“2 又 1/2 度”（相当于 2.5 度）等等，没有精确到“1/10 度”或标以小数位。我们在汇编过程中，将只有整数位的条目在小数位表为“00”，例如“45 度”标为“45.00”，“140 度”标为“140.00”等。将用“分数”表示的化为“小数”，例如“140 又 1/2”，标为“140.50”，如此等等。少数精度较高者将“1/4”标为“0.25”，“3/4”标为“0.75”等。

从 Abe 等补入的 ϕ、λ 和 M，一般均有小数位。不用分数表示。

在 c 时段的各种参数均为小数位。T_0 为秒小数 1 位，ϕ、λ 小数 2 位，h 整公里。少数浅源地震无深度数字，一般可视为 h=5～60km；有一部分地震书写为“N”（normal）意为“正常深度”。或概括为 33km（用于 J-B 走时表中设定地壳的全球平均厚度为 H=33km），概括表示为“震源在地壳内”。数字 33 非数字意义，仅仅表示“正常浅源深度”。

国内及邻近地区的定位精度默认《中国近代地震目录》中的精度分类。

国境以外的全球地震资料中在 1960～1965 年期间缺失的 BISC 数据，采用 USCGS（USGSNEIS

和 USGSNEIC 的前身）资料共计 968 条补入，占 101 年期间总数的 8%。

1.1.4 震源定位各主要地震机构之间有差别

国外各主要地震机构之间在震源定位参数（T_0，ϕ，λ，h）存在一定的差别。

这里所说的“差别”（difference or disparity）不是统计学的误差（error）,也不是偏离或偏移之类的偏差（deviation）。差别用希腊文“Δ”标示。发震时刻表示为“ΔT_0”；震中坐标“$\Delta(\phi,\lambda)$”，震源深度“Δh”。

其中，浅源地震的震源深度的差别在任何时段均更大一些。

总体情况在 20 世纪前 60 年差别较大。

以两个著名的国际地震机构 ISC 和 USCGS（或 USGSNEIS、USGSNEIC）的震源定位作对比，偏差[ΔT_0]≤1 秒的次数仅为 62%，[$\Delta(\phi,\lambda)$]≤0.1 度的次数仅为 48.5%，[Δh]≤10 km 的次数仅为 38.5%。

后 40 年的地震定位精度比较稳定，基本均小于±0.1 秒和 0.1 度。

浅源地震震源深度差别较大的部分在最近四五十年期间改进并不大。详见表 1.1.1 的统计。

随机抽查 20 世纪后 40 年（2000 年 1～4 月；1960～1965 年）期间的 M≥6 级的全球地震资料，对比 ISC 和 USCGS 定位参数的各项差别见表 1.1.1。表中“差别数值”说明，差别较小（目录中的地震参数精度较高）者为多数，尤其 1960 年以后的情况较好。

注：精度较高可能意味着或然误差较小。但在两个系统分别观测的两相对比中的差别不一定小。出现差别因素多，与地区、观测条件等有关。

表 1.1.1 随机抽查地震定位差别 USCGS 与 ISC 对比

项目	差别（USCGS-ISC）	2000 年 1～4 月		1960～1965 年	
	数值	%	($N_i/\Sigma N$)	%	($N_i/\Sigma N$)
T_0（秒）	≤±1	56	23/41	68.4	65/95
	±1.1～±3	34	14/41	23	22/95
	±3.1～±5	7	3/41	7.4	7/95
	±5.1～±10	2	1/41	1.1	1/95
	＞±10	＜1	1/41	—	—
ϕ，λ（度）	≤0.09	41	18/44	56	54/96
	±0.1～±0.9	57	25/44	43.8	42/96
	≥±1	≤2	1/44	—	—
h（km）（设地壳厚度平均 33km）	≤±1	38	18/47	39	37/96
	±1.1～±5	13	6/47	22	21/96
	±5.1～±10	15	7/47	11	11/96
	±11～±20	17	8/47	18	17/96
	±21～±40	13	6/47	10	10/96
	＞±40	≤4	2/47	—	—

符号说明：N_i 为对应“差别数值”的地震次数；ΣN 为随机抽查的同期地震总次数。

对比表 1.1.1 中 USCGS 和 ISC 两机构之间的测定值差别，说明地震参数精度的问题如下：

（1）发震时刻 T_0 多数小于±1 秒；

（2）震中坐标多数小于±0.9 度；

（3）各地震机构对中深源和深源地震的测定数值差别较小，说明精度比较高，一般小于各深度数值的 1%；

（4）浅源（震源在地壳上层）地震的震源深度各地震机构测定的差别较大，一般为震源深度的 10%以致 30%。最大相差数值甚至超过地壳厚度（按平均厚度 H=33km 计），而且百余年来改进不大。究其原因主要是地壳细结构全球分区差别太大，尚无法提供一定精度的浅源地震的“深度-时间-距离“走时表”。

这里主要讨论全球台网“远震定位”问题。区域台网提供的震源深度一般精度较高。

1.2 震级主要为古登堡-里克特震级标度

1.2.1 震级标度和震级测定各家存在差别

1．关于震级标度

本书地震目录中的震级主要为古登堡-里克特震级标度体系。

古登堡-里克特创建了“震级标度”（magnitude scale），在近代地震学的发展进程中做出了意义非凡的贡献。

古登堡-里克特震级标度简写为“古-里标度”（B. 古登堡，1945a；1945b）。

“古-里标度”含面波震级（M_S，B. 古登堡，1945a）和体波震级（M_b，B.古登堡，1945b）。浅源（$h \leqslant 60$km）用 M_S；中深源和深源一般用 M_b 或 m_b 换算成 M_B，与 M_S 相当。

计算面波震级 M_S 的公式为

$$M_S = \lg A - \lg A^* + C + D \tag{1.2.1}$$

公式（1.2.1）的面波周期 T=20

$$\lg A^* = 1.818 + 1.656 \cdot \lg \Delta$$

（$15° < \Delta < 130°$，T=20 的范围取 18～22 s）。

式中，A 为周期为 20s 的面波水平分量的最大振幅，单位为微米（μm），取矢量之和；C 为地震台校正值；D 为震源校正值；一般设 C=0，D=0。

如果Δ>130，取

$$-\lg A^*(T=20) = 5.04 + \frac{1}{2}\{48.25K(\Delta-90) + \lg\ \sin\Delta + \frac{1}{3}(\lg\Delta - 1.954)\} \tag{1.2.2}$$

式中，K 为大陆、环球或过太平洋、太平洋盆地边缘地带的经验性常数，依次分别为 0.00016、0.00036、0.00050。

古登堡体波（纵波 P 和横波 S 等，1945；1955）震级（M_b）的测定公式以及由 M_b 换算 M_S 的过程略。

震级是表述地震规模或地震强度大小的基本参数之一。地震观测中有了测算地震强度的方法（C.F.里克特，1935；B. 古登堡，C. F. 里克特，1942；1956 A）定量分辨地震大小才有了可能，从此研究地震活动强度有了衡量尺度。方法的提出当时在地震学领域以致整个科学界被认为是“具有历史意义的事件”，被世界地震学界很快地广泛相继采用，形成一股测定震级的热潮。

郭履灿等（1965）根据北京（白家疃）地震台 1956～1962 年期间观测到的 143 次地震面波振幅和周期等资料，根据公式（1.2.1）和（1.2.2）导出了北京（白家疃）地震台测定面波震级 M_S 的经验公式

$$M_S = \lg(A/T) + \sigma(\Delta) \tag{1.2.3}$$

$$\sigma(\Delta) = 1.66 \cdot \lg\Delta + 3.5,\ (8° < \Delta < 130°)$$

当Δ大于 130° 另有类似经验公式（1.2.2），与其相差平均小于 0.1 级。

公式（1.2.3）与一些国际地震机构诸如 IASPEI 等的测定震级经验公式（1.2.4）。

$$\sigma(\Delta)\mathrm{IASPEI} = 1.66 \cdot \lg\Delta + 3.3, \quad (\Delta = 20° \sim 160°) \tag{1.2.4}$$

的计算结果平均相差 0.2 级。

公式（1.2.3）简称[$M_{S白}$]。

以上公式参考《地震工作手册》（1990），第 115～118 页，北京，地震出版社。

2．关于震级测定各家普遍存在差别的问题

震级以及地震能量是地震学领域的一种定量尺度，在研究地震活动性以及有关社会服务等方面的贡献意义重大。但是，由于震级涉及全球活动，随着研究问题的深入，出现了几乎无法克服的问题。

震级是根据地震波测定的。按常理，一次地震只有一个震级数值而且各机构、地震台的测定值都应该相同。但是，事实发现各地区各台站测定值竟然有相当大的差别。根据 BCIS《国际地震中央局地震通报》，1960～1970 年期间的资料，震级一般相差一两级甚至两级以上。另一方面，对于巨大地震测定的数值出现“震级饱和”（magenitude saturation），不能给出应有的数值。为使得台网观测强度尽可能地接近发震的“本征规模”（eigenmagnitude），20 世纪六七十年代以来提出了“IASPEI 标度”以及更为优越的“矩震级”（M_W）等多项改进。虽然诸多地震学家包括瑞典人 M.Both 等（1960；1963）进行了各方面的协调努力，至今震级差别依然存在。原因在于一方面，全球分区地壳上地幔结构有差别（B. Gutenberg，1945b）；另一方面，分布在世界各地区的地震台站台基岩性和仪器性能各异。自震源出发的某一束地震波经过不同路径到达各个接受点（地震台）时，已经饱受各地区地球内部结构差异的影响，再加上地震仪性能的局限性以致最后“面目全非”——其波形发生了畸变。人们所期望的震级就是根据这样一再畸变了的地震波测定的。这是震级测定存在差别的症结之一。

有关震级的问题根源之一另见第 1.2.10 节。

尽管震级的测定存在很多问题，在无法替代之前，只能继续维持现有方法。

新标度矩震级 M_W 已经为国际同行所接受，于 1978～1982 年先后在一些国际地震台网观测报告中被列为常规地震参数之一。

中国之所以至今还在使用古-里标度的 M_S，原因如下：

首先，中国百十年来一直用 M_S。国内各个阶层和有关部门在编撰论著等方面使用 M_S 震级已成习惯和常规；其次，在 ISC 等国际地震机构地震信息交流中转载的中国地震台网（标注为 BJI 或 CHN）测定的 M_S 以及 M_b 已为国际地震学界所熟悉。

因此，从历史的演变和客观现实的需要来考虑，坚持使用古-里震级标度 M_S 或 M_b 比较适宜。就地震学资料的选择原则和研究方法特点而言，需要维持同一种震级标度，以便维系全球地震活动性演绎根据的一致性和分区活动性相对特征的可比性。我们最后确定把截止到 2008 年的震级尽量归一到一种震级标度即古-里震级标度上来，决定采用北京（白家疃）地震台单一震级标度 M_S。M_b 沿用古-里原始经验公式。

中国地震局在一份文件中也规定对外发表的地震震级必须统一使用中国地震台网观测的平均震级 M_S——根据北京（白家疃）地震台经验公式的测定。测定机构代号为 BJI 或 CHN，或 CDSN。在国际地震中心通报（BISC）中转载的中国地震台网测定的震级用符号 BJI 表示。

1.2.2 白家疃地震台测定 M_S 的经验公式为“古-里震级标度”体系

白家疃地震台测定 M_S 的经验公式（1.2.3）（郭履灿等，1965；郭履灿、庞明虎，1981），是古登堡-里克特震级标度[式(1.2.1)]的换算形式。

我国台网在历次编纂“中国地震目录”（收录公元前 23 世纪至 1990 年期间共约 5400 次地震）以及实时地震通报中的震级，均使用这一经验公式的测定。其全部属于“古-里标度”体系。

在《汇编》中，经验公式（1.2.3）所涉及的地震次数占全部资料的大约 85%以上；其中 1965 年以后的资料为 100% 。

1.2.3 中国震级测定比国外平均偏大 0.1～0.3 为正常数据

测定震级中国地震台网与国外地震机构比较，对于全球各地区均有系统性的差别。这种差别在全球各地震区的分布有明显的规律性，差值大小依不同地区平均在正负 0.1～0.3 之间。中国地震台网测定欧亚大陆和北美洲大陆等地区震级偏大 0.2～0.5；西太平洋岛弧-海沟包括印尼沟、弧等地的震级偏小 0.1～0.2。这一类的差别，在世界各个国家、地区地震机构之间普遍存在。与此同时，使用公式（1.2.1）或公式（1.2.4）等其他经验公式测算的震级也普遍存在类似差别，甚至有些差值更大一些（赵荣国，1997；1998）。

1.2.4 古-里早期地震目录部分原始震级未明确是体波或面波

公元 1904～1952 年期间的震级资料引用古-里《世界地震活动性和相关现象》地震目录的原始震级，这里用 MG（其中包括面波震级 M_S，近震震级 M_L，体波震级 m_B 或 m_b）表示。但是其中有一些问题必须指明：

1904~1952 年的资料中，古-里遗漏了一部分 1904～1917 年 $M\geqslant7$ 的地震。

古-里目录中没有指明哪些地震用 M_L、m_B 或 M_S。现在看来，对于震源深度较大者（多数的 $h\geqslant40$km）一般可视为 m_B，浅源地震可视为 M_S 或部分 m_B。局部地区有少数测定 M_L。古登堡（1956）规定：无论哪一年的震级均可用计算公式

$$m_B=(M_S-7)/4 \tag{1.2.5}$$

进行换算，然后取加权平均值。金森博雄（1977）和阿部（1981a）等调查了古登堡工作笔记后认为，测定的浅源地震震级（$h<40$km）一般是 M_S，中深度和深源地震一般是 m_B。

1.2.5 震级下限取古-里震级标度的 6 级

“震级下限”是本书中设定的监测全球总体地震活动基本无遗漏的最低震级，取古登堡-里克特震级标度的 M_S=6。

讨论全球地震活动性和相关问题首先必须编制一定震级下限的全球地震目录。只有“合理选定”地震活动性“时、空、强三要素”中的震级下限，有一个相对一致的衡量标准，才可能显示不同年代和不同地区之间地震活动性的差别。

过去百年来全球地震台网监测能力随年代发展逐渐改进提高，可控全球总体地震活动（不遗漏）的震级下限相应降低。根据 $M\geqslant6$ 全球地震目录逐级逐年代统计，设定 $M\geqslant6$ 年均 159 次（取 20 世纪后 50 年平均数）。全球总体地震活动不遗漏的震级下限 20 世纪的头 10 年大约 7.5 级；20 年代估计 7.1～7.5 级；30 年代以前大约 6.8～7.1；40 年代大约 6.5 级；自 50 年代以后逐渐稳定在 6.0 级。参见统计表 1.2.1，20 世纪各个年代地震次数统计。

研究全球地震活动性取震级下限以 6 级为宜。从现有的观测资料以及各家的多年经验，如果震级下限较小，则对比意义不大的小地震资料相对太多，而且受区域台网布局所限，小震观测水平各地区参差不齐，无可比性；震级下限较大，将出现太多的“无震区”，漏掉有意义地区的地震活动，也不能客观反映全球总体面貌。

在古登堡-里克特震级建立全球地震活动性的震级-频度关系经验公式时采用震级下限 $M_S\geqslant$ 6。

中国地震台网（CDSN）有效监控（可提供定位坐标）全球各个角落的地震活动一般不遗漏的震级下限大约是 6.3 级。

表 1.2.1　20 世纪各个年代地震次数差别统计表

年代	n ($M\geqslant6.0$)	$N6$ (M=6.0～6.9)	$N7$ (M=7.0～7.9)	$N8$ ($M\geqslant8.0$)
1900～1909	176	62	88	26
1910～1919	335	146	178	11
1920～1929	672	507	155	10
1930～1939	1311	1124	176	11
1940～1949	842	559	273	10
1950～1959	1591	1405	176	10
1960～1969	1751	1598	148	5
1970～1979	1376	1180	184	12
1980～1989	1480	1359	117	4
1990～1999	1763	1591	166	6

1.2.6　本书中非古-里震级标度带来的问题
——巨大地震震级偏大 0.3 ~ 0.8 级

20 世纪初期的 1900～1912 年期间补充的其他标度“非古-里震级标度”的巨大地震虽然总次数所占比例小于百年期间同级总次数的 5%，但由于“非古-里震级”偏大 0.3～0.8 级，导致出现总体地震活动度虚高的假象。

公元 1900～1912 年期间的地震资料中有将近 5%分别采用杜达震级以及日本地震年表等震级；欧亚大陆中部地区的地震有一部分引用世界资料中心“WDC—A，SE—31”提供的震级。这些震级包括杜达等提供的震级，比古-里震级偏大+0.3～+0.8 级；日本（JMA）和 WDC—A，SE—31 等震级对比古-里震级标度，也有±0.2～±0.3 级的差别，个别超过 0.8 级。

1.2.7　直接引用洛特的部分震级

公元 1953～1965 年期间的地震资料中引用洛特（J.P. Rothè，1969）震级，可视为古-里标度体系，这里用 MR 表示。MR 可换算到古-里标度。他们用的方法是选用 3 个标准地震台和两个地震机构测定的震级分别同“诞生古-里标度的台站——Pasadena 地震台”观测震级之间建立经验关系公式，演变成相当于古—里震级标度的震级，用符号 MR 标示。

洛特经验公式（使用的地震台站或地震机构的原公式组合）：

$$\begin{aligned}&\mathrm{M(Uppsala)}=\mathrm{M(Pasadena)}=\mathrm{M(Strasbourg)};\\&\mathrm{M(Matsushiro)}=\mathrm{M(Pasadena)}+0.1;\\&\mathrm{M(Moscow)}=\mathrm{M(Pasadena)}0.25(1960\text{以前});\\&\mathrm{M(Moscow)}=\mathrm{M(Pasadena)}-0.5(1961\text{以后})\\&\mathrm{M(USCGS)}=1.1\times\mathrm{M(Pasadena)}-1.1\end{aligned}\qquad(1.2.6)$$

说明：符号“M（Uppsala）”等为测定震级的地震台名：

Pasadena 为美国帕萨迪纳地震台，是古登堡-里克特建立古-里震级标度的地震台站；

Uppsala 为瑞典乌普萨拉地震台。瑞典地震学家 M.巴特在监测中多次组织世界震级改革，讨论震级测定问题；

Strasbourg 为法国斯特拉斯堡地震台；

Matsushiro 为日本松代地震台；

Moscow 为前苏联今俄国莫斯科地球物理研究所；

USCGS 美国前海岸和大地测量局向全球发布“地震块报”和汇编——全球地震台网观测数据报告资料工作，后辗转移交给今美国地质勘探局国家地震信息中心（USGSNEIC）。

1.2.8 中国国内及邻近地区的地震参数

中国邻近地区指中国边境线 50km 或百公里范围内地区。观测边境线地区的地震活动时采取这一距离范围主要是考虑到跨边境线地带“地质构造的分布形势”以及“早期震源定位的可能最大误差”的一种中国地震学家的“习惯性规定”。

公元 1900～1990 年期间地震的“五个参数”（零时，纬度，经度，震源深度，震级）引自《中国近代地震目录》（汪素云等，1999）。

1990 年以后震源定位根据 BISC，震级采用《中国地震台网观测报告》的测定。计算采用北京（白家疃）地震台震级公式[$M_{S白}$]（公式 1.2.3）。[$M_{S白}$]的建立原理和方法过程，与洛特建立 MR 公式（1.2.6）相类似。

震级数值 1991～2008 年期间引用中国地震台网（CDSN）的测定，均为 M_S。

1.2.9 根据《中国地震台网观测报告》的震级只选用面波震级 M_S

地震目录系统引用的《中国地震台网观测报告》中的震级，1966～2000 年期间的浅源（震源在地壳内）地震有 95%以上为面波震级 M_S，其他震级（M_L 等）少于 1%；中深源地震有大于 60%为 M_S，小于 40%为 M_B。此 M_B 为用体波 P、PP、S 等震相测定震级之后根据经验公式（古登堡，1954b）换算出的面波震级，古登堡认为相当于 M_S；一部分中深源（震源在地壳以下至 299km）和全部深源（$h \geqslant 300$km）地震的震级为 M_B。M_B 与古登堡原测 m_b（m_b 在国内的和国外的地震观测报告资料中有时也写为 m_B 或 M_b，视震相名称、地震仪性能而定）换算的 M_S 相当。在中国台网 1980 年以后的地震观测报告中，一次性地列出 m_b、M_b、M_S 和 M_{S7}（用 763 型长周期地震仪地震图测定的 M_S）等多种数值。本次编撰 $M \geqslant 6$ 地震目录系统只选用其中的 M_S。对于震源在地壳以下的中深源地震一般用 m_B 换算成的 M_B，古登堡（1954b）认为此时的体波震级 M_B 与 M_S“相当”。这种情况的震级占 1952 年以后的全球地震总数的 10%。

1.2.10 原始震级标度“先天不足”
——缓解面波震级 M_S“饱和”的矩震级 M_W 大于 8.5 有意义

以下主要讨论全球台网同步观测的震级问题，区域台网另当别论。

由于一部分巨大地震的矩震级 M_W 相对偏小而引出的“震级”问题参见第 2.6.2 节。震级的合理定义应该是限定某一时、空地震事件的相对大小；它只能表征某一有限时空地震事件的相对强度。地震波能量（参见 2.5 节和 4.4.2 节）无法提供“精确数值”。

矩震级 M_W 的测定方法异于 M_S，需根据地震矩（M_o）用经验公式计算。地震矩可用震后 24 小时余震分布面积求得，常规工作中多取自地震图震相读数。如前所述，震相读数经受地下传播介质地区差异和地震仪性能的局限而发生畸变，同样会发生类似 M_S 的不稳定问题。

虽然百多年来地震震级被地学界以致社会公众广泛应用，表述的精确度经常达到 0.1 级。震级这一地震强度概念已经深入人心，但是其背后隐藏着的严重问题（同一事件因标度或测定者的不同而引起的）达震级数值的 20%以致更大（不是误差或偏差），至今仍不为人们所重视。为什么现在还没有人“起诉”震级这类问题？原因有以下几点：人们在使用中所涉及的“震级”，均有一个限定在一定的时间-地区范围之内的前提；习惯于系统地采用某种单一标度（scale）和采用相对一致地标准；地震学家坚持技术指标前后一致的台网观测；为了“求真”，根据大数定律采用“多台平均”的办法。这样，随着时间的推移，早已经视由这种“无法完美”的测定震级方法获得的震级数值为自然。“习惯成自然”，几乎无人追究它背后固有的巨大差别问题和根源。

追究其主要根源除去传播介质和仪器性能因素（参见 1.2.1 节），主要是原生震级标度的“胚胎不健康”，存在“先天不足”。

这一点观察C.F.里克特（1935）提出定义震级的原始图件便可一目了然。

复制C.F.里克特（1935）定义震级标度所根据的原始图件，如图1.2.1。

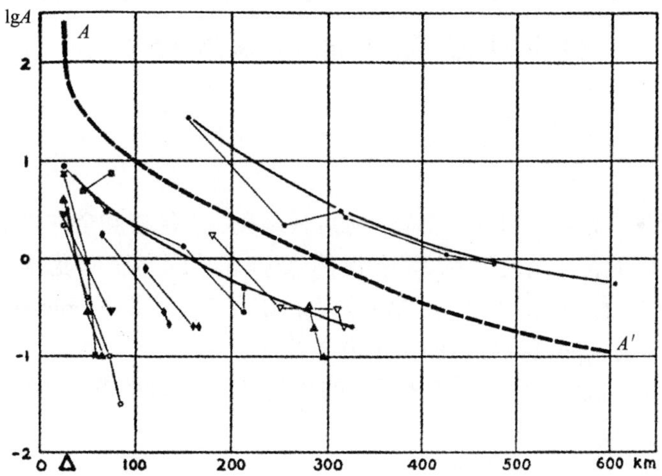

图1.2.1　复制C.F.里克特（1935）定义震级标度所根据的原始图件

图1.2.1为一幅单对数坐标图。3条近似平行的下弯弧线及中间较粗一些的 AA' 曲线就是“建立震级定义”读取原始震级标度数值的唯一原始根据。如今我们常用的震级标度以及后来各个国家地区建立的成百上千条震级经验公式，例如IASPEI标度等等，无一例外地直接或间接衍生自图1.2.1的 AA' 曲线族（B.古登堡，1945；等）。

里克特这位聪明而大胆的美国地震科学家就是根据这样一组稀疏而离散的观测数据“目测手工绘制”的曲线提炼出了长期影响世界地震学界的“震级标度”。这就是我们现用地震科学方法的一种基础。我们依赖了几十年的震级标度，竟是来源于这一“生理缺陷的震级胚胎”，想来令人忐忑，也令人无奈，但我们至今找不到可行的代替方法。30年前国人曾提出了计算震源过程功率谱表示地震强度的方法等，但至今仍无下文。

自从20世纪六七十年代以来，一般认为矩震级 M_W 应该是优于古登堡-里克特震级标度的，可是 M_W 的各段数值也不够“稳定”。

由于存在 M_S 震级饱和问题，在本书编撰的百年6级以上地震目录中，震级等于大于8级均列入了 M_W 数值，以便对比。

年代统计1913年以前的 M_S 偏大，M_W 偏小的次数不占少数。

统计1913年以前的 M_S 震级偏大问题突出，参见2.6.3节和2.6.4节。

对比 M_S 与 M_W，其中，M_S 偏大，而 M_W 偏小的次数，在1913年以后至50年代以前，大约有55%～70%，50年代以后至今仍有20%～35%的数量。

由于 M_W 不存在饱和问题，却发生了比 M_S 偏小的次数占有一定比例的现象，似乎不太合理。有作者研究 M_W 与 M_S 的相关性，震级6级以上的 $y=a+bx$ 关系公式的常数项并不很稳定。凡 $M_W \geqslant 9$ 的特大地震，M_S 都偏小。按照“M_S 震级饱和”的观念 M_S 偏小是合理的。但是其中的震级小于9级的巨大地震，其 M_W 反而较小，M_S 却较大，显然不够合理（参见2.6.5节的举例）。

第二章　古登堡-里克特地震分区及其地震活动性特征数据的计算

地震活动性特征数据是地震的时间、空间、强度在地壳、上地幔和全球各个地区的活动度的一种定量表述。地震活动度简言之是地震频度和强度的总称。如果不深入考虑地震成因和震源物理等问题，地震活动（性）有时简称为地震地理学。早期的启蒙研究者是 F de Montessus、de Ballore（1924）。古登堡-里克特（1954）将其完善成近代的学术论著形式。

地震活动性数据既是研究地震学和地震地质学的基础，也是全球的或分区的地震监测预报研究的主要依据之一。

2.1　讨论全球地震活动性的步骤

讨论全球地震活动性大体按照以下顺序：

(1) 地区的地理格局；

(2) 地震地质构造背景；

(3) 地震区的震中分布面积与相对于各分区总面积之比；

(4) 记录百年期间的 $M \geqslant 6$ 地震次数和三个震级挡次（6～6.9；7～7.9；≥8）的地震次数分布；

(5) 震源深度的地理分布和相应地震次数以及以百公里计数的三段震源深度（$h \leqslant 60$km；$61 \leqslant h \leqslant 299$km，$h \geqslant 300$km）地震次数之比；

(6) 计算百年期间释放的地震总能量（单位：E16 J）；

(7) 最后用 σ 值表示"地震活动性综合指数"；

(8) 地震灾情的统计参考古-里分区（GR 地理分区）以各该国度为主。

2.2　依照古-里原分区和马宗晋地震系计算地震活动性参数

主要沿用古登堡-里克特（1954）设定的全球 51 个地震活动性分区的模式，简写为"GR 分区"即"古-里分区"，缩写为"GR 分区"（注），参见第八章全球地震分区编号。马宗晋地震系是古-里分区按全球较大地质的和地理体系的归拢，比较好地显示了全球地震活动自然分带图像。

没有按后来的佛林等人（E.A. Flinn，and E.R. Engdahl，1965）的地球物理分区和地震分区，主要是考虑到其分区过于细腻且中国边疆地带依然存在"矩形跨越问题"。

表述地震活动性的方式不是单一的。古登堡-里克特（1954）首先提出震级-频次关系的经验表达式；S.P.Rothe（1969）继古-里之后，在其续编 1953～1965 年地震目录中沿用古-里分区方法；阿布（K.Abe，1981，1983，1984）研究了巨大地震的震级问题；金森博雄（H.Kanamori，1977）用地震矩 M_0 表述断层运动大小的地震规模，提出了计算矩震级 M_W 的经验公式，得以比较贴近巨大地震的本征强度，以解决地震活动性的"震级饱和"问题；吴佳翼、曹学峰（1983）提出了表达地震活动水平的 A（b）值；也有人将古登堡-里克特 a、b 常数取 $W=a/b$ 简要表示地震活动度；谷继成，魏富胜（1985）引进"seismicity—s"参量，等等。

古-里分区虽然充分考虑了地震活动的自然分区、带，然而区界却按经度线和纬度线划分成大、小不同的准矩形。在陆地，同一地质构造带有不少被分割在两个矩形区内。这样，在讨论分区地震地质背景时可能出现两个地区重复的描述。为避免这种情况，有时将两个区合二为一，例如合并 GR20 和 GR21、GR47 和 GR48 等。

注：由于"GR 分区"设在第八章，本书将 GR 统一改为 8，例如 GR22 为古-里第 22 分区改为 8.22；GR24 改为表示古-里第 24 分区的 8.24。

2.3 计算地震活动性综合指数

根据百年来地震资料均采用 7 个"地震活动性参数"描述分区的地震活动性，最后用"地震活动性综合指数"概括各区、带的地震活动度。"地震活动性综合指数"用σ表示：

$$\sigma = \sum_{i=1}^{7} \sigma_i \tag{2.3.1}$$

其中$\sigma_1=A(b)_i$，$\sigma_2=(a/b)$，$\sigma_3=\rho_N=N/a_r$，$\sigma_4=\rho_e=e/a_r$，$\sigma_5=N/T(y)$，$\sigma_6=e/T(y)$，$\sigma_7=S_i$（i=1～51）。$A(b)$ 和 a/b 均为地震活动性频度-度水平的一种标示；ρ_N 表示各地区的地震频度密度，即单位面积上的 $M \geqslant 6$ 地震次数；N 为各区 $M \geqslant 6$ 地震总次数；a_r 为各区的震中点位分布面积，单位为万平方公里；ρ_e 表示各区内的地震波能量密度；e 表示地震波能量，e/a_r 则是单位面积上的能量值，能量单位 10^{18} J（即 1E18J）；N/T（y）为该区内年平均 $M \geqslant 6$ 地震次数，T 单位年；e/T（y）为该区内年平均地震能量值。以上均为百年期间（1900～2000 年）的时间尺度。在 51 个分区中，凡地震活动水平较高地区，N 和 e 也较大。σ为无量纲物理量，按照古-里分区分别计算，其数值一般在 23～54 之间；各地震系在 35～151 之间；各地震带在 45～128 之间。

古-里分区的地震活动性参数计算值参见表 2.5.1（全球分区地震活动性特征数值表）。

2.4 近似计算地震分布面积

地震分布面积 a 表示 51 个分区内各自震中分布的近似面积。a 的单位为 1 万平方公里。作为计算σ的一个参考量，a 的计算主要在美国国家海洋和大气管理局（USGSNOAA）绘制的 1∶39000000 比例尺的麦卡托投影地形震中分布图上读取。取同一经度段对应的纬度差（弧长），以度（1°）为单位，1°=111.19km（H.捷夫里斯，1976），用直观震中点位的密集程度目测划定。在密集区内如果有长或宽均超过 5°的空白皆不计入。例如大西洋、印度洋等洋中脊地带等条带分布区，一般带宽取 1.5°～2°（150～230km）。在印度尼西亚、菲律宾和南美深震带（智利、玻利维亚、阿根廷等地区），计算面积用米尺读取地震带的分布宽度。例如 8.22（GR22），菲律宾地区震中分布面积 a_r=141 万平方公里=长 17.5°×111.19×宽 6.5°×111.19，取整数位。又如 8.24（GR24），印度尼西亚地区，震中分布面积 a_r=282 万平方公里=总长 38°×111.19×均宽 6°×111.19；南美深震带 R8，a_r=总长 43°×111.19×均宽 7°×111.19=372 万平方公里，用（10°+4°）/2 表示均宽 7°；伊朗里海波斯湾等地区 R29，a_r=22°×111.19×10°×111.19=272 万平方公里，22°是斜向（北西—南东向）长度，10°是均宽；中国地区（GR27），a_r=中国大陆面积加上台湾省面积乘上 0.65，0.65 取自中国地震区的面积大约占国土总面积的 65%。不同作者对于上述的估算偏差可能达±30%。

2.5 全球百年期间分区地震活动性特征数据

为了兼顾已有习惯和讨论方便，这里将 1900～2000 年的 101 年间称之为"百年期间"。

古登堡-里克特（1954）目录是 1904～1952 年期间的资料，加上 1953～2000 年期间世界地震台网的观测，以及能够收集到的 1900～1903 年期间的补遗缺失的地震资料，总计为 101 年期间"全球百年期间地震活动性"特征数据。由于沿用"古登堡-里克特（1954）"的世界分区原则，所以本编著统一称为"全球百年期间分区地震活动性目录"。

上个世纪百年期间全球 $M \geqslant 6$ 的地震总次数为 11457 次（统计误差小于 1‰）。

用震级 M 换算的地震能量总和为 0.29～0.42 E18 J（原数值为 29.20 E16 J 至 41.74 E16 J）。大约相当于一、两个 M_S=9.9 地震（当然地球至今不可能发生一次地震有如此巨大的震级）。

折算为 TNT 当量总计大约十亿吨至百亿吨级数量级（参见 4.4.2 节）。

这里所谓的“地震能量”实为通过震级 M_S 标示的“地震波能量”，因为震级 M_S 是根据地震波测定的。地震能量用符号 e 表示。将古登堡-里克特（1954，1956）震级标度的 M_S 带入古登堡（1942，1949，1958）震级-能量经验公式

$$\lg e=11.8+1.5M_S \tag{2.5.1}$$

计算可得以上数据。能量 e 的单位取“E16J”（10 的 16 次方焦耳）。

以下地震波能量简写为地震能量；M_S 简写为 M。

为了给计算的能量提供一个可以参考的范围，我们按震级 M 数值分别用以下两种方法进行自身对比：

按“分数分级”计算，作为百年期间地震总能量的上限，结果为 e1=41.74 E16J；

取“0.1 分级”作为百年期间地震总能量的下限，结果为 e2=29.20 E16J。

(1) 按“分数分级”近似计算，将每一分区的不同震级分作三个档次，每个档次取中位值。例如，M=6.0～6.9 取 6.5；M=7.0～7.9 取 7.5；M≥8.0 取 8.3，以节省计算 e2 那样上万次的繁琐计算。代入公式

$$eGRi=e6.5\times N6+e7.5\times N7+e8.3\times N8 \tag{2.5.2}$$

式中，eGRi 为各分区的地震能量总数。e6.5 为 M=6.0～6.9 的中位值能量，N6 为 GRi 区内 M=6.0～6.9 的地震次数。例如第 1 区（GR1）的能量 e6.5=0.0003548 E J，N（6.0～6.5）=657 次，则 e（6.0～6.5）=0.0003548 E16J×657 次=0.2331 E16J；同样算法 e7.5=0.01122 E16J，等等。最后，eGR1=2.72 E J。51 个分区的能量列入表 2.5.1（全球分区地震活动性特征数据计算表）。

震级的“分数分级”计算能量主要沿用 20 世纪前 50 年期间的古-里地震目录中的“分数分级”震级数值。其中，$M\geq 7\frac{3}{4}$的地震次数占 40%以上；$M<7\frac{3}{4}$占 30%；至少 70%的中深源和深源均采用$\frac{1}{4}$级为一个进级单位（例如$6\frac{1}{4}$，$6\frac{1}{2}$，…，$8\frac{1}{4}$，$8\frac{1}{2}$等），在本目录中已经全部化为小数。凡$\frac{1}{4}$化为 0.25，$\frac{1}{2}$化为 0.50，$\frac{3}{4}$化为 0.75，然后将小数后第二位四舍五入为小数后 1 位（例如$\frac{1}{4}$化为 0.3，$\frac{3}{4}$化为 0.8 等等）。

(2) 按震级每“0.1 分级”计算，用计算机编程获得能量总和 e2=29.20 E16J。

注：地震能量实质是地震波的能量，计算方法：①积分地震图记录的地震波；②用震级换算；③最后用人工地震比对。其中，①过于繁琐，②置换关系复杂，通常用②比较简单快捷。

天然地震能量的数字无绝对只有相对，数字无法准确更无从精确。

通常报道的一次大地震所释放能量相当于若干当量的核弹，是根据震级用经验公式换算得来的。而震级本身的误差一般为±0.1～±0.3，各个地震台站或地震机构测定偏差则更大些。震级-当量关系公式源于作者的“地区的或方法的经验数据”，同一事件不同作者的结果相差也不小，能量估算差值有时达数倍以致几个数量级，因为震级相差 1 级能量差 31.7 倍，且以指数形式变动着。

地震学的最大难题有二：一是准确发布地震预报；二是精确计算天然地震强度（震级和/或能量）的真值。其中地震能量数值没有准确更无精确，求取“真值”既不可能也无意义。迄今为止，我们提供和讨论的震级、能量数值均为相对的。

地震能量直接与震源体积有关，但震源体积至今尚无法取得精准数字。常见方法有：用地震后 24 小时之内的余震分布面积（金森博雄，1977）折算；根据地表的断层带长度和震级经验关系（李善邦，1965；郭增建等，1980；《地震工作手册》1992 年版，第 338 页）计算，设定“震源球”进行地球物理方法计算（郭履灿，1956）等等。所有方法涉及的地下震源情况都是不够准确的。因为：

第一，准确测定浅源地震深度有困难。迄今世界各个地震机构或地震观测台站之间测定震源

深度的差别一般可达给定的震源深度的10%～30%。

第二，地震波能量所占地震总能量的份额较小。地震发生时岩石断裂，在本来积累的应变能、势能转化为动能的过程中，绝大部分能量因岩石断裂摩擦以热能形式为震源体所吸收，另一部分分别以电能、光能以及地震波能向各个方向分散开去。

第三，某一个地震台捡拾的一次地震的地震波能量在地震总能量所占比重很小，定性地说有点类似于地球瞬间接受的太阳光能在太阳瞬间释放的能量中的比重。

直接计算“地震能量”十分繁琐而且误差也大，一种主要方法是用某一张地震图（seismogram）或在数字记录积分纵波组和横波组的记录波列（振幅/周期）的平方数值。现在几乎无人再重复源于五六十年以前的方法了。

起初B.古登堡（1942）用帕萨迪纳地震台模拟记录地震图上的地震波直接计算能量。后人在工作中，用单独一个台站的记录，或取多台站记录的平均值。根据经验，对于某一次地震事件，无论取单个台站数据还是多台平均值甚至用不同地震波或分别取地震波的不同频段数据，各家所得能量数值均相差很大，可达几倍、几十倍以致几个数量级（郭履灿，1956，1958）。

古登堡（1942，1949，1958）当时考虑到这一问题，建议采用已知震级代入经验公式（2.5.1）计算，于是很方便地获取了任何一次地震的能量数值——地震波能量，近似表述为地震能量。这就是如今一些专业论著中经常引用或新闻媒体报道的“地震能量”。

地震活动性参数的分区计算数值参见表2.5.1。

表2.5.1中地震次数，因一部分地震有深度的M_b换算为M_S按“$M_S \geqslant 6.0$”的原则取舍过程等原因，统计误差可能达1‰。

表2.5.1　全球百年“古-里分区”地震活动性特征数据计算表

分区编号	a_r (万平方公里)	N ($M \geqslant 6$)	$\rho_n = N/a_r$	e (E16J) (1E16J=10^{16} J)	$\rho_e = e/a_r$ (P J) (1P J=10^{15} J)	$N/T(y)$	$e/T(y)$ (PJ) (1P J=10^{15} J)	a	b	a/b	$A(b)$	S	σ
1	300	746	2.5	1.67～2.72	9	7	20	9.79	1.13	8.65	9.87	7.7	38
2	67	75	1.1	0.35～0.54	8	1	5	6.02	0.69	8.70	9.41	6.6	28
3	101	130	1.3	0.40～0.59	5	1	6	7.92	0.96	8.28	9.45	6.8	28
4	75	59	<1	0.20～0.27	3	1	2	7.17	0.9	7.98	8.9	6.4	25
5	76	322	4.2	1.95～2.05	20	3	20	7.59	0.83	9.16	11.37	7.4	39
6	115	216	1.9	0.58～0.64	5	2	6	8.29	0.97	8.56	10.31	7.0	31
7	62	149	2.4	0.38～0.71	10	2	7	8.30	0.99	8.35	10.21	6.8	32
8	372	796	2.1	3.09～4.03	10	8	40	9.61	1.08	8.91	11.14	7.8	44
9	148	104	<1	0.37～0.51	2	1	3	7.80	0.96	8.21	9.00	6.8	27
10	282	202	<1	0.22～0.39	1	2	3	9.62	1.19	8.08	9.79	6.8	29
11	56	130	2	0.35～0.50	9	1.3	5	8.08	0.97	8.33	10.06	6.8	29
12	114	909	8	1.68～2.58	20	9	20	9.78	1.12	8.73	9.93	7.7	48
13	7.6	25	3.3	0.01～0.03	4	<1	0.3	7.34	0.99	7.38	—	5.6	
14	63	582	9.2	1.44～2.43	30	6	20	10.02	1.17	8.60	10.33	7.6	48
15	127	595	4.7	1.11～1.75	10	6	10	9.12	1.03	8.83	10.38	7.5	40
16	136	386	2.8	0.79～1.14	8	4	10	8.78	0.94	8.67	10.04	7.3	35
17	106	67	<1	0.10～0.13	1	1	1	7.43	1.16	7.89	8.12	6.3	23
18	190	334	1.8	0.47～1.09	5	3	10	9.60	1.06	8.25	8.92	7.2	28
19	229	1222	5.3	3.79～5.18	20	13	50	9.56	0.93	9.07	10.41	8.0	54
20	77	170	2.3	0.69～0.57	9	2	6	7.95	0.60	8.52	9.86	7.0	30
21	30	12	<1	0.02～0.03	0.8	<1	0.2	4.56	1.00	7.55	—	5.5	

续表

分区编号	a_r (万平方公里)	N ($M\geqslant6$)	$\rho_n=N/a_r$	e (E16J) (1E16J=10^{16} J)	$\rho_e=e/a_r$ (P J) (1P J=10^{15} J)	$N/T(y)$	e/T(y) (PJ) (1P J=10^{15} J)	a	b	a/b	$A(b)$	S	σ
22	141	388	2.8	1.21～1.54	11	4	10	8.77	1.06	8.73	10.29	7.4	35
23	74	378	5.4	0.67～1.16	10	5	10	9.11	1.09	8.57	9.87	7.3	39
24	282	659	2.3	1.19～1.81	6	7	10	9.45	0.90	8.70	9.78	7.6	37
25	25	74	3.0	0.19～0.34	10	1	3	7.33	0.83	8.18	9.60	6.5	30
26	47	59	<1	0.31～0.47	10	1	4	6.81	1.08	8.23	9.23	6.5	27
27	624	758	1.2	2.24～3.04	4	8	30	9.50	0.53	7.78	10.16	7.8	40
28	37	6	1.5	0.81～0.90	20	1	8	4.88	1.07	9.14	9.46	6.6	29
29	272	138	<1	0.38～0.52	1	1	5	8.72	1.07	8.16	9.41	6.8	25
30	234	230	1	0.61～1.00	4	2	10	8.95	1.07	8.38	9.65	7.1	30
31	90	77	<1	0.39～0.64	7	1	6	6.20	74	8.40	9.00	6.7	26
32	167	249	1.5	0.17～0.37	2	3	3	9.09	1.11	8.17	8.75	6.8	29
33	133	231	1.7	0.25～0.47	0.3	3	4	8.87	1.09	8.16	8.82	7.0	29
34	234	24	<1	0.06	3	<1	0.6	5.95	0.76	7.84	8.78	5.9	29
35	0.5	3	6	0.001	1	<1	0.007	6.00	0.94	6.39	—	4.5	—
36	6	10	1.8	0.02	4	<1	20	4.88	0.66	7.35	—	5.2	—
37	222	94	<1	0.08～0.12	0.5	1	1	8.72	1.12	7.79	8.47	6.4	24
38	2.2	12	5.5	0.02～0.04	10	<1	0.2	5.23	0.70	7.50	8.14	5.6	27
39	930	21	<1	0.01～0.03	0.03	<1	0.3	5.77	0.75	7.72	8.71	5.5	22
40	37	48	1.3	0.01～0.03	1	<1	0.3	10.69	1.48	7.23	8.89	5.9	24
41	13	17	1.3	0.03～0.05	4	<1	0.5	6.03	0.80	7.57	9.54	5.7	25
42	11	26	2.4	0.02～0.04	3	<1	0.4	7.59	1.02	7.44	8.73	5.7	25
43	62	169	2.7	0.04～0.10	1	2	1	13.82	1.91	7.23	8.07	6.5	25
44	74	73	1	0.01～0.03	0.5	1	0.3	14.14	2.04	6.93	7.62	6.0	23
45	15	88	5.9	0.08～0.10	0.04	1	1	8.43	1.14	7.53	8.80	6.4	30
46	140	91	0.7	0.15～0.17	1	1	1	7.57	0.92	8.18	9.52	6.4	27
47	50	38	0.8	0.04～0.07	1	<1	0.7	6.19	0.9	7.95	8.53	6.0	23
48	74	197	2.7	0.37～0.53	7	2	5	8.35	0.78	8.38	9.80	6.9	30
49	0.75	2	2.7	<0.001	0.4	<1	0.007	—	—	—	—	4.4	—
50	0.25	0	<1	<0.001	0.1	<1	0.004	—	—	—	—	—	—
51	1.0	16	0.16	0.01	1	<1	0.3	6.11	0.82	7.49	8.37	5.5	22
Σ	6760 万平方公里(全球面积 51052 万平方公里)	11457	1.7 次(万平方公里)	29.20～41.74E16 J (或 0.292～0.4174E18 J)	4.3P～6.2P J (万平方公里)	*年均 115 次	年均 290P～420P J						

GR 为古-里原分区；a_r震中分布面积，单位万平方公里；N 为 $M\geqslant6$ 地震次数；ρ_n 为频次密度，表示每万平方公里 $M\geqslant6$ 次数；e 为地震波能量百年期间的释放量的上下限范围，单位焦耳（J）；ρ_e 为能量密度，每万平方公里的能量；N/T（y）为年平均 $M\geqslant6$ 次数；e/T（y）为年平均释放地震波能量；a、b 据 G-R 公式计算；a/b 代表 GR 活动度；A（b）为吴-曹活动度，S 为谷-魏活动度，均为描述地震活动度的一种参数；σ=（1）+（2）+…+（7），表示某一分区的相对地震活动度，均取整数。估算的震中分布面积误差小于 30%。

2.6 古-里地震目录 20 世纪前半叶的地震次数年代统计差别大

2.6.1 每 10 年地震次数统计

设定 $M \geq 6$ 为大地震（震级皆为中国地震台网测定的 M_S，下同）。统计次数含括了 $M \geq 6$ 的余震。据表 2.5.1 统计，全球百年期间地震总次数为 11457 次。统计次数大约有 1‰的误差。误差源于 ISC 定位地震的 M=5.8 或 M=5.9 按中国地震台网测定 M_S=6 标准 M_b 换算为 M_S 过程而进行的取舍。

20 世纪地震经过每 10 年一段统计在表 2.6.1 中。

表 2.6.1 20 世纪每 10 年地震次数统计表

年代	n （$M \geq 6.0$）	$N6$ （M=6.0～6.9）	$N7$ （M=7.0～7.9）	$N8$ （$M \geq 8.0$）
1900～1909	176	62	88	26
1910～1919	335	146	178	11
1920～1929	672	507	155	10
1930～1939	1311	1124	176	11
1940～1949	842	559	273	10
1950～1959	1591	1405	176	10
1960～1969	1751	1598	148	5
1970～1979	1376	1180	184	12
1980～1989	1480	1359	117	4
1990～1999	1763	1591	166	6

（2000～2008 期间 $M \geq 8$ 有 12 次）

表 2.6.1 中统计数字出现了两种异常情况：①1949 年以前 M=6～6.9 地震缺失；②期间头十年巨大地震 $M \geq 8.0$ 次数“异常多”，达 26 次，是以后各 10 年段的两倍多。

各时段不同震级的地震次数在前、后两个 50 年时间段有所不同。a 段 1900～1950 年期间年平均 n_a=67 次；b 段 1951～2000 年期间年平均 n_b=159 次。a 段比较少 92 次。

究其原因，主要由于过去百年期间世界地震台网监测能力（地震仪性能，台网布局和分布密度，文字记载等）起初有限，后来逐年提高缓慢，各个时期各地区发展不均衡。

其次，20 世纪早期监测台站布局存在很大欠缺，观测点位数量有限，无法检测全球地震活动的真实情况。

世界地震台网观测初始主要分布在欧洲。20 世纪 30 年代以前，占全世界陆地总面积 2%的欧洲台站数量约为当时世界台站总数的 70%；在陆地 98%的面积上分布的台站不足当时世界台站总数的 30%（WDC-A，SE1，2，3，世界台站档案）。

此外，由于二战期间欧洲、亚洲和非洲等大多数台站中断观测，战后两三年内完全恢复进度很慢。

2.6.2 地震次数前、后 50 年对比差别大

按M_S（或M）前50年6～6.9级地震次数缺失部分超过已有资料的100%。震级$M_S \geq 8$巨大地震次数虚高达2.36倍。

百年期间全球6级以上地震目录中地震强度的总体形势，根据列表2.6.1的统计结果分析，地震

目录前13年（主要集中在1900～1912年期间）测定巨大地震的震级M_S偏大0.3～0.8。

20世纪全球的前、后50年分级统计对比：

(1) 前 50 年（公元 1900～1950 年）次数有异常：

M≥6总数3499次，年均70次（偏少）。其中7.9≥M≥7地震999次，年均20次略偏多；8.9≥M≥8总计73次，年均1.5次（偏得过多）。

(2) 后 50 年（公元 1951～2000 年）次数基本正常：

M≥6总数7958次，年均159次。其中7.9≥M≥7地震780次，年均16次；8.9≥M≥8总计32次，0.6～0.8年1次。次数基本合理。

公元1900～2000年的101年间参杂前50年的"不正常数据"影响全球百年总体活动度的真实性：

百年期间M≥6有11457次，年均113次（偏少）；7.9≥M≥7地震1779次，年均12次略少；8.9≥M≥8地震105次，年均1次略高。

2.6.3 按 M_S（或 M）巨大地震年均次数前 50 年人为偏高
——其取舍建议参考 M_W

震级M_S≥8巨大地震，20世纪前50年远比后50年大2.36倍。前50年总计 73次，年平均1.46次；后50年总计 31次，年平均0.62次。

前50年偏多的年份是1900～1912年，13年期间总计31次。期间的年平均2.39次，偏高。期间标为M_S≥8的地震较多的年份分别是：1900，2次；1901，2次；1902，5次；1903，4次；1904，1次；1905，3次；1906，6次；1907，2次；1908，无；1909，无；1910，1次；1911，2次；1912，3次。1900～1912年期间测定震级都不是古-里标度。

自1930年以后，古-里标度震级逐渐取代其他零乱的震级标度。全球巨大地震年平均次数逐渐趋于"合理"，大约0.8年1次或平均三年两次。

基于以上情况，必须提请注意：如果依旧维持时段 a、b、c 的原始数字，前 50 年的资料震级下限即便取大于 6 级，全球地震次数也必将遗漏相当多，不能正确显示 20 世纪地震活动的"真实总体面貌"。

举例对比M_S和M_W。

前50年的头三个10年8级以上的M_S偏大0.2～0.8。例如：

1903 年 1 月 14 日，15.00°，-98.00°，M_S8.2.（测定者 M. Bath，and S.J.Duda）墨西哥南部远海 M_W7.4。

1903 年 2 月 27 日，-8.00°，106.00°，M_W 8.1，（测定者 M. Bath，and S.J.Duda）爪哇岛西部 M_W7.3 自 1930 年以后的 M_S 与 M_W 的差值，一般在 0～±0.2 之间。

1900～1912年期间的M_S≥8的震级，建议用矩震级M_W。

2.6.4 "两倍后 50 年数字"近似表示"百年活动度"

在上一节对比20世纪百年期间a、b、c三个时段统计数字情况，认为b时段的后50年（1951～2000年期间）接近全球"比较合理的"百年平均地震活动性数据。建议各段分别取两倍的b时段统计数字作为近似的"百年地震活动度"数据：M≥6取2倍7958=15916次，年均158次；7.9≥M≥7取2倍780=1560次，年均15次。

第三章　依照马宗晋划分全球地震活动体系的地震活动性数据

在地震活动性比较定量的统计当中，为弥补“古登堡-里克特分区（或 GR 分区）”部分不合理之处，需适当采用“组合地震活动地理分区和相关地震带”的方式。根据马宗晋（1982，1988，1989，2002）划分世界为三大地震系和 18 个地震亚系，尽可能客观地呈现出具有同一体系特性的尺度较大的地震分区，以求得比较贴近地震活动性的自然分布状态。

3.1　三大地震系及其定量参数

全球地震活动概括为三大地震系，分别是环太平洋地震系，北大陆地震系和大洋中脊地震系。各系的地震活动性数据详见表 3.1.1。

表 3.1.1　三大地震系地震活动性数据表

地震系编号	三大地震系	a_r（万平方公里）	N $(M\geqslant6)$	$\rho_n=N/a_r$	e (E16J)	$\rho_e=e/a_r$ (E16J/万平方公里)	N/T (y)	$e/T(y)$ (PJ/年)	a	b	a/b	$A(b)$	S	σ
1	环太平洋系	2984～3181	8497	2.9	21.92～3 2.88	0.73～1.10	85	217～326	11.3	1.19	9.5	11.5	8.96	151
2	北大陆系	2152	2183	1.0	6.36～6.90	0.30～0.32	21.6	63～68	10.16	1.11	9.15	11.0	8.29	58
3	大洋中脊系	1560	777	0.5	0.69～0.99	0.04～0.06	7.7	7～10	10.96	1.32	8.3	9.5	7.5	35

结论：全球 $M\geqslant6$ 地震活动分布面积大约为 6696 万平方公里，占全球水、陆总面积（51052 万平方公里）的 13%。在 N（$M\geqslant6$）统计栏中，三大地震系的地震次数合计为 11457 次。北大陆系含陆缘沟-弧俯冲带。

3.1.1　环太平洋地震系

——岛弧-海沟地震系-环太平洋地震带

主要地质特征是环太平洋沿岸的划分岛弧（外侧）与海沟分界的安山岩—环太平洋地区的安山岩线（马绍尔线），地形特征主要是走向基本相互平行的海沟和岛弧，太平洋板块的俯冲、消减带也称作贝尼奥夫带。震源分布在 4～720km 之间，是全球地震高发区。上个世纪百年期间 $M_S\geqslant$ 6 地震共计 8544 次，年平均 84.6 次；$6\leqslant M\leqslant6.9$ 有 7178 次；$7\leqslant M\leqslant7.9$ 有 1288 次，年平均 13 次；$M\geqslant8$ 有 78 次，每 3 年当中约 2 次。地震能量合计 21.92 EJ，占全球总量的 75%。灾害地震次数占全球的 43%（849/1 982），死亡人数占全球的大约 1/4（39511/1607059）。

1900～2008 年，15 次全球巨大地震（$M_S\geqslant8.5$）中的 11 次和 116 次 $M\geqslant8$ 级地震中的 101 次发生在环太平洋沿岸地震带。

3.1.2　北大陆地震系

欧亚大陆连同北美大陆北纬 20º～50º 之间的大陆地区，包括欧亚大陆和北美大陆。地震活动以浅源地震为主。百年期间 $M\geqslant6$ 地震总数 2183 次。其中 $6\leqslant M\leqslant9$ 有 1853 次，年平均 19 次；7

$\leqslant M\leqslant7.9$ 有 304 次，年平均 3 次；$M\geqslant8$ 有 26 次，大约 4 年 1 次。$M\geqslant6$ 的次数占全球同级地震总数的 19%。地震能量总计约 6.361 E J，占全球地震能量总数的 22%。灾害地震次数占全球总数的 38%（754/1982），地震死亡人数占全球总数的 63.6%（1022104/1607059）。

3.1.3 大洋中脊地震系

包括大西洋—北冰洋地震带，印度洋地震带以及南太平洋中脊地震和太平洋板内的有限活动。大洋中脊地震系震源深度 8～10km，根本没有深源地震活动。震级最大不超过 7.8 级。在 3 大地震系中活动度最低。百年期间 $M\geqslant6$ 地震总数 777 次，占全球地震总数的 6.3%。 地震能量总计约 0.69 E J，占全球地震总能量的 2%。

3.2 地震亚系 18 个以及地震活动度评价

地震亚系的划分参考了马宗晋等划分全球三大地震系的原则和古登堡-里克特（1954）划定的全球 51 个原分区，并结合了各分区大尺度的地震地质构造背景，同时也参阅了全球地震活动性图 [Arthur C.Tarr，1974，1∶39000000 麦卡托投影（Mercator projection）]直观震中和震源深度的地理分布图像。计算过程中，表 3.2.1 中第 9（东欧、亚细亚系）和第 14（西欧东、地中海系）地区互有两相重叠的情况，其原因主要是考虑这几个地带的地质构造背景互有牵连，地震活动性特征在交界区有共同性。

地震亚系 18 个，评价各个亚系的地震活动度设三项指标：第一项为年均 $M\geqslant6$ 次数和年均释放能量；第二项为记录最大事件；第三项为死亡人数。

地震活动性评价（例如标示 AAA），第一个 A 为频次年均 $M\geqslant6$ 的次数大于等于 10（均参见表 3.2）；第二个 A 为本系巨大地震的震级 $M\geqslant8$；第三个 A 为本系死亡人数过 10 万人。

“年均 $M\geqslant6$ 地震次数”和“年均释放地震能量”参见表 3.2.1。

(1) 阿留申-阿拉斯加系。环太平洋地震带图象的“门楣”，太平洋板块北向俯冲带，是浅源和中深源地震高发区。年均 $M\geqslant6$ 地震次数 17.5；年均释放地震能量 17～27PJ；记录最大地震 $M_S8.5$；地震活动度评价 AAC， 频次高 A，震级大 A，伤亡轻 C。

(2) 北美系。环太平洋地震带图像的右侧分支之一。年均 $M\geqslant6$ 次数 5.9；年释放能量 29～35PJ；记录最大震级 $M_S8.3$；地震灾害死亡不足千人，地震经济损失在全球居第二位。仅次于日本地区。地震活动度评价 BAC。

(3) 中美洲-加勒比系。年均 $M\geqslant6$ 次数 3.7；年释放能量 10～14PJ；记录最大震级 $M_S8.3$；地震死亡人数超过 30 万人，其中仅加勒比海地区的海地 2010 年 1 月 12 日 7 级地震死亡 28 万人至 30 万人；地震活动度评价 BAA。

(4) 南美系。年均 $M\geqslant6$ 次数 9.0；年释放能量 36～48PJ；记录最大事件智利 $M_S8.5$，$M_W9.5$；总计地震死亡 5 万人至 10 万人；地震活动度评价 AAB。

(5) 汤加-克马德克-新西兰系。年均 $M\geqslant6$ 地震次数 16.5；年均释放地震能量 36～57PJ；最大地震 $M_S8.3$；灾害地震死亡总数少于 300 人；地震活动度评价 AAC。

(6) 印度尼西亚-所罗门系。年均 $M\geqslant6$ 地震次数 20.4；年均释放地震能量 38～59PJ；最大震级 $M_S8.3$；重灾地震死亡总数少于 2000 人；地震活动度评价 AAC。

(7) 菲律宾-小笠原-马里亚纳系。年均 $M\geqslant6$ 地震次数 7.9 次；年均释放地震能量 18～28PJ；最大地震 $M_S7.9$；重灾地震死亡总数少于 2 万人；地震活动度评价 BBC。

(8) 千岛-日本-琉球系。年均 $M\geqslant6$ 地震次数 14；年均释放地震能量 44～60PJ；最大地震 $M_S8.2$；重灾地震死亡总数近 20 万人；地震活动度评价 AAA。

(9) 东欧-亚洲系。年均 $M\geqslant6$ 地震次数 14.1；年均释放地震能量 50～69PJ；最大地震 $M_S8.5$；重灾地震死亡总数将近 70 万人；地震活动度评价 AAA。

(10) 东亚-中亚系。年均 $M\geqslant6$ 地震次数 12.2；年均释放地震能量 44～53 PJ；最大地震 $M_S7.9$；

重灾地震死亡总数近 10 万人；地震活动度评价 ABB。

(11) 西亚-中亚系。年均 $M \geqslant 6$ 地震次数 6.0；年均释放地震能量 14～21 PJ；最大地震 $M_S 7.9$；重灾地震死亡总数超过 20 万人；地震活动度评价 BBA。

(12) 西欧-北非系。年均 $M \geqslant 6$ 地震次数 0.9；年均释放地震能量 4～7 PJ；最大地震 $M_S 7.8$；重灾地震死亡总数不足万人。地震活动度评价 CBC。

(13) 非洲裂谷系。年均 $M \geqslant 6$ 地震次数 1.0；年均释放地震能量 1PJ；最大地震 $M_S 7.9$；重灾地震死亡总数不足千人；地震活动度评价 CCC。

(14) 西欧-东地中海系。年均 $M \geqslant 6$ 地震次数 3.1；年均释放地震能量 10～17 PJ；最大地震 $M_S 7.8$；重灾地震死亡总数少于 10 万人；地震活动度评价 CBC。

(15) 大西洋-北冰洋系。年均 $M \geqslant 6$ 地震次数 3.0；年均释放地震能量 2～4 PJ；最大地震小于 $M_S 8$；无重灾地震；地震活动度评价 CCC。

(16) 印度洋系。年均 $M \geqslant 6$ 地震次数 2.3；年均释放地震能量 3～4；最大地震小于 $M_S 8$；无重灾地震；地震活动度评价 CCC。

(17) 太平洋（板内）系。年均 $M \geqslant 6$ 地震次数 0.2；年均释放地震能量 1～2 PJ；最大地震 $M_S 7.9$；重灾地震死亡总数少于 500 人；震活动度评价 CBC。

(18) 南太平洋洋中脊系。年均 $M \geqslant 6$ 地震次数 1.7；年均释放地震能量 4～7 PJ；最大地震小于 $M_S 8.0$；重灾地震死亡总数少于 200 人；地震活动度评价 CCC。

每个地震亚系的地震活动性特征数字根据表 2.5.1 的统计数字组合而成，详见表 3.2.1。

百年期间的地震频次说明，印度尼西亚-所罗门系最高，达 2039 次，其次是汤加-克马德克-新西兰系。从释放地震（波）能量看，东欧-亚细亚最高。地震活动性综合指数（σ）最大的分别是汤加-克马德克-新西兰系和印度尼西亚-所罗门系（σ=均为 60），均呈现出全球的高水平。

表 3.2.1　18 个地震亚系内地震活动性定量参数表

编号	三大地震系	a_r(万平方公里)	N ($M \geqslant 6$)	$\rho_n=N/a_r$	e (E16J)	$\rho_e=e/a_r$ (P J/万平方公里)	$N/T(y)$	$e/T(y)$ (10^{16}J) (PJ/年)	a	b	a/b	$A(b)$	S	σ
1	阿留申、阿拉斯加	126	746	5.9	1.67～2.72	21	7.5	17～27	9.79	1.13	8.66	9.87	7.7	45
2	北美洲	960	586	0.61	2.90～3.47	3	5.9	29～35	8.06	0.87	9.26	11.14	7.7	38
3	中美洲、加勒比	160	365	2.1	0.96～1.36	9	3.7	10～14	8.57	0.98	8.74	10.73	7.3	35
4	南美洲	500	904	1.8	3.60～4.80	10	9.0	36～48	9.41	1.04	9.05	10.97	7.9	44
5	汤、克、新西兰	200	1646	8.2	3.49～5.65	28	16.5	35～57	10.23	1.14	8.97	10.50	8.1	60
6	印尼、所罗门	500	2039	4.1	3.76～5.87	12	20.4	38～59	10.29	1.13	9.11	10.72	8.1	60
7	菲律宾、小笠原、马里亚纳	350	789	2.3	1.78～2.78	8	7.9	18～28	9.60	1.09	8.81	10.13	7.7	40
8	千岛、日本、勘察加	300	1404	4.7	4.40～6.04	20	14.0	44～60	9.70	1.06	9.15	10.58	8.1	53
9	东欧、亚细亚	1400	1410	1.1	5.04～6.90	5	14.1	50～69	9.52	1.04	9.15	10.76	8.1	51
10	东亚、中亚	900	1220	1.4	4.42～5.33	6	12.2	44～53	9.59	1.05	9.13	10.63	8.1	48
11	西亚、中亚	600	603	1.0	1.40～2.13	4	6.0	14～21	9.71	1.12	8.6	10.30	7.6	36
12	西欧、北非	100	88	1.0	0.40～0.71	7	0.9	4～7	6.48	0.77	8.42	8.98	6.7	27
13	非洲大陆	222	94	0.4	0.083～0.12	5	1.0	1	8.72	1.12	7.99	8.47	6.4	24

续表

编号	三大地震系	a_r（万平方公里）	N ($M \geqslant 6$)	$\rho_n = N/a_r$	e (E16J)	$\rho_e = e/a_r$ (P J/万平方公里)	$N/T(y)$	$e/T(y)$ (10^{16}J) (PJ/年)	a	b	a/b	$A(b)$	S	σ
14	西欧、东地中海	330	307	0.9	1.01～1.67	5	3.1	10～17	8.29	0.95	8.73	9.73	7.3	32
15	北冰洋、大西洋	2200	297	0.1	0.18～0.40	0.2	3.0	2～4	9.63	1.18	8.16	9.72	6.9	29
16	印度洋	3300	231	0.7	0.25～0.39	0.1	2.3	3～4	8.87	1.09	8.14	9	6.9	27
17	太平洋（板内）	400	21	0.5	0.11～0.19	0.5	0.2	1～2	5.77	0.75	7.69	7	5.5	14
18	南太平洋中脊	1900	169	0.9	0.41～0.70	0.4	1.7	4～7	13.82	1.91	7.27	9.1	6.5	26

结论：地震活动性水平 σ 较高的前 6 个亚系依次为汤加群岛。克马德群岛新西兰（60）、印度尼西亚-所罗门（60）、千岛日本勘察加（53）、东欧亚细亚（51）、南美（44）、东亚中亚（48）、阿留申阿拉斯加（45）。

古登堡（a/b）值、吴-曹 A（b）值和谷-魏 S 值较高的前 6 个亚系依次为北美洲；千岛、日本、勘察加；东欧至亚细亚；中亚至东亚；印度尼西亚、所罗门以及汤加克马德克、新西兰等。

地震次数和释放能量较多的地区依次为编号 6（印度尼西亚、所罗门）、编号 5（汤加、克马德克、新西兰）、编号 9（东欧至亚细亚）以及编号 8（千岛、日本、勘察加）。地震活动水平最低的地区为编号 17（太平洋“板内地区”）

第四章　全球百年期间地震活动性基本特征及其相关问题

地震活动性特征是地震活动的时间、空间、强度三个要素的定量表述。时间基本限定为 20 世纪的百年；空间为全球已知地震活动区、带的古登堡-里克特地震分区（GR 分区）和马宗晋地震系；强度主要以 $M≥6$，或以 E16J 为单位的分区仅供参考的地震波能量。

4.1　地震频度和强度随震源深度渐深的总趋势递减

全球大约 30 个中深源和深源地震活动区。中深源和深源地震频度和强度之间的关系，总的趋势是随着震源深度加深而递减，但不同地区有较大差别。

全球 $M≥7.0$ 地震次数和地震能量随震源深度变化的趋势，在深度 300km 附近有一极小值，在 600km 附近有一极大值。取震源深度分别为 $h≤60$km，61～299km 和 $h≥300$km 三个档次，计算可比的 11 个 GR 分区（GR8；GR12；GR18；GR19、GR20、GR46；GR22；GR23；GR24；GR27；GR31）。其中三种震源深度的地震次数，$h≤60$km 的占 68％；h=61～299km 的占 21.2％；$h≥300$km 的占 11.8%，比例近似为 1∶2∶6。地震能量浅、中、深之比大约是 1∶2∶8。

全世界 51 个 GR 分区每 3 种震源深度的地震次数之和的百分比分别为 73%（浅源），21%（中深源），6%（深源），比例为 12.3∶3.5∶1。

中深源地震次数和能量所占比例较大的三个 GR 地区依次为：GR51，中深源地震次数 N 占 79％，能量 e 大约占 41％；GR48，次数 N 占 69％，e 约为 25％；GR8，N 占 40％，e 约占 11％。

深源地震全球分布地区十分有限，次数和能量所占比例很小，在三个较大地区分别为：GR8，次数 N 占 13％，能量 e 约占 3.9%；GR12，N 占 30％，e 约占 13％；GR19、GR20 和 GR46 合计，N 占 10％，e 约占 7.1%。

地震能量和地震次数随震源深度加深而减小，7 级以上地震在 h=300km 处有一个极小值，在 h=600km 处有一个极大值。

4.2　全球以百公里计数的浅、中、深三段震源深度分布和活动度的比重差别大

全球地震活动震源深度用符号 h 标示，根据古登堡-里克特（1954）以百公里计数的三段划分方式：浅源 $h≤60$km；中深源 h=61～290km；深源 $h≥300$km。震源深度的地区分布差异大。选择浅、中、深 3 种（段）震源深度兼备的 9 个地区，分别计算地震次数 N 和地震波能量 e 的比值参见表 4.2.1。

全球以百公里计数的浅、中、深三段震源深度的分布密度“视差异”对比明显。

全球浅、中、深三段震源深度的地震分布密度“视差异”对比如图 4.2.1。

以下选择浅、中、深三种（段）震源深度兼备者 9 个地区的地震次数 N 和地震波能量 e 的比值，平均数字是：地震次数 N 为 6∶2∶1；能量 e 为 8∶2∶1。列表如表 4.2.1。

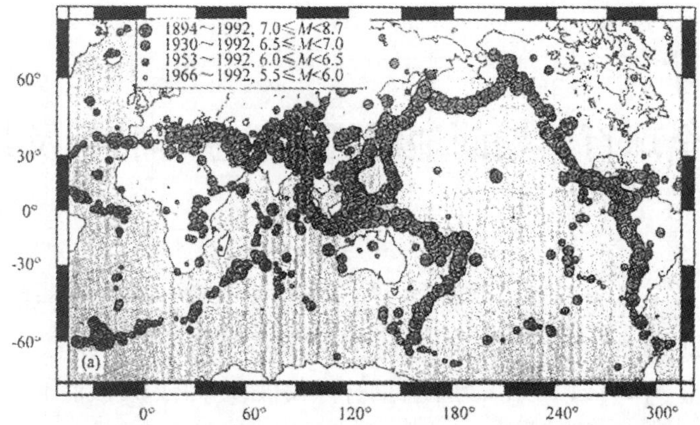

(a) 浅源 $h \leqslant 60$km 地震分布密度最大

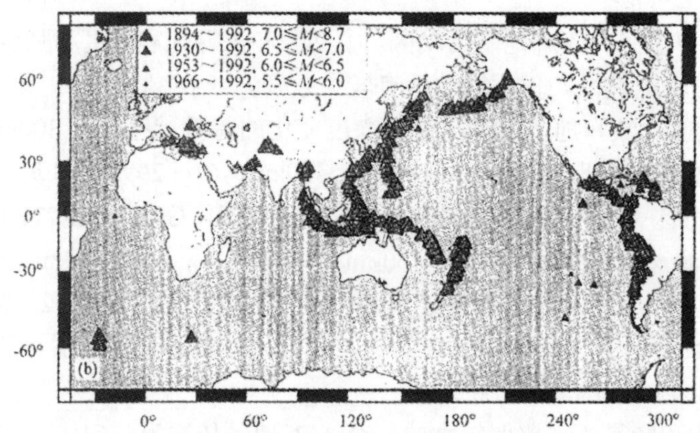

(b) 中深源 h=61～299km 地震分布密度居中

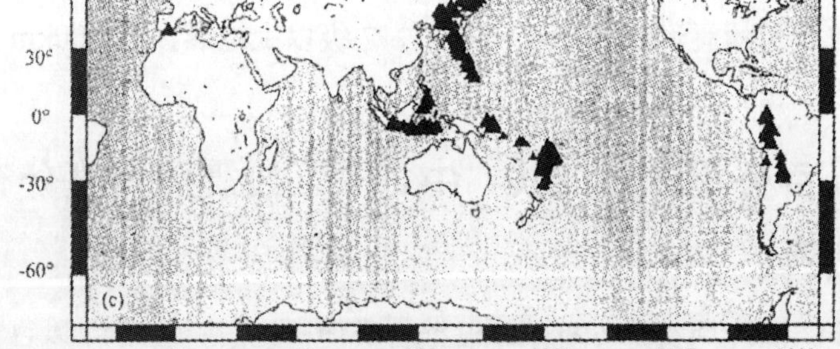

(c) 深源 $h \geqslant 300$km 地震分布密度最小

图 4.2.1 全球三段震源深度地震活动度对比图

（原图引自 傅征祥等，(2009)，第 126 页）

表 4.2.1 浅、中、深具备的 9 个分区计算各种震源深度的次数和能量对比表

编号	地区名（简写）	原分区（GRi）	$h_1 \geqslant 300$km		$61 \leqslant h_2 \leqslant 299$		$h_3 \leqslant 60$		$N_1:N_2:N_3$	$e_1:e_2:e_3$
			N_1	Σe_1	N_2	Σe_2	N_3	Σe_3		
1	南美	8	88	0.374	294	0.78	447	2.11	1∶3∶5	1∶2∶6
2	汤一克	12	245	0.540	177	0.32	547	1.15	1∶1∶2	1∶1∶1
3	马里亚纳	18	109	0.180	90	0.28	141	0.40	1∶1∶1	1∶1∶2

续表

编号	地区名（简写）	原分区（GRi）	h_1≥300km		61≤h_2≤299		h_3≤60		$N_1:N_2:N_3$	$e_1:e_2:e_3$
			N_1	Σe_1	N_2	Σe_2	N_3	Σe_3		
4	日本	19、46、20	107	0.263	249	0.98	1215	3.77	1∶2∶11	1∶4∶14
5	菲律宾	22	15	0.016	81	0.09	310	1.15	1∶5∶21	1∶6∶72
6	马鲁古	23	18	0.028	118	0.21	336	0.69	1∶7∶19	1∶8∶25
7	印度尼西亚	24	72	0.113	201	0.32	428	1.10	1∶3∶6	1∶3∶10
8	中国	27	19	0.083	39	0.08	706	2.24	1∶2∶37	1∶1∶28
9	西欧东地中海	31	2	0.012	7	0.003	68	0.42	1∶4∶34	1∶1∶35
平　均									1∶2∶6	1∶2∶8
合　计			676	1.61E16J	1256	2.96E16J	4198	13.03E16J		
百分比（$N_i/\Sigma N$）			16%	12%	21%		68%			

说明：①GR19、GR20 和 GR46 合并为一个区。9 个区的地震总数 6130 次，能量 e 合计约 17.60 E16J；②3 种震源深度（深、中、浅）的地震次数比平均为 1∶2∶6；能量比为 1∶2∶8。两个比例数值有 0.2 的差别，原因之一是震级标准按 6 级有 5.9～6.1 之间的取、舍问题；其二是震级-能量变换的经验公式（作者、地区）差别大（《地震工作手册》第 129～132 页）；③统计数字中不包含仅有浅源和仅有浅源、中深源的地区；④在 9 个地区中，3 种震源深度的地震次数比和地震能量比各区差别相当大。最大相差 37 倍（地震次数）和大约 40 倍以上（地震能量）。

4.3　地震带　深震区　地震槽

4.3.1　四个地震带

全球 18 个地震亚系大致归并为 4 个地震带，分别是：环太平洋地震带、欧亚地震带、大西洋－北冰洋地震带以及印度洋地震带。与古登堡-里克特（1954）地震带的划分格局大同小异。地震次数的统计略有出入。

环太平洋地震带占全球地震活动度的 70%以上。欧亚地震带在世界地震活动总量中，小于 20%（参见表 3.1.1 北大陆地震系的西段）。其他地震带小于 10%。地震灾害欧亚地震带占有全球总数的 85%，环太平洋地震带略大于 10%，其他地震带小于 5%。四个地震带的地震活动性参数如表 4.3.1 所示。

表 4.3.1　4 个地震带活动性参数表

编号	地震带	a_r（万平方公里）	N (M≥6)	N/a_r	e 10^{15}J	$\rho_e=e/a_r$ 10^{15}J	N/T (y)	e/T(y) (PJ) (1PJ=10^{15}J)	a	b	a/b	$A(b)$	S	σ
1	环太平洋带	3108	8301	2.7	22.24～33.50	7.2～10.8	82	220～330	11.34	1.19	9.5	* (12)	8.96	128
2	欧亚区带	2206	2439	1.1	6.53～7.60	3.0～3.4	24	65～75	10.16	1.11	9.2	(11.90)	8.29	50
3	大西洋北冰洋区带	364	472	1.3	0.18～0.29	0.5～0.8	4.7	2～3	9.62	1.18	8.2	(9.5)	6.92	39
4	印度洋区带	133	231	1.7	0.25～0.35	1.9～2.6	2.3	3～4	8.87	1.09	8.1	(9.1)	6.9	45

结论：地震次数 N，环太平洋共计 8301 次，分别是欧亚带（2439 次）的 3.4 倍，大西洋、北冰洋带的 11.6 倍，印度洋带的 36 倍。释放地震能量，太平洋带共计 22.24 EJ，分别是欧亚带的 3.4 倍，大西洋、北冰洋带的 124 倍；印度洋带的 89 倍。*（）表示合并古登堡-里克特（1954）分区重叠。

4.3.2 十个深震区

十个深震区的深震次数仅供参考，其中“最大深度”是过去百年期间的可能最大深度和相应震级。

十个深震区的最深公里数不同。各个分区的深震统计次数大约有 1%～3%的偏差。这是由于中深源（h<300km）和深源（h≥300km）的界限以百公里计数的数字划分档次，经常因 1km 之差而改变（档次）。

(1) 汤加群岛 140 次。震源深度在 8～680km 之间，其中 8～70km 的地震次数占 53%，71～340km 占 20%，340～560km 占 3～5%，560～680km 占 23%。最大深度 680km（M6.7）；

(2) 克马德克群岛 31 次。震源深度在 8～630km 之间，其中 8～70km 的地震次数占 43%，71～340km 占 30%，340～560km 占 9%，560～630km 占 13%。最大深度 630km（M6.3）；

(3) 新赫布里底群岛 36 次。最大深度 630～650km（两个 GR 分区接合地区）；

(4) 中国东北-日本海 68 次。最大深度 595km（M=7.7）；

(5) 千岛群岛-鄂霍次克海 71 次。最大深度 650km（M=6.5）；

(6) 小笠原群岛 89 次。震源最深 530km（M=6.7）；

(7) 马里亚纳群岛 78 次。震源最深 680km（M=7.0）；

(8) 菲律宾 26 次。震源最深 680km（M=6.8）；

(9) 印度尼西亚弗洛勒斯海-班达海 68 次。震源最深 720km（M=6.9）；

(10) 南美州深震区 69 次。震源最深 653km（M=7.9）。

在 10 个深源地震区地震总数 676 次，占全球百年期间地震总数的大约 16%，地震能量约占 12%（表 2.5.1）。

深震区主要分布在环太平洋周边的海沟—岛弧地带—板块俯冲消减带。

百年期间，世界震源最深的 3 次均发生在印度尼西亚地区的佛罗勒斯海域（参见 8.24 节）。

震级最大的一次深源地震发生于 1994 年 6 月 9 日，在玻利维亚北部罗加瓜湖地区（13.9° S，67.5° W），深度 h=640km，震级 M_S=7.4（M_W8.2）（详见 8.8 节）。至今有地震仪记录以来的震级最大的深震，震源机制与浅源地震类似。这次深源地震灾情较重，在西半球震感范围相当大。正是这次深源地震的发生，以及得以系统、完整地获得世界数字台网观测资料，使得现代深部地球物理学术研究有了新的进展。

在日本和南美州等地区存在“双层地震面”以及地震面的“层间无震空白带”（图参见第 7.4 节；文字参见 8.19 节）。

在表 4.3.2 中，提供了三种震源深度地震总次数的大致情况。

表 4.3.2 三种震源深度地震总次数比较表

h_i（km）	≤60	61～299	≥300	总次数
ΣN	8376	2405	676	11457
各深度次数之间的比值	12.3	3.5	1	
与总次数之百分比	73.1	21	5.9	

说明：ΣN：百年期间全世界 M≥6 的三种震源深度的地震总次数为 11457（表 2.5.1，统计误差为 1‰）。

4.3.3 两处中深源地震巢

“地震巢”（seismic nest）的震源空间分布剖面图类似为鸟巢形（参见兴都库什地震巢剖面示

意图 4.3.3.2），分别为帕米尔山区兴都库什地震巢和罗马尼亚东部弗朗恰地震巢。

1．兴都库什地震巢在帕米尔扭结地区

兴都库什地震巢平面示意图如图 4.3.1。

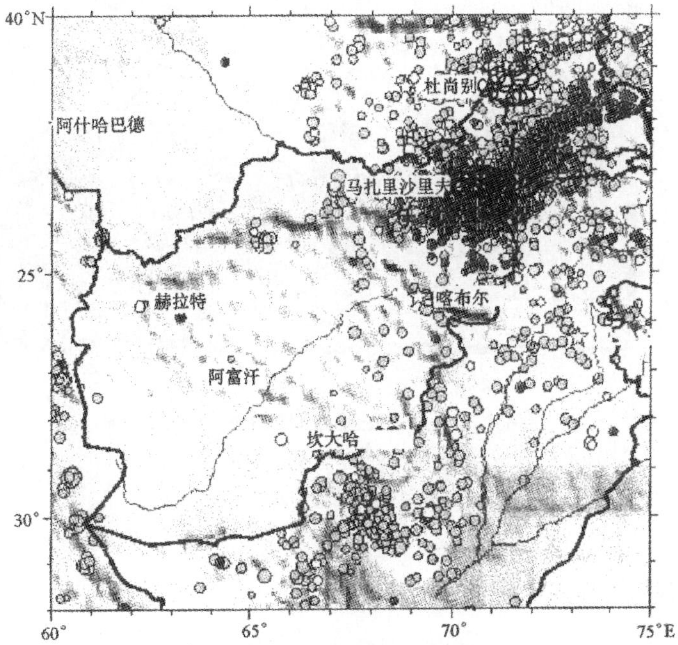

图 4.3.1　兴都库什地震巢平面示意图

（黑色点位密集区核心为地震巢位）

（原图据傅征祥等（2009））

地震巢的形成不同于海沟—岛弧地带的板块俯冲或板内地震的活断层等构造运动，而是几亿年以来块体之间相互挤压、仰冲、俯冲以及旋转等多种形式构造运动的综合过程（参见 6.9 节和 8.47 节）。

兴都库什地震巢剖面示意图如图 4.3.2 所示。

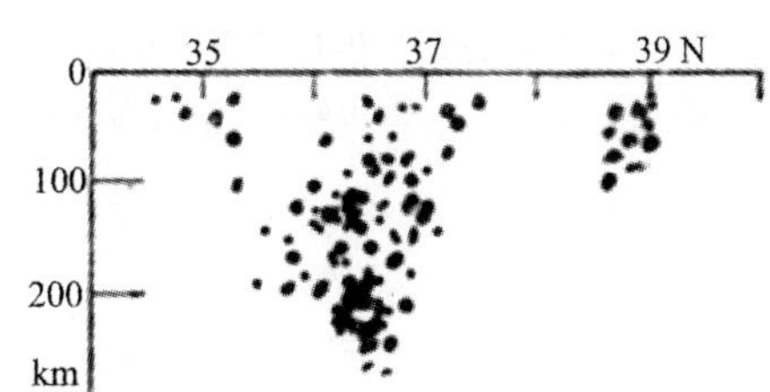

图 4.3.2　兴都库什地震巢剖面示意图

2．弗朗恰地震巢

弗朗恰地震位于罗马尼亚东部东喀尔巴阡山和南喀尔巴阡山交会地区，该区直下方的岩石圈底部发生较密集构造断陷等活动，形成地理地形图像的“喀尔巴阡山结”或称“喀尔巴阡扭结”，相应地，在“扭结”直下方的“岩石圈”底部发生了较密集构造断陷活动，这里称为“弗郎恰中深源地震巢”。弗朗恰地震巢深 55～145km，震级最大 7.4 级。参见图 4.3.3。

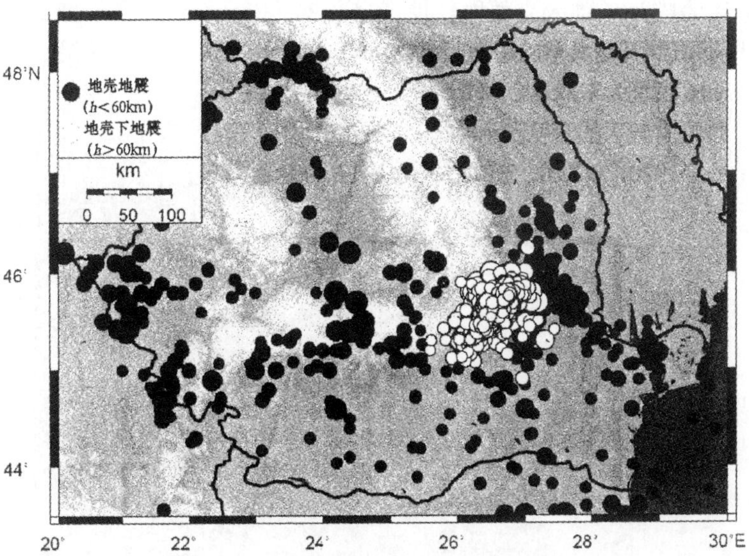

图 4.3.3 罗马尼亚弗朗恰地震巢位示意图

"白色圆圈"聚集区为喀尔巴阡扭结地震巢位

（引自傅征祥等（2009），第 156 页）

4.3.4 一处深震异常点

深震异常点在西班牙南部滨海地区。地震发生于 1954 年 3 月 29 日，震中坐标 37.0N，3.6W，震源深 640km，震级 7.1。这是 20 世纪唯一的一次非深源地震区的深震活动（参见 8.31 节）。

西班牙深震异常点（"黑色矩形"大致位置）示意图如图 4.3.4。

图 4.3.4 西班牙深震异常点（"黑色矩形"大致位置）示意图

（东部为意大利、希腊等东地中海地震密集区）

4.3.5 一次深源巨大地震

1994 年 6 月 9 日 0 时 33 分，在南美洲玻利维亚西北部罗加瓜湖附近（13.87° S，67.51° W）发生的震级 M_W=8.3 深源地震，是全世界有仪器记录以来最大最深的地震，震源深度 640km。震中区历来地震活动非常稀少。震源机制与浅源地震类似。这次地震未引起什么破坏，但西半球大部分地区都有震感（参考 GR 8）。

多年来深源地震的发生机制一直是地震学家非常关注的问题。这次高震级地震的小破裂尺度、慢破裂速度、高应力降和地震波的双力偶源辐射特征等特点，再次引起了对深源地震发生机制的广泛关注。

深震激发了前所未见的地球自由振荡。与浅源大地震激发的振荡不同，这次激发了更显著的高阶自由振荡，研究这些振荡可获得更多的地核和地幔深部结构的信息,而浅源大地震由于激发的面波强，常会掩盖了高阶自由振荡。

百年期间最大深震位置示意图如图 4.3.5。

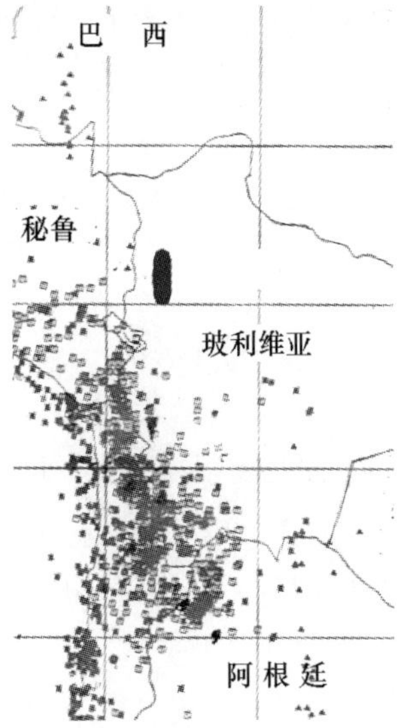

图 4.3.5　百年期间巨大深震位置示意图

（黑色圆柱为巨大深震位置“黑色点位”历史地震）

（底图根据 USNOAA，1978，$M \geqslant 4.5$）

4.4　记录震级上限和下限直接与活断层长度有关

震级上限（或某地区最大震级）在全球各地震高发区，无论是板缘地震还是板内地震，差别均较大。$M \geqslant 8$ 巨大地震的差别一般看来小于 0.5，个别 0.9；强震或中强震小于 1 级。

偌大个地球，全球地震活动地质背景何等复杂，且各科学家的经验背景有别，所提供的经验公式多有不同，甚至于相互矛盾。把它们列出来便于对比参考，不一定做为根据。

有些地区永远不可能发生至今已知的最高应变能的积累导致发生的巨大地震，例如各大洋中脊，大陆裂谷带和诸如南中国海以及地中海等张性断裂区等等；有的地区一直没有甚至于“永远”不会发生哪怕是最微弱的活动，例如现今已知的古老地台或地盾等地区。

下面收集的各家有关经验关系公式只是一小部分仅供参考。

4.4.1　震级上限、地震活动度、震级与断层长度

震级有上限最大，但下限最小值不能确定。

震级上、下限是描述地震活动性的重要参数之一。震级上限取决于活断层的最长尺度。上限首先根据历史记载的最大震级，其次根据各该地区活断层长度资料建立经验公式近似计算获得；下限根据地震地质历史资料结合岩石材料的实验室记录获得。但是这一类统计数据离散都非常之大，仅仅作为一种参考。

以下公式说明，断层长度与震级之间存在线性关系；断层的最大长度对应着最大震级。M=8.5 级断层 J 的极限长度一般是 200～350km，个别达 500～1000km。

公式（4.4.1）至（4.4.7）基本适于板内地震；（4.4.9）基本适于板缘地震。

1．活断层长度对应最大震级（M_S）经验公式（李善邦，1981）

中国地区：

$$M=1.5 \cdot \lg J+4.9 \quad (n=16) \tag{4.4.1}$$

$$M=1.7 \cdot \lg D+6.9 \quad (n=10) \tag{4.4.2}$$

日本地区：

$$M=1.1 \cdot \lg J+6.1 \quad (n=9) \tag{4.4.3}$$

$$M=1.6 \cdot \lg D+6.9 \quad (n=9) \tag{4.4.4}$$

北美洲

$$M=1.7 \cdot \lg J+4.5 \quad (n=15) \tag{4.4.5}$$

$$M=2.0 \cdot \lg D+6.2 \quad (n=12) \tag{4.4.6}$$

土耳其

$$M=1.1 \cdot \lg J+5.2 \quad (n=10) \tag{4.4.7}$$

$$M=1.5 \cdot \lg D+6.9 \quad (n=7) \tag{4.4.8}$$

全球情况

$$M=0.76 \cdot \lg J+6.1 \quad (n=39) \tag{4.4.9}$$

$$M=1.8 \cdot \lg D+6.8 \quad (n=30) \tag{4.4.10}$$

式中，J 为断层长度（km）；D 代表错距（m）。以上公式离散均相当之大 ，平均误差达 1～5 倍。

2．震级上限的冈贝尔极值统计

以下引自郭安宁，陈家超（2002）。

设地震发生为均匀泊松过程，震级-频度关系遵从古登堡-里克特（1954）经验公式：

$$\lg N=a-bM \tag{4.4.11}$$

单位时间内震级不超过 M 的最大地震发生概率为

$$G(M)=\exp\{-\exp[-\beta(m-u)]\} \tag{4.4.12}$$

式中，$u=\beta^{-1}\ln\lambda, \beta=b\ln 10$, λ 为地震年平均发生率，b 为式（4.4.11）中的统计常数。由式（4.4.11）可得单位时间内震级大于 M 的地震平均发生次数为

$$N(M)=\exp[-\beta(m-u)] \tag{4.4.13}$$

其平均复发周期为

$$T(M)=N(M)^{-1}=\exp[\beta(m-u)] \tag{4.4.1.14}$$

3．震级上限与地震活动度

将地震按能级 k=lg$e$ 分级，e 为地震波能。地震活动度 v（单位时间内 100km^2 面积上等效于能级 k=10 的地震的发生次数）与最大能级 k_{max} 的经验关系为

$$\lg v=2.84+0.21(K_{max}-15) \tag{4.4.15}$$

地震活动区内任意地点的地震活动度或用下式表示：

$$v=\sum_{i=1}^{N}10^{b(M_i-M_0)} \tag{4.4.16}$$

式中，M_0 为选用的等效地震震级；N 为以该点为中心某给定半径以内地区的地震发生次数；M_i 为各次地震震级；b 为常数，由大小地震关系公式（4.4.11）确定。

地震活动度度一般描述为

$$W=a/b \tag{4.4.17}$$

式中，a 和 b 为古-里经验关系（4.4.11）的常数项。

4．震级上限取决于活断层长度

活动构造与最大震级关系用两个地质准则求得，一是垂直运动速度梯度，二是具有这种速度梯度的断裂带长度（M.B.格卓夫斯基，1964），表达式为

$$\lg u_{max}\approx 2\cdot\lg|\mathrm{gard}v|m+3\cdot\lg l+C_u \tag{4.4.18}$$

式中，l 是最大的断层长度；m 代表断层质量；C_u 对一定地区是个常数，该地区具有一定地质历史和深部结构。在中亚细亚，v 以每年的速度梯度量为单位，断裂长度以 km 为单位，能量以 J 为单位，于是无量纲常数值 C_u 近似 25。

郭增建（1964，1965）提供

$$M=5.65+0.98\lg\cdot l(\mathrm{km}) \tag{4.4.19}$$

式中，l、L 表示断裂长度。

$$M_S = 3.58 + 2 \cdot \lg l(\text{km}) \tag{4.4.20}$$

(4.4.1.20)

或

$$M = 2.1 \cdot \lg l + 3.3$$

1920 年 12 月 16 日海原 8.5 级震级 M 与震源错动幅度 D（以厘米为单位）的经验关系式：

$$D = 10^{(0.52M - 1.25)} \tag{4.4.21}$$

表示 1927 年古浪大地震断裂长度 l（大约 220km，按 M=8.2）的经验公式为

$$M = 3.3 + 2.1 \cdot \lg l(\text{km}) \tag{4.4.22}$$

丁国瑜等（1993）根据中国 24 次强震的震级和破裂长度，利用最小二乘法，得到震级 M_S 和破裂长度 L 有如下式：

$$M_S = 4.278 + 1.653 \cdot \lg L \tag{4.4.23}$$

或

$$\lg L = 0.605M - 2.588 \tag{4.4.24}$$

其中，相关系数 γ=0.894；均方差 σ=0.583。

矩震级 M_W 与断层长度 L 的统计关系：

$$M_W = 3.773 + 1.785 \cdot \lg L \tag{4.4.25}$$

或

$$\lg L = 0.56M_W - 2.114 \tag{4.4.26}$$

其中，相关系数 γ=0.914；均方差 σ=0.617。

陈培善等（1986）给出的 M_S-L 的理论关系为

$$\lg L = 0.5M_S - 1.94 \quad (6.4 < M_S \leqslant 7.5) \tag{4.4.27}$$

$$\lg L = M_S - 5.84 \quad (7.8 < M_S \leqslant 8.5) \tag{4.4.28}$$

4.4.2 实际观测的地震震级最大和最小

最近百多年以来各国、各地区地震台网观测数据和历史记载资料表明，大地震的震级是有限度的，不可能发生无限大的活动。进入 20 世纪以来，记录全球最大震级 M_W9.6[1960 年 5 月 22 日智利康塞普西翁附近（−38.20，−72.60，M_S 8.5）]和两次较大震级 M_W9.0[2004 年 12 月 26 日印度尼西亚北苏门答腊地震（3.41，95.90，h=26km，CDSN 测定面波震级 M_S8.9)；2011 年 3 月 11 日东日本近海地震（38.3，142.4，h=24km），CDSN 面波震级 M_S8.6]。

坪井（1957）计算获得 1cm^3 的岩石所蓄积的应变能的极限为 2.5×0.0001 尔格～2×0.00001 尔格。

4.4.3 矩震级 M_W—面波震级 M_S—震级饱和

为数不算太少的巨大地震面波震级 M_S 较大，其矩震级 M_W 反而较小。检查总计 118 次巨大地震，随机抽查有意义的 15 次，其中一多半 M_W 小，M_S 大（8 次占 53%）。举例如下：

（震级 M_S：1952 年以前由古登堡测定，1958 年以后由中国台网测定）

M_S=8.6（M_W8.1，1906 年 1 月 31 日，厄瓜多尔）

M_S=8.3（M_W 7.9，1906 年 4 月 18 日，美国旧金山）

M_S=8.5（M_W 8.3，1920 年 12 月 16 日，中国宁夏海原）

M_S=8.2（M_W 7.9，1923 年 9 月 1 日，日本关东地区东京直下型）

M_S=8.0（M_W 7.7，1927 年 5 月 23 日，中国甘肃古浪）

M_S=8.5（M_W 8.4，1933 年 3 月 2 日，日本三陆近海）

M_S=8.6（M_W 8.6，1950 年 8 月 15 日，中国西藏察隅地区）

M_S=8.3（M_W 9.0，1952 年 11 月 4 日，俄罗斯勘察加半岛）

M_S=8.1（M_W 8.4，1958 年 11 月 6 日，日本北海道以东近海）
M_S=8.5（M_W 9.6，1960 年 5 月 22 日，智利康塞普西翁地区）
M_S=8.5（M_W 9.2，1964 年 3 月 28 日，阿拉斯加安克蕾奇附近）
M_S=8.2（M_W 7.8，2001 年 11 月 4 日，中国青海昆仑山口西）
M_S=8.9（M_W 9.0，2004 年 12 月 26 日，印度尼西亚班答亚齐地区）
M_S=8.0（M_W 7.9，2008 年 5 月 12 日，中国四川汶川）
M_S=8.8（M_W 8.3，2010 年 2 月 27 日，智利康塞普西翁以北）
M_S=8.6（M_W 9.0，2011 年 3 月 11 日，日本本州近海）
有些地区从来没有大地震的记录而只有较小（$M<6$）的活动。

至今记录天然地震最小震级为负 3 级或更小。这是由于现代世界地震台网置设的较高频高灵敏度地震仪放大倍率相当高，达数十万倍数量级，地动位移以纳米（百万分之一毫米）计，采用“地方震级”经验公式——引申 C.F.里克特（1935）等近震公式计算，于是得到看来是最小的数值。

在实验室岩石微破裂实验记录中，可以得到 M 为-6～-10（饭尾能久，1984）的超微震级。

4.4.4 震级换算地震能量以及 TNT 当量历来无确定值

对于任意同一事件，不同作者用不同地区地震台的地震图，以震级 M 换算地震能量 e 或 TNT 当量 y 的数值，普遍存在很大差别，达数倍以致数量级的程度。所以，M、e、y 三量互换无定值。

注：有些机构（包括中国和前苏联地球物理研究所等），仿效古登堡（1942，1949，1958）用地震图直接计算地震能量，同时与已知震级建立经验关系式（参见 2.5 节）。

计算某一次事件能量的方法，用地震（波）总能量（e）表示，

$$e\text{（总能量）} = e_p\text{（体波纵波能量）} + e_s\text{（体波横波能量）} \qquad (4.4.29)$$

这种计算方法过于繁琐。为简便计算，改用震级-能量经验公式。包括我们以及大多数国际地震专家“同行”，在日常工作中根据古-里经验公式[公式（2.5.1）]用震级换算能量。我们这里能量基本单位取“E16 J”（表 2.5.1）。

全球百年期间地震释放的能量总和（单位 E18J ）e_1 或 e_2（表 2.5.1）相当于一两次 M_S9.9 地震事件，TNT 当量大约为十亿吨级至百亿吨级（震级-能量-当量经验公式各家作者参见《地震工作手册》第 130～132 页）。

当然，不可能一次发生如此巨大地震。因为地质构造断裂带的分段构造的长度有限，以及承载断裂带的岩块体积大小和抗应力强度有限等因素不可能积累起超过现在已知最高震级地震的巨大应变能。

注：对于不同地区和不同作者震级 M_S 换算 TNT 当量的经验公式计算值差别很大，这是因为：

(1) 全球各个地区的地震波传播介质物理性质差别大，导致地震台网之间测定震级发生至少 1/4 级的偏差；

(2) 地震波频率域相当宽，计算能量用高频部分和用较低频或低频部分差别可达若干倍以致几个数量级；

(3) 核爆炸激发的地震波频谱带宽比天然地震窄很多，不足天然地震的 10%；

(4) 众家作者提供的震级-当量“换算经验公式”均是属于“地区的或特定条件之下经验性”的，全球范围不可能有统一的通用换算公式。震级-TNT 当量 y 经验公式各家作者参见《地震工作手册》第 131～132 页。

4.5 地震深源和浅源的余震活动之比较

4.5.1 浅源地震余震活动频繁

所谓“浅源地震”的震源在地壳上层，一般小于 25km（李善邦，赵荣国，手稿，1956）；或

震源深度一般小于 60km（B.古登堡，C.F.里克特，1954）；或小于 70km（H.杰佛里斯，K.E.布伦，1940）。根据地震台网记录地震图（seismogram）出现“直达波”Pg,Sg 的地震活动皆为“浅源”地震，震源限定在地壳上层—花岗岩层。

浅源地震的余震问题参见 5.4 节和 5.5 节。

4.5.2 深源地震余震活动非常有限

关于震源深度，根据 B.古登堡和 C.F.里克特（1954）震源较深的地震活动分作“中深源”(深度小于 300km）和“深源”(大于 300km)两个档次。

有关深源地震的全球地理分布参见第 8 章的有关章节。

深源地震的余震活动特点应该相对于浅源地震而言。

在全球范围不太多见的震源深度大于 500km 的深源地震的余震，其“次数”一般少于同级浅源地震的千分之一，或更少；“震级数值”小于主震的二分之一；“能量”小于主震的大约十万分之一以致百万分之一。

例如 1994 年 6 月 9 日玻利维亚西部圣何塞和圣罗莎一带(13.87°S,67.51°W，h=637～640km)，矩震级 M_W8.3（CDSN 测定震级 M_S8.2），是自从全球台网观测以来所记录的震级最大的一次深源事件。然而其余震活动仅仅 4 次，震级不大，列出如下：

1994/06/09 05:26:31.50，−13.90°、−67.22°， h=646.0km，m_b 5.1

1994/06/10 01:25:53.76，−13.72°、−67.30°， h =635.6km，m_b 4.3

1994/06/23 10:45:10.76，−13.83°、−66.98°， h =654.8km，m_b 4.4

1994/07/09 13:04:03.09，−13.94°、−67.28°， h =646.1km，m_b 4.1

又如 1954 年 3 月 29 日发生在伊比利亚半岛西班牙南部滨海地区（37.0°N，3.6°W，M=7.1），震源深度达 640km，这是有地震仪记录以来，就全球范围而言，发生在浅源地震活动区的唯一次深源大地震。地震机构 BCIS(设立在法国 Strasbourg 的国际地震中央局)提供了大约 3 次震级小于 4 级的余震；而地震机构 ISS（当时设在英国 KEW 城的国际地震汇编，今 ISC 的前身）仅仅列出 1 次可疑的只有 5 个地震台记录的余震资料。为这两次深源地震主震事件各地震机构提供的当时世界地震台网观测初至波符号数据显示，震源机制无异于一般浅源大地震的震源物理过程。

全球深源地震活动主要分布在环太平洋地震带岛弧-海沟带而且具有多种活动形式。

4.5.3 深源地震的中强震群一例

于 2011 年 7 月 29 日斐济群岛南部（−23.6°，179.8°，h528km）M_W6.6 深源地震，后续少有的“中强深源震群”。自 7 月 29 日至 11 月 30 日在纬度-14.8°～-25.1°，经度-176.5°～180.0°，涉及纬度差 10.3°，折算距离南北长 1153km；经度差 3.5°，折算距离东西宽 389km，震源深度 487～629km 区间，震级 4.7～6.6 级总计大约 39 次。序列中期（9 月 15 日）突发 M_W7.2（−21.6°，−179.3°，h593km）。期间牵动大约 3 次中深源活动(h200～290km)。

近百多年来全球地震台网对于震级小于 6 级的深源地震没有查到相对应的余震记录。

科学家们为此进行了多方面研究和设想。一方面属于地震活动性和地震成因问题，也是地球内部物理学问题。

第五章　板块构造 板缘地震 板内地震 地震序列 前震和前兆震群

中国地震学家成功预报海城大地震挽救了数万人的生命；也由于误解了这次地震序列的后期活动而导致随后的唐山地震的未能预报

章节概要

这一章主要讨论涉及监测预报核心问题的前震、前兆震群等地震活动性的一些主要方面，以及 20 世纪六七十年代中国大陆东半部地区十年地震序列的特殊性等问题。

“板块构造学”把全球地震活动概括划分作板缘地震和板内地震两大类型。划分原则主要根据地震发生地区的地质构造背景、地震成因以及其它地球物理参量等。两个类型的共同点是：地震活动无论规模大小，不分地域，不分成因，均表现为序列形式。

地震活动无意识更无国界的限制。

地震灾害板缘地震和板内地震效果相同主导的差别海域海啸，山区和陆地是塌方、滑坡等。

监测预报是出于防震减灾的需要，然而真正科学意义的工作应该是全球任何地震区的研究。无论是板缘地震或是板内地震，多年经验证明监测预报研究不能“就事论事”，这其中需要解决的核心问题依然是地震序列中的前震活动和前兆震群的辨别及确认。

地震监测预报不仅仅是地震学或地质学独家的事，地球内部物理学也难辞其咎；有关地球科学甚至于天体物理学也不该列在局外（《行星和地球内部物理学》杂志的由来）。

5.1　板缘地震

美国地震学家（Bruce A. Bolt，1993）认为，严格意义上的地震预报是不可能的。但是在世界上某些地区，尤其是板块边缘地区，其未来最大地震震级及未来几十年发震概率已经被估计出来。

板缘地震属于板块边缘地震或定名为板块边界线地震（plate boundary earthquake）活动。一般认为，是发生在板块接合带（plate juncture）的地震活动。板块结合带究竟有多宽？没人测量过。只能目测震中坐标的经度分布或纬度分布，估计在 100～200km 之间。据统计，全球地震活动度的 90%以上归属于板缘地震活动。与板内地震比较，活动频度较高，强度较大。按地理地带和活动度规模；大致分作：A 类——大洋中脊转换断层地带，B 类——板块俯冲和消减带—海沟-岛弧带以及 C 类——大陆裂谷地带等三个类型的规模相差悬殊的地震活动。地震成因类型，根据板块构造运动理论，分别发生于大洋岩壳的出生和成长过程——A 类、板块俯冲泯没过程——B 类、大陆岩块——地台、地盾等地区的巨型裂隙——C 类，等等，均属于全球岩石圈层总体“随机变动”的一种不可逆转和无法监控的效应。

震源深度分布：A 类和 C 类一般为 8～10km，无巨大地震；B 类 10～720km，多巨大地震。

5.2　板内地震

地震预报问题谈论最多的主要是指板内地震。

板内地震（intraplate earthquake）是发生在板块接合带所划定的地理范围之内的地震活动，或称为“内陆地震”活动。地震活动频度较低，仅占全球总体地震活动的 5%～10%。但是总强度在全球范围比重并不小，可达 20%~30%。“板内地震”的成因，主要由于全球板块构造运动过程中，各个块体之间发生相互碰撞、摩擦、挤压、拉伸、扭曲等等作用而发生的“大地构造运动”，断裂的形式主要为板内裂隙性的水平向，而垂向冲断裂活动较少。震源在地壳内，一般小于 60km。属于第四纪具有现代意义的“新构造运动”中，随机发生的“活断层”或“活动构造”等复杂测不准确的地质灾变现象。

5.3　地震序列问题

地震序列（earthquake sequence）尚有需要认真思考的问题。

本书认为地震序列应该有两个类型：一是“点序列”，二是“面序列”。

“点序列”即平常所说的“地震序列”，为发生在同一震源体具有直接成因联系的一组地震活动（徐世芳、李博主编，《地震学词典》第 130 页，是一次地震事件的发生、发展直至结束的全过程。设想地壳岩石圈层具有一定体积规模的某一部分的断裂，绝非掰开一块砖头那么简单，必然有一个从初始裂隙和破裂传播（前震）-大破裂（主震）-破裂弛豫（余震）的物理全过程，表现为所谓“前-主-余”的常规程序。但是在地球 1.48E14 平方米的广袤陆地总面积上，各局部地区地壳岩石圈层物理的和化学的性质、结构以及起因等情况千差万别，破裂过程形式复杂多变，且人们的知识面尚属有限，无疑我们的这种“前-主-余”的概括是否过于简单和天真。许多地震活动只有突发“主和余”而无“前”，或者只有无数的“前”而无“主”。震源深度的改变在左右着序列形式。深源地震极少有巨大地震；与浅源比较，十分有限的余震活动均呈“戛然而止”的结局等等（参见 4.5.2 节），均表明地震过程有着诸多不解的问题。

“面序列”或广义地震序列是发生在同一地质构造体系或同一地震活动区有限时段内比较集中发生的组合地震活动形式。例如 1966 年起始的“中国大陆东半部地区十年地震序列”或“华北十年地震序列活动”，其特点：①在大约 10 年 4 个月 22 天期间，发生 8 次有意义地震（均不计余震）；②限定在华北板块一组走向北东—南西的活断层体系。参见 5.10 和 5.11 节。另几组是在同一个年代的云、贵、川地区的多组双强震和震群序列。

推而广之，我们可以说，全球地震活动，不论时间、地域、震级大小，皆表现为序列形式。地震目录中的任何一次事件均为一次独立的序列活动。一组地震序列可以是作者“自定义”设定的“时空过程”；也可以依自然分布的时空特性范围内的取舍划定，视作者考虑问题时的需要而已。当然不能随意组合，必须注意尽量贴近眼下认知的地震活动有内在联系的自然区带划分原则，地震序列表现有多种形式，不同的形式其所属的各次事件具有“特定从属关系”，诸如“主从关系”（主震余震型序列）、“群聚关系”（震群型序列）、“组合关系”（双震型序列），以及前震活动的“近亲关系”和“远亲关系”等等，总之，地震活动无事件不关联，其紧密程度均取决于震源区岩石特性或地区的地质构造格局。如果视全球为一整体，地震活动不问特定时空只说事件，全球总体任何一定时段的地震活动均可视为“一个序列”，例如表现为全球 8 级以上巨大地震能量释放曲线或蠕变曲线在双对数坐标图显示线性关系的“贝尼奥夫序列”（H. 贝尼奥夫，1955）等等。

我们通常所说的地震序列属于“点序列”一类，仅限于某一地质构造单元（带）和限定“震源点位”（或震源区）的或“前兆序列”等。分作主震余震型、前震型、双震型、震群型以及孤立主震等大致几个类型。

5.4　主震余震型序列比较普遍

主震型序列（main shock type earthquake）或写为“主震余震型地震序列”是常见的地震序列形式。

主震（main shock）是一次地震序列中震级最大者。主震之前多数没有记录震级相对较小的前震。根据吴开统等对中国大陆地区的统计，主震型序列在全部地震序列活动中的次数占 63.4%。其特征是一个序列中只有 1 次震级最大的地震为主震。大约 70%以上（一说 85%以上）没有明显的“前震”活动。

余震（after shock）均为发生在主震之后的一系列较小地震形成的序列，浅源地震频次高，持续时日长久，几乎无明显截止期。其震级最大者为强余震，与主震之震级差$\Delta M = M_{主} - M_{余} = 1.2$～1.5，通常该值离散在0.6～2.4之间，这里称为主震与最大余震关系的“开统规律”（1990）。巴特（Bath）提出震级差平均大约为1.2，被称为 “巴特法则”（1955 ？）。 强余震的80％发生在主震后10小时之内，在两天之内发生的情况不多，超过1个月的情况极少。大地震或巨大地震的极少数“晚期强余震”发生在主震后100天或500天。

震源较深的余震活动，随震源以百公里计数的逐渐向深，余震次数以方指数减少。有时深源巨大地震余震次数小于两位数，持续时日最多一个月，震级主-余之差一般小于3。没有强余震记录。

浅源大地震主震型序列的较大余震自身也有次级余震活动成为“第二代”以致“第三代”等的余震序列。后边的各代余震序列活动经常是“祖孙三代”同一时段都先后报到，如何划分其中的“父子关系”相当困难。当然区分它们的实际意义不大。

深源地震没有观测到明显“第三代”余震的记录。

刘正荣（1984）提出用经验公式计算地震序列的最大地震或最大余震M_m的截至时间T_c。

$$M_m = 1/b\lg(1+bN\cdot\ln 10) + M_1 - 1/2b\lg(1+b\ln 10) \tag{5.4.1}$$

式中，M_1为起算震级，$b=0.4343/(M-M_1)$，M是所有震级≥M_1的平均震级，然后绘制计算最大余震“量板”。

谷继成等（1979，1983）指出余震的时间分布关系为双对数关系。

大森房吉（1891）提出主震之后，余震随时间衰减公式为

$$n(t)=k/(t+c) \tag{5.4.2}$$

宇津德治（1975）提出改良大森公式为

$$n(t)=k/(t+c)p \tag{5.4.3}$$

式中，p、c和k为不同的常数：p表示双对数坐标图中的负斜率，数值一般为1或略小于1，c值多在数小时之内，最长为24小时，主震后在短时间内余震频率达峰值，以后随时间衰减。

现就岛弧-海沟地带记录的两处（远震）序列活动举例：

岛弧-海沟地带记录A、B两处地震序列活动（USGSNEIC，2010），其中A没有前震迹象，B记录有明显前震活动。

A．小笠原群岛地区7.4级 板缘地震，未见$M \geqslant 4.5$的前震活动。

发震时间2010年12月21日，$M_W 7.4$，26.9°、143.7°，h=14km。小笠原群岛以东近海余震群在7日内总计发生180次M=4.8～6.3地震，在主震以西偏北大约40km，分布大约60km²范围内。震源深度改变在25～35km之间。主、余震基本同源重复，主震之前7日之内未见M4.8以上前震活动。强余震发生于22日21时，主-强间隔28小时；震中坐标间隔11km；震级差1.1级。震级5级以上余震活动至本书出版之日仍在持续中。

B．瓦努阿图共和国2010年12月25日发生地震，震级M7.6，板缘地震明显前震活动，震中位于瓦努阿图首都维拉港以南226km（-19.8，168.0，h=24km）。

前震3次分别为：12月23日16:01:37，震级M_b 5.3，-19.7°、168.5°，h=79km

12月23日16:28:10，震级M_b 5.6，-20.0°、168.5°，h=14km

12月24日00:05:39，震级M_b 5.0，-19.9°、168.6°，h=36km

余震群在一周内200～250次，震中分布在50×35km²范围内；震源深度改变在25～65km之间。

前震群、余震群、主震三者分布在同一震源区内，占用体积 65km×50km×35 km；

强余震发生于26日02时，M 6.2，瓦努阿图海域（-19.7°，168.3°，h=8km）。

主-强间隔13小时；震中坐标间隔15km；震级差1.4级。

5.5 余震分布——主震与余震的相对位置示意图

余震分布在主震周围的一定区域内，称为余震区。余震分布面积和分布图像与震源体积大小和震源体地质细结构格局、断层滑移和断层应力分布有关。大约有以下几种情况：沿断层面分布、断层端部比较集中、与断层正交方向的外侧、震源阻隔体部位等（傅征祥，1981；郭增建等，1991）。

比较常见的典型余震分布图像举例如下：

海城-营口地震余震分布与主震震中的相对位置如图 5.5.1。

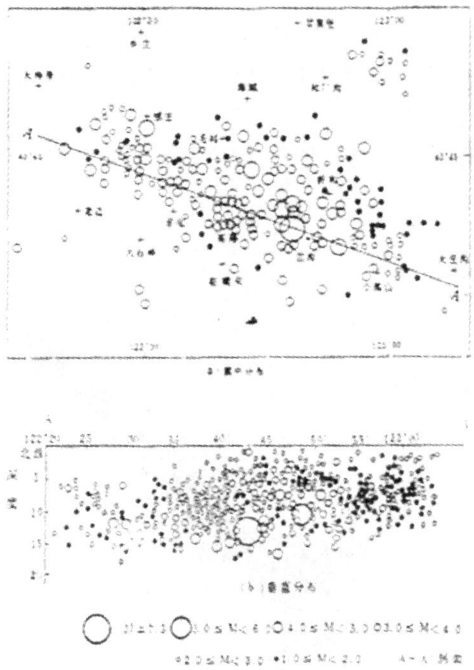

图 5.5.1 海城-营口地震余震分布与主震震中的相对位置图

（刘凤鸣、吴戈，1980）

唐山地震余震活动漫布在东北方向的强余震周围。余震分布与主震震中的相对位置如图 5.5.2。

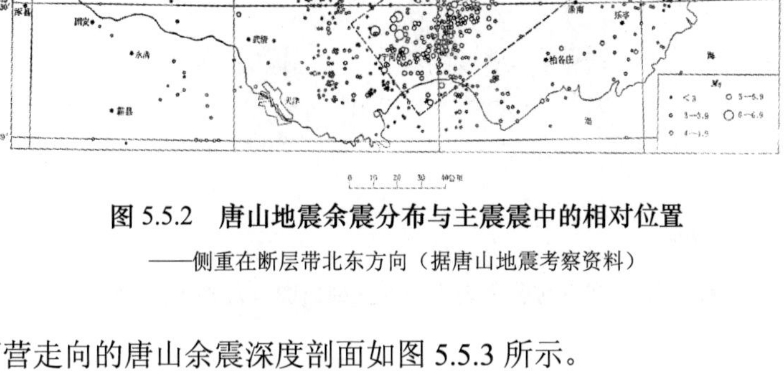

图 5.5.2 唐山地震余震分布与主震震中的相对位置

——侧重在断层带北东方向（据唐山地震考察资料）

沿宁河—燕河营走向的唐山余震深度剖面如图 5.5.3 所示。

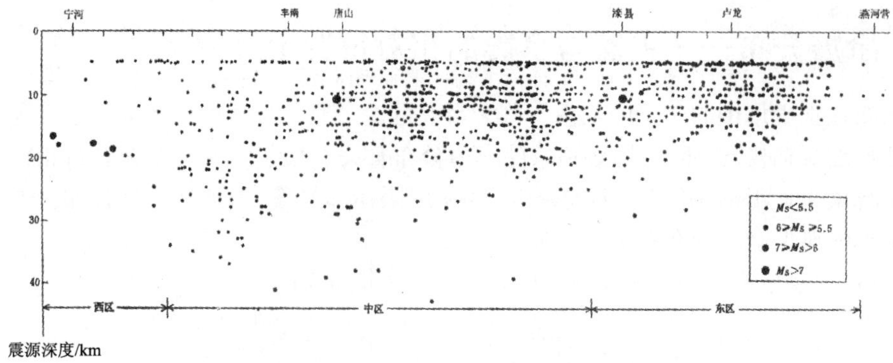

图 5.5.3　沿宁河—燕河营走向的唐山余震深度剖面图（张嘉延，1981）

汶川地震余震活动充满断裂带。汶川地震余震分布与主震震中的相对位置如图 5.5.4。

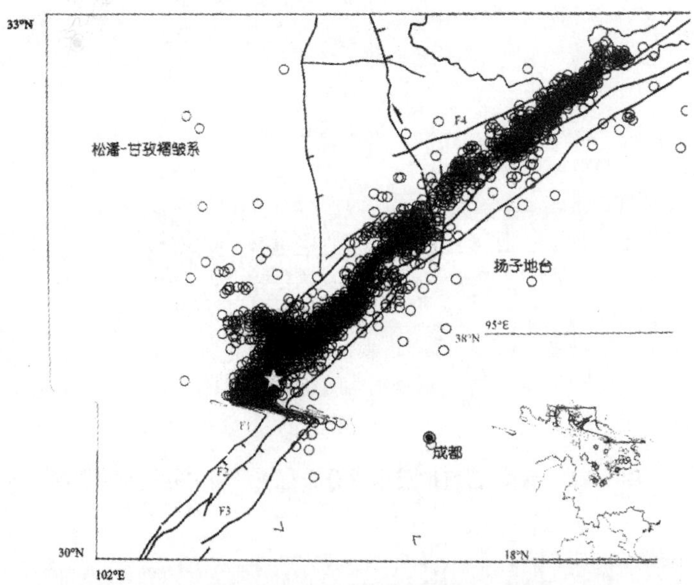

图 5.5.4　汶川地震余震分布与主震震中的相对位置

汶川地震余震沿断层带分布；主震几乎位于主断裂带西南端部

（蒋常胜、郑勇、周龙泉，2009）

汶川地震余震序列深度剖面如图 5.5.5 所示：

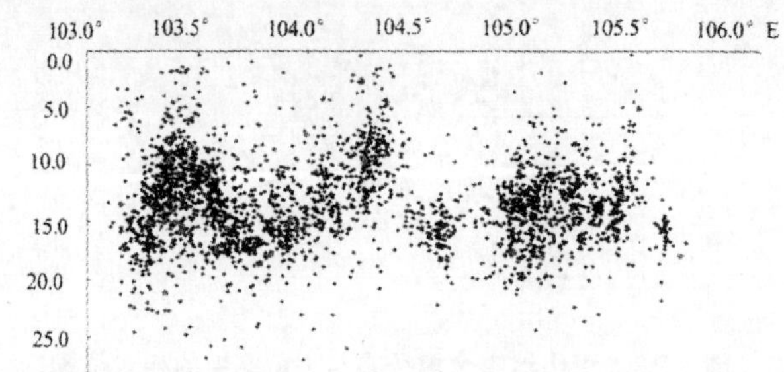

图 5.5.5　汶川地震余震序列深度剖面图（黄媛等，2008）

世界其他地区例如阿拉斯加岛弧-海沟地震带的大约 6 次地震序列余震与主震相对位置简要图像如图 5.5.6 所示。各个独立的震源体的主震-余震相对位置类似“细胞串”，黑点——细胞核为主震。图像差别大。

阿拉斯加岛弧-海沟地震带 1930～1977 年期间 $M \geqslant 7.7$ 或更大浅源地震活动的震中位置和余震区，以及围空区的地震预测、活断层分段、各次地震序列主震-余震相对位置等，均有突出的显示。

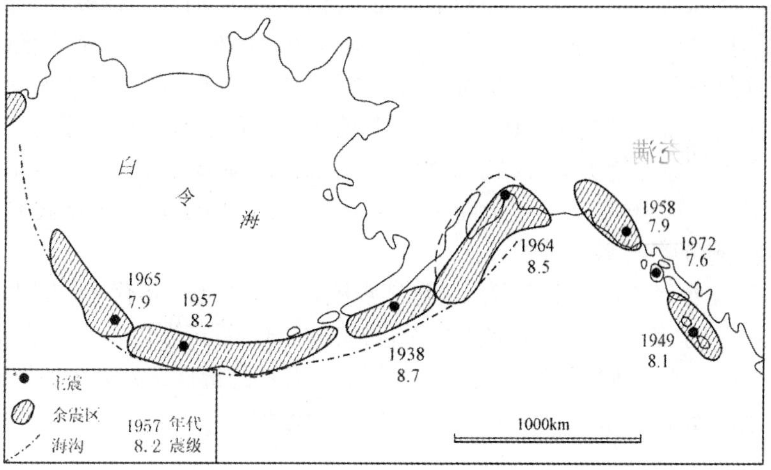

图 5.5.6　阿拉斯加地震带各次序列主震与余震相对位置示意图

茂木清夫（1979）展示上图，主要为了说明围空区理论的正确性。

我们这里引申说明：图中各个主震-余震序列形势类似“细胞串”，每一粒细胞为一次事件的余震分布区间，其中的小黑点-细胞核为主震在余震分布区的相对位置，在大约 6 个细胞即 6 次“主-余分布图”中，主-余相对位置各异。右边第二个黑点位置（1972 年，7.6 级锡特卡主震）为当初预测的围空区内发生的一次 7.6 级地震示意图。

图 5.5.6，至少说明了 3 个问题：

(1) 茂木清夫制图的原意是表明“围空区”的预报意义和预测应验；

(2) 证实即使是在成因背景相同的同一地震区、带所发生的每一次独立地震事件，其序列形式——余震分布图型和主震-余震相对位置均不尽相同。说明发生各次地震的断层-破裂单元活动均为独立的（李祥根，2010）；

(3) 阿拉斯加岛弧-海沟地震带作为一组尺度较大的活断层体系，其分段结构明显。类似的活断层分段形式，在全球具有普遍意义（丁国瑜等，1993）。

5.6　“前震”问题

分辨和确认“前震”和“前兆震群”的研究一直是监测预报的核心任务之一。

只有拿到分辨和确认前震和前兆震群的“钥匙”，地震预报的“大门”才能打开。

这把长串的“钥匙”现在看来就是“前震或前兆震群的观测数据与微观的和宏观的多种前兆异常相互佐证”（参见 5.19 节和 5.20 节）。

前震型序列形式十分复杂，各家的结论差别大，互相矛盾的结论多。

“前震”顾名思义是发生在大地震之前较小地震活动，预示大地震即将发生，是监测预报研究中重点追踪的地震活动。

就全球而言，包括板缘地震和板内地震，在 1954～1973 年期间的大地震有前震活动的次数估计占总次数的 23%～44%（赵荣国，1973，中国地震台网观测报告资料说明）：中国地区 1900～

1949 年占 21%；日本 1926～1961 年占 4%（梅世蓉等，1990）。

前-主之间的关系，一般认为前震是发生在主震之前与主震密切关联的较小地震活动。例如 1960 年智利地震和 1966 年邢台地震经验的前震，均属于贴近主震的“近亲型前震”，简称为“近亲”。

但是中国大陆地区已知的“前震”在时间和空间多数不贴近主震，不像智利 8.5 级序列和邢台经验那样典型。常见的属于“远亲型前震”，前震与主震距离多数相当远，拖拉的时间较长，简称为 “远亲”，以致很难“相认”。

前震型序列之所以被人特别关注，不仅表现形式十分复杂，而且曾经被认为出现的机会很少。具有独一无二的预报功能。研究前-主关系远比主-余关系艰巨得多。因为对于前震-主震的相互关联机理的认识程度远不及主震-余震之间的关系。前震比较“平常小地震”没有明显特征区别，不易分辨，这就更加引起人们的关注。还由于有一些前震理论假说有时不可琢磨，似是而非，令人无所适从。通常大家熟悉的是类似材料试验的同体端部预破裂形式或断层带存在弹性强度分布不均匀体、“阻隔体”、“凹凸体”等导致大断裂之前发生的微破裂或/和分段微破裂（郭增建，秦宝燕，1991），以及其他的各种假说等等。

20 世纪中国地震台网通过近半个世纪的连续观测，以及六七十年代“中国大陆东半部十年大地震”的经验证明：“前震”以及“前兆震群”包括它们的“近亲”以及“远亲”，多有争论。

“前震”在全球范围实施预报行为的大舞台上，一直是身价极高、极难寻找的“主角”。监测预报研究前震问题可能是长期艰苦跋涉的甚至于牺牲的过程。

5.6.1 林邦慧等前震和前兆震群

——林邦慧“近亲型前震”

林邦慧等（1989，1990，1994）根据邢台工作并且参考国外地区经验，规定前震及前震序列为：主震临发生前的事件；震级比主震小；发生在主震震源附近；与通常的地震活动不同。按以上标准定义前震及前震序列，同时提出有两类情况：

(1) 主震前3天内，距主震20 km范围内发生的地震定义为该主震的第一类前震，简称“前震1”；

(2) 主震前30天内，距主震0.5km范围内发生的地震定义为该主震的第二类前震，简称“前震2”。

这样，满足第一类前震条件的地震也必然满足第二类前震的条件。主震的第一类前震数大于10次的前震群称为“前震序列1”；主震前10天内，距主震26 km范围内总前震数大于15次的前震群称为“前震序列2”。

按上述定义，在1966～1993年3月全国$M\geqslant5.5$地震165次，发生前震序列的占6%；发生第一类前震的占26.6%；第二类前震的占48.5%。期间全国15次7级以上大震，有前震序列的占3%～67%。在日本，1950～1973年7级大震40天内，100 km范围中发生前震的概率为42%；在中国，7级大震第一类前震（3天内，20 km范围内）概率为53%。

5.6.2 智利记录一次特别显著的“前震”

智利曾记录了一次完整的前震—主震—余震序列，只是其“前震”当时无法实用于“临震预报”。

智利 1960 年巨大地震，台网观测一组典型的前震—主震—余震序列，获得一副典型的前、主、余震源深度剖面图。

5 月 22 日智利康塞普西翁附近发生主震（-38.20°，-72.60°），震级 $M_S8.5$（矩震级 $M_W9.6$）。可以分辨前震、主震、余震分布点位示意图如图 5.6.1 所示。

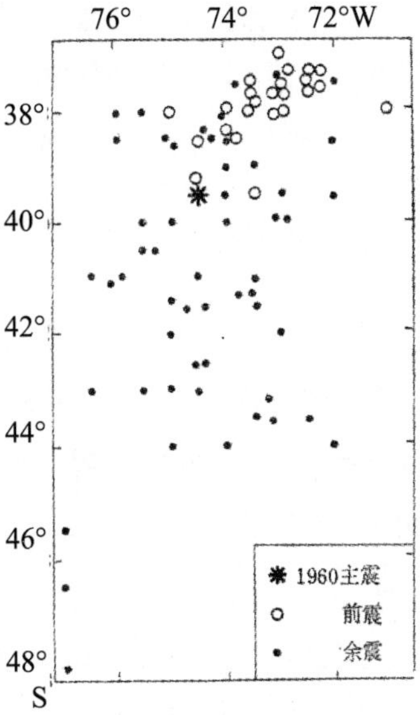

图 5.6.1　1960 年 5 月 22 日智利康塞普西翁附近主震（-38.20°，-72.60°）

震级 M_S8.5（矩震级 M_W9.6）可以分辨前震、主震、余震分布点位示意图

（李善邦（1991））

在图 5.6.2，比较典型的前震-主震-余震型地震序列活动。其前震是主震的“近亲”。

在地形图展示的前震、主震、余震分布点位，总趋势沿着板块俯冲带总体走向，即近似 N-S 向分布。断层长度大约 900km；断层面厚度 1～10m；断层面走向近似 N-S；倾向 NW-SE，倾角大约 315°；走向方位角大约 5°。

但是这一组“前震”无法实用于“临震预报”。因为，当时不能分辨和确认为前震活动，且当时科学家可能没有着重想到监测“前震”或预报问题。

5.6.3　墨西哥加利福尼亚湾前震序列（部分）

同一个震源区预破裂的一种前震-主震型序列。2010 年 10 月 20 日，墨西哥加利福尼亚湾记录到了多年来少有的一次前震序列（部分），其观测资料如下：

前震群，国际时 2010 年 10 月 20 日

03:39:29，24.8°、-108.9°，h=8km（M_b4.7）

04:09:44，24.6°、-109.1°，h=15km（M5.9）

04:15:39，24.5°、-109.1°，h=26km（M_b 5.5）

06:58:18，24.7°、-109.0°，h=23km（M5.8）

主震，国际时 2010 年 10 月 20 日

17:53:14，24.8°、-109.2°，h=10km（M_S7.0）

前震-主震时间间隔 11～13 小时；地点相距 45km。其前震也是主震的“近亲”。

5.6.4　伊朗东南部一次“远处前震群”

群发远处前震。前-主相距 200km；时间差最长 2.6 个月；前-主震级差 1.4～2.0。其前震是主震的“远亲”。

前震群，国际时 2010 年

11 月 10 日，13:49:10（M_b 5.0），27.9°、56.8°，h=26km，伊朗东南部阿巴斯港 NNE 94km；

11 月 11 日，13:37:30（M_b4.9），27.7°、57.0°，h=10km，伊朗东南部阿巴斯港 NNE 90km；

11 月 11 日，22:20:03（M_b 4.7），27.5°、55.2°，h=37km，伊朗东南部阿巴斯港附近；

11 月 11 日，13:37:30（M_b 4.9），27.7°、57.0°，h =10km，伊朗东南部阿巴斯港附近；

11 月 16 日，13:19:19（M_b 4.3），27.6°、57.1°，h =33km，伊朗东南部。

以上为“远亲型前震”。

以下为临震前震——“近亲型前震”。前-主时差 1.6 小时；前-主相距 20km；震级差 1.4 级。

2011 年 1 月 27 日，07:02:09（M_b 4.9），震中坐标 28.3°，58.8°，h=57km，伊朗东南科尔曼省。

主震，国际时 2011 年 1 月 27 日，当地时 08:38:29，北京时 16 时 38 分（M_S6.3），28.2°，59.0°，h =17km，伊朗东南科尔曼省。无灾情报道。后续余震较少。

5.6.5 事前不能分辨，事后确认有“前震”（远亲型前震）的较大地震活动
——1976 年唐山大地震之前有“远亲型前震”

所谓“远亲型前震”，根据经验在比较相当大的时空范围（一般在 50 年至百年期间，50 万至百万平方公里）内，没有显著地震活动。突然出现“距未来主震发生一两年之前，100～200km 之间的距离，震级 M=4～5，多少与地质构造体系相关联的中小地震活动”。

中国大陆地区 1966～1976 十年地震期间，具有重大意义的地震显示的前震-主震的时空对应关系中，看起来没有“近亲型”，只有“远亲型”的实例就有唐山地震。

唐山市区 1976 年 7 月 28 日 7.8 级（39.40°，118.00°，h=22km）地震发生之前，于 1975 年 12 月 1 日和 15 日在宁河地区（39.35°，117.62°）先后发生 M3.7 和 M4.1 两次地震，主-前之间相距 70km，时间差将近 8 个月；

云南省通海县城关 1970 年 1 月 5 日 7.8 级（24.20°，102.70°，h =13km）地震之前，于 1969 年 1 月 17 日和 6 月 9 日在峨山、曲江地区（24.0°，102.6°）先后发生了 M=3.5 和 M=4 地震，主-前之间相距小于 50km，时间差大约 6～12 个月；

四川甘孜-炉霍 1973 年 2 月 6 日 7.6 级（31.33°，100.49°，h =5km）地震发生之前，于 1972 年 7 月 8 日在道孚附近（31.2　100.8）先后发生 4.4 级和 4.3 级地震，主-前之间相距大约 80km，时间差 7～8 个月；

内蒙和林格尔 1976 年 4 月 6 日 6.2 级（40.27°，112.19°，h=17km）地震发生之前，于 1975 年 6 月 24 日呼和浩特附近（40.3°，111.9°）出现 4.4 级地震，主-前之间相距大约 60km，时间差大约 10 个月；

新疆和田以南 1975 年 4 月 28 日 6.1 级（35.80°，79.86°，h=33km）地震发生之前，于 4 月 22 日同一地区（36.80°，80.2°）先后发生 4.3 级和 4.5 级地震，主-前之间相距 30～100km，时间差大约两三个月，等等。

在国外地区，例如北美洲洛马普列特 1989 年 10 月 17 日 7.1 级地震（37.06°，-121.79°，h=8km）附近 1 年前和 1 个月之前发生两次中等强度地震（震级均小于 6 级——“远亲型前震”），但不能据此预报这次地震（B.A.Bolt，1993）。

由此提醒我们，前震活动时空分布既有占主导地位的“近亲”，也有不可忽视的“远亲”。林帮慧等的“近亲”事实和梅世蓉等提出的“远处前震”和“远期前震”（梅世蓉工作报告，1972）在中国大陆地区共存。

以上讨论的“远亲型前震”，或“远处前震”和“远期前震”，仅仅列出相关事实，目前看来尚不能作为监测预报的方法。

5.7 选编前震研究成果摘要

有关前震和前兆震群问题，中国地震学家们先后或同时进行过精心细致地深入研究。

吴开统等（1976）通过对海城地震前震序列的详细研究，指出它具有震级不断增大，频率上升，震中位置集中，震源深度变化小，P 波初动一致，b 值较小的特点。

柯龙生等（1977）总结 17 个震例，指出多数前震序列服从下列关系式：

$$\lg X=A-B \cdot t \tag{5.7.1}$$

式中，A、B 为常数，X 表示前震的频度，t 表示时间间隔（从主震往前推），少数服从下式：

$$\lg X=A-B \cdot \lg t \tag{5.7.2}$$

并且前震括动期与波速恢复期比较接近。

顾浩鼎等（1980）提出，对前震序列，其 S 波偏振方向变化不大，大震后失去了震前的一致性。

许绍燮等（1980）对海城前震序列与其周围同期震群作了对比分析，发现两者的震源空间分布都比较集中，发震机制均较稳定，有些震群在其主震发生以后，机制变化显著，据此可以识别部分震群，有些震群的机制稳定性始终不比前震序列差。

赵根模（1989）关于诱发前震的研究独树一帜。

诱发前震是指一次大震后，诱发相邻孕震区的中小地震，又称为“响应地震”。其物理实质是复杂地震带内各强固区之间的相互作用可引起的一种前兆性地震活动。由于这种前兆地震发生在先发大震之后不久，只要给出一个先发大震起算的时间窗和相应的震级阂，就可以将它们从背景地震活动中提取出来，利用它们在一次大震后及时判断未来大震的可能位置。

刘正荣（1979，1986）变换茂清夫-大森余震衰减公式

$$n(t)=n_1 \cdot \frac{1}{t^h} \tag{5.7.3}$$

式中，$n(t)$为第 t 天的余震次数；n_1 为第一天的余震次数；h 为余震频度衰减系数。根据 109 次历史地震系列，发现：

当 $h \leqslant 1$ 时，相应的震群为前震群；

当 $h>1$ 时，相应的震群为正常衰减，其后无更强地震。

其方法是：假设一个有限区域和有限时间内发生一组震群，认为其最大者为“假定主震”——实际上它可能是最大前震或主震，令其震级为 M_0，并令其后的地震为“余震”——实际上它们可能是前震或余震，暂时先假定为“余震”。“余震”应该适合公式

$$n(t)= n_1 \cdot \frac{1}{t^h} \tag{5.7.4}$$

$h \leqslant 1$ 时，地震系列为前震系列，以后将有主震发生；

$h>1$ 时，$M_0+0.3 \geqslant M_m \geqslant M_0-0.3$，地震为双震系列中的第一系列。其后还有另一主震，$M_m$ 为第二主震震级值。

$h>1$，$M_0>M_m+0.3$，地震系列为余震系列。M_m 为最大余震震级。

按照“刘氏 h 值判据”，R=0.665，查表得最低 R 值为 0.182，故 R=0.665 达到了 97.5%的置信度。

以上是定性预报（报“有震”和“无震”）预报的评分情况。

在 108 次地震系列中，除去 20 次因 $h<1$ 不能预报未来最大地震震级外，其余 88 次能够预报未来最大地震的震级。

双震情况下，有 18 次根据前一主、余震系列计算了后一主震的震级，有 70 次余震计算了震级。

根据上述 109 个地震系列的结果，统计了不同 h 系数，不同 b 值的前震系列所占的百分比。

结果表明：当 $h \leqslant 1$ 前震所占的百分比特别大；当 $h>1$ 时，前震所占的百分比有规律地迅速减小。

对于 b 值，当其小于 1.1 时，前震所占的百分比要高一些，但亦不足 40%；当 $b>1.1$ 时，百分比虽有所降低，但还不是很小，即使 $b<1.1$ 时，大多数的地震系列仍是余震。

由此可见，按 h 值分辨前震系列的效果较好。

实用化攻关中，h 值研究继续深入，除了搜集更多震例（由 109 个增至 200 个）进行检验外，并在众多震例总结基础上对预报指标作了修正，最后给出了初步的物理解释。

200 次震例的再检验进一步证实了 1986 年结论的正确性，并从概念上进一步明确提出了第一类前震与第二类前震的如下规定：

(1) 若主震的震级大于最大前震震级+0.3，则相应的前震为第一类——A 类前震；

(2) 若地震为双震中的第一地震，则称为第二类——B 类前震；

(3) 双震中两个主震震级之差规定为小于或等于 0.3。

分析结果表明：

(1) 只有在 $h\leqslant 1$ 时，才有第一类前震；

(2) $h>1$ 时只出现第二类前震。

从假定主震至最大后续地震的时间（以天计）与 h 值的关系图中（图略）可以看出：

(1) 当 h 接近 1 时，有相当数量的地震持续时间很长，有的达半年之久；

(2) 当 $h>1$ 时最大后续地震来得快；

(3) 当 $h\ll 1$ 时，主震来得比较快，这说明利用前震系列预测地震时间不会拖延很久。

关于 A、B 两类前震的“刘氏物理解释”：一种情况是，随着外力作用的不断增强，系统内部某些微裂缝扩展变大，并使得微破裂的数量不断增长，直到应力达到系统内的某断层闭锁段或块体的破裂应力水平时便发生了大的破裂——主震。这便是主震之前，前震不断增加的类型。这时单位时间内的前震随着时间的推移而逐渐增多，相应的衰减指数是负的；另一种情况是，发生了一次或多次较大的微破裂，它们虽未将能量全部释放，但对系统内部的应力水平有明显的降低作用，从而使微破裂的发展速率有所减小，相应前震序列便出现衰减，其衰减过程显然与应力降低的程度密切相关。

尽管 h 值的方法效果较好，但该方法要求的条件是：前震序列资料较多，这样才能利用 $n(t)=n_1/t^h$ 公式，先找出序列中最大值，然后求出最大地震后的衰减系数，最大地震以前的资料则没有用，这是很可惜的。须知有前震的大地震为数并不多，各种统计资料表明大致为 20%~30%的大地震有前震，有丰富前震活动的大地震则更少。

以上有关前震的 h 值判据或称作“刘氏判据”被广为应用。

5.8 震群型序列

面积有限地区一定时间内比较密集的发生震级差“非巴特定律”或“非开统规律”的多次地震，为“震群型”地震序列活动。

震群型活动作为一种地震序列，其特点是根据震级差别大小不能分辨出前震、主震和余震。震群中震级的改变没有陡然的起落，序列不是戛然结束。大致分作微小震群、中小震群、前兆震群、中强震群以及强烈震群等。

5.9 微小震群和中小震群

微小震群一般 $M<4$，中小震群 $M=4$ 以至 $M<6$。全球范围各地震活动区、带普遍存在不同规模微小震群活动和中小震群活动。

凡设置地震台网监测的地区，各国各地区的区域地震观测通报（bulletin of regional seismological observation）均可查阅规模不同的小震群或中小震群资料，诸如日本列岛、新西兰、高加索地区，贝加尔裂谷带等欧亚大陆的所有地震区，还有东地中海和南美洲智利中部以及秘鲁中部、北美洲南加州等地区，虽非普遍，但时有记载。

根据震群活动与大地震的相关情况，可大致分为 a 类与大地震基本无关的日常微小震群活动，b 类与大地震有关的前兆小震群和 c 类后效小震群。

全球地震活动区均有 a 类分布。有代表意义的是日本地区的伊豆半岛微小震群和松代微小震群以及红海裂谷-亚丁湾接合处的中小震群活动等等。

伊豆半岛微小震群分布发生微妙的“空间流动现象”，估计与流体的随时入侵变动有关。自 1975 年 11 月 20 日至 1976 年 12 月 31 日大致分作 6 个时间段简要归纳为 6 组集群形势的活动图像，如图 5.9.1 所示。

1．伊豆半岛 6 组微小震群似一种“流动”的震中位置变动情况（图 5.9.1）

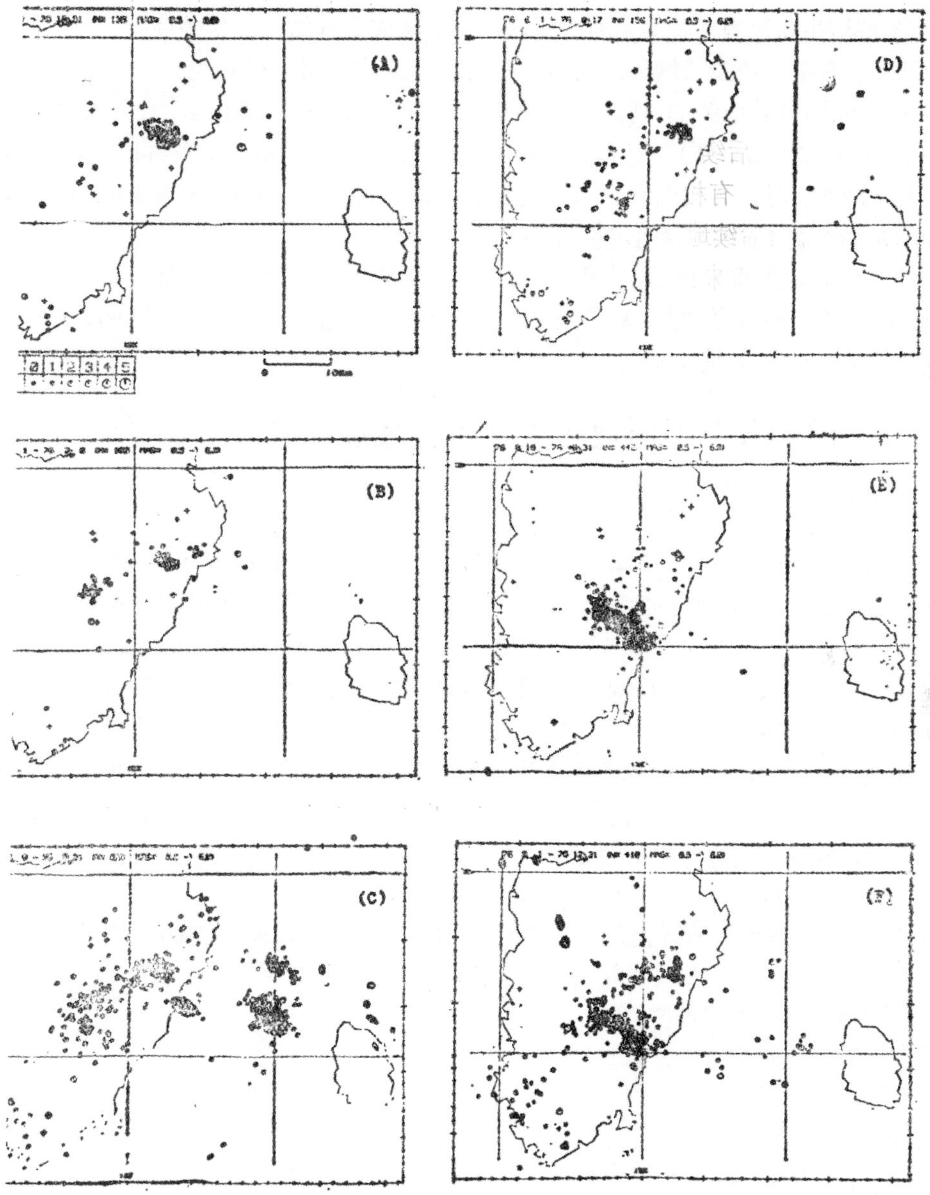

图 5.9.1　伊豆半岛 6 组微小震群“流动”示意图

（自 1975 年 11 月 20 日至 1976 年 12 月 31 日大致分作 6 个时间段 6 组形势集群活动图像）

（津村建四郎，1978）

2．日本松代微小震群持续两年多，64 万 8 千次微震始终与大地震活动无关

世界闻名的日本松代微小震群，持续时间两年多，1965～1967 年期间记录 $1 \leqslant M \leqslant 5.4$ 总数达 64 万 8 千余次，其中最大震级 5.4 级。始终与大地震活动无关。

“松代震群”是当今世界绝无仅有的规模最大的典型“微小震群”活动。自 1965 年 8 月至

1967 年末，松代（Matsushiro）地区观测到最大震级 5.4 以下的微小地震总计 648000 次。其中有感的近 6 万次。仅 1966 年 4 月的一天当中有震感 661 次。释放地震波能量总计相当一次 *M*6.3 地震事件。到 1967 该震区已经扩展为 NE—SW 方向长轴约 35km，宽 5～30km 不等的广大地区。出现以皆神山为中心的地基隆起，皆神山东北一侧形成一组“松代地震断层”。小震群活动期间民众惊恐万状，期间和后期地震学家们被煎熬数百个日日夜夜。成因的最终结论是浅层岩浆的入侵破坏了该地区原有的应力场，从而引起贯穿松代地区的一条断层的走滑运动，另一见解是深层水润滑作用。

3．北美洲沿圣安德烈斯断层系的微震活动与后续较大地震无直接关联

微震活动在有限地段趋势增加的同时，重力和波速均有明显相应改变。

美国 J.H.惠特科姆（1978）通过整理圣安德烈斯断层系南部的微震活动研究这一带地震活动性。在纬度 34° 41′～34° 10′ 处的地震活动水平低，一段时间后在纬度 34° 28′ 地震活动显著增加，每天保持在有 5 次地震的高水平，这种情况持续几个月（mcnally 及 kanamori，1977）。

4．红海裂谷-亚丁湾世界中小震群活动区之一

板缘地震的中小震群实例，当首推红海裂谷-亚丁湾接合处的中小震群活动。其中一例发生于 2010 年 11 月 14 日，终止于 12 月初。记录 4.3≤*M*≤5.4 地震近百次，分布区间 20km×50km。频次衰减相当缓慢。这次序列与这一地区大地震活动无关。无灾情记载。

5.10 中国大陆东半部地区十年组合地震序列

——震动全球的十年

这是一场“超级地震序列”活动，孕震期大约 300 年，序列发作持续 10 年之久。以东经 100 度（±3 度）为界的“中国东半部”，自 1966 年 3 月 8 日至 1976 年末的十多年时间，不计西部边疆地区（有别于中国东半部构造体系），自华北、辽宁至西南云贵川地区的大约二分之一国土面积上接连发生了一系列大地震活动和地震灾难，这里我们称为“中国大陆东半部地区十年大地震”。在这十年期间虽然全球其他地区包括中国台湾等地区均有不同强度的地震活动，但仅就亚洲东部的中国大陆这一有限地区历史记载的地震活动度不算高的情况而言，在较短时期内强震之多，灾难之重，实为全球地震活动记录所罕见。

现在看来，自邢台地震至唐山地震前，中国东部所有的地震活动全是“天公作祟”，为迎接唐山大地震的暴发而安排的“十年预演”。

邢台-唐山地震是华北地区也是中国大陆东半部地区有史以来发生的“超级地震序列”活动——孕震期大约 300 年，序列发作期持续 10 年之久。

这一序列活动震动世界地学界

地震预报的是与非由此争论激烈。

包括我国以及世界地震活动区的一些国家政府有关部门，重新设定了地震监测预报和防震减灾战略部署的主要动作归纳如下：

(1) 普查各重点地区的活断层分布，研究各段历史和现代地震活动性；

(2) 重新审理本地区前震和前兆震群同时作为突破临震预报重点方法之一；

(3) 规划和强化有关地球物理各种前兆性台网的观测和研究；

(4) 加强震源物理的深入研究，世界地震台网中心和一些国家地区的台网观测报告——《地震台网观测通报》中，在 5 个地震参数项目之外新增加了震源参数矩心矩张量（CMT）数据。

与此同时，同地震灾难搏斗十个春秋的中国人，终于从一片片废墟中站立起来，擦干血迹，抹去泪痕，振作精神，各自操持起未竟的事业。1979 年 4 月，当时的国家地震局决定将唐山地震科学技术总结列为重点科研项目，责成有关部门，在广泛收集认真核实地震前、后的各种观测和考察资料的基础上，分别立项，开展广泛和深入细致的专题研究工作。

1983 年 3 月开始，国家地震局部署“地震监测与预报方法清理”工作。决定组织“测震学预报研究”和“各种前兆观测的综合分析预报研究”以及地震地质学方面等三大门类分头进行。参与者涉及18个省市自治区的地震学和地震地质学以及其他有关学科等科研部门，重点组织投入总计2200多名专家学者“集中奋战”为期两年，取得初步结果。后续的专题研究直至今日一直在不懈地进行中。

对于“地震预报”一直有两种截然不同的声音在交织着：一种倾向性见解认为实现地震预报“需要我们身后的几代人”；另一种意见认为，打开地震预报“大门”的钥匙，就在你我手中。

5.11 中国大陆东半部以及云、贵、川地区十年组合地震序列重要事件索引

在1966～1976年10年期间中国大陆东半部以及云、贵、川地区有重大意义和灾情的地震总计15次，均不计余震活动。其中分作A“华北地区主震群”（邢台、河间、渤海、海城、和林格尔等）；B 通海地震；C“川、滇双震群”（龙陵-潞西和松潘-平武）等，这里定名为“组合地震序列”。

中国大陆东半部地区十年大地震序列总体事件：

(1) 1966年2月5日北京颐和园以北 M_L2.5地震。当时修筑“京-密引水工程”的工人有震感；1965年前后沙城-怀来小震群频繁；

(2) 1966年3月6日河北省宁晋县*5.2级，李善邦先生先后派遣12人至震中区地震考察；

(3) 1966年3月8日（37.4°，114.9°，h=10km，M6.8）河北邢台-隆尧*。伤亡过千人，地震时恰在震中区6.8级地震前一天到达的的专业人员中1名轻伤；

(4) 1966年3月22日（37.5°，115.1°，h=9km，M7.2）宁晋地区接连两次*（连同3月8日地震）合计地震死亡8064人，伤38451人，毁房508万间，383起大火；

(5) 1966年3月26日河北省南宫城关西北6.2级地震。发震之前小地震活动异常，经过震前会商，发布临震预报，得以应验，实现成功的临震预报。这是中国首次根据前兆小震群科学预报成功实践；

(6) 1967年3月27日河北省河间-大城*6.3级地震。轻破坏，轻伤，无死亡。组队200人现场考察；

(7) 1969年7月18日渤海水域*7.4级。天津，渤海沿岸等地区有震感；

(8) 1970年1月5日（24.2°，102.7°，h=13km，M7.8），云南通海。亡15621人，伤26783人，通海和峨山倒房分别为当地住房的1/3和2/3。组队15个部门250人现场考察；

(9) 1971年5月21日四川渡口万吨大爆炸成功。组成230人160套地震仪观测。地震测深有成效；

(10) 1973年2月6日四川炉霍7.6级。亡175人，伤2756人，倒塌房屋1.5万间。144人考察赴现场；

(11) 1974年5月11日云南昭通-大关7.1级。死亡1423人，伤1600人。200余人现场考察；

(12) 1975年2月4日辽宁海城-营口*（40.7°，122.6°，h=16km，M7.3）。死亡1328人，伤16980人，城、乡毁房超过2200万平方米。做过成功准确预报（如果没有预报，死亡将过万）。16个部门400余人参加考察；

(13) 1976年5月29日云南龙陵地区（24.5°，98.9°，h=3km，M7.3）。连同当天22时7.4级地震双震合计死亡98人，伤2442人，倒房42万间。财产损失4500万元。26个部门400多人考察；

(14) 1976年7月28日河北省唐山市区*（39.4°，118.0°，h=22km，M7.8）。震前市区和郊区人口106万，24万户。死伤406000余人。其中死亡24.2万人，重伤16.4万人。全家震亡7218

注：*地名加星号为华北地区地震。

户。京津地区亡 2 万余人，重伤 2.7 万人。另有 8 名地震专业人员大地震时在唐山市区殉职。经济损失 54 亿（一说 100 亿），同一天滦县强余震（39.7°，118.5°，h=37km，M7.1）；

(15) 1976 年 8 月 16 日四川松潘-平武双震（32.8°，104.1°，h=9km，M7.2；32.5 104.2，h=17km，M7.2）。当地人烟比较稀少。连同当天 23 时 7.2 级地震死亡 41 人，重伤 156 人。

期间所有的地震均可查到伴有不同规模的台网观测小震群资料。包括“前兆小震群”和“后效小震群”（参见 5.17 节和 5.18 节）。

补充有意义前震 3 条：1973 年 12 月 31 日河北省河间 5.3 级；1974 年 5 月 7 日河北昌黎附近 4.8 级；1974 年 12 月 15 日河北宁河 4.2 级。

5.12 大地震前后诱发小震群与地震应变能的积累和释放

——中国大陆 10 年地震和相应小震群活动共同显示了中国东半部地震应变能的积累和释放全过程

在 20 世纪六七十年代的 10 多年期间，中国大陆地区伴随一系列大地震活动的小震群频繁发生，估计至少两百组次。直到 1989 年末，随着大地震活动结束而完全停止活动。震群的前兆性和后效性表现明显，均与当时各次大地震活动紧密相关，表现出少有的从属关系。

10 年地震和相应小震群活动过程显示了该地区地震应变能的积累和释放全过程。

仅就中国华北地区而言，计算积累应变能的大致时间是 300 年（自 1668 年山东郯城地震之后或自 1679 年的河北三河-平谷地震之后），释放过程大约 10 年之久。有学者研究过这一问题，这有可能反映了地区的复发周期，也可能表明了中国东部地区的岩石圈层作为一块相对稳定地台，地震活动性的复发特征就是这类时间尺度（马宗晋等，1987；张国民，时振梁等，1989～1995）。然而我国云、贵、川地区（例如四川龙门山断裂带）个别地震点位的积累和释放间隔时间之长却可达上千年（张培震，闻学泽，2009，汶川地震的成因机理探讨，第 194～206 页）。

5.13 孕震区和发震区

地震是岩石圈层局部应变能的积累和突然释放过程。

1. 震源体“本征应变量”的参数（a，t_0，τ，w）问题

对于有限地区（a）应变能何时开始积累（t_0），积累多长时间（τ），达到什么程度（w）才开始释放（地震发生）等问题现代应变仪或伸缩仪以及激光测距等的功能尚无法精确监测出以几十公里甚至几百公里尺度的震源体“本征应变量”的（a，t_0，τ，w）实时或应时参数。眼下的意义仅在于震源物理研究而非监测预报。

2. 地震应变能的积累和释放过程是地区的地球物理场的一种场致效应

孕震区范围、发震条件、孕震面积（a）和发震构造尺度（L）之间的线性关系离散相当大（参见 4.4.1 节）等诸多问题，实际都是地质地球物理问题。地震活动是一种地质现象，是综合地球物理场的一种场致效应，属于地球科学的一个项目。

3. 孕震面积和发震构造尺度与岩层刚性强度及预测

面积（a）的大小，取决于未来地震的强度所对应的发震构造尺度（L）。面积（a）的半径一般为发震构造尺度的 5～10 倍以上（李善邦，1980），因地区而异。在足够大小的孕震面积上，各个局部地区的地质条件和岩层的坚弱等性质有差别。在地震高发时期，未来的主断裂区岩石刚性较强，可持续积蓄足够规模的地震应变能而且拖延发震的时日较长；与此同时其他相邻前震部位的岩层比较破碎或刚性较弱，应变能随时积累随时释放——或一两次较小地震，或零星持续若干次是为前兆震群，当然这只是一种理想格式化的解释。由于实际的震源物理化学过程复杂，相对而言，人们的知识和思维有局限性，所以想做到“事前知道和采取正确行动”难度很大。

5.14 中国第一次确认前兆震群

1966 年 3 月邢台地震活动期间分辨出“前兆震群”，是中国有地震观测台网历史以来的第一次，是中国地震学发展史划时代事件，开辟了中国科学地震预报研究的先河。由于“前兆震群”是在考察邢台地震活动期间发现的，所以定名为“前兆震群预报地震”的“邢台经验”。这一经验在 10 年后的辽宁海城大地震的成功预报中发挥了至关重要作用。

前兆震群（或前兆小震群）同“前震”一样珍贵。作为一种“前震活动”与“平常小震群”活动没有明显特征的区别。华北地区 20 世纪 60 年代以前，平常小震群活动并不多见，伴随大地震的前兆小震群活动则更为稀少。

前兆震群发生机理不难理解。地震活动实质是地质构造活动，按常理，地质构造过程的小震群活动在大地震发生之前理论上应该普遍存在。岩石材料实验证实，大破裂之前一般均发生“微小裂隙”或较小的“预破裂”，据此推测，震源物理全过程也应该有类似情况。

在国外，早于 1872 年关谷溥、金森博雄等提出了前震、震群问题。埃维逊（F. F. Evison，1977）在研究新西兰的强震活动时也曾提出前兆震群的概念，并得出了前兆震群中最大震级与未来主震震级以及前兆时间的关系。按此关系，一个 7 级左右地震，前兆震群一般应在震前五年出现。这对长期预报有意义，但没有指明据此辨认未来大震的方法和预测效果。

5.15 价值连城的“邢台经验”

从 20 世纪 60 年代中期开始，我国地震台网终于系统地观测到一起“千年不遇”的既有前震也有前兆小震群活动的邢台地震序列。以发现前兆小震群作为判据的一种预报大地震方法，随后参与到辽宁海城大地震成功预报的实践中。

在我国，比较深入系统地研究前震序列特征理论，大致开始于 20 世纪 60 年代中后期。然而有关实践经验的获取则来源于 1966 年邢台地震考察队的一次现场地震趋势会商会。

1966 年 3 月 6 日邢台宁晋地区 5.2 级地震（后来确定为邢台地震序列的前震）发生后，当时中科院地球所中国地震学研究奠基人之一的李善邦先生迅速派出一行 8 人的地震考察队到达地震现场进行微观和宏观考察（几天后增至包括各个有关的其他学科至少 7 个专业部门成员近百的地震考察队），用最短时间布设了一组高灵敏度地震仪临时台网跟踪监测地震活动。

自 3 月 6 日至 22 日邢台震区多次出现地震活动平静-密集现象。3 月 26 日河北省衡水-南宫地区（四芝兰镇）6.2 级地震发生之前小地震活动异常频繁，随后突然平静下来，现场地震趋势会商会结合其他前兆观测资料等情况经过激烈争论后，与会者关注自 3 月 6 日以来邢台地区几次较大地震发生之前均有平静-密集现象，林邦慧等 34 人认为这又是大地震即将发生的先兆，当即向新闻媒体发布了“即将发生大地震”的临震预报。不到 1 小时（当天深夜 23 时），预期的地震发生了（注：后来总结这次发震过程是：由开始的小震活动逐渐密集，经过一段时间的平静之后发生大地震。该过程被称之为“前兆小震群后续大地震”的“密集—平静—大震”的“邢台经验”（林邦慧等，1989，1990，1994，2006））。

四芝兰镇 6.2 级地震的成功临震预报，是中国也是世界地震学界有史以来第一个成功预报较大地震。这是一次具有开创性科学意义的成功预报，其影响深远而且巨大。过后又经过深入研究定论，这一伴有前震和前兆小震群活动的“邢台经验”，9 年后被用于成功预报海城 7.3 级地震的一组重要前兆参考项目。“邢台经验”为中国的防震减灾工作建立了具有里程碑意义的不朽功勋（刘凤鸣、吴戈，1982）。

自 20 世纪 50 年代初我国设置地震台网监测工作以来，从未想到过研究地震序列问题。直到有了“邢台经验”的“前兆震群”活动，中国的科学家终于找到通过加密高灵敏度区域地震台网，追踪观测微小地震活动的方法，成为了研究“临震预报”的一条可行途径。

1966 年 3 月 26 日 23 时 19 分 04 秒。北纬 37.68°，东经 115.27°，震源深 15km，震级 M_S6.2，

中国河北省衡水-南宫地区（四芝兰镇）。随后于 3 月 29 日 14 时 12 分同一震中区（37.38° N，115.03° E，h=25km）再次发生 $M6.0$ 地震。此后迄今为止邢台地区再无 $M \geqslant 6$ 地震活动。

当年，国务院总理周恩来在邢台地震考察现场对研究地震活动的科学家们指示说：对于民间谚语的"小震闹，大震到"应该慎重对待。

周总理在历次地震工作会议讲话中，特别强调地震研究工作"应该以预防为主；地震是有前兆的，是可以预测，可以预防的"。周总理没有规定必须实现"地震预报"的任务（中国地震局 1990 年编《1949～1981 中国地震年鉴》）。

注：1966 年 3 月 26 日 23 时 19 分 04 秒。北纬 37.68°，东经 115.27°，震源深 15km，中国河北省衡水-南宫地区四芝兰镇发生 $M_S6.2$ 地震。随后于 3 月 29 日 14 时 12 分同一震中区（37.38°N，115.03°E，h=25km）再次发生 $M6.0$ 地震。此后迄今为止邢台地区再无 $M \geqslant 6$ 地震活动。

5.16 中国前兆震群的研究进展

中国前兆小震群的研究在 20 世纪八九十年代有了多方面的独创性的进展。

陆远忠（1984）在研究小震群应变能释放特征的基础上，引进震群的 U 值表征小震群能量释放的均匀程度，简称为能量均匀度。U 值的定义是：在一个震群序列中释放 90%的应变能所需要的最短时间 $T_{0.9\Sigma\sqrt{B}}$ 与全序列所持续的时间 T 之比

$$U = \frac{T_{0.9\Sigma\sqrt{B}}}{T} \tag{5.16.1}$$

U 值的范围在 0 与 1 之间，$T_{0.9\Sigma\sqrt{B}}$、T 的单位为天。

该方法对小震群作了如下规定：

(1) 地震序列中震中变化范围在半径为 20km 的圆面积之内，频度≥3 次/日，总次数≥6 次；

(2) 序列中最大震级（M_L）$_{max}$<5.2，最大震级与次大震级之差 $\Delta M_L \leqslant 1.1$；

(3) 在小震群开始前和结束后连续 15 天之内未记到 $M_L \geqslant 1.0$ 地震，则以第一个地震所在日为震群序列的起始日，以最后一个地震所在日为该序列的终止日；

(4) 如果第 16 天开始又连续多日记录到小地震，则规定只有当第 16 天记到的地震频度≥3 次/日（$M_L \geqslant 1.0$）或频度≥2 次/日（$M_L \geqslant 2.0$）时，累计此序列。

按照以上小震群定义，从《中国东部地震目录》中挑出 1970～1982 年东经 105° ～128.5° ，北纬 18° ～43.5° 范围内的小震群共 51 个。分别计算了这些震群的 U 值，发现震群应变能释放方式大致可分为三种类型：

a 型：均匀型，U 值较高（0.5<U，<0.8）；

b 型：脉冲型，U 值较低（U<0.5）；

c 型；间隙脉冲型，U 值最高（0.8< $U \leqslant 1.0$）。

从 U 值分布频度的直方图（略）可见，U 值频度分布既不服从正态分布也不服从白噪声分布，并且 U=0.5 的频度为零，故取 U=0.5 为界。当 U>0.5 时为高 U 值震群，当 U<0.5 时为低 U 值震群。

经过分析得到如下认识：高 U 值的震群之后往往会有强震发生，而低 U 值震群之后不易发生强震。因此，在中强震前一二年内，距震中中强震 500km 左右范围内发生的高 U 值震群可作为前兆震群。在研究过的 11 次中强震前有 9 次发生了高 U 值异常的小震群，另外两次是 1974 年溧阳地震和 1979 年的巴东地震，无适当的小震群与之对应，故对应率为 82%。

另外，还发现了一些强震后的低 U 值震群，它们滞后于大震，其发生很可能是附近大震触发所致。经统计，强震后在附近发生的小震群共 12 次，其中有 10 次为低 U 值震群，对应率为 83%。可见，强震后发生的震群大多为低 U。

研究的地区 1970～1982 年共发生震群 39 次。其中高 U 值震群 22 次，满足有震条件的 17 次，对应率为 77%；其中低 U 值震群 17 次，满足无震条件的 15 次，对应率为 88%。从而得出，当

震群的 U 值为低值时，小震群发生后，上述时空范围内发生中强震的可能性不大。反之，当震群的 U 值为高值时，上述时空范围内往往会发生中强震。

朱传镇等（1981）重点分析了唐山、海城、邢台、巴音木仁、五原五次地震的前兆震群的震源机制、应力降、b 值、P 波与 S 波振幅等参数。研究结果表明：仅从主应力方向看，前兆震群与一般震群的差异并不明显；前兆震群（如海城地震前的本溪震群、唐山地震前的滦县震群）具有较高的应力降（数兆帕），而其他离大震震中较远的震群（如山西北格震群、河南内乡震群、渤海庙岛震群），应力降都比较低（10^5 Pa 量级）；震群的 b 值变化范围较宽，约在 0.5～0.9 之间，作为前兆震群的本溪和磴口震群 b 值较低，但与一般震群相比差异也不明显。

朱传镇等（1988）引用信息论中熵值 K 的概念，取归一化熵作为震群的特征量。K 由下式决定，

$$K = -\sum_{i=1}^{N} P_i \lg P_i / \lg N \tag{5.16.2}$$

$$P_i = e_i / \sum_{i=1}^{N} e_i \tag{5.16.3}$$

式中，e 为序列中第 i 个地震的能量；N 为地震序列中的地震次数。若序列中能量呈均匀分布，则 K=l，反之若能量完全集中在一次地震上，则 K=0，一般情况下，0<K<1，K 表征了序列中地震能量分配的均匀度。由公式 $\lg e_i=1.5M_i+11.8$，经过换算，（5.16.2）式可写成

$$K = \frac{\ln S}{N} - \frac{3.453}{\ln N}\left(\frac{\sum_{i=1}^{N-1} S_i \varDelta_i}{S}\right) \tag{5.16.4}$$

其中

$$\varDelta_i = M_i - M_{\rm N},\ \ i = 1,2,,3,\cdots N-1$$
$$S_i = 10^{1.5\varDelta}$$
$$S = S_1 + S_2 + S_{S\text{-}1} + 1$$
$$M_1 \geqslant M_2 \geqslant M_3 \cdots \geqslant M_N$$

研究结果表明，一般情况下，K 随 N 的增加而减小，但当 N 较大时（N≥10），K 值几乎趋于稳定，且各震群之间 K 值的相对大小保持不变，故可以用 K 值作为表征震群的一种特征量，不过在对比各震群 K 值时，必须取相同的 N 值。

为研究前兆震群的 K 值特征，朱传镇等采用陆远忠等对震群的定义系统地分析了 l966～l983 年华北地区 108 次震群的 K 值。将所有震群按 K≥0.8 与 K<0.8 分成两组，K≥0.8 的有 40 次，占 38%，K<0.8 的占 62%。统计 M8≥5.5 地震发生前一二年时间内且在距震中 500km 范围内发生的震群，发现 K≥0.8 的震群发生后有震的 25 次，占 63%，且在此期间发生的 13 次 M≥5.5 地震无一漏报，但有 37%虚报。反之，符合 K<0.8 震群发生后无震的占 70%左右。由此可见，当出现 K≥0.8 的震群后，在一定的时空范围内，强震发生的概率将会增加，从这个意义上来说，可把 K≥0.8 的震群作为前兆震群。

王炜、杨德志（1987）研究了华北震群序列中地震时间间隔 τ 的统计分布，并经过统计检验，认为它服从 Weibull 分布：

$$f(\tau) = u \cdot \tau^{p-1} \cdot \exp\left(-u \cdot \frac{\tau^p}{\rho}\right) \tag{5.16.5}$$

式中，u、ρ 为待定参数；ρ 被称为地震发生方式参数。

为了探讨震群 ρ 值能否作为前兆震群的判定指标，他们系统地研究了 1970～1983 年间华北

地区 33 个震群序列的 ρ 值。结果表明，ρ 值在 0.4～0.5 档次内频数尤为突出，故取 ρ =0.5 作为临界值，按 ρ <0.5 和 $\rho \geqslant 0.5$ 将所有震群分成两组，则在 33 次震群中 ρ <0.5 的有 19 次，占总数 58%，$\rho \geqslant 0.5$ 的有 14 次，占总数 42%。他们采用文献[34]关于判断前兆性震群的有关规定，结合自己的工作，发现中强以上地震（$M_S \geqslant 5.5$）前两年左右时间内，可将距震中 500km 内发生的 ρ <0.5 震群作为前兆震群。分析 1970～1983 年的资料表明，8 次中强地震前，有 7 次发生了满足上述条件的 ρ <0.5 的小震群，一次无 ρ <0.5 的小震群对应，对应率 88%。

在 33 次震群中低 ρ 值（ρ <0.5）震群有 19 次，其中满足有震条件的 15 次；而高 ρ 值（$\rho \geqslant 0.5$）震群为 14 次，满足无震条件的有 12 次。由此可见，若发生 ρ <0.5 的震群，则在一定的时空范围内将可能发生中强以上地震。所以，可将 ρ <0.5 作为判断前兆震群的一个指标。

宋俊高（1989）在总结前人研究前兆震群指标的基础上，提出了一种综合判断指标的方法，用以识别地震异常及确定未来地震的三要素并检验其预报效果。规定前兆震群的各指标大小如下：

单项：U>0.5，K>0.7，ρ <0.55，b>0.65，h<1.0；

U—K 组合：U>0.5，K>0.7；

U—ρ 组合：U>0.5，ρ <0.55；

K—ρ 组合：K>0.7，ρ <0.55；

U—K—ρ 组合：U>0.5，K>0.7，ρ <0.55。

称 U>0.5，K>0.7，ρ <0.55 的震群为典型的震群，反之则认为是典型非前兆震群。按震例总结，典型的前兆震群占所有前兆震群的 50%，典型非前兆震群占 38%。

5.17　前兆小震群和后效小震群与主震相伴而生

在 1966～1976 年大地震高发期间，大陆区域台网观测报告小震群数据十分丰富，对包括华北和西南等地区先后发生的与大地震活动直接有关联的不同规模的小震群、前兆震群和后效震群的频繁活动均有详实的记录。

前兆小震群活动在材料试验中属于大破裂之前的“预破裂”，发生在主震主破裂端部时，直接与主震的暴发有关联；分布在适当面积的孕震区内或与“未来主震断裂带”相邻的“薄弱地质构造易碎带”时，属于一种规模较小的前驱性破裂即前震活动，预报意义明显。与前兆小震群相对应的是后效小震群。大地震（主震）发生之后，伴随主破裂带的余震活动，相邻的不稳定但无大震条件的地质构造带被牵动，反映了地区构造应力场的震后调整过程，以及孕震区的可能最大范围（参见 5.15 节）。震中分布同主破裂带附近的余震有一定距离。

分辨每一组小震群与其“主震”的前驱或后效的从属关系，根据发震时间、地质构造线背景和震源定位等能够大致划分清楚。总体情况是：20 世纪六七十年代基本属于“前兆小震群”活动；70 年代中后期截止于 80 年代后期基本属于“后效小震群”活动。

5.18　后效小震群活动的归属问题

——在“兵荒马乱”中难找“主人”

唐山地震前后，全国各地区尤其华北地区经过邢台地震、渤海地震以及海城等一系列活动，期间小震群此起彼伏。各次“主震”之前和之后，既有“前兆震群”也有“后效震群”，两类小震群参合期间，无法分辨它们各自应该归属于哪一个“主震”的麾下。

1966～1989 年的十几年期间，全国各地小震群活动持续频繁。自 1976 年 8 月之后全国范围基本没有发生明显较大地震，但小震群活动依然持续着。说它们是震群而不是余震，是因为根据震源定位资料，这些群发活动离开“老震区”不时发作，“成丛出现”，且持续一两个小时之内，连续发震不间断，震中坐标变动距离几公里级，震级差一般小于 0.5，起伏活动的“余波”延时较长。虽然其序列形式与一般小震群类似，但不在主断裂余震区。波形特征余震-震群没有区别。我们把这些小震群命名为“后效震群”活动。

后效小震群同前兆小震群应该在同一个孕震区域范围内，两者伴随“主震”的先后活动将显露“主震”的孕震区形态、大小以及与区内地质构造格局的定量关系（赵荣国，1993，后效震群问题“手稿”）。这一类的区域台网记录资料可以随处查得。

5.19 从中国大陆十年地震活动中学到了什么

——“群测群防　专群结合”依然是今后监测预报研究的科学方针或方法之一

中国大陆地区 20 世纪六七十年代十年地震活动的前兆异常，使我们增长了地震活动性的常识。几乎全国老百姓从此都知道了地震是怎么回事。

在地震预报研究领域，阅读国外参考文献固然可以借鉴经验，但自己的切身经历和刻骨的体验才更有价值。

(1) 包括唐山等大地震的发生使我们开阔了“前震活动”以及前兆震群活动的视野，前震不仅仅如材料试验紧临主破裂端部的预破裂式的“主震身边”活动，在复杂的地质构造格局的现场，“远处前震”和“远期前震”研究尤其独具现实意义。应该改变“唐山地震无前震”的狭隘结论；

(2) 海城地震时，中国地震学家在极震区亲历地震发光现象，证实了极震区大面积土地上发生的震磁光电效应确实存在；

(3) 包括通海、海城、唐山、龙陵-潞西、松潘-平武等地的震前各种“短临前兆”以及动物异常等现象的普遍性，成为临震预报可兹参考的重要的可以信赖的根据之一，不应该对震前的生物异常现象的表述嗤之以鼻；

(4) 证实了作为临震预报根据的各种前兆现象呈现多元化的确凿事实，“多元化”缘于一个有限地域大震之前，积蓄地震应变能过程中所呈现的多重地球物理量异常——孕震区地球物理场（geophysical field）的场致效应；

(5) 迄今为止，在我国根据地震活动性已经分辨为前震序列而且据此实现成功预报只有海城大地震（一二十年之后据此经验又成功预报海城-营口地区另一次较小的活动）以及云、贵、川地区两三次中强地震活动。预报的成功①主要有了“邢台经验”——其经验来自邢台地区地震的研究包括现场考察和后期全区历史资料的系统总结；②以及云、贵、川地区独特地质构造背景和有关微兆的研究结论（国家地震局科技监测司，1989）；

(6)“群测群防　专群结合”依然是监测预报的科学方针和重要方法之一。近二三十年来，偶然有人提出“土洋结合”、“专群结合”、“群测群防”、“两条腿走路”都被嗤之以鼻。如今看来，“抛弃土，独尊洋”不见得就是一种进步。回头看看与之相适应的监测预报研究几十年来无大突破，说明监测预报研究之艰难而不在于土、洋问题。

在 1966 年邢台地震考察期间，周恩来总理曾给地震考察现场人员以及当时“地震战线”的全体人员提出的“群测群防，专群结合”等重要指示，既是地震学管理的方针政策，也是研究和监测预报方法，至今一直是我们工作的指导思想和前进的指针。

当时地震预报之所以能够成功，主要依据当时缺一不可的两方面的信息：一是宏观异常包括各种生物和其他监测手段等异常现象的大面积持续涌现；二是营口石硼峪等地震台网记录的前兆小震群的强势活动。如果只有宏观前兆而没有小地震活动，或只有小地震活动而没有宏观前兆诸多现象，恐怕都不可能联想到大地震的问题。正是有了邢台地区前兆小震群的经验，加上大规模宏观异常现象，坚定了发布临震预报的决心和信心。此处应该特别强调，各种宏观异常数据的及时取得只有依靠群测群防的工作布置方才可能实时汇集和及时分辨。今天回过头来仔细分析，“群测群防，专群结合”不仅在当时，就是 21 世纪的今后监测预报研究中也是十分必要的一种科学方法。

据说唐山大地震临震前极震区附近的一个县区得知“将发生大地震”的消息，该县区负责人动员全县民众户外避震，全县竟无一伤亡。果真如此话，这将是群测群防成功的一个伟大范例。

如果当时唐山市区也有这样一位果断勇敢负责人，整个局面必定完全是另一个样子。

应该特别提到的是，中国地震局地球物理研究所研究员李志勇先生，在协同辽宁地震学家实现海城临震预报当中发挥相当给力的作用。

这里再一次强调，未来实现临震预报的“要素”有三：

(1) 较频繁小地震或小震群活动；

(2) 各种异常现象包括生物异常和地球物理观测的各种异常数据；

(3) 及时全面会商准确判断震情。当地最高负责人勇于“拍板定案”。

“实时跟踪地震活动”同时要“实时掌握前兆现象观测情况”加上“及时会商”，有可能抓住一两个要命的地震。

前头提到只有拿到分辨和确认前震和前兆震群的“钥匙”，地震预报的“大门”才能打开。这把长串的“钥匙”就是分辨和最终确认前震或前兆震群必须有“确凿的各种宏观和微观前兆异常现象佐证”。

5.20　“两次地震灾难”的主因

“1975 年辽宁海城 7.3 级地震成功预报，随后的唐山 7.8 级没有预报，这就是当前世界地震预报的水平！”国际友人地球物理学家 1980 年通讯资料的评论。

“得以成功”预报和“没有能够”预报，这一中国大陆地区独特的实践经验和教训显得弥足珍贵。其成功和失败的经验教训，不仅在中国，也在世界地学界经典记录中成为永放光彩的一页。

辽宁海城地震的成功预报，是中国地震学家引以自豪的一项意义深远的地学重大科技成就！随后的唐山地震未能预报，证实地震序列活动的复杂性和有限地区密集发生的不可预测的特殊性。

在日本、前苏联以及美洲等地区，虽然根据前震序列活动监测大地震的研究都有相当大的投入，但是国外还没有在发布临震预报方面的的经验可以借鉴。

我国监测预报研究正式起步于 1966 年 3 月华北大地震的实地考察取得著名的“邢台经验”，9 年后用于海城 7.3 级地震预报得以成功。海城-营口地区恰在大地震之前一段时间发生了一系列小震活动，与邢台地震的一些序列现象相似。地震学家当时结合其他各种前兆观测资料组织会商，不失时机地发布预报成功。可以说，这些小震群序列在很大程度上拯救了辽宁省海城-营口地区成千上万人的性命。时隔 18 个月 23 天的唐山 7.8 级地震之前未能分辨出来类似邢台或海城震前小震群，尽管同样有大规模各种前兆涌现，却被误认为属于海城等大地震“震后调整”的反应。未能判断出大地震即将袭来，最后确定为“未来 5 级左右”的“呈报意见”。在震亡二十多万的人群中有 8 位地震台网监测精英和 1 位年轻的地震学家。

无独有偶。2008 年 5 月 12 日四川汶川大地震重演唐山地震惨剧。究其重要原因之一，也是大地震之前没有显示前震或类似的前兆震群活动（《汶川 8.0 级地震科学研究报告》第 125 页）。

话说回来，类似唐山以及汶川地区即便“真的”出现前震或前兆小震群等前兆现象，就一定能像海城地震那样成功预报吗？古今中外没有像邢台-海城地震活动过程中那样各种因素的机缘巧合！今后即便真的有了事实的前震或前兆小震群活动，在临震之前也不一定能够及时准确分辨出来，即便分辨出来也不一定得出准确判断付诸预报行动。请注意，汶川 8 级地震之前已经有了个 2001 年的 8.2 级昆仑山口地震。

由此我们联想到：①小震群后边无大震，地震预报理论和经验均相当先进的日本地学界，在规模巨大的松代小震群活动过程中，震情分析反复折腾好多次，大地震最终还是没有发生。②小震群之后一系列大震，邢台地震之前，华北怀来-沙城地区小震群活动频频出现，当时根本想不到随后而来的竟是十年一系列惊天事件。③巨大地震的 $M—T$ 图例如图 7.5.2 的无序和不可预测性，以致面对天书一样无所措手足。

5.21 地震预报从认为“并不难”跃变为“不可能”

典故“塞翁失马焉知非福”，故事中同时引申出的“塞翁得马焉知非祸”的悲剧

中国既是全世界第一个成功预报大地震的国度，同时也是在成功之后跟进失败这一独特的自然科学和社会科学现象空前结合地区。

史无前例的中国大陆地区 20 世纪六七十年代的十年大地震给我们留下了沾满鲜血的地震学“遗产”。其中弥足珍贵的之一就是前震和前兆震群以及其他前兆的的百家研究（中国地震局监测预报司《中国地震预报攻关研究总结》，1983；梅世蓉、冯德益等，1993）。

海城地震的成功预报，影响深远，当时一改此前我们曾一直认为的地震预报虽非无望却极困难的观念。如今的预报成功，我们欢欣，尽管世界愕然，我们依然认为，只要加密各种前兆和地震台网观测，7 级以上大地震的预报均为可能。一时出现全社会民众参与大规模监测预报运动：“工厂生产流程”式的地震预报“专家系统”分布全国大、中、小学的师生和“上山下乡知青”群体中。

唐山地震灾难致使这种群众性的预报行动戛然而止。举国伤痛，预报悲观。

中国大陆十年大地震后的若干年以致今日，有关预报的是与非依然持续争论中。

有史以来地震预报问题在全世界范围一经提出就发生争论，科学家们欧美的主流基本否定；亚洲等地区则在很大程度上是肯定的。

说来令人沮丧，正是在支持地震预报的亚洲科学家们的身边接连突发灾难事件持续地冲击着“地震战线”阵地。

5.22 阻碍成功地震预报的三大难点

实现地震预报存在三大难点：

(1) 准确判读前震活动的灾害地震发生概率很小甚至没有；

(2) 地震的前兆物理场的各种噪声（noise）很难剔除；

(3) 求助于超级电脑？它也是人的大脑操纵的，而人的思维也存在局限性，根据我们现有经验，在临震时妨碍正确判断和决策行动的各种人为因素很难避免。

因此，即便引入现代化的技术进行现代化监测，突破上述诸难尚需时日。

再论相关联的两组地震：一是海城地震后的唐山巨灾；二是昆仑山口以西地震之后的汶川灾难（参见 5.20 节）。

辽宁海城地震发生后，华北地区较小地震依然持续。地震研究部门多次组织会商，倾向性的意见是：在（不足 400km×500km）有限的面积上“短期内不大可能迅速积累震级达 7 级以上的地震应变能”。尽管“京、津、唐、渤”地区各种前兆异常大量涌现。以下引自国家地震局《一九七六年唐山地震》的“序言”——“国家地震局于 1976 年多次召集紧急会商会。当时国家地震局和各有关单位频繁会商。当时的情况十分复杂，对异常的分析与认识存在很大分歧，在这种情况下，想要做出明确的震情判断是困难的”。最后的结论：“认为 1976 年下半年有地震。预报地区很分散。震级一般估计在 4 至 5 级或 5 级。”属于海城“震后调整”的地震活动。没有也不可能充分考虑可能的后续大地震的问题。更没有人料到华北地区 10 年地震活动竟以唐山灾难而告终。

唐山地震 26 年后，发生昆仑山口以西 8.2 级地震。当时一些地震学家们庆幸地想“多亏发生在山区而不是在城市”，同时联想到，巨大地震在中国地区频度不是太高，此后的大地震活动应该经过一段“平静”时日了。但是，有一个声音悄悄地说：“可怜的先生们，您先别忙着高兴，我的兄弟随后就到！”

汶川 2008 年 5 月 12 日大地震 8 万多人遇难，损失 8 千多亿元。1 年另 11 个月后，2010 年 4 月 14 日沿北西西方向跳转到青海省玉树地区，发生 7.1 级地震（2203 人遇难，73 人失踪）。

5.23 中国的地震预报研究缘起于1958年“大跃进”

——“地震预报调查历史地震6人考察队”的尝试

海城地震发生之前，我国有关地震预报问题一直有争论，包括五十多年前“大跃进”运动期间的提出以及被否定。后来以郭增建为首的“地震预报6人考察队”冲破各种障碍，终于闯出地震预报行动的第一步。经过1958年下半年的西北三省（甘肃、宁夏、内蒙）历史地震考察，收集到不少有意义的历史地震前兆资料，包括震前动物行为异常、天气旱涝异常、地下水、地声、地光等异常的当时在世老人的回忆。现在回想起来，当时有关地震预报的理念同今天的水平相比，也不一定存在太大差距。直到今天，有关监测预报问题无论持肯定的/或否定的双方，对于根据哪些什么质量的资料数据以及如何进行分析判断决策预报行动等实质性问题依然并非十分清楚。

可喜的是，如今国内外提出的各种有关地震成因新理论，使用现代数学物理方法和不断更新的监测仪器装备，使得地震预报方法的研究活动虽然十分艰难却在顽强地持续着。

5.24 中国西北地区父子地震学家郭增建和郭安宁

从20世纪五六十年代走过来的，已经接近耄耋的地震学家们，如今依然勤奋以求地钻研地震预报理论和方法问题。郭增建等就是这方面突出代表之一。

以下是宽带网转摘甘肃省地震局研究员郭增建和郭安宁父子于2010年12月15日有关地震预报问题的谈话节录摘要。

郭增建：“……当时主张地震预报要‘两条腿走路’，意思是土、洋两种办法都要上。大跃进时期，科研单位都提出宏伟目标。我们地震工作者提出地震预报，也需要‘两条腿走路’，土洋结合。研究观测前兆仪器，这算洋的方面；土的方面，就是我们到西北甘肃海原等地考察历史地震，当时叫‘民间取经’。……主要寻找亲历海原地震上岁数的老人座谈，着重调查地震前有无前兆？百姓看到什么？我们6个人去全面访问”。“……这是中国第一次实践为地震预报问题的小规模考察”，“当时只是感觉地震预报很难，并没听见国外有反对声音，而且日本、苏联当时都说要搞地震预报……我们在20多天的行程考察中建立了地震预报的前兆系统——海原地震的前兆，主要包括地下水、动物、地声、地光、气象等方面”。“……如今的地震前兆基本也不外这些项目，只是海城地震前多了个地气雾”。“……现在很多人反对地震可以预报，主要是因为有两个理论出现：混沌理论和自组织临界理论。1999年，中国科协组织十几个一级协会讨论防灾问题，我针对这两个理论作了回应，认为理论上是可预测，只是我们事实上还没有做到。目前，中国的地震预报处于颇为尴尬的境地……”。郭增建之子郭安宁子承父业。他承认，“地震预报在国际主流学界已经失去支持，很多情况出现所谓的地震前兆并没有后续的地震，而另一些地方没有这些前兆却发生了地震”。作为地震系统的研究人员，他明显感觉到自己的主张，即便在有关权威的官方机构内也难获支援。他著作关于地震预报的书籍，甚至于无处出版。

5.25 唐山地震后地震工作重点的转移

唐山地震之后，人们痛定思痛。终于认识到，地震监测预报是一个十分复杂、严肃的科学问题。今后那种简单化和经验主义导致付出沉重代价的悲剧绝对不能重演了。

当时提出改进工作的主要对策：

（1）端正科学态度。监测预报同样必须坚持“三严精神”——严肃、严谨、严格，一丝不苟；

（2）严格执行“地震减灾法”和抗震建筑规范立法的实施监督举措；

（3）国家地震局多次组织中国地震学家设立地震学研究攻关专项；

（4）选择重点地区研究有意义的历史地震，结合地质构造特征探索前震和前兆震群发生的地质地球物理条件和发展过程。其重要途径之一是在全国范围普查和筛选有意义地区的活断层构造，根据各该地区的历史地震活动性特征研究相邻活断层之间的关联机理，探索它们之间的主从关系等，以窥探和发现活断层构造隐藏着的前震和前兆震群导致大地震危险的可能性（参见第 6.8 节）；

（5）回过头来着重支持震源物理等理论研究。结合现代科学技术新进展和新成就以及国际地震监测预报经验，根据“地震活动无国界，全球活动有关联”的道理，探索包括全球范围内有意义的重点地区孕育和发震过程。改变“生产车间式的预报”流程，逐渐建立有一定科学原理根据的预报方法，使地震监测预报原理的研究受到重视；

（6）强化国际合作和交流。中国地震局至今已经组团派出地学专家国际访问达上百个团队和人次。地学界“新唐僧取经”团队的足迹遍布全世界几乎所有的曾经遭受过地震灾害的国家和地区，获取地震学方面的“大乘经文”。

5.26 中国地区有“地质历史时期”遗留的火山型小震群活动

——注意可能误认作构造型小震群

中国地区火山型小震群（地质年代的）仅限于云南省腾冲、黑龙江省五大连池等有限地点。已经收集到很可观的地震观测资料（吴建平等，1999；2001）。地震图波形特征有别于构造地震。

黑龙江省五大连池市地区 50km 范围内显著地震（$M \geqslant 4$）大约 10 年 1 次。最近的活动为 2010 年 1 月 15 日，震中坐标 48.6° N，126.06° E，M_S4.2，黑龙江省黑河市五大连池市地区。没有“现行的”火山危险性。

火山型地震群多在大洋脊海域等岩石圈层板块出生地，大陆裂谷以及环太平洋岛弧-海沟地带。印度尼西亚、日本和南美洲等一些国家多次根据火山型小震群成功预报当地的大规模火山喷发。预报方法根据“小震密集程度以致爆发”的当地特有的观测经验。在裂谷地区例如东非裂谷和贝加尔裂谷等地记录一度频繁。发生机理缘于岩浆冲击岩浆囊所导致的岩壳破裂兼有地质构造型断裂活动。震级一般 1 级以下，或两三级以至更大一些，大爆发震级达 5 级以上。涉及面积 1～3km²。

地震波形火山型和构造型无本质差别。

5.27 双震型序列

又称做双主震型序列，较大地震之间的震级差$\Delta M<0.6$。分布在世界各个地震活动区。其活动度（频度和强度），在板缘地震较高，大约是全球地震总数的 1%～5%；板内地震双震型序列有限，小于 1%。中国地区近代比较著名的双震序列是 1976 年 5 月的云南龙陵-潞西以及 8 月的四川松潘-平武双震序列，震源破裂点相距均在 30～45km，考虑破裂长度应该属于同一震源体积内重复；其次是分别发生于 1962 年 12 月 7～18 日、1970 年 12 月 3 日至 1971 年 6 月 28 日、1988 年 1 月 4～10 日的宁夏吴忠-灵武地区三组双震活动，震中定位相距 10km，30km，65km 以致 100km，均为同一组地质构造带的活动（类似问题参见 6.9 节）。

5.28 中、强震群活动

1. *震源深度 $h<60$km 浅源地震的中强震群经常发生*

震源深度 $h<60$km 浅源地震的中强震群活动普遍存在于全球各个地震区，包括“板缘地带”和“板内地区”均有记录。例如中国新疆边境地区，美国西部内华达、犹他州等地震活动区以及北大西洋脊等等地区。震源多在地壳内，活动总量小于全球总体活动的大约千分之一，但在“地震巢”（例如兴都库什地震巢等）可深入上地幔达 230km。百年期间中强震群共计 38 组次，每一组的 6～6.9 级“子震”次数一般 3～5 次，最多达 10 次以至 20 多次，震级差在 0.4～0.6 之间。一组中强

震群的累积释放能量小于 1 次最大震级 7.9 级地震能量。其活动总量（频度和强度）很高于浅源的中强震群，可达各该地区总体活动的 1%。

千岛群岛强震群一例。一次比较集中爆发期间是 1978 年 3 月 22 至 3 月 25 日 13 次，震群参数范围：纬度 43.5° ～44.9° ，经度 148.5° ～149.5° ，h=44～82km，M=6.8～7.6。震中坐标变动 120km，震源深度变动 40～70km。

2. 深源地震中强震群很少见

"深源中强震群" 很少见，发生地区有限。

于 2011 年 7 月 29 日斐济群岛南部（23.6° S，179.8° E，h=528km）M_W 6.6 深源地震，后续少有的"深源中强地震群"。自 7 月 29 日至 9 月 15 日在纬度 23.4° S～24.4° E，经度 179.5° W～180.5° ，震源深度 500～555km 区间，震级 4.7～6.6 级总计大约 29 次（中间另有几次地震 h=189km；321km；461km 的深度）。

于 2011 年 9 月 15 日国际时 19:30:59 同区海域（21.6° S，179.3° W)，震源深度 h=593km，矩震级 M_W 7.2，这一序列震级达最大值。该区随后持续一段时日深度依然较深但震级较小的活动。

百多年来深源中强震群活动只发生在西南太平洋岛弧-海沟带。在中国东北、日本海以及南美洲等深震区未发现。

这里特别提示，全球深源巨大地震的余震活动几乎没有记录。1994 年 6 月 9 日玻利维亚一次巨大深震（13.87° S，67.51° W，h=637km，M_W8.3)，仅仅记录 4 次微小余震活动（参见 4.3.5 节和 4.5.2 节）。深源地震极少有余震以及发生地震群这一震源机理过程尚未见合理解释。

5.29 强烈震群活动

强烈震群一般发生在板缘地带，限定在环太平洋西半部岛弧—海沟地带，多为浅源活动，深度 h≤70km。在上个世纪共计发现 13 组次，每一组的"子震"不超过 4 个，震级大于 7 级，震级差小于 1 级。持续不超过 7 天，但个别强烈震群持续活动达 45 天。一组强烈震群的累积能量非常可观，最大相当于 1 次 M_S8.9 以上的事件。

在 20 世纪的百年期间以至本书问世之日，没有观测到"板内强烈震群"活动。

但是在20世纪之前，历史记载了一次异常少见的板内强烈震群活动，发生在19世纪初(1811～1812 年）的北美大陆新马德里地区，M≥8 地震共计 3 次（分别为 8.6、8.4、8.7)，是已知的有确切历史记载的唯一的一次板内强烈震群活动。由于当时当地人烟稀少，灾情较轻。但是造成自然环境的改观可谓"地覆天翻"（参见 GR-34)。

这一罕见的巨大地质事件表明强烈震群活动不仅仅限于 20 世纪的岛弧-海沟板缘地带。

未发现强烈震群活动地区主要集中在印度洋、大西洋和太平洋等洋中脊以及除去北美大陆以外的各大洲板内地区。

5.30 孤立主震

吴开统（1980）曾经提出"孤立主震"，例如中国青海湖附近 1963 年 4 月 19 日 7.0 级地震和青海玛多 1971 年 3 月 24 日 6.3 级地震等等依然有余震活动，只是余震的活动度很大程序上小于"主震余震型序列"。

5.31 地震序列中的震源相对位置

地震序列中的震源相对位置在板缘地震 a、板内地震 b 和地震巢活动 c 三者中有差别。震中分布 a 沿板块接合带走向带状分布，b 为散漫状态，基本无序，c 同源多重叠合。

板缘地震的余震定位表明，震源坐标的经度、纬度的变动幅度与岛弧-海沟走向基本一致。一般特点是：如果断裂带走向是东西向，则强余震或震群中的"子震"的经度变动较大，纬度变动较小；断裂带走向是北南向，则强余震或震群中的“子震”的纬度变动较大，经度变动较小。一般情况下，变动较小的部分仅为较大部分的 10%～20%，相当于经度或纬度的 0.1°～0.2°，大约相当于 10～25km。

板内地震各种类型地震序列的震源点位之间的排列次序形势复杂。“主震余震型”地震序列的主震与余震以及“中强震群型”的各次“子震”相对位置的坐标，有的散漫形式分布，有的沿着震源区断裂带分布，有的（主震和它的余震）各在“主断层”的两端分布，还有的余震居中。

总之，板缘地震的余震分布以沿板块接合带或俯冲带的“走向分布”为主，而板内地震总体分布多为“散漫分布”形式。地震巢的有限空间里发生的中强震群事件必定是同源重复，无休止地“相互蹂躏”。

5.32 贝尼奥夫曲线图的绘制和可能的预报意义

在地震活动性的统计研究中，绘制贝尼奥夫曲线图或称作应变能释放曲线图是 20 世纪六七十年代中国地震学研究领域曾经用于监测预报的一种试验性方法。

计算操作中，用 $\sqrt{e}-t$ 计算应变能释放曲线。t 为时间。

$$\sum(t)=\sum_{k}N(K)L^{K} \tag{5.32.1}$$

式中，K 为地震能级；N（k）为能级等于 k 的地震次数；l 为常数，取值范围 1～10；t 为时间。当 l 取 4.5 时，有

$$\sum(t)\approx\sum_{K}N(K)10^{\frac{2}{3}K} \tag{5.32.2}$$

此时 $\sum(t)$ 与地震断裂总面积成正比。实际应用中常取

$$\sum(t)=\sum_{K_0}^{K-1}N(K)L^{K-K_0} \tag{5.32.3}$$

式中，K_0 为地震能级下限（引自《地震工作手册》第 331～332 页）。

贝尼奥夫自称（傅承义，1958 会议纪要）他起初计算绘制应变能释放曲线图曾经“预报”出而且应验了印度洋海域的一次大地震如下：

1955 年 3 月 22 日，震中坐标在东印度洋海岭（-9.00°，91.75°），震级 7.1 的地震。

5.33 地震观测实验场

一些地震多发的国家、地区，为了利用特定地区比较密集的地震活动进行短期高效率研究，设立了“地震活动性观测试验场（例如前苏联塔吉克地震考察试验场）。另一些国家则利用地震活动高发特点探索短期生效的预报途经，在本国选择有意义地震活动区进行有计划的专题性观测研究。收效显著。已经知道的以下 3 个地区概要介绍如下。

1．塔吉克地震考察试验场

塔吉克斯坦全境山峦重叠，地震活动频繁。全国几乎无处不震，被俗称为“地震工场”。频度和强度分别相当于中亚五国的 5 倍以至 50 倍，密集区在戈尔诺州的霍罗格市以南。地震 8 级以上大约 50 年 1 次；6 级以上 1～5 年 1 次；3～5.9 级每年 20～50 次。震源深度 $h\leqslant60$km。前苏联曾组成“塔吉克综合地震考察队”，在塔吉克斯坦加尔姆地区详细研究其地震活动性（B.И.布内等，1960）：绘制小区域地震、地质历史和活动性图；总结地震活动性特征和各种有关的计算定量标志以及详细数据结论；发明和创造震源定位和计算地震强度“能级”（K）等各种方法，提出地区的详细震情分析。提供考察队全部工作过程包括区域地震台站布局，仪器设备及其性能等等细节。

2．中国滇西地震试验场

中国云南省地震活动频繁，素有中国“地震工场”之称，严重灾害地震时有发生，地震减灾形

势严峻。1965 年在中国科学院地球物理研究所组建西南工作站后，中国地震学家借鉴前苏联“塔吉克综合地震考察队”的工作经验，为深入了解和发现云南滇西地区地震活动性固有特征，探寻监测预报的地区经验，确定在滇西地区加密高灵敏度地震台网强化观测。当时利用已建成的 7 个正规地震台和先后组建的 3 个“流动观测台”投入观测，收集到丰富资料，取得了很多有意义成果。

3．新马德里地震带地震预报实验室

新马德里地震带之所以作为研究地震预报的实验室（J.米切尔、W.斯陶德尔，1974～1976 年）是历史巨大地震活动区，人口密集区和核电站等重工开发区，至今小地震仍持续发生着。其主要工作任务包括：研究历史巨大地震成因；密西西比河谷地形环境；地壳上地幔结构和地震构造背景；现今地震活动性及其可能发展趋势；研究中长期趋势预测；短、临前兆现象特点、主要观测和识别要素等等。

新马德里地震带包括密苏里州东南部、伊利诺斯州南部、肯塔基州西部、田纳西州西部和阿肯色州东北部。其特征是在一个比较小的地区内有强烈的地震活动。新马德里地震带为美国中部的稳定地壳所环绕，由于地震活动集中，使新马德里地震带成为研究地震预报的一个极为合适的地区，为此在该区布设多种性能检测台网。

他们迄今一直在致力于确定该区地震活动的空间图像和地壳上地幔速度结构。这些图像为他们目前还处于初步阶段的前兆现象的研究计划提供了重要的资料。

5.34 地震学在日本

1．重点提示

诸岛内陆活断层群密布，估计有上千组。岛弧海沟地带俯冲规模巨大，地震活动频繁；初始独创学术成就较多。

1995 年阪神地震是留给日本地震学家的痛苦心结；多次改动研究五年计划；科学的群测群防；预报研究普及而且深入，全民地震知识经验丰富。

2．材料试验解释震源物理过程方法以日本和前苏联为首

许多学者根据茂木清夫的材料实验提出了地震发生过程的膨胀模式。

茂木清夫（1967；1968）提出了对地震前兆有特殊意义的三轴应力状态下的岩石膨胀理论。通过研究岩石或类似岩石在高压下发生形变-微破裂-大破裂的全过程以了解地震前兆的机理。

3．日本理解的前震和震群（摘要）

前震研究在日本同样受到关注。前震也称为 “先驱性”地震活动。主震发生之前出现的邻区地震活动增高现象及主震前数年发生的先驱性地震活动现象称为“广义前震”。非常重视分辨前震活动规律和特征跟日常小地震活动以及已知的余震活动等之间的区别。据统计，仅有百分之几或所占比例数更小的大地震有前震活动（茂木清夫，1963；山岛，1981）。且前震接近主震的主破裂点——震源点。力武常次（1975）认为，最大前震到主震的时间间隔一般“较短”， 也有长达数月。出现前兆（包括前震——地震活动异常等）的时刻至发震时间为“前兆时间”T（以天为单位）与震级 M 之间存在一定关系：

$$\lg T = 0.60M - 1.01 \tag{5.34.1}$$

根据公式（5.34.1），M=3，T=6 天；M=4，T=25 天；M=5 级，T=98 天；M=6，T=1.1 年；M=7，T=4.2 年。此外还有与 M 无关的其他“类似前兆地震”等。这一时日间隔与主震大小之间其实没有特别的关系。“前-主关系”的地区差异太大。

前震的震级一般大于主震与最大余震的震级之差。或前-主震级相差 1.9 级（Papazachos，1975）。

震群性质分析：如果记录有小震群活动。b 值偏低为前震；偏高为余震活动。

记录地震波形，震群中前震各个波形相似，余震波形表现多样。

地震波频率差别：前震周期较长，余震较短。

前震以小震群形式出现（茂木清夫，1978）。

用地震波形判断前震有困难（阿部，1985）。

4．初期的日本的地震预报五年计划

日本从民间到政府内阁统筹地震预报问题早于我国。1963 年设置“地震预报部会议”，1964 年 7 月提出第一个地震预报五年计划，一直持续到 1995 年的第六个五年计划，大阪-神户地震以后改名为“地震监测五年计划”。年预算投入从 1982 年的 66 亿日元到 1986 年 653 亿日元。以后逐年递增至今年过千亿（日元）。

日本文部省测地学审议会于 1999 年 8 月 5 日提出自 1999 年以后，不再提“第 N 个五年计划”，改为“地震监测五年计划”，全称是“为推进地震预报而开展的新的观测研究计划”。但是为了沿袭前 7 次“五年计划”的顺序，称为“第八次计划”。改变提法主要考虑有二：一是“预报的评估”和“预报实用化”的用词，现在来说很不现实；二是避免民众对于地震预报的“过分依赖”。

5．大森房吉关于“余震”的理论

大森房吉（1891）提出主震之后，余震随时间衰减公式为

$$n(t)=k/(t+c) \tag{5.34.2}$$

宇津德治（1975）提出改良大森公式为

$$n(t)=k/(t+c)p \tag{5.34.3}$$

式中，P、c 和 k 为不同的常数：p 表示双对数坐标图中的负斜率，一般为 1 或略小于 1；c 值多在数小时之内，最长为 24 小时。主震后在短时间内余震频率达峰值，以后随时间衰减。

事实证明上述理论在全球地震活动性具有普遍意义。

6．发现“地震空区”现象

今村明恒（1906）在学术论文中指出“地震空区”理论在地震活动性研究中的预报意义。

大森房吉（1907）指出地震活动性图像中存在“围空区”现象（或“地震空区”）。在围空区的邻近地区地震活动频繁，而在“区内”没有地震活动，将来在区内的某一部位可能发生大地震。此假说被历史和现今地震活动所证实，并且得到国际科学家的支持。大森当初主要依据岛弧—海沟地带的资料，后来发现内陆地区也有此类现象。我国地震学家亦经常用此尝试作为预报地震的一种方法（未见有预报应验之例）。

宇津德治（1972）在日本根室半岛近海地带绘制了一幅巨大地震活动趋势填空预测图，指出了未来将发生大地震的地区。1973 年 6 月一次 7.4 级地震恰巧发生在他所预测的地区内（参见 6.5 节）。

7．日本国家首脑公开正式发布地震预报

——未来必将发生“东海大地震”

日本地震学家一直相信未来必将发生“东海大地震”。

1978 年国土厅颁布《大地震特别措施法》

1979 年 8 月 7 日由当时内阁总理大臣大平正方亲自发布地震预报，成为日本历史上第一次由国家首脑公开发布的地震预报。预报震级 $M \geqslant 8$，时间“明天发生也在预料之中”，涉及地区有神奈川、爱知等 6 县 170 个村镇，总面积 14400km^2，人口约 567 万人。

预报的根据：本来是历史大地震活动区；东海进入危险期；该区是一组地震分布的“围空区”；预报区“波速变慢”；地壳变形，有两个点位 1 小时内多次小地震活动。已经积累足够的大地震应变能；地理位置所具有的危险性，已经临近该区大地震的“一个周期”的后期，等等。

日本的这一预报行动被认为是世界地震学研究历史的一次“重大事件”（卢振恒编《日本地震预报概观》第 151 页）。

预期的大地震虽然至今没有发生，其中原因之一显然是对于日本地区有着诸多活动构造地质背景的地震活动的重复性以及活动周期研究深入程度欠缺。

日本的地震学研究当属世界一流，有很多独创性研究成果，刻苦的科学研究精神也值得我们学习和借鉴。正是日本在国际界坚定不移地相信中国海城地震预报成功的事实，扭转了一些西方

人士（对中国成功预报的事实）半信半疑的心理。当时也可能正是由于中国这一地震预报成功的影响，促使他们在20世纪70年代末80年代初决定强化地震预报研究行动。

8．日本地震灾害“零死亡”

日本地震灾害死亡人数，逐“年代”减少，直至2003年开始的“零死亡”的演变如下：

1945～1955年，年均1000（地震死亡人数，下同）；

1955～1990年，年均300～500人；

1990～1992年，年均100～200人；

1995年，阪神，亡6433人；

1996～2002年，年均10～50人；

进入21世纪以来，2003～2005年，“零死亡”。

9．日本首创的“实时地震学”

——有效地震预警的唯一方法

(1) 地震预警一些国家地区已在实施。

地震预警系统和地震应急系统在一些国家地区，例如墨西哥市、台湾台北市、伊斯坦布尔等城市，日本铁路新干线、日本东京煤气公司、台湾大台北煤气公司、立陶宛的核电站等均建立了地震预警系统，虽然已在实施而且积累一些成熟经验，但至今尚未见到预警的成功报道。

(2) 地震预报很艰难 地震预警尚可行。

特别提示：①波行速度地震波较慢无线电波较快；②在地震波离开震源一定距离的“外围地区”数十秒钟后人感觉有地震。新闻媒体的无线电波可以让人（在未感觉有地震之前的“一两分钟”）预先知道脚下即将地震动。

所谓“实时地震学”也可以说成“地未动人先知的地震社会防震减灾学”——地震预警的一部分。主要内容是：“远离震中”的“波及易灾损地区”，人们早在身体“感觉到地震动”之前的“一两分钟”，通过新闻媒体的应急报道可以预先知道“我这里即将地震（动）”了，从而有了“心理、行为准备”的 “哪怕只有一分钟”的准备时间。这一“奇迹”是气象厅（JMA）同广播局（NHK）联手（早在1994年4月）利用引进的新的“地震信息系统”创造的，得以让日本国民在“防震方面”享受“大地未动而人先知”的“优惠”。据1994年10月5日《读卖新闻晚刊》以一次北海道7.9级地震为例，远在1000公里之外的首都东京，地震波尚未到达，市民尚未“感觉”地震动的1.5分钟（90秒钟）之前，就已经“知道”自己的脚下即将“地震动”了（《国际地震动态》1995（5）期转载）。

必须强调这“感震之前”的“1.5分钟”，其非常的意义和万金的价值不言而喻。

这一“地震信息系统”的利用和常规监测在墨西哥的地震预警已经实施（参见6.5节）。

10．阪神地震后续的改进

全国改善和加装了最先进的地震信息系统。地震发生后大约1分钟，全国电视网等新闻媒体可播放“地震参数”和各地点的“地震烈度”至全国每一个工作场所和每一个家庭。

日本地震“信息数据流”的集中（处理）和发播是由设在筑波的 “日本防灾研究所”大型计算机群和高效率的服务器系统处理完成后，通过信息网络实现全民皆知以致共享地震参数的服务。

11．日本地震学家

日本知名的具有独创性研究成就的地震学家有很多：世界知名学者估计至少30～50人；投身于监测预报研究的日本地震学会的会员估计至少500人。

世界上最早关注大地震危险问题的是当时处于年轻时代的今村明恒和他的导师大森房吉（1922），他们指定日本东京附近相模湾存在大地震的危险性，果然第二年（1923年9月1日）在他们指定的地点发生了8.2级灾难性地震，死伤近百万人（参见6.6节）。此外，日本地震学家的成就还包括：大森房吉设计现代地震仪；和达清夫1928年证实深源地震的存在*；金森博雄首

* 1922年英国人特纳（F. J. Turner）提出深源地震问题。1928年日本人和达清夫证实深源地震的存在。1949年美国贝尼奥夫（H. Benioff）明确了下沉板块俯冲带，曾被命名为“贝尼奥夫俯冲带”。1954年贝尼奥夫用W-B（Waduti-Benioff）表示下沉板片—板舌俯冲带。

创地震矩，侧定矩震级方法；茂木清夫和力武常次等国际知名学者在地震学研究领域均有上好的重大贡献；作为地震预报研究的世界知名日本首席科学家宇津德治的一生献给了地震预报研究事业。他的不屈不挠精神和强烈事业心责任心为国际地震学界所敬仰。

12．日本地震台网

日本第一张有实用价值的地震图（seismogram）是记录1880年11月8日一次日本地区的地震活动（美国小本杰明，1990，地震学史）。

除气象厅（大约190个台）外，各个大学设台站（240个），另设有强震台网和海底观测网。震级内地小于2级海外近海区3级均可精确定位。

包括日本以及全世界各国家地区设台网首要任务是监测地震活动。但是如何用以预测实施预报一直是个问题。

13．“九·一”防灾演习

一直在实施的全国每年9月1日（东京8.2级地震百万人死伤的纪念日）防灾演习，全国民众坚持不懈。日本是实现科学的“群测群防”的典范。

第六章 地震活动性的统计性规律

讨论全球分区、各类地震活动均使用了平稳随机泊松过程模型。以下讨论的有关地震活动性的一般问题，均为这一模型的统计结果。

6.1 地震活动性具有大尺度的时空变动特征

地震活动从表面上看是地球岩石圈层某一局部点位的随机破裂现象。任何局部较大的地震事件均为全球总体活动的一部分，均有其“内在”的联系，这一内在联系蕴涵在地球的整体运动机理之中，而这一机理的关键词，人们尚未准确找到，只能依据统计现象就事论事。

全球各地震区带的震级 $M\geqslant6$ 或 $M\geqslant8$ 巨大地震的各次地震序列的活动规模，根据统计学规律，都具有大尺度的时空对应现象和/或某种对应特征；发生的时间间隔为十几年甚至几百年，相距数百公里甚至千公里距离的任意大地震和巨大地震事件，都可以求得其一一对应的相关性，同时也存在着全球大地震空间分布的“似对称性”以及应变能积累和释放的“方向的一致性”。以上都是因为，所有的地震活动分布特征共同遭遇“地壳屈曲”总体变动的控制（许绍燮等，1980）。岩石层受力作用发生屈曲褶皱，这种变动表现为一定的“波长”，它决定着相对应的大地震发生的时间和空间。

6.2 震中点位的分布与活断层走向相对应

地壳呈现的地震活动起因于全球新构造运动：其一是板块之间的相对运动；其二是大陆板块上的大地构造运动。其中最具地震危险性意义的是“发震构造”——晚第四纪晚更新世（近10～12 万年）和现在持续活动以及未来仍然继续活动的“活动构造”或“活断层”（马宗晋，1992；丁国瑜，1993）。

中国古地震活动与现代构造带分布吻合。

高维明（1992）研究中国考古地震活动时，发现已知的古地震地点与中国地区现代主要构造带的分布有着一定倾向性的吻合图像。至少证明了中国地区的古地震活动，基本伴随着第四纪以来的新构造运动活断层。

中国古地震点位分布对应显著活动构造如图 6.2.1 所示。

现代较大地震分布图像的带状分布形势与主要断裂带基本吻合。

如果把所用的地图投影方法和比例尺都完全相同的《地震分布图》和《大地构造图》重叠置于光箱玻璃板上，将看到不同地区的大地震（$M\geqslant6$ 甚至 7 级以上）的震中点位基本上沿着大型地质构造带走向分布。地震学家们称之为地震的“条状分布”和/或“地震线”图像。马宗晋等（1992）通过“目视地震线”法对中国天山、青藏高原、南北中轴带、中国东半部以及东南沿海等九个地震区带的地震构造格局和地球动力学特征进行分析和解释，“地震线”的条带形状明显，方向性清晰，而且有时具有普遍的稳定性和有规律的震中点位的“视迁移”现象。不仅在中国大陆地区，通过对数千公里以外的美洲大陆的研究，也证实了震中空间分布特征反映地壳内部活动构造信息所表征的大地震活动性形势。

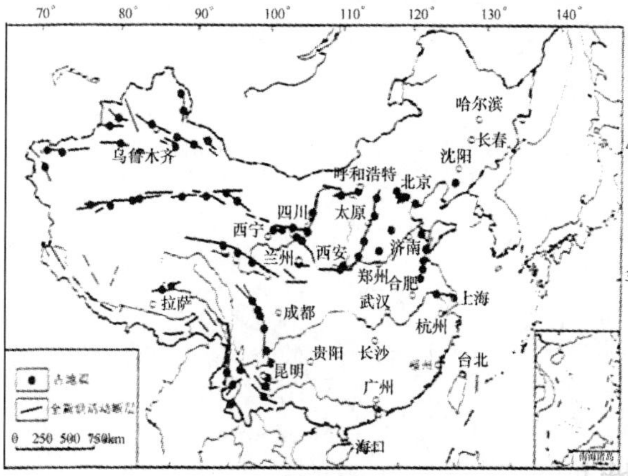

图 6.2.1　中国古地震点位分布对应显著活动构造示意图（高维明，1992）

6.3　大型“地震线”对应巨型构造带

中国 $M \geqslant 6$ 地震的震中条带状分布图像与中国地区主要活动构造带相吻合（马宗晋，1992）。如果观察较小比例尺的《中国活动构造图》（邓起东主编，2007），可以清晰显示出中国大陆地区，震级 $M \geqslant 6$ 震中点位的“带状分布”，特别明显地与大型“地震线”相吻合。大型“地震线”分别是：南北中轴带；北北东向的汾渭地堑带；北西西向的河西走廊带。比较明显地分辨“带状趋势”的是北东走向的小华北带。这些震中点位的带状分布图像共同特点是“十分随合”地质构造带走向的。

6.4　较小地震活动出现条带状分布对应后续大地震活动

刘蒲雄等（1988）以及周传荣等（1989）发现地震活动区较小地震出现条带状分布，而“条带”的外围广大地区基本没有地震活动，呈现“平静的图形”。这完全不同于正常情况下的小地震随机分布，于是被认为是地震活动的大震之前“异常条带”，可能是一种大地震的前兆。在中国大陆地区，条带长度一般 200～400km，持续时间几个月不等。持续时间可能反映震源区非弹性形变过程所经历的时间，与未来地震的大小有关。

地震活动呈条带状分布反映了地区孕震过程中的区内地质断裂带的整体形变过程，显示出震源区岩石形变的信息——区域应力分布调整，剪切形变加剧的表现。

“异常条带”应该具备以下特点：与大的地质构造断裂带相一致；在区域地震活动呈现增强趋势的后期；沿“异常条带”伴生“小震群”活动而且分布在延长线上，未来的大地震将在条带的端部发生。刘蒲雄等的所谓“异常条带”实为活断层的某一“分段”构造孕震活动的显示。

6.5　地震活动从“空区”开始至“填满”为止的现象较普遍存在

地震活动的发生过程从“空区”开始至“填满”为止，虽然是一种统计现象，也显示了孕震区岩层形变的物理过程。

在大地震活动区，主要是海沟-岛弧带等地震密集区，如果出现一有限空间在一个段时期内没有或极少有明显地震活动，则称这个“有限空间”为“地震空区”或“围空区”，将是未来发生大地震地区。根据经验这可能是大地震应变能的一个“积累空间”。当“空区”内发生一次或几次大地震使“空区”被“填满”之后，区内地震活动终止（或中止）。这一理念最初由大森房吉（1907）提出，后来由前苏联地震学家费道托夫（Fedotov，1965）和茂木清夫（1968）等进一步明确。

1．宇津德治根室半岛近海地震填空区的预报尝试

宇津德治（1972）在日本根室半岛近海地带绘制了一幅巨大地震活动趋势填空预测图（图 6.5.1），

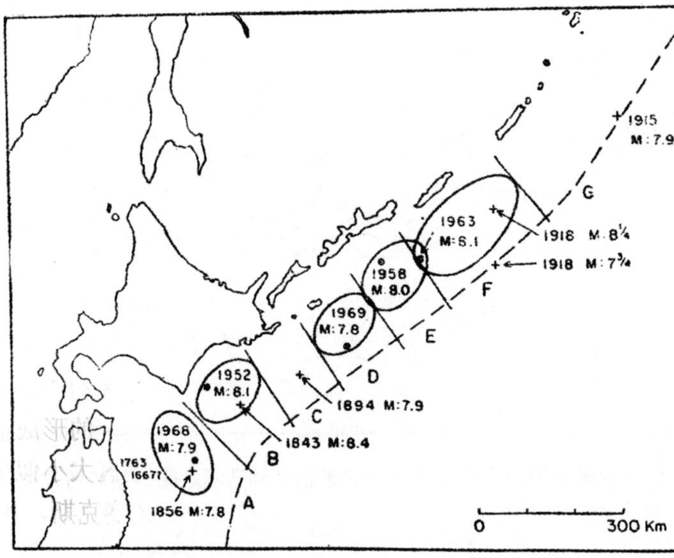

图 6.5.1　根室半岛近海地震活动填空区示意图（宇津德治，1972）

指出未来将发生大地震的地区。于 1973 年 6 月一次 7.4 级地震恰巧发生在他预测地区内。

图 6.5.1 表示 1952～1969 年 17 年期间沿北海道至千岛群岛发生的 5 次大地震破裂带。在北海道东南近海地区形成了一块典型空白区，此空区内 1894 年以来没有发生过大地震——该区复发周期粗略估计为百年。宇津德治根据空区范围大小估计未来震级 8～8¼级。果然于 1973 年 6 月应验一次大地震，但不是 8 级以上特大地震，只有 7.4 级。

2．中国地区的尝试

地震空区被认为是大地震活动在一些特定地区或地震带的一种地震活动性的特殊表现形式。

在中国，陆远忠等（1982，1983）进行了地震空区与逼近地震的研究；王炜（1989）等进行了地震空区在地震预报中的应用研究；郁署君等（1985，1990）将地震空区作为地震趋势分析的判据之一。茂木清夫证实出现的空区被填满后，区内地震活动结束。刘正荣（1989，1997）认为一些地区的地震活动从“空区”开始直至“填满”为止。

空区理论，用在监测预报研究，预期兑现的实例不多。

3．加勒比岛弧海沟地带东北部的地震空区

——据此对该地区未来大地震的趋势进行正确地估测

加勒比东北部，波多黎各东部、维尔京群岛和小安的列斯群岛北部，1690 年和 1843 年在那个地区发生过大震。

一个大的构造特点是阿内加达海槽，其走向为北东，并在维尔京群岛的各个岛之间穿过。这个海槽的特点是有一些世界上最陡的坡。看来，活动的或近期活动的构造特点，在这个地区延伸达数百公里，这一点是没有疑问的。过去有人发现，在阿内加达海槽曾发生过一些地震。

加勒比地震的估计破裂区在过去 400 年来一直没有发生过大震。一直相当平静。对这个地震空白区继续研究。估计今后 25 年内，在这个地区重复发生 1690 年和 1843 年大震很有可能。

果然于 2010 年 1 月 12 日海地（18.5°，−72.4°，h=10km）发生 M=7 地震，大约死亡 31.6 万人。不过，震中在西北，虽然是同一地震系——加勒比岛弧-海沟系，但相距大约 1200km。虽然上述“空区”确定点出入较大，但是处于同一个地震活动性体系。

4．“空区”理论在墨西哥太平洋沿岸地带得到监测震情的实际应用

——从墨西哥地震学家的实验到墨西哥格雷罗州“地震空区”和地震预警系统的建立

格雷罗州沿岸的海沟地带平均距离首都 270km，自 1911 年以来出现过两次地震“孕震区”的“空区”，且已经基本对应上后续的大地震活动。1985 年 9 月 19 日致使首都墨西哥市区遭受重灾的大地震，恰恰发生在震前被科学家划定的这块“空区”之内。为了首都有效的防震减灾，墨西哥的科学家们在海沟完成加速度仪台网布设。发现自海沟发震的“零时”至首都市区的地震动“到时”之差约为 60 秒。设想当海沟发生大地震的瞬间，沿海沟的加速度仪台网瞬间自动定位同时电讯发震信息，首都应急机构即刻发出大地震警报。待大约 57 秒至 1 分钟后地震动（波）到达首都之前，墨西哥市民已（在 1 分钟内）做好了防震准备。这一理想的防震减灾举措是聪明的墨西哥人遭受 1985 年 *M*8.4 地震灾难后设计的。墨西哥市民在静候下一次地震可能的袭击。

5．西南太平洋海沟-岛弧带地震空区无处不在

——说明地震活动性的“空区现象”在全球地震区带普遍存在，活动形式大同小异

麦卡恩（mcgann），凯勒赫（kelleher）和尼森科（nishenkeo）研究了太平洋各个边缘断裂带包括印度尼西亚、新赫布里底群岛和所罗门群岛的断裂带地震空白区的“空区”问题。研究发现一段时间内沿消减带的某些板块边界长期无显著地震活动。这种空区的形成似乎与正在下沉的板块上有无大的海底山脉和洋脊有关，而各地海沟-岛弧内断裂带的空区大小似乎与突出的深海阶地的范围有关。这些深海阶地位于一些深海沟靠近岛陆的一侧（L.R.赛克斯，1977）。

6.6　大地震的突发性和免疫性

这一节讨论的“大地震”一般是 $M \geqslant 7$ 或 *M*8 以上巨大地震的事件。

大地震有“突发性”或“偶然性”。这是由于地震的发生是一种随机事件，在某一地区均满足其特有的或然概率，而人们一直无法掌握这一非线性规律。地震活动很类似于液体表面分子的布朗运动无规律现象，来得突然，不能进行预报。总观《世界灾害地震目录》P.K.邓巴等编辑，1994；何永年等译，1996），在全世界各国 4000 多年期间的 5000 多条重大灾害地震记载和我们至今所能够取得的地震记录资料中，在震前预知和成功预报的大约只有三四次：一是 1923 年 9 月 1 日日本东京横滨地区 8.2 级地震之前，当时作为学生的今村明恒事先告知他的老师大森房吉说东京地区可能有大地震活动问题，但非常可惜的是未被理睬。后来，由于所见灾情惨重，老师大森房吉为此懊悔，不久郁闷而死；二是中国海城-营口大地震的成功预报；三是 1976 年云南省龙陵地区大地震的成功预报；四是 1989 年辽宁海城地区较小地震的正确预报等等。

许绍燮等（1987）在“地震监测预报攻关总结”中提出大地震活动在发震时刻和发震地区等方面表现为“突发性”和“免疫性”等问题，反映了人们对大地震没有先兆的恐惧，在很大程度上属于“社会心理学”范畴。然而从地震学角度，“突发性”是对于震源区岩石层发生断裂到地震的过程的一种表述，表现了震源物理过程中地震应变能的积累和释放的一个特点。而处在震区的人们在完全“不知道”或没有“先兆”的平静生活氛围中遭遇灾难的“突然”降临，在情感上归结为“突发性”。现在人们虽然对于地震活动的自然规律和地震发生过程有了一些认识，但是由于不能解决预报问题，地震区的人们在今后无尽的岁月中，类似的“突发”和“偶然”的遭遇将持续发生。

“免疫性”虽然是一种“人性化”的描述，但由于想到地区历史记载的“准周期活动”，尽管不太准确，仍然不失为一种精神安慰。说明大地震过后的“地震区”在“可预见”的未来同样规模的灾难“不再”重演。例如唐山地区被认为“短期之内（数百年之内）不会再发生同样大的灾难”。其理由有二：一是华北北部大地震的复发周期接近“亚地质年代”（几百年以至千年），而人类寿命年限与“亚地质年代”相比较可视为一种“免疫”；二是定性地认为，类似唐山大地震应变能的重新积累，在地震活动水平“不太高”的华北地区来看需要“相当长”的时间。

6.7　大地震或巨大地震活动的重复性

——重复性归因于地质学的活断层及其分段重复发生特点

“重复性”定义为相同量级两次或两次以上事件在原点、原线段、原区带、原空间等先后发生的现象。只关心重复位置，不计较间隔时间。

大地震或巨大地震重复性有三种情况：①同一震源区；②同一条活断层的某一个分段；③同一有限地区。这里主要讨论①和②。

近百年来发现的活断层，其中占相当大的部分是在发生地震之后方才明确划定的。人们完全有理由相信，现今的活动构造，如果追溯久远地质年代，例如第四纪新构造运动的上百万年地质时期，长度有限的活断层地震活动必定经过无数次的重复——假如千年重复一次，百万年期间将有千次的重复。

广义地震活动的重复性隶属于地学领域大旋回范畴。在《大旋回》（G.E. 威廉斯主编，1984）一书中讨论了“地质旋回”，有关于地质学的灾变性和旋回性的论述。书中广泛研究了地球的活动，作为一个天体，地球毫无例外地深受着“大旋回”的影响。

地震以不同规模和各种复杂形式重复性持续地演绎着。我们可以想象，晚第四纪（距今一两百万年）以来的活断层经历了无数次地重复活动，活断层本身就是地震重复性的代名词。地震活动不重复就没有地质学的活断层。

“全球地震活动性”作为全球岩石圈层整体运动形式，随着地质年代的推移，在《大旋回》形势的裹挟之下，地震事件必将永恒地重复着。

众多地学家们就是基于这一“重复性”理念来研究未来的全球的或定点地震活动危险性问题。

注：晚第四纪距今 180 万年；一说 260 万年；一说 10 万～12 万年。

6.8 活断层和活断层分段用于地震危险性预测

丁国瑜等（1993）将研究活断层和活断层分段用于地震危险性预测和评价，着重研究了以下三方面问题：

(1) 破裂发生在断层的哪一段，破裂段从哪里开始，终止于何处，破裂引致地振动影响的空间分布；

(2) 取得断层上有关段落的地震复发间隔数据。除用断层滑动速率解决这一问题外，非常重要的是要获取在一定时间长度内历史地震和古地震事件的资料，建立地震的序列过程，藉以推测未来断层破裂的时间；

(3) 研究在断层的不同段落上破裂事件的强度，特别是最大震级的确定。可以看出，在这些问题中活断层的分段是一个十分重要的问题。

1982 年 10 月美国地球物理学会“断层性质和地震孕育过程”讨论会上专门讨论了断层带的分段问题。会议上有人分析了圣安德烈斯断层上大地震重复性及断层分段的问题。

1984 年在日本神户召开的会议上作了“活断层习性和特征地震”的文章。文中根据圣安德烈斯断层和瓦萨契断层的古地震研究结果，对断层分段作了具体深入分析。

1987 年在新西兰讨论会上又一次讨论了断层分段。中国工作组的报告给出了有关中国郯庐等六条主要活断层分段标志问题的研究，发表了自己的看法。

1988 年 3 月在美国召开的“断层的延展、终止与分段”讨论会上专题讨论了断层分段问题。

1987 年和 1990 年美国地震预测专题会议结合强震危险性评估对圣安德烈斯断层作了进一步分段，给出了不同段落发生地震的概率。

在中国，从断裂带的结构或活动历史及断层几何特征等方面对断层进行分段早已做过许多工作，而结合断层活动性的深入研究和地震危险性预测进行对活断层分段的深入讨论是在 20 世纪 80 年代中期才开始的。到 1991 年以前已进行的这方面的工作主要有：对鲜水河断层（C. Allen，闻学泽等，1989）、香山-天景山断层（汪一鹏等，1990）、郯庐断层（高维明等，1991）、海原断层（邓起东等，1990）、新疆一带活断层（郑福婉，1989）、安宁河断层（唐荣昌等，1989）等进行了研究。

1988 年在银川召开的活动断裂地震地质填图工作会议上，丁国瑜提出了有关活断层分段中对段与分段概念的理解、断层的几何分段、物理特性分段及破裂分段的区别、以及划分和限定段落的标志等问题。

1991 年，田勤俭完成了有关大青山山前断层的分段及正断层活动分段性的研究，谢霄峰完成了沂沭全新世活断层分段的研究，他们的工作开始较系统地讨论了正断层及逆断层分段的一些基本问题。

但总的看来，活断层分段发生地震的问题相当复杂，除了不同类型活断层分段和段的一系列理论问题的认识，还有许多问题需进一步深入研究。

（活断层尺度对应最大震级经验关系式参见 4.4.1 节的有关摘录）

6.9　巨大地震贴近或同一震源重复发生

巨大地震或较大地震同源重复发生，狭义定义为两次的震源相重合或极震区相连接（部分或全部重叠），广义认为在同一个活断层分段（丁国瑜等，1993）或同一组构造体系内重复。在中国，类似问题的历史记载主要是山西洪洞-赵城烈度Ⅺ度和临汾Ⅹ度的这两次重复问题；在国外，典型同一震源重复有蒙古西部的 1905 年 7 月的同源双震记载；北美洲圣安德烈斯大断层以及南美洲智利地区海岸山断陷带的高概率的同源重复的活断层带等。以上均为全球著名的同源重复的频发地区。

1．山西地区巨大地震的原地重复

山西洪洞-赵县 1303 年 8 级和 1695 年临汾地区 7.9 级两次巨大地震震中点位近似北南，两者相距大约 40km。根据宏观“等震线”走向和震源体积 50～100km 估算，这两次的极震区首尾相连，应该属于同一震源重复。历史记载的地震参数如下：

1303 年 9 月 25 日，山西赵城-洪洞地震（震中坐标 36.3°，111.7°，烈度Ⅺ度，M8），死亡 20 余万人；

1695 年 5 月 18 日，山西临汾地震（震中坐标 36.0°，111.5°，烈度Ⅹ度，M7.8），官、民死伤不计其数。

但是两次事件地质构造体系相悖（时振梁等，1963，1995）：1303 年的地震在汾渭河谷，为 NNE 向走滑断层；1695 年地震构造性质不同于 1303 年，其性质尚不太清楚。板内地震在中国除上述山西汾渭地区外尚未发现其他记载。

2．蒙古西部巨大双震同一震源重复

1905 年 7 月 9 日蒙古库苏古勒省西南（震中坐标 49.0°，99.0°，M_S8.3，M_W8.5）

1905 年 7 月 23 日蒙古库苏古勒省西南（震中坐标 49.0°，98.0°，M_S8.3，M_W8.4）

考虑到双震的震中坐标在 20 世纪初的定位精度可能不太高，但其基本沿纬向地质构造带走向分布。图 6.9.1 标示“黑色横杠”上边的两个圆点位置应该算是两个震源“首尾相接”的同一震源重复。

1905 年 7 月蒙古巨大双震沿纬向连接同源重复示意图如图 6.9.1。

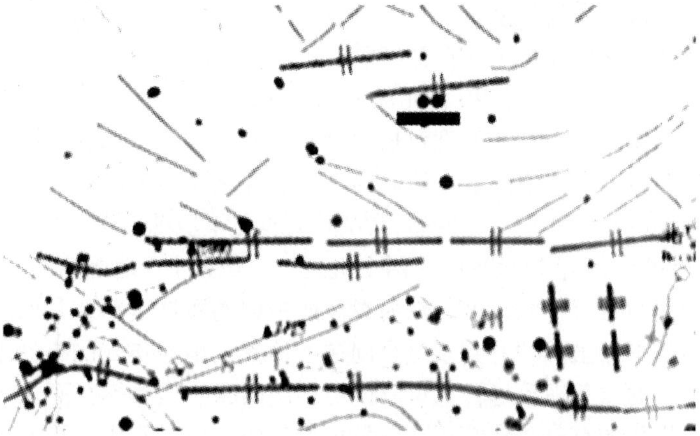

图 6.9.1　1905 年 7 月蒙古巨大双震沿纬向连接同源重复示意图

3．1960 年 5 月 22 日，智利康赛普西翁地震（震中坐标-38.2°，72.6°，*h*=60km，*M*8.5）

2010 年 1 月 2 日，智利中部阿劳卡尼亚区特木科市（震中坐标-38.4°，-73.3°，*h*=16km，*M* 7.1）发生了同源重复地震。两次事件的极震区相连接。重复间隔大约 50 年。

4．地震巢内的“高频次”重复

地震巢的空间有限，较强地震的震源线度较大，一般为 40～70km 甚至更长一些。地震巢的空间尺度一般在一两百公里。具有一定震源尺度的较强地震被围限在巢中，百年期间 *M*6 以上 201 次，同一震源重复率估计超过 10%。震源坐标多次重叠的“中强震群”（震源定位有±10～15km 误差）至少 5 个组次，每一组次有 5～10 次“子震”，同源重复不言而喻（参见 8.47 节，即 GR47，GR48 分区）。

5．板缘地带的频繁重复现象

板缘地带地震活动频繁，数以千计地发生在海沟-岛弧的有限条带中，同一震源重复机会应该比较常见。例如环太平洋西半部岛弧-海沟地带，中强震群和强烈震群，多为同一断裂体系或断裂带的同源重复或分段活断层的“连锁反应”（参见 5.28 节和 5.29 节）。在百年期间 *M*6 以上总数中选定的一千次当中，已知的每两次震源坐标重叠的“组次”至少 5%。

6．板内地震的有限重复现象

板内地震在欧亚大陆分布地域较广，频度较低，大约数百年到千年的复发周期，地震重复性按人类短暂的历史年代比较不易显示。

7．板内地震重复现象的“特例”

本书虽然主要讨论 20 世纪百年期间全球活动性特征，但是已知的 19 世纪一组非常少有记载的板内巨大地震群必须充分考虑。

在北美洲美国东部的新马德里地区的密西西比河谷，公元 1811 年 12 月 16 日至 1812 年 2 月 7 日接连爆发 *M*≥8 地震达 3 次（一说 5 次）之多的“强烈震群”，成为世界著名的“板内巨大地震”活动。震中在密苏里、肯塔基、田纳西和阿肯色等 4 个州接壤地区。据记载，地震发生时，密西西比河上的滔天巨浪掀翻许多小船，河中沙洲沉入水底，河水一时倒流。地面大规模沉降和抬升，沧海桑田。超大规模的滑坡达方圆 260～360km（7.8 万至 12.9 万平方公里）。这是非常少有的板内强烈震群和同源重复案例，虽然发生在 20 世纪之前。以下地震定位数据，说明三次事件应该属于“同一震源重复活动”。在《美国地震》一书中记载如下：

1811 年 12 月 16 日，发震时刻，36.0° N，90.0° W，*M*8.6，伤亡损失无记载；

1812 年 1 月 23 日，发震时刻，36.6° N，89.6° W，*M*8.4，烈度 12 度，灾情无记载；

1812 年 2 月 7 日，发震时刻，36.6° N，89.6° W，*M*8.7，烈度 12 度，1 人死亡。

以上三次震中坐标相距大约 80km，当年虽然无法提供震源深度，但从地表破坏现象分析，应该是浅源活动。由此估算“震源深度”小于 50km。可以认为以上三次震源重叠或至少“首尾相连”应该属于同一震源的重复活动。

（至今，震级 4 级左右较小地震还在持续活动中）

如上所述，强烈震群不仅仅限于 20 世纪的海沟-岛弧等板缘地带，也出现在 19 世纪初期北美洲内陆的板内地区。同源重复虽然在亚洲仅仅记录到极其珍贵的一两次，远在北美洲也仅仅发生了有限的一组，但说明目前所知道的巨大地震的同一震源重复现象，板内地震也不例外。

由此我们特别强调的是：我们讨论的是“20 世纪的百年活动性”，而新马德里震群发生在 19 世纪。全球地震活动性特征绝非以短短的一两个世纪所能概括的。地震活动本来是一种地质现象，解释应该按地质年代的数百万年大尺度，然而现今所根据的数据资料却是以百年计的地震台网观测时期。我们在编写此书时虽然注意到了这个问题，但推测地质年代的事件没有根据，除百年台网观测别无他法，眼下的重复现象尽管也可以说明一些问题但显然不全面。

全球各地区各家提供的有关“地震活动复发周期”的数值差别大，说明地震活动性的地区差异很大，讨论问题必须限定条件。

（类似问题参见 5.27 节）

6.10 地震活动的复发周期

——可以确定复发大体时日的准周期的重复性

周期性是自然科学领域诸多自然现象中普遍存在的一种规律。周期学是 20 世纪新兴的一门学科。地震学甚至地质学的周期性是地球发展进程中的重要表征之一。包括中国在内的世界地震学家从地震活动性和地震危险性的中、长期地震预测预报角度出发对地震活动的周期性投入了极大的精力。

在日本，有“河角广 69 年周期说”。河角广根据过去大约 1000 年间镰仓和东京的烈度资料，认为东京地区存在日本地震烈度表的“5 度以上大地震 69 年的周期”（日本 7 度烈度表 5 度以上，相当于中国 12 度烈度表的 7、8 度以上）。

日本纪伊半岛至四国近海的南海地区 *M*8 地震的复发周期（或发震的“间歇性”）在 100～260 年之间（[日]地震事典第 5.6 节）。

此外，日本另一比较有影响的周期论是“小田原附近震级 7 以上大地震每隔 70 年重复发生”（例如 1633；1703；1782；1853；1923；小田原在日本关东地区）。

日本在过去几十年来一直坚信 69 年或 70 年复发周期论。在 1964 年 7 月提出，1965 年开始执行至 1999 年终止例行的“地震预报 5 年计划”制定中，一直重点考虑关东—东京地区的 69 年或 70 年周期的灾害地震危险性问题。

6.11 大地震活动复发周期问题

一些有意义的诸家见解

这里主要讨论灾害大地震的复发周期问题。李善邦（1981）的灾害地震重复周期有宁夏中卫的 148 年；固原地区的 403 年；银川地区的 334 年；河北省宁晋地区的 1189 年等等。中国幅员广阔，即使在同一地质构造类型地区不同构造带的各地区重复周期差别均相当大。同一地震区的复发周期大于 300 年甚至 1000 年以上。

刘正荣（1986，2004）在《澜沧-耿马地震前的复发周期时空扫描》一文中提出了地震复发周期 T_M 的定义原理——假定对某一地震带（或地震区），对一定时间段（例 *m* 年）的地震建立古登堡的震级-频度关系：

$$\lg N=a-bM \tag{6.11.1}$$

或表示为：

$$N=10^{a-bM} \tag{6.11.2}$$

如果工作中采用了震级自大至小积累频度的方式，*N* 表示 *m* 年内该地震带（或地震区）上震级≥*M* 的地震总数，则每一年的地震数为 *N*。

$$N_0=N/m=1/m\times 10^{a-bM} \tag{6.11.3}$$

t 年时间内便有 N_t 次地震

$$N_t=N_0t=t/m\times 10^{a-bM} \tag{6.11.4}$$

令 N_t=1，记发生单位地震所需的时间为 T_M，则

$$T_M=m\times 10^{bM-a} \tag{6.11.5}$$

T_M 为复发周期，根据此式可计算出任何震级的地震复发周期。

刘正荣地震的“复发周期”经验已经尝试用于中长期或长期地震预报研究，例如研究四川荣昌地震和云南澜沧-耿马地震的预报实验等。

张国民等（1997）指出中国及周边地区强震活动具有 10 年左右活跃期。

吴忠良（1999）在《鉴别地震活动周期性和随机性的广义 Rydelek-Sacks 检验》一文中，以 95%置信水平肯定了张国民等提出的中国及其周边地区的强震活动具有 10 年左右活跃期的假说，

参见图 6.11.1。

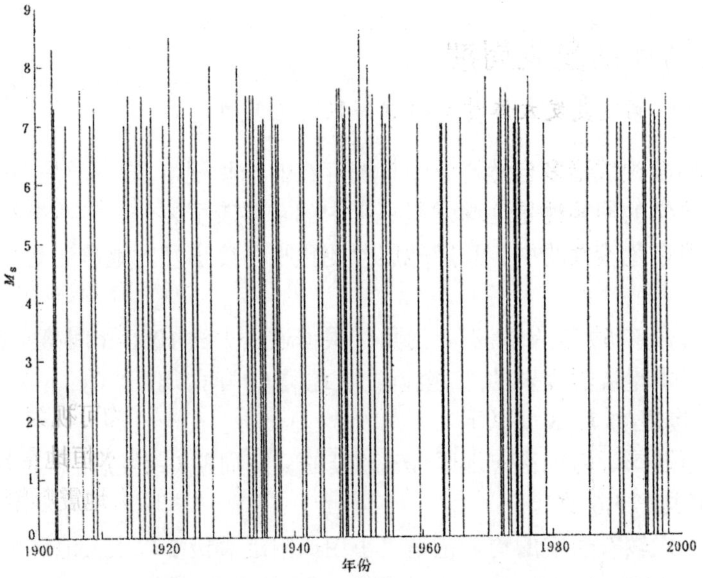

图 6.11.1　中国及其周边地区 $M \geqslant 7.0$ 地震的时段分布示意图（张国民，1999）

在全球范围的一些地震系、地震区带 $M \geqslant 8.3$ 可能是有 53 年的复发周期（刘正荣通讯，1979）的活动现象。

马宗晋等（1982）在综合研究中国历次大地震的重复规律问题中，指出中国大陆地区存在大地震百年以致数百年级的重复期。

马瑾等（1989）确定了地震重复间隔及“震时位移”与“无震位移”的比值。

闻学泽（1999）针对中国大陆地震活动建立了孕震段破裂的时间可预报复发间隔和准周期复发间隔分布模型。

潘善德等（1992）得出估算走滑型强震发震时间间隔的计算公式。

张培震、，闻学泽（2009）等在汶川 2008 年 5 月 12 日大地震发生后，由 GPS 等形变测量方法观测到，龙门山断裂带的“滑动与形变速率很低”，这种“应力致应变低背景的闭锁状态恰恰具备发生潜在巨大地震的背景与条件”。张培震等认为，一些研究表明汶川大地震的原地复发时间是 3000～5000 年（Densemore et al.，2007；Burchfiel et al.，2008；冉永康等，2009；张培震等，2008），从而得到一种解释——汶川大震之前在龙门山主断裂带 7 级以上地震活动不是“没有”，而是人类历史记载的年限远短于如此久远的地震复发年限。由此我们想到，十几年以前梅世蓉等（1993）在《中国地震预报概论》（15～16 页）指出“大地震不一定发生在大断裂带上”，同时指出松潘-平武地区大地震活动，多分散在龙门山主断裂带相邻的“不太引人注意的虎牙断裂上”。现在看来这一论述无意之中引导出一个较大尺度的“新型震前异常”——“远处前震”和“远期前震”的问题（梅世蓉，1970，1993）。

由此我们联想到三四十年前的一些预报研究情况——“有预测但至今一直没有发生”的这一费解问题。20 个世纪七八十年代针对“汾渭地堑带”和“伏牛山褶皱带”等我国其他历史大地震活动区曾经预测过可能将有大地震，但至今一直没有发生。这类地区的大地震复发周期也有可能属于数百年甚至“千年级”的无法监控的准周期。

类似的大时间尺度的大地震复发周期，还有日本列岛诸如阪神等地区和美国西部等均超过一千年的随机复发周期（小本杰明，1998，地震学史，第 51 页）。

北美洲圣安德烈斯大断层地震活动有重复现象，“复发间隔从原来结论的 137 年修正为 100 年”。

帕克菲尔德（Parkfield）地区，根据 19 世纪地震活动得出了 22 年复发周期的结论。本来预测 1993 年在这一地区重复发生的大地震，竟晚来了 10 年，直到 2003 年兑现。

虽然有些地震复发周期漫长，但依然是中长期和长期地震监测预报攻关研究的课题之一，因为它对于工程抗震的战略设计，提供相对准确的时、空、强三维基本烈度等有重要意义。

6.12 世界“地震工场”——有限时空的较高频度活动区

——可多次集中观测的短时间重复的地震活动

“地震工场”（earthquake-shop）来源于前苏联塔吉克地震考察队的小区域地震活动性研究（前苏联布内等著，1960，谢毓寿译《地震活动性的详细研究方法》），20 世纪 60 年代中国云南滇西地震试验场的较小地震观测和研究工作（报告），以及新马德里地震带地震预报实验室的区域地震研究等。通过区域地震台网观测，发现了多项地震活动性的规律性经验和原理，并得到多次地震重复性的验证（参见 5.33 节）。

放眼全球地震活动区带，在某一有限时空的较高频度活动区，均可视为一处“地震工场”。在那里，地震的发生处于或同一区带，或同一震源区从而无始无终地永恒地重复着。例如，如今已知的兴都库什地震巢等以及环太平洋或印度洋海沟-岛弧带的一些大地震频繁的活动区，均可视为“世界地震工场”。

6.13 重复时间间隔较短的地震活动

大地震的复发周期较长，至少几十年、数百年甚至千年，从而无法反复实验孕震演变规律。较小地震复发间隔短，一般只有几天，几个月，或几年，监测检验机会较多，反复预报实验研究的可行性多。最近美国学者 David R Shelly（2010）研究了圣安德烈斯断层较小地震复发间隔的周期性以及不规则时间段等复杂性问题并有所进展。这项工作表明，大地震的较长复发周期机制的实质问题，也可能从检验机会相当多的较短周期的小地震活动中筛选出来（国际地震动态 2010 年第 10 期）。

6.14 全球地震活动大尺度地震带之间的相关性

1．大型地震活动区带之间存在相关性

全球大型区带之间的地震活动具有相关性。示意图 6.14.1 说明了 1930～1970 年期间浅源大震的情况（$M \geqslant 7.8$，$h<100\text{km}$）。空心圆表示 1930～1950 年间的地震，实心圆代表 1950～1970 年间的地震。看得出来，两种圆形每 20 年会轮换发生地区。

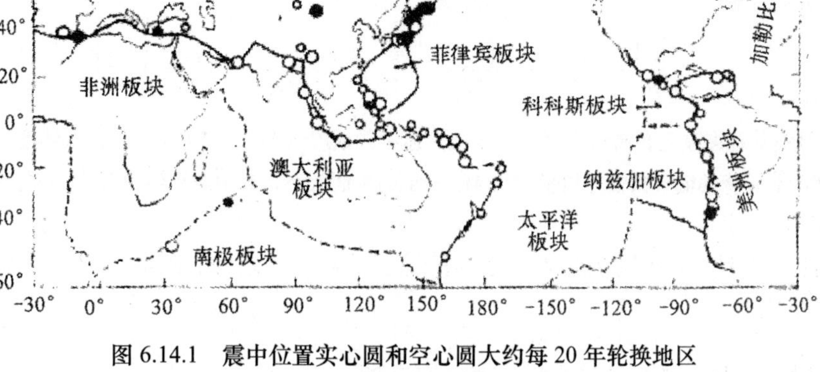

图 6.14.1 震中位置实心圆和空心圆大约每 20 年轮换地区

（傅征祥等，2009）

2．较大尺度构造带之间有相关性

日本地震学家 K. Mogi（1974）提供了一项有趣的发现。他对比两条板块边界——“土耳其-印度尼西亚板块”边界和“印度-澳大利亚板块”边界的地震活动，发现以大约 20 年间隔重复出现 $M \geqslant 7.7$ 的地震“活动期”和无较大地震的“平静期”。参见图 6.14.2。

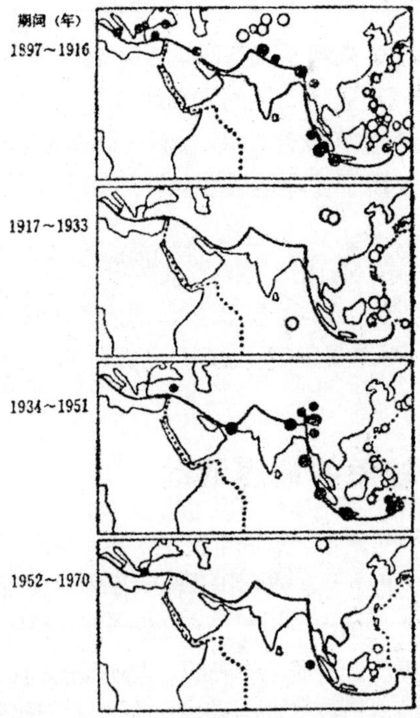

图 6.14.2　大地震大尺度空间的 20 年活动期-平静期轮换图（K. Mogi，1974）

K. Mogi，（1974）发现北半球地震活动以北纬 40° 为大致界限的较高纬度和较低纬度的大地震活动有“轮流坐庄”的现象。在图 6.14.3 中地震活动多发生在高纬度（40° 以上）的 1950～1960 年期间，低纬度（40° 以下）地区地震活动显著偏低。

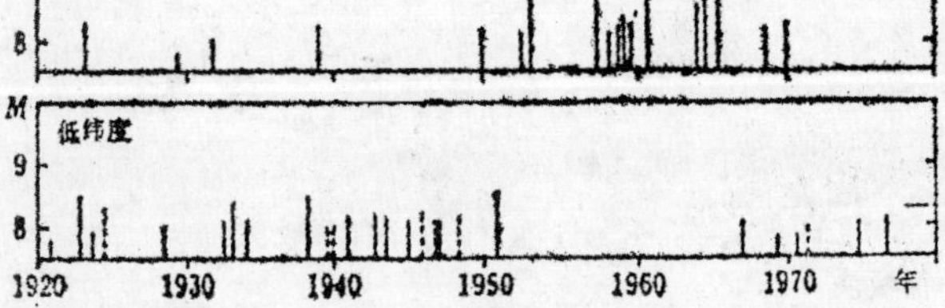

图 6.14.3　地震活动多发生在高纬度（40° 以上）连续大地震的 1950～1960 期间，低纬度（40° 以下）地区地震活动显著偏低（纵轴是用矩震级 M_W 表示的地震大小，其中虚点线是补充的面波震级 M_S）

类似的地区之间和/或地质构造体系之间的地震活动相关现象，在全球范围的地质年代进程中将永恒地演绎下去。

6.15　地震活动的“迁移”和“转移”

“地震迁移”（migration of earthquake）又称“震中迁移”或“转移”，主要显示了由于断层结构存在“阻隔体”（郭增建、秦宝燕，1991），其断裂过程为分作不同时段依序发生。

另方面解释为纯属一种统计现象。

总之，“迁移”的概念有两种情况：一是类似波动的传播属于相邻介质——巨型构造体之间“扰动的传递”；二是活断层存在的“分段结构”，各段独立活动只发生一次地震事件，或先后依序活动类似图 6.15.1 所示。

设想的“迁移”是有序的（马宗晋等，1992），而“转移”是地震活动在两种不同地质构造体系或两块情况迥异地区之间的“跳转”。

研究地震迁移的初衷是为了探讨有意义大地震发生的时空变迁现象与地质构造格局之间的关系。全球这种“时空变迁”的统计现象是存在的。

最具代表意义的是沿土耳其北安纳托利亚走滑大断层大地震的“迁移”现象（C.F.里克特，1958）。迁移路如图 6.15.1 所示：1939 年 12 月 26 日 8 级地震（39.50° N，38.50° E，土耳其埃尔津詹地区）之后，沿北安纳托利亚走滑大断层自东往西按时依次发生了至少 5 次大地震，“迁移”现象十分明显。

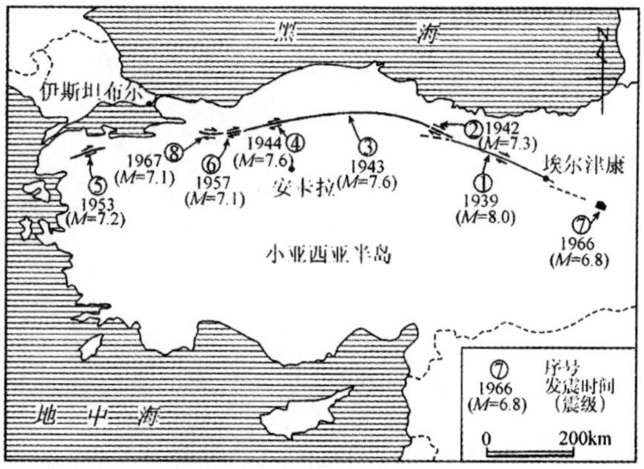

图 6.15.1 沿土耳其的安纳托利亚断层发生的震中迁移现象

（C.F.里克特，1958；李祥根，2010，重绘）

上图中“迁移”现象实质为分段的活断层依时间顺序先后发生的各次地震事件（松田时彦，1980，经验规律六）。

中国 $M \geqslant 6$ 地震活动的时空变动现象统计表明，既存在纬向迁移，也存在径向迁移。$M \geqslant 7$ 地震活动的“定向迁移线”有交织成网的情况。特别提出，迁移“步骤”不一定是一组断裂与另一组断裂接连活动。马宗晋等（1980，1992）认为，当存在“断裂格架结点群”处于多应力集中点的非均匀应力场状态的情况时，增加了定向迁移机理问题研究的复杂性。

中国大陆地区存在至少 4 组地震带的 $M \geqslant 6$ 和 $M \geqslant 7$ 的地震定向迁移（马宗晋和[美]金继宇等，1992）：南北中轴地震带，在宽 500km，长 2000km 条形地带南—北向迁移速率为 100km/a 和 1000/a，表明了不同的时序特征，天山地震带，在东西长 2000km，宽 400～500km，有“群体慢波迁移”和“快波迁移”之分；山西地震带最近两百年期间地震活动很少，但仍可看出有自南西至北北东方向的“平稳迁移”过程，速率为 10～13km/a。燕山地震带地震频度比较低，但有明显的由西向东迁移的定向特征。

在甘肃地区，可能有 3 组震中迁移带，各带内相继发震时间较短，且迁移过程重复出现（郭增建、秦保燕，1966）。

赵根模等（1995）发现东亚大陆地震历时 134 年（17 世纪至 18 世纪初）发生从西太平洋海沟至中国大陆内部“长距离迁移”。

何伟研究了南祁连山地带中等地震的迁移特征。

李献智等肯定了燕山以及山西省地震带 $M \geqslant 5$ 地震活动的有序性。

白超英等研究了新疆地区强震活动的迁移特征显著。

在日本地震区，1923 年关东地震后，在关东和日本东北地区依次发生浅源强震。1933 年三陆海域地震前后，大于 7.7 级地震沿海沟由北向南定向迁移（茂木清夫，1969a，1982）。

刘正荣的地震预报论著中（2005，2007，2009）提出包括中国大陆及东亚大陆地区的地震“转移”问题。由于应力集中部位的“牵动”和“扰动”等作用会发生地震活动的“转移”或“跳转”现象。同时对“强转移地震”（来势猛，震级大）、“多重转移地震”（震群和/或双震之间）、“平转移地震”（平稳随机）以及“弱转移地震”（较低活动度）等现象进行了卓有成效的统计研究。

第七章　全球地震活动性部分图解

以下各图引用自傅征祥等，2009，《板块构造和地震活动性》，第 101～200 页。北京，地震出版社。

7.1　全球板块构造形势图的模式与火山、地震活动问题

板块构造理论是 20 世纪六七十年代地学方面的一项重大科学成就。这一理论的出现基本上全面地解释了全球地震活动性的各种问题，例如地震成因，地震何以分布在固定地带，深源地震仅仅在有限地区等等。板块构造理论已经被绝大多数地学科学家所接受。此外有关诸多次级板块的划法，虽然各家不尽相同，但并无太大的争议。因为共同的思路和原则根据基本相同：地区的地震活动图像轮廓和相应地质构造格局。基于这两点，论著者可以“随心所欲”地划分任何较小的局部地区“次级板块”以便深化活动性等问题的研究。

初始划定为全球六大板块（LePichon，1986）。其实，初始的主要根据是古登堡-里克特（1954）的全球地震活动性的大体“视自然分带”以及火山分布等，还有其他地球物理场的参数。由于研究的深入，注意到自然分带中有轮廓分明的固定的较小闭合区域。为讨论问题的需要而细分为 20 个块体单元（W.J. Morgan，1968，1971）。迄今为止，一些学者立足于自己讨论问题的需要“随心所欲”地划分为 13 块、24 块以至 36 块等等。板块的划分原则各家大同小异。以下三幅图为了显示全球火山活动及地震活动对应板块轮廓的分布形势。

(1) 全球火山活动对应板块 13 块的形势。

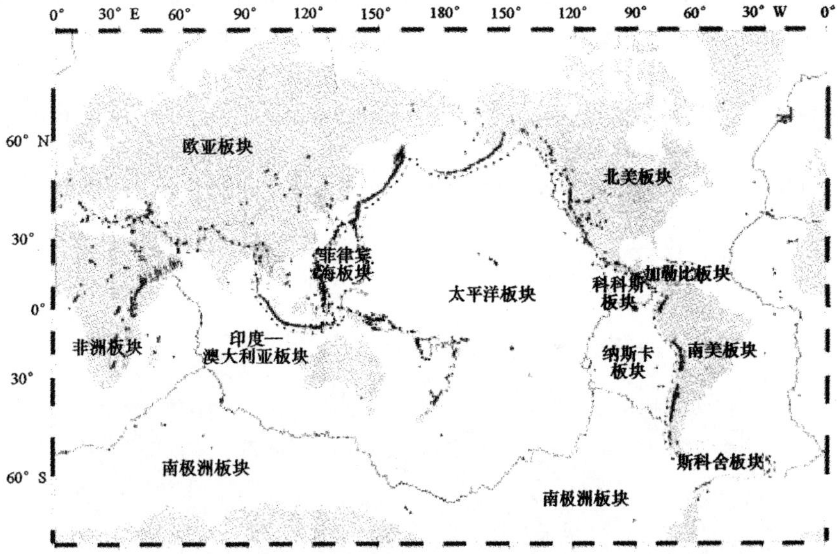

图 7.1.1　全球第四纪火山分布对应板块接合地带示意图

(2) 地震分布密度板缘地震与板内地震视对比见图 7.1.2。

全球地震活动总体分为两大类，一是板缘地震，二是板内地震，两者百年期间的活动度各自所占大致比例，板缘地震最高达 95%以上；板内地震小于 5%。

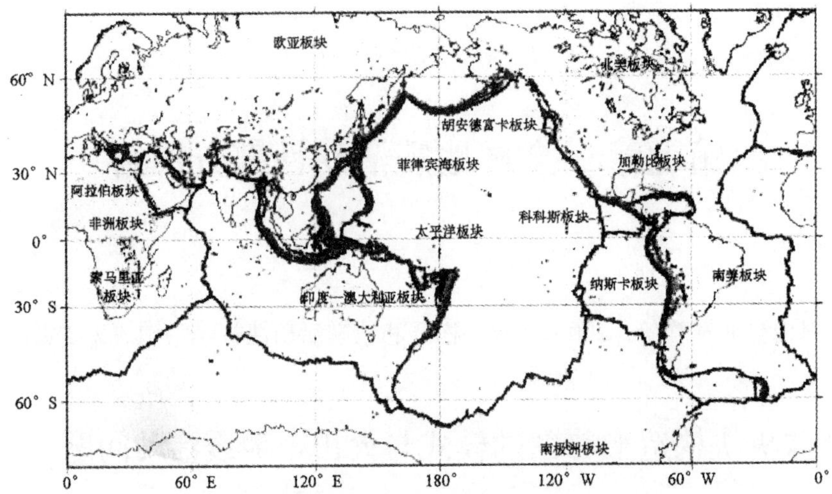

图 7.1.2　全球地震分布密度板缘地带与板内地区之巨大差别视对比图

(3) 本书作者认为比较合理的全球板块 16 块的划法见图 7.1.3。

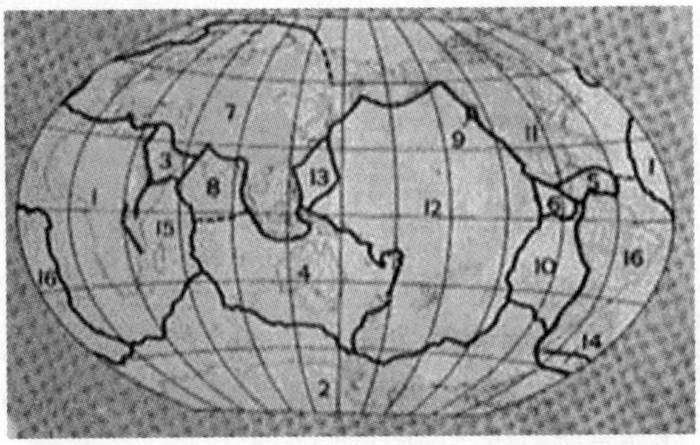

图 7.1.3　美国国家地理学会绘制全球 16 板块（据美国国家地理学会，1995）

1 非洲板块；2 南极洲板块；3 阿拉伯板块；4 澳大利亚板块；5 加勒比板块；6 科科斯板块；7 欧亚板块；8 印度板块；9 戈尔达板块；10 纳兹卡板块；11 北美洲板块；12 太平洋板块；13 菲律宾板块；14 南桑威奇板块；15 马达加斯加板块；16 南美洲板块

数字 7 和 11 之间虚线欧亚板块西北部未定边界

7.2　全球巨大地震和大地震活动主要分布在环太平洋地带的直观图示

全球巨大地震和大地震活动主要分布在环太平洋地带，占全球总量的 80%以上。如以下二图所示。

(1) 全球 $M \geqslant 8.5$ 级地震分布示意图。

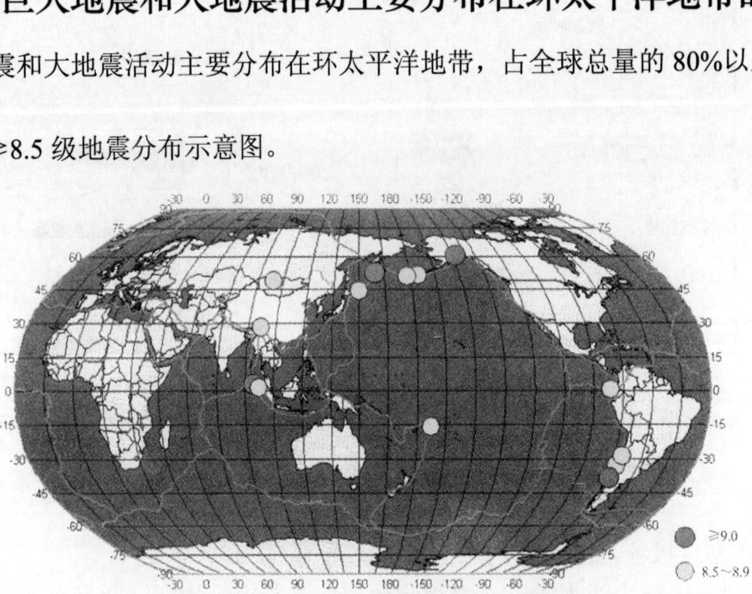

图 7.2.1　全球 $M \geqslant 8.5$ 地震分布示意图

(2) 巨大地震的 80%以上分布在环太平洋地震带西半部示意图。

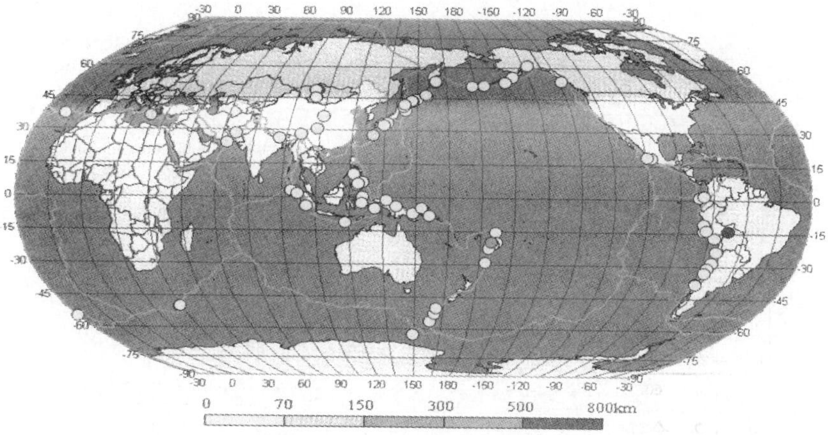

图 7.2.2 巨大地震的 80%分布在环太平洋地震带西半部以及中国板块 5%和南美洲西海岸地带 15%示意图

7.3 全球下沉板块“板舌”倾斜角度有较大差异

下图为各种倾斜角度的板舌剖面图。划分全球 50 个地区的和达–贝尼奥夫带（Wadati–Benioff zone）下沉板舌大致有 50 种倾斜角度，在 8°～72°之间（Chen 等，2004）。

下沉角度差别大，表明这些地区板块的构造运动处于不同的演化阶段。

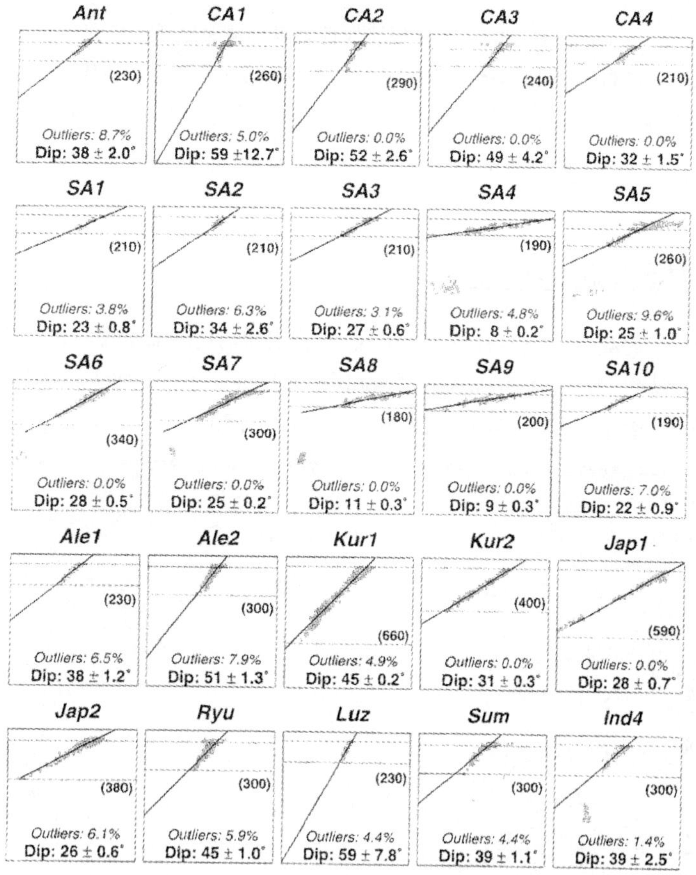

图中文字译名见图 7.3.2

图 7.3.1 下沉板块板舌倾斜度视对比图

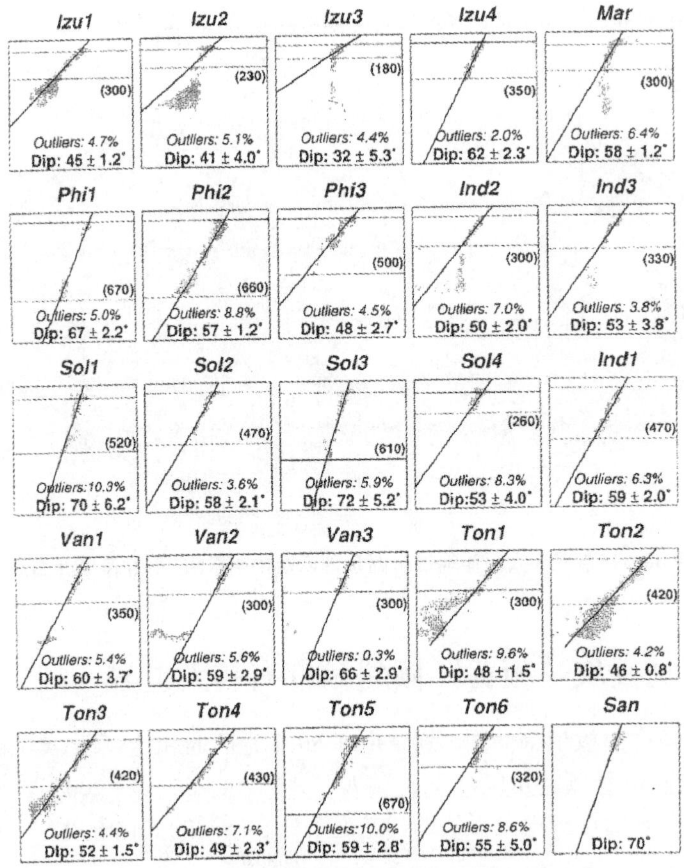

图 7.3.2　下沉板块板舌倾斜度视对比图

文字符号说明：Ant 加勒比海安德烈斯群岛地区；CA 中美洲地区接数字分区编号（下同）；SA 南美洲地区；Ale 阿留申群岛；Cur 千岛群岛；Jap 日本列岛；Ryu 琉球群岛；LDz 吕宋岛；Sum 苏门答腊；Ind 印尼；Mar 马里亚纳群岛；Phi 菲律宾；Sol 所罗门群岛；Van 瓦努阿图；Ton 汤加群岛；San 南桑威奇群岛括号数字深度下限（km）；Qutliers 未参与拟合的百分比；Dir 板舌倾角和 1 倍误差

7.4　奇异的板舌双地震层

20 世纪 70 年代，观测到和达-贝尼奥夫带的一些地区在震源深度 50～200km 范围内，其精确的震源定位图像呈现明显的“双地震层”（double seismic zones）结构。地区分布和对应的双层结构图像如以下 3 幅图所示（傅征祥等，2009，第 132～133 页）。

图 7.4.1　双地震层地区分布图

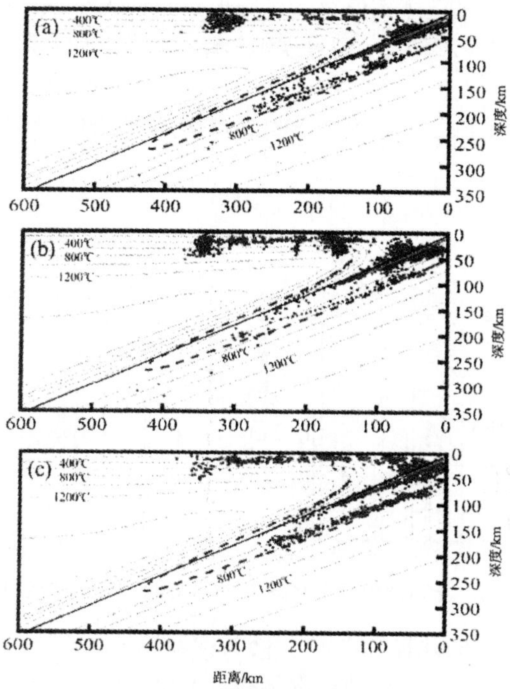

图 7.4.2 双地震层艺术清绘形象图

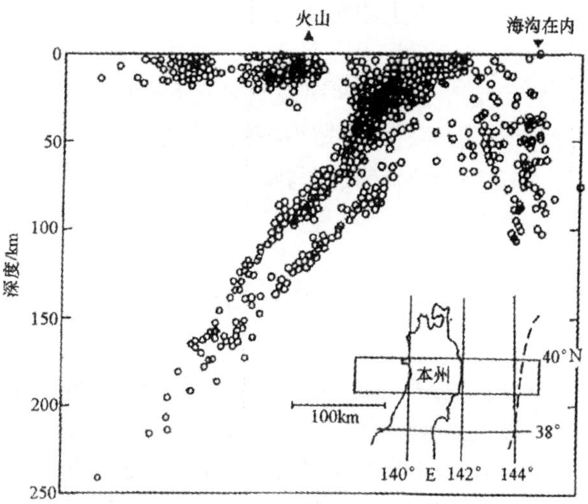

图 7.4.3 典型双地震层震源分布剖面图

板舌双地震层结构的震源沿板舌上、下界面分布。地震成因与上、下界面脱水机制不同有关。上界面缘于海洋地壳的脱水脆化，下界面与蛇纹岩脱水有关（傅征祥等，2009，第 131 页）。

7.5 地震时序坐标图

——地球岩石圈的运动也有“劳逸结合”的问题

地震“时序图”显示的频度和强度随着时日改变的直观画面，可以看到其频度和强度“平静”和“密集”的节奏。在全球的或“某一活动度相当高”的局部地区例如环太平洋板块边界地带等，此类图形相似。

全球任何地区任意一次地震事件，均为全球总体活动的一部分，有内在机理的关联。某一局部地区的任一事件同样是其所在构造体系全部活动的一部分。时序坐标图显示地震活动频度和强度随着时日的变动；横轴频度“相对密集” 和“相对平静”表示总体能量的积累和释放的“间歇过程”，类似生物生理过程的呼吸节奏，时间间隔不能过密也不能中断，没有无休止地连续密集或长期空白，可谓节奏有序。纵轴震级数值有一定限度，不能大于该地区的固有限度，如同人的肺活量有一定限度。在图 6.11.1 和图 7.5.1 中直观地显示 “震级有上限”的事实。

下面分别举例说明：

（1）洋中脊地带图 7.5.1 显示应变能的积累和释放的“间歇过程”。

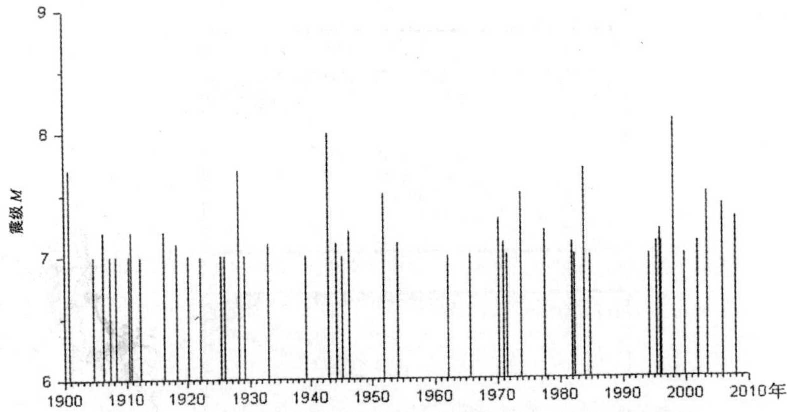

图 7.5.1　全球洋中脊 1900～2008 年期间 $M \geqslant 7$ 地震时序图

洋中脊——我们这颗星球的几根“肋骨”，同其他部位（例如环太平洋地震带等）一样在遵循自身特有的节奏运行。纵轴显示的较大地震震级接近 8 级，而且至少两次被大约 50 年分隔开——这期间仅有较小的活动，图中显示，为了从新积蓄（大约 8 级左右）应变能孕育下一次较大活动大概需要几十年时间，没有达到百年以上的时间尺度。

（2）全球巨大地震“集群”时程图。

全球巨大地震（$M \geqslant 8.5$）“集群”时间同样表明岩石圈层应变能的积累和释放的一种“间歇过程”。一组强烈地震活动之后，需要时日长短不等的“休整时间”。应变能的释放在“一瞬间”，积累需要一段时间和“过程”。过程的时间长短与瞬间释放的能量数值成比例。

全球巨大地震（$M \geqslant 8.5$）“集群”时间过程如图 7.5.2 所示。

关键词：

“集群积累时间”，或“$M<8.5$ 的释放时间”，分别为 1904～1923 年、1923～1953 年、1964～2004 年。

“集群大释放时段”，或“暴发 $M \geqslant 8.5$ 地震时段”，分别为 1905～1907 年、1917～1923 年、1950～1966 年、2004～2010 年以致今后的未知时日。

根据图 7.5.2 的分布形势，在不考虑 1900 年以前的参考资料情况之下，未来的 $M \geqslant 8.5$ 巨大地震集群大释放，似乎可以认为：既可能在大约 17 年以后，也可能在大约 40 年以后参见图 7.5.2。

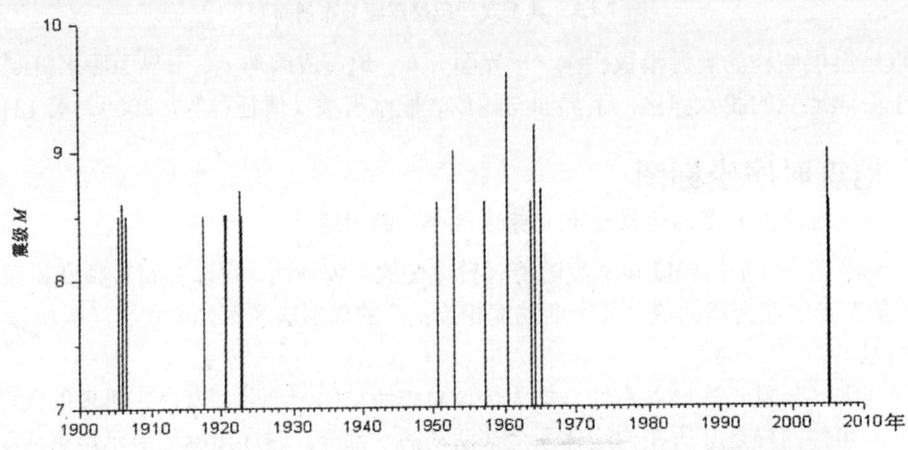

图 7.5.2　1900 年 1 月至 2008 年 11 月全球巨大地震（$M \geqslant 8.5$）集群时程示意图

7.6　中国及邻近地区巨大地震时空分布基本是无序的

中国及邻区地质构造运动块体的格局与巨大地震活动的无序分布形势无紧密关联。参见图7.6.1：

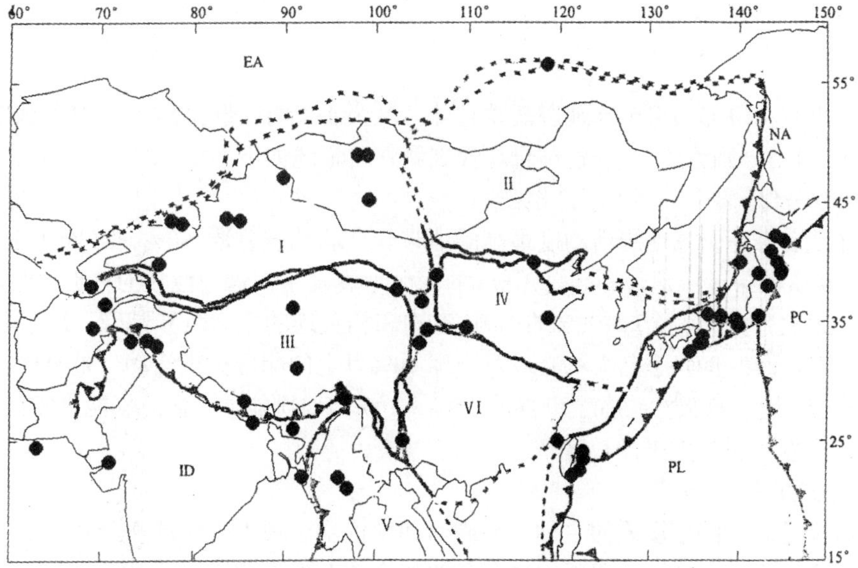

图 7.6.1　中国及邻区的活动块体和 8 级浅源大地震震中（1500～2001）分布图

EA. 欧亚板块；NA. 北美板块；PC. 太平洋板块；PL. 菲律宾海板块；ID. 印度洋板块活动地块；Ⅰ. 西域地块；Ⅱ. 东北亚地块；Ⅲ. 青藏地块；Ⅳ. 华北地块；Ⅴ. 中缅地块；Ⅵ. 华南地块

（根据张培震、邓启东、张国民等（2001）的研究《中国大陆的强震活动与活动块体》原件）

图 7.6.1 有 3 个应该特别关注的问题：

(1) 中国和邻近地区巨大地震活动形势复杂，类似一种无序的“布朗分子运动”，难觅其序。

(2) 图中大约 54 次地震资料时间跨越 502 年。中国大陆以东经 103° 划分的东、西两部分地震次数对应的年代不匹配。东半部（暂不考虑台湾省区）三四次地震历经 500 年，而西半部（按边境邻近和境内）历经仅仅 100 年竟达二三十次。地震活动应为一平稳随机过程，按东半部历经五百年期间核算起来，西半部地区的 500 年应该是现今次数的至少 5 倍，应该有百余次。把现今西半部的震中分布密度增加至少 5 倍，图 7.6.1 的形势才比较全面合理。

(3) 上图显示出中国及邻区未来存在大地震灾难的危险性和发震地点的不确定性，提示人们在未来的若干“五年计划”中，需要做些什么：第一要深入研究“活断层”；第二要清理和检查“易震区”的公、私建筑减灾措施；第三要强化抗震减灾立法和中长期监测预报研究。

第八章　古-里分区地震活动性定量标志和地震灾情摘要

古登堡和里克特(1954)将全球地震活动总体区域为4个地震带和51个原分区(GR-1～GR-51编入8.1～8.51节中分别论述)。分别结合现代观测资料记述如下：

（1）环太平洋地震带—环太平洋地震系。

环太平洋地震带是全球地震活动度最高的地带。全球地震总数 80%～85%的浅源地震，85%的巨大地震，90%的中深源地震和几乎100%的深源地震发生在这一巨大的环形地带。

环太平洋地震带分布着全球 90%的岛弧-海沟和相关连的重力负异常带，演示着全球最激烈的板块俯冲运动，激发世界著名大海啸以及全球90%以上的相应火山活动，是全球唯一发生“强烈震群”的地带。地震损失大约占全世界的15%～30%。地质能量（含地震能量和火山爆发能量）的大约70%以上发生在环太平洋地震带。

（2）欧亚地震带。

欧亚地震带是北大陆地震系的主体。地震活动度仅次于环太平洋地震带系。主要地震活动分别集中在东地中海张性断裂区，伊朗地区著名的扎格罗斯弧形褶皱断陷带，以及欧亚最大的横亘在中国-尼泊尔-印度接壤地带的喜马拉雅弧形褶皱断陷带。本地带75%巨大地震发生在这两条弧形褶皱断陷带；25%发生在“弧后”新构造运动活跃地区和其他相关地区。一般为浅源。中深源主要限定在两个巢位即阿富汗北部兴都库什地震巢和罗马尼亚佛朗恰地震巢。地震灾情大约占全世界的70%～85%。除中国东北部与俄国、朝鲜接壤地区之外，基本上没有深源活动；在西班牙东南部仅有一个例外（参见8.31节）。

（3）大洋脊地震带。

大洋脊地震带或称为海岭地震带。地震活动分别分布在纵贯北南的大西洋中部并延伸至北冰洋,印度洋以及太平洋中部等有限地区。不发生巨大地震，100%为浅源活动，震源深度h=8～10km。时有洋脊火山喷发。地震活动度小于全球总数的5%，被认为是海洋岩石层圈生长地带。

（4）大陆裂谷地震带。

大陆裂谷地震带为大陆稳定地块地区的巨型“裂隙”，同样伴有火山活动。主要有东非裂谷，死海裂谷，贝加尔裂谷，加拿大地盾边缘的圣劳伦斯谷地以及夏威夷群岛岛链等。主要是浅源活动。一般震源深度小于地壳厚度。地震活动度不足全球总体的1%。

参照古登堡-里克特分区并结合现代全球地震台网观测资料，扼要记述51个原分区地震活动性参考数据，分别表述在8.1节至8.51节。

图8.1.1～8.51.1均取自B.古登堡-C.F.里克特（1954）绘制的原图，在原图上增加1952～2008年 $M \geqslant 6$ 地震，用圆圈（O）标示。1900～1952年期间地震保留古-里制图原绘星花符号（*）。以下各图幅不再重复加注资料来源和作者。

这一章各节列举的地震事件的基本参数与本书的“附目录”（1900～2008，$M \geqslant 6$）可能个别略有差别，小于震中坐标和震级各组数值的1%～5%。

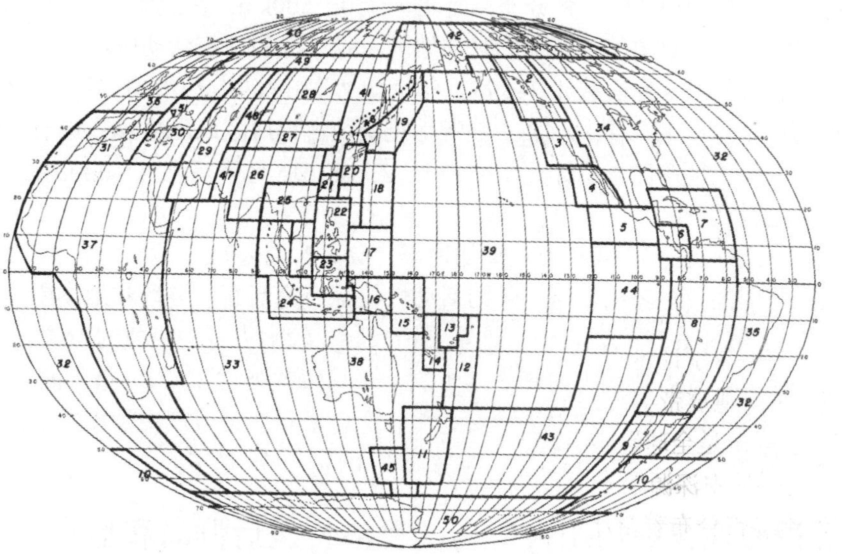

古-里 51 个原分区（GR-1～GR-51）编号索引图（B.古登堡-C.F.里克特，1954）

8.1 阿留申岛弧、阿拉斯加及邻近海域地震活动性

阿留申岛弧、阿拉斯加及邻近海域是太平洋板块北缘的俯冲、消减地带，板块俯冲速率分别为 5.3cm/a（东部）和 6.2cm/a（西部），为太平洋北部著名的沟一弧带。弧前海沟和弧后海盆一阿留申海盆是本地区的主要地理特征。

阿拉斯加较大的构造断层有海因斯湾断层、德娜里断层、卡尔塔戈•法韦尔等断层系，中部和南部各有一组曲面断层带，东起加拿大—阿拉斯加的 NW 走向变为阿拉斯加中部的 EW 向，并继续延伸变为 NE 向。附近伴生内陆盆地。曲面断层的滑动缘于第三纪太平洋板块对北美板块的俯冲。在阿拉斯加东南部海岸一带存在地质构造深层复合体西部变质构造，发生右旋走滑活断层分段构造运动。

震中实际面积大约 300 万平方公里，占该区总面积的 3/5。地震活动频度高，强度大，成为世界地震活动度最高地区之一。

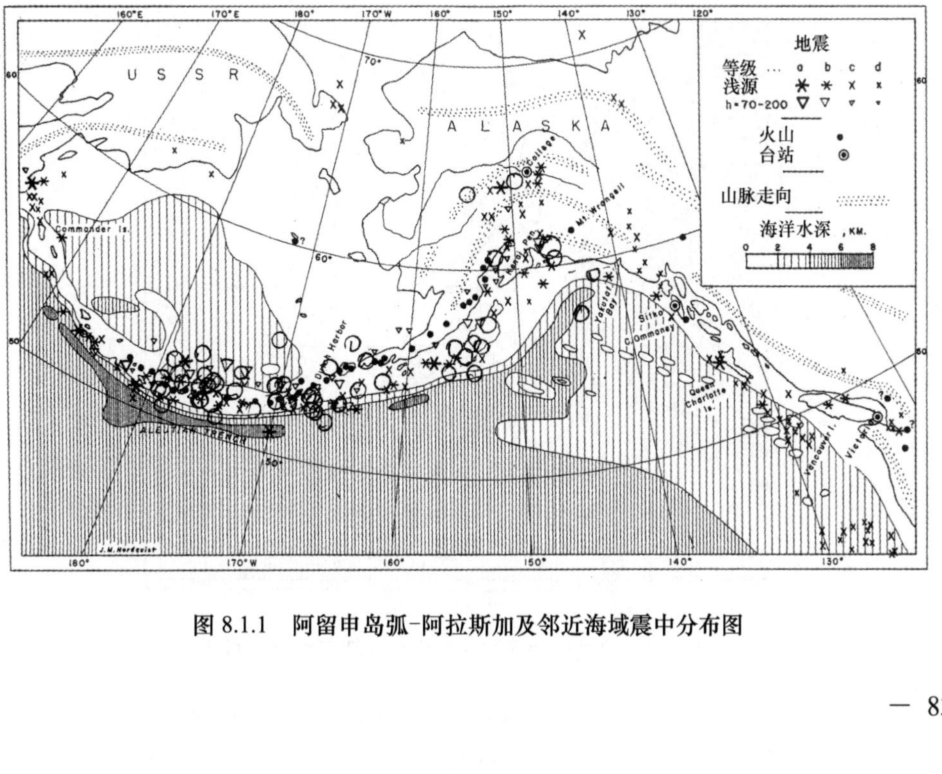

图 8.1.1　阿留申岛弧-阿拉斯加及邻近海域震中分布图

地震沿近似东－西走向的沟、弧分布，南北宽 350～500km。在经度 177° 以西均为浅源，一般小于 70km。178° 以东直至阿拉斯加的内陆地区，是中深源地震活动区，最深为 220km。

全区百年中记录 $M_S \geqslant 6$ 地震共计 746 次，年平均 7 次。其中 $M \geqslant 8$ 有 6 次，大约每 10～13 年有 1 次；发生“强烈震群”活动共计 2 次；浅源地震次数占该地区地震总数的 93%，中深源占 7%；

百年期间全区释放地震能量总计约 1.67E16～2.71E16J。地震活动性综合指数 σ＝38～42，属地震活动度较高地区之一。

影响较大的一次地震是 1964 年阿拉斯加地震，M_S8.5，M_W9.2。

中国和日本等国的科学家根据这一带的活动性特征研究活断层分段和地震围空区的监测预报等问题（参见 5.6.3 节和 6.5 节）。该地区地震灾情较轻。较大灾害的记载约 16 次。百年期间地震死亡人数共计 504 人。灾害地震大约每 6 年 1 次，平均每次死亡 32 人。最大的一次是 1964 年 3 月 28 日，震级 M8.5（M_W 9.2）震中位于安克雷奇至惠蒂尔一带，震中烈度Ⅻ度，破坏范围直径达 500km，16 个城市受灾，死亡 131 人，经济损失 3.11～5.38 亿美元。

8.2 美国西北部亚历山大群岛、夏洛特皇后群岛和加拿大西半部

太平洋板块向阿留申－阿拉斯加推移过程中产生水平方向剪切作用，形成胡安-德夫卡板块（太平洋东岸的次级板块之一）。相对于北美板块的冲撞，这里主要以水平向运动为主。

北美西半部和太平洋沿岸震中分布面积大约 67 万平方公里，占全区面积的 1/5，参见图 8.2.1。

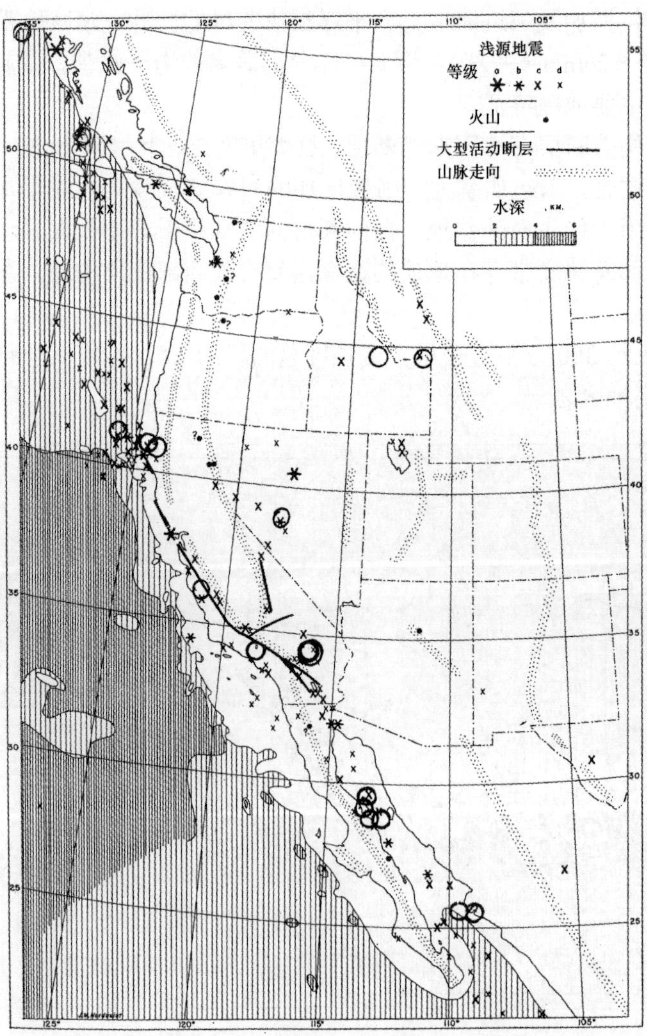

图 8.2.1　北美西半部和太平洋沿岸地带地震分布图

一般震源深度小于 70km。地震活动水平较低。

美国 J.H.惠特科姆（1978）通过整理圣安德烈斯断层系南部微震活动，研究这一带地震活动性（参见 5.9 节）。

全区百年期间 M_S≥6 地震总计 75 次，年均少于 1 次。两次 8 级地震（1949 年 8 月 22 日 53.8° N，133.3° W，M8.1；1972 年 7 月 30 日，56.8° N，135.9° W，h=29km，M8.0）是本区少见的大地震活动。

百年期间全区释放地震能量总计大约 0.35E16～0.54E16J。

σ=28，地震活动度中等偏低。

地震死亡总人数 52 人。最大的一次地震灾害发生在 1949 年 4 月 13 日，震中在美国西雅图、奥林匹亚地区，M_S7.0，震中烈度Ⅶ～Ⅷ度，8 人死亡，经济损失约 2500 万美元。

8.3　美国东、西两个部分大约 41 个州的广大地区

主要地震活动集中在美国西部和太平洋沿岸地区。

地质构造主要特征：北美科迪勒拉褶皱带中段和南段为倾滑构造。在加利福尼亚横贯山脉东端存在倾角比较陡的左旋平移断层，走向从北东至正东向，以走滑平移、正断层和斜正断层占优势。在华盛顿州皮吉特海峡地区，板块消减带呈 16º 倾角俯冲。在华盛顿州中部存在隐伏构造断裂带。

举世闻名的圣安德烈斯大断层是转换断层，东中部的密西西比-新马德里地区则是板内褶皱断陷带，两者均为北美重要的大地震活动区。有人对比美国东部和西部地震震级和断层规模的关系。西部 8.2 级地震出现 850km 长的断层，而东部同一等级地震的断层规模小于 500km（USGS Proceedings of Conference XV，71-73）。

震中分布实际面积大约 101 万平方公里（西部）+50 万平方公里（东部），占全美总面积的大约 3/5，但震中分布密度相对较低。

全区百年期间 M_S≥6 地震 130 次，年平均 1～2 次。M≥8 有 2 次。每 1 万平方公里的 M≥6 地震 1.3 次。

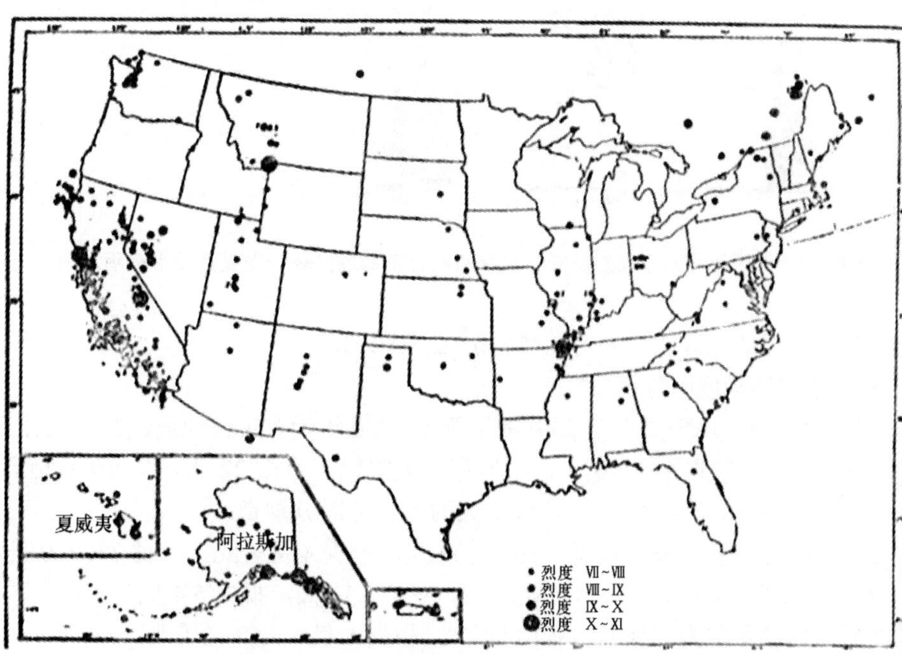

图 8.3.1　美国全境 1969 年以前破坏性地震分布图（L.R.赛克斯，1978）

公元 1906 年 M_S8.3（M_b7.4）是加利福尼亚至今最大的灾害地震活动。这次地震不仅震动全球，也为现代地震学奠定了震源物理过程方面的理论基础。美国地震学家里德（H.F. Reid，1910）根据这次地震的观测研究提出断层地震发生过程的“弹性回跳”理论（theory of elastic rebound），也称做里德原理（Read Principle）。这一理论作为现代地震学基本原理的重要支柱之一，已经维持了 104 年。

美国地区均为浅源地震活动。

众所周知，前两个世纪，美国东部密西西比河流域新马德里地区，阿巴拉契亚—皮德蒙特隆起和密西西比凹陷地带，发生的本地区世界闻名的新马德里大地震是一组板内强烈震群活动。1811 年 12 月 16 日至 1812 年 2 月 7 日大约 46 天之内接连发生三次巨大地震。震中坐标区间 36°～36.6° N，89.5～90W（《美国地震》中文版第 68 页记述 $M≥8$ 连续 5 次，其中有一次无数据可查），释放地震波能量超过本区 300 年期间的地震释放能量总和（1.46E16J），参见 5.29 节。

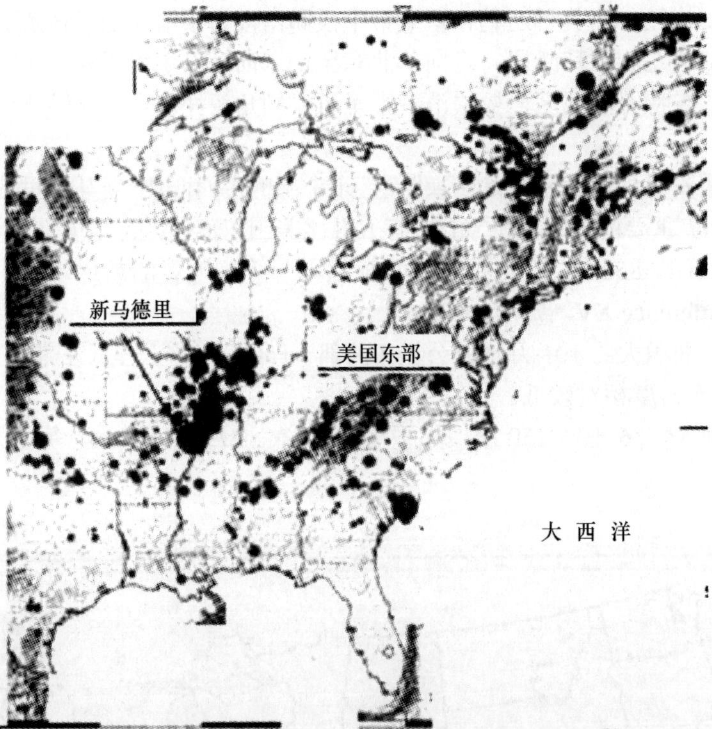

图 8.3.2　美国新马德里强烈震群分布空间以及东部地区现今地震活动形势示意图

20 世纪百年期间释放地震能量大约 0.40E16～2.71E16J。

σ=29～32。地震活动度中等偏高。

西部地区为地震灾害频发区之一。加利福尼亚自 1850 年始有灾害地震记载，共计 62 次，约每两年一次，地震死亡人数共计 1340 人，平均每次灾害地震死亡 22 人，每 10 次地震当中有 5 次成灾，平均每年地震死亡人数约 13 人。较重大的灾害地震分别是：

1906 年 4 月 18 日旧金山 M8.3 地震，死亡 700 人，损失 4 亿美元（一说 2400 万美元）；

1964 年 3 月 28 日阿拉斯加，M8.5（M_W9.2），死亡 131 人，损失 5.4 亿美元；

1971 年 2 月 9 日圣费尔南多地震，死亡 58 人，损失 5 亿～5.53 亿美元；

1980 年 5 月 18 日华圣顿州 M5.2 地震，死亡 31 人，损失 20 亿美元（一说损失“中等”）；

1989 年 10 月 18 日洛马普列塔 M7.1 地震，死亡 62 人，损失 56 亿美元；

1994 年 1 月 17 日洛杉矶 7.0 级地震，死亡 57 人，损失 150 亿～200 亿美元。

灾情主要特点是人员伤亡较小，经济损失较大。

美国和日本是世界 20 世纪 50 年代以来地震死亡人数相对较少而经济损失最大的两个国家。

8.4　下加利福尼亚半岛、墨西哥西北部沿海地区和加利福尼亚湾

震中分布面积大约 75 万平方公里，占全区总面积的 2/5。

美国西部和墨西哥北部板块构造和地震活动形势如图 8.4.1 所示。

图 8.4.1　美国西部和墨西哥北部板块构造和地震活动形势图

圆形符号、黑点地震；红三角火山；红折线板块边界、构造带（USGS 瞬逝现象研究所，2006.1900～1999，M≥5）

该地区为北美洲巨大的科迪勒拉褶皱带南延部分。在太平洋板块的俯冲形成下加利福尼亚隆起和断陷带，墨西哥境内的马德雷山脉断裂系以及相应的频繁地震活动。全区百年期间 M≥6 地震共计 59 次。其中 1 次 M_S＝8.2 主要为浅源地震活动。年均 M_S≥6 有 0.6 次。释放地震能量约 0.20E16～0.27E16J。区内基本没有记录灾害地震活动。

现代地震活动偏重分布在墨西哥南部地区，参见 8.5 节。

墨西哥南部地区地震分布如图 8.4.2 所示。

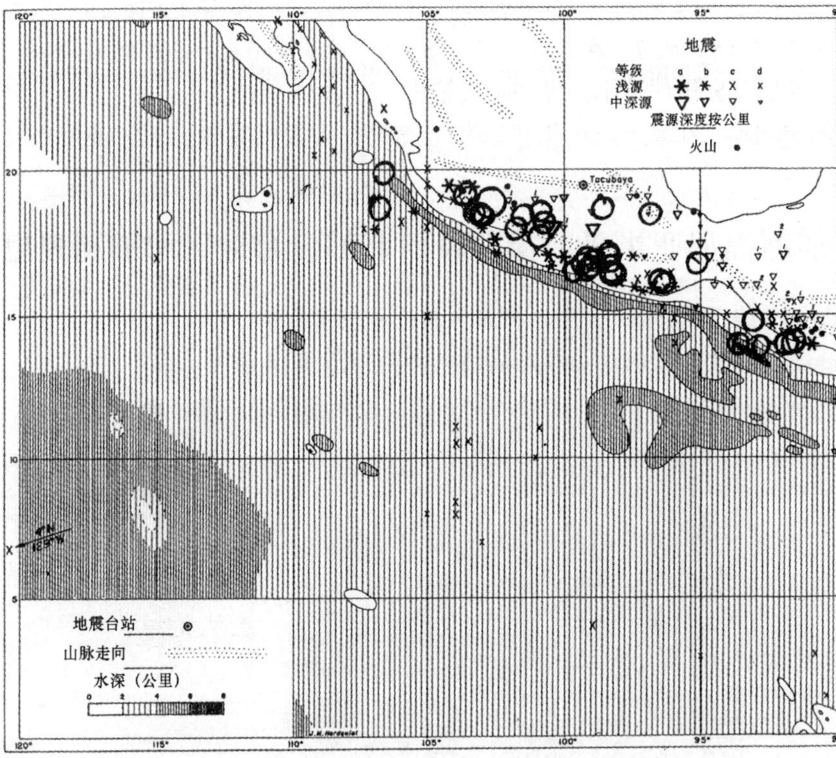

图 8.4.2　墨西哥南部地区地震分布图

8.5　墨西哥南部和危地马拉西半部地震活动性

该区为贯穿北美大陆西海岸的科迪勒拉褶皱带南延部分。科科斯板块以大约 4～6cm/a 速率朝中美洲腹地俯冲，形成中亚美利加海沟和南马德雷斯－索科努斯科（山脉）隆起。在这里，海沟西部的里韦拉板块和科科斯板块的耦合作用形成南科利马断裂带及北科利马和中科利马地堑。现代构造运动强烈。

震中分布面积大约 76 万平方公里，占全区总面积的 1/5。

本地区及其附近地震活动形势参见 8.6 节。

全区百年期间记录 $M_S \geqslant 6$ 地震共计 322 次，其中 $7 \leqslant M \leqslant 7.9$ 有 65 次，$M_S \geqslant 8$ 有 7 次。

震源深度分布在 10～220km 之间。浅源地震占 73%以上，分布在西部沿岸和近海；中深源（100～150km）地震占 27%分布在米却肯洲及洽帕斯州与危地马拉交界地区，$M_S \geqslant 6$ 地震每年约 4 次。

全区百年期间释放地震能量约 1.94E16～2.05E16J。

σ=39，地震活动度比较高的地区。

全区百年期间灾害地震约 85 次，死亡人数总计 3.5 万多人。平均每 10 次地震有 3 次成灾。平均每次地震死亡超过 4 百人。

较严重的地震灾区在危地马拉，1902 年死亡 2000 人。1976 年 2 月 4 日 M_S7.9 地震死亡达 2.28 万人，伤 7.6 万人，经济损失达 11 亿美元。

另一重灾区在墨西哥米却肯州，1985 年 9 月 19 日 8.3 级地震。震中在米却肯州梅尔乔奥坎坡近海，而远离震中约 350km 的首都墨西哥城遭受重大灾难。因市区地基松软建筑物倒塌大半，其中高层建筑几乎全部倒塌，一般房屋建筑物严重破坏达 35%。死亡 9500 人，失踪约 2 万人，伤 3 万人，破坏重大。墨西哥地震学家因这次灾难已经完成“自发震的零时起的 1 分钟应急警报疏散”的防灾举措（发震后大约 45 秒，纵波触发中央警报系统；破坏最大的横波自零时大约 70

秒钟到达），其中包括在中美洲海沟的墨西哥沿岸布设拾震探头连接中央警报系统（参见第6.5节）。

8.6 中美洲大陆地区、危地马拉、哥伦比亚国土的一部分以及加勒比海地区

该区为科科斯板块消减带，美洲中部的新生代褶皱构造强烈。地震活动图像表明这里的地震活动分为两支，一支向东延伸，构成古巴、海地、波多黎各及大安的列斯群岛弧形地震带；另一支伸向东南，经过巴拿马地峡与南美安第斯山地震区接合。受科科斯板块（朝向东北方）和纳兹卡板块（朝向北方）双重俯冲作用，造成中美洲的地震高发区。

震中多分布在太平洋沿岸地带。震中分布面积大约115万平方公里，占全区总面积的3/5。

中美洲大陆桥地区-加勒比海地区板块构造运动和地震活动形势，参见图8.6.1。

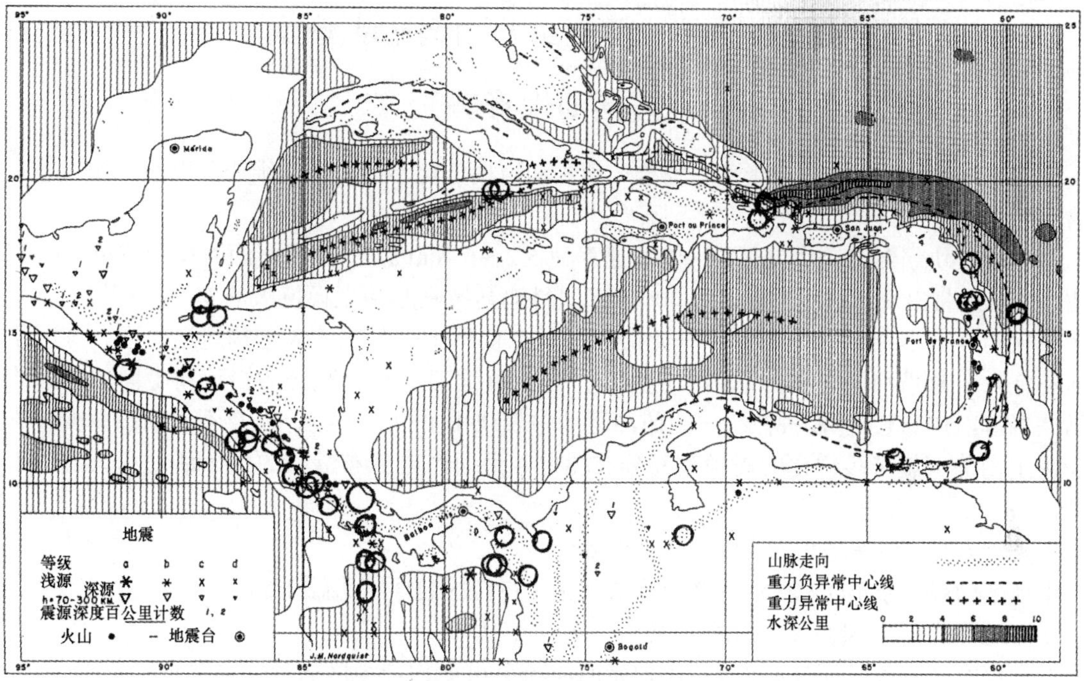

图 8.6.1 中美洲大陆地区-加勒比海地区地震活动性示意图

全区百年期间M_S≥6共计216次，其中1次M_S8.3。7≤M_S≤7.9有39次；6≤M_S≤6.9有176次。震源分布在5～260km深度区间，其中浅源占81%，中深源占19%。

释放地震能量总计约为0.58E16～0.64E16J。

σ=31。

百年期间记录灾害地震64次，地震死亡人数超过1万5千人。每10次地震当中有3次灾害地震。平均每一次灾害地震死亡超过200人。

比较严重的一次灾害地震于1972年12月23日发生在尼加拉瓜首都马那瓜，震级6.2，震源深度5km。死亡约5000人（一说1.2万人），伤2万人，损失8亿美元。首都几乎夷为平地。被日本地震学家首次定名为“直下型地震”。

海地一次重大地震灾难发生在2010年1月12日海地太子港。震中坐标为18.451° N，72.445° W，h=10km，震级M_W7.0（CDSN测定M_S7.3），死亡和失踪30.6万多人，占海地900万人口的30%左右。受伤大约30万人。500万至800万栋各种房屋、建筑倒塌和严重破坏。超过100万人无家可归，300万人面临饥荒。联合国在海地的维和人员121人中49人遇难，其中有8名中国维和人员。地震直接和间接经济损失估计80亿至140亿美元。海地地震的伤亡和破坏成为几百年来全球最重大灾难。

8.7　加勒比海、大、小安德烈斯群岛以及委内瑞拉国土的大部分地区

该区为美洲中部新生代褶皱构造带的东延分支，板块运动格局很奇特。小安德烈斯岛弧是大西洋中部的一段弧形消减带，连接古巴和波多黎各，同特里尼达和委内瑞拉的安第斯山脉相连，环绕着加勒比海盆地，形成加勒比板块。板块边缘伴生着火山和地震活动。

地震活动性形势示意图参见 8.6 节。

震中分布面积大约 62 万平方公里，占全区总面积 1/10。

百年期间 M_S≥6 地震共计 149 次，其中 7≤M_S≤7.9 有 29 次，M_S8.4 和 M_S 8.1 各一次，年均 M≥6 地震 2 次。

释放地震能量总计大约 0.38E16～0.71E16J。

σ=32。

记录灾害地震共计 15 次，死亡人数共约 1720 人。平均每 10 次地震当中有 1 次灾害地震。

8.8　南美洲太平洋沿岸地震活动性形势

这一地区涉及哥伦比亚南半部，秘鲁、智利和阿根廷北半部，玻利维亚和巴西的西部等南美洲的大部分地区。

纳兹卡板块朝向南美大陆俯冲，俯冲速率为 5.2～6.0cm/a。沿南美州西海岸形成秘鲁－智利海沟，滨海地带出现走向 N－S 大约 7000km 的科迪勒拉隆起和规模巨大的安第斯褶皱带，是从古生代（距今至少 280 个百万年）开始的而且至今依然十分强烈的大地构造运动区。该区主要地质特征：一是沿纬向分割的地震构造线；二是俯冲岩石圈被分割开的沿纬向走向的板条构造（马宗晋等，1988）。各板条在统一的俯冲运动中表现出上拗、下拗，以及不同的倾角变化，从而表现出南美深震带多样化的震源空间分布图像。沿西海岸分布活跃的火山活动和频繁的地震活动。

南美洲太平洋沿岸地震活动性形势如图 8.8.1。

本地区的震中分布面积大约 372 万平方公里，占全区总面积大约 1/5。

浅源地震次数占 54%，中深源占 36%，深源占 10%。

震源深度分布从南美洲太平洋沿岸地带的浅源 5km 到内陆地区的最大深度 660km。

深源地震的震中分布地区从南美洲西岸深入内陆达 800km ，包括秘鲁、巴西边境，玻利维亚中部和阿根廷北部和中部。

板块消减层的北区，大约 300km 至大约 550km 深度为“无震层”或“少震层”；南区在深度大约 220km 至大约 550km 为“无震层”或“少震层”，有些深度空间是完全的“寂静层”，那里无任何地震发生。

百年中记录 M_S≥6 地震共计 797 次，其中 7≤M_S≤7.9 有 149 次，占 M≥6 地震总数的 18%；M_S≥8 有 12 次，占总数的 1.4%。

一次震源最深、震级最大的稀罕事件：

1994 年 6 月 9 日 0 时 33 分，在南美洲玻利维亚北部（13.9° S，67.5° W）发生的震级 M_W8.2 的深源地震，是有仪器记录以来的震级最大的深震，震源深度为 640 km。震源机制与浅源地震的类似。这次深源地震灾情不轻，在西半球震感范围也相当大。

多年来深源地震的发生机制一直是地震学家非常关注的研究问题。这次深源大地震的小破裂尺度、慢破裂速度、高应力降和地震波的双力偶源辐射特征等特点，再次引起了对深源地震发生机制的广泛讨论。

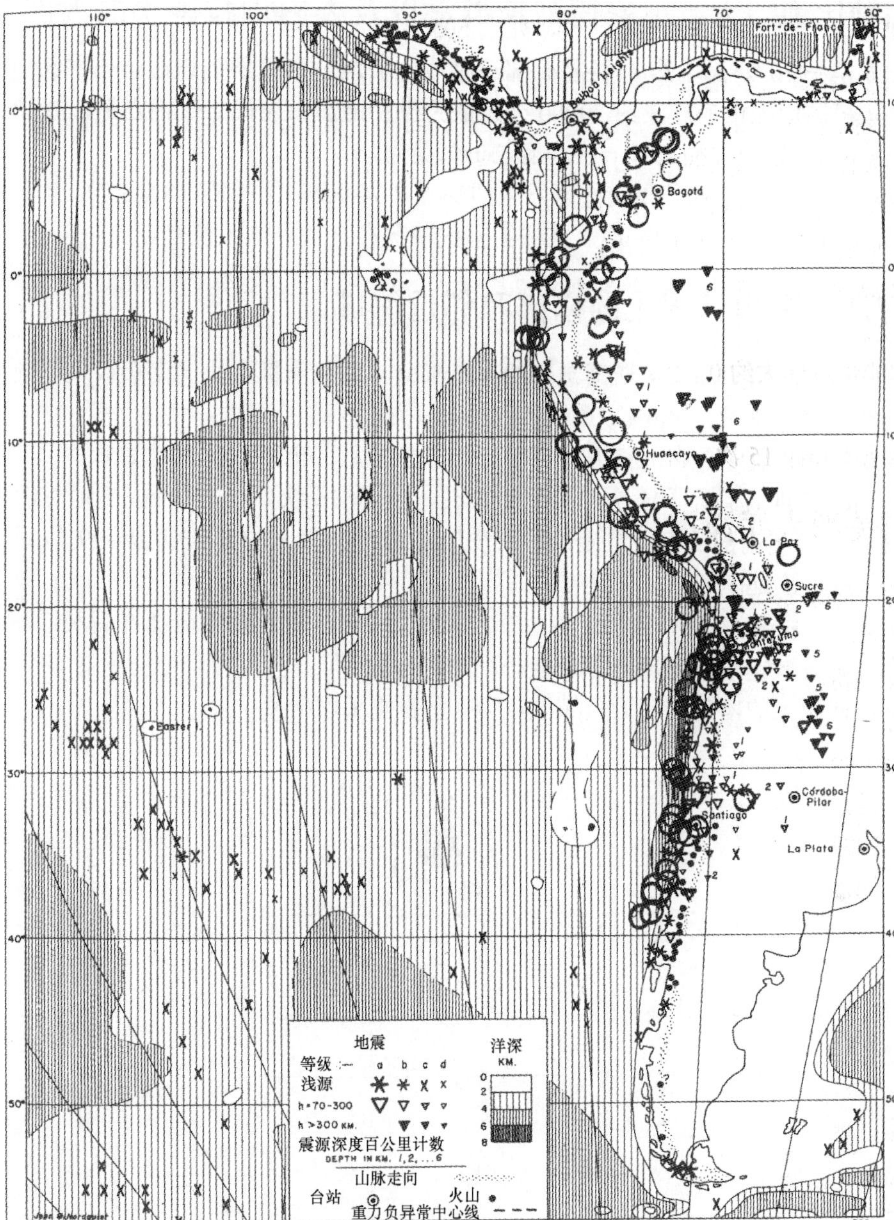

图 8.8.1　南美洲太平洋沿岸地震活动性形势示意图

深震激发了前所未见的地球自由振荡。与浅源大地震激发的振荡不同，这次深源大地震激发了更显著的高阶（周期较短的）自由振荡，研究这些振荡可获得更多的地核和地幔深部结构的信息，而浅源大地震由于激发的面波强，常会掩盖了高阶自由振荡频谱。

百年期间全区释放地震能量 3.09E16～4.03E16J。

σ=44。地震活动度比较高的地区之一。

地震灾害频发区之一。记录灾害地震至少 136 次，每 10 次地震当中约有 2 次成灾。地震死亡人数至少 10.1 万人，平均每一次死亡人数约 743 人。

较严重的灾害地震有 1906 年 1 月 31 日厄瓜多尔 8.6 级地震，死亡约千人；

同年 8 月 17 日圣地亚哥近海 8.4 级地震，死亡约 3760 人（一说 2 万人）；

1939 年 1 月 25 日智利阿根廷交界地区 7.8 级地震，死亡 28000 人；

1944 年 1 月 15 日阿根廷中西部 7.4 级地震，死亡约 5600 人；

1946 年 11 月 10 日秘鲁北部沿海地区 7.3 级地震，死亡 1400 人；

1949 年 8 月 5 日厄瓜多尔 6.8 级地震，死亡 5050 人；

最大的灾难是 1970 年 5 月 31 日秘鲁北部沿海地区 7.7 级（7.8 级）地震，死亡 52000 人，其中仅诱发的大规模雪崩加山崩埋没约 20000 人，成为世界地震山崩塌方灾害之最，直接财产损失总计达 10 亿美元。上述震灾损失每一次均超过 1 亿美元。

1994 年 6 月 9 日玻利维亚秘鲁交界区发生的深源（640km）大地震（M_W8.2），8 人死亡，损失 5000 万美元。这类震源较深的大地震造成灾害的情况在全世界绝无仅有。

8.9 智利、阿根廷国土的南部和邻近海域

这一地区是巨大的南美洲安第斯褶皱带的南延部分。纳兹卡板块协同南极板块朝向南美洲南部滨海地带俯冲，俯冲速率 5.2cm/a。

大地震活动频繁。震中分布面积大约 148 万平方公里，占全区总面积的 2/5。

百年期间 M_S≥6 地震总计 104 次，其中 7≤M_S≤7.9 有 16 次，1 次 8 级以上地震活动。

1960 年发生在智利南部滨海城市康塞普西翁地区的一次 M_S8.5（矩震级 M_W=9.5）是本地区也是全球迄今最大的一次地震活动。

多为浅源地震。中深源地震 10%左右。最大深度 154km。地震活动分布在智利沿海地区。浅源地震分布在近海海域，中深源地震在靠近海岸的内陆地区。

智利、阿根廷国土的南部和邻近海域地震分布如图 8.9.1 所示。

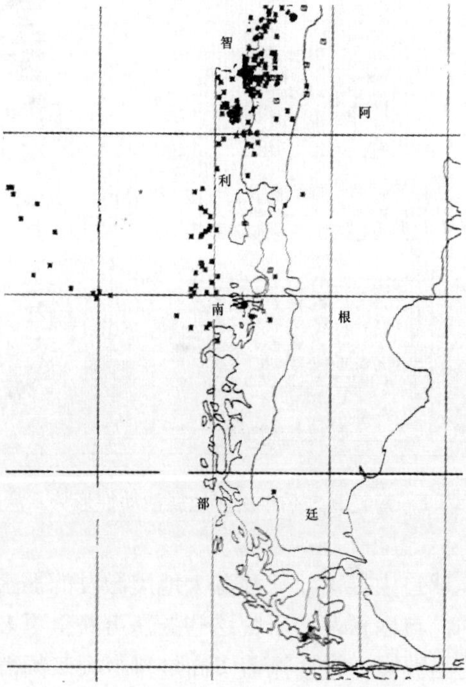

图 8.9.1 智利、阿根廷国土的南部和邻近海域地震分布示意图

（底图根据 USNOAA，1978，1962，1969，M≥4.5）

百年期间释放地震能量总计约 0.37E16～0.51E16J。

σ=27。地震活动度相当低的地区之一。

历史记载灾害地震大约 35 次。该地区每发生 10 次地震有 3 次成灾。

最严重的一次地震灾害是 1960 年 5 月 22 日在智利南部滨海城市康塞普西翁地区的 M_S8.5、M_W9.6 地震，破坏惨重，死亡 5700 人。地震激发大海啸，是世界有历史记载以来最大的一次地震

海啸灾难。海浪波及太平洋沿岸各地区，受灾地区尤以夏威夷群岛和日本东海岸最为严重。直接经济损失超过当时市值的 4 亿美元之巨。

大地震的重复性在智利 1960 年 M_S8.5 地震地区重演。

2010 年 1 月 2 日，智利中部阿劳卡尼亚区特木科市发生 7.1 级地震（-38.4°，-73.3°，h=16km）此前在 1960 年 5 月 22 日，智利康赛普西翁 8.5 级地震。两次地震极震区相连接。重复间隔大约 50 年。

8.10 南美洲南端至南极半岛和南桑威奇群岛等海域

南美洲南端至南极半岛和南桑威奇群岛等海域，包括智利南端的火地岛，经过德雷克海峡到南极地区的南设德兰群岛和南极半岛，往东是马尔维纳斯群岛（福克兰群岛），往南是南大西洋斯科舍海岭以及南桑威奇群岛和南极威德尔海等地区。

承受南极板块和大西洋板块的双重挤压作用，南极板块自西南朝东北方向俯冲，大西洋板块自东北朝桑威奇群岛推挤，速率为 3.3cm/a。从火地岛起始的安第斯褶皱区向东弯曲，其延伸部分成为南安德烈斯褶皱和奇特的南桑威奇岛弧，连接斯科舍海岭构成南美州安第斯山脉与南极陆缘褶皱体系。

大地震集中在桑威奇弧及其海域。震中分布面积大约 282 万平方公里，占该区总面积的四分之一。

南美洲南端至南极半岛和南桑威奇群岛等海域的板块构造运动和地震分布形势参见图 8.10.1。

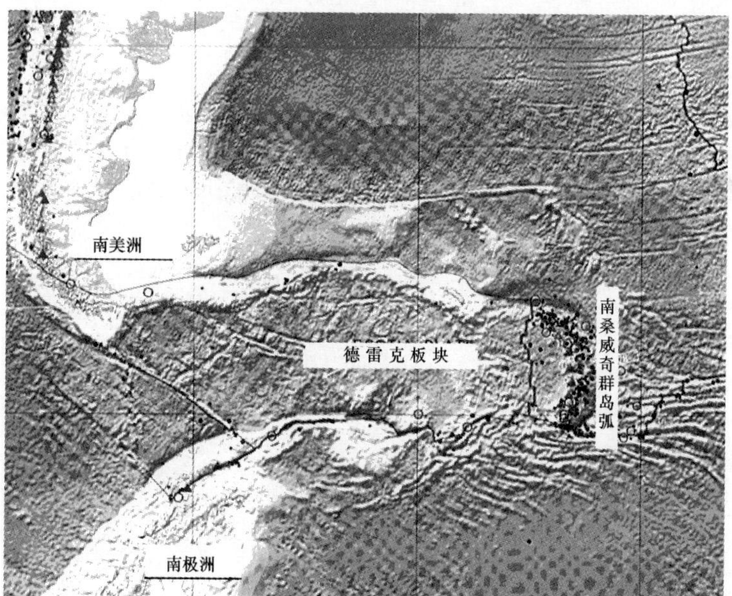

图 8.10.1　南美洲南端至南极半岛和南桑威奇群岛等海域的板块构造运动和地震分布形势示意图

左侧为南桑威奇海沟三角火山；圆点为地震；矩形折线为转换断层；

空心箭头板块冲力矢向（USGS 瞬逝现象研究所，2006，M≥5）

南美洲南端至南极半岛和南桑威奇群岛等海域的地震活动形势如图 8.10.2 所示。

百年期间 M_S≥6 地震共约 202 次，年均 2 次，其中 7≤M_S≤7.9 地震有 30 次，没有大于 8 级的地震活动。

震源深度 6～160km 之间。有个别中深源达 260km，中深源地震均沿桑威奇岛弧分布。浅源地震占 86%，中深源地震占 14%。

释放地震能量约 0.22E16～39E16J。

σ=29～32。该区没有灾害地震记录。

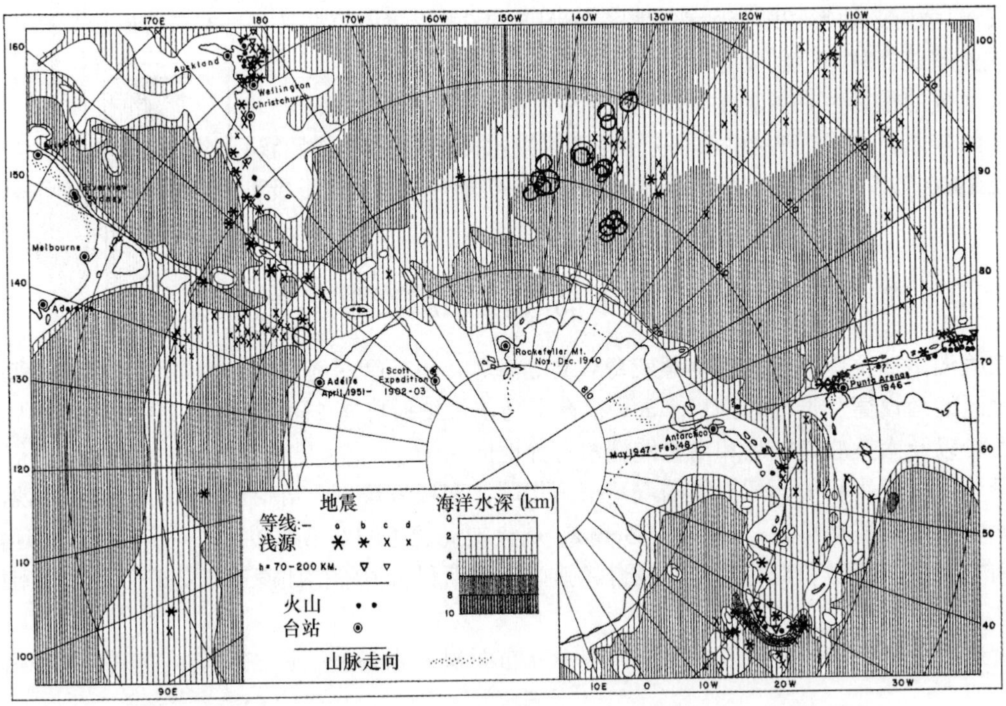

图 8.10.2 南美洲南端至南极半岛和南桑威奇等海域的地震活动形势示意图

8.11 新西兰地区

新西兰地区包括新西兰北岛和南岛、奥克兰群岛、麦夸里岛以及邻近海域。东南部为太平洋－南极海岭，西南部为东南印度洋海岭，与位于东北方的汤加群岛和克马德克群岛构成太平洋板块在西南部与印度洋板块（印度－澳大利亚板块）和南极板块三者的交会地带。太平洋板块俯冲速率为 4.7cm/a。

新西兰地震活动形势图见图 8.11.1。

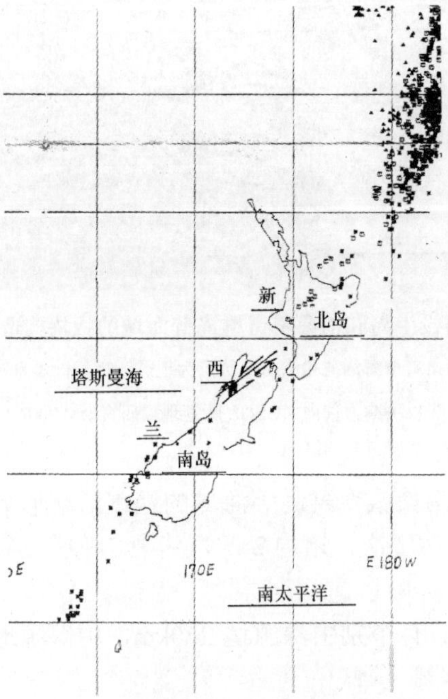

图 8.11.1 新西兰地震活动形势图，黑色点为历史地震

（底图根据 USNOAA，1978.期间事件，$M \geqslant 4.5$）

新西兰周边地形和地震活动形势参见图 8.11.2。

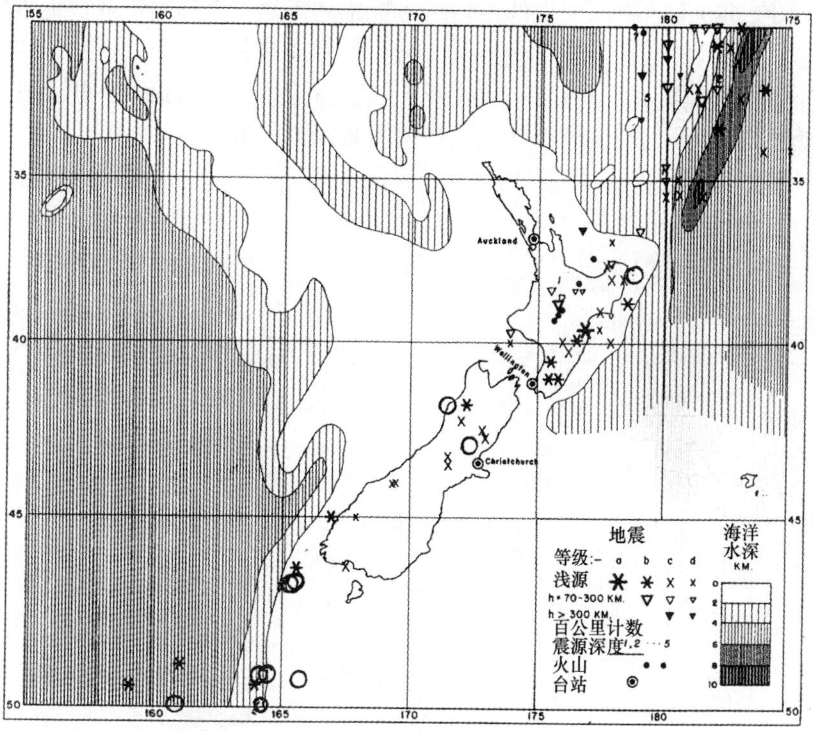

图 8.11.2　新西兰周边地形和地震活动形势图

在新西兰北岛，沿东海岸隆起的全新世海相阶地是希库朗伊俯冲边缘逆断层，与克马德克消减带相邻。北岛南端奥塔基地区也是逆断层性质。在惠灵顿地区是哈特谷俯冲逆断层，地震较活跃，主要是浅源活动。南岛一组阿尔派恩大断层顺北东-南西走向贯穿全岛，地震沿西海岸和近海分布，多灾害地震。

南岛的北部滨海地带有频度不太高的地震活动。西北部滨海地带“韦斯特波特（港口）-纳尔逊”左旋走滑断层是南太平洋地区很少有的岛缘断裂带，其构造性质类似北美洲的圣安第烈斯断层。

新西兰地区震中分布面积大约 56 万平方公里，占全区总面积的 1/5。

该区均为张力作用。与相邻地区比较，地震活动水平较低。百年期间 M_S≥6 地震共计 103 次，其中，7≤M_S≤7.9 有 26 次，M_S8.1（有 1 次）。

震源深度 7～360km 之间。浅源占 82%，中深源占 16%，深源仅占 2%。最深震源 360km，在新西兰北岛的普伦提湾海域。

释放地震总能量为 0.35E16～0.50E16J。

σ=29～31。

地震灾害多发生在新西兰南岛。百年中记录灾害地震共计 14 次，死亡约 230 人。较为严重的一次是 1931 年 2 月 2 日霍克斯湾的 M_S7.8 地震，死亡 225 人（另说 256 人）。其余地震灾害较轻。

8.12　汤加-克马德克-太平洋西南部主要海沟－岛弧地区

太平洋西南部主要海沟和岛弧地区是全球地震活动度最高的地区之一，往南与新西兰北岛相接。太平洋板块在从东南方向朝向澳大利亚板块俯冲过程中，形成走向 NE—SW 绵延 2700km 的汤加群岛和克马德克群岛以及海沟和岛弧，太平洋西部七大沟-弧之一，演示着板块的俯冲、消减过程和具多种震源深度的频繁大地震活动。

板块构造运动形势复杂，在板块俯冲－消减带存在“双重地震面”。震源深度在 8～680km 之间，其中 8～70km 的地震次数占 53%；71～340km 占 20%；340～560km 占 3～5%；560～680km 占 23%。最大深度 680km。在深度大约 340～560km 之间是“少震层”或“无震层”，类似情况在环太平洋地震带的深源地震区 GR 分区 8.8、8.14 和 8.24 等都存在。

板块构造运动和地震分布形势显示了这一地区的岩石圈层活动的激烈程度。

太平洋西南部岛弧-海沟地区地震活动形势如图 8.12.1 所示。

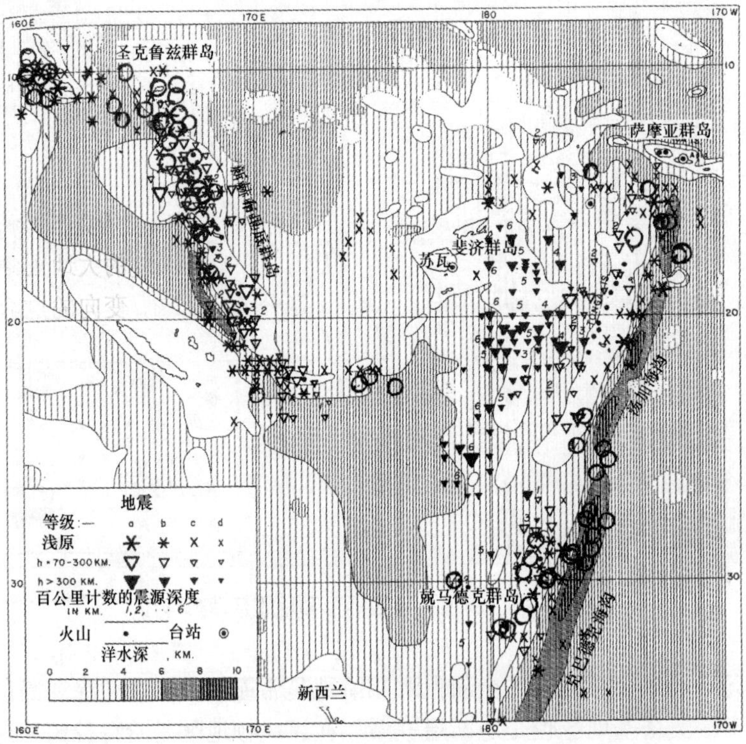

图 8.12.1 太平洋西南部岛弧-海沟地区地震分布形势示意图

震中分布面积大约 114 万平方公里，占全区总面积的 1/3～1/4。百年期间 $M \geqslant 6909$ 次，年平均约 9 次。其中 $7 \leqslant M_S \leqslant 7.9$ 有 108 次，占总数的 11%；$M \geqslant 8$ 有 6 次，占 6‰。最大地震分别为：

1917 年 6 月 26 日 $M_S 8.3$（古-里）或 $M 8.7$（DUDA）地震。

1919 年 4 月 30 日 $M_S 8.3$ 地震。

1977 年 6 月 22 日，h=69km，$M_S 8.3$ 地震。

释放地震能量总计约 1.68E16～2.58E16J。

σ=48～55。全球地震活动度最高地区之一。

没有显著灾害地震记载。

8.13 斐济－萨摩亚群岛地区

斐济－萨摩亚群岛附近海域位于新赫布里底群岛与汤加群岛之间。太平洋板块与澳大利亚板块作用力在这一带改变方向。古登堡－里克特（1954）将此区单独划分出来，主要原因是：相邻两侧地区的震源分布自浅至深的走势不同，东侧地区朝西偏北，西侧地区则是朝东偏北，本地区震源深度分布无明显方向性。后来研究证实，太平洋板块朝向澳大利亚板块方向俯冲，消减带倾向西偏北（8.12 节）；澳大利亚板块朝向太平洋板块俯冲，消减带倾向东偏北（8.14 节）。本地区位于两大俯冲消减带的“轴部”——左侧是新赫布里底消减带，右侧是汤加－克马德克消减带，两者皆为深源地震带。唯独本地区主要是浅源活动。相邻两侧地震活动频度高，强度大，而本地区的活动水平仅仅相当于相邻两侧地区的 3%～5%，形成“地震活动安全岛”。

斐济－萨摩亚群岛附近海域地震分布参见图 8.12.1。

斐济－萨摩亚群岛及其附近地区的震中分布面积大约 7.6 万平方公里，占全区总面积的 1/10。百年期间记录 M≥6 地震 25 次，其中 M7.0 只有 2 次。震源深度在 8～630km 之间，其中 8～70km 的地震次数占 60%；71～340km 占 20%；340～500km 占 4%；510～630km 占 19%。最大深度 630～680km（位于两个分区接合地区）。没有 M≥8 的活动。

释放地震总能量约 10P～30PJ。

该区没有灾害地震记录。

8.14 新赫布里底-圣克鲁斯沟、弧地带——太平洋西南部主要沟－弧地区之一，全球大地震高发区之一

澳大利亚板块和太平洋板块之间的相互作用形成走向近似 NW 的圣克鲁斯海沟和岛弧、新赫布里底海沟和岛弧、洛亚蒂群岛海沟和岛弧以及相伴的各种震源深度的大地震活动。本地区板块作用方向 NE，相邻的汤加－克马德克沟、弧地区板块作用方向 NW，变向的过渡区在斐济群岛地区。

地震分布构成太平洋西南部密克罗尼亚地区奇特的地震图像（图 8.12.1）。

浅源、中深源和深源地震的分布比例大约是 70∶30∶1。浅源占总次数的 62%；中深源占 36%；深源占 2%，最深 630～650km。（两个 GR 分区接合混杂地区）。

震中分布面积大约 63 万平方公里，占全区总面积的 1/2。

百年期间 M_S≥6 共计 582 次，每年超过 6 次；其中 7≤M≤7.9 地震 116 次；M_S≥8 有 5 次，最大的一次地震（1901 年 8 月 9 日，22.0° S　170.0° E）震级 M_S=8.4（DUDA）或 M_W7.9。

发生多次“强烈震群”活动，主要有：

1910 年 5 月 1 日至 6 月 16 日的 M≥7 共计 4 次，按发震时刻顺序为 M_S7.1；7.5；7.3；8.1。

1965 年 8 月 11～13 日，M_S=7.1、7.3、7.1。

1973 年 12 月 28～30 日，M_S=7.3、7.1、7.0、6.8。

每次强烈震群释放地震能量均在 12P～100PJ 之间。

全区百年期间释放地震能量 1.45E16～2.43E16J，分别排在 8.8 节（区）、8.27 节（区）、8.1 节（区）、和 8.12 节（区）之后。

σ=45～50。全球地震活动度最高地区之一。

没有灾害地震记载。

8.15 所罗门群岛、印度尼西亚东部、澳大利亚北缘等地区

所罗门群岛及其附近海域属于澳大利亚板块朝向太平洋板块的俯冲、消减带。板块相对位移速率为 4.0cm/a。西北邻巴布亚新几内亚，东南部连接新赫布里底群岛，震源深度分布在 3～560km 之间。环太平洋地震带上的大地震高发地区之一。

地震活动形势参见图 8.12.1。

震中分布面积大约 127 万平方公里，占全区总面积 71%。

百年期间 M_S≥6 地震 595 次，年均 M_S≥6 约 6 次；其中 7≤M_S≤7.9 有 112 次，年均 1～2 次。M_S≥8 百年期间有两次。

发生至少两次“强烈震群”和多次双震活动，每一组震群中 7≤M_S≤7.9 至少 3 次。

百年期间全区释放地震能量总计 1.11E16～1.75E16J。

σ=40。地震活动度较高地区。

灾害地震百年期间大约 13 次，死亡 238 人。地震活动水平虽然很高，但多发生在远海，震中离海岸百公里以外，或震中区岛上无人居或极少人居，大地震一般都不成灾。

新几内亚岛（伊里安岛）及其以北的阿德默勒尔蒂群岛地区震中分布如图 8.15.1。

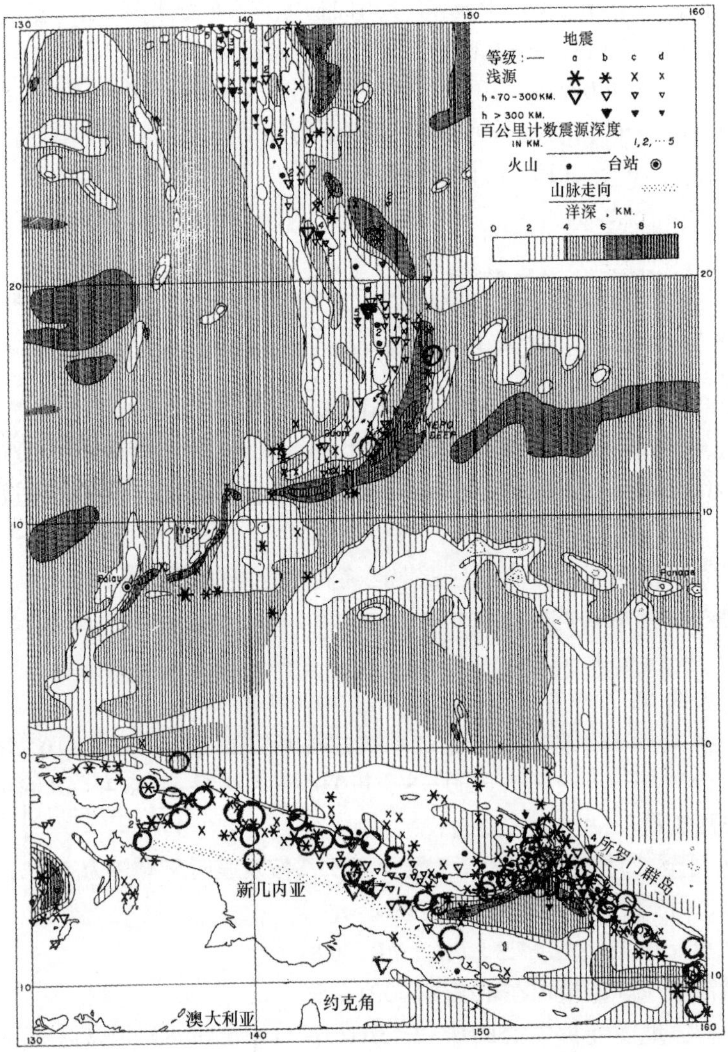

图 8.15.1　新几内亚岛（伊里安岛）及其以北的阿德默勒尔蒂群岛地区震中分布图

8.16　澳大利亚板块的北缘——新几内亚及其以北地区

澳大利亚板块的北缘，新几内亚岛与澳大利亚是朝向太平洋板块冲撞的同一板块单元。板块运动速率为 11cm/a。

新几内亚岛东半部及其近海海域，自南向北有 4 组略呈弧形平行分布的震中条带，走向皆近似为 EW 向，各条带间距三四百公里的空间是无震区。

震源深度从南向北由浅到深的顺序显示出澳大利亚板块朝向太平洋板块小角度俯冲情景。但是分布在伍德拉克岛地区南边一组以及分布在北侧的俾斯麦群岛和阿德默勒尔蒂群岛区的地震全为浅源。这种震源空间分布有悖于板块俯冲消减带地区应该有的浅、中、深顺序。

新几内亚岛西半部靠北边的地震分布有大约 90％为浅源，走向 EW 向，看似东半部之北一二组浅源地震的西延，然而靠南边有不足该地区地震总数 10％的中深源地震活动。显然，新几内亚地区以东经 142° 为界的东、西两边的板块运动形势复杂。这种复杂分布还包括马鲁古群岛及其海域（参见 8.15 节和 8.23 节）。

大地震高发地区。震中分布面积大约 136 万平方公里，占全区总面积的 4/5。

百年期间 M_S≥6 约 386 次，其中，7≤M_S≤7.9 有 60 次，M_S≥8 有 2 次。浅源活动占总数的 71％，中深源占 29％。

没有大于 300km 的深震活动。

释放地震总能量约 0.79E16～1.14E16J。

σ=35～40。

百年期间灾害地震大约 26 次，死亡人数合计约 8800 人。平均每次灾震死亡 338 人。在每 10 次地震中有大约 7 次成灾。多在新几内亚岛中部。

1976 年 6 月 26 日一次 7.3 级地震，因倒塌民房致死 422 人，因地震山崩埋没 7 座村镇死亡 5 千至 9 千人。

1998 年 7 月 17 日，7.0 级地震海啸浪高 10m，吞没沿岸村镇，死亡 2000 人（一说 3000 人）。

8.17 中国台湾和菲律宾群岛地区

中国台湾以南，菲律宾及其以东，马里亚纳群岛以南，马绍尔群岛以西和新几内亚大岛以北的海域，古-里当初把这一块单独划分，主要考虑地震活动水平较相邻地区低一些。其四邻是深源地震和大地震高发区。这里是环太平洋地震带西部的一段“地震活动度次高区”。

中国台湾和菲律宾群岛地区地震活动形势如图 8.17.1。

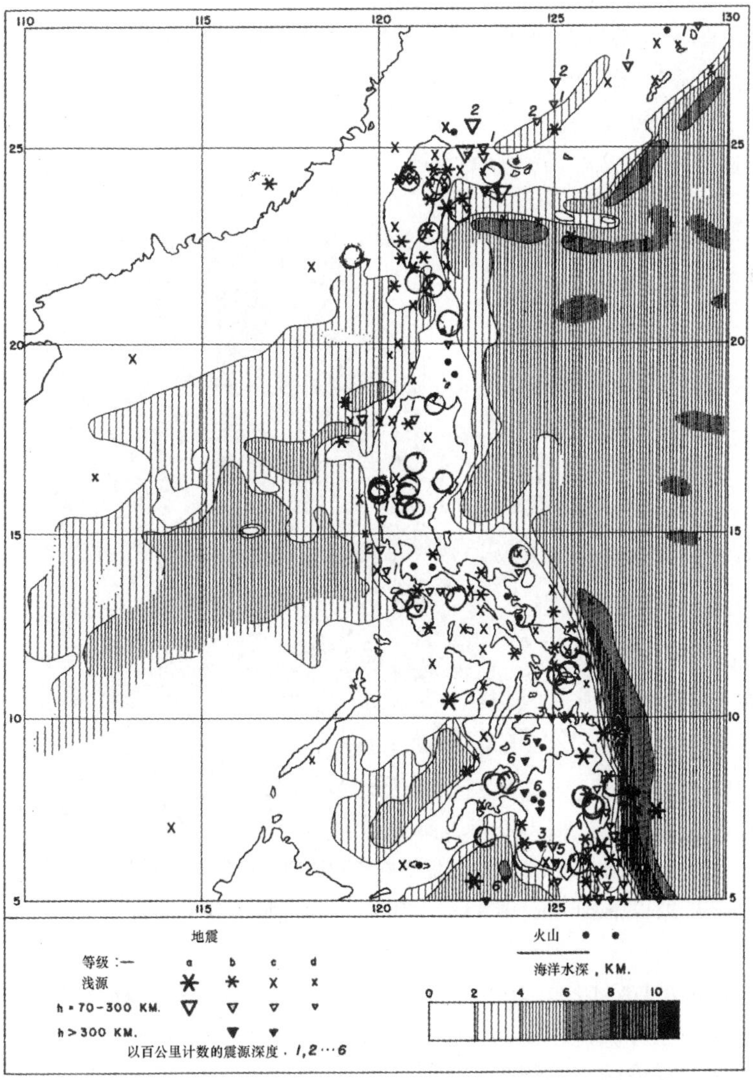

图 8.17.1　中国台湾和菲律宾群岛地区地震活动形势示意图

震中分布面积大约 106 万平方公里，占全区总面积的 1/2。板块移动速率 4cm/a。

百年期间 M_S≥6 共计 67 次，浅源占 91%，中深源占 9%。最深震源 150km 仅有 2 次记录。7≤M_S≤7.9 有 10 次，没有 8 级以上活动。总的水平很低。

释放地震能量总计 100P～130PJ。

σ=23～29。

菲律宾虽然地处西太平洋板块构造运动激烈地带，海沟-岛弧地震活动频繁，但却是世界地震灾情较轻地区之一。因地震死亡人数累积不足 1.5 万人。唯一的一次重大地震灾难在 1976 年 8 月 16 日（震中 6.2° N　124.1° E，M8.0），死亡 6500 人（一说 8000 人）。

记事：1976 年 7 月 28 日唐山大地震灾难，全世界给中国大量慷慨激情援助救济物资，当时被回绝。待到后来再索要时被告知已经配发给菲律宾等地震灾区。

台湾地震灾情参见 8.27 节。

8.18　菲律宾板块海域

该区是菲律宾板块的全部，包括小笠原群岛和马里亚纳群岛及其邻近海域。同图 8.17.1 和图 8.19.1 的海沟、岛弧共同构成太平洋板块的西北边缘。是太平洋西北部绵延大约 6000km 的沟一弧带的重要一环。太平洋板块朝向菲律宾板块俯冲在这一带的速率高达 9cm/a。菲律宾海沟连同日本海沟、小笠原-马里亚纳海沟共同构成太平洋西北部的巨型沟槽和板块消减带。

本地区的震源深度 5～690km，地震活动频繁。

震中分布面积大约 190 万平方公里，占全区总面积的 9/10。

菲律宾板块构造和地震活动形势如图 8.18.1。

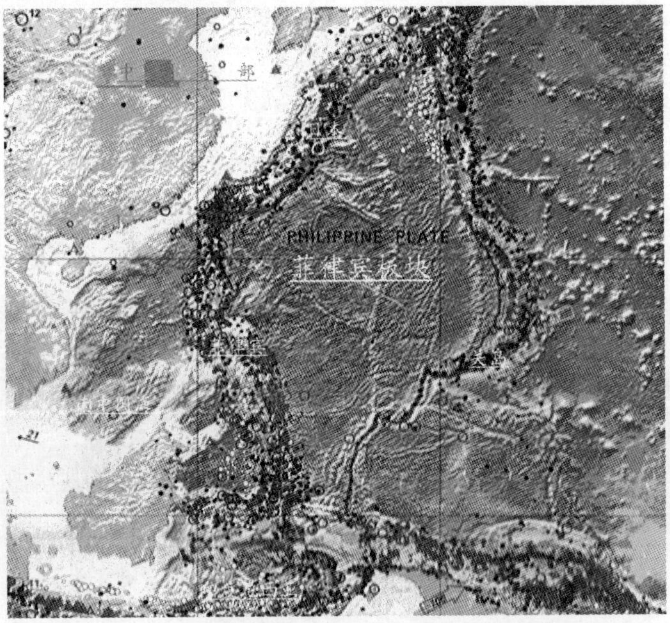

图 8.18.1　菲律宾板块构造和地震活动形势示意图

圆形符号、圆点地震；三角火山；折线板块边界、构造带（USGS 瞬逝现象研究所，2006.1900～1999，M≥5）

百年期间 M_S≥6 共计 334 次，其中 7≤M_S≤7.9 有 38 次，占总数的 12%，M_S≥8 共计 3 次，占总数的 1%左右。其中浅源占 38%；中深源占 32%；深源占 30%。

释放地震总能量 0.47E16～1.09E16J。

σ=28～33。

北部接近日本本州近海，灾害地震活动影响日本国土。日本东海道 1944 年 12 月 7 日 M_S8 地震，死亡 998 人，伤残 2135 人。海啸浪高 8～10m，是本地区非常严重的地震灾害。共约 3 次震灾。总计死亡人数 1060 人。

8.19 日本列岛及其邻近地区——兼顾 8.20 节和 8.46 节

该区包括日本列岛的大部分地区，堪察加半岛东半部，千岛群岛和太平洋沿岸的远海域。太平洋板块朝这一带移动，形成堪察加－千岛群岛海沟、日本海沟和伊豆－小笠原海沟等一组走向接近南北的海沟-岛弧带。连同南延的马里亚纳海沟，组成太平洋板块在西部地区的超长消减带，南北走向全长约 6000 多公里，参见图 8.19.1。

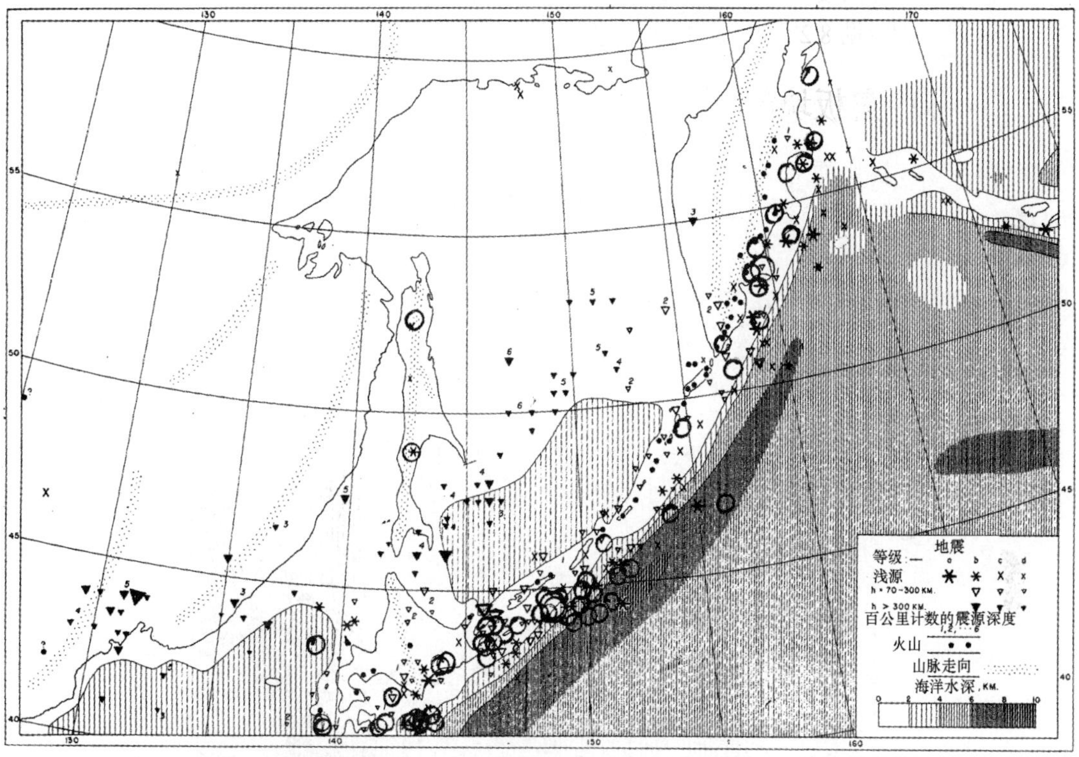

图 8.19.1 日本列岛北部，千岛群岛-勘察加半岛地区地震活动形势图

如果加上北边的阿留申海沟，观全局恰似欧亚大陆在东部张开的大口，太平洋板块在这一带被缓慢“吞蚀”。板块俯冲速率分别是 9cm/a（小笠原－马里亚纳海沟地区）、8.5cm/a（千岛－日本海沟地区）、6.2cm/a（阿留申海沟地区）。假如海底扩张－板块俯冲速率以平均 10cm/a 左右计，太平洋洋底岩石圈在大约 2 亿年将被更换一次，误差小于百万年。

日本列岛地区板块运动形势复杂（兼顾 8.20 节和 8.46 节）。其东北部的下沉板块的板舌出现双层地震面（见 5.4 节奇异的板舌双地震层）。区内诸岛内陆活断层群密布，估计有上千组，较大活断层约有 10～12 组，较著名的有 57 条，有立川、相模海槽、骏河湾海槽、六甲断层、山崎断层等，在同一组断层的大地震“重复周期”为数十年至千年。

日本列岛内陆地区活断层分布如图 8.19.2 所示。

频度和强度均相当高的地震活动大约 90%以上分布在太平洋沿岸沟-弧俯冲带。

日本列岛及其邻近地区地震活动形势如图 8.19.3。

图 8.19.2　日本列岛内陆地区活断层分布示意图

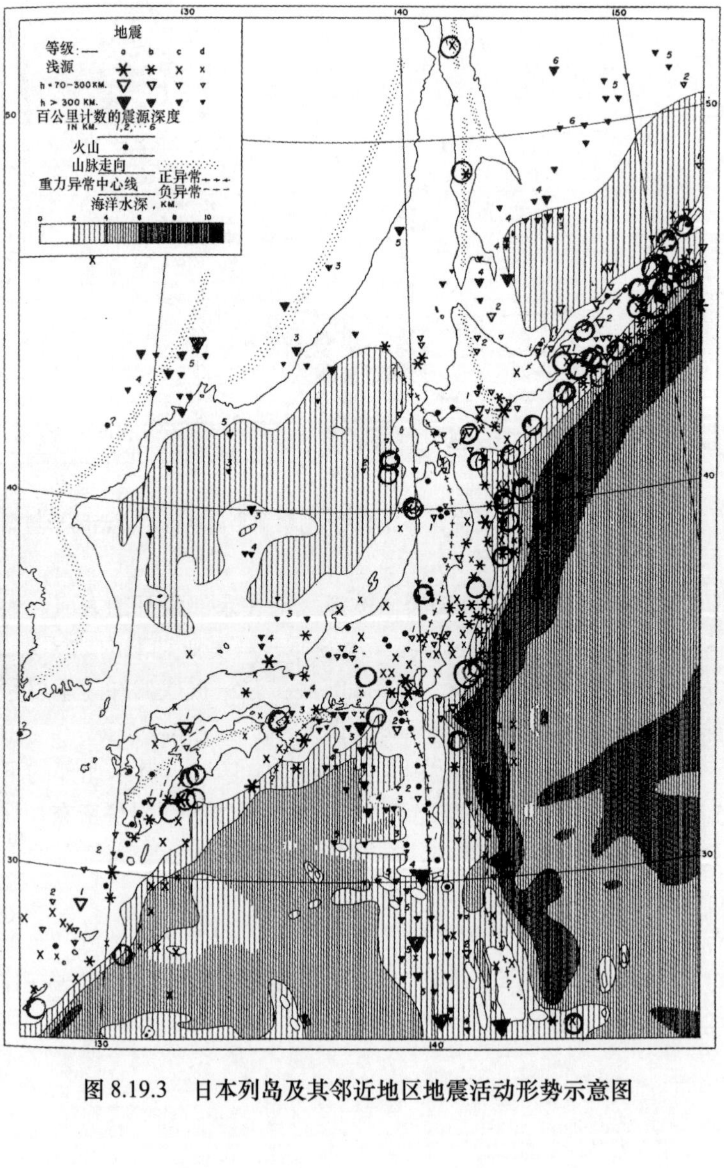

图 8.19.3　日本列岛及其邻近地区地震活动形势示意图

包括日本列岛等西北太平洋沟-弧俯冲带集中了太平洋西部的大部分“强烈震群”活动，已确认的有：

1938 年 11 月 5 日，本州以东远海，$7.1 \leqslant M \leqslant 7.7$ 地震接连 4 次；

1968 年 5 月 16 日，同上区，$M=7.1$，7.5，7.9 接连 3 次；

1904 年 6 月 25 日，堪察加半岛，一个月内 $M=8.0$，7.9，7.5，7.1 接连 4 次；

1978 年 3 月 22 日，28 小时内 $7.0 \leqslant M_S \leqslant 7.4$ 共计 4 次。

震中面积大约 229 万平方公里，占全区总面积的 8/10。

全区的地震活动量在太平洋西北部沟－弧带的总量中占有很大比重-地震次数 62%；换算的地震能量约占 65%。

百年期间 $M \geqslant 6$ 有 1222 次，其中 $7 \leqslant M \leqslant 7.9$ 有 175 次，$M \geqslant 8$ 有 16 次。

震源深度 4～580km。

地震次数浅源为本区总数的 80%，中深源是本区总数的 18%，深源占 2.4%。

$M \geqslant 8$ 巨大地震的最大深度 60km，中深源地震的最大深度是 92km。

一部分深震在本区北部堪察加半岛的西部，是紧邻的 R46 日本海深震带在其东北方向的延续。

浅源地震沿海沟——岛弧分布。中深源沿岛弧的内陆地带分布。

$M \geqslant 6$ 次数平均 5.3 次/万平方公里。

全区百年释放地震总能量 3.79E16～5.18E16J。

$\sigma=54$。8.19 分区地震活动度和地震灾情为全球最高区。

百年期间记载较大的灾害地震 237 次，平均每 5 次地震有 1 次成灾。

主要灾害在日本列岛本岛地区。总计死亡人数大约 16 万人，伤者过百万人，经济损失超过 3000 亿美元。

重大地震灾难分别是：

1923 年 9 月 1 日东京大震灾，震级 7.9（近几年修改为 M_S 8.2；古-里震级 8.1），死亡 142807 人（其中包括失踪 43476 人），伤 103733 人。仅仅因火灾和海啸而丧生者达万人。震后因谣言而被杀害的旅日华人达 1 万多人。经济损失折算当时美元币值达 28 亿。是 20 世纪世界地震死亡人数超过 10 万人的“四大震灾”（另 3 次分别是 1920 年海原、1927 年古浪、1976 年唐山。参见 8.27 节）之一。

1933 年 3 月 2 日三陆近海地震，M=8.5；M_W=8.4，死亡 3008 人，伤 1152 人，损失非常严重。

1948 年 6 月 28 日福井地震，M_S7.3，死亡 3895 人（一说 5390 人），伤 16375 人，损失非常严重。

1995 年 1 月 16 日日本大阪神户地区 M7.3，使日本成为现代世界“富国”当中遭受全世界有史来经济损失最大死伤人数最多的国家，直接损失折合美元约 1000 亿，间接损失折合美元约 4000 亿。死亡 6432 人，伤 43188 人。全国无处不地震，缺少防震减灾措施。阪神地震是日本 20 世纪记载中最为惨烈的一次地震灾难之一。

1995 年阪神地震灾难中有 6433 人死亡，轻、重伤 36896 人。摧毁楼宇 3700 座，上 20 万幢房屋、建筑倒塌和严重破坏。神户市更因瓦斯外泄、木造房屋密集、引起快速的连锁性大火，如神户长田区，全部的木造房屋都付之一炬。总计引起大约 500 多处火灾，大火燃烧持续两三天，烧毁面积 100 多公顷。35 万人无家可归。毁坏码头 4180 个中的 164 个。直接损失日元达 10 万亿，折合当时美元达 1 千亿。间接损失达 40 万亿日元。损失相当于日本当年国内生产总值（GDP）约 2%。完全恢复神户市昔日繁荣大约需要 10 年时光。

2011 年 3 月 11 日本州东北近海（38.3°，142.4°，h=24km）发生 M_W9.0 级巨大地震激发浪高 20m 海啸导致滨海市镇官、民死亡和失踪超过 3 万人，包括日本石卷一个小学惨遭灭校，学校的 180 名儿童和十几名教职员工均没于海啸。有 3 名中国人在地震海啸中死亡。福岛核电站各机组遭受破坏，导致核辐射泄露，微量辐射扩散到包括中国东部及周边其他国家一些地区。滔天巨浪摧毁了包括“鲇川鲸业”在内的数百栋建筑，号称日本民间“捕鲸之都”被毁灭；诱发13座火山地震活动。直接经济损失近千亿美元。震中区的高层建筑未受任何影响。太平洋沿岸国家地区没有受到这次海啸破坏影响。

1995年7.3级地震和2011年9.0级地震海啸使日本成为现代世界“富国”当中遭受全世界有史来经济损失最大死伤人数最多的国家，折合美元直接损失约接近2000亿，间接损失近万亿；死亡3万6千多人，伤近6万人。全国无处不地震，防地震海啸措施不够完善。

8.20　日本列岛南部地区——兼顾8.19节、8.21节、8.46节

日本列岛南部地区包括日本列岛南部，琉球群岛，九州帕劳海岭和菲律宾海盆的一部分海域。实属8.19分区的南延部分，同为日本列岛沟-弧构造体系，示意图参见8.19.2。

震中分布面积约107万平方公里，占全区总面积的1/2。

地震活动主要分布在日本南部和琉球群岛地区，震源深度7～270km。浅源次数占78%，中深源占22%。

百年期间$M≥6$地震182次，$7≤M≤7.9$地震28次，$M_S≥8$有2次（1911年6月15日，$M_S=8.2$，轻灾；1946年12月20日，$M_S=8.2$，重灾）$6≤M_S≤6.9$次数占85%。

地震能量总计约0.59E16～0.72E16J。

百年灾害地震共计约136次，地震死亡共计约12311人。大约每8次地震有1次成灾。

较重大的灾害地震4次：

1927年3月7日本州岛西南部，M_S 7.8，死亡2925人，伤7806人，伴生火灾和海啸。

1943年9月10日，鸟取地震，M7.4，死亡1083人，伤6153人。

1946年12月20日，四国以南远海，M8.2，死亡1330人，失踪102人，伤2632人。

1995年1月17日，阪神7.3级地震，死亡6432人，伤43188人。多起火灾，倒塌和严重破坏楼房、民居21万座，公共设施上千组。直接经济损失近1000亿美元之巨，是20世纪世界地震灾难经济损失最严重的一次（其次是1974年美国洛杉矶地震损失仅次于阪神地震）。

8.21　中国及其南中国海至菲律宾群岛地区——兼顾8.21节、8.23节、8.27节

包括中国全境，菲律宾群岛及其东岸太平洋海域，菲律宾板块西南缘的俯冲带。是太平洋西部大地震高发区之一。

由小笠原群岛、马里亚纳群岛、琉球群岛、菲律宾群岛环绕的菲律宾海板块是太平洋板块西缘的次级板块，在菲律宾群岛的棉兰老岛东海岸，菲律宾板块朝向棉兰老岛方向俯冲形成深度达10497米的菲律宾海沟，是太平洋西部最深的海沟之一。

沿消减带的震源深度自4～680km。略呈弧形的菲律宾大断裂在群岛中部贯穿南北，基本为左旋走滑断层。

在菲律宾群岛的北半部（纬度7.8°以北）吕宋岛西岸是南中国海板块（欧亚板块的次级板快）朝菲律宾俯冲形成的马尼拉海沟，这一段地带多浅源和中深源活动。

南中国海水域及其附近板块构造运动形势和地震分布如图8.21.1。

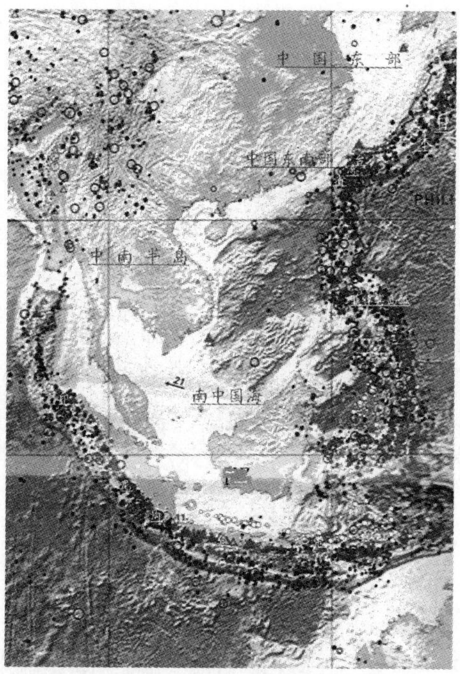

图 8.21.1　南中国海的水域及其附近板块构造运动形势和地震分布示意图

圆形符号、圆点地震；三角火山；折线板块边界、构造带（USGS 瞬逝现象研究所，2006.1900～1999，$M \geq 5$）

震中分布面积大约 141 万平方公里，占全区总面积的 20%。

包括北侧的台湾岛，南边的民都洛岛共同构成一组地震活动带，震源深度小于 300km。纬度 7.7° 以南是深源地震活动区，最深源 680km。浅源地震的最大震级 $M=8.3$（1918 年 8 月 15 日，5.5° N，123° E，有伤亡）和 $M=8.0$（1976 年 8 月 16 日，6.2° N，124.1° E，有重大伤亡和破坏）。

大地震高发区。百年期间 $M \geq 6$ 地震总数 388 次，其中 $6 \leq M \leq 6.9$ 有 318 次，$7 \leq M \leq 7.9$ 有 66 次，$M \geq 8$ 有 4 次。

记录一组强烈震群在海沟区（1995 年 4 月 21 日至 4 月 23 日）震级 7.0～7.5，共计 5 次。

百年期间全区释放地震能量总计约 1.21E16～1.54E16J。

$\sigma=37 \sim 40$。

百年期间灾害地震共计约 90 次，地震死亡 23813 人，每 4～5 次地震有 1 次成灾，平均每次灾震死亡 265 人。

死亡百人以上地震 7 次，其中千人以上有 2 次（1976 年 8 月 16 日，M8.0，亡 6500～8000 人；1990 年 7 月 16 日，M7.7，亡 1621 人）破坏惨重。

经济损失美元以 10 亿计。

8.22　印度尼西亚苏拉威西岛和马鲁古群岛及其附近海域

北接菲律宾群岛，西邻加里曼丹岛，东面新几内亚，南望努沙登加拉，介于马鲁古群岛和大巽他群岛之间海域。

在三组板块—南中国海板块（欧亚板块的次级板块）、菲律宾板块和澳大利亚板块相互作用之下，形成若干个地质断块和被分割的几块盆地。

印度尼西亚苏拉威西岛和马鲁古群岛及其附近海域地震活动形势如图 8.22.1。

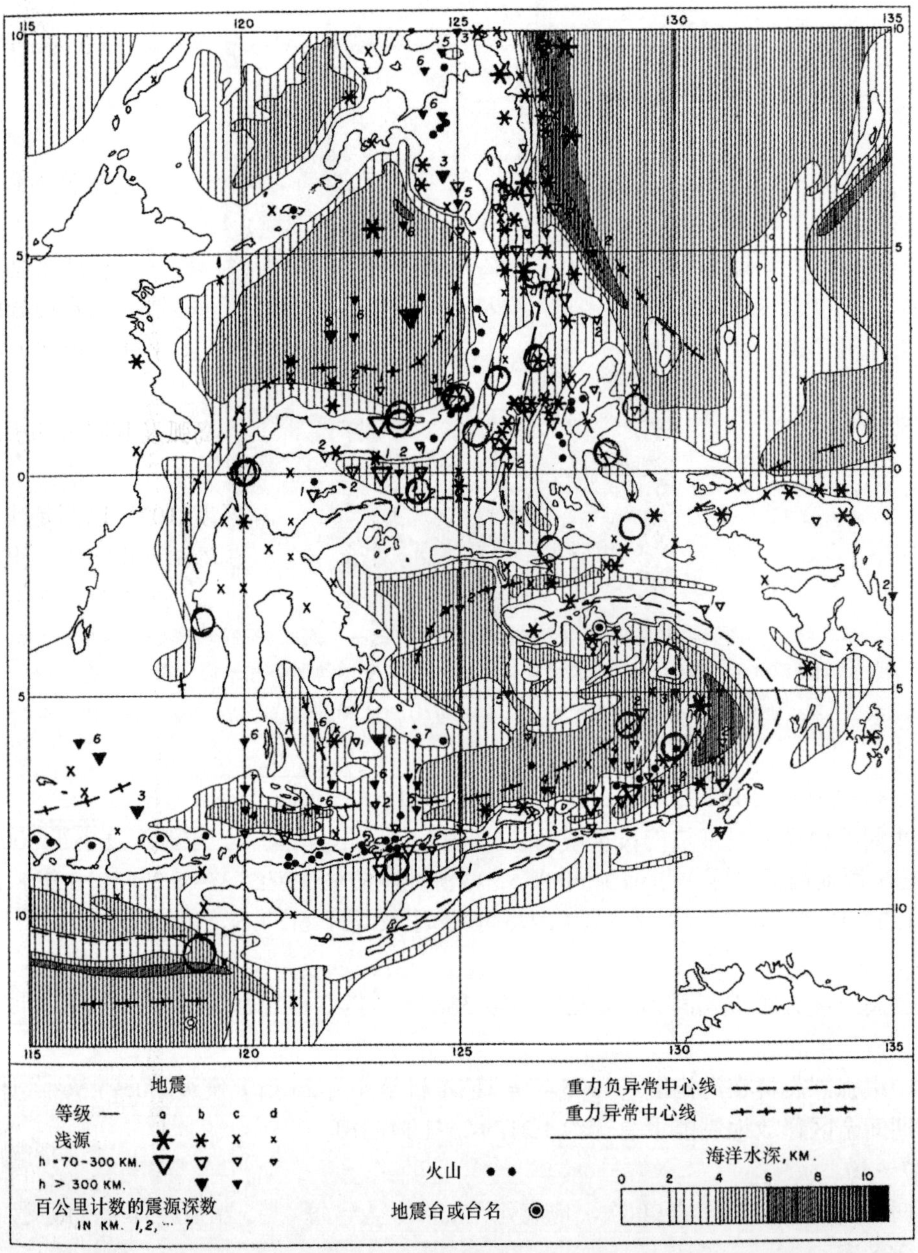

图 8.22.1 印度尼西亚苏拉威西岛和马鲁古群岛及其附近海域地震活动形势图

（示意图另参见 8.21 节和 8.23 节）

印度尼西亚沟-弧及其周边皆大震高发区，北部和南部为深震区。唯独在苏拉威西岛和布鲁岛之间约 25 万平方里海域是“无震区”。类似中国的鄂尔多斯地台区。

发震构造复杂。在马鲁古海区（摩鹿加海区）是弧对弧的碰撞区，形成水下“大海山脊”。

全区为大地震高发，但其中分布若干块“无震安全区”。

震中分布面积大约 74 万平方公里，占全区总面积的 1/2。M≥6 地震总数 399 次。其中 6≤M≤6.9 有 399 次，7≤M≤7.9 有 58 次，M≥8 有 2 次。浅震占 64%；中深震占 29%，深震占 7%左右。

最大震级 M=8.3，浅源。最深震源 690km（1958 年 9 月 15 日，M=6.3）。

百年期间释放地震总能量 0.67E16～1.16E16J。

σ=39～47。

百年期间灾害地震约 15 次，死亡大约 1500 人。平均每 31 次地震有 1 次成灾。

较大的地震灾害是 1968 年 8 月 14 日苏拉威西省地震，M=7，死亡约 600 人，严重破坏。

8.23 印度尼西亚岛弧—海沟地带和水域

包括印度尼西亚本土的大部分、马来半岛包括马来西亚、新加坡、安达曼群岛和尼科巴群岛以及这些地区的邻近海域。属大地震和海啸频发地区。

印度尼西亚岛弧包括弧前海沟——苏门达腊海沟和爪哇海沟，整个弧形地带是印度—澳大利亚板块北缘的一部分消减带。板块俯冲——消减过程和相应的地震活动以及震源的空间分布图像等等均由多重板块（印度板块、欧亚板块、澳大利亚板块以及太平洋等板块）相互作用所致。

地震活动的主要部分沿岛弧—海沟走向分布。印度尼西亚海沟-岛弧及其附近的板块构造运动和地震活动形势十分严峻，大地震活动依旧十分频繁。

震源深度沿东—西走向（地理经度）分布形势复杂多变。在经度 107° 以西是浅源和中深源地震活动区，震源深度最深 300km。东经 108° 以东，除浅源和中深源地震之外，出现异常频繁的深源地震活动，震源深度最深达 720km（1933 年 8 月 25 日，6° S，121° E，M6.5，h=720km；1934 年 6 月 29 日，6.8° S，123.8° E，M6.9，h=720km）。相应的最大震级为 6.9，是本地区也是全世界范围内最深的深源活动。

印度尼西亚岛弧—海沟地带地震分布如图 8.23.1 所示：

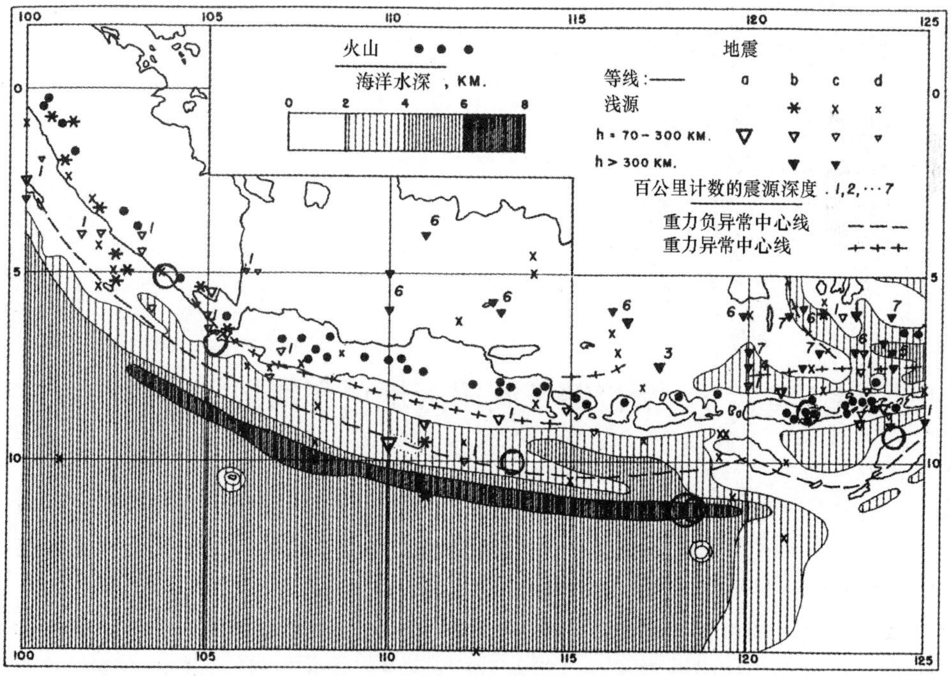

图 8.23.1 印度尼西亚岛弧—海沟地带地震分布示意图

印尼沟弧大致分成三部分：西印尼弧、中印尼弧和东印尼弧。在东弧下 300～720km 有一条深震震源较集中的“地震沟槽”。

震中分布面积大约 282 万平方公里，占全区总面积的 7/10。

全区百年期间 $M\geqslant6$ 地震总计 659 次，其中 $6\leqslant M\leqslant6.9$ 有 575 次；$7\leqslant M\leqslant7.9$ 有 80 次；$M\geqslant8$ 有 4 次。浅源占 56%，中深源占 31%，深源占 13%。

释放地震能量总计大约 1.19E16～1.81E16J。

世界地震海啸灾难频发地区之一。百年期间记载灾害地震约 95 次，总计死亡人数超过 35 万人。大约 7 次地震当中就有 1 次成灾。死亡千人以上的有 4 次。伤亡人数最多的灾害地震有：

1917 年 1 月，巴厘岛，震中烈度Ⅸ度，死亡 1500 人（一说 15000 人）历史记录不确。

1976 年 6 月 26 日（4.6° S，140.1° E，M7.3），死亡 5150 人（一说 6000 人）。

2004 年 12 月 26 日（3.4° N，95.9° E，M_S 8.9，M_W9.0），世界地震台网观测以来记录震级最大的一次。酿成重大灾难。大海啸波及印度洋沿岸十余个国家和地区遭受重灾，死亡和失踪人数大约 28 万，各方面损失至少 100 百亿美元。成为全世界史无前例的地震、海啸灾难。

σ=39～46。较强烈地震活动地区。

附件：班达亚齐地震大海啸波及各地区的灾请

美联社和法新社 2005 年 4 月 15 日电文：2004 年大海啸波及的国家和地区死亡和失踪人数统计如下；

印尼亡和失踪 242347 人（一说 235800 人）；

斯里兰卡亡 30974 人，失踪 4698 人；

印度亡 16389 人；

马尔代夫亡 82 人，失踪 26 人；

泰国亡 5393 人，失踪 3062 人；

缅甸亡 61 人，失踪 10 人；

马来西亚亡 68 人，失踪 12 人；

东非亡 394 人，失踪 158 人。

间接受灾国家的人员伤亡——

瑞典亡 59 人，失踪 3559 人；

挪威亡 17 人，失踪 439 人；

芬兰亡 14 人，失踪 263 人；

新加坡亡 7 人，失踪 18 人。

8.24 中南半岛、印-缅接壤及其附近地区和海域

中南半岛及其西部，包括孟加拉、缅甸和泰国等地区。

走向 NS 的地震分布图像显示，此区应是 R24 印度尼西亚地震带西部向北延续部分，从尼科巴群岛经安达曼群岛往北登陆，经印度－缅甸边境地区直抵中国境内横断山脉南麓，往西是中尼和中印边境地区的喜马拉雅弧和相应走向 EW 的地震带。

虽然中缅边境地区的板块边界线尚不十分清楚，但存在相当规律地由西往东依次分布着近乎南北走向的浅源地震和中深源地震活动，震源深度由大约 4km 以至 180km 上下。可以看出，印度板块在这一带朝向亚洲大陆东向俯冲的势头。

印、缅东部边境地区存在板块消减带。

中南半岛、印-缅接壤及其附近地区和海域地震活动如图 8.24.1 所示。

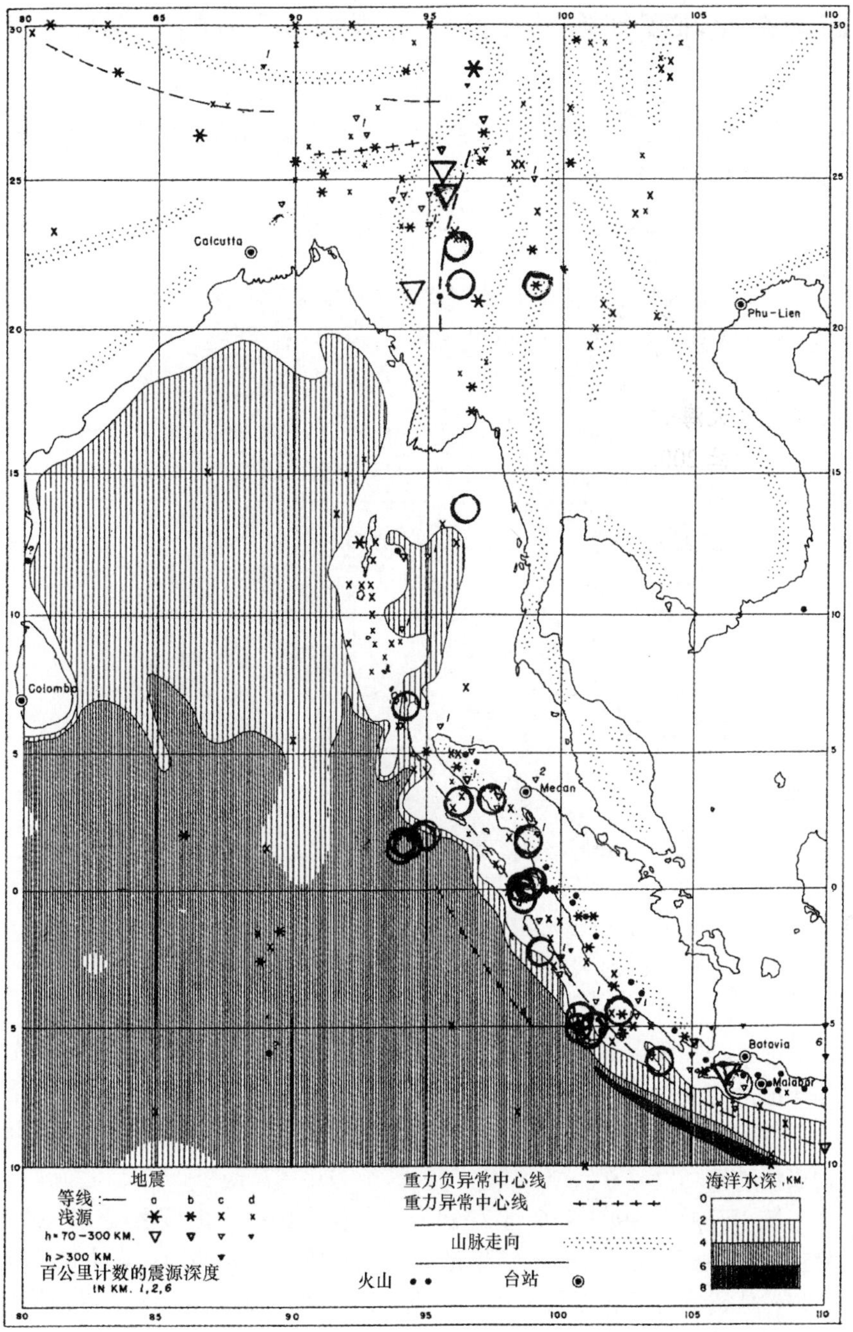

图 8.24.1　中南半岛、印-缅接壤及其附近地区和海域地震活动形势图

震中分布面积大约 25 万平方公里，占全区总面积的 1/5 。

全区百年期间 M≥6 地震共计 70 次，其中 7≤M≤7.9 有 13 次，一次 M=8.0（缅甸中部，1912 年 5 月 23 日，21° N，97° E）。浅源地震占总数的 60%，中深源占 40%。最深震源 180km（1954 年 3 月 21 日，24.5° N，95.3° E，M7.4）。

百年期间释放地震能量总计约 0.19E16～0.34E16J。

σ=28～30。

百年期间灾害地震共计 23 次，死亡 1100 人。主要分布在缅甸中部。

8.25 印度东北部及其附近地区——兼顾 8.7 节的一部分

包括印度东北部、尼泊尔和中印、中尼边境以及孟加拉湾的部分水域，是印度板块朝向中国（青、藏）内陆俯冲的主要地段。俯冲速率 5.6cm/a。是低角度俯冲（板舌深入内陆最远）的典型地区。属板内地震和板缘地震多发区。

中、印接壤及其附近地区板块构造运动和地震活动形势如图 8.25.1。

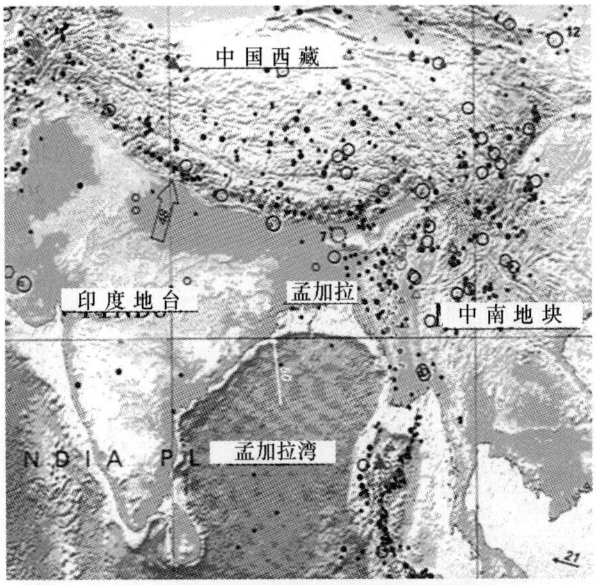

图 8.25.1 中、印接壤及其附近地区板块构造运动和地震活动形势示意图

黑点、圆圈地震；三角火山；折线板块边界、构造带

（USGS 瞬逝现象研究所，2006，1900～1999，M≥5）

主要地震活动沿喜马拉雅山脉走向分布。东部沿横断山脉走向，往南经缅甸，过安达曼群岛和尼科巴群岛与印度尼西亚海沟-岛弧地震带接合；往北经巴基斯坦，过阿富汗和兴都库什地区与天山地震带融合；往西经伊朗、土耳其与欧洲－地中海地震带连手，成为规模巨大的欧亚地震带系，演绎巨大地震活动的场所。

印度半岛中部德干高原于 1993 年 9 月 29 日发生了少有的板内地震活动（18.09° N，76.47° E，h=17km，M5.9），其成因众说不一。这里是元古代变质岩构成的地盾，大陆壳陆核地台。岩性属于德干暗色岩，是裂隙喷发的高原玄武岩。同位素年龄在 65 百万年间。曾被认为是较稳定的地台区。然而在此次地震之前 150 年的 1843 年 4 月 1 日，在 19° N， 77° E 已经有过破坏性地震。近代在 1938 年 3 月 14 日，21.5° N，75.8° E 发生了 M6.3 地震，距该区以北 300km。印度地震学家有人认为此区有活动断层，然而印度政府却将这个地区的基本烈度定为Ⅵ度。

地质学家认为印度次大陆的“陆壳”复苏过程至少已经进行了数百万年。

震中分布面积大约 47 万平方公里，占全区总面积的 1/4 。

百年来，M≥6 地震总数 59 次。其中 7≤M≤7.9 有 11 次，M≥8 有 2 次（1905 年 4 月 4 日，33° N，76° E，M=8；1934 年 1 月 15 日，26.5° N，86.5° E，M=8.3，有伤亡）。

浅源地震占总数的 88%，中深源地震占 12%。最大的震级 M=8.3（1934 年 1 月 15 日）；最深的震源 120km（缅甸北部，应属于缅甸中深源地震区的外围活动）。

百年来释放地震能量总计约 0.31E16～0.47E16J。

σ=29～34。

百年期间记录灾害地震大约 34 次，死亡人数至少 4 万 8 千人，平均每次灾震死亡 1400 多人。

重大灾害地震有 1905 年 4 月 4 日克什米尔－印度边境的 8 级地震，死亡 18815 人。

8.26　中国及邻近地区

为便于讨论中国国境以内以及临近地区的地震活动问题，将 GR 原分区涉及中国及邻近地区部分统一划入 27 区。在 1900～2000 年期间分区地震目录中根据地震分布图像，分别将新疆、西藏、东北三省、华北-中朝地块和华南包括台湾等 5 个省区分别用 A、B、C、D、E 表示。在本书中没有这种划分。

1．中国地区地震构造应力场

中国及邻近地区在欧亚大陆东部，承受着至少来自三个方向的板块构造运动的相向作用力：西南方向的印度-澳大利亚板块北偏东向的冲撞作用；东方太平洋板块透过对日本列岛的冲撞作用对于中国东部地区的西向推动作用力；太平洋板块透过菲律宾板块朝向西北方向的推挤，等等，共同影响着大陆地区构造应力场的总体形势（王绳祖等，2001；郭安宁等，2002），地质构造格局十分复杂。东南部发生大规模喜马拉雅造山运动，北部和总部陕、甘、宁、青地带的祁-吕-贺兰山字形构造；宁、甘、川、滇地震南北带构造；以河西构造为主体的北北西向构造；以博罗霍洛山隆起为主体的北西西向构造；以塔里木-南天山为主体的北东东向等帕米尔歹字型构造；青-藏-滇-缅歹字形构造；台湾-琉球为主体的北北东向张性断裂带等大型走滑和倾滑构造带（时振梁等，1973；1995）。板内地震活动频繁而强烈。震级 $M \geqslant 8$ 级大地震和重大地震灾难时有发生。

中国及其邻区构造应力分布如图 8.26.1 所示。

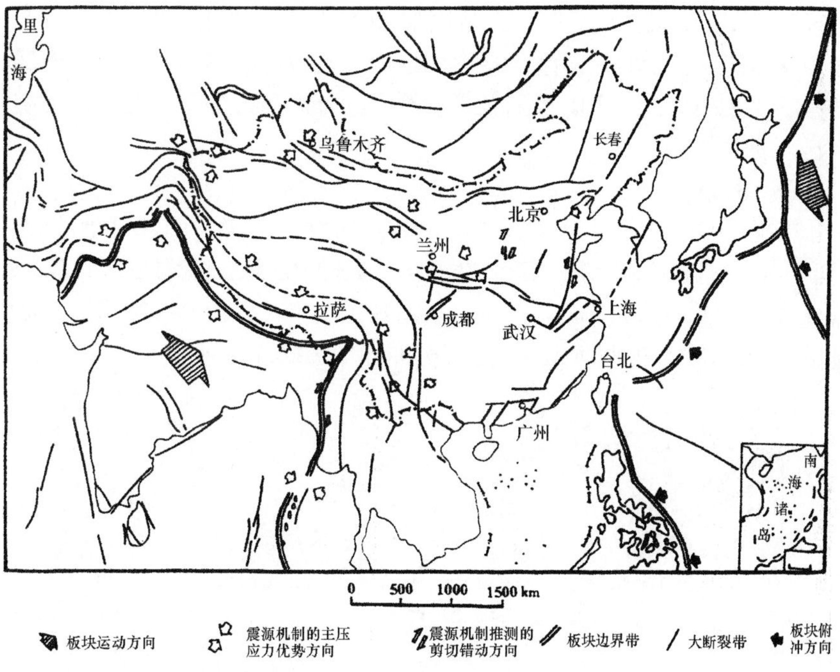

图 8.26.1　中国及其邻区构造应力分布图（郭安宁、陈家超，2002）

2．中国地区主要活断层分布格局

中国广大地区构造应力分布情况复杂，地质构造和地震活动姓的各个局部区域性特征差异大，主要活断层分布示意图之一如图 8.26.2。

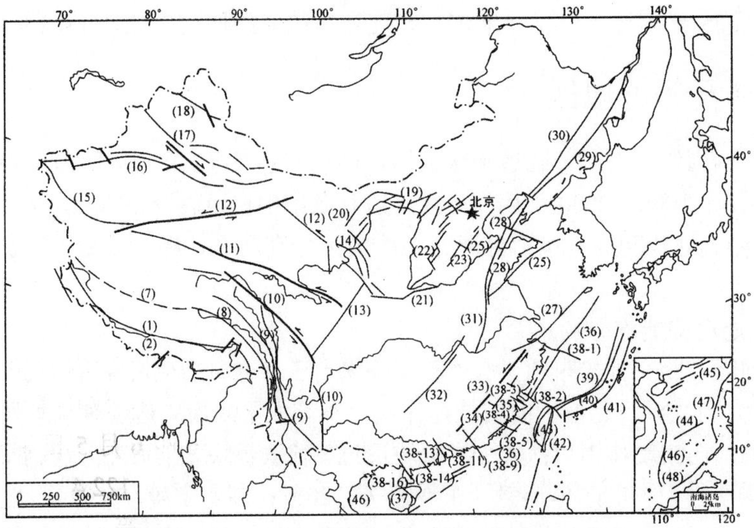

图 8.26.2　中国地区主要活断层分布示意图

图中的数字为断层名称编号，此处略（李祥根，2010）

中国地区地质构造格局的形成，缘于上述多方面板块构造运动效应。

3．中国地区“两大地震系”和“五组地震区”

从另一个角度看，中国地区可以分作“两大地震系”即欧亚地震系和太平洋地震系。也可分做“五组地震区”：天山-贝加尔地震区；喜马拉雅-缅甸西部山结或“纽结”（twist together）地震区；西藏横断山脉地震区；华北地震区包括中朝地块（黄汲清，1956）和台湾地震区（梅世蓉，1960；时振梁等，1973；1995）。中国大陆包括台湾省的台湾岛内等东亚地区的地震活动均为欧亚大陆板内地震活动的一部分。

4．中国地区地震统计

自 1900 年以来，广袤的中国地区 $M \geqslant 6$ 地震总次数 630 次，其中 90%以上分布在以东经 105° 为界的西半部，全国年均 6 次；其中 $7 \leqslant M \leqslant 7.9$ 有 104 次，年均 1 次；$M \geqslant 8$ 有 11 次，其中有 1 组间隔 1 年（1950～1951 年），有两组间隔六、七年（1920～1927 年；2001～2008 年），中国及邻近地区 1900～2008 年期间 $M \geqslant 6$ 地震分布如图 8.26.3 所示。

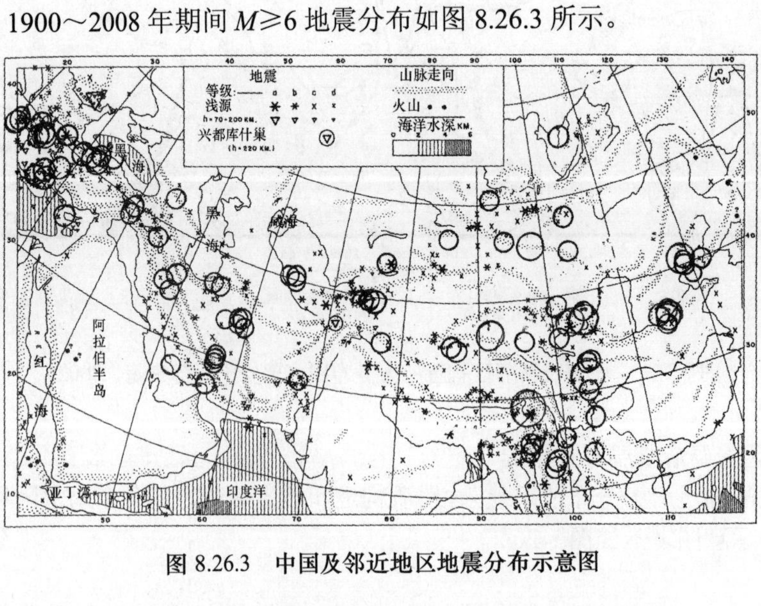

图 8.26.3　中国及邻近地区地震分布示意图

5．以大约东经 105° 划分中国地区为西、东两部分描述地震活动度

以大约东经 105° 为分开西、东的标线，东半部地震活动度相对很低，小于西半部的 10%。

地震活动十分强烈的西半部地区分布有全境总体地震活动度的90%以上，参见图8.26.3、8.26.4、8.26.5。由于人口东部密集，西部相对稀少，虽然东部地震活动度不高，地震灾情严重程度远远超过西半部。

6．震源深度分布西、东两部差别大

震源深度分布，105° 以东多为浅源活动，一般小于25km；东北三省深源活动相对较多，震级6以上年均少于1次，深度500～550km。西部新疆边境地区和西藏中南部地区时有深度为80～100km。云南中缅边境地区多发100～250km震源较深的活动。

7．中国地区既有板内地震也有板缘地震

中国地区从板块构造运动角度来看属于“中国板块”的一部分，巨大地震既有板内的激烈活动，例如早年的死亡83万多人的陕西关中地震和20世纪海原、唐山、汶川等地区的重大灾难地震，也有板缘的强力冲击，例如中国台湾省花莲县以东近海1920年6月5日8.0级（23.5° N，122.7° E）；中国绿岛以东近海1972年1月25日8.0级（22.6° N，122.4° E　h=29km）；1950年8月15日中国西藏察隅墨脱地区（28.4° N，96.7° E）8.6 级，等等。

8．中国大陆地区巨大地震多分布在西半部

中国大陆地区巨大地震（公元1500～2008，M≥8）分布如图8.26.4。

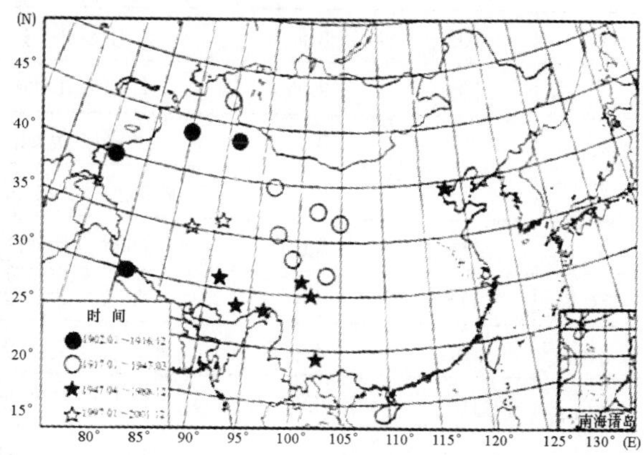

图8.26.4　中国大陆地区巨大地震（公元1500～2008，M≥8.0）分布（根据傅征祥等转载）

9．中国大陆 M≥5 级地震分布

中国大陆以东经大致105° 划分为东、西两半部，东半部自从1976年唐山7.8级地震以后至今没有较大的活动，6级以下也很少。西半部较大地震频繁发生，M≥8.0 巨大地震六七年接连2次。这缘于我国的地质构造格局和地震活动度差别很大。

中国大陆1901～2001，M≥5 震中分布如图8.26.5所示。

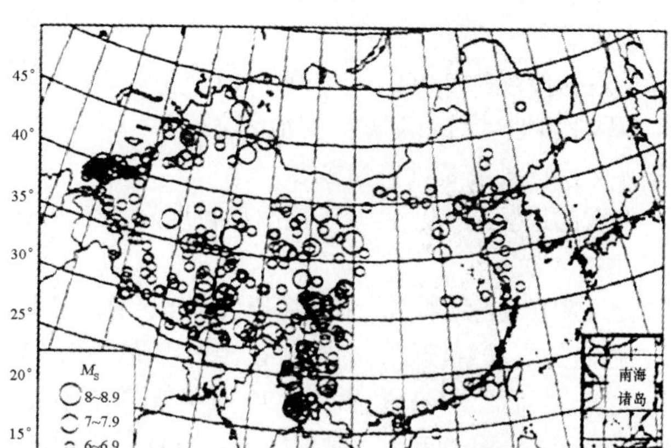

图8.26.5　中国大陆1901～2001年，M≥6 震中分布图（根据傅征祥等转载）

10．中国地区最大震级 M_S =8.6

最大震级 M_S =8.6 西藏察隅地震山体崩裂，堵塞江河，多起泥石流，毁民居。死亡 778 人，灭家养和野生动物无数）。虽然震级最大，但总体灾情一般较轻。

全国 7 级尤其 8 级以上巨大地震次数虽然很少，但是只要发生必定酿成重大灾难。

11．中国地区的深源地震很少亦无灾情记载

最深源的震级 6.4（深度 h=552km，1973 年 9 月 10 日，42.5° N，131.1° E）。

近期的有意义的地震是 1999 年 4 月 8 日黑龙江省 6.8 级地震，震源深 564km，有感地区达辽宁西部。这是自从 20 世纪 70 年代以来本区发生的震级最大的一次深源活动。

12．中国大陆地区巨大地震百多年期间地震的年月间隔

中国大陆地区的巨大地震假定均有内在联系，百多年期间震时间隔 1～50 年无定期，如表 8.26.1 所示。

表 8.26.1　中国大陆地区巨大地震摘要索引表

年	月	日	纬	经	震级	地区	发震间隔时间
1902	08	22	40	76	8.3	新疆阿图什附近	
1906	12	22	44	86	8.0	新疆沙湾以南	4 年零 4 个月
1920	12	16	37	105	8.5	宁夏海原	大约 14 年
1927	05	22	38	102	8.0	甘肃古浪西部	6 年零 5 个月
1931	08	10	47	90	8.0	新疆富蕴地区	4 年零 3 个月
1950	08	15	28	97	8.6	西藏察隅墨脱地区	大约 19 年
1951	11	18	31	91	8.0	西藏当雄地区	1 年零 3 个月
1976	07	27	36	118	7.8	（8.0？）唐山市区	25 年
2001	11	14	36	90	8.1	青海省昆仑山口西	25～50 年
2008	05	12	31	103	8.0	四川汶川地区	间隔 6～7 年

结论：百多年期间中国地区重大灾难地震 4 次。最小间隔六七年，最大间隔 40～50 年或 32 年；笼统平均大约 28 年 1 次。这种“平均”虽然无意义，权且当做“数的概念”。

13．巨大地震“误导”的教训

于 2001 年 11 月 14 日发生的昆仑山大地震（M_W7.8），所幸不在城市或人口密集区，并未成灾。但是，就是这一次地震活动可能严重地麻痹了甚至于解除了作为地震专家对于“中国巨大地震灾难”的戒备心理——以为“短期内”中国地区这一类巨大地震不会重演，以致令我们再一次蒙受几乎无法承受的心理打击——2008 年 5 月 12 日四川汶川突发大地震，成为继 1976 年唐山地震之后的又一次巨大地震灾难。

中国地区百年期间释放地震能量约 2.24E16～3.04E16J。

σ=40～48。全世界范围板内地震活动度偏高的地区之一。

14．中国地区百多年来 4 次巨大灾难性震情概要

属世界地震灾害最为惨重的地区之一。百多年期间灾害地震 285～300 次，总计死亡人数 62 万～65 万人。其中最为严重的 4 次如下：

(1) 1920 年 12 月 16 日（阴历 11 月初 7）宁夏海原 M_S8.5、M_W8.3 地震，释放的能量大约相当于 11.2 个唐山大地震。强烈的震动持续了十余分钟，当时世界上有 96 个地震台都记录到了这场地震，被称之为“环球大震”。死亡 234117 人（在 90 周年祭奠时确认为死难者达 27 万之众），伤者无法计数。震后盗贼横行无忌。野狗吃人。时值隆冬，当时交通不便，震后得不到及时救助，因伤、冻、疾病、饥饿等原因死亡超过倒塌民居死亡人数。财产损失折合当时白银 1500～3000 万两。

(2) 1927 年 5 月 22 日甘肃古浪 M_S8.0 地震，死亡 4 万至 8 万人，受伤人无数。估计财产损失一千万至两千万银元。虽然灾情比 1920 年较轻，但是由于同样是贫瘠、闭塞地区，当时的社会状况比 1920 年时好不了多少，据历史记载，灾民流离失所，盗贼遍地，瘟疫流行，饿殍百里无人过问，农田荒芜经年。

(3) 1976 年 7 月 28 日河北省唐山市区 7.8 级地震，死亡 242469 人，唐山市区 14.9 万余人。其中全家震亡 7218 户。伤 70.8 万人，重伤 16.4 万人，终身致残 1700 多人。京津地区死亡 2 万多人，重伤 2.7 万余人。毁公产建筑 1479 万平米，民居 530 万间。开滦煤矿等多数矿井被水淹没。唐钢、陡河电站等厂矿全毁。铁路京山线毁坏严重，时值震中区行驶中的 7 列客、货火车脱轨。唐山市区一切社会生产、生活职能、机能等毁灭全部，近郊过半。损失私人财产无法计数，社会经济损失按当年市值达 54 亿元（一说 100 亿元），是本地区百年来发生在大城市市区的灾难地震，灾情严重程度远远超过 1923 年 9 月 1 日东京大震灾（参见 8.19 节）。

(4) 2008 年 5 月 12 日汶川 8.0 级地震，死亡 87652 人（其中死亡 69185 人，失踪 18467 人），受伤 374171 人。大规模山崩和塌方，掩埋村落，阻断道路。在重灾区汶川、北川等地区多建“万人冢墓地”以为后人永远哀悼。汶川地震直接经济损失总计大约 8500 亿元，折合美元 1770～1780 亿。震后两年期间救援、重建等花费总计近千亿元。

8.27 蒙古以及贝加尔地区

蒙古以及贝加尔湖地区，位于阿尔泰－兴安岭晚古生代褶皱带西段，西伯利亚板块的中段。

西伯利亚古板块是欧亚大陆最大的构造单元，包括西伯利亚地台；贝加尔－叶尼塞晚元古代褶皱带；萨彦－蒙古早古生代褶皱带等等。贝加尔裂谷-褶皱带分布在西伯利亚地台东南缘。新生代的贝加尔裂谷带呈北东向延伸，南起蒙古北部，北至阿尔丹河上游，全长 2000km。构造应力状态相当复杂，有一系列张性断裂，形成许多湖泊和断陷盆地。

震中分布面积大约 37 万平方公里，占全区总面积的 1/10 。

该地区沿裂谷沿带走向分布有比较密集的中小地震活动，尤其在贝加尔湖东北部以远地区较密集。

百年期间震级 4～5 级 4000～5000 次；M≥6 地震总计 56 次。其中 6≤M≤6.9 有 43 次，7≤M≤7.9 有 9 次，M≥8 有 4 次。

没有中深源和深源地震活动。

该区附近其他大地震多发生在蒙古境内，另有 1 次在前苏联阿拉木图地区，M=8.4 是本区最大的地震。

全区百年期间地震能量总计约 0.90E16～1.00E16J。

σ=25～29。总体地震活动度不算高。

百年期间灾害地震大约有 9 次，地震死亡人数至少 1 961 人。大约每 6 次地震有一次成灾。

伤亡较大的地震是 1911 年 1 月 3 日，阿拉木图地区，M=8.4，M_W7.8。在震中区及其附近出现大规模山崩、滑坡、山川自然面貌改观，死亡 450 人。

1957 年 6 月 27 日，贝加尔地区 M=7.9，死亡 1200 人。

同年（1957 年）12 月 4 日蒙古巴彦洪戈尔省，M=8.3，M_W8.1。死亡 30 人。这些地震多在深山或荒漠地区，灾情较轻，社会影响很小。

8.28 中东以及近东地区

该区包括高加索山脉东南部，伊朗高原，乌拉尔山区，图尔盖高原，中亚西部的图兰低地，里海以及波斯湾等水域。

中生带以来欧亚板块和阿拉伯－印度板块的相向运动，在本地区中部和南部被挤压破碎随后“镶嵌”形成大小不等的中间地块集合体。

主要地质构造单元是：高加索北西西纬向构造；南倾的大高加索地槽和中高加索背斜地块；

走向 NW—SE 的扎格罗斯褶皱带以及伊朗北部的阿什哈巴德大断裂带等等。

相应的地震活动分布在高加索、里海南部和伊朗全境。中东以及近东地区板块构造运动演绎着现今地震活动形势。

中东以及近东地区板块构造运动和地震活动形势如图 8.28.1 所示：

图 8.28.1 中东以及近东地区板块构造运动和地震活动形势示意图

黑点地震；三角火山；折线板块边界、构造带（USGS 瞬逝现象研究所，2006.1900～1999，$M \geq 5$）

伊朗地区有较高的地震活动度和较严重的地震灾情，自然成为这一地区大地震活动的主角。伊朗国土的 70%以上为大地震高发区。伊朗地震活动主要分布在南部波斯湾走向 NW—SE 的扎格罗斯褶皱带，北部的厄尔布尔士褶皱带，中部的伊斯法罕-锡尔加，以及费尔道斯和法尔斯构造带。地震活动以南边的扎格罗斯褶皱带和北边的厄尔布尔士褶皱带最为激烈。多为左旋走滑型断层。伊朗南部滨海地带中小地震频度较高。西北部与土耳其一地中海地震带接合，东部与巴基斯坦一兴都库什地震区融为一体，构成欧亚地震带中段的地震高发区。一次地震死亡超过 10 万以至 20 万人的巨灾和 1990 年 6 月 20 日鲁德巴-格鲁木地震灾难（M7.7，死亡 4 万人）等，都发生在这一地区。靠近乌拉山的昆古尔第至乌拉尔斯克和秋明地区，被认为是地震的低活动区或无震区，$3 \leq M \leq 4$ 每 10～15 年 1 次，说明乌拉山褶皱带并非完全静止。8.29 图的震中分布面积大约 272 万平方公里，占全区总面积的 1/5。

百年期间本地区记录 $M \geq 6$ 地震总数 138 次。其中 $7 \leq M \leq 7.9$ 有 27 次，1 次 M=8.3，发生在 1945 年 1 月 27 日，震中坐标 24.5° N，63.0° E，$M<6$ 巴基斯坦南岸近海（伊朗-巴基斯坦接壤的阿拉伯海沿岸，重灾）。浅源地震次数占总数的 93%；中深源次数占 7%，没有深源活动。

百年期间释放地震能量总计 0.38E16～0.52E16J。

σ=25～30。总体地震活动度虽然较低，但地震灾情严重。

地震重灾多集中在伊朗及其邻近地区。百年期间全区灾害地震共计约 120 次，平均每 12 次地震有 10 次成灾，总计死亡人数超过 16 万人，平均 1 次灾震死亡 1300 人。

年均灾震 1～2 次，死亡 1560 人。每次损失均以千万美元计。

一次死亡千人以上的地震至少 18 次，万人以上的有 6 次，一般都在 1.2 万至 2.5 万人。

最大的震灾是 1988 年 12 月 7 日的斯皮塔克地震（与 R30 接通）波及本地区，死亡人数过千人。1990 年 6 月 20 日（37° N，49.4° E，M=7. 8）死亡人数 4 万（一说 3 万～5 万）。

据记载，仅在伊朗地区历史地震记载死亡万人以上有 22 次。其中 10 万人以上有 3 次，均为较早年代（公元 856 年 20 万人；893 年 15 万人；1779 年 10 万人等）死亡数字可能有疑（早期记载有来自《圣经》、传教士或旅游者的传说等，类似以色列、叙利亚等中东地区的一些国家的历史记载）。

8.29 东地中海—希腊—小亚细亚半岛地区

该区包括东地中海，巴尔干半岛东部，小亚细亚半岛，高加索北西西纬向构造的西半部。是欧亚板块和非洲板块接合地区。

非洲板块冲撞的前沿地带。欧亚板块和非洲板块相互作用，使得该区地质构造格局演化成沿地中海西－东走向走滑和倾滑断裂体系、爱琴海张性断裂区、克里特－罗得岛弧、希腊海沟、海伦弧和西南土耳其-塞浦路斯弧形构造带，以及贯穿土耳其中部的安纳托利亚左旋走滑断裂带，还有伊朗西南部的扎格罗斯褶皱带西北延长区。

爱琴海地区的板块构造运动形势如图 8.29.1 所示。

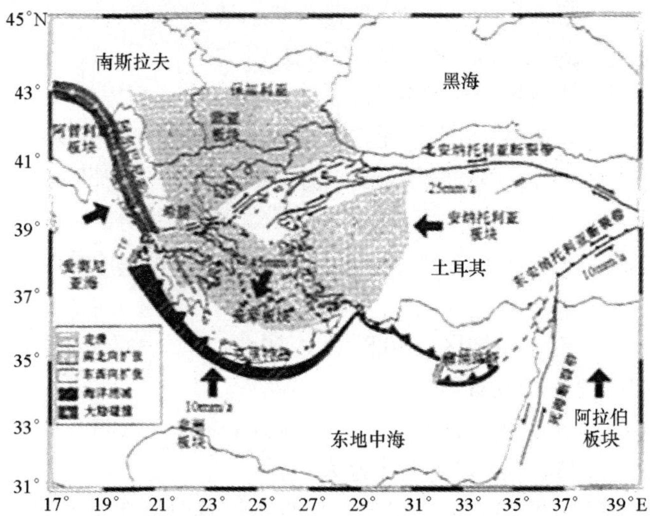

图 8.29.1 爱琴海地区的板块构造运动形势示意图（傅征祥等，2009）

东地中海地震活动形势如图 8.29.2。

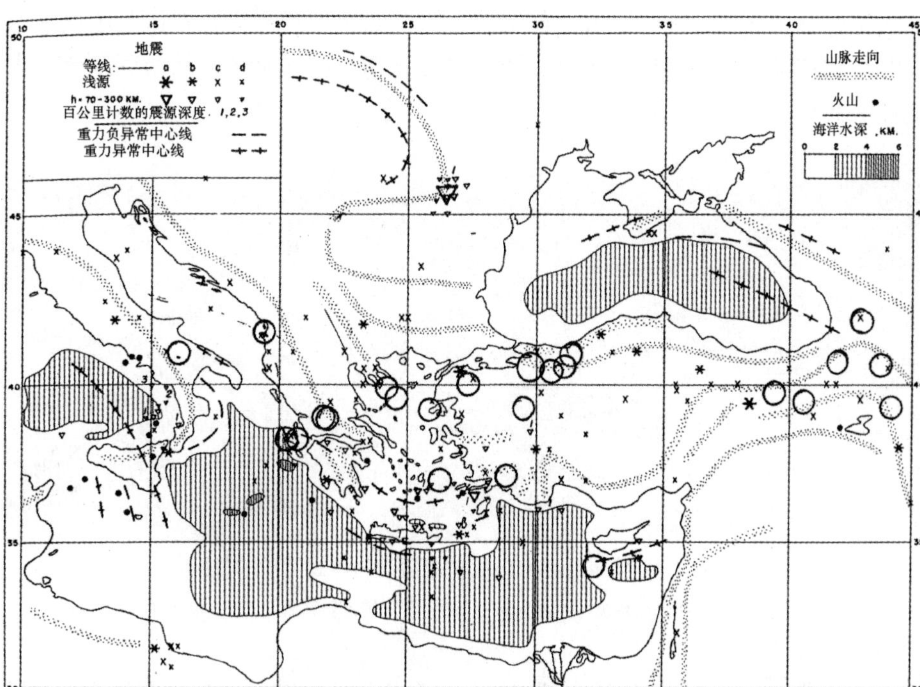

图 8.29.2 东地中海—希腊—小亚细亚半岛地区地震活动形势示意图

震中分布面积约 234 万平方公里，约占全区总面积的 1/2。

主要的地震活动属于“希腊-土耳其半岛至北非-埃及北部地中海”地震体系。

埃及北部出现的一组苏伊士－开罗－亚历山大断裂带是这个地区现代构造运动活跃地区之一。

突出的大地震之一是与亚美尼亚境内的“塞凡大构造带” 活动，于 1988 年 12 月 7 日发生的斯皮塔克 7.1 级地震酿成重灾。

百年期间全区 $M \geqslant 6$ 地震有 230 次，其中，$7 \leqslant M \leqslant 7.9$ 有 31 次，$M \geqslant 8$ 有 2 次。

浅源地震占总数的 80%，中深源 20%。最深震源 180km，发生在土耳其西南沿海一带。

全地区百年期间释放地震能量总计 0.61E16～1.00E16J。

σ=26～30。一般来看地震活动度为中等偏高，地震灾情较重。

百年期间全区灾害地震约 220 次，死亡总数超过 18 万人。

该区每发生一次地震几乎都酿成较重灾害，平均每一次死亡 819 人。每年平均地震死亡约 1800 人。一次死亡千人以上的地震共计 18 次；死亡万人以上的地震共计 3 次：

1939 年 12 月 26 日，土耳其埃尔津詹（39.5° N，38.5° E，h=25km），M=8.0，M_W7.7 死亡 3 万人；

1988 年 12 月 7 日，斯皮塔克（41.0° N，44.2° E，h=5km），M=7.1，死亡 2.5 万人，损失折合美元约 162 亿；

1999 年 8 月 17 日，伊兹米特地区（40.8° N，30.0° E，h=17km），M7.9，死亡 17890 人，伤 3.5 万人。直接损失以 10 亿美元计。

历史记载埃及曾经发生 5 次死亡 2 万人以上地震，其中较突出的有：1138 年死亡 10 万；1201 年死亡百万人；开罗公元 1754 年地震死亡 4 万人。

百万人死亡这种被夸大的数字的历史记载，类似 GR 29 分区中的圣经记载或旅游、商人等传说的情况。

8.30 欧亚—北非—喜马拉雅地震带

欧亚大陆地震带的西边在亚述尔群岛区与北大西洋洋中脊相连接，东边过小亚细亚半岛、伊朗高原与喜马拉雅褶皱带以至中国台湾岛、中南半岛、南中国海水域，从西到东全长大约 1.4 万公里。参见图 8.30.1。

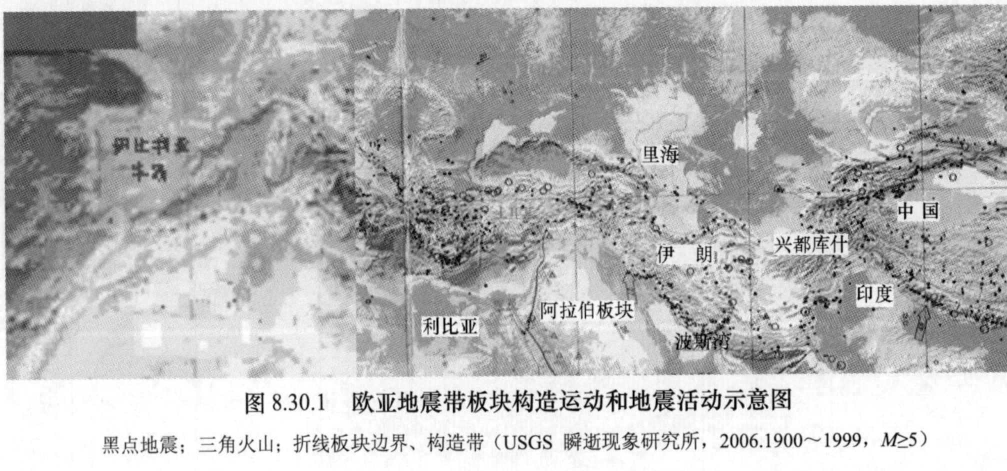

图 8.30.1 欧亚地震带板块构造运动和地震活动示意图

黑点地震；三角火山；折线板块边界、构造带（USGS 瞬逝现象研究所，2006.1900～1999，$M \geq 5$）

欧亚大陆地震带有四大“地震密集区”，自西往东依次为：欧洲－地中海地震区；中东包括土耳其和伊朗地震区；苏来曼－兴都库什包括阿富汗、巴基斯坦、帕米尔和天山西部地震区；喜马拉雅－中国大陆地震区。

欧亚-北非地震带大致分作两个部分：一是东西走向的亚速尔群岛至直布罗陀海峡，包括摩洛哥西北沿岸和西班牙南岸及其近海；二是意大利－巴尔干半岛西部地震区。再往西与希腊、爱琴海地震区接合，构成欧洲地中海地震带的总体。

意大利中央亚平宁断裂是意大利主要现代构造体系，走向近NS，由左旋走滑断层和NW－SE正断层扭张断层组成。属于中生代地台区；亚德里亚岩石圈被挠曲的效应。

8.31 伊比利亚半岛地区

伊比利亚半岛地区有葡萄牙和西班牙及其附近海域。震中分布总面积大约90万平方公里，占全区总面积的1/10。

百年期间 $M \geqslant 6$ 地震总数77次。其中 $7 \leqslant M \leqslant 7.9$ 有8次。

浅源地震占总数的89%，中深源占11%，中深源的深度在100～300km之间。

伊比利亚半岛东南部一次异常的深源地震活动，深度达640km，于1954年3月29日发生在伊比利亚半岛西班牙南部滨海地区（37.0° N，3.6° W，M=7.1），是有地震仪记录以来，在全世界范围内，在一般认为是浅源地震活动区发生的唯一次深源大地震。ISS（国际地震汇编）提供的当时全世界地震台网观测数据证实，震源机制无异于一般浅源大地震的震源物理过程。可记录的余震活动（一般 $M \geqslant 5$）少于10次。仅发生地区令人费解。有人估测是这个地区“50年不遇”的深源地震活动。其成因至今仍在探索之中。

又于2010年4月12日，当地时间00:08:10在西班牙南部格拉纳达附近发生地震，震中坐标37.1° N，-3.5° W，h=616km，M_W 6.2。

百年期间全区释放地震能量总计约0.39E16～0.64E16J。

σ=26～30。

欧亚地震带兼北非地区的地震活动水平均较低，但地震灾害较重。百年期间灾害地震大约329次，其中有260次虽然震级 M< 6，但烈度较高。几乎每1次 $M \geqslant 6$ 地震均有灾害记载。一次地震死亡千人以上的地震共约32次，其中死亡万人以上约14次。

一般分布在利比亚、摩洛哥、高加索、阿尔及利亚和希腊。

早年较大的灾害地震在意大利地区比较集中。

意大利自公元前217年有地震记载。

一次地震死亡万人以上者有2次：1908年12月28日，M7.5，死亡大约5.8万人；1915年1月13日，M7.0，死亡大约3万人（一说3.5万人）。

希腊自公元前2100年至19世纪末死亡千人以上的地震约8次(其中的一部分记载的真实性，类似8.29节的情况)，较小的灾害地震1～3年一次。

8.32 大西洋水域—大洋中脊地震带

包括冰岛和贯通大西洋北－南的洋中脊是这一领域岩石圈板块的出生地带。新生的大洋底在洋中脊两侧各向西、东方向扩展。伴生的地震发生在大洋中脊的中轴裂谷和垂直于洋中脊的转换断层。震中分布总体走向与洋中脊走向一致。全为浅源活动，震源深度一般10km左右。最深震源小于60km。沿着大西洋北南走向的巨大S形洋中脊，震中分布面积大约167万平方公里，占全区总面积的3%左右。百年期间全区 $M \geqslant 6$ 总数249次，其中 $6 \leqslant M \leqslant 6.9$ 有224次，占总数的90%；$7 \leqslant M \leqslant 7.9$ 级有25次，占总数的10%。$M \geqslant 8$ 的巨大地震有3次：1941年11月25日马德拉群岛以北（37.5° N，18.5° W，浅源，M=8.3；M_W8.1）；1969年2月28日葡萄牙西南远海（36.0° N 10.6° W，h=14km，M=8.0；M_W7.8）；1975年5月26日大西洋中脊（36.0° N，17.6° W，浅源，M=8.1；M_W7.9）。另一次较大地震发生于1925年10月13日，大西洋中脊中部（11° N，42° W，h=50km，M=7.5）。

大西洋中脊地震带示意图如图8.32.1。

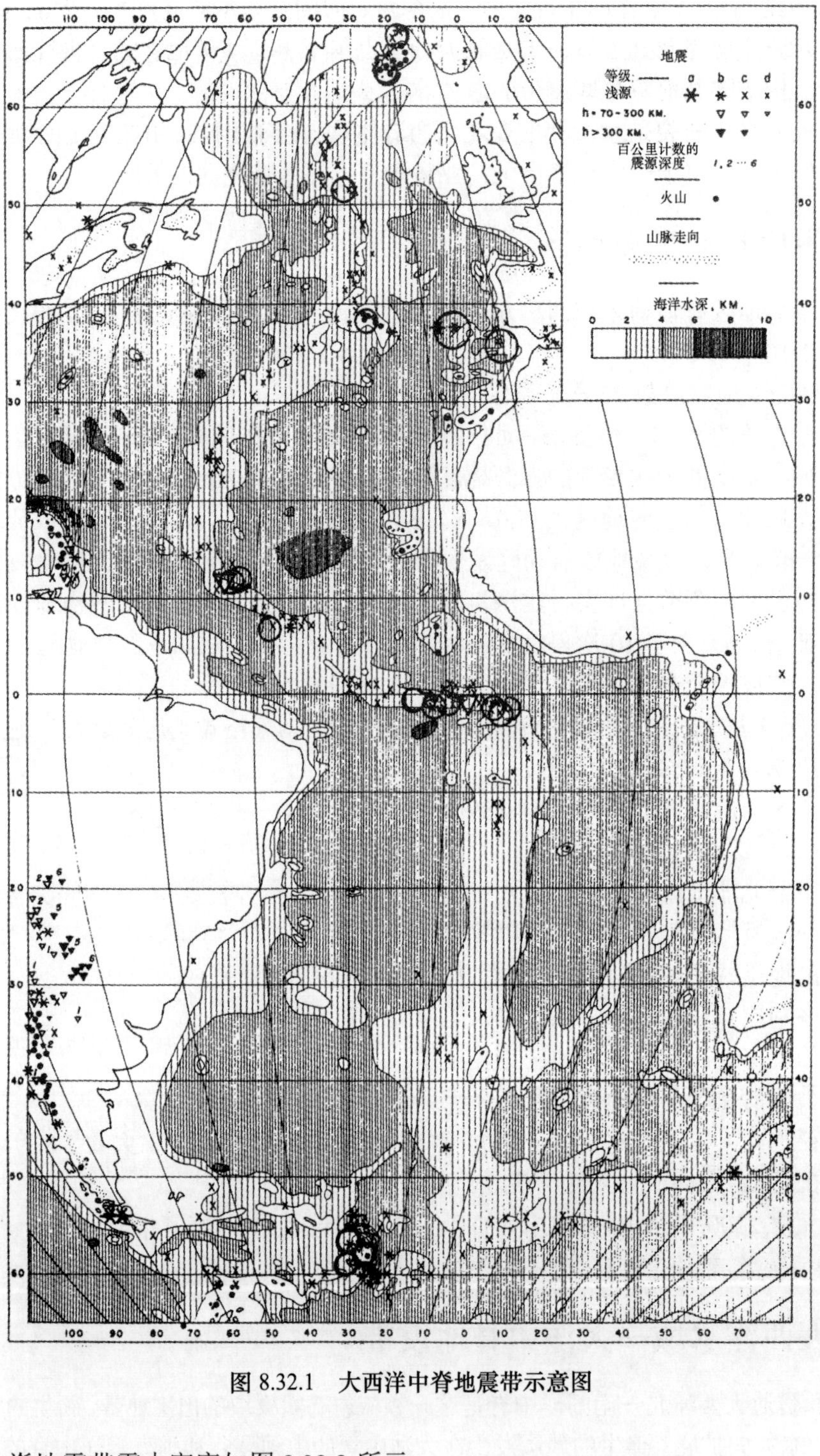

图 8.32.1　大西洋中脊地震带示意图

大西洋中脊地震带震中密度如图 8.32.2 所示。

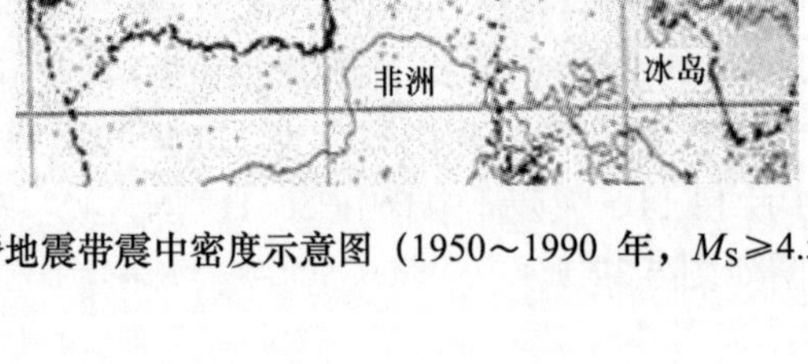

图 8.32.2　大西洋中脊地震带震中密度示意图（1950～1990 年，$M_S \geqslant 4.5$）（吴佳翼等，2001）

冰岛地区记录的 1 次震源较深的地震（h=75km，1962 年 3 月 17 日，10.9° N，43.2° W，M7.0）发生在冰岛北部胡萨维克－弗拉泰断层。塞尔福斯断层系在首都雷克雅未克东南部，在中部瓦特纳冰原地区有左旋转换断层活动。地震活动分别在北部近海－沿大洋中脊延伸到北冰洋在南部沿海岸分布。地震带沿海岸略趋于东南，再往东经过冰岛的中部往北过胡萨维克断层带与北冰洋地震区会合。

冰岛及其近海区 4＜M＜5 地震大约 3～5 年 1 次；6＜M＜7 百年中有 4 次，均为轻灾，无伤亡。

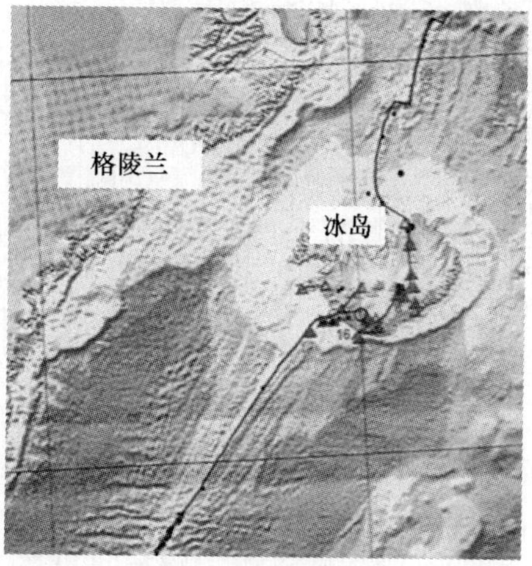

图 8.32.3　冰岛及其近海区板块构造运动和地震活动形势示意图

（黑点地震；三角火山；折线板块边界、构造带）（USGS 瞬逝现象研究所，1900～1999，M≥5）

σ=29～32。地震活动度不算低。地震灾情很低。

灾害地震总计大约 11 次，地震死亡共约 134 人。在亚速尔群岛地区 10 次灾害地震共计死亡 127 人。

在西班牙西南远海无名孤岛，有死亡 7 人的记载。

冰岛地区较大的灾害地震几乎没有记载。

8.33　印度洋水域

走向近似 NW-SE 的印度洋洋中脊延伸至马达加斯加海盆东部开始分作两支：一支西南印度洋洋中脊与大西洋-印度洋海岭相会，另一支东南印度洋洋中脊在南太平洋马斯克林群岛与太平洋西部海沟－岛弧带连接，形状如同“人”字的两撇，本区的地震活动沿着人字形走向分布。西邻大西洋脊地震带，东接南太平洋岛弧-海沟带。

印度洋中脊地震带地震密度参见图 8.33.1。

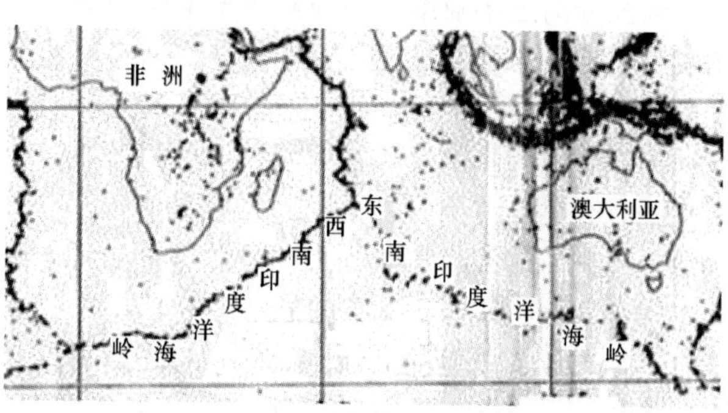

图 8.33.1　印度洋中脊地震带地震密度（1950～1990 年，M_S≥4.5）（吴佳翼等，2001）

印度洋水域地震分布图 8.33.2 所示。

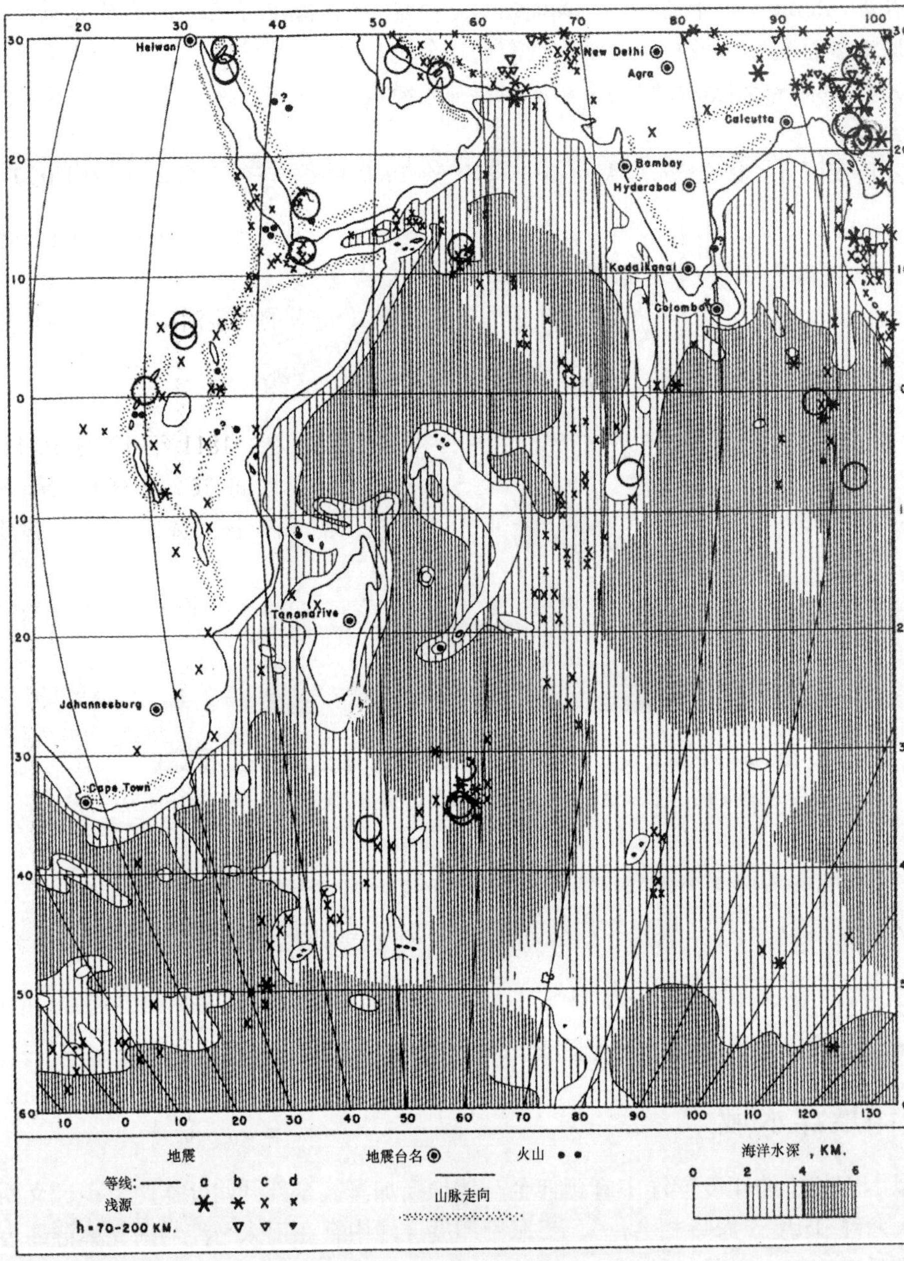

图 8.33.2　印度洋水域地震分布图

地震带总体图像，北部经波斯湾过小亚细半岛与欧洲－地中海地震带相连，西南部经大西洋－印度洋海岭与大西洋地震带贯通，东南经过马斯克林群岛与太平洋西南部的洋中脊联手，构成连结三大洋中脊地震系的纽带。

地震活动性特征印度洋中脊和大西洋中脊基本相似。

震中分布面积约 133 万平方公里，占全区总面积的大约 2%。

大洋中脊的地震活动均为浅源，活动度与 GR-32 相当。

多为张性断裂，震源走滑为主。

1925～1933 年期间，在西南印度洋中脊的南纬 33.8°，东经 58° 附近曾记录到规模最大的中强震群活动，包括 $M \geqslant 6$ 有 29 次，$7 \leqslant M \leqslant 7.9$ 的有 4 次。

百年期间全区 $M \geqslant 6$ 地震总次数 231 次，其中，$6 \leqslant M \leqslant 6.9$ 地震 211 次，占总数的 92%；7

≤M≤7.9 地震 20 次，占 8%。没有 M≥8 的活动。

最大震级 7.9（1942 年 11 月 10 日，49.5° S 32° E，M_W8.0）。

最深震源深度 60km，共计 4 次。

σ=25～29。没有地震灾害记载。

8.34 北美东半部包括加拿大、美国和墨西哥等三个国家的大部分土地

主要地质特征为北美的古老地台区。包括加拿大地盾、里尔富特裂谷－密西西比支地槽，走向北东和美国中北部的上千公里的隐伏构造带。

加拿大地盾是自从古生代以来一直稳定的地台，没有记录大的地震活动。里尔富特裂谷－密西西比支地槽的地质演变比较激烈，至今仍在持续活动之中。

震中分布面积约 234 万平方公里，占全区总面积的 1/5 。

在本地区世界闻名的新马德里大地震是一组板内强烈震群活动。1811 年 12 月 16 日至 1812 年 2 月 7 日大约 23 天之内接连发生巨大地震三次。震中坐标区间 36°～36.6° N，89.5°～90° W（《美国地震》中文版第 68 页记述 M≥8 连续 5 次，其中有一次无数据可查），释放地震波能量超过本区 300 年期间的地震释放能量总和（1.46E16J）。

新马德里地震成因和地震区及其附近的地质构造问题，在近百年以来一直是世界地学科学家关注和特别感兴趣的课题。

在美国中北部的内布拉斯加，堪萨斯及密苏里的地下长约 1000km，宽约 500km 的广袤地区，存在大规模隐伏构造带和部分新构造活动 。新马德里地区强烈震群地区在将近 200 年之后的今天，小地震（M<5）一直在持续活动中，2≤M≤4 地震年均 5～15 次。

在美国东部大湖地区和加拿大的大西洋沿岸，沿里尔富特裂谷走向（北东向）有持续小地震活动，2≤M≤4 地震年均 1～10 次。

有人研究美国地震东部和西部的震级大小与构造断裂带长度之间关系不成比例。东部新马德里强烈震群的“板内地震”M8.6、M8.4 和 M8.7 的各次地震断裂带长度大约百公里。然而西部 1906 年 4 月旧金山 8.3 级板块结合带地震断层长达 850km，是东部板内地震 8 倍以上。

百年当中，M≥6 共计 24 次。其中 M=6～6.9 有 19 次；M=7～7.9 有 5 次。主要分布在美国东部和中部的几个洲。自 1900 年以来，最大震级 7.2（1920 年 11 月 18 日，44° N，56° W），全为浅源地震，无 M≥8 的活动。

σ=24～29。北美东半部地震活动度在北美洲最低，也是全球最低地区之一。

8.35 南美大陆东部以及巴西高原地区——世界地震活动度最低地区之一

稳定的地台区，地震记载极稀少地区。百年中记录到的 6≤M≤6.6 地震有 3 次，最大 M=6.6。震中在巴西里约热内卢州坎普斯近海和东部北里奥格兰德州莫索罗地区。巴西北部和北部边境偶然有 3≤M≤5 地震活动，大约每 10 年 1～10 次。全为浅源地震。

全区百年期间释放地震能量总计小于 0.7PJ。

1 次有轻度破坏的地震发生于 1986 年 11 月 30 日，震中坐标 5.5° S，35.8° W，M5.1。

8.36 西欧西北部“无震区”、东地中海—意大利“多震区”、北非 “少震区”

“无震区”包括英伦三岛和斯堪的纳维亚半岛南半部。

“多震区”在阿尔卑斯山脉南麓包括意大利-东地中海属于地震频发区，意大利地震灾害多

次毁掉古文明（公元 1137；1169；1222；1455；1626；1638；1693；1703；1783；1857；1908；1915；1976；1980 等，死亡均以万人计；毁文物无数）。

“少震区”在北非地中海沿岸和近海。偶有灾害记载。

百年期间 $6 \leqslant M \leqslant 6.8$ 地震共计 13 次。最大震级 $M=6.8$。震源深度小于 60km。释放地震能量总计小于 5.2PJ。

西欧西北部“无震区”；东地中海-意大利“多震区”；北非 “少震区”震中分布如图 8.36：

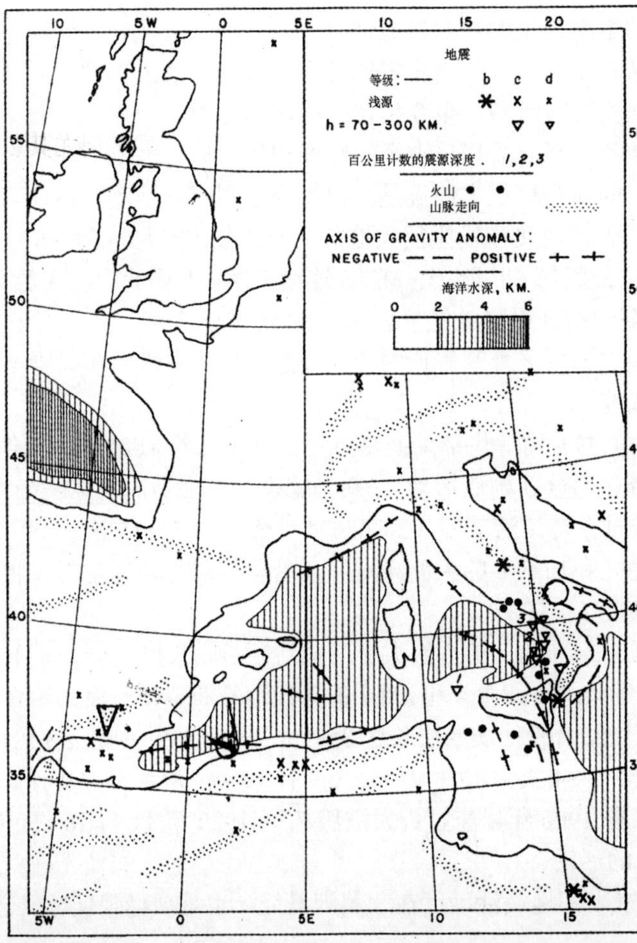

图 8.36　西欧西北部“无震区”；东地中海—意大利“多震区”；北非 “少震区”震中分布参考图

8.37　非洲大陆地区

地震多在东非大裂谷和北非地中海沿岸。

非洲大陆地质构造概括有三大体系：北非地中海沿岸的断裂体系；东非裂谷体系；西非地台区。

震中分布面积大约 222 万平方公里，小于非洲总面积 3020 万平方公里的 7.4%。

总体地震活动度 $M \geqslant 6$，大约 10～15 年 1 次。

百年期间 $M \geqslant 6$ 地震总数接近 50 次，$7 \leqslant M \leqslant 7.9$ 有 9 次。没有 $M=8$ 地震活动。

一般震源深度小于平均地壳厚度（33km），最深震源 60km，仅限定在埃及、苏丹、扎伊尔和马拉维湖等地区。

全区百年来释放地震能量约 80P～120PJ。

东非大裂谷（连同北延的红海裂谷和死海裂谷）是世界大陆区第一大裂谷系（其次是贝加尔裂谷，北美西部裂谷，莱茵裂谷和莫玛裂谷等），宽 1300～1800km，自南非至红海总体趋势的走向北东，在本区内全长大约 6500km。在全球范围的地质构造运动中处在“最年轻”的地壳分异运动阶段，未来大洋洋底岩石圈的“出生带”，亿万年后的“新的海洋地壳”从这一带“诞生”。地震断层多张性断裂正断层。

非洲活动构造清晰图示表明，非洲大陆有两组活动构造带：一在北非地中海沿岸，另一组更大的是东非大裂谷。

以下两幅图分别显示两个次级板块——索马里亚板块和努比西亚板块分裂形成的东非大裂谷的局面，以及非洲和周边地区近代（1990～2000 年）地震活动。

地震活动度北非地中海沿岸地区是东非裂谷带的大约 4～10 倍；地震死亡人数是东非裂谷带的数百倍甚至千倍。

σ=20～24。世界地震活动水平较低的地区之一。

非洲大陆记载的重灾地震仅限定在北非地中海沿岸地区，其灾情尤其以阿尔及利亚、摩洛哥和埃及等国家地区最为严重。

北非早年历史地震灾害的记载死亡万人以上的重大灾难如下：

阿尔及利亚公元 1715 年，死亡 2 万人，损失的记载“非常严重”。

埃及公元 1201 年开罗以南死亡 3 万人，损失“非常严重”；1481 年亡 3 万人；1754 年亡 4 万人（注意巨大死亡数字来源于《圣经》和一些旅游人的记录）。

摩洛哥公元 1755 年死亡 3000 人。

北非 20 世纪以来记载灾害地震大约 30 次，死亡总人数达 3 万人。其中阿尔及利亚大约 1.4 万人（1954 年 9 月亡 1243 人；1980 年 10 月亡 1.1 万人；2003 年 5 月亡 2162 人），摩洛哥 1.2 万人（1960 年 2 月，M=5.9），埃及 500～1000 人（1992 年 10 月 12 日，M6.1）。

东非裂谷带 1966 年 3 月 20 日乌干达发生 7.2 级地震，死亡 157 人。

8.38 澳大利亚洲及其周边近海——世界地震活动度最低地区之一

澳大利亚洲（以下简称澳洲）大陆原本属于古老的地台。东半部为巨大的临海盆地沉积盖层。较低活动度限定在澳洲周边近海。有限地震活动多在远海水域。内陆没有 $M\geqslant4$ 地震活动。

涉及澳洲领域的较小地震活动（$M\leqslant4$）有三个地区：一是西南滨海和近海地带——Perth 地区，有轻破坏记载；二在东南滨海区——东南澳洲丘陵纽卡斯尔地区及其近海水域，有灾害地震记载；三是北起奥德河构造带，南至斯潘塞湾，走向 NW-SE，斜贯澳洲中部的一组张性断裂带构造体系。前两块地区是较大一些的地震活动区，但基本与内陆无关，应该是澳洲古陆已经破碎了的边缘的残留活动（remains）。第三部分与内陆的有限构造活动有关，但是活动度非常之弱，震级小于 4 级。

澳洲大陆除去沙漠地区外，较小的地震（$M\leqslant2$）在持续活动中。

$\sigma<25$（限定在澳洲周边近海和远海地区）。

百年期间记录灾害地震大约 5 次。主要分布在西南部和东南部滨海地带。一般没有伤亡记载，仅有轻度破坏，经济损失在一二百万美元之间。

影响较大的 2 次：1989 年 12 月 27 日在纽卡斯尔地区（32.9° S，151.6° E），h=4km，M5.4，烈度 8 度。死亡 12 人，“损失严重”。1968 年 10 月 14 日，澳大利亚西南部地区（31.5° S，117.0° E），h=18km，M7.2，烈度 9 度，有损失记载。

8.39 太平洋中部和北部海域地震带——世界面积最大的低活动区

作为太平洋板块的主体。古登堡-里克特研究这一地区地震活动性时，当然不能考虑东部的两个次级板块—科科斯板块和纳兹卡板块的问题。该地区被认定为世界相对稳定的巨大地台之一。

当年古登堡-里克特似乎已经勾略出科科斯板块和纳兹卡板块轮廓。

从总体来看，剔除环太平洋岛弧-海沟地带的地震活动以及科科斯板块和纳兹卡板块的板缘地震外，太平洋板块是全球面积最大的地震活动“寂静区”。

根据一百多年来世界地震台网观测，没有明显地震活动。在大约 1.78 亿平方公里面积上，$3.5<M<6$ 地震年平均 5～15 次。

大部分海区分布着众多的“无震洋脊”，与印度洋的情况类似。

比较明显地震活动仅仅限定在夏威夷群岛及其附近海域。

夏威夷群岛分布有基拉韦厄断层活动，不仅是十分活跃的现代火山活动区，也是太平洋中部主要构造活动区，地震沿夏威夷群岛北西向分布。

太平洋板块的板内地区仅仅十分有限的“板内地震”（剔出周边环太平洋板缘地震带）。

全区百年期间 $M≥6$ 地震总数 23 次，其中 $6≤M≤6.9$ 有 21 次，$M=7.2$ 和 $M=7.8$ 各 1 次。多为浅源活动。

在群岛西北部的中途岛地区竟完全没有地震活动踪迹。

南部土阿默士群岛和附近海域偶然有 6 级左右地震活动，年平均 1～3 次。

灾害地震仅在夏威夷群岛地区，百年期间共计 5 次，2 人死亡。

8.40　北冰洋海域

除东西伯利亚、加拿大北部伊丽沙白女王群岛和格陵兰岛西半部以外的海区。大西洋中脊穿越北极地区。

震中分布面积约 37 万平方公里，占全区总面积的 3%左右。

地震分布图像显示出，北大西洋的洋中脊走向对应着一个新生的“欧洲-北亚大板块”的轮廓。北大西洋的洋中脊走向经过冰岛和斯瓦尔巴群岛进入最高纬度北纬 87° 位置，此后穿越拉普捷夫海，在安茹群岛西侧登陆东西伯利亚，接下去在切尔基斯山脉南麓拐向西南与贝加尔裂谷带融和，再经过蒙古杭爱山西段与北天山－帕米尔褶皱断陷带连通，经过巴基斯坦、阿富汗接通伊朗、土耳其地区，再往西经过地中海直至亚速尔群岛与大西洋中脊接合。一般在子午面投影地形图上看不出北冰洋地震带在北半球的位置的重要性。显然北冰洋水域的地震构造运动类似大西洋的洋中脊。安茹群岛经西伯利亚至贝加尔裂谷带之间的弧形构造背景迹象如果仔细端详还是明显得，已经勾勒出来“欧洲-北亚大板块”的轮廓。尽管这一称呼尚没有被普遍认可。

本地区的地震活动水平很低，仅有的 2 次 7.1 级地震发生在格陵兰海和斯匹次卑尔根地区。这一带是一组未名地震构造的边缘。

全区百年期间 $M≥6$ 地震总计 48 次，属浅源活动。

地震能量总计大约 18P～39PJ。

$\sigma<24$。没有地震灾情记载。

8.41　俄罗斯远东边缘地区

俄罗斯远东边缘地区涉及大兴安岭、锡霍特山脉地区以及萨哈林岛（库页岛）和西伯利亚地台的远东区。

太平洋板块在西北部的俯冲地带。东邻鄂霍次克－日本海深震带（GR46），西边是走向北东的贝加尔裂谷带及其北东延伸部分，阿尔泰－兴安岭晚古生代褶皱带的东段。属于相对稳定的地台。

震中分布面积大约 13 万平方公里，占全区总面积的 7%左右。

除勘察加半岛地震高发区，本地区广大面积十分有限的地震活动仅分布在鄂霍次克海，萨哈林岛（库页岛）、外兴安岭和锡霍特山脉。百年期间 $M≥6$ 地震总数 17 次。其中 $6≤M≤6.9$ 有 14 次；$7≤M≤7.7$ 有 3 次。依次最大地震的震级 $M=7.7$，发生在 1995 年 5 月 27 日，震中在萨哈林岛中部有重灾，毁灭石油城涅夫捷戈尔斯克。

百年期间释放地震能量总计约 34～52PJ。

σ=20～27。

百年期间唯一的一次地震灾难发生在 1995 年 5 月 27 日，M=7.7，萨哈林岛石油城涅夫捷戈尔斯克市。死亡 1989 人，伤 750 人。经济损失大约 1 亿美元。因该市被震毁，已弃城北迁。

8.42 东西伯利亚以及北美洲北部等地区

东西伯利亚的切尔斯基山脉至楚克奇半岛。北美洲北部包括阿拉斯加育空高原和加拿大北部的伊丽莎白女王群岛以及格陵兰西半部。主要地质特征是古老的加拿大地台，晚元古代和寒武纪至第四纪的沉积组合体。格陵兰岛可能是西伯利亚地台被离析出来的一块坚硬的地盾。现有的震中分布面积大约 11 万平方公里，占全区总面积的 2%左右。地震活动主要分布在巴芬湾和戴维斯海峡。在伊丽莎白群岛和帕里群岛地区地震活动有限。东西伯利亚切尔斯基山区的地震活动应属于大西洋中脊地震带（穿过北冰洋登陆东西伯利亚）的延伸。

板块构造运动和极少的地震活动形势示意图如下：

全区百年期间 $M\geqslant6$ 地震共计 28 次。其中 $6\leqslant M\leqslant6.9$ 有 26 次；$7\leqslant M\leqslant7.4$ 有 2 次，且全部是浅源活动，释放地震能量总计约 21～43PJ，地震活动水平与 8.40 节、8.41 节等区基本相当。

$\sigma<25$。没有灾害地震记载。

8.43 太平洋东南部海域

这里有东太平洋海丘，智利海岭，西南太平洋海盆和东南太平洋海盆。东、西两侧分别与智利海沟和汤加－克马德克海沟为邻。本区中部的洋中脊－东太平洋海丘和智利海岭是太平洋板块分别与南极板块和纳兹卡板块交会地带。震中分布面积约 62 万平方公里，占全区总面积的 3% 左右。地震沿着洋中脊－东太平洋海丘和智利海岭分布。百年期间 $M\geqslant6$ 总数 169 次，其中 $6\leqslant M\leqslant6.9$ 有 165 次。占总数的 98%。$7\leqslant M\leqslant7.2$ 有 4 次，仅占 2%。最大震级 7.2。浅源地震次数占 97%，中深源占 3%。一次最深震源 266km（1958 年 11 月 4 日，50.3° S，114.6° W，M6.1），位于东太平洋海丘。

在洋中脊分布几处中深源地震活动。就全世界范围而言，在这一类地区有中深源地震活动是十分少见的。平均每十年仅有一次。

百年期间释放地震能量总数 41P～107PJ。

$\sigma<25$。没有灾害地震记载。

8.44 太平洋东部海岭——加拉帕戈斯海丘和科隆群岛以南海域地震活动有限

科科斯板块、纳兹卡板块与太平洋板块交合地区。与 8.43 节属于同一类型构造体系。共同组成东南洋中脊地震带，太平洋东部地震区。太平洋板块生长地之一。震中分布面积约 74 万平方公里，占全区总面积的大约 7%左右。单位面积的地震活动水平同大西洋和印度洋的洋中脊相当。

百年期间 $M\geqslant6$ 地震总数共计 73 次。浅源地震占 99%。仅 1 次深度为 121km 的（1968 年 11 月 9 日，5.9° S，106.7° W，M=5.9）中深源地震。

全区百年期间释放地震能量总计约 12P～38PJ。

$\sigma<23$。没有灾害地震记载。

8.45 澳大利亚以南等地区海域

三大板块－太平洋板块、印度－澳大利亚板块和南极板块交合地区。震中分布面积大约 15

万平方公里，占全区总面积的大约10%。直观可见有三条地震带在此处交会－印度洋海丘地震带、汤加－克马德克－新西兰地震带和东太平洋海丘地震带。交会区在南纬 60° ～65° 和东经 153° ～157° 之间，其面积大约 15 万平方公里，占本区覆盖面积 100 万平方公里的 15%左右。

百年期间 $M≥6$ 地震次数总计 88 次，其中 $6≤M≤6.9$ 有 85 次，$7≤M≤7.9$ 有 2 次。最大震级 $M_S8.0$（1998 年 3 月 25 日，62.8° S，149.7° E）成为南极大陆架，距南极大陆最近的一次板内大地震，该区 20 世纪内唯一的一次 8 级活动。

百年期间全区释放地震能量大约 83P～100PJ。

$\sigma<30$。没有地震灾害记载。

8.46　鄂霍次克海-日本海深源地震区——东部相邻千岛群岛和日本列岛大地震高发区

太平洋板块在西北方向的著名消减带。太平洋板块朝向中国－西伯利亚板块俯冲过程中，日本列岛首当其冲。俯冲的板舌从海沟至日本海及其西部沿岸地带逐渐加深达 650km。及至中国东北吉林省、黑龙江省和俄国远东锡霍特山脉滨海地区。自海沟区的浅源地震至内陆和日本海区的深源地震分布最宽达 1450km。在日本东北部板舌的中段对应两个“地震层面”，即所谓“板舌双重地震面”，两个层面间隔 30 多公里。板舌在这个深度上沿径向分叉。在岛弧内陆一侧的断层形式有左旋走滑型和右旋走滑型两种，在双重地震层面地区，一般情况是，上层具有倾向压力机制，位于下层具有倾向张力机制。

震中分布面积大约 140 万平方公里，占全区总面积的大约 90%。

百年期间全区记录 $M≥6$ 地震总数 91 次，其中 $6≤M≤6.9$ 有 76 次，占总数的 84%；$7≤M≤7.9$ 有 15 次，占 16%。没有 $M≥8$ 的地震活动，最大震级 7.7（1918 年 1 月 30 日，h=330km）和 7.4 级（1907 年 5 月 25 日，h=600km；1931 年 2 月 20 日，h=350km）。

百年期间全区释放地震能量总计约 147～171PJ。

$\sigma<27$。没有灾害地震记载。

8.47　伊朗、巴基斯坦和阿富汗以及印度西部

主要地质特征是:阿富汗北部的赫拉特大断层走向西—东，巴基斯坦境内的恰曼断层走向北－南以及印度西北部印度沙漠下隐伏断层等，现代构造运动活跃。

克什米尔以北帕米尔高原兴都库什山脉和喀喇昆仑山脉巨型褶皱是印度板块朝北方冲撞效应。板块北移速率 5.6cm/a。形成局部中深源地震活动区或称作“地震巢”。巢位 100～250km 之间，总体积约大约 150～200 万立方公里。巢中多“中强震群”活动。震群持续时间半年至 20 个月。连续发生 $6≤M≤6.6$ 地震 3～6 次。在帕米尔－天山碰撞带的塔吉克斯坦地区有因挤压作用而出现叠瓦形状低角度逆断层。在塔什干及其邻近地带出现新构造网状断裂。在哈萨克褶皱区存在古老的大洋型地块，是一种由于哈萨克褶皱区和西西伯利亚台坪大陆地块相互靠近而发生的一组构造变形区。

兴都库什－北天山褶皱带多变的地质构造形成“帕米尔扭结”(twist together)，引发多种类型地震活动。全区百年期间 $M≥6$ 共计 240 次。其中，8.47（GR47 分区）有 39 次；8.48（GR48 分区）有 201 次，两个区合计 $6≤M≤6.9$ 有 207 次；$7≤M≤7.9$ 有 32 次；1 次 $M=8.0$（杜尚别地区，1907 年，重灾）。在 GR47 分区全为浅源活动，GR48 分区的浅源只占 31%，中深源占 69%。百年期间两个区合计释放地震能量 410P～610PJ。

$\sigma=29～32$。

地震灾害多发区。区 8.47 灾害地震 25 次，总计死亡约 32000 人；区 8.48 灾害地震 27 次，死亡总计 29000 人。较大灾害地震有：

1907 年 10 月 21 日，杜尚别，8.0 级，死亡 1.2 万人；

1956 年 6 月 9 日阿富汗巴米扬省，7.6 级，地震死亡 2000 人；

1974 年 12 月 28 日巴基斯坦西北边境省杰尔果德镇，6.2 级，地震死亡 900 人。

8.48 罗马尼亚“弗朗恰中深源地震巢”

罗马尼亚地区有意义地震活动是中深源地震巢 即“弗朗恰中深源地震巢”。

位于扩张的“亚得里亚海板块”(地中海板块的次级；欧亚板块的第三级）朝向巴尔干半岛冲动的地带之一，非洲板块对东南欧碰撞而发生的总体地质构造运动的一部分。地质构造特征和地震活动图象在欧洲尤其在东欧地区非常独特。境内东部的“东喀尔巴阡山”走向 NW—SE，北起波兰南部，经过乌克兰西南边陲进入本国，与横卧于本国中部走向近似 W—E 的“南喀尔巴阡山”交汇于弗郎恰县地区，于是形成正如地理地形图像所显示的“喀尔巴阡山结”或称“喀尔巴阡扭结”(twist together)。相应地，在“扭结”直下方的“岩石圈”底部发生较密集的构造断陷活动，此活动区称为“弗郎恰中深源地震巢”。类似同兴都库什地区的“帕米尔扭结”和“兴都库什地震巢”。巢位 80～150km 之间，总体积大约 18 万至 30 万立方公里，地震活动度小于兴都库什地震巢的百分之一（参见 8.47 节和 8.48 节）。

弗朗恰地震巢位如图 8.48.1 所示。

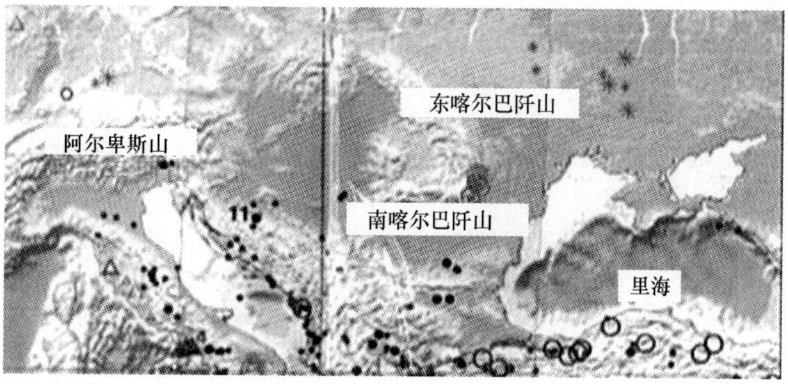

图 8.48.1 弗朗恰地震巢位示意图

黑点地震；三角火山；折线板块边界、构造带（USGS 瞬逝现象研究所，2006.1900～1999，$M \geqslant 5$）

据现有的历史记载，巢内自公元 1516 年至今，共计 10 次 $6.9 \leqslant M \leqslant 7.4$ 的强烈地震活动。两次重灾：1940 年，11 月 10 日，弗朗恰县（45.8° N，26.5° E，h=150km，M7.4，烈度 10 度)，死亡 1000 人，损失大约 1000 万美元；1977 年，3 月 4 日，弗朗恰县（45.8° N，26.7° E，h=86km)，M7.2，亡 1581 人，损失达 8 亿美元。

至今地震持续活动，$4.5 \leqslant M \leqslant 5.5$ 地震年平均 3～8 次；M6 级以上 5～10 年 1 次。有时轻灾。

参 考 文 献

安镇文、王琳瑛、朱传镇，1989，大震前后地震活动的时空分维特征，地震学报，11，251～258。

别洛乌索夫，B.B.主编，林彻、沈德富、钱竟阳译，1983，地球构造圈，北京：地震出版社。

布内，B.И.等著，谢毓寿译，1960，地震活动性的详细研究方法，北京：科学出版社。

陈海通，2000，强震类型划分和后续强震预测方法探索，地震学报，Vol.22，No.2，194～200。

陈培善、白彤霞，1991，震源参数之间的定量关系，地震学报，Vol.13，No.4，401～410。

池顺良、骆鸣津编著，2002，海陆的起源，北京：地震出版社。

丁国瑜、田勤俭、孔凡臣、谢霄峰、张立人、王立平著，1993，活断层分段——原则、方法及应用，北京：地震出版社。

范洪顺，2001，1900年以来全球地震活动的初步分析，国际地震动态，2001（2），12～18。

傅承义，1972，大陆漂移、海底扩张和板块构造，北京：科学出版社。

傅承义，1985，板块大地构造学说，中国大百科全书（固体地球物理学•测绘学•空间科学卷），北京：中国大百科全书出版社，2～7。

傅征祥，1986，全球强震活动的某些统计特征，地震学报，Vol.8，No.2，137～145。

傅征祥，1997，中国大陆地震活动性力学研究，北京：地震出版社。

傅征祥、刘桂萍、邵志刚、右军、晏锐、马宏生，2009，板块构造和地震活动性，北京：地震出版社。

格拉切夫，A.Ф.著，陈家振、高其斋、毛继周译，1982，地球裂谷带，北京：地震出版社。

古宾，И.E. 和松田时彦等著，沈德富等译，1983，活断层研究，北京：地震出版社。

郭安宁、陈家超，2002，中国大震问题，北京：地震出版社。

郭履灿、庞明虎，1981，面波震级和它的台基校正值，地震学报，Vol 3，No 3，312～320。

郭增建、秦宝燕著，1991，地震成因和地震预报，北京：地震出版社。

国家地震局《一九七六年唐山地震》编辑组，1982，一九七六年唐山地震，北京：地震出版社。

国家地震局科技监测司，1989，地震监测与预报方法清理成果汇编测震学分册，北京：地震出版社。

国家地震局兰州地震研究所、宁夏回族自治区地震队编著，1980，一九二〇年海原大地震，北京：地震出版社。

国家地震局震害防御司编，1995，中国历史强震目录（公元前23世纪至公元1911年），北京：地震出版社。

黄汲清，1956，中国主要地质构造单位，北京：地质出版社。

基斯林格，C.，铃木次郎主编，柳百琪等译，1980，陈运泰校，地震前兆，北京：地震出版社。

姜秀娥、陈非比，1983，区域震群与唐山大地震，地震学报，5卷，2期。

李春昱，郭令智，朱夏等著，1986，板块构造基本问题，北京：地震出版社。

李钦祖，1994，成组活动是中国大陆强地震活动的一个基本特点，地震学报，Vol.16，No.1，11～17。

李全林、于渌、郝柏林、陈锦标，1979，地震频度-震级关系的时空扫描，北京：地震出版社。

李善邦，1981，中国地震，北京：地震出版社。

李祥根，2006，中国自然环境，北京：地震出版社。

李祥根，2010，中国地震构造运动，北京：地震出版社。

里兹尼钦科，Ю•B主篇，韩大宇、傅征祥译，1982，地震物理研究，北京：地震出版社。

林邦惠，1990，邢台地区1966 年强震前小震的”密集-平静”特征及其初步解释，地震学报，Vol.12，No.4，348～356。

林邦慧，1994，前震和前震序列的研究，地震学报，Vol.6，增刊，24～38。

林邦慧、胡小幸、王泽皋，2006，邢台地区大地震前小震的“密集-平静”特征及其初步解释，邢台地震40周年学术研讨会文集，28～33。

林邦慧、王琳瑛、朱传镇，1989，大震前后地震活动的时空分维特征，地震学报，11，251～258。

刘凤鸣、吴戈，1982，一九七五年海城地震，北京：地震出版社。

刘正荣，1979，前震的一个标志——地震频度的衰减，地震研究，2卷，4期。
刘正荣，1984，根据地震频度衰减预报地震的工作细剧．地震，1，35～87。
刘正荣，1989，地震频度衰减与地震预报，地震监测于预报方法清理成果汇编：测震学分册，地震出版社，1989。
刘正荣，2005，转移地震，学术论坛，2005（4），25～32。
刘正荣著， 2007，地震预报，北京：地震出版社。
刘正荣著，2004，地震预报方法，北京：地震出版社。
陆远忠等，1984，一个判断震群的标志——震群的 U 值，地震学报，6卷，增刊。
马瑾著，1987，构造物理学概论，北京：地震出版社。
马宗晋，1983，南美俯冲带显示的板条构造，地震研究，第6卷，第3期，319～330。
马宗晋，1992.中国地震震中分布图的构造解释，中国地震，8（1）：10～17。
马宗晋，2003，地球构造与动力学，广东科技出版社。
马宗晋、傅征祥、张逞珍等，1982，1966～1976年中国九大地震，北京：地震出版社，1～216。
马宗晋、高祥林、王琦，1992，美国大陆地区震中图的构造解析，地质学报，66（4），315～325。
马宗晋、李献智、金继宇，1992，地震迁移的规律解释和预报——中国大陆四条地震带的地震迁移，地震地质 14：（2）：129～138。
马宗晋、张德成，1986，板块构造与地震，见：板块构造基本问题。北京：地震出版社。
马宗晋等，1980，欧亚地震系的地震构造特征，中国科学，9期，883～890。
马宗晋等，1982，论全球地震构造系统.地球科学，No.3（Tol.18），23～38。
毛桐恩，1994，壳-幔结构比值与地震活动，地震学报，Vol.16，No.4，495～503。
茂木清夫著，庄灿涛等译，1986，日本的地震预报，北京：地震出版社。
梅世蓉，1960，中国的地震活动性，地球物理学报，9卷，1期。
梅世蓉、冯德益、张国民、朱岳清、高旭、张肇诚著，1993，中国地震预报概论，北京：地震出版社。
潘善德，1992，走滑断层地震复发时间间隔，地震学报，Vol.14，No.2，187～194。
瑟京斯基，A.B. 著，赵洪声译，1991，全球地震活动性与太阳活动及大气过程的关系，北京：地震出版社。
上田诚也、杉村新著，谢鸣谦、谢鸣一译，1979，岛弧，北京：地质出版社。
时振梁，1963；1995，中国地震活动性分区特征，地震学报，Vol.17，No.1，20～24。
时振梁、赵荣国、曹学锋、王淑贞、王敬贤，1986，世界地震目录（1900～1980，$M\geqslant 6$），北京：地图出版社。
时振梁、赵荣国、吴开统、陆其鹄、张敏政、卓玉如编著，1990，地震工作手册，北京：地震出版社。
松泽武雄著，黄兴建等译，1980，地震理论及其应用，北京：地震出版社。
宋俊高等，1989，震群用于地震预报的使用程序研究，地震预报方法实用化研究文集：地震学专辑学术书刊出版社。
孙文斌，1985，日本海区板块俯冲与华北地震，地震学报。
特科特，D. L，舒伯特，G.著，韩贝传、詹贤鋆等译，1986，地球动力学——连续介质物理在地质问题上的应用，北京：地震出版社。
王炜、杨德志，1987，利用 Weibull 分布研究华北地区前兆震群的特征。中国地震，3卷，4期。
威廉斯，G. E. 主编，马宗晋、李存俤、张呈珍、杨玉荣译，1986，大旋回，北京：地震出版社。
吴佳翼、曹学峰，1987，全球地震活动性的定量研究（二），地震学报，Vol.9，No.3，225～238。
吴佳翼、曹学峰，1987，全球地震活动性的定量研究，地震学报 Vol.9，No.1，1～14。
吴佳翼、曹学峰，1988，全球地震活动性的定量研究，地震学报，Vol.10，No.3，225～235
吴开统、焦远碧、吕培苓、王志东编篡，地震序列概论，北京大学出版社，1990。
吴开统、岳明生、武宦英、曹新玲、陈海通、黄玮琼、田抗瑗、卢寿禧，1976，海城地震序列的特征-地球物理学报，Vol.1，No.9，93～103。
吴忠良，1999，鉴别地震活动周期性和随机性的广义 Rydelek-Sacks 检验，地震学报，Vol.21，No.5，487～494。
小本杰明、富兰克林、豪厄尔著，柳百琪译，1998，地震学史，北京：地震出版社。

许绍燮，1980，北京周围地区地震的分布特点与地壳屈曲，地震学报，Vol.2，No.2，153～167。
许绍燮，1980，中国地震学会地震学专业委员会学术讨论会发言稿，中国地震学会学术讨论会文集。
许绍燮，1981，海城地震前震序列与震群，地震学报，Vol.3，No.1，1～10。
许绍燮，1982，地震活动性图象，地震学报，Vol.4，No.2，208～215。
许绍燮、陆远忠、朱传镇、刘正荣、韩渭宾、刘蒲雄、修济刚编著，地震预报方法实用化研究文集，地震学专辑，204～228页，北京，学术书刊出版社。
杨理华、李钦祖等，1980，华北地区地壳应力场，北京：地震出版社。
宇津德治主编，李裕澈、卢振业、丁鉴海、李桂莲译，1990，地震事典，北京：地震出版社。
张文佑主编，1983，中国及邻区海陆构造图（1∶5000000），北京：科学出版社。
章光月、王碧泉、许绍燮、T. J. 菲奇，1983，1975年2月4日海城地震的前震序列-地震学报，5，1～13。
赵根模，1981，我国板内大地震之间的一种联系——诱发作用，地震研究，4卷，3期。
赵根模，1989，诱发前震与地震危险区判定，地震监测于预报方法清理成果汇编：测震学分册，北京：地震出版社。
赵根模，1995，东亚大陆的地震迁移（一），地震学报，Vol.17，No.4，440～447。
赵荣国，1995，罕见的“强烈震群”活动，国际地震动态，1995（9），14～18。
赵荣国，1997，现今震级偏差，国际地震动态，1997（12）。
赵荣国，1998，从震级偏差看震级问题，国际地震动态，1998（1）。
赵荣国，1998，三种震群活动，国际地震动态，1998（9），12～18 10。
中国地震局监测预报司，2007，中国大陆地震序列研究，北京：地震出版社。
中国地震局监测预报司组织编著，2009，汶川 8.0 级地震科学研究报告，北京：地震出版社。
中国地震局震害防御司编著，1999，中国近代地震目录（公元 1912～1990 年，$M \geqslant 4.7$）
中国地震学会地震地质专业委员会编，1994，中国活动断层研究，北京：地震出版社。
中国科学院地球物理研究所编辑，1973，科技参考资料，板块构造专辑，（1）；（2），中国科学技术情报研究所出版。
周友华、胡奉湘、燕为民、钟嘉猷、童迎世、饶云阶、洪迅、吴帅，2009，地壳构造运动•地震•地震预报的新探索，北京：地震出版社。
朱传镇，1981，震群与大地震关系的研究（华北地区），地震学报，3 卷，2 期。
朱传镇，1989，震群信息熵异常与地震预测，地震预报方法实用化研究文集：地震学专辑学术书刊出版社。
左兆荣、吴建平、巫志玲，1995，1975 年辽宁海城 M_S7.3 地震的前震序列分析，地震学报，1995 第 4 期。
Abe Katsuyuki, 1981. Magnitudes of Large Shallow Earthquakes from 1904-1980.
Ansell J., Adams D., 1986. Unfolding The Wadati-Benioff Zone in the kermadec-New Zealand region, Phys. Earth Planet. Iner.44(3), 274-280.
Clift P.D., Jonathan Turer et al. 1995. Dynamic support by the Icelandic plume and vertical tectonics of the northeast Atlantic continental margin, JGR, 1995, 100(B12), 24, 473-24, 486.
Crampin S., Fyfe C.J., Blckmore D.P. and Linton, R.H.W., 1976, Atlas of Seismic Activity 1909 to 1968.
Duda S. J., 1965. Secular Seismic Energy Release in The Circum-pacific Belt.
Duda S.J., 1978. Physical Significance of the earthquake magnitude: The present state of inter-predation of the concept. Tectonophysics, 49, 3/4, 119-130.
Gutenberg B. and Richter C.F., 1954. Seismicity of the Earth and Associated Phenomena.
Gutenberg B. and Richter C.F., 1956. Magnitude and energy of earthquakes. Anndi Geofis. 9, N1-15.
Gutenberg B., 1945b. Amplidutes of P, PP, and S and Magnitudes of shallow earthquakes.Bulletin of Seismological Socity of America. 35, 57-69.
Gutenberg, B, 1945a, Amplidutes of surface waves and Magnitudes of shallow earthquakes.Bulletin of Seismological Socity of America. 35, 3-12.

Hamburger M.W., 1990. Seismicity and crustal structure of the Fiji Platform, Southwest Pacific, JGR.95(B3)2553-2573.

Harpoon H.M.S.,1990.Late Cenozoic Tectonic development of the Southeast Asian continental in The Banda Sea area. Tectonophysics, 181(14), 267-276.

International Seismological Centre. Regional Catalogue of Eartyhquakes. 1981-2000.

Li-Ru Wu and Ping Chen, 1999. Anomalous aftershocks of deep earthquakes in Mariana. Geophysical Research Letters. Vol.26, No.13, 1977-1980.

Nettles M. et al., 1999. The March 25, 1998. Antarctic plate earthquake.GRL, 26(14), 2097-2100.

Nishimura S.,1990.Tectonics of East Indonesia. Tectonophysics, 18(1-4), 257-266.

Reid H.F.(ed.).The California Earthquake of April 18, 1906, Report of the State Investigatiom Commission, 1910, Vol.2, Carnegie Institution Washington.

Reyners M., 1989.New Zealand Seismicity 1964-1987: an interpretation. New Zealand Journal of Geology and Geophysics, 32, 307-315.

Rothe, J.P., 1969, The Seismicity of the earth 1953-1965, Unesco.

Stover C.W. 和 Coffman J.L.编, 罗伟等编译, 美国地震(1568-1989), 地震出版社, 1998.

Tuncay Taymaz, 1991-Active tectonics of the north and central Aegean Sea.Geophys., J.Int.106(2), 433-490.

Vanek J. 1990.Seismicity and Deep structure of the India-Burman plate margin. Journal of Southeast Asian Earth Seismic, 4(2), 147-157.

Wyllie，P.J，张崇寿等译，1980，地球是怎样活动的，北京：地质出版社，22～46。

附　1900～2008年全球M_S≥6地震目录

年月日	时分秒	纬度（°）	经度（°）	震源深度（km）	震级	参考地震（M_S≥8后注M_W）
19000111	0907000	16.50	-84.00		7.2	加勒比海
19000120	0633300	20.00	-105.00		8.2	（Bath，M，S.J.Duda）墨西哥哈利斯科州　M_W 7.3
19000322	-------	36.00	136.20		6.1	日本本州南部
19000512	-------	39.00	141.00		6.8	日本本州东北
19000515	-------	21.50	120.70		6.0	中国台湾恒春以南海域
19000516	2012000	20.00	-105.00		7.8	墨西哥哈利斯科州
19000621	2052000	20.00	-80.00		7.3	古巴南部远海
19000729	0659000	-10.00	165.00		8.1	（S.J.Duda）圣克鲁斯群岛　M_W 7.6
19001007	2104000	-4.00	140.00		7.8	新几内亚岛
19001009	1228000	60.00	-142.00		7.6	阿拉斯加
19001029	0911000	11.00	-66.00		7.8	小安德烈斯群岛
19001105	-------	34.00	139.50		6.3	日本伊豆诸岛
19001225	0504000	43.00	146.00		7.8	北海道以东近海
19010107	0029300	-2.00	-82.00		7.8	厄瓜多尔以南远海
19010215	-------	26.00	100.10		6.5	中国云南邓川附近
19010405	2330450	45.00	148.00		7.9	日本北海道东北
19010425	-------	29.50	90.10		6.8	中国西藏尼木附近
19010516	1210---	21.50	120.70		6.0	中国台湾恒春以南海域
19010607	0005000	24.70	121.80		6.0	中国台湾宜兰近海
19010624	0702300	28.30	129.30		7.4	琉球群岛北
19010809	0923300	40.30	141.80		7.2	日本本州东北沿岸
19010809	1301000	-22.00	170.00		8.4	新喀里多尼亚以东
19010809	1833450	40.00	144.00		8.2	（Bath，M，S.J.Duda）（M=7.8.Suzuki，日本本州东北远海　M_W 7.5
19011214	2257450	14.00	122.00		7.8	菲律宾吕宋岛
19011231	0902300	52.00	-177.00		7.2	阿留申群岛
19020101	0520300	55.00	-165.00		7.2	阿拉斯加
19020124	2327000	-8.00	150.00		7.8	所罗门海
19020130	-------	40.90	141.70		6.9	日本本州东北
19020209	0735000	-20.00	-174.00		7.8	汤加群岛
19020320	0059---	23.00	120.20		6.3	中国台湾台南
19020411	2343000	51.60	104.50	16	6.6	伊尔库次克南
19020419	0223300	14.00	-91.00		8.2	危地马拉
19020605		50.00	148.00		8.0	鄂霍次克海
19020703	1536450	43.40	129.40		6.6	中国吉林图门附近
19020812	1716000	39.50	68.50	35	6.0	乌兹别克地区

续表

年月日	时分秒	纬度（°）	经度（°）	震源深度（km）	震级	参考地震（M_S≥8后注M_W）
19020822	0300000	39.88	76.20		8.3	（闵子群 等）中国新疆阿图什附近 <30> M_W 7.7
19020920	0632000	38.50	67.00	40	6.2	乌兹别克地区
19020922	0146300	18.00	146.00		8.1	墨西哥南部
19020923	2018300	16.00	-93.00		8.4	（Bath，M，S.J.Duda）特万特佩克湾 M_W 7.8
19021006	0915000	36.50	70.50	200	7.2	兴都库什地区
19021212	2310000	29.00	-114.00		7.8	下加里福尼亚州
19021216	0507000	40.80	72.30	9	6.4	吉尔吉斯西南部
19030104	0507000	-20.00	-175.00	400	8.0	（Bath，M，S.J.Duda）汤加群岛 M_W 8.0
19030114	0147360	15.00	-98.00		8.2	（Bath，M，S.J.Duda） 7.7（NOAA）墨西哥南部远海 M_W 7.4
19030201	0934300	48.00	98.00		7.8	蒙古扎布汗省
19030227	0043180	-8.00	106.00		8.1	（Bath，M，and S.J.Duda）爪哇岛西部 Mw7.3
19030312	1419000	53.90	87.00	30	6.1	新西伯利亚东南
19030328	0855100	40.80	72.70	14	6.1	吉尔吉斯西南部
19030419	1325000	37.00	71.00	160	6.9	兴都库什山区
19030513	0634060	-17.00	168.00		7.9	新赫布里底群岛
19030602	1317000	57.00	-156.00	100	7.7	阿拉斯加
19030811	0432540	36.00	23.00	100	8.3	（Galanopoulos，A.G.）（M=7.7.Kanik，V.）希腊克里特岛
19030913	0802410	44.80	26.70	50	6.2	罗马尼亚东南部
19031019	0310000	39.30	74.50		6.2	中国新疆乌恰西南 <25>
19031126	1149000	52.70	107.60	30	6.7	俄国和蒙古接壤地区
19031228	0256000	7.00	127.00		7.8	菲律宾海沟
19040120	1452060	7.00	-79.00		7.8	巴拿马湾
19040404	1026000	41.75	23.25		7.5	保加利亚西南部
19040508	--------	37.20	138.80		6.4	日本本州新泻县
19040607	0817540	40.00	134.00	350	7.5	日本海
19040625	1445360	52.00	159.00		8.0	堪察加半岛东南
19040625	2100300	52.00	159.00		7.7	堪察加半岛东南
19040627	0009000	52.00	159.00		7.9	堪察加半岛东南
19040724	1044360	52.00	159.00		7.5	堪察加半岛东南
19040824	2059540	30.00	130.00		7.8	琉球群岛
19040827	2156060	64.00	-151.00		7.7	阿拉斯加中部
19040830	--------	31.00	101.10		7.0	中国四川道孚附近
19041003	0305000	12.00	58.00		7.0	阿拉伯海西南部
19041105	2025000	23.50	120.30		6.3	中国台湾嘉义附近
19041109	0328060	36.60	59.40	20	6.3	伊朗马什哈德附近

注：尖括号数字<30>宏观震源深度（km）。

续表

年月日	时分秒	纬度（°）	经度（°）	震源深度（km）	震级	参考地震（M_S≥8后注M_W）
19041220	0544180	8.50	-83.00	60	7.8	巴拿马
19050122	0243540	1.00	123.00	90	7.8	苏拉威西岛北部
19050214	0846360	53.00	-178.00		7.8	阿留申群岛
19050315	1755000	52.70	92.60	30	6.1	新西伯利亚东南
19050404	0050000	33.00	76.00		8.0	（G.R.） 克什米尔和印度接壤地区 M_W 7.8
19050602	0539420	34.00	132.00	100	7.8	日本九州岛地区
19050607	--------	34.80	139.20		6.5	日本伊豆诸岛
19050706	1621000	39.50	142.50		7.8	日本本州东北远海
19050709	0940240	49.00	99.00		8.3	（G.R.） 蒙古库苏古勒省 Mw8.5
19050711	0838000	49.50	97.30	20	7.0	蒙古西北部
19050711	1537300	22.00	143.00	450	7.3	马里亚纳群岛以北海域
19050714	2201000	49.50	97.30	20	6.5	蒙古西北部
19050723	0246120	49.00	98.00		8.3	（Bapat，A.）蒙古库苏古勒省西南 M_W 8.4
19050723	0418000	49.30	96.20	20	6.4	蒙古西北部
19050723	2035000	49.30	96.20	20	6.0	蒙古西北部
19050825	0946450	43.00	119.00	470	6.8	中国吉林图门西
19050901	0245360	45.00	143.00	230	7.5	日本北海道以北
19050901	0248000	49.30	96.20	20	6.1	蒙古西北部
19050915	0602000	55.00	165.00		7.6	阿拉斯加南部
19051021	1101260	43.30	41.70	35	6.4	格罗兹尼西部
19051024	0346420	34.00	139.00	250	7.3	日本本州近海
19060121	1349350	34.00	138.00	340	8.0	（G.R.） 日本本州近海 m_B7.7
19060131	1536000	1.00	-81.50		8.6	(G.R.)M=7.6（厄瓜多尔地球物理研究所）厄瓜多尔西北远海 M_W 8.6
19060316	2242000	23.60	120.50		6.8	中国台湾台南南部
19060317	1902390	23.60	120.50		6.3	中国台湾台南南部
19060327	2258400	24.30	118.60		6.3	中国福建金门岛东南近海
19060413	1918000	23.40	120.40		6.5	中国台湾台南南部
19060413	2352000	23.40	120.40		6.3	中国台湾台南南部
19060418	1312000	38.00	-123.00		7.9	（G.R.） 旧金山沿海地区
19060619	1122000	20.00	122.00		7.1	巴林塘海峡
19060817	0010420	51.00	179.00		8.0	阿留申群岛 M_W 7.8
19060817	0040000	-33.00	-72.00		8.4	(Askew，B.L.etc)圣地亚哥近海 M_W 8.5
19060825	1347360	9.00	39.00		6.8	埃塞俄比亚
19060831	1457300	27.00	97.00	100	7.0	缅甸北部
19060914	1604180	-7.00	149.00		8.1	新不列颠岛 M_W 8.0
19060928	1524540	-2.00	-79.00	150	7.5	厄瓜多尔

续表

年月日	时分秒	纬度（°）	经度（°）	震源深度（km）	震级	参考地震（M_S≥8后注M_W）
19061008	0453580	52.50	154.50	200	7.0	堪察加半岛西南
19061024	1539300	36.50	68.00	32	6.8	乌兹别克东南部
19061119	0718180	-22.00	109.00	60	7.8	澳大利亚西北远海
19061203	2259240	15.00	-61.00	100	7.5	小安德烈斯群岛
19061222	1821000	43.90	85.60		8.0	（闵子群 等）中国新疆沙湾以南 M_W 7.2
19070104	0519120	2.00	94.50	50	7.5	苏门答腊北部近海
19070326	1121220	37.00	136.00	360	6.8	日本本州
19070329	2046300	3.00	122.00	500	7.3	苏拉威西海域
19070331	2200360	-18.00	-177.00	400	7.3	汤加群岛海域
19070413	1757180	36.50	70.50	260	7.0	兴都库什山区
19070415	0608060	17.00	-100.00		8.1	墨西哥格雷罗州 M_W 7.9
19070418	2059480	14.00	123.00		7.6	菲律宾吕宋岛
19070418	2352240	13.50	123.00		7.4	菲律宾吕宋岛东南
19070504	0836480	28.00	141.00	200	7.0	小笠原群岛
19070513	-------	44.20	86.30		6.0	中国新疆玛纳斯以南
19070525	1402080	51.50	147.00	600	7.4	鄂霍次克海
19070625	1754360	1.00	127.00	200	7.5	马鲁古群岛
19070705	1546060	44.00	145.00	100	6.8	日本北海道
19070720	1338000	7.10	125.80		7.0	棉兰老岛
19070817	1727540	52.00	157.00	120	7.3	堪察加半岛
19070822	2224000	57.00	-161.00	120	6.5	阿拉斯加
19070902	1601300	52.00	173.00		7.8	阿留申群岛
19071016	1457180	28.00	-112.50		7.5	加利福尼亚湾
19071021	0423360	38.00	69.00		8.0	（G.R.）塔吉克斯坦杜尚别附近 M_W 7.2
19071027	0517000	38.80	68.40	24	6.2	塔吉克斯坦杜尚别附近
19071223	0113000	44.00	145.00	100	6.9	日本北海道
19071225	2236000	36.50	70.50	240	6.8	兴都库什山区
19080111	0335000	23.70	121.40		6.5	中国台湾花莲滨海地区
19080312	1926240	36.50	70.50	200	6.5	兴都库什山区
19080326	2303300	18.00	-99.00	80	7.8	墨西哥城以南
19080416	1738480	36.50	70.50	220	6.8	兴都库什山区
19080419	0758480	42.00	134.00	480	6.9	日本海北部
19080505	0617420	3.00	123.00		7.3	苏拉威西海域
19080515	0831360	59.00	-141.00		7.0	阿拉斯加湾
19080517	1230540	35.00	24.00	100	6.8	爱琴海南部海域
19081006	2139480	45.50	26.50	150	6.8	罗马尼亚东部
19081014	1456180	82.00	30.00		6.6	斯瓦巴德群岛

续表

年月日	时分秒	纬度（°）	经度（°）	震源深度（km）	震级	参考地震（M_S≥8后注M_W）
19081023	2014060	36.50	70.50	220	7.0	兴都库什山区
19081024	2116360	36.50	70.50	220	7.0	兴都库什山区
19081106	0709300	45.00	150.00		7.3	日本北海道以东
19081212	1208000	-14.00	-78.00	60	8.2	秘鲁以西近海中
19081212	1254540	26.50	97.00		7.5	缅甸北部
19081228	0400204	38.00	15.50		7.5	意大利西西里岛
19090123	0248180	33.00	53.00		7.4	伊朗伊斯法罕省
19090209	1124060	40.00	38.00	60	6.8	土耳其东部
19090222	0921420	-18.00	-179.00	550	7.5	斐济群岛
19090313	--------	35.30	140.90		7.2	日本列岛
19090313	1429000	31.50	142.50	80	7.7	日本列岛
19090410	1846540	77.50	128.00		6.8	北极地区拉普捷夫海
19090414	1954000	25.00	121.50		7.3	中国台湾台北
19090425	2236000	4.00	127.00	100	7.0	马鲁古群岛北
19090429	2241120	-35.00	53.00		6.8	西印度洋海岭中部
19090511	1523370	24.40	103.00		6.0	中国云南江川以东
19090511	1554240	24.40	103.00		6.5	中国云南江川以东
19090517	0802540	-20.00	-64.00	250	7.1	玻利维亚南部
19090530	2101180	-8.00	131.00	100	7.2	东南群岛
19090603	1840480	-2.00	101.00	50	7.6	苏门答腊
19090608	0546300	-26.50	-70.50		7.6	智利近海
19090707	2137500	36.50	70.50	230	7.8	兴都库什山区
19090713	1313300	50.50	152.50	250	6.5	千岛群岛北
19090730	1051540	17.00	-100.50		7.8	墨西哥格雷罗州
19090804	--------	28.80	90.50		6.5	中国西藏浪卡子地区
19090814	0631000	35.50	136.00		7.0	日本本州岛
19090818	0039300	-22.00	172.00	100	7.3	新喀里多尼亚以东
19090908	1649480	52.50	-169.00	90	7.4	阿留申群岛
19090910	1808540	28.50	129.00	90	6.8	琉球群岛
19091020	2341120	30.00	68.00		7.2	巴基斯坦
19091030	1017300	-6.00	131.00	250	6.9	班达海
19091110	0613300	32.00	131.00	190	7.6	日本九州
19091121	0736000	24.40	121.80		7.3	中国台湾南澳近海
19091209	2328480	12.00	144.50	50	7.4	马里亚纳群岛
19100101	1102000	16.50	-84.00	60	7.1	加勒比海
19100108	1419300	35.00	122.00		6.8	中国连云港近海
19100122	0848300	67.50	-17.00		7.1	格陵兰海

续表

年月日	时分秒	纬度（°）	经度（°）	震源深度（km）	震级	参考地震（M_S≥8后注M_W）
19100123	1849420	12.00	-60.50	100	7.2	小安德烈斯群岛南
19100212	1810060	32.50	138.00	350	7.4	日本伊豆诸岛以南
19100218	0509180	36.00	24.50	150	7.0	爱琴海南部
19100330	1655480	-21.00	170.00	80	7.3	瓦努阿图以南
19100412	0022130	25.50	122.50	200	7.8	中国台湾基隆东北近海
19100420	2222000	-20.00	-177.00	330	7.0	汤加群岛
19100501	1830180	-20.00	169.00	80	7.1	新赫布里底群岛南
19100513	0758060	57.00	-160.00	100	6.8	阿拉斯加
19100601	0555300	-20.00	169.00	80	7.5	新赫布里底群岛南
19100601	0648180	-20.00	169.00	80	7.3	新赫布里底群岛南
19100616	0400163	36.50	-4.00		6.1	直布罗陀以东
19100616	0630420	-19.00	169.50	100	8.1	瓦努阿图
19100617	0528040	21.00	121.00		6.5	中国台湾恒春以南海域
19100624	1300270	36.00	4.00		6.4	阿尔及利亚沿岸
19100629	1045000	-32.00	-176.00		7.0	克马德克群岛
19100712	0736120	37.00	76.00		6.8	中国新疆塔什库尔干东南
19100724		42.50	140.80		6.0	日本北海道
19100729	1026420	-5.00	143.00	80	6.9	新几内亚岛
19100801	1000404	39.00	15.00	200	6.5	西西里岛以北
19100805	0131360	42.00	-127.00		6.8	俄勒冈远海
19100821	0538360	-17.00	-179.00	600	7.3	斐济群岛
19100821	1611300	34.00	27.00	170	6.5	爱琴海
19100901	0044550	22.70	121.70		6.5	中国台湾绿岛以东近海
19100901	1420590	24.10	122.40		6.5	中国台湾花莲以东近海
19100907	0711180	-6.00	151.00	80	7.3	新不列颠岛
19100909	0113180	51.50	-176.00		7.1	阿留申群岛
19100924	0332420	17.00	-96.00	80	6.9	墨西哥瓦哈卡州
19101004	2300060	-22.00	-69.00	120	7.3	智利北部
19101109	0602000	-15.00	166.00	80	7.8	新赫布里底群岛北
19101110	1219540	-14.00	166.50	90	7.2	新赫布里底群岛北
19101114	0734310	24.50	122.00		6.3	中国台湾宜兰近海
19101115	1421480	-58.00	-22.00	60	7.3	南桑威奇海沟
19101126	0441180	-14.00	167.00	50	7.4	瓦努阿图
19101210	0926420	-11.00	162.50	50	7.5	所罗门群岛
19101213	1137240	-8.00	31.00		7.3	坦桑尼亚
19101214	2046120	-21.00	-178.00	600	7.0	汤加群岛以西
19101216	1445000	4.50	126.50		7.5	马鲁古群岛以北
19110101	1018000	38.00	66.00	50	7.2	阿富汗边境

续表

年月日	时分秒	纬度（°）	经度（°）	震源深度（km）	震级	参考地震（M_S≥8后注M_W）
19110101	1459120	36.50	66.50	20	6.3	乌兹别克东南部
19110103	2325450	43.50	77.50		8.4	阿拉木图东　M_W7.8
19110218	1841030	40.00	73.00		7.8	吉尔吉斯斯坦
19110306	1730000	6.00	126.00	100	6.8	菲律宾棉兰老岛
19110404	1543540	36.50	25.50	140	7.0	爱琴海南部
19110410	1842240	9.00	-74.00	100	7.2	哥伦比亚北部
19110428	0952540	0.00	-71.00	600	7.1	哥伦比亚东南部
19110428	1835420	-27.00	179.50	600	6.5	斐济海
19110430	2042300	36.00	30.00	180	6.3	土耳其西南滨海区
19110504	2336540	51.00	157.00	240	7.6	堪察加半岛南
19110607	1102420	17.50	-102.50		7.8	墨西哥格雷罗州近海
19110607	2358480	41.00	50.50	46	6.4	里海
19110615	1426000	29.00	129.00	160	8.2	琉球群岛　m_B8.1
191107—	-------	28.50	97.50		6.5	中国西藏察隅地区
19110701	2200000	37.25	-121.75		6.6	旧金山沿海地带
19110704	1333260	36.00	70.50	190	7.6	兴都库什山区
19110705	1840060	-7.50	117.50	370	7.0	佛罗勒斯海
19110711	2122180	-14.00	167.00	150	6.9	瓦努阿图
19110712	0407360	9.00	126.00	50	7.8	菲律宾棉兰老东北
19110719	1001000	-29.00	-179.00	200	6.9	克马德克群岛
19110816	2241180	7.00	137.00		7.9	加罗林群岛西部
19110821	1628550	-21.00	-176.00	300	7.3	汤加群岛
19110827	1059180	17.00	-96.00	100	6.8	墨西哥瓦哈卡州
19110906	0054180	46.00	143.00	350	7.3	库页岛南
19110908	2244000	50.00	156.50	80	6.5	千岛群岛北
19110912	1253180	-23.00	172.50	150	6.8	斐济海
19110915	1310000	-20.00	-72.00	40	7.3	智利北部远海
19110917	0326000	51.00	180.00		7.0	阿留申群岛
19110922	0501240	60.50	-149.00	60	6.9	阿拉斯加
19111006	1016120	19.00	-70.50		7.0	多米尼加
19111014	2324000	31.00	80.50		6.8	中国西藏普兰西北
19111020	1744000	-12.50	166.00	160	7.1	新赫布里底群岛北
19111029	1809000	11.00	-101.00		6.8	墨西哥以南远海
19111113	1613120	52.00	173.00		7.0	阿留申群岛
19111116	2125480	48.30	9.10	40	6.3	德国斯图加特以南
19111122	2305240	-15.00	169.00	200	7.3	新赫布里底群岛北
19111216	1914180	17.00	-100.50	50	7.5	墨西哥格雷罗州
19111231	0607060	-2.00	143.50		7.0	新几内亚岛

续表

年月日	时分秒	纬度（°）	经度（°）	震源深度（km）	震级	参考地震（M_S≥8后注M_W）
19120104	1546540	52.00	-179.00	50	7.0	阿留申群岛
19120124	1623060	38.00	20.50	60	6.8	希腊伊奥尼亚群岛海域
19120131	2011480	61.00	-147.50	80	7.3	阿拉斯加
19120220	1303000	-29.50	25.00		6.0	南非中部
19120311	1017300	51.00	-131.00		6.5	温哥华岛西北
19120325	0449300	-18.00	169.00	240	7.0	瓦努阿图
19120425	1027480	36.50	70.50	220	6.8	兴都库什山区
19120506	1900000	64.00	-20.00		7.0	冰岛地区
19120511	1726240	-9.00	72.00		6.8	查戈斯群岛
19120513	1935480	57.00	162.00	100	6.8	堪察加半岛
19120515	0004180	-30.00	-178.50	250	6.5	克马德克群岛
19120522	2308180	36.50	70.50	220	6.3	兴都库什地区
19120523	0224060	21.00	97.00		8.0	缅甸中部　M_W7.7
19120525	1801420	45.75	27.25	100	6.0	罗马尼亚东部
19120525	2015000	45.70	27.20	40	6.2	罗马尼亚东部
19120525	2100000	45.70	27.20	40	6.2	罗马尼亚东部
19120601	0031180	36.50	70.50	200	6.0	兴都库什山区
19120607	0955540	59.00	-153.00		6.4	阿拉斯加
19120608	0441300	41.00	141.00	100	6.8	日本本州岛北部
19120610	1606060	59.00	-153.00		7.0	阿拉斯加
19120612	1243420	17.00	-89.00		6.8	伯利兹地区
19120614	0131420	52.00	151.00	500	6.5	鄂霍次克海
19120707	0757360	64.00	-147.00		7.4	阿拉斯加
19120709	0818060	3.00	33.00		6.8	乌干达北部
19120718	2116180	-28.00	-114.00		6.5	复活节岛以西海域
19120724	2324240	31.00	137.00	500	6.0	日本伊豆诸岛以南
19120806	2111180	-14.00	167.00	260	7.2	瓦努阿图
19120809	0129000	40.50	27.00		7.8	土耳其西部
19120817	1911480	4.00	127.00		7.5	马鲁古群岛北
19120818	1320000	-7.00	123.00	650	6.5	佛罗勒斯海
19120823	2114300	36.50	70.50	200	6.8	兴都库什山区
19120901	0410000	-4.50	155.00	430	7.0	所罗门群岛
19120911	0047540	5.00	96.50	100	6.5	苏门答腊岛西北部
19120929	2051300	7.00	138.00	50	7.5	加罗林群岛西部
19121026	0900360	14.00	146.00	130	7.0	马里亚纳群岛南
19121031	1724060	7.00	138.00		7.0	加罗林群岛西部
19121107	0740240	57.50	-155.00	90	7.5	阿拉斯加湾
19121119	1355000	19.00	-100.00	80	7.0	墨西哥城西南
19121128	2055060	36.50	70.50	230	6.5	兴都库什地区

续表

年月日	时分秒	纬度（°）	经度（°）	震源深度（km）	震级	参考地震（M_S≥8后注M_W）
19121205	1227360	57.50	-154.00	90	7.0	阿拉斯加湾
19121207	2246500	-29.00	-62.50	620	7.5	阿根廷北部
19121209	0832240	15.50	-93.00		7.0	墨西哥恰帕斯州
19121223	2356120	0.00	123.00	50	7.0	马鲁古海
19121224	1807370	23.80	121.80		6.3	中国台湾花莲以东近海
19130107	2250150	23.80	121.70		6.5	中国台湾花莲以东近海
19130108	1854510	23.80	121.70		6.5	中国台湾花莲东南近海
19130111	1316540	1.50	122.00		7.1	苏拉威西岛北部
19130119	1705360	2.00	86.00		7.0	东印度洋海岭中部
19130119	2347550	46.00	152.00	150	7.0	千岛群岛
19130214	1852000	-9.00	162.00	100	6.8	所罗门群岛
19130303	2002120	28.00	129.00	150	6.8	琉球群岛
19130306	1104000	30.00	83.00		6.4	中国、尼泊尔边境
19130314	0845000	4.50	126.50	40	7.9	马鲁古群岛以北
19130318	0121070	63.40	145.80	20	6.2	东西伯利亚
19130323	2047180	24.00	142.00	80	7.0	硫球列岛
19130331	0341060	51.00	-179.00	60	6.9	阿留申群岛
19130413	0640180	31.50	132.00		6.8	日本九州
19130425	1756300	9.50	127.00		7.2	菲律宾海沟
19130508	1835240	-17.00	-174.50	200	7.0	汤加群岛
19130604	0957180	-1.50	150.00		7.0	新爱尔兰岛以北
19130614	0933120	43.50	25.50		6.8	保加利亚北部
19130626	0457120	-20.00	-174.00		7.6	汤加群岛
19130725	1238060	13.00	-83.00		6.3	尼加拉瓜东部近海
19130728	0539180	-17.00	-74.00		7.0	秘鲁以南近海
191308—	--------	28.70	102.20		6.0	中国四川冕宁越溪地区
19130806	2214240	-17.00	-74.00	40	7.8	秘鲁以南近海
19130813	0425420	-5.50	105.00	75	7.2	苏门答腊岛南部
19130916	1156420	6.00	36.50		6.2	埃塞俄比亚
19131014	0808480	-19.50	169.00	230	7.8	新赫布里底群岛
19131110	2112300	-18.00	169.00	80	7.5	瓦努阿图
19131115	0527060	-23.00	171.00	150	7.0	斐济海
19131221	1537380	24.15	102.45		7.0	中国云南峨山 <10>
19131221	1703040	24.20	102.50		6.0	中国云南峨山
19140112	0928060	31.50	131.00	50	7.0	日本九州
19140130	0336000	-35.00	-73.00		7.6	智利中部近海
19140206	1142180	29.50	65.00	100	7.0	阿富汗南部与巴基斯坦接壤地区

续表

年月日	时分秒	纬度（°）	经度（°）	震源深度（km）	震级	参考地震（M_S≥8后注M_W）
19140226	0458120	-18.00	-67.00	130	7.2	玻利维亚西部
19140306	1905300	56.00	163.00	50	7.0	堪察加半岛
19140328	1044000	23.00	95.00		6.9	缅甸西北部
19140330	0041180	17.00	-92.00	150	7.5	墨西哥东南部
19140411	1630240	-12.00	163.00	50	7.3	所罗门群岛
19140524	1556240	-10.00	15.00		6.0	安哥拉西北部
19140526	1422420	-2.00	137.00		7.9	新几内亚岛地区
19140528	0323540	9.00	-78.00	70	7.2	巴拿马东部
19140620	0720300	-12.00	166.00	50	7.3	圣克鲁斯群岛
19140625	1907180	-4.50	102.50		7.6	苏门答腊岛南部
19140704	1748240	29.00	128.00	210	6.9	琉球群岛
19140704	2338540	-5.50	129.00	200	7.0	班达海
19140706	0637300	24.00	122.00	60	6.8	中国台湾花莲以东近海
19140721	2231180	49.00	-130.00		6.5	温哥华岛西
19140803	1125300	18.50	-76.50		6.0	牙买加东近海
19140804	2241360	43.50	91.50		7.5	中国新疆鄯善以东
19140806	0410420	-6.00	123.00	600	7.0	苏拉威西
19140822	0528180	44.00	-129.00		6.8	俄勒冈远海
19141003	1722120	16.00	-61.00	100	7.4	小安德烈斯群岛
19141003	2207060	38.00	30.00		7.1	土耳其西部
19141006	1915480	-38.00	178.50		6.5	新西兰东岸区近海
19141009	0239100	35.00	78.00		6.5	中国新疆喀喇昆仑山口
19141011	1617060	12.00	94.00	80	7.2	安达曼海
19141017	0622300	38.25	23.50		6.0	希腊雅典西北
19141028	0016180	-40.00	178.00		6.5	新西兰以东远海
19141122	0814180	-39.00	176.00	100	7.0	新西兰惠灵顿地区
19141124	1153300	22.00	143.00	110	8.1	马里亚纳群岛以北海域
19141223	0607000	52.50	139.80	25	6.0	尼古拉耶夫斯克
19150105	1433150	-15.00	168.00	200	7.3	瓦努阿图
19150105	2326420	25.00	123.00	160	7.3	中国台湾基隆以东近海
19150113	0652420	42.00	13.50		7.0	意大利罗马以东
19150225	2036120	-20.00	180.00	600	7.3	斐济群岛
19150312	1448300	12.00	124.00	40	7.0	菲律宾米沙鄢群岛
19150317	1845000	42.00	142.00	100	7.3	日本本州岛以北
19150423	1529180	-8.00	-68.00	650	7.3	巴西西部
19150428	0319460	34.50	96.00		6.5	中国青海曲麻莱以北
19150430	0144540	44.00	101.00		6.5	蒙古巴彦洪戈尔省
19150501	0500000	47.00	155.00		7.9	千岛群岛地区

续表

年月日	时分秒	纬度（°）	经度（°）	震源深度（km）	震级	参考地震（M_S≥8后注M_W）
19150505	1512080	34.00	96.00		6.5	中国青海曲麻莱
19150506	1209000	39.50	-126.50		6.8	加利福尼亚州远海
19150508	1342540	-23.00	39.00		6.8	莫桑比克海峡
19150521	0418060	6.00	31.00		6.6	苏丹南部
19150601	1443540	78.50	8.00		6.8	斯瓦巴德群岛
19150606	2129370	-18.50	-68.50	160	7.6	玻利维亚
19150707	1642540	40.00	15.00	299	6.0	意大利第勒尼安海
19150711	1128360	37.00	-10.50	50	6.3	葡萄牙西南远海
19150731	0131240	54.00	162.00		7.8	堪察加半岛
19150812	0736360	-2.50	119.50	60	6.8	苏拉威西岛
19150812	0917060	9.00	92.00		6.3	尼科巴群岛
19150907	0120480	14.00	-89.00	80	7.8	萨尔瓦多
19150911	2359120	5.50	123.50	600	6.8	苏拉威西海
19150923	0814480	16.00	39.00		6.8	埃塞俄比亚高原
19151003	0652480	40.50	-117.50		7.8	内华达州
19151008	1536030	33.50	138.00	170	7.0	日本本州以南远海
19151011	1933120	19.00	-67.00		6.8	波多黎各岛以北远海
19151101	0724000	39.00	142.50		7.7	日本本州东北
19151118	2019180	18.00	119.50		6.3	菲律宾吕宋岛西北海域
19151121	0013420	32.00	-115.00		7.1	亚利桑那州南
19151203	0239190	29.53	91.50		7.0	中国西藏拉萨东南
19151217	0704470	42.00	79.50		6.5	中国新疆乌什以北
19151231	1220000	41.00	-126.00		6.5	加利福尼亚州远海
19160101	1320360	-4.00	154.00		7.8	新爱尔兰岛以东近海
19160113	0618300	-3.00	136.00		7.5	新几内亚岛
19160113	0820480	-3.00	135.50		7.8	新几内亚岛
19160126	0738000	46.00	24.00		6.5	罗马尼亚中部
19160227	2020480	12.00	-90.00		7.5	萨尔瓦多以南远海
19160407	0926120	-30.00	55.00		7.4	西印度洋海岭中部
19160418	0401480	53.25	-170.00	170	7.5	阿留申群岛
19160421	1131480	33.00	141.00		7.0	日本伊豆诸岛以南
19160421	1356220	36.50	70.50	220	6.3	兴都库什山区
19160424	0426420	18.50	-68.00	80	7.2	大安德烈斯群岛
19160424	0802120	11.00	-85.00		7.3	哥斯达黎加
19160426	0221300	10.00	-85.00		7.3	哥斯达黎加
19160509	1433420	1.50	89.00		6.3	东印度洋海岭中部
19160602	1359240	17.50	-95.00	150	7.1	墨西哥东南部
19160621	2132300	-28.50	-63.00	600	7.5	阿根廷北部

续表

年月日	时分秒	纬度（°）	经度（°）	震源深度（km）	震级	参考地震（M_S≥8后注M_W）
19160708	0934300	-18.00	180.00	600	7.0	斐济群岛
19160727	1152420	4.00	96.50	100	7.0	苏门答腊地区
19160825	0944420	-21.00	-68.00	180	7.5	玻利维亚西南部
19160828	0639420	30.00	81.00		7.5	中国西藏普兰南部
19160828	0727050	23.70	120.90		6.5	中国台湾南投
19160911	0630360	-9.00	113.00	100	7.3	爪哇岛
19160915	0701180	34.50	141.00	100	7.3	日本本州东南
19161114	2231330	24.00	121.00		6.0	中国台湾南投埔里镇
19161130	1318000	20.00	-70.00		6.8	多米尼加
19170114	1650060	23.60	120.90		6.3	中国台湾南投南部
19170124	0048120	31.30	116.20		6.3	中国安徽佛子岭水库附近
19170130	0245360	56.50	163.00		7.8	堪察加半岛
19170215	0048240	-30.00	-73.00		7.0	智利以西近海
19170220	1929480	19.50	-78.50		7.4	古巴东南近海
19170421	0049490	37.00	70.50	220	7.0	兴都库什山区
19170429	1155300	55.50	113.00		6.5	贝加尔湖地区
19170501	1826300	-29.00	-177.00	50	8.0	克马德克群岛　M_W8.0
19170528	---0939	38.70	124.00		6.3	黄海东南部
19170610	0432240	44.00	-129.00		6.5	俄勒冈远海
19170624	1948360	-21.00	-174.00	60	7.3	汤加群岛
19170626	0549420	-15.50	-173.00		8.3	萨摩亚群岛
19170704	0038200	25.00	123.00		7.0	中国台湾基隆以东近海
19170704	0536300	25.00	123.00		6.5	中国台湾基隆以东近海
19170727	0101180	19.00	-67.50	50	7.0	多米尼加
19170727	0251480	-31.00	-70.00	60	7.0	阿根廷西部边境地区
19170729	2152240	-3.50	141.00		7.6	新几内亚岛
19170730	2354050	28.00	104.00		7.0	中国云南大关北 <12>
19170731	0323100	42.50	131.00	460	7.5	中国吉林珲春东南
19170830	0407150	-7.50	128.00	100	7.8	西南群岛
19170831	1136240	4.00	-74.00		7.3	哥伦比亚中部
19171116	0319300	-29.00	-177.50		7.5	克马德克群岛
19171128	1440100	46.90	89.90		6.1	中国新疆富蕴 <20>
19180130	2118330	45.50	135.00	330	7.7	日本海
19180204	1754490	29.60	87.8		6.0	中国西藏昂仁东北
19180207	0520300	6.50	126.50	120	7.5	菲律宾棉兰老岛东南
19180209	2046260	43.00	130.00	450	6.5	中国吉林图门地区
19180212	2025190	23.20	117.4		6.8	中国广东南澳 <23>

续表

年月日	时分秒	纬度（°）	经度（°）	震源深度（km）	震级	参考地震（M_S≥8后注M_W）
19180213	0607110	23.20	117.40		7.3	中国广东南澳 <23>
19180224	2300200	12.00	-62.00		6.3	小安德烈斯群岛
19180327	0352150	25.00	123.00		6.3	中国台湾基隆以东近海
19180410	0203540	43.50	130.50	570	7.2	中国吉林珲春以北
19180413	0051150	-8.00	85.00		6.5	东印度洋海岭北部
19180421	2232250	33.75	-117.00		6.8	加利福尼亚州
19180511	2123140	-27.00	-113.50		6.3	复活节岛以西
19180520	1436000	7.50	-36.00		7.4	大西洋海岭中部
19180520	1755100	-28.50	-71.50	80	7.5	智利中部近海
19180520	1803420	-1.00	153.00		6.7	新爱尔兰岛以北
19180522	0631270	-17.00	-177.50	380	7.0	斐济群岛
19180523	1157300	27.00	-111.00		6.8	加利福尼亚湾
19180525	1929200	-30.50	-92.50	60	7.0	秘鲁-智利海盆
19180703	0652050	-3.50	142.50		7.5	新几内亚岛
19180708	1022070	24.50	91.00		7.6	孟加拉地区
19180715	0023000	41.00	-125.00		6.5	加利福尼亚州近海
19180716	2003460	35.50	25.50	150	6.5	爱琴海
19180815	1218120	5.50	123.00		8.3	苏拉威西海　M_W 8.2
19180815	1730110	5.50	126.00		7.0	菲律宾棉兰老岛
19180907	1716130	45.50	151.50		8.3	千岛群岛地区　m_b7.6
19180921	2001210	49.80	87.70	8	6.0	新西伯利亚东南
19180922	0955030	-1.00	100.00		6.8	苏门答腊岛中部
19180930	1751450	-24.00	171.50	80	6.8	斐济海
19181011	1414300	18.50	-67.50		7.5	莫纳海峡
19181014	1200300	-19.00	-174.00	130	7.0	汤加群岛
19181027	1706400	-2.00	148.00	50	7.4	俾斯麦群岛北
19181103	1114000	-47.00	165.00	50	6.8	新西兰奥克兰群岛
19181108	0438000	44.50	151.50		7.8	千岛群岛地区
19181118	1841550	-7.00	129.00	190	7.8	西南群岛
19181123	2257550	-7.00	129.00	190	7.3	西南群岛
19181130	0648400	71.00	132.00		6.3	拉普帖夫海
19181201	0235040	39.00	73.00		6.5	中国新疆乌兹别里山口
19181204	1147480	-26.00	-71.00		7.8	智利北部近海
19181206	0841050	49.75	-126.50		7.0	温哥华岛近海
19181225	1021180	-7.00	153.00	450	6.8	所罗门群岛
19190101	0133420	8.00	126.00		7.4	菲律宾棉兰老岛
19190101	0259570	-19.50	-176.50	180	8.0	斐济群岛　m_B7.7
19190302	0326500	-41.00	-73.50	40	7.2	智利南部

续表

年月日	时分秒	纬度（°）	经度（°）	震源深度（km）	震级	参考地震（M_S≥8后注M_W）
19190302	1145170	-41.00	-73.50	40	7.3	智利南部
19190310	2120080	26.40	125.50	130	6.0	中国赤尾屿海域
19190321	0102230	13.00	123.00	50	6.5	菲律宾吕宋岛
19190417	1122050	-29.50	-178.00		7.0	克马德克群岛
19190417	2053030	14.50	-91.75		7.0	危地马拉
19190427	0022050	11.00	123.00		6.4	菲律宾米沙鄢群岛
19190430	0717050	-19.00	-172.50		8.3	汤加群岛　M_W 8.2
19190501	0505390	-9.00	35.00		6.5	坦桑尼亚南边境
19190503	0052000	40.50	145.50		7.6	北海道以东海中
19190506	1941120	-5.00	154.00		7.9	新爱尔兰以东
19190529	1059450	31.50	100.50		6.3	中国四川炉霍
19190601	0651200	26.50	125.00	200	7.0	中国赤尾屿海域
19190629	2314230	13.50	-86.50	90	6.8	尼加拉瓜
19190708	2106250	-6.00	32.50		6.8	坦桑尼亚西部
19190711	0030380	8.00	-72.00		6.3	委内瑞拉东北部
19190722	2201350	12.00	-85.00	150	6.5	尼加拉瓜
19190724	0203200	40.00	76.00		6.5	中国新疆阿图什地区
19190818	1655250	-20.50	-178.50	300	7.2	斐济海
19190825	1955150	32.00	100.00		6.3	中国四川甘孜地区
19190828	1934220	23.80	121.80		6.0	中国台湾花莲以东近海
19190829	0543540	-2.50	127.00		7.0	马鲁古群岛
19190831	1720460	-16.00	169.00	180	7.3	新赫布里底群岛
19190906	0929490	19.50	-64.50		6.3	小安德烈斯群岛北
19191011	1317300	40.00	140.00		6.3	日本本州岛北部
19191031	1536350	-25.00	30.00		6.5	南非东北部
19191031	1902100	23.10	122.20		6.0	中国台湾台东北部近海
19191120	1411430	-13.00	167.00	210	7.0	瓦努阿图
19191220	1934000	23.00	121.70		6.3	中国台湾台东北部近海
19191220	2037240	23.00	121.70		7.0	中国台湾台东北部近海
19200103	1624000	19.30	-96.90		7.8	墨西哥东南部
19200112	1339580	23.50	144.00		6.0	马里亚纳海沟
19200122	2144300	25.50	122.00		6.5	中国台湾花莲屿海域
19200130	1826450	3.00	-77.50		6.0	哥伦比亚东部
19200202	1122180	-4.00	152.50		7.7	新爱尔兰岛
19200208	0524300	-35.00	111.00		6.3	澳大利亚卢温角远海
19200210	2207150	18.00	-67.50		6.5	波多黎各岛以东
19200220	1144250	42.00	44.10	11	6.2	格罗兹尼附近
19200222	1735500	47.50	146.00	340	7.0	库页岛以东远海

续表

年月日	时分秒	纬度（°）	经度（°）	震源深度（km）	震级	参考地震（M_S≥8后注M_W）
19200320	1831250	-35.00	-110.00		7.0	复活节岛以南远海
19200329	0507530	51.00	-129.00		6.4	温哥华岛近海
19200419	2106360	19.00	-97.00	110	6.8	墨西哥东南部
19200502	0827500	35.00	90.50		6.3	中国青海乌兰乌拉湖地区
19200502	1446400	35.00	90.50		6.0	中国青海乌兰乌拉湖地区
19200505	1345570	17.00	96.50		7.3	中、缅接壤地区
19200506	0940350	43.00	131.50	520	6.3	中国吉林珲春以东
19200510	1849480	-5.00	130.00	370	6.5	班达海
19200512	2153140	36.00	137.50	100	6.8	日本本州中部
19200520	0726050	-12.50	167.00	110	6.8	瓦努阿图以北
19200527	0548120	-6.00	113.00	600	6.5	爪哇海
19200605	0421280	23.50	122.70		8.0	中国台湾花莲以东近海　M_W 7.9
19200704	0011400	-2.00	-14.00		6.0	大西洋中部
19200707	1841290	61.00	-140.00		6.0	加拿大洛根峰地区
19200716	1714150	10.00	-87.00		6.0	哥斯达黎加以西远海
19200803	0302280	5.00	128.00	250	6.8	菲律宾海沟
19200803	1957120	-27.50	-70.00		6.8	智利北部
19200813	0203000	-20.00	-68.00	150	6.5	玻利维亚西南部
19200815	0816430	-14.00	167.00	240	6.8	瓦努阿图
19200904	1409020	-54.00	2.00		6.5	南大西洋
19200920	1439000	-20.00	168.00		8.0	新赫布里底群岛　M_W7.8
19200924	2155000	6.00	-83.00		6.5	哥伦比亚以西远海
19201012	0654480	36.00	81.00		6.3	中国新疆和田西南
19201018	0811350	45.00	150.50	50	7.2	千岛群岛地区
19201020	1002270	24.10	122.20		6.5	中国台湾花莲以东近海
19201020	1915510	24.10	122.30		6.3	中国台湾花莲港近海
19201112	0541580	1.00	-28.00		6.5	大西洋中部
19201116	0830570	72.50	-128.00	50	6.5	波弗特海域
19201204	0551470	-39.00	21.00		6.3	南非以南远海
19201205	1001150	0.00	-17.00		6.3	大西洋中部
19201210	0425400	-39.00	-73.00		7.4	智利中部
19201216	1205530	36.70	104.90		8.5	中国宁夏海原 <17>　M_W 8.3
19201221	2133420	29.00	98.50		6.0	中国宁夏海原 <10>
19201225	1133130	36.60	105.20		7.0	中国宁夏海原西
19201228	0316290	37.10	105.30		6.3	中国宁夏海原西北
19210102	0706400	45.50	150.00		6.3	千岛群岛地区
19210107	0251240	-51.00	140.00		6.3	南极-澳大利亚海丘
19210107	0942250	37.00	105.00		6.0	中国宁夏海原西北

续表

年月日	时分秒	纬度（°）	经度（°）	震源深度（km）	震级	参考地震（M_S≥8后注M_W）
19210204	0822440	15.00	-91.00	120	7.5	危地马拉
19210210	2353450	18.00	148.00		6.3	马里亚纳海沟
19210214	0100470	3.50	126.00		6.3	马鲁古群岛
19210219	1814350	-2.00	139.00		6.8	新几内亚岛
19210227	1823340	-18.50	-173.00		7.2	汤加群岛
19210304	1251030	29.00	139.00	450	6.0	小笠原群岛西北
19210319	0819450	24.00	116.50		6.3	中国广东梅县
19210323	2244400	-6.50	131.00	50	6.0	东南群岛
19210328	0749220	12.50	-87.50		7.3	尼加拉瓜西部近海
19210330	1502170	-7.00	128.00	170	6.8	班达海
19210401	0406440	2.00	98.00		6.8	苏门达腊
19210402	0936450	23.30	122.00		6.5	中国台湾台东东北近海
19210410	1340160	54.00	-134.00		6.5	亚力山大群岛
19210412	0936000	35.80	106.20		6.5	中国宁夏固原地区
19210520	0043200	36.00	70.50	220	6.8	兴都库什地区
19210628	1358550	-38.50	175.50	140	6.8	新西兰惠灵顿区
19210704	1418200	25.50	141.50	200	7.2	硫黄列岛
19210715	1806220	2.00	128.00	140	6.0	马鲁古群岛
19210718	1703000	23.00	121.70		6.0	中国台湾台东东北近海
19210725	0140350	24.00	123.00		6.0	中国台湾花莲以东远海
19210725	1927140	24.00	123.00		6.0	中国台湾花莲以东远海
19210823	2017280	67.00	-18.00		6.3	格陵兰海
19210903	0858000	33.50	143.00		6.0	日本海沟
19210911	0401380	-11.00	111.00		7.5	爪哇海沟
19210913	0236540	-55.00	-29.00		7.2	南桑威奇海沟
19210920	2021230	-5.00	110.00	600	6.0	爪哇海
19210929	1309200	48.50	153.00	100	6.3	千岛群岛地区
19211014	1643450	30.50	91.00		6.3	中国西藏当雄地区
19211015	0458120	-13.50	166.00	40	7.0	瓦努阿图
19211020	0603240	-18.50	-68.00	120	7.0	玻利维亚西部
19211111	1836080	8.00	127.00		7.5	菲律宾棉兰老岛
19211113	0840450	10.50	-71.00		6.3	委内瑞拉北部沿海
19211115	2036380	36.50	70.50	215	7.8	兴都库什山区
19211201	1049400	33.70	122.00		6.5	中国黄海海域
19211208	-------	35.80	140.10		6.6	日本关东地区
19211218	1529350	-2.50	-71.00	650	7.6	秘鲁北部
19220106	1411020	-16.50	-73.00		7.2	秘鲁南部近海
19220109	0509340	24.00	-46.00		7.1	北大西洋

续表

年月日	时分秒	纬度（°）	经度（°）	震源深度（km）	震级	参考地震（M_S≥8后注M_W）
19220110	1341120	24.00	123.00		6.0	中国台湾花莲以东远海
19220117	0350330	-2.50	-71.00	650	7.6	秘鲁北部
19220126	0931200	41.00	-126.00		6.0	加利福尼亚州远海
19220131	1317220	41.00	-125.50		7.3	加利福尼亚州近海
19220214	1245220	-13.50	67.00		6.0	印度洋海岭北部
19220304	1307380	52.50	157.00	220	7.0	堪察加半岛
19220310	1121200	35.75	-120.25		6.5	加利福尼亚州
19220310	1652300	-22.00	180.00	570	6.8	斐济海
19220328	0357540	-21.00	-68.00	90	7.2	玻利维亚西南部
19220408	2042210	72.00	-8.50		6.3	格陵兰海
19220426	-------	35.20	139.70		6.4	日本关东地区
19220511	0645350	12.00	-59.50		6.0	巴巴多斯以南远海
19220602	2011470	7.50	127.50	50	6.8	菲律宾海沟
19220612	0447440	24.00	-108.50		6.8	加利福尼亚湾
19220702	1329480	23.80	122.30		6.0	中国台湾花莲近海
19220703	0529220	-8.50	66.00		6.0	查戈斯群岛西南
19220710	0938100	-19.00	-62.50	630	6.8	玻利维亚东南部
19220719	1254500	24.80	121.00		6.0	中国台湾新竹市区
19220813	0009530	36.00	28.00	40	6.8	南斯波拉提群岛
19220814	1141130	53.00	150.00	530	6.8	鄂霍次克海
19220825	1929400	50.00	91.00		6.5	蒙古乌布苏省西部
19220901	1916060	24.50	122.00		7.6	中国台湾宜兰近海
19220904	1704080	-10.50	-69.50	660	6.9	巴西西部边境
19220904	1753350	24.00	120.00		6.5	中国台湾海峡，彰化近海
19220914	1931390	24.60	122.30		7.2	中国台湾宜兰近海
19220916	2244360	23.90	122.50		6.3	中国台湾花莲以东远海
19220917	0722360	24.20	122.20		6.0	中国台湾花莲以东远海
19220917	0753060	24.20	122.20		6.3	中国台湾花莲以东远海
19220917	0959180	24.20	122.20		6.8	中国台湾花莲以东远海
19220918	0620000	24.20	122.20		6.0	中国台湾花莲以东远海
19220928	2201050	39.20	120.50		6.5	渤海中部
19221011	1449500	-16.00	-72.50	50	7.4	秘鲁西南沿海
19221014	0356250	24.50	122.20		6.3	中国台湾宜兰东近海
19221014	2346450	24.60	123.30		6.8	中国台湾宜兰东近海
19221016	1601320	39.50	91.00		6.5	中国新疆罗布泊东南
19221017	0637590	12.50	96.00		6.3	安达曼海
19221024	2121060	47.00	151.50	80	7.4	千岛群岛地区
19221027	1422400	24.50	122.20		6.5	中国台湾花莲以东远海
19221107	2300090	-28.00	-72.00		7.0	智利中部近海

续表

年月日	时分秒	纬度（°）	经度（°）	震源深度（km）	震级	参考地震（M_S≥8后注M_W）
19221111	0432360	-28.50	-70.00		8.3	智利和阿根廷接壤地区　M_W 8.7
19221202	0346360	24.60	122.00		6.3	中国台湾宜兰以东近海
19221206	1355360	36.50	70.50	230	7.5	兴都库什山区
19221208	--------	32.70	130.10		6.0	日本九州地区
19221217	0050480	39.00	73.00		6.0	中国新疆乌兹别里山口
19221217	0051200	36.50	70.50	210	6.7	兴都库什山区
19221218	1235030	19.00	-67.00		6.3	波多黎各岛以北远海
19221225	0333100	-43.00	173.00		6.3	新西兰坎特伯里区
19221231	0719590	45.50	151.25		7.0	千岛群岛地区
19230122	0904180	40.50	-124.50		7.2	加利福尼亚州沿海
19230201	1924580	-21.00	169.50	50	7.0	新赫布里底群岛
19230202	0507380	53.50	162.00		7.2	堪察加半岛以东
19230203	1601410	54.00	161.00		8.3	堪察加半岛　M_W 8.5
19230223	0551540	0.00	124.00		6.8	马鲁古海
19230224	0734360	56.00	162.50		7.4	堪察加半岛
19230302	1648520	6.50	124.00		7.2	棉兰老岛西南
19230316	2201380	6.00	127.00		7.0	菲律宾海沟
19230324	1240060	31.50	101.00		7.3	中国四川炉霍道孚一带 <13>
19230413	1531020	56.50	162.50		7.2	堪察加半岛
19230419	0309080	2.50	117.50		7.0	加里曼丹岛
19230423	0316500	26.50	126.50		6.8	琉球群岛
19230501	1036180	-55.00	-24.00	50	6.8	南桑威奇海沟
19230504	1626390	55.50	-156.50		7.1	阿拉斯加
19230504	2226450	-28.75	-71.75	60	7.0	智利中部近海
19230528	0125530	-1.50	88.50		6.5	东印度洋海岭北部
19230530	1756420	77.00	127.00		6.0	拉普帖夫海
19230601	1724420	35.75	141.75		7.2	日本本州以东近海
19230622	0644330	22.75	98.75		7.3	缅甸、仰光东北
19230701	0754550	22.00	100.50		6.5	中国云南勐海
19230702	0231550	23.10	122.00		6.5	中国台湾台东东北近海
19230712	0315400	-14.50	180.00	50	6.5	斐济群岛
19230713	1113340	31.00	130.50		7.2	琉球群岛
19230720	1502370	-1.50	-13.50		6.5	大西洋中部
19230723	0730260	34.00	-117.25		6.3	加利福尼亚州
19230801	0316380	35.00	25.00	150	6.7	爱琴海克里特岛
19230801	0429470	-49.00	32.00		6.0	爱德华群岛以南
19230808	1201270	10.50	-63.50	110	6.5	委内瑞拉北部沿海
19230808	1217250	0.50	-30.00		6.3	大西洋中部

续表

年月日	时分秒	纬度（°）	经度（°）	震源深度（km）	震级	参考地震（M_S≥8后注M_W）
19230811	0054250	4.50	119.50		6.5	苏拉威西海
19230812	1006080	26.50	128.00		6.8	琉球群岛
19230827	1114450	23.80	121.90		6.3	中国台湾花莲以东近海
19230901	0258360	35.25	139.50		8.2	日本东京　M_W 7.9
19230902	0246400	35.00	139.50		7.7	日本东京
19230902	2238120	-16.00	-68.50	150	7.0	玻利维亚西部边境
19230909	2203430	25.25	91.00		7.1	孟加拉国、印度接壤地区
19230914	1257310	48.00	96.00		6.3	蒙古扎布汗省
19230917	0339320	31.00	140.00	150	6.0	日本伊豆诸岛以南
19230917	0709140	35.50	55.00		6.5	伊朗
19230922	2047380	29.00	56.50		6.9	伊朗
19230926	0229200	1.50	-29.50		6.0	大西洋中部
19230930	0120500	54.00	-32.00		6.5	北大西洋
19231007	0329340	-1.75	128.75		7.5	马鲁古群岛
19231010	0711180	72.00	-10.00		6.5	格陵兰海
19231020	0318480	30.00	99.00		6.5	中国四川巴塘
19231102	2108060	-4.50	151.50	50	7.2	新不列颠岛
19231103	0837460	19.50	-73.50		6.0	大安德烈斯群岛
19231104	0004300	-5.00	152.00		7.2	新不列颠岛
19231105	2127530	29.25	130.00		7.2	琉球群岛
19231106	1715170	-38.00	-73.50		6.3	智利康塞普西翁附近
19231118	2129200	24.00	123.00		6.8	中国台湾花莲以东远海
19231122	0720450	24.00	123.00		6.0	中国台湾花莲以东远海
19231126	1218370	-31.00	58.00		6.0	西印度洋海岭中部
19231228	2224520	39.50	68.00		6.0	乌兹别克东部
19240115		35.50	139.20		6.7	日本东京
19240116	2138000	-21.00	-176.00	350	7.0	汤加群岛
19240121	0152540	55.00	156.50	340	7.0	堪察加半岛
19240130	0447430	13.00	144.00		6.3	马里亚纳群岛
19240213	2250130	-2.50	122.00		6.5	苏拉威西岛
19240218	1703560	34.50	34.00		6.0	塞浦路斯岛东南
19240219	0700020	39.40	48.60	75	6.6	伊朗阿塞拜疆接壤地区
19240229	0838200	-50.00	30.00	60	6.8	爱德华群岛西南
19240304	1007420	9.75	-84.00		7.0	哥斯达黎加
19240305	0425040	-7.00	129.00	180	6.8	西南群岛
19240311	2244230	-4.00	-82.00	60	6.8	秘鲁北部近海
19240315	1031220	49.00	142.50		7.0	库页岛
19240330	0008560	50.00	-130.25		6.0	温哥华岛西

续表

年月日	时分秒	纬度（°）	经度（°）	震源深度（km）	震级	参考地震（M_S≥8后注M_W）
19240403	0230300	32.00	139.00	350	6.0	日本伊豆诸岛以南
19240412	1512340	40.50	73.50		6.8	吉尔吉斯南部
19240413	1348000	5.00	177.50		6.3	加里曼丹岛
19240414	1620230	6.50	126.50		8.3	菲律宾棉兰老岛东南　M_W 8.2
19240420	1427040	15.00	52.00		6.3	亚丁湾
19240425	1804590	27.50	142.00		6.0	小笠原群岛
19240430	0507380	-34.00	-176.00		6.0	克马德克群岛
19240504	1651430	-21.00	-178.00	560	7.3	汤加以西
19240506	1609200	16.00	119.00		6.8	中国南海中沙群岛海域
19240525	1346350	-19.00	-179.00	550	6.3	斐济群岛
19240528	0951590	48.00	146.00	500	7.0	库页岛以东
19240622	1636430	-7.00	107.00	100	6.0	爪哇岛
19240622	2229080	5.50	-78.50	60	6.5	哥伦比亚近海
19240626	0137340	-56.00	157.50		7.8	奥克兰群岛地区　M_W 8.3
19240630	1544250	45.00	147.50	120	7.3	北海道以东
19240703	0440100	36.80	83.80		7.3	中国新疆民丰东南<33>
19240706	1418410	7.00	-78.00		6.8	巴拿马湾
19240706	1831490	40.50	73.50		6.5	吉尔吉斯南部
19240711	1944440	37.10	83.60		7.2	中国新疆民丰东部
19240722	0404180	-2.00	-80.00	250	6.5	厄瓜多尔沿海
19240722	1423460	23.80	122.30		6.3	中国台湾花莲近海
19240724	0455170	-49.50	159.00	50	7.5	奥克兰群岛地区
19240729	0518450	-2.50	120.00		6.8	苏拉威西岛
19240806	1422400	36.50	140.50	75	6.5	日本本州
19240810	0612000	-30.00	-178.00	50	6.8	克马德克群岛
19240813	2357500	29.50	90.00		6.0	中国西藏拉萨以西
19240814	1802370	36.00	142.00		7.0	日本本州以东近海
19240825	0221450	-45.00	35.50		6.8	爱德华群岛西北
19240828	2350360	33.50	131.00		6.0	日本九州
19240830	0304570	8.50	126.50		7.3	菲律宾棉兰老岛
19240910	0554300	-7.50	123.00	200	6.5	佛罗勒斯海
19240913	1434050	40.00	42.00		6.8	土耳其埃尔祖鲁姆东部
19240916	0236000	39.00	70.50		6.3	帕米尔地区
19240917	1020510	36.80	70.70	100	6.2	兴都库什山区
19241008	2032570	30.00	90.00		6.5	中国西藏拉萨西北
19241012	1934100	-0.50	-29.00		6.5	大西洋中部
19241013	1617450	36.00	70.50	220	7.3	兴都库什山区
19241014	0500190	24.00	-45.00		6.5	北大西洋
19241018	2305270	2.50	-80.00		6.8	厄瓜多尔沿海

续表

年月日	时分秒	纬度（°）	经度（°）	震源深度（km）	震级	参考地震（M_S≥8后注M_W）
19241125	1726520	46.00	141.50	320	6.0	库页岛南
19241205	0936250	0.50	126.00	200	6.5	马鲁古群岛
19241211	1728340	-41.00	80.00		6.3	圣波尔岛东南
19241215	2049150	-15.50	167.50	210	6.5	新赫布里底群岛
19241226	2332000	-21.50	-179.00	540	6.3	斐济群岛以南
19241227	1122050	45.00	146.00	150	7.3	日本北海道东北
19241228	2254560	43.25	147.00		7.0	日本北海道以东
19250105	1345460	-14.00	-73.50	200	6.5	秘鲁南部
19250118	1205540	47.50	153.50		7.3	千岛群岛
19250121	1811100	-56.00	-25.00	60	6.8	南桑威奇海沟
19250216	1739180	-58.00	-7.00		6.8	南大西洋
19250301	0219180	48.25	-70.75	60	7.0	加拿大魁北克省
19250307	1814160	-58.00	-7.00		6.5	南大西洋
19250315	1346450	-11.00	119.50	50	6.0	努沙登加拉群岛
19250315	1541300	-11.00	119.50	50	6.3	努沙登加拉群岛
19250316	1442170	25.70	100.20		7.0	中国云南大理附近
19250316	2350260	25.00	100.50		6.3	中国云南南涧附近
19250322	0841550	-18.50	168.50	50	7.6	新赫布里底群岛
19250326	1025120	5.50	125.00	180	6.5	菲律宾棉兰老岛
19250327	0416330	28.00	139.00	500	6.0	小笠原群岛以西
19250329	2112370	8.00	-78.00	60	7.1	巴拿马东部
19250411	1042020	-34.00	59.00		7.0	西印度洋海岭
19250416	1952350	20.40	120.20		7.1	中国南海东沙群岛海域
19250419	1546390	33.00	138.00	330	6.8	日本本州以南远海
19250422	2310420	-0.50	129.00		6.0	马鲁古群岛
19250426	0824400	-56.00	147.00		6.3	南太平洋海岭
19250503	1721450	1.50	127.00		7.1	马鲁古群岛
19250503	2259040	-34.00	58.00		7.0	西印度洋海岭中部
19250505	1006060	9.50	123.00		6.8	菲律宾米沙鄢群岛
19250513	2354340	11.00	92.00		6.0	达曼群岛
19250515	1156570	-26.00	-71.50	50	7.1	智利北部远海
19250515	1825340	30.00	139.00	360	6.3	日本伊豆诸岛以南
19250519	0523450	-33.50	58.00		6.8	西印度洋海岭中部
19250520	1104480	30.50	142.50		6.0	日本海沟
19250522	0940100	30.50	142.00		6.3	日本海沟
19250523	0209450	35.75	134.75		6.8	日本本州西南部
19250525	0343060	12.50	122.50		6.3	菲律宾米沙鄢群岛
19250526	1537000	24.00	123.00		6.0	中国台湾花莲以东远海

续表

年月日	时分秒	纬度（°）	经度（°）	震源深度（km）	震级	参考地震（M_S≥8后注M_W）
19250527	0229580	36.50	134.50	400	6.5	日本海
19250528	0555110	-35.00	56.00		6.5	西印度洋海岭中部
19250603	0433550	1.50	126.50		7.1	马鲁古群岛
19250604	1202520	41.50	-125.00		6.0	加利福尼亚州近海
19250607	2341420	3.00	-78.00	170	6.8	哥伦比亚西部近海
19250609	1340410	-3.00	140.00		7.0	新几内亚岛
19250613	2023100	-29.00	-22.00		6.0	南大西洋
19250614	2228160	18.00	-83.00	90	6.5	海地戈纳夫湾
19250620	1304150	36.50	71.50	230	6.5	兴都库什山区
19250623	1646580	0.00	-77.00	180	6.8	厄瓜多尔北部
19250628	0121060	46.00	-111.50		6.8	美国蒙大拿州
19250628	1341450	11.00	93.00	60	6.5	安达曼群岛
19250629	1442160	34.30	-119.80		6.3	加利福尼亚州
19250705	0702090	13.50	-42.50	60	6.0	大西洋中部
19250706	1215550	38.25	21.75	120	6.5	希腊西南部
19250707	0814020	-35.50	59.50		6.0	西印度洋海岭
19250707	1505210	18.50	-61.00	60	6.5	小安德烈斯群岛以北
19250707	1743450	18.50	-61.00	60	6.8	小安德烈斯群岛以北
19250717	0313530	12.00	141.25		6.3	马里亚纳群岛
19250717	2231040	14.00	142.00		6.0	马里亚纳群岛南
19250807	0747480	19.00	-102.00	100	6.8	墨西哥中部
19250812	0658450	24.00	-46.00	60	6.5	北大西洋
19250814	0408380	-59.00	151.00		6.5	南太平洋海岭
19250819	1207270	55.25	168.00		7.2	阿留申群岛
19250929	1733500	18.50	-62.00		6.5	小安德烈斯群岛以北
19251005	0409070	12.25	-85.25	135	6.8	尼加拉瓜
19251012	0544400	-34.00	60.00		6.3	西印度洋海岭
19251013	1740340	11.00	-42.00	50	7.5	大西洋中脊中部
19251015	1236240	27.00	100.00		6.0	中国云南丽江西部
19251018	0825580	3.50	128.00	220	6.3	马鲁古群岛
19251020	0941510	29.00	139.50	380	6.3	小笠原群岛
19251023	0147350	-10.50	115.00		6.0	爪哇海沟
19251110	1350360	-1.00	129.50		7.4	马鲁古群岛
19251113	1214450	13.00	125.00		7.3	菲律宾米沙鄢群岛
19251116	1154540	18.00	-107.00		7.0	墨西哥南部远海
19251207	0834300	37.00	76.50		6.0	中国新疆叶城西南
19251218	1810250	36.50	71.00	230	6.0	兴都库什地区
19251219	1609300	-32.00	-111.00		6.8	复活节岛以南
19251222	0505300	21.00	101.50		6.8	中国云南勐腊南

续表

年月日	时分秒	纬度（°）	经度（°）	震源深度（km）	震级	参考地震（M_S≥8后注M_W）
19251229	1604110	-1.50	120.50		6.5	苏拉威西岛
19260107	1431180	33.00	-40.00		6.0	北大西洋中脊
19260115	1452480	45.50	143.00	360	6.3	北海道东北远海
19260118	2107230	-2.00	89.00		6.8	东印度洋海岭北部
19260125	0036180	-9.00	158.00		7.4	所罗门群岛
19260201	0117330	10.50	-63.50	100	6.5	委内瑞拉东北沿海
19260204	0644180	41.00	140.00	150	6.3	日本本州
19260207	0244040	-4.00	152.00	390	6.5	新爱尔兰岛
19260208	1517490	13.00	-89.00		7.1	萨尔瓦多近海
19260209	0024240	-28.00	-62.00	660	6.5	阿根廷中部
19260215	0259480	11.75	-89.50		6.9	萨尔瓦多以南远海
19260307	2033380	-5.00	-76.50	150	6.5	秘鲁西北部
19260316	1737200	-16.50	-171.00		6.0	汤加群岛东北
19260317	1153360	12.50	-82.50	50	6.9	尼加拉瓜东部远海
19260318	1406090	35.00	29.50		6.9	土耳其西南近海
19260321	1205580	-34.00	58.50		6.0	西印度洋海岭中部
19260321	1419120	-61.00	-25.00		7.1	南桑威奇海沟
19260327	1048300	-9.00	157.00		7.2	所罗门群岛
19260401	1603510	34.00	137.50	350	6.9	日本本州
19260405	2329190	39.00	-29.00	50	6.0	北大西洋中脊
19260412	0832280	-10.00	161.00		7.5	所罗门群岛
19260422	2347520	23.00	145.00		6.0	马里亚纳海沟
19260428	1113500	-24.00	-69.00	180	7.0	智利北部
19260505	0621330	3.00	-91.00		6.5	厄瓜多尔
19260507	0611280	31.50	141.00		6.3	日本海沟
19260509	0947370	-46.00	34.00		6.0	爱德华群岛海区
19260510	0819100	26.00	97.00	80	6.3	缅甸北部
19260531	1335490	-33.50	57.00		6.5	西印度洋海岭中部
19260603	0446560	-15.00	168.50	60	7.1	新赫布里底群岛
19260604	0650580	35.00	95.50		6.0	中国青海曲麻莱以北
19260605	0909390	31.00	130.00	180	6.5	日本九州南部
19260605	1950240	43.00	-127.50		6.0	俄勒冈远海
19260620	0654280	-59.00	-27.00	170	6.9	南桑威奇海沟
19260621	0848520	30.00	142.50		6.0	日本海沟
19260624	2116300	-7.50	128.25	150	6.5	西南群岛
19260625	0336520	-28.00	-115.00		6.3	复活节岛以南
19260626	1946340	36.50	27.50	100	7.9	南斯波拉提群岛
19260628	0323250	-1.50	99.50		6.8	苏门答腊

续表

年月日	时分秒	纬度（°）	经度（°）	震源深度（km）	震级	参考地震（M_S≥8后注M_W）
19260628	0615410	-1.00	99.50		6.5	苏门答腊中部
19260629	1427060	27.00	127.00	130	7.5	琉球群岛
19260701	1408490	-2.50	101.00		6.8	苏门答腊中部
19260710	1051100	1.00	126.00		7.0	马鲁古海峡
19260714	1646480	2.00	129.00	180	6.3	马鲁古群岛
19260714	1659270	2.00	129.00	180	6.3	马鲁古群岛
19260726	1854500	35.50	135.50	360	6.8	日本本州
19260728	0852280	-8.00	157.50	50	6.5	所罗门群岛
19260803	0341300	22.00	121.00		6.5	中国台湾屏东东南近海
19260803	1032040	-2.50	126.50		6.8	马鲁古群岛
19260803	1941200	1.00	97.50		6.0	苏门答腊
19260806	2245590	35.40	78.70		6.3	中国新疆喀喇昆仑山口
19260812	2217480	-23.00	-70.00		6.8	智利北部沿海
19260814	0836500	-40.00	-88.00		6.0	智利西南远海
19260825	0544400	-23.00	172.00	50	7.0	斐济海
19260830	1138120	36.75	23.25	100	7.0	希腊西南部海区
19260902	0121520	-33.50	59.00		7.0	西印度洋海岭中部
19260907	1223040	-6.00	146.00	100	6.8	新几内亚岛
19260910	1034290	-9.00	111.00	80	7.0	爪哇岛以南
19260912	1543360	22.70	122.50		6.3	中国台湾绿岛以东远海
19260916	1759120	-11.50	160.00	50	7.1	所罗门群岛
19260919	0103570	36.00	22.00	80	6.3	希腊西南部海区
19260926	0100390	32.00	140.00	200	6.0	日本海沟
19260930	0517430	3.00	122.50	600	6.3	苏拉威西岛
19261001	0907550	11.00	-104.00		6.0	墨西哥以南远海
19261003	1938010	-49.00	161.00	50	7.5	奥克兰群岛地区
19261013	1908070	52.00	-176.00		7.1	阿留申群岛
19261022	1235110	36.75	-122.00		6.1	加利福尼亚州
19261022	1335270	36.75	-122.00		6.1	加利福尼亚州
19261026	0344410	-3.25	138.50		7.7	新几内亚岛
19261030	1346340	9.50	124.50	520	6.3	菲律宾米沙鄢群岛
19261030	1941550	48.50	-129.00		6.1	温哥华岛西
19261101	0139180	48.75	-128.50		6.6	温哥华岛西
19261105	0755380	12.30	-85.80	135	7.2	尼加拉瓜
19261202	0813440	-34.00	57.00		6.3	西印度洋海岭中部
19261210	0838530	40.75	-126.00		6.0	加利福尼亚州远海
19261214	1710320	-12.00	121.00		6.3	努沙登加拉群岛
19261225	1543520	-6.00	120.00	610	6.8	苏拉威西岛
19261227	0842550	-57.00	-110.00		6.0	南太平洋

年月日	时分秒	纬度（°）	经度（°）	震源深度（km）	震级	参考地震（M_S≥8后注M_W）
19261227	0920300	-57.00	-110.00		6.3	南太平洋
19270115	1431160	36.25	134.50	420	6.5	日本本州西部近海
19270124	0105430	-16.50	167.50		7.1	新赫布里底群岛
19270129	1837370	-44.00	37.00		6.3	爱德华群岛海区
19270201	1756370	-6.50	155.50	60	6.9	所罗门群岛
19270203	0353100	33.50	121.00		6.5	中国黄海
19270203	0452050	33.50	121.00		6.5	中国黄海
19270214	0343210	43.00	18.00	50	6.3	萨拉热窝以南偏西
19270216	0135200	47.00	153.50		7.0	千岛群岛
19270222	1954160	28.00	144.00	50	6.3	日本海沟
19270225	1541230	-38.00	178.00	60	6.8	新西兰东岸区
19270303	0105090	-6.00	122.00		7.0	苏拉威西岛
19270306	0133400	27.00	-45.00		6.0	北大西洋
19270307	0927360	35.75	134.75		7.8	日本本州西南
19270312	1844320	-41.00	-106.00	50	6.5	东太平洋海丘
19270313	0532260	-6.00	-81.50		6.0	秘鲁北部近海
19270314	1737390	26.00	103.00		6.0	中国云南东川以西偏南
19270315	2148370	38.20	98.20		6.0	中国青海哈拉湖以东
19270321	1505340	-33.00	58.00		6.5	西印度洋海岭
19270401	1906090	-20.00	-177.50	400	7.1	斐济东南
19270403	1347080	30.50	142.00	150	6.0	日本海沟
19270406	1854050	-10.00	-70.00	600	6.0	巴西西部边境地区
19270411	2203500	-34.00	59.00		6.0	西印度洋海岭
19270413	1344140	16.00	120.50	140	6.8	菲律宾吕宋岛
19270413	1434370	16.00	120.50	140	6.3	菲律宾吕宋岛
19270414	0623340	-32.00	-69.50	110	7.1	阿根廷西部边境地区
19270416	0911190	-33.50	58.50		6.3	西印度洋海岭
19270417	0905520	-7.50	127.00	200	6.3	西南群岛
19270418	1502000	37.00	71.00	200	6.0	兴都库什山区
19270419	1730100	16.00	120.00	100	6.8	菲律宾吕宋岛
19270421	0321200	50.20	86.90	28	6.0	哈萨克斯坦东部
19270427	1916170	30.50	142.00	50	6.5	日本海沟
19270430	1356400	39.30	79.20		6.0	中国新疆巴楚东南
19270509	1031470	27.50	56.00		6.3	伊朗霍尔木兹甘省
19270510	0603440	-1.50	99.50	50	6.0	苏门答腊
19270513	2309130	-2.50	143.50	50	6.3	新几内亚岛
19270516	1201050	30.00	142.00		6.3	日本海沟
19270517	2144160	44.00	131.00	430	6.5	中国黑龙江东宁附近

续表

年月日	时分秒	纬度（°）	经度（°）	震源深度（km）	震级	参考地震（M_S≥8后注M_W）
19270522	0145100	-21.00	-67.00	140	6.3	玻利维亚西南部
19270522	2232470	37.70	102.20		8.0	中国甘肃古浪西部 <12> M_W 7.7
19270523	1351060	37.70	102.20		6.0	中国甘肃古浪西部
19270602	1637340	23.50	81.00		6.5	印度北部
19270603	0712110	-7.00	131.00	150	7.4	东南群岛
19270605	0224580	36.00	31.00	120	6.3	土耳其西南近海
19270611	0232090	-1.50	130.00	60	6.5	马鲁古群岛
19270614	1716550	-50.00	140.00		6.5	南极-澳大利亚海丘
19270626	1120480	44.50	34.50		6.0	克里木半岛
19270701	0819040	36.75	22.75	120	6.9	希腊爱琴海南部
19270703	1037490	-15.00	-172.50		6.3	萨摩亚群岛
19270707	2006300	27.00	62.00	100	6.5	伊朗俾路支斯坦省
19270711	1304070	32.00	35.50		6.3	巴勒斯坦、约旦边境
19270712	2107580	44.00	145.50	100	6.8	日本北海道东
19270715	0346410	36.80	71.30	220	6.0	兴都库什地区
19270717	0848330	13.00	141.00		6.0	马里亚纳群岛
19270722	0355100	34.50	53.50		6.3	伊朗伊斯法罕省
19270729	0003110	15.00	87.00		6.5	孟加拉湾
19270801	1128360	-24.00	-66.50	200	6.5	阿根廷北部
19270802	0051460	19.00	-64.50		6.5	小安德烈斯群岛北
19270804	1548050	-5.00	126.00	500	6.8	班达海
19270805	2112550	37.50	142.50		7.1	日本本州以东远海
19270808	0057500	49.50	155.00	110	6.8	千岛群岛
19270808	1843480	-7.00	124.00	680	6.3	佛罗勒斯海
19270810	1136150	-1.00	131.00		7.1	马鲁古群岛
19270812	0033500	27.50	140.50	530	6.8	小笠原群岛
19270812	1022470	41.00	71.60	14	6.0	费尔干纳附近
19270818	1927510	34.00	141.00		6.9	日本海沟
19270820	2354250	5.00	-82.50		7.0	哥伦比亚以西远海
19270824	1809000	23.00	120.50		6.8	中国台湾高雄中部
19270903	1947450	11.00	-44.00		6.9	大西洋中部
19270907	1957050	-56.00	148.00		6.3	南太平洋海岭
19270908	2322480	-7.50	107.50	50	6.3	爪哇岛
19270910	1628150	-34.00	57.00	50	6.3	西印度洋海岭中部
19270911	2215470	44.50	34.50		6.5	黑海克里木半岛
19270918	0207070	37.50	-118.75		6.0	内华达州
19270923	1354130	42.30	85.60		6.8	中国新疆和静以西
19271003	2355520	-21.00	-68.00	100	6.5	玻利维亚西南部
19271008	1226100	34.00	143.00		6.0	日本本州以东远海

续表

年月日	时分秒	纬度（°）	经度（°）	震源深度（km）	震级	参考地震（M_S≥8后注M_W）
19271016	1412080	-44.00	42.00		6.0	爱德华群岛以东
19271019	1348400	-34.00	59.00		6.0	西印度洋海岭
19271024	1559550	57.50	-137.00		7.1	亚力山大群岛
19271024	1905320	33.00	143.00		6.0	日本海沟
19271104	1350430	34.50	-121.50		7.3	加利福尼亚州沿海
19271106	1534320	-7.00	130.00	230	6.8	班达海
19271108	0310280	-34.00	60.00		6.5	西印度洋海岭
19271114	0012050	70.50	128.00		6.5	俄罗斯上扬斯克山区
19271114	0456290	70.00	128.00		6.8	俄罗斯上扬斯克山区
19271114	0719250	-30.50	-71.50		6.8	智利中部沿海
19271114	1504350	-54.00	8.00		6.3	南大西洋
19271115	2148460	70.50	128.00		6.0	俄罗斯上扬斯克山区
19271116	2110090	6.50	126.00	50	7.0	菲律宾棉兰老岛
19271121	2312250	-44.50	-73.00		7.1	智利南部
19271126	1253580	-24.50	-67.00	180	6.8	阿根廷北部
19271228	1820230	55.00	161.00		7.3	堪察加半岛
19271231	2313230	-51.00	140.00		6.0	南极-澳大利亚海丘
19280101	1843270	53.00	151.00	530	6.5	鄂霍次克海
19280105	2146130	-19.50	-64.00	640	6.8	玻利维亚东南部
19280106	1931580	0.50	36.50		7.0	肯尼亚西部
19280110	0225330	0.50	36.00		6.0	肯尼亚西部
19280126	1850390	29.00	143.00		6.0	日本海沟
19280126	2151340	-5.00	96.00		6.3	苏门答腊南部远海
19280130	0315240	-33.00	59.00		6.5	西印度洋海岭
19280203	1347350	70.50	128.00		6.3	俄罗斯上扬斯克山区
19280207	0001430	-2.50	88.50		6.8	东印度洋海岭
19280210	0438350	19.00	-97.50	100	6.5	墨西哥城东南
19280213	0533370	11.00	141.00		6.0	马里亚纳群岛
19280221	1949040	67.00	-172.00		6.9	楚科奇海域
19280224	1410230	67.00	-171.00		6.3	楚科奇海域
19280225	1723480	36.50	71.00	180	6.2	兴都库什地区
19280226	0119100	68.00	-172.00		6.5	楚科奇海域
19280229	2157000	-58.50	148.00		6.3	南太平洋海岭
19280307	1055120	38.75	16.00	120	6.0	意大利卡拉布里亚
19280307	2243280	37.60	102.20		6.0	中国甘肃古浪地区
19280309	1805270	-2.50	88.50		7.7	东印度洋海岭
19280313	1831520	-5.50	153.00	100	7.0	新爱尔兰岛东
19280316	0501020	-22.00	170.50		7.5	斐济海

续表

年月日	时分秒	纬度（°）	经度（°）	震源深度（km）	震级	参考地震（M_S≥8后注M_W）
19280317	1422090	-44.00	43.00		6.0	爱德华群岛以东
19280322	0417000	16.00	-96.00		7.5	墨西哥瓦哈卡州
19280327	1906480	-34.00	60.00		6.3	西印度洋海岭
19280329	0506030	31.70	138.20	410	7.0	日本本州以南远海
19280331	0029470	38.00	27.00		6.3	土耳其西部边境
19280403	1642450	-11.50	-14.50		6.3	大西洋中部
19280409	1734150	-13.00	-69.50	30	6.9	秘鲁东南部
19280414	0859530	42.00	25.00		6.8	保加利亚南部
19280418	1922460	42.00	24.75		6.8	保加利亚南部
19280422	0455010	47.50	145.00	350	6.5	库页岛以东远海
19280501	1854410	67.00	-172.00		6.3	楚科奇海域
19280508	0446020	50.50	149.50	570	6.5	鄂霍次克海
19280512	2028000	1.00	-19.00		6.0	大西洋中部
19280514	2214460	-5.00	-78.00		7.3	秘鲁东北部
19280515	0543450	-54.00	-23.00		6.0	南桑威奇海沟
19280519	0328460	13.50	91.50	60	6.3	安达曼群岛
19280526	0828560	-23.30	-69.00	130	6.3	智利北部
19280527	0950260	40.00	142.50		7.0	日本本州东北近海
19280531	2323580	-41.50	80.00		6.3	圣波尔岛以南
19280607	0624350	44.00	131.00	430	6.0	中国黑龙江东宁附近
19280615	0612360	12.50	121.50		7.0	菲律宾中部
19280615	1716170	11.50	121.50		6.8	菲律宾米沙鄢群岛
19280617	0319270	16.25	-98.00		7.8	墨西哥瓦哈卡州
19280617	0641530	-21.50	-179.50	640	6.3	斐济群岛以南
19280621	1627130	60.00	-146.50		7.0	阿拉斯加
19280624	0434380	36.00	70.50	120	6.5	兴都库什地区
19280629	2249380	-15.00	170.50		7.1	新赫布里底群岛
19280718	1905000	-5.50	-79.00		7.0	秘鲁东北部
19280719	2338450	-55.50	9.00		6.3	南大西洋
19280727	1523040	6.00	95.50	100	6.0	安达曼海
19280728	1950150	-31.00	-71.00	50	6.5	智利中部沿海
19280803	1144420	-2.00	-14.00		6.0	大西洋中部
19280804	1826160	16.00	-97.00		7.4	墨西哥瓦哈卡州
19280805	1441560	16.00	119.50		6.3	中国南海中沙群岛
19280808	0215140	-34.00	57.00		6.0	西印度洋海岭中部
19280810	1533480	36.50	70.50	230	6.8	兴都库什地区
19280812	0808500	1.00	127.00	130	6.9	马鲁古群岛
19280815	1715430	-28.00	-62.50	620	6.5	阿根廷北部
19280816	0349080	28.00	140.00	500	6.0	小笠原群岛

续表

年月日	时分秒	纬度（°）	经度（°）	震源深度（km）	震级	参考地震（M_S≥8后注M_W）
19280823	0117530	50.00	147.00	620	6.3	鄂霍次克海
19280824	2143300	-15.00	168.00	220	7.0	阿努阿图
19280901	0609000	29.00	68.50		6.3	巴基斯坦南部
19280907	0249220	-5.50	146.50	140	6.8	新几内亚岛
19280911	1236190	43.50	-130.25		6.3	俄勒冈远海
19280912	0120000	-31.00	180.00	500	6.3	克马德克群岛
19280918	1719200	0.00	-20.00		6.5	大西洋中部
19280918	1952370	14.00	52.00		6.0	亚丁湾
19280919	0815480	29.00	142.00		6.0	小笠原群岛北
19280921	1327050	-15.00	-70.50	250	6.8	秘鲁南部
19280922	0731280	-12.50	166.50	60	6.9	圣克鲁斯群岛
19280925	0458420	33.50	132.00	120	6.0	日本九州东北
19280927	0044050	12.00	-60.00		6.5	小安德烈斯群岛南
19281004	1822580	7.00	38.00		6.0	埃塞俄比亚
19281009	1301080	16.00	-97.00		7.6	墨西哥瓦哈卡州
19281015	1419410	28.50	67.50		6.8	巴基斯坦南部
19281017	1519350	-53.00	-54.00		6.5	南极海岭
19281025	1236190	-13.50	68.50		6.5	中印度洋海岭
19281101	0412490	27.00	-105.50		6.3	墨西哥中部
19281111	2240560	-34.00	58.00		6.3	西印度洋海岭中部
19281114	0433090	35.00	72.50	110	6.0	巴基斯坦北部
19281120	2035070	-22.50	-70.50		7.1	智利北部近海
19281122	0831010	-56.50	-3.00		6.9	南大西洋
19281128	1043100	-7.50	121.50		6.9	佛罗勒斯海
19281201	0406100	-35.00	-72.00		8.0	智利中部　M_W7.7
19281210	0433380	3.00	98.00		6.0	苏门答腊
19281219	1137100	7.00	124.00		7.3	菲律宾棉兰老岛西
19281219	1515500	21.50	143.50	200	6.0	马里亚纳群岛北
19281226	2132520	6.00	-99.00		6.0	东太平洋海丘
19281227	0446100	-61.00	-55.00		6.3	南设得兰群岛
19281228	1419350	7.50	123.00		6.9	菲律宾棉兰老岛西
19290108	0723270	-33.00	60.00		6.3	西印度洋海岭
19290113	0003120	49.75	154.75	140	7.7	千岛群岛北部
19290113	1844390	40.70	111.30		6.0	中国呼和浩特以西 <11>
19290117	1145390	10.50	-64.50		6.9	委内瑞拉北部近海
19290117	2228420	12.00	144.00		6.3	马里亚纳群岛
19290119	0317540	10.00	-81.50		6.0	巴拿马以北远海
19290121	0455350	-50.00	136.00		6.0	南极-澳大利亚海丘

续表

年月日	时分秒	纬度（°）	经度（°）	震源深度（km）	震级	参考地震（M_S≥8后注M_W）
19290121	1030530	64.00	-148.00		6.3	阿拉斯加
19290122	1443050	11.50	43.50		6.0	亚丁湾西部
19290127	1607120	8.00	-37.00		6.5	大西洋中部
19290201	1714260	36.50	70.50	220	7.1	兴都库什地区
19290202	0000190	-1.50	-21.00		7.1	大西洋中部
19290206	0649130	48.25	152.50	150	6.8	千岛群岛
19290214	1439260	28.50	128.50		6.0	琉球群岛
19290216	1923160	-56.00	-121.00		6.3	南太平洋
19290222	2041460	-11.00	-42.00		7.2	大西洋中部
19290301	0731130	51.50	-130.75		6.1	温哥华岛西北
19290303	0311020	36.50	71.00	250	6.3	兴都库什地区
19290307	0134390	51.00	-170.00	50	8.1	阿留申群岛　M_W7.8
19290309	0211510	24.50	142.50		6.3	日本硫黄列岛
19290309	1050350	-42.50	172.00		6.9	新西兰坎特伯里区
19290310	1434430	18.50	146.00	170	6.8	马里亚纳群岛
19290317	1214220	48.00	144.00	310	6.0	库页岛以东远海
19290318	2321020	38.50	143.50		6.0	日本本州以东远海
19290322	0304040	24.00	103.00		6.0	中国甘肃古浪地区
19290328	2017570	-55.00	-27.50		6.5	南桑威奇海沟
19290408	1016530	7.80	124.60	610	6.8	菲律宾棉兰老岛
19290409	0352490	-33.50	58.00		6.3	西印度洋海岭中部
19290413	2105590	-55.00	-24.00		6.0	南桑威奇海沟
19290417	1834120	36.50	141.00	100	6.0	日本本州东部近海
19290427	2034580	-13.00	-69.50		6.8	秘鲁东南部
19290501	0738410	14.00	147.00		6.3	马里亚纳群岛
19290501	1537300	38.00	58.00		7.1	阿什哈巴德附近
19290518	0102120	11.50	41.50		6.0	埃塞俄比亚高原
19290518	0637510	40.00	38.00		6.5	土耳其东部
19290522	2006150	-62.00	155.00		6.5	南太平洋海岭
19290525	1159380	-8.50	-75.50	150	6.8	秘鲁中部
19290526	2239540	51.00	-131.00		7.0	温哥华岛西北
19290528	0449150	-33.00	-110.00		6.3	复活节岛以南
19290530	0943240	-35.00	-68.00		6.8	阿根廷中部
19290602	2138340	34.50	137.25	360	7.1	日本本州
19290603	2029470	43.00	67.00		6.5	哈萨克南部
19290604	1515580	6.50	124.50	380	7.0	菲律宾棉兰老岛
19290606	1050110	-1.00	-14.50		6.5	大西洋中部
19290606	1418530	-33.50	59.00		6.0	西印度洋海岭中部
19290610	2303140	71.00	10.00		6.3	挪威海

续表

年月日	时分秒	纬度（°）	经度（°）	震源深度（km）	震级	参考地震（M_S≥8后注M_W）
19290612	1143020	-5.00	143.50	110	6.8	新几内亚岛
19290613	0924340	8.50	127.00		7.2	菲律宾海沟
19290616	2247320	-41.75	172.25		7.6	新西兰纳尔逊区
19290620	1822330	-8.50	114.00	60	6.3	爪哇海沟
19290627	1247050	-54.00	-29.50		7.8	南桑威奇海沟　M_W 8.0
19290703	0053000	62.50	-149.00		6.3	阿拉斯加
19290704	0428350	64.00	-148.00		6.5	阿拉斯加
19290705	1419020	51.00	-178.00		7.0	阿留申群岛
19290706	0946150	14.50	-46.00		6.5	大西洋中部
19290707	2123120	52.00	-178.00		7.3	阿留申群岛
19290714	0858000	-33.00	-110.00		6.5	复活节岛以南
19290715	0744140	32.00	49.50		6.3	伊朗胡泽斯坦省
19290723	1843080	64.00	-23.00		6.3	冰岛西部
19290725	2257170	-13.50	-14.00		6.3	大西洋中部
19290726	2248160	35.50	139.00	60	6.5	日本东京附近
19290801	0501480	10.00	93.00		6.5	安达曼群岛南
19290803	1249280	-17.00	-172.50		6.5	汤加群岛以北
19290814	0216500	-66.00	-175.00		6.0	南太平洋
19290815	1956210	5.00	-83.50		6.5	哥伦比亚以西
19290816	2128250	-16.50	121.00		6.3	澳大利亚
19290819	0243050	24.00	122.00		6.8	中国台湾花莲以东近海
19290819	2044320	24.00	122.00		6.0	中国台湾花莲以东近海
19290820	1638200	24.00	122.00		6.3	中国台湾花莲以东近海
19290903	1207390	26.50	62.25	110	6.5	巴基斯坦和伊朗接壤地区
19290910	2022400	-34.00	60.00		6.3	西印度洋海岭
19290911	2218420	24.00	122.00		6.0	中国台湾省花莲以东近海
19290917	1917340	51.00	-131.00		6.3	温哥华岛西北
19290921	1854230	10.00	125.00	300	6.0	菲律宾米沙鄢群岛
19290924	1352170	36.70	70.70	200	6.4	帕米尔
19290927	2316030	25.00	-110.50		6.0	加利福尼亚湾
19290928	1456230	47.00	146.00	430	6.3	库页岛以东远海
19291005	0234450	-37.00	78.00		6.0	阿姆斯特丹岛
19291006	0751310	19.75	-156.00		6.5	夏威夷群岛
19291016	2027370	25.80	98.70		6.5	中国云南泸水以南
19291019	1012520	-23.00	-69.00	100	7.5	智利北部
19291019	2020420	-23.00	-69.00	100	6.0	智利北部
19291021	1033380	-59.00	-26.00		6.0	南桑威奇海沟
19291024	0634130	22.00	118.00		6.5	中国南海东沙群岛
19291101	0647210	45.90	26.50	150	6.6	罗马尼亚东部

续表

年月日	时分秒	纬度（°）	经度（°）	震源深度（km）	震级	参考地震（M_S≥8后注M_W）
19291115	1850330	7.50	142.50		7.2	加罗林群岛
19291118	2031580	44.00	-56.00		7.2	加拿大组芬兰岛以南
19291206	1646430	-53.50	-29.00		6.8	南桑威奇海沟
19291206	2021090	-54.50	-30.00		6.8	南桑威奇海沟
19291209	0649540	4.50	94.50		6.8	苏门答腊北部
19291217	1058300	52.50	171.50		7.6	阿留申群岛
19291227	1332070	-3.00	125.00	230	6.5	马鲁古群岛
19291231	0103570	11.00	141.00		6.3	马里亚纳群岛
19291231	0410200	-51.00	138.00		6.0	南极-澳大利亚海丘
19300105	0119480	49.00	154.00	140	6.9	千岛群岛地区
19300106	0235000	-55.00	-131.00		6.0	南太平洋
19300114	2201190	-16.00	-171.00	30	6.3	汤加海沟
19300117	1110190	-33.00	59.00		6.0	西印度洋海岭
19300126	1220300	18.50	146.50	190	6.3	马里亚纳群岛
19300214	1838200	35.75	24.75	130	6.8	爱琴海
19300214	2041100	-21.00	-175.00	50	6.5	汤加群岛
19300218	0152480	-60.00	-25.00		6.5	南桑威奇海沟
19300228	0057560	15.00	-46.00		6.0	大西洋中部
19300306	0331360	27.00	140.00	540	6.0	小笠原群岛
19300306	0918320	35.00	24.50	100	6.0	爱琴海
19300308	0345300	9.75	-78.75		6.3	巴拿马北部近海
19300310	1627260	50.00	149.00	620	6.5	鄂霍次克海
19300326	0712050	-7.50	125.50	40	7.2	西南群岛
19300330	0826100	-54.50	-27.50		6.8	南桑威奇海沟
19300421	1150560	-56.50	-26.00	60	6.8	南桑威奇海沟
19300427	1426220	-33.00	59.00		6.3	西印度洋海岭
19300428	1259270	32.00	100.00		6.0	中国四川甘孜地区
19300428	1834370	25.80	98.60		6.3	中国云南泸水以南
19300430	1606100	-20.00	-176.00	180	6.8	汤加群岛
19300506	2234230	38.00	44.50		7.2	伊朗西部边境
19300508	1335000	-22.00	173.00		6.3	斐济海
19300511	2235460	27.50	55.00		6.0	伊朗霍尔木兹甘省
19300514	1948220	26.80	103.00		6.0	中国云南巧家以南
19300519	1503560	21.60	121.00		6.5	中国台湾七星岩以东
19300521	2209070	43.00	-30.00		6.0	北大西洋
19300523	1638030	33.75	140.25	130	6.8	日本伊豆诸岛
19300529	0830540	7.00	-74.50	220	6.0	哥伦比亚北部
19300530	1256550	2.00	124.50	300	6.3	苏拉威西岛以北近海

续表

年月日	时分秒	纬度（°）	经度（°）	震源深度（km）	震级	参考地震（M_S≥8后注M_W）
19300603	1809280	50.50	149.00	650	6.3	鄂霍次克海
19300604	0950290	-6.50	128.50	400	6.8	西南群岛
19300605	1142430	-17.00	174.00		6.5	斐济群岛以西
19300611	0049350	-5.50	150.00		7.1	新不列颠岛
19300615	0210811	-46.00	-116.00		6.3	南太平洋
19300622	1824400	-44.00	-81.00		6.0	智利西南远海
19300625	1206200	19.00	-64.00		6.3	小安德烈斯群岛
19300702	2103420	25.50	90.00		7.1	孟加拉国、印度边境
19300713	0112220	-56.00	-67.00		6.3	合恩角近海
19300713	1927210	38.10	98.20		6.5	中国青海哈拉湖以东
19300721	1406020	7.00	114.00		6.0	中国南海南沙群岛
19300722	1925530	44.75	147.50	140	7.1	日本北海道东北
19300723	0008370	41.00	15.50		6.5	意大利东南部
19300802	1606050	-57.00	-135.00		6.5	南太平洋
19300804	0504310	-9.50	-70.50	650	6.5	巴西和秘鲁接壤地区
19300818	0953410	-55.00	-27.00	50	7.1	南桑威奇海沟
19300820	2054120	24.50	122.20		7.0	中国台湾宜兰东近海
19300829	2002330	44.25	146.50	210	6.0	日本北海道东北
19300911	1236440	37.00	31.00		6.0	土耳其西南部
19300914	0301050	-60.00	148.00		6.3	南太平洋海岭
19300914	1713330	-14.50	165.50	280	6.5	新赫布里底群岛
19300921	2304140	25.80	98.40		6.5	中国云南腾冲以北
19300922	0131190	-35.50	-179.50		6.5	克马德克群岛
19300922	1419110	25.00	94.00		6.3	印度阿萨姆地区
19300923	2334100	-26.00	-66.00	150	6.5	阿根廷北部
19300925	1833340	25.30	98.90		6.0	中国云南腾冲东北
19300930	2120450	-4.50	146.00		6.8	新几内亚岛
19301003	1809040	0.50	135.00		6.0	新几内亚岛
19301008	1019180	-14.00	168.50		6.9	新赫布里底群岛
19301024	2015110	18.50	147.00		7.1	马里亚纳群岛
19301030	0713100	43.75	13.50		6.0	意大利马尔凯区
19301108	0322400	4.00	122.50	670	6.9	苏拉威西海
19301109	1908380	-0.50	132.00		6.9	新几内亚岛
19301121	0200250	40.50	19.50		6.0	阿尔巴尼亚发罗拉
19301124	0606480	-2.00	-77.00	100	6.3	厄瓜多尔
19301125	1902470	35.00	139.00		7.1	日本关东地区
19301202	0701260	25.80	98.30		6.0	中国云南腾冲以北
19301203	1851440	18.00	96.50		7.3	缅甸仰光东北
19301206	0703280	53.00	-172.00	80	6.5	阿留申群岛

年月日	时分秒	纬度（°）	经度（°）	震源深度（km）	震级	参考地震（M_S≥8后注M_W）
19301208	0801050	23.20	120.60		6.3	中国台湾台南附近
19301213	0235320	-60.00	150.00		6.0	南太平洋海岭
19301213	1422500	43.00	142.50	100	6.5	日本北海道
19301221	1451240	20.00	122.25	170	6.9	巴林塘海峡
19301223	2355060	43.00	143.00	150	6.0	日本北海道
19301224	0602470	-25.00	-66.00		6.0	阿根廷北部
19301225	1307190	-33.00	-13.00		6.3	南大西洋
19310101	2352220	23.50	122.00		6.3	中国台湾花莲以东近海
19310102	0949020	19.00	-107.00		6.8	墨西哥西南远海
19310109	0145400	39.75	140.75	140	6.0	日本本州北部
19310112	2034030	55.25	163.00		6.5	堪察加半岛
19310115	0150410	16.00	-96.75		7.8	墨西哥瓦哈卡州
19310115	2101350	28.50	127.25		6.8	琉球群岛
19310115	2242590	-3.00	143.50		6.5	新几内亚岛
19310116	1919530	16.50	-96.25		6.5	墨西哥瓦哈卡州
19310117	0250140	26.75	-111.00		6.5	加利福尼亚湾
19310119	1224060	-7.50	126.50		6.0	韦塔岛以北
19310120	0927220	36.50	71.50	220	6.5	兴都库什地区
19310120	1526320	4.00	99.00	150	6.3	马六甲海峡
19310121	0858040	43.25	146.00	120	6.3	日本北海道东
19310124	1341040	10.00	126.00		6.3	菲律宾米沙鄢群岛
19310125	1234240	15.00	-105.00		6.0	墨西哥西南远海
19310127	2009130	25.60	96.80		7.6	缅甸北部
19310128	2124030	11.00	144.75		7.2	马里亚纳群岛
19310202	2246420	-39.50	177.00		7.8	新西兰东部近海
19310208	0143470	-39.50	177.00		6.5	新西兰东部近海
19310210	0634250	-5.25	102.50		7.1	苏门答腊中部
19310212	0543570	-5.25	102.50		6.5	苏门答腊中部
19310213	0040450	24.10	121.90		6.0	中国台湾花莲东北近海
19310213	0127160	-39.50	177.00		7.1	新西兰东部近海
19310214	1358450	-5.25	102.50		6.5	苏门答腊中部
19310216	1848350	42.25	142.50		6.5	日本北海道
19310220	0533240	44.30	135.50	350	7.4	日本海北岸
19310222	2127270	-8.00	120.00	100	6.0	佛罗勒斯海
19310223	0215020	50.00	148.00	600	6.0	鄂霍次克海
19310227	0937350	2.00	127.00		6.8	马鲁古群岛
19310301	1423060	46.50	143.00	330	6.5	库页岛东南远海
19310302	0218340	-22.00	172.00	110	7.1	新喀里多尼亚以东

续表

年月日	时分秒	纬度（°）	经度（°）	震源深度（km）	震级	参考地震（M_S≥8后注M_W）
19310305	1755010	3.00	96.00		6.0	苏门答腊北部
19310306	0209000	30.00	83.00		6.2	中国、尼泊尔边境
19310307	0016420	41.00	22.50		6.0	希腊北部边境
19310307	0041560	11.50	-85.50	80	6.0	尼加拉瓜湖
19310308	0150190	41.00	22.50		6.8	希腊北部边境
19310309	0348500	40.50	142.50		7.7	日本本州东北远海
19310311	0558470	-7.00	131.00		6.0	东南群岛
19310311	1226390	23.00	143.50		6.8	日本硫黄列岛
19310318	0802230	-32.50	-72.00		7.1	智利中部近海
19310318	2013340	5.75	126.25	50	7.0	菲律宾棉兰老岛东南
19310319	0625000	18.00	120.50		6.9	菲律宾吕宋岛西北近海
19310328	1238370	-7.00	129.50	80	7.3	班达海
19310329	1724580	51.00	-170.00		6.0	阿留申群岛
19310329	1751520	42.75	143.75	120	6.8	日本北海道岛
19310402	1222560	-6.00	126.50	130	6.0	班达海
19310403	0156110	-9.25	-79.00		6.3	秘鲁中部近部
19310403	0519060	-27.00	-65.00	180	6.3	阿根廷北部
19310403	2319180	-20.00	179.75	680	6.8	斐济群岛
19310406	0649370	-7.00	155.00		6.8	所罗门群岛
19310407	0739260	-51.00	15.00		6.0	南大西洋
19310408	1903150	-2.00	138.00		6.0	新几内亚岛
19310409	2301130	43.50	146.00		6.3	日本北海道东
19310412	0200430	-24.00	169.00		6.3	斐济海
19310415	1658580	48.00	-28.00		6.0	北大西洋
19310421	0002030	38.75	133.75	320	6.0	日本海
19310424	0547000	-10.00	112.00	100	6.0	爪哇海沟
19310424	1722110	-6.50	155.00		6.9	所罗门群岛
19310426	0422070	53.50	162.00	50	6.3	堪察加半岛以东
19310427	1650380	38.75	46.00		6.5	伊朗西北部边境
19310501	2236520	8.25	-69.75		6.3	委内瑞拉
19310510	1924450	-25.00	-116.00		6.3	复活节岛西北
19310512	0137030	52.00	158.00	50	6.5	堪察加半岛南
19310515	0741580	-29.00	180.00	500	6.0	克马德克群岛
19310516	2047300	16.50	-97.00		6.3	墨西哥瓦哈卡州
19310520	0222490	37.50	-16.00		7.1	亚速尔群岛以东
19310520	2153540	-27.50	-71.50		6.3	智利中部近海
19310524	0013000	10.00	125.50		6.3	菲律宾米沙鄢群岛
19310527	0634140	-25.50	-116.50		6.3	东太平洋海丘
19310528	0315040	-20.50	-70.50	120	6.5	智利北部近海

年月日	时分秒	纬度（°）	经度（°）	震源深度（km）	震级	参考地震（M_S≥8后注M_W）
19310528	1834100	52.50	160.00		6.0	堪察加半岛东南远海
19310601	1154230	-4.50	152.00		6.3	新不列颠岛
19310602	0237520	36.00	137.50	260	6.5	日本本州中部
19310604	0950180	-6.50	129.00	150	6.5	班达海
19310609	0507390	36.00	141.50		6.0	日本本州以东远海
19310609	1214110	50.50	159.00		6.0	堪察加半岛东南远海
19310609	1352120	-14.00	-174.00		6.5	萨摩亚群岛
19310609	1558360	-24.50	-176.00		6.3	汤加群岛南
19310612	0145020	28.50	140.50	410	6.3	小笠原群岛北
19310615	1119550	-14.50	-75.50		6.0	秘鲁东北部
19310617	1209370	35.75	139.50		6.0	日本东京附近
19310617	1702000	-6.50	146.50	140	6.5	新几内亚岛
19310623	0614550	36.00	141.00		6.3	日本本州以东远海
19310628	1626560	54.00	164.00		6.0	堪察加半岛东远海
19310629	1643170	34.00	136.50	380	6.5	日本本州东南近海
19310629	2024040	-29.50	-71.00		6.0	智利北半部
19310702	0338500	24.00	142.50	120	6.0	日本硫黄列岛
19310707	0354120	14.00	-96.00		6.3	墨西哥南部远海
19310711	0556130	-8.50	-74.50	120	6.3	秘鲁中部
19310712	1645230	12.00	123.00		6.5	菲律宾米沙鄢群岛
19310715	1626570	59.00	148.00		6.3	鄂霍次克海
19310717	0913440	16.25	-97.25		6.3	墨西哥瓦哈卡州
19310718	0527050	-22.50	-69.00	150	6.8	智利北部
19310718	1123444	54.00	161.00		6.8	堪察加半岛
19310720	0830300	-14.00	-173.00	80	6.5	萨摩亚群岛
19310721	0336220	-21.00	170.00	140	7.0	瓦努阿图以南
19310723	1420560	-6.50	155.00	400	6.8	所罗门群岛
19310725	1240060	25.50	98.50		6.0	中国云南腾冲以北
19310802	2329450	51.50	151.50	400	6.5	鄂霍次克海
19310806	1816040	55.50	109.00		6.0	贝加尔湖地区
19310807	0211300	-4.00	142.00		7.1	新几内亚岛
19310810	2118430	47.10	89.80		8.0	中国新疆富蕴地区<14>　M_W7.9
19310813	2209110	-29.00	-178.00		6.3	克马德克群岛
19310814	1612030	52.50	-168.00		6.0	阿留申群岛
19310815	0401080	36.50	70.50	240	6.0	兴都库什地区
19310816	1140230	30.60	-104.20		6.4	美国得克萨斯州
19310817	1748460	27.50	128.00		6.0	琉球群岛
19310818	1421040	47.20	90.00		7.3	中国新疆富蕴附近
19310824	2135220	30.25	67.75		7.0	巴基斯坦中部

续表

年月日	时分秒	纬度（°）	经度（°）	震源深度（km）	震级	参考地震（M_S≥8后注M_W）
19310827	1527170	29.75	67.25		7.4	巴基斯坦中部
19310908	1908580	36.50	141.50		6.3	日本本州以东近海
19310909	2038260	19.00	145.50	180	7.1	马里亚纳群岛
19310912	0145000	56.50	161.00		6.0	堪察加半岛
19310912	1541320	5.00	-77.50		6.3	哥伦比亚沿海
19310916	1243050	35.50	138.75		6.0	日本东京附近
19310919	0740380	8.00	136.00		6.0	加罗林群岛西部
19310921	0219560	36.00	139.25		6.8	日本东京附近
19310921	1027200	19.80	113.10		6.8	中国南海西沙群岛
19310921	1334250	-37.50	178.00	80	6.8	新西兰普伦提湾
19310925	0559440	-5.00	102.75		7.4	苏门答腊南部
19310925	2131380	-5.00	102.50		6.0	苏门答腊南部
19310926	1950300	15.00	-92.00	60	6.0	危地马拉
19310926	2003070	14.50	-91.50		6.3	危地马拉
19310929	0514320	1.50	126.50		6.0	马鲁古群岛
19311001	1145380	30.00	-114.50		6.0	下加利福尼亚
19311003	1913130	-10.50	161.75		7.9	所罗门群岛
19311003	2118150	-11.00	161.50		6.8	所罗门群岛
19311003	2155100	-11.00	163.00		7.0	所罗门群岛
19311003	2247400	-11.00	161.50		7.3	所罗门群岛
19311005	2231270	36.50	70.50	220	6.8	兴都库什地区
19311010	0019530	-10.00	161.00		7.7	所罗门群岛
19311010	0108200	-10.00	161.00		6.8	所罗门群岛
19311010	0130480	-10.00	161.00		6.8	所罗门群岛
19311010	0216470	-10.00	161.00		6.8	所罗门群岛
19311010	1637050	59.25	147.75		6.5	鄂霍次克海
19311012	0357240	7.50	-82.50		6.0	巴拿马近海
19311017	1533520	25.50	141.50	180	6.0	日本硫黄列岛
19311018	0430330	-26.00	180.00	500	6.8	汤加群岛西南
19311023	1145290	-20.00	170.00	80	6.0	新赫布里底群岛
19311023	2006340	-9.00	159.00		6.3	所罗门群岛
19311028	0535030	17.50	121.50		6.3	菲律宾吕宋岛
19311029	0839180	17.00	146.00	520	6.5	马里亚纳群岛
19311101	1853120	32.50	132.00		6.5	日本九州岛以东近海
19311102	0032030	16.00	-97.00		6.8	墨西哥瓦哈卡州
19311102	1002590	32.00	131.50		7.5	日本九州
19311102	1702560	-8.00	146.00		6.5	新几内亚岛
19311103	0235550	17.00	147.00	100	6.3	马里亚纳群岛
19311103	1619560	39.50	141.75		6.0	日本本州东北近海

续表

年月日	时分秒	纬度（°）	经度（°）	震源深度（km）	震级	参考地震（M_S≥8后注M_W）
19311104	1753340	49.25	155.50		6.0	千岛群岛北部
19311105	1219330	47.00	90.00		6.3	中国新疆富蕴地区
19311118	0332050	-20.00	-174.00		6.0	汤加群岛
19311120	1416260	-10.50	161.75		6.8	所罗门群岛
19311201	0320210	-63.00	153.00		6.3	南太平洋海岭
19311201	1810020	-57.00	144.00		6.5	南太平洋海岭
19311214	1917500	54.50	163.00		6.0	堪察加半岛以东远海
19311218	0949190	-5.50	102.00		6.3	苏门答腊南部
19311224	0340400	60.00	-152.00	100	6.3	阿拉斯加
19311225	0304240	-52.00	141.00		6.0	南极-澳大利亚海丘
19311231	0023340	-17.00	64.00		6.3	中印度洋海岭
19320105	0153560	-27.00	-114.00		6.5	复活节岛以南
19320105	1122250	20.00	148.00	130	6.0	马里亚纳群岛
19320109	1021420	-6.20	154.50	380	7.3	所罗门群岛
19320113	1617270	52.00	-179.00		6.0	阿留申群岛
19320120	0230500	-12.00	-77.50	100	6.8	秘鲁西南近海
19320124	0344190	-17.25	167.75		6.5	新赫布里底群岛
19320127	1940540	51.50	-29.50		6.0	北大西洋
19320129	1341100	-6.00	155.00		7.0	所罗门群岛
19320129	1539060	-6.50	155.00		6.5	所罗门群岛
19320130	0304460	-7.50	155.00		6.3	所罗门群岛
19320131	1601050	-6.00	155.00		6.0	所罗门群岛
19320203	0615550	19.50	-75.50		6.8	古巴南部近海
19320203	0734340	29.00	140.00	400	6.3	小笠原群岛以北
19320212	0058090	10.50	57.50		6.0	印度洋海岭
19320213	1912300	13.50	146.00	90	6.0	马里亚纳群岛
19320214	2313340	-19.00	66.50		6.3	罗德里格斯岛海区
19320216	1348500	-15.00	180.00		6.5	斐济群岛以北
19320223	0013500	-60.00	-12.50	60	6.9	大西洋-印度洋海盆
19320223	2011300	-10.00	162.00	60	6.5	所罗门群岛
19320306		30.10	101.80		6.0	中国四川康定地区
19320308	0311090	-6.00	154.00	70	6.5	所罗门海
19320308	0429300	51.50	-178.00		6.0	阿留申群岛
19320308	1801040	-18.50	179.00		6.3	斐济群岛
19320310	0517470	-55.00	-135.00		6.5	南太平洋
19320314	0405550	22.50	-109.00		6.0	加利福尼亚湾
19320314	2242480	8.25	-71.75		6.8	委内瑞拉西北部
19320315	0432140	11.00	144.50		6.3	马里亚纳群岛

年月日	时分秒	纬度（°）	经度（°）	震源深度（km）	震级	参考地震（M_S≥8后注M_W）
19320318	0516190	-17.00	65.50		6.0	中印度洋海岭
19320319	1059360	15.50	147.75		6.8	马里亚纳群岛
19320319	2310470	-3.00	152.00	350	6.5	新爱尔兰岛
19320323	1208020	-37.00	-99.00		6.0	智利西南远海
19320325	2354510	62.50	-153.00		6.0	阿拉斯加
19320325	2358310	62.50	-152.50		6.9	阿拉斯加
19320326	0952180	-4.50	128.25		6.8	班达海
19320328	0035340	-8.00	98.50		6.0	苏门答腊
19320330	1501320	-6.50	154.50	50	6.0	所罗门群岛
19320403	1052410	36.75	70.50	250	6.0	兴都库什山区
19320403	2038530	-30.75	-177.50		6.3	克马德克群岛
19320404	1916380	30.00	139.00	410	6.8	日本伊豆诸岛以南
19320406	0911180	31.40	115.00		6.0	中国湖北麻城地区<10-15>
19320412	2352400	-4.00	152.00	100	6.8	新不列颠岛
19320418	1123210	25.00	64.00		6.0	巴基斯坦西南近海
19320422	0458080	-4.50	103.00	80	6.5	苏门答腊南部
19320426	0754480	-25.00	-69.50	70	6.5	智利北部
19320429	1818230	51.50	-178.00		6.3	阿留申群岛
19320430	0106190	-5.00	-11.50		6.0	大西洋中部
19320504	0505080	0.50	122.00	200	6.0	北苏拉威西
19320505	0411010	34.50	135.50	380	6.5	日本本州
19320510	1423030	-7.50	128.00	170	6.0	西南群岛
19320511	0653350	33.00	142.00	80	6.0	日本海沟
19320512	0608050	0.25	126.00	170	6.5	马鲁古群岛
19320514	1311000	0.50	126.00		8.0	马鲁古群岛　M_W8.1
19320517	1256300	-8.50	115.00	80	6.3	爪哇岛
19320518	1845500	-46.00	106.00		6.0	南极澳大利亚海丘
19320521	1010070	12.00	-87.50	90	6.9	尼加拉瓜近海西部
19320521	2139240	-6.50	105.00	100	6.5	苏门答腊南部
19320522	1129180	-20.00	-174.00		6.3	汤加群岛
19320522	2240020	14.50	-90.00	80	6.0	危地马拉
19320526	1609400	-25.50	179.25	600	7.8	汤加群岛西南
19320526	2221540	-25.50	179.25	600	6.5	汤加群岛西南
19320527	0129480	-25.50	179.25	600	6.3	汤加群岛西南
19320528	0221190	28.00	132.00	60	6.5	琉球群岛地区
19320531	0837180	7.00	-38.00		6.0	大西洋中部
19320603	1036500	19.50	-104.25		8.1	墨西哥哈利斯科州　M_W7.9
19320603	1740040	19.50	-104.25		6.0	墨西哥哈利斯科州
19320605	0904370	19.50	-105.00		6.3	墨西哥哈利斯科州

年月日	时分秒	纬度（°）	经度（°）	震源深度（km）	震级	参考地震（M_S≥8后注M_W）
19320606	0844220	40.75	-124.50		6.4	加利福尼亚州
19320606	1149550	19.50	-76.50		6.0	古巴东南近海
19320608	0752390	62.50	-153.00		6.0	阿拉斯加
19320608	1454380	8.00	126.00	100	6.3	菲律宾棉兰老岛
19320610	2021200	5.50	127.00	80	6.8	菲律宾棉兰老岛
19320611	1700000	13.50	145.50	60	6.0	马里亚纳群岛南
19320613	2057320	18.00	119.25		6.3	菲律宾吕宋岛
19320614	0559380	18.50	120.25	80	6.5	菲律宾吕宋岛
19320614	1120120	18.00	120.00	40	6.0	菲律宾吕宋岛
19320616	0118450	3.00	97.50	80	6.8	苏门答腊
19320616	2313050	-20.00	-176.00	200	6.0	汤加群岛
19320618	0013390	-20.00	-71.00	70	6.3	智利北部近海
19320618	1012100	19.50	-103.50		7.8	墨西哥哈利斯科州
19320620	0901470	12.50	-89.00	80	6.0	萨尔瓦多远海
19320621	0433450	16.00	-96.50		6.0	墨西哥瓦哈卡州
19320622	0036030	36.00	140.50	40	6.0	日本本州
19320622	1259240	19.00	-104.50		6.9	墨西哥科利马州
19320626	1919090	46.00	152.00		6.3	千岛群岛
19320702	0211170	-2.50	132.00		6.0	新几内亚
19320705	1052150	-6.00	103.50	80	6.0	苏门答腊南部
19320707	1615510	29.00	-113.00		6.8	加利福尼亚湾
19320709	1256100	-14.50	167.25	120	6.5	新赫布里底群岛
19320709	2023540	5.50	126.50	120	6.0	菲律宾棉兰老岛
19320710	0043220	52.50	142.00		6.0	萨哈林岛(库页岛)
19320710	0745100	39.50	145.00		6.0	日本本州东北远海
19320712	1924100	26.50	-110.00		6.8	加利福尼亚湾
19320714	0853280	-3.50	154.00	150	6.3	新爱尔兰岛东
19320716	2102480	-7.00	68.00		6.0	中印度洋海岭
19320718	0502050	14.00	120.00	100	6.0	菲律宾吕宋岛
19320720	2005460	-27.00	-178.00	170	6.5	汤加群岛
19320721	1239490	-3.25	137.50		6.5	新几内亚岛
19320725	0824390	35.50	135.50	360	6.8	日本本州
19320725	0912470	19.00	-103.75		6.8	墨西哥科利马州
19320727	2119300	-6.50	130.00	60	6.3	班达海
19320729	0045180	-19.00	-70.00	110	6.0	智利北部沿海
19320729	2058370	-0.50	124.00	200	6.5	马鲁古海
19320802	0425380	1.50	126.00	100	6.5	马鲁古群岛
19320804	0637270	53.00	160.00	100	6.3	堪察加半岛东南近海
19320811	1149330	-6.00	110.00	600	6.0	爪哇海

续表

年月日	时分秒	纬度（°）	经度（°）	震源深度（km）	震级	参考地震（M_S≥8后注M_W）
19320812	0323570	52.25	-169.00		6.8	阿拉斯加
19320813	2056010	-51.00	164.00		6.3	奥克兰群岛地区
19320814	0439320	26.00	95.50	120	7.0	缅甸北部
19320821	0415350	24.50	121.50		6.5	中国台湾宜兰境内
19320822	1112420	36.10	121.60		6.3	中国黄海
19320824	1210320	16.50	120.50		6.3	菲律宾吕宋岛西
19320902	1256300	23.00	142.50	140	6.5	日本硫黄列岛
19320903	1158540	41.25	143.25	50	6.8	日本北海道以南近海
19320905	0623500	-6.00	-81.00	50	6.0	秘鲁北部近海
19320908	0141130	19.00	-104.00		6.3	墨西哥科利马州
19320909	1339040	-3.50	128.50		6.3	马鲁古群岛
19320911	1413120	45.10	83.00		6.0	中国新疆精河地区
19320914	0843230	61.00	-148.00	50	6.3	阿拉斯加
19320915	1113150	6.00	120.75		6.3	菲律宾群岛
19320915	1354540	-39.00	177.50		6.8	新西兰霍克湾区
19320923	1422120	44.75	138.00	300	6.9	日本海北部
19320926	1920370	40.00	23.25		6.9	爱琴海西北部
19320929	0357190	40.50	23.25		6.3	希腊北部
19320929	1746270	46.00	153.00		6.5	千岛群岛
19321001	1508050	28.00	140.50	450	6.0	小笠原群岛
19321002	0259080	11.50	-86.50		6.8	尼加拉瓜西部近海
19321002	0322050	41.40	65.60	30	6.2	乌兹别克地区
19321009	1249490	23.50	122.50	130	6.0	中国台湾花莲以东近海
19321016	1208010	54.25	-160.00	50	6.8	阿拉斯加
19321017	1325310	-7.50	157.00	100	6.3	所罗门群岛
19321018	0409500	0.00	123.50	200	6.5	马鲁古海
19321020	1736430	-30.00	-179.00	70	6.0	克马德克群岛
19321023	2127480	24.50	122.25		6.3	中国台湾宜兰以东近海
19321025	1702120	46.75	144.00	410	6.5	库页岛东南近海
19321029	1108490	39.50	72.00		6.0	吉尔吉斯斯坦南部
19321030	2046560	55.00	-159.75		6.8	阿拉斯加
19321101	1038540	-24.00	-70.00	100	6.0	智利北部
19321102	1103220	-22.00	-112.00		6.8	复活节岛西北
19321103	1942530	16.50	146.50	170	6.0	马里亚纳群岛
19321106	1247530	51.00	150.00	520	6.0	鄂霍次克海
19321113	0447000	43.75	137.00	320	7.0	日本海北部
19321117	0602580	19.50	-103.75		6.3	墨西哥哈利斯科州
19321118	1347160	2.00	124.50	280	6.5	苏拉威西岛以北近海
19321122	1451250	-8.00	128.00	180	6.5	西南群岛

续表

年月日	时分秒	纬度（°）	经度（°）	震源深度（km）	震级	参考地震（M_S≥8后注M_W）
19321126	0423530	42.00	142.50		6.8	日本北海道
19321127	0337280	29.00	142.00	60	6.0	小笠原群岛北
19321129	0147340	-13.00	167.00		6.0	阿努阿图
19321129	1111050	-32.00	-71.00	110	6.8	智利中部
19321204	0404000	35.50	-36.50		6.0	北大西洋
19321204	0811120	2.50	121.00		7.1	苏拉威西海
19321204	1032570	2.25	121.00		6.3	苏拉威西海
19321207	1622090	19.00	-104.00		6.5	墨西哥科利马州
19321209	0834550	-15.00	-75.00	75	6.5	秘鲁西南沿海
19321211	0425550	9.00	93.50		6.0	尼科巴群岛
19321215	1933380	21.00	121.00		6.0	中国台湾恒春以南海域
19321221	0610050	38.75	-118.00		7.2	内华达州
19321224	0630320	-3.25	145.75		6.5	新几内亚岛
19321225	0204270	39.70	96.70		7.6	中国甘肃玉门昌马地区
19321226	2114440	26.00	125.00	210	6.3	中国钓鱼岛以东海域
19321226	2231060	22.00	143.50	280	6.5	马里亚纳群岛北
19321231	0630530	-28.50	32.75		6.8	南非以东远海
19330101	0848390	-14.75	168.00	140	7.0	新赫布里底群岛北
19330103	1526550	40.50	144.00		6.3	日本本州东北远海
19330104	0125010	26.00	144.00	60	6.5	小笠原群岛东南
19330104	0359280	61.00	-148.00		6.3	阿拉斯加
19330106	1910130	-22.00	1.00		6.0	南大西洋
19330107	0406370	40.50	143.00		6.5	日本本州东北远海
19330108	0628510	40.50	143.25		6.0	日本本州东北远海
19330109	0201430	36.50	70.50	230	6.5	兴都库什地区
19330115	1802020	-5.50	147.50	140	6.3	新几内亚岛
19330117	1847410	-34.00	59.00		6.0	西印度洋海岭
19330118	0837320	-37.00	-18.00		6.3	南大西洋
19330118	1715010	51.00	149.00	570	6.5	鄂霍次克海
19330121	1921100	-33.00	57.50		7.0	西印度洋海岭
19330123	1814360	-21.00	180.00	600	6.3	斐济海
19330124	1539090	18.75	-101.75	90	6.3	墨西哥米却肯州
19330127	2236350	-16.00	-172.00	50	6.8	萨摩亚群岛
19330203	2211500	46.00	151.50	70	6.5	千岛群岛地区
19330204	0617580	28.00	139.00	550	6.0	小笠原群岛以西
19330209	0356530	31.75	138.75	370	6.0	日本伊豆诸岛以南
19330213	0249150	46.30	90.50		6.5	中国新疆青河地区
19330219	0834390	-11.00	163.00	60	6.5	所罗门群岛

续表

年月日	时分秒	纬度（°）	经度（°）	震源深度（km）	震级	参考地震（M_S≥8后注M_W）
19330223	0809120	-20.00	-71.00	40	7.6	智利北部近海
19330227	1609570	-57.50	144.00		6.0	南太平洋海岭
19330302	1730540	39.25	144.50		8.5	日本本州东北远海　M_W8.4
19330302	2042520	39.50	143.00		6.5	日本本州东北远海
19330303	0219380	15.50	120.00	120	6.5	菲律宾苏禄群岛
19330303	0912520	39.25	143.00		6.5	日本本州东北远海
19330303	1507140	39.50	143.50		6.0	日本本州东北远海
19330308	0135420	40.00	143.00		6.0	日本本州东北远海
19330311	0154080	33.60	-118.00		6.3	加利福尼亚州长滩
19330311	1422010	42.50	147.00		6.3	日本北海道东
19330311	1932390	26.50	140.50	510	6.8	小笠原群岛
19330315	0458190	-20.00	-174.00		6.0	汤加群岛
19330317	1555230	54.50	161.50		6.9	堪察加半岛东近海
19330317	1932250	6.50	127.00		6.8	菲律宾海沟
19330318	0305220	-59.00	-15.00		6.5	大西洋-印度洋海盆
19330318	1551320	32.25	139.75	170	6.5	日本伊豆诸岛南
19330323	1738200	48.00	104.00		6.0	蒙古布尔根省
19330401	1558580	39.50	143.50		6.0	日本本州东北远海
19330409	0246350	39.25	143.75		6.8	日本本州东北远海
19330409	0358170	19.50	-105.00		6.5	墨西哥哈利斯科州
19330416	1916270	-3.00	139.50		6.3	新几内亚岛
19330419	0145470	-51.00	-116.00		6.0	东太平洋海丘
19330419	0644360	24.25	121.50		6.5	中国台湾花莲北部
19330423	0557350	36.75	27.25	50	6.8	爱琴海
19330423	0713410	39.00	143.00		6.3	日本本州东北远海
19330427	0236040	61.25	-150.75		7.0	阿拉斯加
19330427	1155380	52.50	-167.00		6.0	阿留申群岛
19330501	1051070	44.75	149.00		6.5	日本北海道东北
19330501	1830050	45.00	149.00		6.0	日本北海道东北
19330501	1849470	51.75	-173.00		6.5	阿留申群岛
19330506	0533300	5.50	-83.00		6.5	哥伦比亚以西远海
19330506	2030290	5.75	-82.75		6.0	哥伦比亚以西远海
19330508	1033400	17.50	-101.00		6.8	墨西哥格雷罗州
19330511	1909440	40.50	23.75		6.3	希腊北部
19330516	0112280	7.00	96.50		6.5	安达曼海
19330517	2355240	54.00	161.00		6.3	堪察加半岛
19330519	1757590	-1.50	-15.00		6.5	大西洋中部
19330520	0438240	-20.00	-174.50		6.0	汤加群岛
19330521	0813420	-35.00	180.00	100	6.0	克马德克群岛

续表

年月日	时分秒	纬度（°）	经度（°）	震源深度（km）	震级	参考地震（M_S≥8后注M_W）
19330521	1151280	-3.50	130.50	120	6.3	马鲁古群岛
19330521	2123500	-7.00	127.00	180	6.3	班达海
19330521	2154050	22.00	145.50	200	6.3	马里亚纳海沟
19330524	0435480	47.50	145.50	420	6.0	库页岛东南远海
19330602	0738450	31.00	131.50		6.3	日本九州岛南
19330603	1709110	28.23	128.75		6.3	琉球群岛
19330604	1340170	-5.00	146.00	120	6.0	新几内亚岛
19330606	0228220	14.00	120.00		6.3	菲律宾吕宋岛
19330607	1146080	27.50	99.90		6.3	中国云南中甸附近
19330608	1810390	40.00	144.50		6.3	日本北海道东北
19330610	1206540	64.00	-23.00		6.0	冰岛西部
19330611	1309120	-22.00	-176.00	80	6.5	汤加群岛
19330613	2033360	41.00	143.00		6.3	日本本州东北远海
19330613	2219470	61.00	-151.00		6.3	阿拉斯加
19330618	0353580	-15.00	-172.00		6.0	萨摩亚群岛
19330618	1311250	30.00	142.00	80	6.3	日本海沟
19330618	2137290	38.50	143.00		7.3	日本本州以东北部近海
19330619	1847430	61.25	-150.30		6.0	阿拉斯加
19330621	1341120	-4.00	102.00	80	6.5	苏门答腊中部
19330624	2154460	-5.50	104.75		7.5	苏门答腊南部
19330625	2045270	39.25	-119.00		6.1	内华达州
19330628	2334580	53.50	-165.00		6.0	阿拉斯加
19330709	0129580	44.50	149.50		6.5	日本北海道以东
19330709	0534200	18.00	-105.00		6.0	墨西哥西南远海
19330709	0927570	44.50	150.00		6.3	日本北海道以东
19330709	0948200	46.00	148.00		6.3	日本北海道以东
19330709	1121330	45.00	150.00		6.0	日本北海道以东
19330709	1230360	44.50	150.00		6.8	日本北海道以东
19330709	1607020	45.00	150.00		6.3	日本北海道以东
19330709	1751410	46.00	148.00		6.0	日本北海道以东
19330709	2214510	45.00	150.00		6.0	日本北海道以东
19330710	0021310	39.00	144.75		6.3	日本本州东北远海
19330710	0322040	19.00	-103.50		6.3	墨西哥科利马州
19330710	1033120	-6.00	134.00		6.3	东南群岛
19330713	0757450	42.50	139.50	100	6.0	日本北海道西部
19330713	1423250	-7.75	106.50	70	6.3	爪哇岛
19330714	0138140	-20.50	169.50	110	6.0	瓦努阿图以南
19330718	1905220	11.00	139.00		6.0	加罗林群岛
19330719	1045290	51.75	-174.00		6.0	阿留申群岛

续表

年月日	时分秒	纬度（°）	经度（°）	震源深度（km）	震级	参考地震（M_S≥8后注M_W）
19330719	1053530	51.75	-174.00		6.0	阿留申群岛
19330719	1332210	51.75	-174.00		6.3	阿留申群岛
19330719	1459520	51.75	-174.00		6.3	阿留申群岛
19330719	2007080	38.25	29.75	100	6.0	土耳其西部
19330720	2314050	38.50	144.50	100	6.8	日本本州东北远海
19330721	2006450	-56.50	-26.50		6.5	南桑威奇海沟
19330722	2055130	53.00	-169.50		6.8	阿留申群岛
19330723	0413110	-15.75	-75.25	80	6.0	秘鲁北部
19330724	1855300	-16.00	-173.50		6.8	萨摩亚群岛西南
19330730	1715310	-15.00	167.00	160	6.5	瓦努阿图
19330731	1523070	-15.50	-75.50	80	6.0	秘鲁北部
19330805	0044130	-9.00	157.50		6.3	所罗门群岛
19330806	0254520	-11.00	-75.50	100	6.5	秘鲁中部沿海
19330807	0302430	12.50	-98.00		6.0	墨西哥以南远海
19330809	2302450	-15.50	-68.50	170	6.3	玻利维亚西部边境
19330811	0854060	25.90	98.40		6.5	中国云南泸水以西
19330813	0927580	-34.00	57.00		6.3	西印度洋海岭中部
19330815	0257590	29.00	143.50	60	6.3	日本海沟
19330820	1145050	13.50	125.00		6.5	菲律宾米沙鄢群岛
19330822	1057150	-51.00	31.00		6.3	爱德华群岛以南
19330825	0750300	31.90	103.40		7.5	中国四川茂汶地区
19330825	0926050	-6.00	121.00	720	6.5	苏拉威西岛
19330828	2219400	-59.50	-29.00		7.4	南桑威奇海沟
19330829	1452360	-10.90	-69.50	650	6.5	巴西、秘鲁边境
19330902	1641080	29.10	138.80	410	6.8	小笠原群岛西北
19330906	2208290	-21.50	-179.75	600	7.1	斐济海
19330907	1753380	6.50	126.00	150	6.3	菲律宾棉兰老岛
19330909	0502350	44.00	130.00	590	6.3	中国黑龙江牡丹江地区
19330909	2120000	-13.00	166.50	130	6.9	瓦努阿图
19330920	2333400	13.00	121.00	100	6.5	菲律宾米沙鄢群岛
19330921	0314260	37.25	137.25		6.3	日本本州
19330921	0947560	38.50	143.00		6.3	日本本州东北部近海
19330922	1137360	-16.50	174.50		6.0	斐济群岛以西
19330924	1519410	51.75	-177.00	70	6.8	阿留申群岛
19330925	1345450	6.00	126.00		6.0	菲律宾棉兰老岛
19330925	1851270	38.30	86.90	58	6.8	中国新疆若羌附近
19330927	2141300	-4.75	151.00		6.0	新不列颠岛
19330930	1421030	-2.00	138.00		6.3	新几内亚岛
19331001	0240420	-7.00	-75.25	120	6.3	秘鲁北部

续表

年月日	时分秒	纬度（°）	经度（°）	震源深度（km）	震级	参考地震（M_S≥8后注M_W）
19331002	1359060	-10.00	166.00		6.0	圣克鲁斯群岛北
19331002	1529210	-2.00	-81.00		6.9	厄瓜多尔近海
19331003	1021200	-1.75	-80.75		6.3	厄瓜多尔近海
19331003	1421490	-1.75	-80.75		6.0	厄瓜多尔近海
19331003	1838510	37.25	139.00		6.0	日本本州
19331005	1329450	35.00	57.75		6.0	伊朗霍腊散省
19331012	0712500	-23.00	-69.50	100	6.3	智利北部
19331014	2219010	53.75	-164.00		6.3	阿拉斯加
19331017	1223520	-3.50	131.00	130	6.5	马鲁古群岛
19331023	1332330	-34.00	55.00		6.0	西印度洋海岭
19331025	2328160	-23.00	-66.70	220	7.0	阿根廷北部
19331026	1207020	-60.00	-60.00		6.8	南设得兰群岛
19331027	0540200	-7.50	120.00	420	6.0	佛罗勒斯海
19331030	0659510	-16.50	167.50		6.0	新赫布里底群岛
19331102	1226540	52.00	-176.00		6.5	阿留申群岛
19331104	0841170	8.50	-72.00		6.0	委内瑞拉西北部
19331107	0639580	18.00	146.00	70	6.0	马里亚纳群岛
19331114	1405090	-32.00	-69.50	110	6.5	阿根廷西部边境
19331118	0354000	-7.00	154.50	60	6.3	所罗门群岛
19331119	0311200	-16.50	167.50		6.3	新赫布里底群岛
19331120	2321320	73.00	-70.75		7.3	巴芬湾
19331121	2348380	8.00	-83.00		6.0	巴拿马西南部近海
19331122	1242150	-6.00	151.00		6.8	新不列颠岛
19331123	1857440	8.00	-83.00		6.0	巴拿马西南部近海
19331128	1109180	32.00	56.00		6.3	伊朗亚兹德省
19331129	0503200	8.00	-83.00		6.0	巴拿马西南部近海
19331201	1026260	-20.50	169.00	140	6.5	新赫布里底群岛以南
19331202	2005120	-51.00	-53.00		6.5	南极海岭
19331202	5017180	-52.00	161.00		6.0	奥克兰群岛地区
19331204	1933550	47.00	144.00	360	6.8	库页岛东南远海
19331212	1411100	-4.50	152.50		6.8	新不列颠岛东
19331213	2123450	19.25	-104.25		6.5	墨西哥哈利斯科州
19331214	0716290	18.75	-103.50		6.0	墨西哥西南沿海
19331215	0742060	56.50	-34.00		6.0	北大西洋
19331221	0431550	-31.00	-69.00	120	6.3	阿根廷
19331224	1045550	-1.00	150.00		6.0	新爱尔兰岛以北
19340101	0616450	-8.00	122.00	60	6.5	佛罗勒斯海
19340103	0942270	52.80	156.60	280	6.9	堪察加半岛

续表

年月日	时分秒	纬度（°）	经度（°）	震源深度（km）	震级	参考地震（M_S≥8后注M_W）
19340109	0732320	-28.50	-63.00	630	6.0	阿根廷北部
19340112	1331520	23.70	102.70		6.0	中国云南石屏附近
19340115	0843180	26.50	86.50		8.3	尼伯尔和印度接壤地区 M_W8.0
19340116	1839420	6.00	124.75		6.3	菲律宾棉兰老岛
19340118	0321050	-21.00	-179.00	580	6.5	斐济群岛
19340119	1233110	25.90	98.30		6.0	中国云南泸水以西
19340120	1756160	41.00	108.80		6.3	中国内蒙古五原附近
19340120	2252300	25.50	121.00		6.0	中国台湾桃园近海
19340128	1910030	17.00	-100.00		6.8	墨西哥格雷罗州
19340130	2016310	38.00	-118.50		6.3	内华达州
19340131	1006300	-16.00	-173.50		6.3	萨摩亚群岛西南
19340202	1505160	-4.50	135.00		6.3	东南群岛
19340203	1433070	-5.75	151.50		6.8	新不列颠岛
19340204	0310450	18.50	145.00	570	6.5	马里亚纳群岛
19340204	1327140	30.50	51.75		6.3	伊朗法尔斯省
19340204	2201110	-5.00	129.50		6.3	班达海
19340209	0928470	-4.00	151.50		6.5	新不列颠岛北
19340209	2232130	-20.50	-176.50	230	6.5	汤加群岛
19340211	0859310	-6.50	154.50	80	6.5	所罗门群岛
19340212	1130500	20.00	101.25		6.0	老挝西部
19340214	0121130	-6.00	122.50	100	6.3	苏拉威西
19340214	0359340	17.50	119.00		7.6	南中国海
19340219	1024430	-2.50	99.75		6.3	苏门达腊
19340220	0318550	-4.00	-105.00		6.0	东太平洋海丘
19340224	0533300	12.75	-86.75	200	6.0	尼加拉瓜西部
19340224	0623400	22.50	144.00		7.3	马里亚纳群岛
19340227	2129350	-6.00	154.00	180	6.5	所罗门海
19340228	1421420	-5.00	150.00		7.2	新不列颠岛
19340301	1941090	-7.00	148.00		6.5	新几内亚岛
19340301	2145250	-40.00	-72.50	120	7.1	智利中部
19340304	0555010	-16.75	167.75		6.3	新赫布里底群岛
19340304	1117300	56.00	164.00		6.3	堪察加半岛
19340305	1146150	-40.50	175.50		7.5	新西兰惠灵顿区
19340307	2241470	13.25	-87.75		6.3	丰塞卡湾尼加拉瓜
19340308	2302200	-28.00	68.50		6.0	西印度洋海岭
19340312	1505400	41.50	-112.50		6.6	美国爱达荷州
19340312	1820130	41.75	-112.50		6.0	美国爱达荷州
19340313	1311510	-11.00	164.00		6.8	所罗门群岛
19340315	1046350	-40.00	176.00		6.3	新西兰惠灵顿区

续表

年月日	时分秒	纬度（°）	经度（°）	震源深度（km）	震级	参考地震（M_S≥8后注M_W）
19340316	1413410	-5.50	146.00	120	6.8	新几内亚岛
19340318	0433150	49.75	156.50	100	6.8	千岛群岛北部
19340320	0238220	-5.50	148.00		6.5	新不列颠岛西
19340324	1204260	-10.00	161.50		7.1	所罗门群岛
19340329	2006510	45.75	26.50	150	6.3	罗马尼亚东部
19340402	0457450	0.00	125.00	50	6.0	马鲁古海
19340403	0736270	4.00	-78.00		6.0	哥伦比亚近海
19340403	2232000	28.50	140.50		6.0	小笠原群岛北
19340405	0156010	39.30	73.30	100	6.5	新疆乌孜别里山口地区
19340406	1909360	37.25	141.50	100	6.8	日本本州东部近海
19340409	1529240	-35.00	-99.00		6.5	复活节岛西南远海
19340410	1022580	-6.50	116.00		6.8	爪哇海
19340411	2111570	-19.50	169.50	150	6.8	新赫布里底群岛
19340411	2156020	-7.00	116.25		6.0	爪哇海
19340413	2203530	25.50	124.50	250	6.0	中国钓鱼岛海域
19340415	1033180	34.25	140.50	70	6.5	日本本州中部近海
19340415	2215130	7.75	127.00		7.3	菲律宾海沟
19340416	0359150	8.00	127.25		6.0	菲律宾海沟
19340416	1340180	21.50	121.50		6.0	中国台湾兰屿海域
19340419	1613290	29.75	139.25	430	6.5	小笠原群岛西北
19340424	0159100	-6.00	130.50		6.0	班达海
19340424	1736200	-14.00	-174.00		6.3	萨摩亚群岛
19340426	0531530	-23.00	171.50		6.3	斐济海
19340426	0756520	-22.50	172.00		6.0	斐济海
19340426	1339350	1.00	123.00		6.3	苏拉威西岛北部
19340426	2100180	-14.00	166.00		6.5	新赫布里底群岛以北
19340427	2046550	-22.75	171.25		6.5	斐济海
19340428	1507540	-4.00	152.50		6.0	新爱尔兰岛
19340501	0704560	3.50	97.50	145	7.0	苏门答腊北部
19340503	0131110	27.75	142.50		6.0	小笠原群岛
19340504	0436070	61.25	-147.50	80	7.2	阿拉斯加
19340505	1432160	-32.00	-179.00		6.3	克马德克群岛
19340509	1613340	47.50	154.50		6.0	千岛群岛地区
19340513	0902090	-5.25	154.00	100	6.8	所罗门海
19340514	2212460	57.75	-152.25	60	6.5	阿拉斯加
19340519	0115410	-13.00	-14.00		6.0	大西洋中部
19340519	1047370	14.75	-91.25	120	6.3	危地马拉
19340522	1101400	1.25	-30.25		6.5	大西洋中部
19340528	0532440	45.50	149.50	140	6.3	日本北海道以东

续表

年月日	时分秒	纬度（°）	经度（°）	震源深度（km）	震级	参考地震（M_S≥8后注M_W）
19340530	2303580	36.25	140.50	70	6.0	日本本州东部近海
19340602	0554290	24.50	95.00	130	6.5	缅甸西北部边境
19340602	1342380	66.00	-18.25		6.3	冰岛地区
19340602	1645290	61.25	-147.00		6.3	阿拉斯加
19340603	1615400	-15.50	168.00	120	6.5	新赫布里底群岛
19340606	0318340	-56.00	-140.00		6.3	南太平洋
19340608	0447450	36.00	-120.50		6.0	加利福尼亚州西南
19340609	1258440	-5.75	147.25	130	6.9	新几内亚岛
19340611	0307090	-33.50	-64.50	100	6.0	阿根廷中部
19340611	0600330	-33.50	-64.50	100	6.0	阿根廷中部
19340612	0932200	14.75	-96.00		6.0	墨西哥南部远海
19340613	0150540	44.00	147.75	90	6.9	日本北海道以东
19340613	2210280	27.50	62.50	80	7.0	伊朗俾路支斯坦省
19340615	0251570	-6.50	148.00		6.0	新几内亚岛
19340618	0913500	60.50	-151.00	80	6.8	阿拉斯加
19340619	1547100	30.25	130.50	480	6.3	日本伊豆诸岛以南
19340622	1755340	-3.00	150.00		6.0	新不列颠岛
19340623	0519550	33.00	92.80		6.0	中国青海西南部
19340624	0139550	-2.50	-106.50		6.0	阿尔巴特罗斯海台
19340624	0559340	-22.00	-68.60	100	6.9	智利北部
19340628	0056030	-12.50	165.00		6.0	圣克鲁斯群岛西南
19340629	0825170	-6.75	123.75	720	6.9	佛罗勒斯海
19340629	1234450	-5.75	121.50	670	6.3	苏拉威西岛
19340704	0142340	-55.50	-41.00		6.3	南极海岭
19340706	2248520	41.25	-125.75		6.5	加利福尼亚州远海
19340712	0951430	38.75	144.00		6.0	日本本州东北远海
19340712	1424180	-15.00	112.50		6.0	西澳大利亚海盆
19340718	0136240	8.00	-82.50		7.7	巴拿马西南近海
19340718	0400350	8.00	-83.00		6.5	巴拿马西南部近海
19340718	0635320	8.25	-82.50		6.0	巴拿马西部近海
19340718	1609490	8.00	-82.25		6.0	巴拿马西部近海
19340718	1659380	7.75	-82.25		6.9	巴拿马西南近海
19340718	1940150	-11.75	166.50		8.2	圣克鲁斯群岛　M_W7.6
19340719	0006430	-12.00	166.00		6.8	圣克鲁斯群岛
19340719	0127260	-0.50	133.25		7.0	新几内亚岛
19340719	0545210	-13.00	166.50		6.5	圣克鲁斯群岛西南
19340719	0736550	-13.00	166.00		6.9	瓦努阿图
19340720	0210440	52.00	-173.00		6.0	阿留申群岛
19340721	0618180	-11.00	165.75		7.3	圣克鲁斯群岛

续表

年月日	时分秒	纬度（°）	经度（°）	震源深度（km）	震级	参考地震（M_S≥8后注M_W）
19340721	1039060	8.25	-82.50		6.8	巴拿马西部近海
19340722	0257490	-11.50	165.00		6.3	圣克鲁斯群岛
19340722	1956570	36.50	70.50	240	6.8	兴都库什地区
19340723	1821260	7.25	-34.50		6.0	大西洋中部
19340727	0225450	16.00	-92.50	50	6.3	危地马拉
19340728	2136570	55.50	-156.75		6.8	阿拉斯加
19340731	1149160	3.50	96.25		6.0	苏门答腊北部
19340802	0713080	61.50	-147.50		6.0	阿拉斯加
19340804	1308060	-3.00	146.50		6.0	俾斯麦群岛
19340806	1207080	3.25	-77.75		6.0	哥伦比亚沿海
19340807	0340040	-12.75	166.75		6.9	圣克鲁斯群岛西南
19340807	1150040	44.60	87.70		6.0	中国新疆乌鲁木齐以北
19340811	0818210	24.75	121.50		6.5	中国台湾宜兰西北部
19340811	1157390	-5.50	151.50		6.3	新不列颠岛
19340812	2349170	8.50	126.75		6.9	菲律宾海沟
19340814	0849140	-18.50	176.00		6.0	斐济群岛西南
19340818		35.70	137.00		6.2	日本本州
19340821	1926150	0.00	98.00		6.3	苏门答腊北部
19340823	2348420	-14.00	167.00		6.3	瓦努阿图
19340831	0502450	73.00	-71.00		6.5	巴芬湾
19340831	1457410	38.75	71.00		6.5	帕米尔山区
19340901	0657320	-36.00	-104.00		6.5	太平洋东南
19340901	1139260	0.50	-25.50		6.0	大西洋中部
19340904	1634250	-22.50	172.00		6.3	斐济海
19340906	0216520	6.50	126.00	150	6.0	菲律宾棉兰老岛
19340911	0813430	0.00	123.00	130	6.3	马鲁古海
19340915	0656460	20.00	-105.00		6.3	墨西哥哈利斯科州
19340921	1238540	2.00	99.00	100	6.3	苏门答腊北部
19340923	0759030	-30.00	-177.00	80	6.0	克马德克海沟
19340925	1914250	-5.00	152.00	100	6.5	新不列颠岛
19340926	0727280	5.25	-33.00		6.3	大西洋中部
19341005	2025520	41.75	143.50		6.3	日本北海道以南远海
19341006	1248340	1.00	-27.00		6.0	大西洋中部
19341010	1542060	-23.50	180.00	540	7.3	斐济海
19341018	0748220	-10.75	165.00		6.5	圣克鲁斯群岛以西
19341021	1753440	18.00	146.00	210	6.5	马里亚纳群岛
19341026	1444290	-6.00	124.00	700	6.8	苏拉威西岛
19341026	1711060	29.00	131.25		6.8	琉球群岛
19341027	0954550	-48.00	-116.00		6.3	东太平洋海丘

续表

年月日	时分秒	纬度（°）	经度（°）	震源深度（km）	震级	参考地震（$M_S \geqslant 8$后注M_W）
19341029	2325230	-5.00	-78.00	110	6.3	秘鲁东北部
19341104	0153400	-22.00	174.50		6.3	斐济海
19341104	0314160	-22.00	174.00		6.5	斐济海
19341105	2302200	52.00	-175.00		6.5	阿留申群岛
19341109	0358560	-17.50	-174.00	80	6.3	汤加群岛
19341109	1340560	36.75	25.75	140	6.3	爱琴海
19341112	0719160	39.00	41.00		6.0	土耳其东部
19341118	0321240	36.50	70.50	220	6.5	兴都库什地区
19341118	0918310	54.00	160.50		6.0	堪察加半岛
19341118	2240070	-4.00	153.00		6.5	新爱尔兰岛以东近海
19341124	1234030	-57.00	146.00		6.3	南太平洋海岭
19341126	1209080	14.00	120.00		6.3	菲律宾吕宋岛
19341127	0614060	2.00	127.50		6.8	马鲁古群岛
19341130	0205100	18.50	-105.50		7.0	墨西哥西南远海
19341203	0238290	15.00	-88.75		6.3	洪都拉斯
19341204	1724380	-19.50	-69.50	130	6.9	智利北部
19341212	0840490	-25.00	178.00	600	6.5	汤加群岛西南
19341215	0157400	31.30	89.00		7.0	中国西藏申扎地区
19341215	1914260	-23.50	-179.50	530	6.9	斐济海
19341216	1631100	-24.00	-68.00	150	6.0	智利北部
19341217	1552380	-2.25	148.50		6.5	俾斯麦群岛
19341222	1429310	11.50	-87.00		6.5	尼加拉瓜西南近海
19341223	0952280	-21.00	-68.00	100	6.5	玻利维亚西南部
19341225	0627200	18.50	147.00		6.0	马里亚纳群岛
19341230	1352140	32.25	-115.50		6.5	下加利福尼亚
19341231	1845450	32.00	-114.75		7.0	下加利福尼亚
19350101	1321000	-17.50	-174.50	300	7.1	汤加群岛
19350103	0150170	30.80	88.20		6.5	中国西藏申扎以西
19350104	1441230	40.25	27.50		6.3	土耳其西北部
19350104	1620000	40.25	27.50		6.0	土耳其西北部
19350117	0208110	-20.25	169.50		6.5	新赫布里底群岛
19350119	1237300	1.00	-28.00		6.3	大西洋中部
19350119	1258530	1.00	-28.00		6.0	大西洋中部
19350122	1456430	-2.75	138.75		6.3	新几内亚岛
19350123	0724000	52.25	-169.50		6.8	阿留申群岛
19350131	1745450	-12.00	166.00		6.3	圣克鲁斯群岛
19350203	0210470	36.50	70.50	230	6.0	兴都库什地区
19350204	1724270	-20.00	-174.00		6.3	汤加群岛

续表

年月日	时分秒	纬度（°）	经度（°）	震源深度（km）	震级	参考地震（M_S≥8后注M_W）
19350204	2107310	2.50	127.00	80	6.5	马鲁古群岛
19350206	0153530	30.50	-42.00		6.0	北大西洋
19350207	1729020	13.50	122.75		6.0	菲律宾吕宋岛东南
19350209	1909370	24.90	121.10		6.3	中国台湾新竹与桃园接壤地区
19350210	1829330	29.50	139.00	500	6.3	小笠原群岛西北
19350213	1722010	-25.50	-69.00	100	6.5	智利北部
19350219	2010190	35.50	140.50		6.0	日本本州东南近海
19350222	0855280	24.20	121.80		6.0	中国台湾花莲东北近海
19350222	1705540	52.25	175.00		6.9	阿留申群岛
19350225	0251370	35.75	25.00	80	6.8	爱琴海
19350227	0909210	3.00	126.00		6.0	马鲁古群岛
19350228	0710250	-23.00	-67.00	200	6.3	阿根廷北部
19350305	1026350	36.25	53.25		6.0	伊朗塞姆南副省
19350305	2215530	29.75	80.25		6.0	尼伯尔、印度边境
19350308	1159140	-4.00	-80.00	100	6.0	厄瓜多尔南部
19350318	0840410	35.50	27.00	130	6.3	爱琴海
19350320	2257210	-7.75	156.00		6.5	所罗门群岛
19350321	0004020	24.25	89.50	80	6.3	孟加拉国
19350326	1954470	-15.50	-73.00	120	6.0	秘鲁南部
19350328	2347510	43.00	131.00	550	6.3	中国吉林珲春地区
19350329	1224180	-29.00	-177.50		6.3	克马德克群岛
19350330	2119430	37.50	141.25	50	6.5	日本本州东北近海
19350403	1111590	36.50	70.50	250	6.3	兴都库什地区
19350405	0255000	-22.00	-175.00		6.0	汤加群岛
19350410	2232310	10.50	-62.00	100	6.5	帕里亚湾
19350411	0117550	13.25	95.50		6.0	安达曼海
19350411	2314430	36.50	53.50		6.8	伊朗塞姆南副省
19350415	1115070	36.25	137.25	270	6.3	日本本州
19350419	1523220	31.50	15.25		7.1	利比亚湖姆斯区
19350419	2031300	31.00	15.50		6.0	利比亚湖姆斯区
19350420	0510510	31.00	15.75		6.5	利比亚来苏腊塔区
19350420	2201540	24.25	120.75		7.1	中国台湾苗粟南部
19350420	2226260	24.70	120.90		6.0	中国台湾新竹以南
19350421	0725540	-4.50	114.00		6.0	爪哇海
19350423	1645410	24.00	94.75	110	6.3	缅甸、印度边境
19350424	1552180	0.50	74.25		6.0	中印度洋海岭
19350424	1851400	15.25	-93.00	50	6.3	危地马拉
19350501	1024350	39.50	43.00		6.0	土耳其东部
19350504	2302240	24.80	120.80		6.0	中国台湾新竹地区

续表

年月日	时分秒	纬度（°）	经度（°）	震源深度（km）	震级	参考地震（M_S≥8后注M_W）
19350507	0555200	5.75	126.00	50	6.0	菲律宾棉兰老岛
19350512	0520240	37.50	71.20	100	6.0	帕米尔山区
19350513	1953330	19.50	101.00		6.5	泰国与老挝边境
19350514	2323100	-59.00	-26.50	155	7.0	南桑威奇群岛
19350515	0201240	28.00	68.00		6.0	巴基斯坦中部
19350516	2041300	-55.00	-123.00		6.3	南太平洋
19350520	0521290	4.00	126.50		6.0	马鲁古群岛
19350521	0422340	28.80	89.50		6.3	中国西藏江孜地区
19350521	0651500	-6.00	146.00	140	6.8	新几内亚岛
19350521	1306130	-6.00	146.00	140	6.0	新几内亚岛
19350523	1758590	23.00	-45.00		6.3	北大西洋
19350524	0536310	12.00	125.00		6.8	菲律宾米沙鄢群岛
19350525	0007550	12.00	125.50		6.3	菲律宾米沙鄢群岛
19350526	2203470	11.75	125.50		6.3	菲律宾米沙鄢群岛
19350530	2132460	29.50	66.75		7.5	巴基斯坦中部　M_W8.1
19350531	0818370	38.75	134.00	450	6.5	日本海中部
19350601	1439520	7.50	126.50	100	6.0	菲律宾海沟
19350602	0916250	30.00	66.75		6.0	巴基斯坦中部
19350616	0618340	-4.50	147.00		6.0	新几内亚岛
19350618	2227410	12.50	125.50		6.3	菲律宾棉兰老岛以北
19350619	2214540	-10.50	161.00		6.0	所罗门群岛
19350622	1548280	-6.00	120.00		6.3	苏拉威西岛
19350624	2323140	-15.75	167.75	140	7.1	新赫布里底群岛
19350625	1233370	46.00	150.00		6.3	千岛群岛
19350628	0200350	-34.00	-73.00		6.0	智利中部近海
19350628	1857540	34.25	140.50	100	6.3	日本本州东部近海
19350629	0648540	19.00	-103.50		6.9	墨西哥科利马州
19350705	1753010	38.00	67.50		6.0	乌兹别克与阿富汗接壤地区
19350711		35.00	138.40		6.3	日本本州静冈
19350711	2303420	-4.00	111.00	620	6.0	爪哇海
19350715	1413350	-20.00	-178.50	580	6.5	斐济海
19350716	1618580	24.60	120.80		6.5	中国台湾苗栗北部滨海区
19350717	1046140	-60.50	-24.00	60	6.8	南桑威奇海沟
19350726	0803390	48.00	145.50	480	6.3	库页岛东远海
19350726	1032310	33.30	101.10		6.0	中国青海久治地区
19350727	1013090	48.75	146.50	490	6.3	库页岛以东远海
19350728	0523580	36.00	71.00	150	6.0	兴都库什山区
19350729	0412490	19.00	146.00	200	6.0	马里亚纳群岛
19350729	0738530	-20.75	-178.00	510	7.2	斐济群岛

续表

年月日	时分秒	纬度（°）	经度（°）	震源深度（km）	震级	参考地震（M_S≥8后注M_W）
19350803	0110010	4.50	96.50		7.0	安达曼海
19350805	2350100	-35.00	-72.00		6.0	智利中部
19350810	1731550	-62.50	-21.00	60	6.5	南桑威奇海沟
19350817	0144420	-22.50	171.00	120	7.2	斐济海
19350821	1348440	-16.00	-174.00	100	6.3	萨摩亚群岛
19350823	1357440	-4.25	102.00		6.5	苏门达腊
19350904	0127390	63.75	-152.50		6.3	阿拉斯加
19350904	0137420	22.20	121.30		7.2	中国台湾兰屿近海
19350904	0154300	22.30	121.30		6.0	中国台湾兰屿近海
19350904	0328080	22.30	121.30		6.0	中国台湾兰屿近海
19350909	0617300	6.00	141.00		7.0	加罗林群岛
19350911	1404020	43.00	146.50	60	7.6	日本北海道以东
19350912	1601220	-20.00	-179.00	600	6.0	斐济群岛
19350915	1409000	-27.00	-113.00		6.8	复活节岛以西
19350918	0458000	5.50	-76.00	80	6.3	哥伦比亚西部
19350919	0955470	-15.50	-70.00	250	6.5	秘鲁南部
19350920	0146330	-3.50	141.75		7.9	新几内亚岛 M_W8.1
19350920	0523010	-3.25	142.50		7.0	新几内亚岛
19350924	2212150	49.50	-130.00		6.2	温哥华岛西北
19351002	0533000	43.50	146.50	70	7.0	日本北海道以东
19351004	0515360	6.00	125.00	500	6.5	菲律宾棉兰老岛
19351008	0919060	38.80	70.80	8	6.1	帕米尔山区
19351012	1645220	40.25	143.25		7.1	日本本州东北远海
19351018	0011560	40.50	143.75		7.2	日本本州东北远海
19351018	1105230	12.50	141.50	50	7.1	马里亚纳群岛
19351019	0448030	46.60	-112.00		6.3	美国蒙大拿州
19351031	1837490	46.50	-112.00		6.0	美国蒙大拿州
19351101	0603400	46.80	-79.10	60	6.3	加拿大魁北克省
19351101	1622010	20.50	103.50		6.8	老挝东北部
19351102	2105400	-2.00	-79.00	130	6.0	厄瓜多尔
19351110	1827460	16.50	-62.50	100	6.3	小安德烈斯群岛
19351111	1855290	50.00	147.00	590	6.0	鄂霍次克海
19351114	1956430	-4.25	152.50	60	6.8	新爱尔兰岛
19351123	0752300	0.50	-85.50	60	6.3	厄瓜多尔以西海中
19351125	1003020	6.00	94.00		6.5	尼科巴群岛以南
19351130	0339470	10.00	-79.25		6.3	巴拿马北部近海
19351201	2345030	29.00	128.00		6.3	琉球群岛
19351202	1642420	28.75	128.00		6.0	琉球群岛
19351205	1750420	-16.00	-178.00		6.5	斐济群岛

续表

年月日	时分秒	纬度（°）	经度（°）	震源深度（km）	震级	参考地震（M_S≥8后注M_W）
19351209	0723300	-55.00	162.00		6.3	奥克兰群岛地区
19351214	0131130	-9.50	-70.50	650	6.9	巴西和秘鲁接壤地区
19351214	1247290	21.50	143.50	270	6.5	马里亚纳群岛北
19351214	2205170	14.75	-92.50		7.3	危地马拉
19351215	0707480	-9.75	161.00		7.6	所罗门群岛
19351216	1657240	-9.50	-70.50	650	6.3	巴西和秘鲁接壤地区
19351217	1917350	22.50	125.50		7.2	琉球群岛
19351218	0710360	28.70	103.60		6.0	中国四川马边地区
19351218	1659300	29.10	103.30		6.0	中国四川马边地区
19351223	1443190	48.50	154.50	60	6.0	千岛群岛地区
19351224	1224050	3.00	-79.00		6.8	哥伦比亚近海
19351228	0235220	0.00	98.25		7.9	苏门答腊北部
19351229	2337200	-3.50	128.50		6.5	马鲁古群岛
19360102	0037090	79.75	2.00		6.0	格陵兰岛
19360102	1726420	-9.25	119.25		6.8	努沙登加拉群岛
19360102	2234300	0.00	99.50	60	7.0	苏门答腊中部
19360114	0536300	-60.00	-22.00	50	7.2	南桑威奇海沟
19360114	1412130	-29.00	-62.50	620	6.9	阿根廷北部
19360120	1656190	6.00	127.00	80	7.1	菲律宾海沟
19360122	0925250	-4.00	103.00	80	6.3	苏门答腊中部
19360127	1930220	45.00	91.60		6.0	中国新疆木垒地区
19360207	0856270	35.40	103.40		6.8	中国甘肃康乐附近<12>
19360208	1211100	-5.25	145.75	80	6.8	新几内亚岛
19360210	1805400	-18.50	-178.00	570	6.8	斐济群岛
19360212	0934300	-6.00	116.00	600	6.5	爪哇海
19360215	1246570	-4.50	133.00		7.3	东南群岛
19360216	1416560	-24.00	173.00	160	6.5	斐济海
19360221	0107580	34.50	135.75		6.0	日本本州岛西南
19360221	1657160	-5.00	144.50	75	6.9	新几内亚岛
19360222	1531540	-49.50	164.00		7.2	奥克兰群岛地区
19360222	1922400	-50.00	164.00		6.8	奥克兰群岛地区
19360227	1004080	-7.00	127.00	180	6.8	班达海
19360228	1615240	-5.00	114.00		6.5	爪哇海
19360301	1021570	47.50	146.50	430	6.3	库页岛以东远海
19360301	1027110	-47.00	96.00		6.5	南极澳大利亚海丘
19360305	0605580	-9.50	-108.00		6.0	东太平洋海丘
19360320	2353030	-14.50	-173.50		6.3	汤加群岛
19360321	0152110	-17.00	66.00		6.3	中印度洋海岭

续表

年月日	时分秒	纬度（°）	经度（°）	震源深度（km）	震级	参考地震（M_S≥8后注M_W）
19360322	1216050	-8.25	157.50	60	6.9	所罗门群岛
19360331	0333100	21.50	143.25	290	6.0	马里亚纳群岛北
19360401	0100000	22.50	109.40	7	6.8	中国广西灵山附近
19360401	0209150	4.50	126.50		7.7	马鲁古群岛以北
19360402	0616510	-3.00	151.00		6.5	新爱尔兰岛南
19360407	0137440	-21.00	-177.00	100	6.0	汤加群岛
19360412	2051000	8.00	137.50		6.8	加罗林群岛西部
19360415	0605580	-9.00	111.00	100	6.0	爪哇岛以南
19360419	0507170	-7.50	156.00	40	7.4	所罗门群岛
19360419	0904000	10.50	93.00		6.5	安达曼群岛
19360423	2314210	30.25	179.00		6.3	阿留申群岛
19360426	2359110	28.90	103.60		6.8	中国四川马边地区
19360427	0542370	28.70	103.20		6.0	中国四川马边地区
19360428	1335450	-6.50	129.00	200	6.5	班达海
19360430	1706190	-31.00	-65.00	200	6.0	阿根廷北半部
19360505	1943090	-3.25	148.50		6.3	俾斯麦群岛
19360506	0338550	-8.00	-75.00	160	6.0	秘鲁中部
19360508	0911340	-5.75	112.75	620	6.5	爪哇海
19360516	0705440	28.50	103.60		6.8	中国四川马边地区
19360519	0722260	-5.75	112.75	610	6.5	爪哇海
19360519	2050090	-9.00	124.00	90	6.8	佛罗勒斯岛
19360520	0016010	13.50	121.50	160	6.0	菲律宾吕宋岛南
19360522	0015580	-32.00	-66.00		6.0	阿根廷中部
19360527	0619190	28.50	83.50		7.0	尼伯尔
19360528	1849000	10.50	-103.50		6.8	墨西哥以南远海
19360603	0255360	41.50	142.00	80	6.0	日本北海道
19360605	1437310	0.50	124.00	180	6.8	北苏拉威西
19360609	1636300	0.00	99.00	60	6.8	苏门答腊北部
19360610	0823210	-5.50	147.00	190	6.9	新几内亚岛
19360616	0033310	-15.00	-175.00		6.0	萨摩亚群岛西南
19360622	1028060	-22.00	-68.00	100	6.0	利维亚西南边境
19360622	1927000	13.50	-45.00		6.0	大西洋中部
19360625	1651520	32.50	137.50		6.3	日本本州以南
19360629	1430100	36.50	71.00	230	6.8	兴都库什地区
19360630	1506380	50.50	160.00		7.4	堪察加半岛东南
19360630	1926060	33.00	60.00		6.3	伊朗霍腊散省
19360704	0852350	-18.00	-70.00	140	6.0	秘鲁、智利边境
19360704	0857110	4.00	99.00	200	6.5	马六甲海峡
19360705	1855130	6.25	126.75	60	7.3	菲律宾海沟

续表

年月日	时分秒	纬度（°）	经度（°）	震源深度（km）	震级	参考地震（M_S≥8后注M_W）
19360713	1112150	-24.50	-70.00	60	7.3	智利北部
19360726	0736530	-24.00	-70.00	40	6.8	智利北部
19360801	0624300	34.20	105.70		6.0	中国甘肃天水地区
19360813	2002410	9.00	126.50	60	6.8	菲律宾棉兰老岛
19360822	0651350	22.25	120.75		7.2	中国台湾屏东南部
19360823	2112130	5.00	95.00	40	7.3	苏门答腊北部
19360824	2222000	-51.00	140.00		6.3	南极-澳大利亚海丘
19360904	0809380	31.00	141.50	50	6.5	日本海沟
19360906	1739280	-21.50	-174.00		6.0	汤加群岛
19360907	1217260	-58.00	-30.00	160	6.8	南桑威奇群岛
19360918	1838300	31.00	142.00	50	6.3	日本海沟
19360919	0101470	3.75	97.50		7.2	马六甲海峡
19360925	1253350	42.50	-128.00		6.2	俄勒冈远海
19361005	0944240	1.50	126.75	40	7.1	马鲁古群岛
19361019	1204170	-2.00	127.00		6.8	马鲁古群岛
19361025	1530250	34.75	140.50	80	6.3	日本本州东南
19361026	0933320	34.25	136.50	380	6.3	日本本州
19361029	1838520	13.75	144.50	60	6.8	马里亚纳群岛
19361102	1457500	47.50	154.50		6.8	千岛群岛地区
19361102	2045560	38.25	142.25	40	7.3	日本本州东北近海
19361107	0632470	-23.00	-67.00	200	6.0	阿根廷北部
19361112	0215580	17.50	147.00	170	6.3	马里亚纳群岛
19361112	2004460	46.00	148.00	150	6.5	日本北海道以东
19361113	1231270	55.50	163.00		7.2	堪察加半岛以东
19361115	2150160	-21.00	-178.00	540	6.5	汤加以西
19361126	0833320	-18.50	-178.00	560	6.5	斐济群岛
19361129	1455100	-22.50	-67.00	230	6.0	阿根廷北部
19361130	2345480	-2.00	126.00		6.3	马鲁古群岛
19361201	0609150	30.00	129.00	270	6.5	琉球群岛
19361205	0037580	-20.00	-70.50	100	6.0	智利北部近海
19361221	1903130	52.50	-131.50		6.0	夏洛特皇后群岛
19361226	2252330	-30.50	-178.00	60	7.0	克马德克群岛
19361227		34.50	139.20		6.3	日本伊豆诸岛
19361229	1447560	-4.50	153.50	100	7.0	新爱尔兰岛
19370104	2246570	-4.00	141.50		6.0	新几内亚岛
19370105	1109120	27.50	139.00	500	6.0	小笠原群岛以西
19370105	2137570	31.00	132.25		6.3	日本九州岛东南
19370107	1320410	35.50	97.60		7.5	中国青海中部

续表

年月日	时分秒	纬度（°）	经度（°）	震源深度（km）	震级	参考地震（M_S≥8后注M_W）
19370111	1321160	16.00	-94.50	110	6.0	特万特佩克湾
19370123	1055510	-4.50	153.00		7.0	新爱尔兰岛
19370125	0634000	-10.00	163.00		7.1	所罗门群岛
19370221	0702350	44.50	149.50		7.4	日本北海道以东
19370309	1540200	9.00	-83.50	30	6.4	哥斯达黎加
19370314	1155480	-24.50	-69.50	60	6.5	智利北部
19370315	1656320	24.50	95.00	130	6.5	缅甸西北部边境
19370316	1545460	18.00	121.00	100	6.5	菲律宾吕宋岛北部
19370319	1811550	-29.00	-70.00	70	6.0	智利、阿根廷接壤地区
19370323	0044260	-36.50	-98.00	50	6.5	塞夫顿礁西北
19370325	1649030	33.50	-116.50		6.0	加利福尼亚州
19370329	0749470	-15.50	-71.00	120	6.8	秘鲁南部
19370402	0530180	-21.00	-179.00	600	6.5	斐济群岛
19370405	0656410	-1.00	133.00	90	6.9	新几内亚岛
19370416	0301370	-21.50	-177.00	400	7.8	汤加群岛
19370424	0458350	-12.00	-178.00	200	6.3	图瓦卢群岛东南
19370429	2018580	46.50	137.00	370	6.3	锡霍特山脉
19370501	1220470	-37.00	-109.00		6.5	复活节岛以南
19370505	2115390	19.25	145.75	190	6.3	马里亚纳群岛
19370510	1525380	-26.50	178.00	640	6.5	克马德克群岛
19370512	0244550	-4.50	144.00	150	6.8	新几内亚岛
19370513	1847550	0.00	123.50	200	6.3	马鲁古海
19370521	1312250	2.50	-77.50	90	6.5	哥伦比亚西南部
19370528	1535530	17.00	-93.00	150	6.5	墨西哥恰帕斯州
19370528	1956030	24.00	142.00	530	6.5	日本硫黄列岛
19370531	1038300	1.50	129.00	170	6.3	马鲁古群岛
19370531	1531570	-0.65	154.00	100	6.5	所罗门群岛
19370608	1800350	46.50	150.00	130	6.5	千岛群岛地区
19370608	2229390	16.00	-93.00	200	6.3	墨西哥南部
19370612	1808100	26.00	141.00	430	6.0	日本硫黄列岛北
19370619	1707270	-26.50	178.50	650	6.3	克马德克群岛
19370621	1513040	-8.50	-80.00	60	6.8	秘鲁以西海中
19370701	1149490	3.50	96.50	110	6.8	苏门答腊北部
19370702	0237150	-14.25	167.00	80	7.0	新赫布里底群岛以北
19370704	0555180	-10.50	163.50	50	6.9	所罗门群岛
19370708	1251050	3.00	-84.00		6.0	哥伦比亚以西远海
19370709	1727400	-16.00	-72.00	180	6.0	秘鲁南部
19370715	1903260	52.00	159.00	140	6.5	堪察加半岛东南
19370718	0101150	54.00	-166.50	70	6.3	阿留申群岛

续表

年月日	时分秒	纬度（°）	经度（°）	震源深度（km）	震级	参考地震（M_S≥8后注M_W）
19370719	1935240	-1.50	-76.50	190	7.1	厄瓜多尔西部
19370721	0007370	46.00	143.00	400	6.0	库页岛南
19370722	1709290	64.75	-146.75		7.3	阿拉斯加
19370726	0347110	18.40	-95.80	100	7.3	墨西哥南部
19370726	1956370	38.50	141.50	90	7.1	日本本州东北
19370731	2035480	35.40	115.10		7.0	中国山东菏泽地区
19370801	1041050	35.30	115.20		6.8	中国山东菏泽地区
19370804	2335220	6.00	95.50	120	6.0	安达曼海
19370805	1443580	-5.50	150.00	140	6.8	新不列颠岛
19370808	1012030	19.00	145.50	120	6.5	马里亚纳群岛
19370811	0055540	-6.25	116.50	610	7.2	爪哇海
19370813	1147380	-56.50	-130.00		6.0	南太平洋
19370820	0638050	-26.00	67.50		6.0	西印度洋海岭
19370820	1159160	14.50	121.50		7.5	菲律宾吕宋岛南部
19370822	1131440	7.00	-36.00		6.0	大西洋中部
19370824	2013230	5.00	-89.00		6.0	哥斯达黎加
19370901	0838590	-32.00	180.00	120	7.0	克马德克群岛
19370903	1848120	52.50	-177.50	80	7.3	阿留申群岛
19370904	0614210	-17.50	174.00		6.5	斐济群岛以西
19370908	0040010	-57.00	-27.00	130	7.2	南桑威奇群岛
19370912	1154530	20.50	146.00	140	6.3	马里亚纳群岛
19370915	1227320	-10.50	161.50	80	7.3	所罗门群岛
19370917	0930410	-56.50	-25.00		6.5	南桑威奇海沟
19370921	0746470	20.50	101.75		6.0	老挝西北部
19370921	0939470	2.00	126.75	50	6.9	马鲁古群岛
19370923	1306000	-6.00	154.00	60	7.4	所罗门海
19370924	1909520	-22.50	-70.00	130	6.0	智利北部
19370927	0855100	-9.50	111.00		7.2	爪哇岛以南
19370928	1317430	0.00	123.50	200	6.5	马鲁古海
19371006	0947180	18.50	-99.00	100	6.9	墨西哥城附近
19371006	2148020	1.50	-29.00		6.3	大西洋中部
19371007	0751450	-59.50	-53.00		6.3	南设得兰群岛
19371011	2123020	-42.00	-91.00		6.0	智利西南远海
19371012	0310120	-53.00	145.00		6.0	南极-澳大利亚海丘
19371012	2050550	-25.00	-68.50	110	6.5	智利、阿根廷边境
19371023	1653180	-37.75	177.75		6.3	新西兰普伦提湾
19371027	0021200	-34.50	-71.00	110	6.0	智利中部
19371029	0726300	36.50	70.50	230	6.3	兴都库什地区
19371101	0835050	-25.00	-70.00	75	6.0	智利北部

续表

年月日	时分秒	纬度（°）	经度（°）	震源深度（km）	震级	参考地震（M_S≥8后注M_W）
19371109	1021400	-36.50	-97.00		6.0	智利西南远海
19371114	1058120	36.50	70.50	240	7.2	兴都库什地区
19371115	2137340	35.00	78.00		6.5	中国新疆喀喇昆仑山口附近
19371123	1352500	-44.00	-116.00		6.3	东太平洋海丘
19371126	1045140	24.00	123.00	50	6.0	中国台湾花莲以东远海
19371130	0040270	5.50	90.00		6.5	尼科巴群岛
19371130	1257460	5.00	36.00		6.3	东非裂谷地区
19371206	2143090	14.00	-82.00	60	6.0	尼加拉瓜东部远海
19371208	0832110	22.90	121.20		7.0	中国台湾绿岛以北近海
19371208	2038430	22.90	121.50		6.0	中国台湾绿岛近海
19371212	1403450	-25.00	-70.00	60	6.0	智利北部
19371213	1853570	22.70	121.20		6.8	中国台湾绿岛近海
19371213	2258470	26.00	-45.00		6.0	北大西洋
19371216	1735300	35.00	23.50	100	6.5	爱琴海
19371217	0932120	22.70	121.20		6.8	中国台湾绿岛近海
19371223	1317560	16.75	-98.50		7.5	墨西哥瓦哈卡州
19371224	0620400	-10.50	-76.50		6.3	秘鲁中部沿海
19371225	0955550	57.00	110.00		6.0	贝加尔湖地区
19371228	0619260	1.00	-29.00		6.5	大西洋中部
19380101	2328010	25.75	143.00	60	6.8	小笠原群岛东南
19380110	2054270	29.75	131.25	60	6.3	琉球群岛
19380111	1511580	33.50	135.50	50	6.5	日本本州西南部
19380112		33.70	135.20		6.7	日本本州西南部
19380113	2244250	-27.00	-116.00		6.0	复活节岛西北
19380116	2141470	-6.00	-75.00	100	6.0	秘鲁北部
19380118	0420040	-4.00	101.50	100	6.5	苏门答腊中部
19380118	0928570	36.70	70.80	200	6.1	兴都库什山区
19380122	1527000	-6.00	105.00	150	6.0	苏门答腊南部
19380123	0832430	21.00	-156.00		6.8	夏威夷群岛
19380124	1031440	-61.00	-38.00		7.1	南桑威奇群岛
19380201	1904180	-5.25	130.50		8.2	班达海 M_W8.4
19380202	0937030	-3.00	100.00	120	6.0	苏门答腊中部
19380204	1027210	3.00	-91.00		6.0	厄瓜多尔
19380205	0223340	4.50	-76.25	160	7.0	哥伦比亚西部沿海
19380205	0955100	14.00	124.00	160	6.5	菲律宾吕宋东南
19380207	1443000	36.50	139.50	100	6.5	日本本州
19380213	0803510	-35.50	180.00		6.5	克马德克群岛
19380214	0254160	40.50	53.50		6.0	里海东岸地区

续表

年月日	时分秒	纬度（°）	经度（°）	震源深度（km）	震级	参考地震（M_S≥8后注M_W）
19380215	0327420	19.00	-26.00		6.3	大西洋中部
19380301	2326580	-55.00	12.00		6.5	南大西洋
19380306	1654050	-19.00	-178.00	500	6.0	汤加群岛
19380314	0048380	21.50	75.75	50	6.3	印度中部
19380314	0514210	32.30	103.60		6.0	中国四川松潘地区
19380322	1522140	52.25	-132.00		6.3	夏洛特皇后群岛
19380325	1549260	-14.50	-179.00		6.0	富图纳群岛
19380331	2231100	20.00	120.50	60	6.5	巴坦群岛西南
19380402	0602000	-59.50	-58.00		6.3	南设得兰群岛
19380404	2109030	-7.00	127.00	420	6.0	班达海
19380409	0910400	-15.50	168.00	100	6.5	新赫布里底群岛
19380413	0245460	39.20	15.20	270	6.8	意大利西西里岛以北
19380414	0116350	23.50	95.00	130	6.8	缅甸西北部
19380417	0856080	-28.00	134.00		6.0	澳大利亚东部
19380417	1439380	-19.00	-69.50	60	6.5	智利北部
19380419	1059150	39.50	33.50		6.8	土耳其安卡拉东南
19380420	0627050	-22.00	175.00		6.5	斐济海
19380421	0115140	-52.50	27.50		6.3	爱德华群岛西南
19380423	0027500	28.00	131.50		6.3	琉球群岛地区
19380424	1410580	-23.50	-66.00	180	6.0	阿根廷北部
19380426	1253350	-6.50	129.00	150	6.5	班达海
19380503	0215270	18.50	-99.00	100	6.5	墨西哥城附近
19380503	1915520	46.50	150.75	100	6.0	千岛群岛南部
19380508	1348000	-48.00	99.00		6.8	南极-澳大利亚海丘
19380512	1538570	-6.00	147.75		7.5	新几内亚岛
19380514	1203090	21.70	99.50		6.0	中国云南澜沧地区
19380519	1708210	-1.00	120.00		7.6	苏拉威西岛
19380523	0718280	36.50	141.00		7.4	日本本州东部近海
19380523	0821530	18.00	119.50	80	7.0	菲律宾吕宋西北海域
19380528	1014010	42.75	-126.00		6.0	俄勒冈远海
19380528	1642030	43.50	144.75		6.5	日本北海道
19380530	1429500	-20.50	169.50	70	7.0	瓦努阿图以南
19380609	1915110	-3.50	126.50	60	7.2	马鲁古群岛
19380610		25.30	125.20		6.7	琉球群岛
19380610	0953390	25.83	125.00		7.7	琉球群岛
19380615	0743500	-31.00	-70.50	70	6.0	智利中部
19380616	0215150	27.50	129.50		7.4	琉球群岛
19380620	2350320	42.50	76.00		6.8	阿拉木图附近
19380623	0103580	-30.50	-70.00	70	6.5	智利和阿根廷接壤地区

续表

年月日	时分秒	纬度（°）	经度（°）	震源深度（km）	震级	参考地震（M_S≥8后注M_W）
19380623	1255280	-20.75	169.50	90	6.9	新赫布里底群岛
19380628	1917420	18.00	-100.00	110	6.5	墨西哥城西南
19380630	1644480	-20.50	169.50	70	6.3	瓦努阿图以南
19380705	2207050	-22.50	171.50		6.8	斐济海
19380714	2331310	-22.00	175.00	60	6.0	斐济海
19380721	0910420	-3.00	40.00		6.0	肯尼亚沿海
19380723	2300200	-5.00	147.00	120	6.5	新几内亚岛
19380724	1312130	53.50	-167.00	50	6.3	阿留申群岛
19380729	1306380	-1.00	99.00	80	6.5	苏门答腊北部
19380731	2154200	44.00	134.00	450	6.0	日本海北岸
19380804	0854510	-24.00	-68.00	220	6.8	智利北部
19380816	0427500	23.50	94.25		7.2	缅甸西北部
19380817	0145350	45.00	148.00	100	6.0	日本北海道东北
19380818	0930040	-4.00	103.00	100	6.9	苏门答腊中部
19380822	2137240	37.40	98.50		6.0	中国青海天峻地区
19380824	1543500	-9.00	119.00	50	6.5	努沙登加拉群岛
19380825	0128070	-5.50	102.00	70	6.9	苏门答腊南部
19380828	0035000	21.60	122.50	40	6.0	中国台湾兰屿近海
19380830	1149350	-3.25	143.75		6.8	新几内亚岛
19380831	1745130	-4.00	151.50	350	6.8	新不列颠岛北
19380901	0254090	23.70	122.40		6.0	中国台湾花莲以东近海
19380905	1442320	-55.00	-152.00		6.0	南太平洋
19380907	0403170	23.90	121.70		7.0	中国台湾花莲滨海
19380907	1258200	-6.50	155.00	160	6.5	所罗门群岛
19380918	0350380	38.00	22.50	100	6.5	希腊西南部
19380921	1852000	36.25	141.00	60	6.9	日本本州东部近海
19380927	0231490	11.00	41.00		6.0	埃塞俄比亚高原
19381007	1623450	9.50	94.00	120	6.3	安达曼海
19381009	1636400	-62.00	160.00		6.0	南太平洋海岭
19381010	2048050	2.25	126.75		7.3	马鲁古群岛
19381013	1526230	23.90	121.70		6.3	中国台湾花莲以东近海
19381017	1526580	44.50	140.50	250	6.5	日本北海道
19381019	0413260	49.00	90.00		6.8	蒙古巴颜乌列盖省
19381020	0219270	-9.00	123.00	90	7.3	佛罗勒斯岛
19381021	0646220	43.50	131.00	550	6.3	中国黑龙江东宁附近
19381021	2024120	2.50	66.00	60	6.5	阿拉伯-印度海岭
19381021	2335380	-35.00	-179.50	30	6.3	克马德克群岛
19381023	1501200	-17.00	42.00		6.0	莫桑比克海峡
19381029	2253000	-9.00	116.00	90	6.5	努沙登加拉群岛

续表

年月日	时分秒	纬度（°）	经度（°）	震源深度（km）	震级	参考地震（M_S≥8后注M_W）
19381105	0843210	36.75	141.75	60	7.7	日本本州东部
19381105	1050150	37.25	141.75	60	7.7	日本本州以东远海
19381106	0853530	37.25	142.25	60	7.6	日本本州以东远海
19381106	2138470	36.50	142.00	60	7.1	日本本州以东远海
19381110	2018430	55.50	-158.00		8.3	阿拉斯加湾　M_W8.0
19381113	1313400	44.50	149.50	70	6.9	日本北海道以东
19381113	2231300	37.00	142.50	50	7.0	日本本州以东海中
19381115	2100160	-4.50	98.50		6.5	苏门达腊
19381117	0354340	55.50	-158.50		7.2	阿拉斯加湾
19381118	1412350	-13.00	168.00	360	6.5	新赫布里底群岛以北
19381121	0111310	29.90	95.30		6.0	中国西藏波密以西
19381130	0229500	37.25	141.00	50	7.0	日本本州以东近海
19381202	2214200	33.20	90.40		6.0	中国西藏安多附近
19381206	2300510	22.90	121.50		7.0	中国台湾绿岛近海
19381216	1721250	-45.00	167.00	60	7.0	新西兰南部区
19381217	1635260	48.00	92.25		6.3	蒙古西部大湖盆地
19381221	1226400	-9.75	119.00		6.5	努沙登加拉群岛
19381222	1656420	24.10	123.10		6.0	中国台湾花莲以东近海
19381230	0220500	-40.25	176.50		6.3	新西兰霍克湾区
19390118	0144180	-29.50	-71.00	70	6.3	智利北半部
19390120	2040270	13.50	-91.50	70	6.5	危地马拉
19390122	0441040	55.00	132.00	16	6.0	外兴安岭林区
19390122	1331430	-7.50	149.00		6.3	所罗门海
19390124	1948530	-26.50	-63.00	580	6.0	阿根廷北部
19390125	0332140	-36.25	-72.25	60	7.8	智利和阿根廷接壤地区
19390130	0218270	-6.50	155.50		7.8	所罗门群岛
19390130	2350240	-5.50	147.00	200	6.5	新几内亚岛
19390203	0526200	-10.50	159.00		7.1	所罗门群岛
19390203	2013150	-22.50	-175.50		6.3	汤加群岛
19390204	1134050	7.00	126.50	100	6.0	菲律宾棉兰老岛
19390223	1540460	42.50	82.50		6.0	中国新疆库车地区
19390224	1415450	53.00	-164.50	70	6.3	阿拉斯加
19390302	0700270	-4.00	143.00	130	6.9	新几内亚岛
19390308	2158180	-6.00	155.00		6.8	所罗门群岛
19390320		32.30	131.70		6.6	日本九州岛
19390321	0111090	-1.50	89.50		7.2	东印度洋海岭
19390405	1642400	-19.50	168.00	70	7.1	新赫布里底群岛
19390418	0622450	-27.00	-70.50	100	7.4	智利中部

续表

年月日	时分秒	纬度（°）	经度（°）	震源深度（km）	震级	参考地震（M_S≥8后注M_W）
19390420	2206350	-46.50	167.50		6.0	福沃海峡
19390421	0429040	47.50	139.75	520	7.0	锡霍特山脉
19390423	1623060	0.50	-17.50		6.3	大西洋中部
19390425	1253370	-12.50	-75.50	150	6.3	秘鲁中部沿海
19390430	0255300	-10.50	158.50	50	8.0	所罗门群岛　M_W7.9
19390501	0558330	40.00	139.75		7.0	日本本州西北近海
19390502	1314470	29.50	-113.50		6.8	加利福尼亚湾
19390506	1700070	13.50	121.25	110	6.5	菲律宾吕宋岛南
19390508	0146500	37.00	-24.50	60	7.1	亚速尔群岛
19390514	1812240	-36.50	179.00	80	6.0	新西兰北岛以北远海
19390516	1720120	23.90	121.70		6.0	中国台湾花莲滨海
19390517	1830340	22.75	143.25		6.9	日本硫黄列岛东南
19390519	1825350	-18.00	-69.00	100	6.3	智利北部边境
19390519	1851340	52.30	98.60		6.0	伊尔库次克西部
19390521	2021530	-22.50	-179.00	600	6.0	斐济海
19390522	0134480	-3.00	141.00		6.3	新几内亚岛
19390523	0418450	9.00	59.00		6.0	阿拉伯-印度海岭
19390526	0940350	53.00	109.00		6.0	贝加尔湖地区
19390526	1218170	47.00	144.00	420	6.0	库页岛东南近海
19390526	1750230	-3.50	140.50		6.5	新几内亚岛
19390527	0345440	24.50	94.00	75	6.8	印度、缅甸边境
19390602	0333150	5.00	127.00	60	7.0	菲律宾海沟
19390604	0024000	-9.00	123.50	80	6.3	佛罗勒斯岛
19390608	2046530	-15.50	-174.00	100	7.2	萨摩亚群岛
19390612	0405090	20.50	-66.00		6.3	波多黎各岛以北
19390613	2039550	0.75	125.75	150	6.9	马鲁古群岛
19390618	1646050	10.00	-83.00	70	6.5	哥斯达黎加东部沿海
19390622	1919310	6.00	1.00		6.5	加纳
19390704	1826120	-21.00	-66.00	290	6.8	玻利维亚南部
19390705	2241040	-22.00	180.00	650	6.9	斐济海
19390706	0105560	-22.00	180.00	650	6.3	斐济海
19390712	2258250	-3.50	138.50	60	6.8	新几内亚岛
19390714	0831400	53.75	169.00	60	6.5	阿留申群岛
19390718	0326380	49.00	-129.25		6.5	温哥华岛西
19390720	0223000	-22.00	-179.50	650	7.0	斐济海
19390723	1507240	-9.00	-109.00		6.0	东太平洋海丘
19390801	1555590	50.50	156.00	140	6.5	堪察加半岛以南
19390802	0046220	-36.00	-16.00		6.5	亚速尔群岛以东
19390812	0207270	-16.25	168.50	180	7.2	新赫布里底群岛

续表

年月日	时分秒	纬度（°）	经度（°）	震源深度（km）	震级	参考地震（M_S≥8后注M_W）
19390812	0950000	45.50	151.00	60	6.3	千岛群岛地区
19390818	2216020	-18.50	168.25	50	6.9	新赫布里底群岛
19390820	0717260	54.00	-164.00	75	6.3	阿拉斯加
19390821	1519030	51.50	177.00		6.0	阿留申群岛
19390825	0348170	-5.00	152.75	90	6.8	新不列颠岛以东
19390827	1118000	-19.00	170.00	280	6.5	新赫布里底群岛
19390902	0858480	-13.00	167.50	100	6.8	新赫布里底群岛以北
19390905	0602000	45.90	26.60	150	6.1	罗马尼亚东部
19390914	0901060	12.00	95.00	100	6.0	安达曼海北部
19390920	0019310	38.00	20.50	80	6.5	希腊伊奥尼亚群岛海域
19390920	0653120	-11.50	-75.50	60	6.0	秘鲁中部
19390922	0036320	39.00	27.00		6.5	土耳其西部沿海
19390928	1458270	15.50	-91.50	110	6.3	危地马拉
19391003	1341220	-16.50	-179.50	600	6.3	斐济群岛
19391005	0455500	-22.00	-67.00	240	6.0	玻利维亚南部
19391007	2043010	-6.50	128.00		6.5	班达海
19391007	2351180	-18.50	-70.00	110	6.0	秘鲁和智利接壤地区
19391010	1831590	38.50	143.00		7.4	日本本州以东北部近海
19391017	0622060	-14.00	167.75	120	7.4	新赫布里底群岛以北
19391020	2006020	8.00	-83.00		6.0	巴拿马西南部近海
19391022	1439420	42.50	144.00	90	6.0	日本北海道岛
19391030	1312360	-16.00	-174.00	150	6.5	萨摩亚群岛
19391104	1015240	32.00	49.50		6.0	伊朗胡泽斯坦省
19391105	0202050	7.00	-34.00		6.0	大西洋中部
19391109	1606200	12.00	143.50	90	6.3	马里亚纳群岛
19391110	1649400	-53.00	160.00		6.0	奥克兰群岛附近
19391110	2020480	-9.00	148.00		6.3	新几内亚岛
19391117	0901280	-6.00	154.50	140	6.0	所罗门海
19391117	1839300	-21.50	-178.00	600	6.0	汤加群岛
19391118	0132480	52.00	157.00	75	6.5	堪察加半岛
19391121	1101500	36.50	70.50	220	6.9	兴都库什地区
19391205	0830070	14.50	-91.50		6.8	危地马拉
19391216	1046320	43.75	147.75	75	7.1	日本北海道以东
19391218	0626180	-15.00	168.00		6.0	瓦努阿图
19391220	1304060	-7.00	120.00	700	6.0	佛罗勒斯海
19391221	2054480	10.00	-85.00		7.3	哥斯达黎加
19391221	2100400	0.00	123.00	150	8.0	马鲁古海　m_B7.8
19391222	0444000	10.00	-84.50		6.8	哥斯达黎加
19391225	2056070	-0.50	123.50	125	6.3	马鲁古海

续表

年月日	时分秒	纬度（°）	经度（°）	震源深度（km）	震级	参考地震（M_S≥8后注M_W）
19391226	1155110	13.25	-88.25	75	6.0	萨尔瓦多
19391226	2357210	39.50	38.50		8.0	土耳其埃尔津詹地区　M_W7.7
19391227	0302360	-2.75	135.75	80	6.5	新几内亚岛
19400101	1215130	-18.00	-178.50	570	6.3	斐济群岛
19400102	1107140	-28.50	-113.00		6.3	复活节岛以西
19400106	1403240	-22.00	171.00	90	7.2	斐济海
19400117	0115000	17.00	148.00	80	7.3	马里亚纳海沟
19400119	0523480	42.70	121.30		6.0	中国内蒙古库伦旗以西
19400120	0958000	-55.00	-133.00		6.8	南太平洋
19400121	0419360	-32.00	-178.00	230	6.3	克马德克群岛
19400126	1704190	26.75	132.00		6.8	琉球群岛地区
19400207	1716020	51.50	175.00	70	7.0	阿留申群岛
19400208	0805590	39.75	-121.25	35	6.0	加利福尼亚州
19400212	0001300	-26.50	-71.00	70	6.5	智利北部近海
19400212	0820570	-23.00	-177.50	200	6.8	汤加群岛
19400212	0917460	55.00	-161.50		6.8	阿拉斯加
19400220	0218200	-13.50	167.00	200	7.0	新赫布里底群岛以北
19400220	1254400	-37.50	79.00		6.5	圣波尔岛北
19400224	1200060	-3.00	141.50		6.3	新几内亚岛
19400227	1212470	8.50	-62.00		6.0	委内瑞拉东北部
19400304	1959050	15.25	-45.00		6.0	大西洋中部
19400306	1822450	-51.00	165.00		6.0	奥克兰群岛附近
19400307	0708400	-33.00	-111.00		6.5	复活节岛以南
19400309	1047040	27.00	140.00	500	6.5	小笠原群岛
19400314	1822350	-56.00	145.00		6.8	南太平洋海岭
19400319	0435500	35.75	70.00	50	6.0	兴都库什山区
19400321	1352520	-10.00	108.00		6.8	爪哇海沟
19400328	1548520	14.50	120.00	200	6.8	菲律宾吕宋岛西南
19400329	2320220	-57.00	144.00		6.0	南太平洋海岭
19400331	1652300	-19.00	-70.50	50	6.0	智利北部近海
19400401	1118570	-3.25	139.00		6.9	新几内亚岛
19400405	1635230	24.50	143.00	220	6.5	马里亚纳群岛
19400406	1343020	23.90	102.30		6.0	中国云南石屏地区
19400408	0849150	-33.50	-71.50		6.0	智利中部近海
19400414	0933220	-16.00	-174.00	200	6.3	萨摩亚群岛
19400416	0607430	52.00	173.50		7.1	阿留申群岛
19400416	0643070	52.00	173.50		7.2	阿留申群岛
19400420	2018040	35.00	136.00	400	6.0	日本本州

续表

年月日	时分秒	纬度（°）	经度（°）	震源深度（km）	震级	参考地震（M_S≥8后注M_W）
19400424	1022060	-5.00	148.50		6.0	新不列颠岛
19400427	0935180	-15.00	167.00		6.5	瓦努阿图
19400427	1033130	1.00	-19.50		6.8	圣保罗岛以东
19400427	1804400	-15.00	167.00		6.5	瓦努阿图
19400501	0234020	-25.50	-62.50	580	6.3	阿根廷北部
19400502	0824000	-19.50	169.50	370	6.0	新赫布里底群岛
19400504	2101540	35.25	58.25		6.5	伊朗霍腊散省
19400505	0203420	-7.00	-80.00		6.0	秘鲁东北部沿海
19400507	2223430	42.00	43.00	50	6.5	高加索地区
19400510	1859320	-9.50	108.00	50	6.0	爪哇海沟
19400511	2100200	23.75	94.25	80	6.5	印度缅甸接壤地区
19400519	0436410	32.70	-115.50		6.7	加利福尼亚州
19400519	1517550	51.00	149.00	580	6.8	鄂霍次克海
19400519	1816320	-22.75	32.50		6.3	莫桑比克南部
19400521	1848560	-22.00	-178.50	350	6.5	斐济海
19400524	1633570	-10.50	-77.00	60	8.0	秘鲁首都利马地区
19400527	0410380	37.00	71.00	240	6.3	兴都库什山区
19400528	0940410	-2.50	139.00		6.9	新几内亚岛
19400529	0157520	67.00	-135.00		6.3	加拿大北部
19400603	1805180	25.25	-110.25		6.3	加利福尼亚湾
19400605	1101100	67.50	-136.00		6.5	加拿大北部
19400607	0717150	-9.75	151.25		6.3	所罗门群岛
19400611	0842130	-8.00	125.00		6.3	佛罗勒斯岛
19400612	1836580	31.50	142.50	100	6.5	日本海沟
19400617	1026470	20.50	-155.25		6.0	夏威夷群岛
19400618	1352330	5.50	123.50	570	6.5	苏拉威西海
19400622	1136460	0.00	122.50	200	6.8	马鲁古海
19400702	1908530	-15.00	175.50		6.0	萨摩亚群岛
19400706	0340180	13.00	-61.25	160	6.5	小安德烈斯群岛
19400708	1506300	27.50	139.50	500	6.0	小笠原群岛西
19400710	0549550	44.00	131.00	580	7.3	中国黑龙江东宁地区
19400714	0552530	51.75	177.50	80	7.8	阿留申群岛
19400720	0153530	-15.50	-173.00		6.0	萨摩亚群岛以西
19400721	0516030	-16.00	169.50	160	6.0	新赫布里底群岛
19400721	1538250	2.50	121.00		6.3	苏拉威西海
19400727	1332300	14.25	-91.50	90	6.8	危地马拉
19400730	0012070	39.75	35.50		6.3	土耳其中部
19400801	1239380	-26.00	180.00	500	6.8	汤加群岛
19400801	1508210	44.50	139.00		7.7	日本海北部

年月日	时分秒	纬度（°）	经度（°）	震源深度（km）	震级	参考地震（M_S≥8后注M_W）
19400807	0255570	-22.00	-68.50	110	6.3	智利玻利维亚接壤地区
19400808	1408200	-57.50	147.00		6.3	南太平洋海岭
19400811	1646440	-15.50	-172.00		6.0	萨摩亚群岛
19400813	1536400	36.00	132.00		6.8	日本海
19400815	2123280	18.00	146.00	150	6.0	马里亚纳群岛
19400822	0327180	53.00	-165.50		7.1	阿拉斯加
19400824	1331070	-15.50	-173.00		6.0	萨摩亚群岛
19400826	0227590	-11.50	-75.00	110	6.0	秘鲁中部
19400903	0128010	-22.00	171.75	100	6.0	斐济海
19400903	1440370	30.70	91.70		6.3	中国西藏拉萨东北
19400912	0021210	2.00	123.00	160	6.5	苏拉威西海
19400912	1317100	-4.50	153.00	40	7.0	新爱尔兰岛
19400918	1509030	-23.00	-68.00	100	6.5	智利玻利维亚接壤地区
19400919	1819480	-24.00	171.00	80	7.0	斐济海
19400921	1349030	36.50	70.50	250	6.3	兴都库什地区
19400922	2251560	8.00	124.00	680	6.8	菲律宾棉兰老岛
19400923	0715100	-23.00	-64.00	550	6.5	阿根廷北部
19400924	0955440	-9.50	-70.50	600	6.0	巴西和秘鲁接壤地区
19400926	0356310	-11.50	166.25	150	6.8	圣克鲁斯群岛
19400929	0121220	-35.00	-70.00	110	6.3	智利阿根廷接壤地区
19401001	1042380	-30.00	-72.50	80	6.5	智利中部远海
19401001	2138200	-62.00	160.00		6.5	南太平洋海岭
19401003	0456080	-21.00	-70.00	110	6.3	智利北部沿海
19401004	0435510	30.50	91.50		6.0	中国西藏拉萨东北
19401004	0754420	-22.00	-71.00	75	7.3	智利北部沿海
19401005	1438430	9.50	-84.25		6.3	哥斯达黎加
19401006	1538200	-22.00	-71.00	60	6.8	智利北部近海
19401007	0643040	5.00	126.00	100	7.0	菲律宾棉兰老岛
19401011	0753100	59.50	-152.00		6.0	阿拉斯加
19401011	1841130	-41.50	-74.50		7.0	智利南部
19401022	0637000	45.75	26.50	150	6.5	罗马尼亚东部
19401023	0223150	-2.00	-76.00	140	6.0	厄瓜多尔秘鲁接壤地区
19401024	2006400	-35.00	-72.50	80	6.8	智利中部近海
19401027	0535370	9.75	-84.50		6.8	哥斯达黎加
19401030	0310080	-1.50	-20.00		6.3	圣保罗岛以东
19401030	1148280	-21.50	-179.00	610	6.3	斐济群岛以南
19401104	0830130	36.60	70.70	200	6.2	兴都库什山区
19401107	1357540	30.00	138.50	500	6.8	日本伊豆诸岛以南
19401110	0139090	45.75	26.50	150	7.4	罗马尼亚东部

续表

年月日	时分秒	纬度（°）	经度（°）	震源深度（km）	震级	参考地震（M_S≥8后注M_W）
19401117	0555470	-61.00	148.00		6.5	南太平洋海岭
19401119	1501400	39.00	141.75	50	7.1	日本本州东北近海
19401122	1306370	43.70	131.50	540	6.0	中国黑龙江东宁地区
19401127	1441220	-3.25	151.00		6.8	俾斯麦群岛
19401204	1305420	-5.00	131.00		6.5	班达海
19401217	1442070	-0.75	138.50		6.5	新几内亚岛
19401218	0339330	-13.00	32.00		6.0	赞比亚东部
19401218	0532150	-7.00	129.50	150	6.5	班达海
19401222	1231440	-14.00	-178.00		6.5	富图纳群岛
19401222	1859460	-15.50	-68.50	230	7.1	玻利维亚西部边境
19401225	2307320	36.30	71.10	200	6.0	兴都库什山区
19401228	1637440	18.00	147.50	80	7.3	马里亚纳海沟
19401229	1607420	35.50	25.50		6.0	爱琴海
19410102	1649380	3.00	122.50	500	6.3	苏拉威西海
19410104	0312550	-5.75	122.00	50	6.0	苏拉威西岛
19410105	1847050	2.00	122.00	50	7.0	苏拉威西海
19410106	0948340	11.75	-86.50	60	6.0	尼加拉瓜
19410107	1037510	0.00	123.00	200	6.0	马鲁古海
19410111	0831560	17.00	43.00		6.3	阿拉伯半岛南部
19410112	0018380	1.75	122.00	60	6.3	苏拉威西海
19410113	1627380	-4.50	152.50		7.0	新不列颠岛以东
19410119	0313280	-53.00	-41.00		6.5	南极海岭
19410120	0337070	35.00	34.00	100	6.5	塞浦路斯近海
19410121	1242010	27.50	91.90	180	6.8	中国西藏错那以南
19410124	0535240	0.50	-20.00		6.3	圣保罗岛以东
19410124	0544030	-3.25	-76.75	120	6.5	厄瓜多尔
19410125	2335130	-16.00	-176.50	370	6.5	斐济群岛东北
19410127	0230040	27.00	92.00	（80）	6.5	中国西藏错那以南
19410131	0238400	-6.00	129.00	270	6.8	班达海
19410204	1403120	9.00	124.00	600	6.9	菲律宾保和海
19410207	1513270	56.00	164.00		6.3	堪察加半岛
19410208	1846080	1.00	120.00		6.5	北苏拉威西
19410209	0944040	40.50	-125.25		6.6	加利福尼亚州近海
19410209	1919280	-4.00	153.00		6.5	新爱尔兰岛以东近海
19410214	1855160	-53.50	-131.00		6.5	南太平洋
19410216	1639030	33.75	59.00		6.3	伊朗霍腊散省
19410222	1914490	-20.50	-177.50	500	6.0	汤加群岛
19410223	2230430	-6.75	129.50	170	6.3	班达海

续表

年月日	时分秒	纬度（°）	经度（°）	震源深度（km）	震级	参考地震（M_S≥8后注M_W）
19410225	0537450	-9.00	125.00	180	6.9	东帝汶
19410227	0944120	4.25	127.00	50	6.8	马鲁古群岛
19410301	0352480	39.50	22.00		6.3	希腊色萨利
19410311	2148550	36.50	71.00	210	6.0	兴都库什地区
19410314	1608180	-7.00	120.00	550	6.0	佛罗勒斯海
19410315	0546230	28.50	-113.25		6.0	加利福尼亚湾
19410316	0742240	50.00	157.50	60	6.8	堪察加半岛以南
19410316	1635150	38.50	11.50	100	6.5	西西里岛以北
19410321	0757590	7.00	-35.00		6.5	大西洋中部
19410401	1040590	56.00	-153.50		6.5	阿拉斯加
19410403	1455160	-22.50	-66.00	260	6.5	阿根廷北部
19410403	1521390	-22.50	-66.00	260	7.2	阿根廷北部
19410407	2329170	17.75	-78.50		7.1	牙买加以南近海
19410415	1909560	18.00	-103.00		7.7	墨西哥南部近海
19410418	0615580	-20.50	170.00	120	6.3	新赫布里底群岛
19410418	1325400	-5.00	103.50		6.3	苏门答腊南部
19410419	0753450	39.10	97.00		6.0	中国青海祁连山区
19410420	1738300	39.00	70.50		6.5	帕米尔山区
19410429	0135430	-26.50	117.00	60	6.8	澳大利亚西南部
19410502	0955060	-6.00	152.50	80	6.5	所罗门群岛
19410505	1518270	47.00	127.20		6.0	中国黑龙江绥化地区
19410506	1655360	39.00	70.50	60	6.0	吉尔吉斯斯坦
19410507	1219440	-19.00	169.50	140	6.8	新赫布里底群岛
19410508	1021480	-17.00	-179.00	580	6.9	斐济群岛
19410509	0532370	14.00	123.00		6.8	菲律宾吕宋岛
19410513	1601450	40.00	-126.00		6.0	加利福尼亚州远海
19410515	1519520	36.50	70.00	230	6.0	兴都库什山区
19410516	0714320	23.70	99.40		7.0	中国云南耿马附近
19410517	0224500	-10.00	166.25		7.4	圣克鲁斯群岛
19410523	1951530	37.25	28.00		6.0	土耳其西南沿海
19410524	0512300	-5.50	134.00		6.0	东南群岛
19410611	2313310	30.10	102.50		6.0	中国四川泸定和天全地区
19410616	1126560	6.00	127.50	100	6.5	菲律宾海沟
19410618	1015010	-0.50	125.00		6.5	马鲁古海
19410618	1109100	52.00	-34.50		6.3	冰岛以南
19410618	1958560	-0.50	125.00		6.3	马鲁古海
19410621	1741350	-20.00	-178.50	580	6.3	斐济海
19410623	0928450	-1.00	119.50		6.3	苏拉威西岛
19410626	1152030	12.50	92.50	60	8.1	安达曼群岛 M_W7.7

续表

年月日	时分秒	纬度（°）	经度（°）	震源深度（km）	震级	参考地震（M_S≥8后注M_W）
19410627	0755490	-26.50	137.50		6.5	澳大利亚中部
19410627	1711440	17.75	-92.25	220	6.3	墨西哥恰帕斯州
19410630	1633560	-17.00	65.00		6.0	中印度洋海岭
19410703	0711460	-31.50	-69.50		6.3	阿根廷西北部边境地区
19410706	0034280	31.00	141.00	110	6.3	日本海沟
19410710	0929420	-18.50	-70.00	120	6.0	秘鲁、智利边境
19410711	0116290	5.00	-82.50		6.3	哥伦比亚以西远海
19410714	0202250	12.00	93.00		6.0	安达曼群岛
19410715	1445260	36.75	138.25		6.0	日本本州
19410719	1513140	32.00	131.75		6.3	日本九州
19410721	1636100	-0.25	-19.50		6.0	圣保罗岛以东
19410723	0930470	47.75	152.50	120	6.0	千岛群岛
19410723	2104430	15.00	-94.00		6.0	墨西哥恰帕斯州近海
19410726	2011190	15.50	146.00		6.3	马里亚纳海沟
19410730	0151210	61.00	-151.00		6.3	阿拉斯加
19410802	1141260	-28.50	-178.00		7.1	克马德克群岛
19410804	1053090	53.25	179.00	70	6.8	阿留申群岛
19410809	2217380	12.50	93.00		6.0	安达曼群岛
19410814	0143400	-23.00	-66.75	180	6.0	阿根廷北部
19410815	0609250	20.00	-27.00		6.8	佛得角群岛以北
19410828	0534120	56.50	-157.50	100	6.5	阿拉斯加
19410830	0936180	18.50	147.50		6.5	马里亚纳海沟
19410830	1306520	18.50	147.00		6.8	马里亚纳海沟
19410904	1021440	-4.75	154.00	90	7.1	新爱尔兰岛以东
19410906	0615060	55.75	-163.00	150	6.8	阿拉斯加
19410910	2153550	39.50	43.00		6.0	土耳其东部
19410912	0702040	-0.50	132.50		7.0	新几内亚岛
19410913	1814510	18.50	-106.50		6.0	墨西哥西南远海
19410914	1839120	37.60	-118.70		6.0	美国内华达州
19410916	2139050	-28.75	-177.50		7.0	克马德克群岛
19410917	0647570	-0.50	121.50	190	7.1	北苏拉威西
19410918	1314090	-13.75	-72.25	100	7.0	秘鲁南部
19410924	0101240	51.00	158.00	75	7.0	堪察加半岛东南
19410925	1748380	19.50	-155.50		6.0	夏威夷群岛
19410929	1708230	-22.00	175.00	60	6.5	斐济海
19411003	1613080	40.75	-125.00		6.4	加利福尼亚州远海
19411005	0704450	-44.00	34.00		6.3	爱德华群岛以北
19411005	1011120	-14.50	-173.75		6.5	萨摩亚群岛
19411008	1524200	31.70	102.30		6.0	中国四川黑水地区

续表

年月日	时分秒	纬度（°）	经度（°）	震源深度（km）	震级	参考地震（M_S≥8后注M_W）
19411015	0935150	-15.50	-74.00	110	6.0	秘鲁南部沿海
19411031	0631060	25.40	98.40		6.3	中国云南腾冲以北
19411104	0226470	-18.25	-178.00	570	6.3	斐济群岛
19411105	1105290	-23.00	172.50	100	6.0	斐济海
19411105	1305220	-23.00	172.00	100	6.3	斐济海
19411105	1738470	12.50	123.00		6.9	菲律宾米沙鄢群岛
19411106	1229460	54.00	-161.50		6.0	阿拉斯加
19411108	2337220	0.50	122.00		7.3	北苏拉威西
19411110	0944500	-22.00	-67.00	200	6.3	玻利维亚南部
19411112	0651150	6.00	94.00	60	6.3	尼科巴群岛以南
19411114	0649090	45.50	148.00	130	6.3	日本北海道东北
19411115	0419540	-59.00	-27.50	80	7.0	南桑威奇群岛
19411118	1014360	-61.00	-58.00		7.0	南设得兰群岛
19411118	1646220	32.00	132.00		7.8	日本九州以东
19411120	1516310	-41.00	42.00		6.0	西印度洋海岭西
19411124	1637370	-38.00	48.50		6.5	西印度洋海岭中部
19411124	2146230	-28.00	-177.50	80	7.3	克马德克群岛
19411125	1803550	37.50	-18.50		8.3	葡萄牙马德拉群岛以北　M_W8.1
19411127	0837430	-7.50	121.50	600	6.8	佛罗勒斯海
19411128	1223250	36.60	70.60	200	6.1	兴都库什山区
19411201	1956200	-54.00	-56.00		6.3	南设得兰群岛
19411205	2046580	8.50	-83.00		7.5	巴拿马
19411206	0125010	10.50	-85.25		6.0	哥斯达黎加
19411206	2124400	8.50	-84.00		6.9	哥斯达黎加
19411209	0243130	-3.00	121.50	6.3		苏拉威西岛
19411213	0616050	37.00	28.00	100	6.0	土耳其西南沿海
19411216	1919420	23.30	120.30		7.0	中国台湾台南
19411217	2029000	23.40	120.40		6.4	中国台湾台南南部
19411226	1448090	22.70	99.90		7.0	中国云南澜沧地区
19411227	1817270	36.00	-10.50	60	6.8	葡萄牙西南远海
19411231	1723200	-20.50	180.00	630	6.3	斐济海
19420108	1512310	-6.00	-78.50	110	6.0	秘鲁北部
19420127	1329080	-4.50	135.00		7.1	东南群岛
19420129	0923440	-19.00	169.00	130	7.1	新赫布里底群岛
19420131	1730470	23.10	100.30		6.8	中国云南思茅地区
19420216	1808150	-11.50	166.00	110	6.9	圣克鲁斯群岛
19420221	0707430	38.00	142.00	60	7.1	日本本州东北近海
19420305	1948160	44.50	142.50	260	6.9	日本北海道

续表

年月日	时分秒	纬度（°）	经度（°）	震源深度（km）	震级	参考地震（M_S≥8后注M_W）
19420319	1159190	50.50	-131.00		6.0	温哥华岛西北
19420322	0208330	36.50	70.25	210	6.0	兴都库什山区
19420408	1540240	13.50	121.00		7.7	菲律宾吕宋岛南
19420411	0125120	14.75	-91.50	140	6.5	危地马拉
19420413	0746180	-1.00	-16.00		6.5	大西洋中部
19420420	0840310	34.50	137.00	350	6.5	日本本州
19420506	2250130	10.00	-65.00		6.0	委内瑞拉北部沿岸
19420514	0213180	-0.75	-81.50		7.9	厄瓜多尔以西海中
19420524	0326300	5.00	96.50	60	6.8	苏门达腊岛西北部
19420524	2119320	22.90	121.50		6.0	中国台湾绿岛以北近海
19420528	0101480	0.00	124.00	120	7.5	马鲁古海
19420602	0030310	-54.50	-4.00		6.3	大西洋海丘
19420603	1631100	-15.00	166.50	120	6.3	新赫布里底群岛北部
19420614	0309450	15.00	145.00	80	7.0	马里亚纳群岛
19420615	1347120	-31.50	179.00	550	6.8	克马德克群岛
19420618	0930570	9.00	140.50	50	7.1	加罗林群岛中部
19420620	1002070	19.00	-101.00	100	6.8	墨西哥城以西
19420621	0438430	36.50	27.00	130	6.3	爱琴海
19420624	1116290	-41.00	175.50	50	7.1	新西兰惠灵顿区
19420629	0626400	-32.00	-71.00	100	6.9	智利中部
19420707	0253520	-21.00	-178.00	430	6.8	汤加以西
19420708	0655450	-24.00	-70.00	140	7.0	智利北部
19420708	2122270	43.00	122.00		6.0	中国内蒙古通辽地区
19420720	1331450	-35.00	-99.00		6.0	复活节岛西南远海
19420725	0622350	11.50	124.50	80	6.8	菲律宾米沙鄢群岛
19420729	2249150	-2.00	128.50		7.0	马鲁古群岛
19420801	1234030	-41.00	175.75	50	7.1	新西兰惠灵顿区
19420801	1430050	-48.00	99.00		7.0	南极-澳大利亚海丘
19420806	2336590	14.00	-91.00	50	7.9	危地马拉
19420808	2236340	14.25	-91.50		6.5	危地马拉
19420823	0635210	53.00	162.50	60	7.0	堪察加半岛东南
19420824	2250270	-15.00	-76.00	60	8.1	秘鲁西南沿海　M_W7.7
19420829	0139200	-24.00	179.50	570	6.8	斐济海
19420901	1859340	47.00	127.00		6.0	中国黑龙江绥化以北
19420909	0125260	53.00	-164.50	80	7.0	阿拉斯加
19420914	1131010	-22.00	171.50	130	7.0	斐济海
19420922	0046150	-37.00	-98.00		6.3	塞夫顿礁西北
19420924	0338580	23.90	121.70		6.5	中国台湾花莲近海
19420927	1312210	-42.00	-81.00		6.3	智利以西远海

续表

年月日	时分秒	纬度（°）	经度（°）	震源深度（km）	震级	参考地震（M_S≥8后注M_W）
19421008	0302390	6.00	-82.75		6.0	巴拿马以南远海
19421009	1546140	-11.00	35.00	60	6.8	东非马拉维湖
19421020	2321440	8.50	122.50		7.3	菲律宾棉兰老岛
19421021	1622140	33.00	-116.00		6.5	加利福尼亚州
19421026	2109130	45.50	151.50	60	7.2	千岛群岛
19421028	1044390	15.25	-96.50		6.3	墨西哥瓦哈卡州近海
19421102	2359360	-19.00	-173.00		6.9	斐济群岛
19421106	1331100	-6.00	-77.00	130	6.8	秘鲁北部
19421107	0732090	-8.50	123.00	100	6.8	东帝汶、佛罗勒斯岛
19421110	1141270	-49.50	32.00		7.9	南非爱德华王子群岛西南　M_W8.0
19421112	0455340	17.25	-94.25	90	6.8	墨西哥东南部
19421115	1712000	37.00	141.50		7.0	日本本州以东
19421126	1427280	45.50	150.00	100	7.4	千岛群岛
19421128	1038450	7.50	-36.00		7.1	大西洋中部
19421130	0047580	-27.00	-63.50	590	6.5	阿根廷北部
19421205	1428400	59.50	-152.00	100	6.5	阿拉斯加
19421213	0842400	53.00	152.00	530	6.0	鄂霍次克海
19421217	0108200	-57.00	146.00		6.0	南太平洋海岭
19421219	2310400	31.50	142.50		7.0	日本海沟
19421220	1403080	40.50	36.50		7.3	土耳其北部
19421222	0414400	-16.75	-174.00	50	6.8	斐济群岛
19421226	1231400	8.50	-75.50		6.5	哥伦比亚北部
19421231	1203420	18.00	-47.00		6.5	北大西洋海岭
19430111	1950180	38.60	69.30	10	6.0	杜尚别附近
19430130	0533030	-2.00	-80.50	100	6.9	厄瓜多尔近海
19430206	0235580	24.50	63.00		6.3	巴基斯坦西南近海
19430216	0728350	-15.00	-72.00	190	7.0	秘鲁南部
19430222	0920450	17.75	-101.50		7.5	墨西哥城西南沿海
19430228	1254330	36.50	70.50	210	7.0	兴都库什山区
19430304		35.60	134.20		6.1	日本本州西南
19430304	0632230	-22.00	-179.50	600	6.0	斐济海
19430305	0031400	5.25	-82.50		6.8	哥伦比亚以西远海
19430309	0948550	-60.00	-27.00		7.3	南桑威奇群岛
19430311	0934110	-22.00	170.00	80	6.8	新喀里多尼亚以东
19430314	1711000	-22.00	169.50		7.1	斐济海
19430314	1837560	-20.00	-65.50	150	7.2	玻利维亚南部
19430315	0224290	-22.00	169.50		6.9	斐济海
19430315	0447560	9.50	142.00		6.8	加罗林群岛中部

续表

年月日	时分秒	纬度（°）	经度（°）	震源深度（km）	震级	参考地震（M_S≥8后注M_W）
19430315	2259150	-14.50	-177.00	300	6.8	富图纳群岛
19430320	0450330	-16.00	174.50		6.5	斐济群岛以西
19430321	2035430	-5.75	152.25		7.3	所罗门海
19430324	1111270	-23.00	-179.00	430	6.3	斐济海
19430325	1827150	-60.00	-27.00		7.3	南桑威奇群岛
19430326	1738140	-23.00	-176.50	100	6.9	汤加群岛
19430329	0514060	-18.00	44.00		6.0	马达加斯加
19430401	1418080	-6.50	105.50		7.0	爪哇岛西部
19430405	0156010	39.30	73.30		6.5	新疆乌孜别里山口附近
19430405	0308580	-6.50	-76.00	140	6.5	秘鲁北部
19430406	1607150	-30.75	-72.00	60	7.9	智利中部近海　M_W8.2
19430409	0848590	19.00	146.00	170	7.0	马里亚纳海沟
19430428	2343180	-24.50	180.00	530	6.5	斐济海
19430502	1718090	6.50	-80.00		7.1	巴拿马南部近海
19430503	0159120	12.50	125.50		7.4	菲律宾米沙鄢群岛
19430522	0901570	-30.75	-72.00		6.8	智利中部近海
19430525	2307360	7.50	128.00		7.9	菲律宾海沟
19430526	1031300	18.25	-106.00		6.5	墨西哥西南远海
19430528	2001300	-21.00	-179.50	630	6.5	斐济海
19430603	2048030	-16.00	-173.00		6.5	萨摩亚群岛
19430608	2042460	-1.00	101.00	50	7.4	苏门答腊中部
19430609	0306220	-1.00	101.00	50	7.6	苏门答腊中部
19430613	0511490	42.75	143.25	60	7.4	日本北海道
19430614	0259580	-29.00	60.00		6.3	西印度洋海岭
19430620	1532530	41.00	30.00		6.3	土耳其西北部
19430620	1739350	-11.50	-14.00		6.0	大西洋中部
19430625	1913280	-18.00	-178.00	550	6.3	斐济群岛
19430629	0905060	2.00	125.00	180	6.5	北苏拉威西
19430630	1049020	-7.00	122.00	720	6.8	佛罗勒斯海
19430705	2107540	-16.00	-74.00		6.8	秘鲁南部沿海
19430711	0210250	-32.50	-178.50	180	7.0	克马德克群岛
19430721	0413570	-34.00	-110.00		6.5	复活节岛以南
19430723	1453090	-9.50	110.00	90	7.8	爪哇岛南近海
19430729	0302160	19.25	-67.50		7.8	波多黎各岛西北
19430730	0102300	19.25	-67.75		6.5	多米尼加
19430801	1618410	-20.00	170.00	230	7.0	新赫布里底群岛
19430802	0046350	-45.00	167.00		6.8	新西兰南岛以西近海
19430831	1610400	14.25	-91.50	80	6.8	危地马拉
19430906	0341300	-53.00	159.00		7.8	奥克兰群岛地区

续表

年月日	时分秒	纬度（°）	经度（°）	震源深度（km）	震级	参考地震（M_S≥8后注M_W）
19430909	0406100	36.50	70.50	200	6.3	兴都库什地区
19430910	0836530	35.25	134.00		7.4	日本本州西南
19430911	1934000	-15.00	-174.00		6.9	萨摩亚群岛以西
19430914	0201120	-22.00	171.00	50	7.5	斐济海
19430914	0347150	-22.00	170.00	50	7.3	新喀里多尼亚以东
19430914	0718080	-30.00	-177.00	60	7.6	克马德克群岛
19430919	0447480	-28.00	-113.00		6.3	复活节岛以西
19430922	2318080	-35.50	-178.50		6.8	克马德克群岛
19430923	1500440	15.00	-91.50	110	6.8	危地马拉
19430924	1131370	36.50	74.00	120	6.8	帕米尔地区
19430926	0208170	-38.00	50.00		6.5	西印度洋海岭西南部
19430927	2203440	-30.00	-178.00	90	7.1	克马德克群岛
19431013	0543030	36.75	138.25		6.0	日本本州
19431016	1308530	36.50	27.50	110	6.3	南斯波拉提群岛
19431021	2308130	-15.00	-177.50		7.0	斐济群岛东北海中
19431022	1601150	24.30	122.30		6.3	中国台湾花莲东北近海
19431023	1723160	26.00	93.00		7.2	中国印度接壤地区
19431024	1604360	-22.00	-174.00		7.0	汤加群岛
19431102	1808220	-57.00	-26.00		7.2	南桑威奇群岛
19431103	1432170	61.75	-151.00		7.3	阿拉斯加
19431104	0645440	-57.00	-26.50		6.5	南桑威奇群岛
19431106	0831370	-6.00	134.50		7.6	东南群岛
19431107	0825450	22.00	119.00		6.0	中国澎湖列岛西南
19431108	0659190	80.00	5.00		6.0	斯瓦巴德群以岛
19431109	1146320	44.00	147.50	90	6.8	日本北海道东
19431113	1643280	-55.00	-129.00		6.5	南太平洋
19431113	1843570	-19.00	170.00		7.2	新赫布里底群岛
19431117	1457170	33.50	138.00	300	7.0	日本本州以南远海
19431124	1317130	22.50	122.00		6.9	中国台湾绿岛以东
19431126	2125220	-2.50	100.00	130	7.1	苏门答腊中部
19431126	2220360	41.00	34.00		7.6	土耳其北部
19431129	1937000	-29.50	-68.50	100	6.8	阿根廷北部
19431201	0604550	-4.75	144.00	120	7.2	新几内亚岛
19431201	1034460	-19.50	-69.75	80	7.0	智利北部
19431202	0508570	22.90	121.50		6.5	中国台湾绿岛以北近海
19431207	0107230	16.00	-94.00	60	6.0	特万特佩克湾
19431221	1346210	13.00	-71.00		6.5	委内瑞拉湾以北
19431222	0701500	-2.50	-77.00	130	6.3	秘鲁中部
19431222	1253000	12.00	-71.00		6.5	委内瑞拉湾

续表

年月日	时分秒	纬度（°）	经度（°）	震源深度（km）	震级	参考地震（M_S≥8后注M_W）
19431223	1556050	13.00	-71.00		6.5	委内瑞拉湾以北
19431223	1900100	-5.50	153.50	50	7.3	所罗门海
19431224	0100140	13.00	-71.00		6.3	委内瑞拉湾以北
19431227	0355130	-32.00	-178.50		6.3	克马德克群岛
19431230	0736070	-32.50	-177.00		6.3	克马德克群岛
19440105	1059120	13.00	-71.00		6.3	委内瑞拉湾以北
19440105	2112430	-3.50	102.00	60	7.0	苏门答腊南部
19440107	0249200	-4.50	143.50	120	7.1	新几内亚岛
19440110	2009520	17.00	-101.00		6.8	墨西哥西南近海
19440115	2349300	-31.25	-68.75		7.4	阿根廷
19440201	0322360	41.50	32.50		7.4	土耳其西北沿海
19440203	1214590	60.50	-137.50		6.5	怀特霍斯地区
19440205	1719560	23.80	121.40		6.5	中国台湾花莲
19440229	0341530	-14.50	-70.50	200	7.0	秘鲁南部
19440229	1628070	0.50	76.00		7.2	马尔代夫群岛东南
19440309	2203430	44.00	84.00		6.5	中国新疆新源附近
19440309	2212580	44.00	84.00		7.2	中国新疆新源附近
19440322	0043180	-8.50	123.50	220	7.5	佛罗勒斯岛
19440331	0251430	-7.00	130.50	60	7.0	东南群岛
19440401	0922080	-57.00	-128.00		6.0	南太平洋
19440407	1332580	12.00	-85.50	200	6.0	尼加拉瓜
19440419	2232100	-26.00	-112.50		6.0	复活节岛西北
19440422	0335380	-28.00	-113.50		6.0	复活节岛以西
19440423	1057450	-22.00	-177.50	370	6.5	汤加群岛
19440426	0154150	-1.00	134.00	50	7.2	新几内亚岛
19440427	1438090	-0.50	133.50	50	7.4	新几内亚岛
19440506	0013420	22.00	-44.00		6.3	大西洋中部
19440509	1429570	2.50	-75.50	100	6.0	哥伦比亚
19440514	0851360	-23.00	179.50	600	6.0	斐济海
19440518	1955120	-44.00	-109.00		6.0	东太平洋海丘
19440519	0019190	-2.50	152.75	50	7.2	新爱尔兰岛以北
19440525	0106370	-21.50	-179.50	640	7.2	斐济群岛以南
19440525	1258050	-2.50	152.75		7.5	新爱尔兰岛以北
19440525	1518000	23.70	122.80	60	6.0	中国台湾花莲以东远海
19440527	2352300	36.00	27.50	100	6.3	爱琴海
19440608	0238040	-10.00	-71.00	600	6.3	秘鲁东部边境地区
19440621	1058200	-22.00	169.00	50	7.2	斐济海
19440625	1417300	-22.00	169.50	80	6.8	斐济海

续表

年月日	时分秒	纬度（°）	经度（°）	震源深度（km）	震级	参考地震（M_S≥8后注M_W）
19440628	0758540	15.00	-92.50		7.0	墨西哥恰帕斯州
19440710	1324590	-14.50	-175.50	180	6.8	萨摩亚群岛
19440712	1930230	44.50	-115.50		6.1	爱达荷州
19440723	1613390	-24.00	-66.50	250	6.0	阿根廷北部
19440727	0004230	54.00	-165.50	70	7.1	阿留申群岛
19440805	0057170	-13.50	-92.50		6.0	秘鲁-智利海盆
19440805	0124080	-13.50	-92.50		6.3	秘鲁-智利海盆
19440810	0152500	51.25	-131.00		6.3	温哥华岛
19440814	1107230	59.00	-155.00	100	6.3	阿拉斯加
19440815	1147400	13.00	143.00	110	6.9	马里亚纳群岛南
19440818	1033170	38.00	140.00	150	6.9	日本本州
19440824	2337540	16.00	-93.50	100	6.0	墨西哥恰帕斯州
19440825	1225020	-18.00	-175.50	240	6.3	汤加群岛
19440830	0114090	-17.50	167.50	60	6.8	新赫布里底群岛
19440903	1911290	-57.00	-122.00		7.0	南太平洋
19440906	0552310	-22.50	172.00	120	6.5	斐济海
19440906	1327550	6.00	38.00		6.0	东非裂谷地带
19440911	0945220	1.50	127.00	40	7.2	马鲁古群岛
19440914	0638560	-8.50	108.50		6.8	爪哇岛以南
19440923	1213200	54.00	160.00	40	7.4	堪察加半岛
19440927	1625070	39.10	75.00		7.0	中国新疆喀什西南
19440927	1652570	39.10	75.00		6.0	中国新疆喀什西南
19441002	1722000	14.50	-89.75	160	6.5	危地马拉东南部
19441002	2029510	42.50	142.50	75	7.0	日本北海道
19441005	1657020	-4.50	152.50	110	6.9	新爱尔兰岛
19441005	1728270	-22.50	172.00	120	7.5	斐济海
19441011	0945150	-15.00	-173.00	80	6.8	萨摩亚群岛
19441014	2016080	1.50	127.00		6.8	马鲁古群岛
19441017	1836560	31.40	83.20		6.8	中国西藏昂拉仁错地区
19441023	2340010	0.50	-80.50		6.9	厄瓜多尔北部近海
19441029	0011300	31.30	83.40		6.8	中国西藏昂拉仁错地区
19441106	0549050	31.30	83.40		6.0	中国西藏昂拉仁错地区
19441113	1923300	-24.50	179.00	610	6.0	斐济海
19441114	2318040	36.50	70.70	160	6.0	兴都库什山区
19441115	2047010	4.50	127.50		7.2	马鲁古群岛
19441116	1210530	-12.50	167.00		7.3	瓦努阿图以北
19441118	0753190	-28.00	-112.00		6.0	复活节岛以西
19441121	1002200	-58.00	-66.00	50	6.5	德雷克海峡
19441124	0449030	-19.00	169.00	170	7.5	新赫布里底群岛

续表

年月日	时分秒	纬度（°）	经度（°）	震源深度（km）	震级	参考地震（M_S≥8后注M_W）
19441129	1851210	-19.00	169.00	170	7.0	新赫布里底群岛
19441130	0145530	-23.00	-179.00	180	6.8	斐济海
19441201	0400250	-21.00	-178.50	600	6.4	斐济海
19441204	2034340	14.50	146.50	60	6.8	马里亚纳海沟
19441207	0435420	33.75	136.00		8.0	日本本州以南远海　M_W8.1
19441208	0717050	-22.50	170.00	90	6.3	斐济海
19441208	1259250	-22.50	170.00	70	6.3	斐济海
19441210	0511280	-24.50	65.50		6.8	中印度洋海岭
19441210	1624580	-18.00	168.00	50	7.3	新赫布里底群岛
19441210	1923000	-14.00	68.50		6.0	罗德里格斯岛东北
19441212	0417100	51.50	179.50	50	7.0	阿留申群岛
19441219	1409040	39.70	124.30		6.8	中国辽宁丹东以南近海
19441221	0901300	-23.50	172.50	100	6.5	斐济海
19441222	2231470	-25.00	-70.00	120	6.5	智利北部
19441227	1525490	-6.50	152.00	90	7.0	新不列颠岛
19441228	0105350	-6.00	149.50	60	6.8	新不列颠岛南
19441229	2255590	8.00	-104.00		6.0	阿尔巴特罗斯海台
19441229	2345190	8.50	-104.00		6.3	阿尔巴特罗斯海台
19450101	0120420	73.00	-70.00		6.5	巴芬湾
19450112	1838260	34.75	136.75		7.1	日本本州
19450122	0747530	19.50	-70.50		6.0	多米尼加
19450201	1035510	-22.00	170.00	60	7.0	新喀里多尼亚以东
19450201	1213400	-22.00	170.00	60	7.3	新喀里多尼亚以东
19450210	0457560	41.25	142.50	50	7.3	日本北海道以南
19450218	1008070	42.00	143.00	50	7.0	日本北海道以南
19450226	2214270	26.00	143.50	50	7.1	小笠原群岛东南
19450311	1745050	5.00	126.50	100	6.8	菲律宾棉兰老东南
19450311	2137500	37.00	142.00	50	7.2	日本本州以东远海
19450318	0801260	0.00	32.00		6.0	乌干达地区
19450323	2314130	-62.00	153.00		7.1	南太平洋海岭
19450410	1615390	24.30	122.30		6.3	中国台湾花莲东北近海
19450415	0235220	57.00	164.00		7.0	堪察加半岛
19450415	0341280	57.00	164.00		6.8	堪察加半岛
19450418	1304480	-42.00	80.00		6.5	圣波尔岛以南
19450419	1303580	-21.00	169.50	40	7.0	新赫布里底群岛
19450421	1714280	19.00	-100.50	100	6.5	墨西哥城西南
19450422	0951180	5.50	123.00	650	6.8	苏拉威西海
19450423	0622310	-4.50	153.00	160	6.8	新爱尔兰岛

续表

年月日	时分秒	纬度（°）	经度（°）	震源深度（km）	震级	参考地震（M_S≥8后注M_W）
19450509	0331130	-7.50	124.00	550	6.8	佛罗勒斯海
19450519	1507040	10.25	-126.50		6.2	加利福尼亚州近海
19450601	2224070	7.50	-34.50		6.0	北大西洋海岭
19450604	1209060	30.00	80.00	60	6.5	中国印度接壤地区
19450622	0918400	44.00	146.00	120	7.0	日本北海道东
19450622	1800570	32.50	76.00	60	6.5	印度克什米尔接壤地区
19450627	1308200	27.00	-111.00		7.0	加利福尼亚湾
19450630	0531180	17.00	-105.00		6.8	墨西哥南部
19450709	1642080	2.50	-76.50	100	6.5	哥伦比亚
19450715	0535130	17.50	146.50	120	7.1	马里亚纳海沟
19450723	0354550	5.00	96.00		6.8	苏门答腊北部
19450801	2223280	24.30	121.60		6.5	中国台湾花莲东北滨海地区
19450802	1752070	20.40	120.40		6.0	中国台湾恒春西南远海
19450802	2044450	54.00	-133.00		6.3	亚力山大群岛
19450808	0953400	11.00	92.50	50	6.8	安达曼群岛
19450814	1210530	27.00	129.50	60	6.8	琉球群岛
19450821	1629370	-10.50	-75.00	120	6.8	秘鲁中部
19450829	1022400	-15.00	168.00	50	7.2	瓦努阿图
19450901	2244100	-46.50	165.50		7.2	新西兰南岛西南远海
19450902	1153570	33.75	28.50	80	6.5	塞浦路斯西南远海
19450905	2148450	-5.00	153.50	50	7.1	新不列颠岛以东
19450907	1548220	46.00	26.75	100	6.5	罗马尼亚东部
19450909	0403540	-17.00	167.00	60	7.0	新赫布里底群岛
19450912	0051200	2.00	15.00		6.0	刚果北部
19450913	1117110	-33.25	-70.50	100	7.1	智利中部
19450922	0910050	-4.00	147.00	50	7.0	俾斯麦海
19450923	1534210	39.50	119.00		6.3	中国河北滦县
19450928	2224100	42.00	-126.00		6.0	俄勒冈远海
19451007	1323270	12.25	-89.25		6.8	萨尔瓦多以南远海
19451009	1436330	43.50	147.50	80	7.0	日本北海道东
19451011	1652520	17.50	-98.50	90	6.5	墨西哥格雷罗州
19451016	1602580	-0.25	125.00	50	7.1	马鲁古海
19451021	0321030	23.70	120.50		6.3	中国台湾云林
19451027	1124410	15.00	-91.25	200	6.8	危地马拉
19451028	0537440	-13.75	167.50	200	6.8	新赫布里底群岛
19451103	2209030	58.50	-151.00	50	6.8	阿拉斯加
19451108	0905230	83.00	-15.00		6.0	腓德烈八世地
19451108	1002370	83.00	-15.00		6.0	腓德烈八世地
19451126	0513100	-21.00	180.00	600	7.0	斐济海

续表

年月日	时分秒	纬度（°）	经度（°）	震源深度（km）	震级	参考地震（M_S≥8后注M_W）
19451127	2156500	24.50	63.00		8.3	巴基斯坦西南近海 M_W8.0
19451208	0104020	-6.50	151.00		7.1	新不列颠岛
19451209	0608450	45.00	26.50	100	6.0	罗马尼亚东部
19451223	0810010	10.00	-62.00	100	6.5	帕里亚湾
19451227	0441050	-6.00	151.00	40	7.0	新不列颠岛
19451228	1748450	-6.00	150.00		7.8	新不列颠岛
19460105	0115110	15.00	-91.00	210	6.0	危地马拉
19460105	1957200	-16.00	167.00	50	7.3	新赫布里底群岛
19460111	0133290	44.00	129.50	580	7.2	中国黑龙江宁安南部
19460112	2025370	59.25	-147.25	50	7.2	阿拉斯加
19460117	0939350	-7.50	147.50	100	7.2	新几内亚岛
19460120	1654210	-17.50	167.50		7.0	新赫布里底群岛
19460125	1731500	46.40	7.50		6.0	瑞士西南部
19460126	0636560	24.00	98.50		6.0	中国云南潞西以南
19460204	0344480	53.00	-176.00	160	6.8	阿留申群岛
19460212	0243240	36.00	5.00		6.0	阿尔及利亚北部
19460219	1855230	35.00	88.50		6.0	中国西藏多格错仁地区
19460222	1724520	16.25	-92.50	170	6.0	墨西哥恰帕斯州
19460227	0605390	-23.00	-66.50	270	6.0	智利、阿根廷边境
19460312	0001550	-35.50	-106.00		6.5	复活节岛以南
19460315	1349360	35.70	-118.10		6.3	加利福尼亚州
19460316	1131250	24.60	121.10		6.0	中国台湾新竹南部
19460325	0847420	19.75	-74.75		6.0	古巴东南部近海
19460326	1709030	-3.00	102.00		6.8	苏门答腊中部
19460401	1228540	52.75	-163.50		7.4	阿拉斯加 M_W8.0
19460405	2054050	35.25	23.50	100	6.0	地中海克里特岛西
19460406	0305450	-24.00	68.00		6.0	中印度洋海岭
19460411	0152200	-1.00	-14.50		7.2	大西洋中部
19460413	1857520	-19.00	-176.00	250	6.0	汤加群岛
19460423	0455560	-50.00	140.00		6.8	南极-澳大利亚海丘
19460426	0809200	49.50	148.00	600	6.3	库页岛以东远海
19460503	2223430	-6.00	154.00		7.4	所罗门海
19460508	0520220	0.00	99.50		7.1	苏门答腊中部
19460521	0916420	14.50	-60.50	50	7.0	小安德烈斯群岛中部
19460531	0312400	40.00	41.50		6.0	土耳其亚美尼亚
19460602	0108580	23.80	121.80		6.3	中国台湾花莲以东近海
19460607	0413200	16.50	-94.00	100	7.1	特万特佩克湾
19460615	1829150	-2.00	128.00	60	6.8	马鲁古群岛

续表

年月日	时分秒	纬度（°）	经度（°）	震源深度（km）	震级	参考地震（M_S≥8后注M_W）
19460623	1713220	49.75	-124.50		7.3	温哥华岛
19460624	1548200	14.75	-89.00	260	6.0	危地马拉
19460624	2354550	-6.50	131.00	160	6.5	东南群岛
19460626	0753400	14.75	-90.75	90	6.5	危地马拉
19460626	1234360	-43.25	171.50		6.5	新西兰
19460628	0712430	-43.50	171.50		6.0	新西兰
19460709	1313500	-19.00	169.00	170	7.0	新赫布里底群岛
19460711	0446420	17.00	-94.50	130	7.1	特万特佩克地峡
19460712	2156270	53.50	-169.00	100	6.8	阿留申群岛
19460726	0644450	-19.75	-70.50	70	6.8	智利北部近海
19460726	2231480	-22.50	172.50	120	6.3	斐济海
19460731	0028570	12.50	-60.00	50	6.0	小安德烈斯群岛以东
19460802	1918480	-26.50	-70.50	50	7.5	智利北部边境
19460804	1525330	-25.00	180.00	550	6.3	斐济海
19460804	1751050	19.25	-69.00		8.1	多米尼加圣多明各以北　M_W7.9
19460808	1328280	19.50	-69.50		7.6	多米尼加
19460811	0154260	-8.00	156.00		6.8	所罗门群岛
19460821	1800180	-24.00	-177.00	100	7.0	汤加海沟
19460828	2228150	-26.00	-63.00	580	7.2	阿根廷北部
19460909	1036380	23.70	121.60		6.0	中国台湾花莲以东近海
19460912	1517150	23.50	96.00		7.5	缅甸西北部
19460912	1520200	23.50	96.00		7.8	缅甸西北部
19460923	2330000	-6.00	145.00	100	7.2	新几内亚岛
19460926	1053150	-25.00	179.00	600	7.0	斐济海
19460929	0301550	-4.50	153.50		7.8	新爱尔兰岛
19460930	0059400	-13.00	-76.00	70	7.0	秘鲁中部沿海
19460930	1129200	-37.50	-17.00		6.5	南大西洋
19461002	0446050	51.00	159.00	60	6.8	堪察加半岛东南
19461002	0643130	51.00	159.00	60	6.8	堪察加半岛东南
19461004	1445260	18.75	-68.50	50	7.0	多米尼加
19461008	1356250	-25.00	178.00	670	6.8	汤加群岛西南
19461013	2313060	-22.00	-66.50	200	6.0	玻利维亚南部
19461014	0444400	-31.00	-177.00	40	6.3	克马德克群岛
19461022	1000170	-14.50	168.00	220	6.8	新赫布里底群岛
19461024	0838140	-17.00	180.00	570	6.0	斐济群岛
19461025	2150140	53.50	159.50	140	6.5	堪察加半岛
19461026	0021030	-60.00	-35.00		7.0	南桑威奇群岛
19461030	0747340	54.25	-164.00		6.9	阿拉斯加
19461101	1114240	51.50	-174.50	40	7.0	阿留申群岛

续表

年月日	时分秒	纬度（°）	经度（°）	震源深度（km）	震级	参考地震（M_S≥8后注M_W）
19461101	2009250	-10.00	163.00	80	6.3	所罗门群岛
19461102	1828250	41.50	72.50		7.6	吉尔吉斯斯坦
19461104	2147470	39.75	54.50		7.5	里海东岸地区
19461106	1956230	34.50	80.60		6.3	中国西藏日土东北
19461110	1254560	-31.00	-70.00	120	6.3	阿根廷西部边境
19461110	1742530	-8.50	-77.50		7.3	秘鲁北部沿海
19461112	1728410	-20.00	-173.50		7.3	汤加群岛
19461117	0249060	-7.00	130.00	100	6.5	班达海
19461117	2224190	11.50	57.50		6.0	索科特拉岛以东
19461118	0240320	-21.00	180.00	600	6.3	斐济海
19461128	1551350	-18.50	-174.00	290	6.9	汤加群岛
19461204	2247390	23.10	120.30		6.8	中国台湾台南
19461207	1718180	-15.00	167.00	120	6.0	瓦努阿图
19461209	0257190	24.75	122.50	100	6.8	中国台湾宜兰以东远海
19461210	0722570	44.50	140.50	100	6.0	日本北海道
19461210	1633140	-22.00	-178.00	620	6.0	汤加群岛
19461217	2241060	-21.00	-177.00	580	6.5	汤加群岛
19461220	1919050	32.50	134.50		8.2	日本四国以南　M_W8.1
19461221	1018490	44.00	149.00		7.2	日本北海道以东
19461222	1321510	22.50	122.50		6.0	中国台湾绿岛以东近海
19461224	0359540	-3.00	146.50		6.3	俾斯麦群岛
19461225	1113100	51.50	180.00	90	6.5	阿留申群岛
19470103	0220330	44.25	149.00	40	7.0	日本北海道以东
19470126	1006460	12.50	-89.25	170	7.2	萨尔瓦多远海
19470129	0817500	-26.00	-63.00	580	7.3	阿根廷北部
19470202	1850280	-16.00	169.00	130	6.5	新赫布里底群岛
19470207	0840350	-10.00	161.50	50	7.0	所罗门群岛
19470210	0402020	31.80	85.40		6.3	中国西藏改则东南
19470218	1330250	33.00	136.75	440	6.8	日本本州以南远海
19470302	1909260	-5.00	144.50	50	7.0	新几内亚岛
19470316	0932340	24.30	122.30		6.0	中国台湾花莲东北近海
19470317	0819410	33.30	99.50		7.7	中国青海达日以南
19470325	2032140	-38.75	178.50		7.0	新西兰东岸区远海
19470402	0539110	-1.50	138.00		7.4	新几内亚岛
19470402	2045060	24.30	122.30		6.3	中国台湾花莲东北近海
19470410	1558060	35.00	-116.60		6.4	加利福尼亚州
19470414	0715330	44.00	148.50		7.0	日本北海道以东
19470424	1935140	8.50	-39.00	50	7.0	大西洋中部

续表

年月日	时分秒	纬度（°）	经度（°）	震源深度（km）	震级	参考地震（M_S≥8后注M_W）
19470506	2030320	-6.50	148.50		7.6	新几内亚岛
19470525	2259570	22.50	122.50		6.0	中国台湾绿岛以东远海
19470526	1300540	47.00	151.00	200	6.0	千岛群岛地区
19470526	1940550	-8.50	158.00	560	6.3	所罗门群岛
19470527	0334540	-8.50	124.00	100	6.5	努沙登加拉群岛
19470527	0558540	-1.50	135.25		7.3	新几内亚岛
19470604	0029550	40.00	24.00	80	6.0	爱琴海
19470607	1847480	11.50	125.00		6.9	菲律宾米沙鄢群岛
19470612	0902300	1.50	126.50	40	7.2	马鲁古群岛
19470613	2024490	21.50	145.50		7.2	马里亚纳海沟
19470619	0734370	22.00	145.50		7.0	马里亚纳海沟
19470710	1019270	33.00	77.00	60	6.0	克什米尔东南部
19470710	1048450	73.00	-71.00		6.0	巴芬湾
19470713	1257350	-19.00	-175.00	120	6.3	汤加群岛
19470723	1713220	-55.50	-29.00		6.5	南桑威奇群岛
19470725	0100300	-18.00	-178.00	560	6.3	斐济群岛
19470725	1908480	-24.50	-63.50	580	6.3	阿根廷北部
19470726	1155270	46.00	152.50	80	6.5	千岛群岛地区
19470729	1343330	28.60	93.60		7.7	中国西藏朗县东南
19470805	1424100	25.50	63.00		7.3	巴基斯坦俾路支省
19470806	0546580	-9.25	-71.50	600	6.8	巴西、秘鲁边境
19470807	0040200	19.75	-75.25	50	6.8	古巴东南部近海
19470817	0904400	24.30	122.30		6.0	中国台湾花莲东北近海
19470824	1137040	41.50	81.90		6.3	中国新疆拜城以南
19470828	0650210	49.00	155.50	40	6.8	千岛群岛地区
19470902	1432400	-19.00	-176.00	250	6.8	汤加群岛
19470903	1526560	47.00	153.00	120	6.8	千岛群岛地区
19470923	1228090	33.00	59.00		6.8	伊朗霍腊散省
19470926	1601570	24.75	123.00	110	7.4	中国台湾宜兰以东远海
19471003	0613510	27.50	58.00		6.3	伊朗克尔曼省
19471006	1955370	37.00	22.00		7.0	希腊西南部
19471016	0209470	64.50	-147.50		7.0	阿拉斯加
19471101	1458530	-10.50	-75.00		7.3	秘鲁中部
19471104	0009100	44.00	140.50		7.1	日本北海道
19471109	0457500	-22.50	170.00	50	7.1	斐济海
19471123	0946050	44.75	-111.75		6.3	美国爱达荷州
19471215	1920260	-59.50	-160.00	60	7.2	南太平洋
19471224	0522000	-54.00	114.00	60	7.0	南极-澳大利亚海丘

续表

年月日	时分秒	纬度（°）	经度（°）	震源深度（km）	震级	参考地震（M_S≥8后注M_W）
19480104	0856370	-20.75	-179.00	600	7.0	斐济海
19480106	1723260	17.00	-98.00	80	7.0	墨西哥瓦哈卡州
19480106	1725580	17.00	-98.00	80	7.0	墨西哥瓦哈卡州
19480114	0225300	-9.00	-109.00		6.3	东太平洋海丘
19480120	0944120	-33.50	-178.00	50	6.8	克马德克群岛
19480122	1355210	-22.00	-177.00	140	7.0	汤加群岛
19480124	1746400	10.50	122.00		8.2	菲律宾米沙鄢群岛　M_W8.1
19480127	1158280	-20.50	-178.00	630	7.2	汤加群岛
19480128	0347210	1.50	126.50	80	7.2	马鲁古群岛
19480128	1551200	36.80	67.20	70	6.2	撒马尔罕附近
19480209	1258150	35.50	27.00	40	7.1	爱琴海
19480209	1454220	0.00	122.50	160	7.2	马鲁古海
19480213	0457110	36.00	80.50		6.3	中国新疆和田东以南
19480218	2029500	83.00	40.00	20	6.3	北冰洋
19480301	0112280	-3.00	127.50	50	7.5	马鲁古群岛
19480303	0910020	18.80	119.00		7.2	中国南海东沙群岛
19480313	2002350	1.50	126.50	60	7.1	马鲁古群岛
19480323	1811320	52.00	153.00	200	6.3	鄂霍次克海
19480417	1611280	33.00	135.75		7.3	日本本州以南
19480421	2022020	19.25	-69.25	40	7.3	多米尼加岸线
19480422	1042410	38.50	20.25		6.4	希腊爱奥尼亚群岛
19480511	0855410	-17.50	-70.25	70	7.3	秘鲁智利接壤地区
19480514	2231430	54.50	-161.00		7.5	阿拉斯加
19480522	1921290	-42.50	172.75		6.3	新西兰坎特伯里区
19480523	0913180	37.20	121.80		6.0	中国山东威海近海
19480525	0711210	29.50	100.50		7.3	中国四川理塘附近<18>
19480529	0448580	45.90	26.70	150	6.0	罗马尼亚东部
19480615	1144430	33.75	135.25		6.9	日本本州以南
19480627	0008230	26.40	99.70		6.3	中国云南剑川地区
19480628	0713300	36.50	136.00		7.3	日本本州西部近海
19480629	1028370	-15.50	-172.50	60	7.0	斐济群岛
19480629	1606250	42.00	47.00		6.0	里海沿岸
19480630	1221110	38.50	20.50		6.4	希腊爱奥尼亚群岛
19480715	1102050	10.50	-104.00		6.0	墨西哥以南远海
19480720	1102170	-17.00	-75.00	70	7.1	秘鲁南部沿海
19480811	1036190	17.75	-95.25	100	6.8	特万特佩克地峡
19480819	1350460	63.00	-150.50	100	6.3	阿拉斯加
19480825	0609240	-24.50	-65.00	50	7.0	阿根廷北部
19480902	2334500	10.00	125.50		7.0	菲律宾米沙鄢群岛

续表

年月日	时分秒	纬度（°）	经度（°）	震源深度（km）	震级	参考地震（M_S≥8后注M_W）
19480907	0815220	36.90	70.60	220	6.4	兴都库什山区
19480908	1509110	-21.00	-174.00		7.8	汤加群岛 M_W8.0
19480910	1348340	43.50	147.00	40	7.1	日本北海道以东
19480924	2327590	21.50	122.00		6.0	中国台湾兰屿东南近海
19481004	0556510	23.90	121.70		6.0	中国台湾花莲滨海
19481005	2012050	37.50	58.00		7.3	土库曼阿什哈巴德
19481006	0124440	37.40	58.80	12	6.0	伊朗西北部边境地区
19481023	0447000	24.30	122.30		6.3	中国台湾花莲东北近海
19481119	0104240	10.00	-83.50	80	7.0	哥斯达黎加
19481121	1910280	-13.50	167.00	180	6.8	新赫布里底群岛以北
19481126	0536370	-5.00	145.00	70	7.0	新几内亚岛
19481204	0022480	22.00	-106.50		6.9	加利福尼亚湾
19481204	2343170	33.90	-116.40		6.5	加利福尼亚州
19481206	1409120	22.90	121.50		6.0	中国台湾绿岛以北近海
19481215	1911280	22.00	142.50	240	6.8	马里亚纳群岛北
19481220	2307190	23.40	121.60		6.0	中国台湾花莲东南部近海
19481223	0841170	55.50	166.00	60	6.8	阿留申群岛
19481229	1253280	39.50	-120.10		6.0	加利福尼亚州
19490119	1500000	23.80	121.80		6.5	中国台湾花莲以东近海
19490123	0631070	-11.00	93.00	50	6.7	东印度洋海岭
19490124	0915480	-22.00	-176.00	110	7.0	汤加群岛
19490202	1741290	53.00	-173.00	220	7.0	阿留申群岛
19490209	1730500	-39.75	174.00	170	6.3	新西兰塔拉纳基
19490211	0723460	-35.00	-109.00		6.3	复活节岛以南
19490213	1824240	-33.50	-178.00	60	7.2	克马德克群岛
19490223	1608110	42.00	84.00		7.3	中国新疆库车地区
19490228	0013040	-57.00	-29.00	60	7.0	南桑威奇群岛
19490304	1019250	36.00	70.50	230	7.5	兴都库什山区
19490316	2215130	-5.50	151.00	60	7.0	新不列颠岛
19490317	2105030	-5.50	151.00	60	7.0	新不列颠岛
19490324	2056560	42.00	-126.00		6.2	俄勒冈远海
19490327	0634050	3.50	127.50		7.0	马鲁古群岛
19490405	0927060	41.00	131.00	580	6.7	日本海北部
19490413	1955430	47.25	-122.50	60	7.0	美国西亚图
19490420	0329070	-38.00	-73.50	70	7.3	智利康塞普西翁附近
19490422	1717020	-36.00	-113.00		6.5	复活节岛西南
19490423	1115390	-8.00	121.00	80	7.1	佛罗勒斯岛
19490425	1354590	-19.75	-69.00	110	7.3	智利北部

续表

年月日	时分秒	纬度（°）	经度（°）	震源深度（km）	震级	参考地震（M_S≥8后注M_W）
19490430	0123320	6.50	125.00	130	7.4	菲律宾棉兰老岛南
19490525	0823490	42.00	83.60		6.3	中国新疆库车地区
19490610	1549170	39.20	71.70	19	6.2	帕米尔山区
19490610	1624000	39.10	71.00	14	6.2	帕米尔山区
19490612	1752260	-26.50	-62.50	620	6.9	阿根廷北部
19490612	1755540	-26.50	-62.50	620	6.9	阿根廷北部
19490615	0942420	33.30	100.00		6.0	中国青海班玛西北
19490702	1957130	16.00	148.00	50	7.1	马里亚纳海沟
19490710	0353360	39.00	70.50		7.6	帕米尔地区
19490720	2220070	-10.00	101.00		6.3	苏门答腊以南远海
19490723	1026450	-18.50	170.00	150	7.2	新赫布里底群岛
19490727	1511420	-28.00	-177.00	70	7.0	克马德克群岛
19490805	1908470	-1.50	-78.25		6.8	厄瓜多尔
19490806	0035370	-18.50	-174.50	70	7.5	汤加群岛
19490822	0401110	53.75	-133.25		8.1	亚力山大群岛　M_W8.0
19490822	0851220	-36.00	-18.00		6.0	南大西洋
19490914	1950200	0.75	126.00	50	7.2	马鲁古海
19490919	2142130	-54.00	-2.00		6.3	布维岛以西
19490920	1155270	-29.50	-177.50	80	6.9	克马德克群岛
19490924	0417480	-6.50	155.00	60	6.8	所罗门群岛
19490927	1530450	59.75	-149.00	50	7.0	阿拉斯加
19491001	1800480	-7.50	30.00		6.0	东非裂谷地带
19491007	1202210	-33.25	58.00		6.8	西印度洋海岭中部
19491019	2100190	-5.50	154.00	60	7.3	所罗门海
19491031	0139310	56.00	-136.00		6.3	亚力山大群岛
19491103	0112360	48.50	154.00	160	6.8	千岛群岛地区
19491122	0051490	-28.50	-178.50	180	7.3	克马德克群岛
19491127	0842180	-18.00	-173.00	60	7.2	斐济群岛
19491217	0653300	-54.00	-71.00		7.8	智利南部
19491217	1507550	-54.00	-71.00		7.8	智利南部
19491221	1933080	-19.50	-64.00	620	6.8	玻利维亚东南部
19491225	2317300	36.50	140.00		6.0	日本本州
19491225	2324540	36.50	140.00		6.3	日本本州
19491226	0623520	-15.50	180.00		7.0	斐济群岛北
19491227	2357160	-60.00	-22.00	50	7.1	南桑威奇海沟
19491228	0539030	-34.50	180.00	190	6.8	克马德克群岛
19491229	0303540	18.00	121.00		7.2	菲律宾吕宋岛北部
19500103	1106230	-46.00	-75.50		6.0	智利西南近海

续表

年月日	时分秒	纬度（°）	经度（°）	震源深度（km）	震级	参考地震（M_S≥8后注M_W）
19500112	1206090	-18.00	-178.00	550	6.8	斐济群岛
19500130	0056320	-53.50	-71.50		7.0	智利南部
19500202	2333390	21.70	100.10		7.0	中国云南勐海地区
19500203	0251520	22.10	99.90		6.8	中国云南孟连地区
19500211	0122080	-43.00	42.00		6.3	西印度洋海岭
19500217	2107070	-7.00	146.00	180	7.3	新几内亚岛
19500223	1101100	29.80	95.30		6.0	中国西藏波密以西
19500228	1020570	46.00	144.00	340	7.8	库页岛南近海
19500302	1839450	-60.00	-35.00		6.9	南桑威奇群岛
19500307	0207500	10.00	122.00	60	6.8	菲律宾米沙鄢群岛
19500517	1146450	39.25	130.25	580	6.7	日本海西部
19500517	1813130	-21.00	169.00	40	7.0	新赫布里底群岛
19500525	1835070	13.00	143.50	90	7.0	马里亚纳群岛南
19500526	0117250	-20.25	169.25	40	7.2	新赫布里底群岛
19500530	0116150	19.50	-156.00		6.3	夏威夷群岛
19500607	1652340	-4.00	-76.50	110	6.8	秘鲁北部
19500608	1607320	-47.00	-15.00	60	7.1	南大西洋
19500619	1236580	-6.25	112.00		6.8	爪哇海
19500621	0655370	-20.25	169.25	40	7.0	新赫布里底群岛
19500624	2225340	-20.50	169.50	40	7.2	瓦努阿图以南
19500709	0139290	-33.00	-112.00		6.8	复活节岛西南
19500709	0440040	-8.00	-70.75	650	7.0	巴西西部
19500709	0450050	-8.00	-70.75	650	7.0	巴西西部
19500709	1610240	36.80	71.00	240	6.5	兴都库什山区
19500721	2032090	-16.50	169.00	60	6.8	新赫布里底群岛
19500729	1646020	2.50	127.00	80	6.9	马鲁古群岛
19500729	2349020	-6.50	155.00	70	7.1	所罗门群岛
19500803	2218190	10.00	-69.50		6.3	委内瑞拉北部
19500814	2251240	-27.25	-62.50	630	7.3	阿根廷北部
19500815	1409340	28.40	96.70		8.6	中国西藏察隅墨脱地区　M_W8.6
19500815	1629280	28.70	96.60		6.0	中国西藏察隅地区
19500815	1649560	28.70	96.60		6.0	中国西藏察隅地区
19500815	1716510	28.70	96.60		6.0	中国西藏察隅地区
19500815	1838400	28.70	96.60		6.0	中国西藏察隅地区
19500815	1958450	28.70	96.60		6.0	中国西藏察隅地区
19500816	0641570	28.70	96.60		6.0	中国西藏察隅地区
19500818	0107470	28.70	96.60		6.3	中国西藏察隅地区
19500822	1322190	27.20	97.40		6.0	中国西藏察隅地区
19500826	0633060	26.80	95.00		6.0	中国西藏墨脱地区

续表

年月日	时分秒	纬度（°）	经度（°）	震源深度（km）	震级	参考地震（M_S≥8后注M_W）
19500831	0705460	5.50	126.00	70	6.9	菲律宾棉兰老岛
19500901	0246550	-4.50	89.25		6.0	东印度洋海岭北部
19500910	1516080	-15.50	167.00	100	7.1	新赫布里底群岛
19500913	1107270	27.50	96.40		6.0	中国西藏察隅地区
19500919	2029480	-2.00	138.50		6.9	新几内亚岛
19500929	0632200	19.00	-107.00	60	7.0	墨西哥西南远海
19500930	0728550	28.70	94.20		6.5	中国西藏米林以南
19501005	1609310	11.00	-85.00		7.7	哥斯达黎加
19501008	0323090	-3.75	128.25		7.6	马鲁古群岛
19501008	0450120	29.20	95.10		6.3	中国西藏墨脱地区
19501023	1613200	14.50	-91.50		7.1	危地马拉
19501025	0703230	26.30	126.20	130	6.3	中国台湾赤尾屿近海
19501102	0707350	24.60	121.10		6.0	中国台湾新竹南部
19501102	1528120	-7.00	129.50	220	7.5	班达海东部
19501105	1737270	33.25	134.75		6.9	日本四国东南
19501108	0218120	-10.00	159.50		7.3	所罗门群岛
19501201	1450580	14.00	-47.25	60	7.3	大西洋中部
19501202	1951490	-18.25	167.50	60	7.8	新赫布里底群岛
19501202	1955270	-18.25	167.50	60	7.3	新赫布里底群岛
19501203	0626520	29.00	96.00		6.0	中国西藏墨脱地区
19501204	1628030	-5.00	153.50	110	7.2	新不列颠岛以东
19501209	2138480	-23.50	-67.50	100	8.0	智利和阿根廷接壤地区　m_B7.7
19501210	0250420	-14.25	-75.75	80	7.0	秘鲁西南沿海
19501210	1323040	-28.00	-178.50	250	7.3	克马德克群岛
19501211	1446410	-8.00	-70.75	650	6.3	巴西西部
19501214	0152490	-19.25	-175.75	200	7.7	汤加群岛
19501214	1415510	17.00	-97.50		7.3	墨西哥瓦哈卡州
19510105	0052400	7.50	-80.50	90	6.8	巴拿马
19510106	0751310	7.50	-80.50	90	6.9	巴拿马
19510128	1326280	24.30	122.30		6.0	中国台湾花莲东北近海
19510212	1722000	65.50	136.00		6.5	西伯利亚东部
19510213	1155500	-15.00	-175.25	250	6.9	萨摩亚群岛以西
19510213	2212570	56.00	-156.00		7.1	阿拉斯加湾
19510217	2107070	-7.00	146.00	180	7.3	新几内亚岛
19510305	2011480	28.50	128.00	170	6.9	琉球群岛
19510310	2157290	-15.00	167.50	130	7.2	新赫布里底群岛
19510317	0427350	30.90	97.40		6.0	中国西藏昌都地区
19510323	2138510	-30.50	180.00	270	7.0	克马德克群岛

续表

年月日	时分秒	纬度（°）	经度（°）	震源深度（km）	震级	参考地震（M_S≥8后注M_W）
19510328	0155130	-36.50	177.00	360	6.3	新西兰普伦提湾
19510414	1332590	61.25	136.50		6.5	西伯利亚东部
19510414	2340590	28.40	93.80		6.5	中国西藏米林西南
19510416	1952570	31.00	138.50	470	6.8	日本本州以南远海
19510501	0502400	-50.50	149.00		7.0	澳大利亚东南远海
19510510	0918320	-19.75	34.00		6.0	莫桑比克中南部
19510521	0827200	-6.00	154.50	150	7.0	所罗门海
19510605	1657430	29.75	131.75	60	6.8	琉球群岛
19510617	0940170	44.50	-130.00		6.0	俄勒冈州远海
19510711	1821520	27.50	139.50	480	7.0	小笠原群岛西
19510718	0906160	1.00	-27.00		6.9	大西洋中部
19510821	1057000	19.75	-156.00	60	6.9	夏威夷群岛
19511008	0410360	40.25	-124.50		6.0	加利福尼亚州近海
19511011	0137350	-5.50	152.00	60	6.9	新不列颠岛
19511021	2134180	23.70	121.30		7.3	中国台湾花莲滨海
19511021	2255260	23.90	121.70		6.0	中国台湾花莲
19511022	0329270	23.80	121.30		7.1	中国台湾花莲
19511022	0352000	23.70	121.70		6.1	中国台湾花莲东南近海
19511022	0428050	23.90	121.70		6.8	中国台湾花莲滨海
19511022	0432000	24.00	121.90	20	6.0	中国台湾花莲东近海
19511022	0517440	23.90	121.70		6.5	中国台湾花莲滨海
19511022	0523530	23.90	121.70		6.0	中国台湾花莲滨海
19511022	0543030	23.90	121.70		7.1	中国台湾花莲滨海
19511022	1111030	23.90	121.70		6.5	中国台湾花莲滨海
19511022	1248380	23.90	121.70		6.5	中国台湾花莲滨海
19511022	1301130	23.90	121.70		6.3	中国台湾花莲滨海
19511022	1446420	23.90	121.70		6.0	中国台湾花莲滨海
19511022	1529470	23.90	121.70		6.8	中国台湾花莲滨海
19511022	1606550	23.90	121.70		6.0	中国台湾花莲滨海
19511022	1842350	23.90	121.70		6.0	中国台湾花莲滨海
19511022	2051390	23.90	121.70		6.0	中国台湾花莲滨海
19511023	0119360	23.90	121.70		6.5	中国台湾花莲滨海
19511023	0855130	23.90	121.70		6.5	中国台湾花莲滨海
19511024	0339000	23.90	121.70		6.0	中国台湾花莲滨海
19511024	1342140	23.90	121.70		6.0	中国台湾花莲滨海
19511025	1219400	23.90	121.70		6.8	中国台湾花莲滨海
19511028	0647420	-58.00	158.00		6.8	麦阔里岛以南
19511101	1110360	-4.00	35.25		6.0	坦桑尼亚北部
19511106	1640050	47.75	154.25		7.2	千岛群岛地区

续表

年月日	时分秒	纬度（°）	经度（°）	震源深度（km）	震级	参考地震（M_S≥8后注M_W）
19511109	2207550	-21.75	-68.00	120	6.8	玻利维亚西南部
19511117	0445580	31.00	91.60		6.3	中国西藏当雄地区
19511118	0926370	30.90	91.50		6.8	中国西藏当雄地区
19511118	0935500	31.10	91.40		8.0	中国西藏当雄地区　M_W7.7
19511124	1847130	22.90	121.50		7.5	中国台湾绿岛以北近海
19511124	1850290	23.40	121.40		7.3	中国台湾台东东北近海
19511126	0638290	22.90	121.50		6.3	中国台湾绿岛以北近海
19511205	0658320	22.90	121.50		6.5	中国台湾绿岛以北近海
19511208	0414120	-34.00	57.00		7.7	西印度洋海岭中部
19511221	0837290	26.70	100.00		6.3	中国云南剑川附近
19511226	1007040	31.30	90.60		6.3	中国西藏当雄西北
19511226	1630520	39.60	95.70		6.0	中国甘肃肃北
19511228	0920250	17.00	-99.00	60	6.9	墨西哥格雷罗州
19520113	0403400	23.00	124.83		6.9	琉球群岛
19520131	2055140	-4.00	30.50		6.3	坦桑尼亚西部
19520211	0701050	-5.50	110.00	660	6.9	爪哇海
19520214	0338120	-7.50	126.50		7.3	韦塔岛以北
19520226	1131100	-14.00	-70.50	260	7.0	秘鲁南部
19520304	0122430	42.50	143.00		8.3	日本北海道　M_W8.1
19520307		36.50	136.20		6.8	日本本州
19520309	1703470	42.50	143.00		7.1	日本北海道
19520313	1357370	28.50	127.30	285	6.5	中国钓鱼岛东北远海
19520319	1057120	9.50	127.25		7.8	菲律宾海沟
19520429	0235310	25.50	122.80	285	6.0	中国钓鱼岛西南近海
19520509	1747410	-6.50	155.00	50	7.0	所罗门群岛
19520528	0747440	37.00	70.80	230	6.1	兴都库什山区
19520611	0031360	-31.50	-67.50		7.0	阿根廷中部
19520619	1212590	22.70	99.80		6.5	中国云南澜沧地区
19520620	0546150	23.90	121.70		6.5	中国台湾花莲近海
19520623	1203080	24.30	122.30		6.0	中国台湾花莲东北近海
19520713	1158330	-18.50	169.25	260	6.8	新赫布里底群岛
19520718		34.50	135.80	70	7.0	日本本州
19520721	1152140	35.00	-119.00		7.7	加利福尼亚州
19520817	1602110	31.00	91.50		7.5	中国西藏当雄地区
19520820	1525040	43.25	-126.50		6.5	俄勒冈远海
19520921	0230350	-21.75	-65.75	260	7.2	玻利维亚西南部
19520930	1252020	28.30	102.20		6.8	中国四川冕宁地区<7>
19521005	2204300	37.10	93.20		6.0	中国青海乌图美仁地区

续表

年月日	时分秒	纬度（°）	经度（°）	震源深度（km）	震级	参考地震（M_S≥8后注M_W）
19521031	2351400	33.30	101.00		6.0	中国青海久治地区
19521104	1658260	52.75	159.50		8.3	堪察加半岛　M_W9.0
19521106	1947250	-5.00	145.00	50	7.1	新几内亚岛
19521122	0746380	35.80	-121.20		6.0	加利福尼亚州
19521127	0720320	36.60	70.00	150	6.2	兴都库什山区
19521206	1041180	-8.00	156.50		7.1	所罗门群岛
19521224	1839380	-5.50	152.00		7.0	新不列颠岛
19530105	0748180	54.00	170.50		7.1	阿留申群岛
19530105	1006300	49.00	155.50	40	7.0	千岛群岛地区
19530107	1408320	-5.60	150.50		6.3	新不列颠岛
19530111	2253300	65.30	-133.20		6.4	加拿大西部近海
19530112	1723440	50.00	156.40	55	6.9	千岛群岛地区
19530117	1730030	50.50	155.20	128	6.0	千岛群岛地区
19530119	0457270	41.40	143.90	40	6.4	日本本州东北
19530120	1733070	1.50	126.00		6.5	马鲁古海峡
19530121	0143010	50.00	156.40	60	6.0	千岛群岛地区
19530127	0312580	52.00	160.30		6.3	堪察加半岛东南
19530127	0325030	-4.50	152.70		6.2	新不列颠岛以东
19530130	2146540	-11.90	166.80	96	6.7	圣克鲁斯群岛
19530131	2152220	-16.00	-13.00		6.0	大西洋中部
19530206	1312590	42.50	143.50	80	6.4	日本北海道
19530207	1823130	49.20	156.10		6.0	千岛群岛地区
19530212	0815310	35.00	54.50		6.5	伊朗塞姆南副省
19530214	0843100	35.50	26.50	100	6.1	爱琴海
19530214	2148160	18.50	146.00	60	6.7	马里亚纳海沟
19530219	1306190	-29.60	-179.00	350	6.5	克马德克群岛
19530219	1517410	0.00	-18.10		6.5	巴西圣保罗岛
19530225	2116120	56.00	-156.50	60	6.8	阿拉斯加湾
19530226	0032320	51.40	157.70	160	6.7	堪察加半岛南
19530226	1013130	-19.90	169.00		6.0	新赫布里底群岛
19530226	1142280	-11.00	164.25		7.0	所罗门群岛
19530303	1127000	-20.60	169.00		6.7	新赫布里底群岛
19530303	2253590	48.50	155.20		6.0	千岛群岛地区
19530304	0057590	-28.00	-63.50	600	6.2	阿根廷北部
19530305	2101230	51.90	158.00	60	6.5	堪察加半岛南部
19530305	2121450	49.20	156.10		6.0	千岛群岛地区
19530309	1003510	-5.10	153.50	55	6.5	新不列颠岛以东
19530317	1304420	50.00	156.40	50	6.3	千岛群岛地区

续表

年月日	时分秒	纬度（°）	经度（°）	震源深度（km）	震级	参考地震（M_S≥8后注M_W）
19530318	1906120	40.00	27.25		7.3	小亚细亚半岛
19530319	0827500	14.00	-61.25	130	7.3	小安德烈斯群岛中部
19530319	1853290	-26.00	178.50	600	6.0	汤加群岛
19530326	0209410	52.60	160.30		6.0	堪察加半岛东南
19530402	0356100	-5.10	151.30	55	6.0	新不列颠岛
19530404	0552130	36.30	141.50	40	6.3	日本本州以东远海
19530405	0854300	-33.50	-179.00	100	6.0	克马德克群岛
19530406	0036240	-7.00	132.00	55	6.1	东南群岛
19530406	1214440	52.60	160.30		6.2	堪察加半岛东南
19530407	1728330	-24.50	180.00	603	6.0	斐济海
19530414	1329260	-8.20	-71.00	630	6.7	巴西西部边境地区
19530417	0002500	-5.20	-77.20		6.1	秘鲁西北部
19530420	1100310	-15.30	-172.50	33	6.0	萨摩亚群岛
19530423	1624170	-4.00	154.00		7.5	新爱尔兰岛以东近海
19530429	0331180	-9.70	159.60		6.3	所罗门群岛
19530430	0626420	-20.60	169.00	60	6.7	新赫布里底群岛
19530504	1129150	53.80	161.70		6.3	堪察加半岛以东
19530504	1526300	-28.00	-62.50	600	6.4	阿根廷北部
19530506	1716490	-36.50	-72.50	60	7.6	智利中部
19530511	1016400	-21.70	169.30		6.6	新赫布里底群岛
19530517	1311330	-5.80	102.20	300	6.0	苏门答腊南部
19530518	0812110	28.70	-43.60		6.0	北大西洋
19530518	0815230	-5.80	102.20		6.0	苏门答腊南部
19530519	0311090	51.90	159.90		6.4	堪察加半岛东南
19530520	0745240	-53.20	-134.00		6.2	南太平洋海岭
19530520	1043500	0.40	123.70	200	6.7	北苏拉威西
19530524	0119400	-55.50	-29.00		6.2	南桑威奇群岛
19530525	1238140	-3.10	101.50		6.0	苏门答腊中部
19530525	1740320	51.30	159.30		6.4	堪察加半岛东南
19530526	0143110	42.00	142.50	60	6.2	日本北海道
19530531	0500150	-8.50	118.30	100	6.5	努沙登加拉群岛
19530531	1958350	19.70	-70.40		6.9	多米尼加共和国北部
19530602	1750120	29.90	142.10	60	6.0	日本海沟
19530608	1140290	52.70	159.40		6.4	堪察加半岛东南
19530609	0139020	53.10	160.90		6.5	堪察加半岛东南
19530615	1747140	56.30	153.80		6.5	阿拉斯加湾
19530616	1602030	-25.00	-177.50	100	6.3	斐济群岛
19530618	1004490	-6.50	155.00		6.0	所罗门群岛
19530623	1353350	51.40	157.70		6.2	堪察加半岛南

续表

年月日	时分秒	纬度（°）	经度（°）	震源深度（km）	震级	参考地震（M_S≥8后注M_W）
19530624	2118460	46.70	151.00		6.0	千岛群岛地区
19530625	1043530	-9.20	123.00		6.9	努沙登加拉群岛
19530625	1045000	-8.50	124.00	50	7.1	努沙登加拉群岛
19530626	0542540	-8.50	124.00	50	6.8	努沙登加拉群岛
19530627	0743110	-24.50	180.00	603	6.0	斐济海
19530701	0259380	50.20	157.30	60	6.5	堪察加半岛以南
19530702	0656580	-19.50	169.50	250	7.5	新赫布里底群岛
19530703	1829180	-56.50	-26.30		6.0	南桑威奇群岛
19530706	2155380	-6.80	147.20		6.2	新几内亚岛
19530707	0407500	0.90	100.40	250	6.0	苏门答腊中部
19530707	1728230	30.80	141.40	60	6.0	日本海沟
19530709	1902080	39.90	78.30		6.0	中国新疆巴楚地区
19530709	2123490	30.20	-42.70		6.2	北大西洋
19530710	1506420	-5.80	112.80	54	6.5	爪哇岛
19530712	0643050	-2.40	138.60		6.4	新几内亚岛
19530720	1808150	-24.60	-176.70	100	6.4	斐济群岛
19530721	1722350	25.80	128.00		6.0	琉球群岛
19530722	0511190	51.20	157.10	60	6.5	堪察加半岛南部
19530726	1653200	17.80	145.60	190	6.9	马里亚纳群岛
19530728	0739450	-21.00	-178.00	540	6.2	汤加以西
19530729	1815360	13.00	-90.50		6.0	危地马拉以西远海
19530729	2318020	-15.80	-172.80		6.4	萨摩亚群岛
19530730	2344510	18.70	145.40	200	6.0	马里亚纳群岛
19530802	1720020	-21.60	169.70		6.0	新赫布里底群岛
19530802	2059290	21.80	144.00	250	6.0	马里亚纳群岛
19530804	1353160	-15.90	167.90	160	6.0	新赫布里底群岛
19530809	0553240	-22.00	-68.50	150	6.2	智利北部
19530809	0741070	38.30	20.80		6.5	希腊爱奥尼亚群岛
19530811	0332220	38.30	20.80		6.8	希腊爱奥尼亚群岛
19530812	0923530	38.25	20.25		7.1	希腊爱奥尼亚群岛
19530812	1205210	38.00	21.00		6.4	希腊爱奥尼亚群岛
19530812	1408390	38.30	20.80		6.0	希腊爱奥尼亚群岛
19530812	1653450	-21.20	-174.80		6.3	汤加群岛
19530813	0923230	-21.50	170.00	150	6.8	新赫布里底群岛
19530817	0314360	-6.80	115.10		6.0	爪哇岛
19530824	1321020	14.10	-91.40	100	6.5	危地马拉
19530825	0204150	-5.20	152.40		6.4	新不列颠岛以东
19530827	2216400	43.20	142.50	190	6.0	日本北海道
19530831	0752500	53.50	160.50	60	6.2	堪察加半岛东部近海

年月日	时分秒	纬度（°）	经度（°）	震源深度（km）	震级	参考地震（M_S≥8后注M_W）
19530904	0723050	50.00	156.50	60	6.7	千岛群岛北
19530904	1407150	-32.70	-71.80	50	6.4	智利中部近海
19530905	1418410	38.00	23.00		6.0	希腊爱奥尼亚群岛
19530907	0358580	41.20	32.80		6.2	土耳其西北沿海
19530910	0406000	34.90	32.20		6.3	塞浦路斯岛西近海
19530914	0026360	-18.30	178.20	60	6.4	斐济群岛
19530916	0148420	-15.00	-174.50		6.3	萨摩亚群岛
19530917	2111410	-20.50	-174.00	100	6.7	汤加群岛
19530927	0605250	13.70	-57.80		6.0	小安德烈斯群岛以东
19530928	0550290	-22.50	-66.00	250	6.0	阿根廷北部
19530929	0136460	-36.90	177.10	300	6.9	新西兰普伦提湾
19530930	2304110	22.00	-107.50		6.7	加利福尼亚湾
19531005	0431430	54.10	161.00		6.8	堪察加半岛以南远海
19531006	2138180	-3.60	150.90		6.6	新不列颠岛
19531006	2253350	-23.30	170.90		6.0	斐济海
19531011	1308330	50.00	156.40	60	6.8	千岛群岛地区
19531011	1708060	32.40	82.90		6.3	中国西藏改则以西
19531013	0853490	30.00	-114.00		6.0	加利福尼亚湾
19531014	1447170	43.00	144.50	100	6.9	日本北海道
19531016	0953130	16.00	-96.60		6.0	墨西哥西南远海
19531017	2107230	52.00	159.00		6.5	堪察加半岛东南
19531021	1839520	38.30	20.80		6.5	希腊爱奥尼亚群岛
19531024	2319400	-35.30	180.00		6.2	克马德克群岛
19531027	0340520	42.70	145.50	60	6.2	日本北海道以东近海
19531027	1820470	-19.00	-66.00	275	6.7	玻利维亚
19531104	0349080	-13.00	166.50		7.4	瓦努阿图
19531104	1227420	-13.00	166.40		6.5	圣克鲁斯群岛
19531107	1303080	-0.40	98.80		6.0	苏门答腊北部
19531109	1725420	52.70	159.40		6.5	堪察加半岛东南
19531110	1508350	39.00	-28.90		6.0	亚速尔群岛海区
19531110	2340210	51.00	157.50	80	6.9	堪察加半岛东南近海
19531113	1617100	4.10	95.90		6.3	苏门答腊北部
19531113	1915400	-13.00	166.40		6.7	圣克鲁斯群岛
19531114	2003340	52.60	160.30		6.5	堪察加半岛东南
19531116	1717280	-21.20	168.50		6.0	新赫布里底群岛
19531117	1329530	13.75	-92.00	40	7.1	危地马拉近海
19531125	1735580	-18.00	176.60		6.0	斐济群岛
19531125	1748540	34.00	141.50	40	8.0	日本本州东南远海　M_W7.9
19531126	0003280	34.00	141.00	45	6.6	日本海沟

续表

年月日	时分秒	纬度（°）	经度（°）	震源深度（km）	震级	参考地震（M_S≥8后注M_W）
19531126	0814170	34.30	141.80	40	6.8	日本本州东南远海
19531127	1130060	33.90	141.50	60	6.0	日本伊豆诸岛
19531127	2301285	-18.30	176.70	43	6.2	斐济群岛
19531201	0508500	29.10	128.40	224	6.8	琉球群岛
19531202	0425550	-3.50	141.50		6.6	新几内亚岛
19531203	1454080	31.40	85.70		6.3	中国西藏扎日南木错地区
19531204	1454460	49.50	-129.00		6.2	温哥华岛近海
19531207	0205370	-22.00	-68.00	110	7.1	玻利维亚西南部
19531207	1411380	38.80	142.00	55	6.5	日本本州
19531212	1731250	-4.00	-81.00		7.4	秘鲁西北近海
19531220	0021250	39.50	137.00	350	6.2	日本海
19531220	0919430	-31.80	-71.70		6.0	智利中部近海
19531220	2120190	34.20	140.60	55	6.3	日本本州东南远海
19531221	1736190	41.60	142.00	55	6.0	日本北海道南近海
19531224	0233400	51.90	159.90		6.1	堪察加半岛东南
19531224	2321120	52.30	159.60		6.2	堪察加半岛东南近海
19531225	0151370	52.30	159.60		6.9	堪察加半岛东南近海
19531226	1312380	52.30	159.60		6.0	堪察加半岛东南近海
19531228	0238440	38.30	20.80		6.3	希腊爱奥尼亚群岛
19540101	1304210	-9.20	123.60	96	6.5	努沙登加拉群岛
19540111	1709020	22.70	125.80		6.0	琉球群岛
19540112	1416250	-48.20	164.20		6.7	奥克兰群岛地区
19540112	1420300	-48.20	164.20		6.7	奥克兰群岛地区
19540112	2333486	35.00	-119.02		6.0	加利福尼亚州
19540113	0013090	-49.00	165.80		7.0	奥克兰群岛地区
19540120	0416308	8.70	-103.70		6.0	东太平洋海丘
19540122	2123070	-19.90	169.00	96	6.0	新赫布里底群岛
19540123	1606300	37.30	72.50		6.5	帕米尔山区
19540131	1143270	52.00	160.00		6.0	堪察加半岛东南近海
19540201	0106540	24.25	143.75	50	7.1	硫黄列岛东北
19540202	1745440	83.10	-4.00		6.0	格陵兰海
19540205	0919480	-4.60	153.50		6.7	新爱尔兰岛以东
19540205	1518020	17.30	-92.60	100	6.2	墨西哥恰帕斯州
19540207	0615300	-15.80	167.60	128	6.5	新赫布里底群岛
19540211	0030150	39.00	101.30		7.3	中国甘肃山丹地区<10>
19540211	0453460	39.00	101.50		6.0	中国甘肃山丹地区
19540215	0322440	5.10	-82.60		6.2	哥伦比亚以西远海
19540217	0138570	52.20	160.20		6.2	堪察加半岛东南近海

续表

年月日	时分秒	纬度（°）	经度（°）	震源深度（km）	震级	参考地震（M_S≥8后注M_W）
19540219	0040310	11.70	-86.90		6.8	尼加拉瓜西南部
19540219	1907480	-30.00	-177.75	40	7.0	克马德克群岛
19540219	2134430	11.90	-86.80		6.5	尼加拉瓜西南部
19540220	0200500	11.90	-87.00		6.0	尼加拉瓜西南部
19540220	1835050	-6.75	124.50	580	7.0	佛罗勒斯海
19540222	0611250	34.30	141.70	60	6.0	日本本州以东远海
19540222	1203360	-57.00	-26.50	140	7.0	南桑威奇群岛
19540223	0640350	27.80	91.60		6.0	中国西藏错那地区
19540224	2045210	27.00	139.50	477	6.0	小笠原群岛地区
19540226	1846180	36.80	71.40	128	6.0	兴都库什山区
19540228	0055240	27.10	130.80	200	6.2	琉球群岛
19540303	0602570	-5.75	142.50		7.0	新几内亚岛
19540303	2046082	61.50	-146.80	56	6.2	阿拉斯加
19540306	0029320	-23.50	179.80	550	6.5	斐济海
19540309	0221420	0.80	-29.90		6.3	巴西圣保罗岛
19540309	0539260	50.10	157.40		6.4	堪察加半岛以南远海
19540314	0852380	-16.00	-179.00		6.3	斐济群岛
19540314	1744300	52.20	160.30		6.0	堪察加半岛东南远海
19540319	0954290	33.27	-116.17		6.2	加利福尼亚州
19540321	2342110	24.50	95.25	180	7.4	缅甸西北部
19540328	2036210	51.60	175.80		6.3	阿留申群岛
19540329	0401160	19.60	121.50		6.5	巴坦群岛
19540329	0617050	37.00	-3.60	640	7.1	西班牙南部
19540330	1640020	19.50	-155.10		6.0	夏威夷群岛
19540330	1841540	19.50	-155.10		6.5	夏威夷群岛
19540331	1825470	12.50	58.00		7.2	索科特拉岛以东
19540401	1408570	19.40	-67.20	8	6.0	波多黎各岛东北远海
19540401	1818460	46.60	153.40	60	6.3	千岛群岛
19540401	2311270	17.60	-92.60	100	6.0	墨西哥塔巴斯科州
19540411	1025215	10.80	57.10		6.2	索科特拉岛东南
19540411	1053320	36.40	70.80	192	6.5	兴都库什山区
19540413	1525440	33.30	133.90		6.0	日本四国岛以南
19540417	2010370	51.70	-179.40		6.7	阿留申群岛
19540419	2024070	-30.00	-72.00		7.0	智利中部近海
19540426	2024500	52.20	158.70	55	6.5	堪察加半岛东南近海
19540427	1006250	5.90	-82.60		6.5	巴拿马以南远海
19540427	2121330	-56.10	147.30		6.0	南太平洋海岭
19540429	1049270	28.90	-112.90		6.8	加利福尼亚湾
19540429	1134340	28.50	-113.00		7.0	加利福尼亚湾

续表

年月日	时分秒	纬度（°）	经度（°）	震源深度（km）	震级	参考地震（M_S≥8后注M_W）
19540430	1302370	39.00	22.00		7.0	希腊中部
19540430	2304300	0.00	-18.50		6.0	巴西圣保罗岛
19540502	1748030	4.20	95.10		6.2	苏门答腊北部
19540503	1529430	51.90	159.80		6.7	堪察加半岛东南近海
19540503	1713390	12.00	-86.10	150	6.0	尼加拉瓜马那瓜
19540505	1309490	27.80	-112.00		6.6	加利福尼亚湾
19540505	1713170	50.20	156.60		6.4	堪察加半岛东南远海
19540506	0902200	50.40	155.40	128	6.2	堪察加半岛以南
19540513	1446390	16.90	-95.90	80	6.5	墨西哥瓦哈卡州
19540514	2239250	36.00	137.00	224	6.8	日本本州
19540519	2307150	-5.20	151.80		6.3	新不列颠岛
19540523	0410260	46.00	149.70	128	6.0	日本北海道东北
19540526	0143040	51.60	159.90		6.0	堪察加半岛东南近海
19540531	1548480	-8.20	118.20	150	6.3	佛罗勒斯海
19540604	0650410	-0.70	-91.70		6.5	厄瓜多尔科隆群岛
19540606	1650380	-3.40	135.50		6.8	新几内亚岛
19540607	0011480	20.70	120.80		6.0	中国台湾七星岩以南远海
19540607	1015400	-3.60	152.50	477	6.8	新爱尔兰岛
19540610	2237590	29.30	139.60	413	6.0	小笠原群岛西北
19540612	0535170	-17.80	-178.60	540	6.5	斐济群岛
19540615	1330030	-5.40	-76.70	100	6.7	秘鲁北部
19540615	1332170	47.70	146.50	540	6.0	库页岛以东远海
19540617	0142230	56.30	-154.15		6.5	阿拉斯加
19540619	0156250	29.10	131.30		6.3	琉球群岛
19540621	0148440	-23.20	-68.30	250	6.5	智利北部
19540628	0457500	-58.80	-142.40		6.0	南太平洋海岭
19540630	1326510	5.80	37.30		6.0	东非裂谷地带
19540640	1601550	27.70	-110.90		6.0	加利福尼亚湾
19540702	0245090	13.00	123.90		6.8	菲律宾米沙鄢群岛
19540703	2231300	-6.60	105.60	80	7.0	苏门答腊南部
19540706	0400140	-2.90	148.10		6.0	俾斯麦群岛
19540706	0804370	46.60	153.40	100	6.7	千岛群岛
19540706	1113200	39.42	-118.52		6.7	内华达州
19540706	2207410	39.40	-118.50		6.5	内华达州
19540710	2256540	36.60	71.10	224	6.0	兴都库什山区
19540713	0804470	-3.10	150.70		6.3	新爱尔兰岛
19540718	0907350	35.50	141.10	15	6.4	日本本州东南近海
19540718	1953260	-30.60	-179.90	400	6.0	克马德克群岛
19540723	0433350	-30.40	-71.20	60	6.4	智利中部近海

续表

年月日	时分秒	纬度（°）	经度（°）	震源深度（km）	震级	参考地震（M_S≥8后注M_W）
19540726	2015460	-41.00	-73.20		6.5	智利南部
19540726	2209560	11.90	-43.80		6.3	北大西洋海岭
19540729	0334200	49.60	158.10		6.2	堪察加半岛东南远海
19540730	0846020	-36.50	-97.20	100	6.4	塞夫顿礁西北
19540731	0100000	38.80	104.20		7.0	中国内蒙古腾格里沙漠
19540803	1818130	40.10	24.50		6.0	爱琴海北部
19540805	0849530	51.70	175.80	60	6.0	阿留申群岛
19540805	2344290	-5.90	146.70		6.0	新几内亚岛
19540806	1619470	-1.00	-23.50		6.2	巴西圣保罗岛
19540809	1916540	53.50	160.80	55	6.6	堪察加半岛东远海
19540814	0136450	51.60	160.90		6.0	堪察加半岛东南远海
19540814	2256120	-3.60	126.80		6.2	马鲁古群岛
19540818	0442260	-21.20	-176.00	150	6.9	汤加群岛
19540819	2103230	41.10	36.30		6.1	土耳其北部沿海
19540821	0638350	7.10	126.80		6.2	菲律宾棉兰老岛东南近海
19540824	0551320	39.57	-118.45		6.8	内华达州
19540827	1054590	24.20	143.30	100	6.5	日本硫黄列岛
19540828	1001240	36.60	141.40	40	6.0	日本本州东部近海
19540830	0757250	43.90	147.70	55	6.0	日本北海道以东
19540831	2220320	39.60	-118.20		6.2	内华达州
19540902	1851440	-10.80	166.00	192	6.6	圣克鲁斯群岛
19540904	0328470	-3.30	139.80	60	6.5	新几内亚岛
19540904	0643450	28.30	83.80		6.4	尼泊尔
19540905	0745376	-19.60	176.20	21	6.4	汤加群岛
19540906	1647000	20.70	120.80		6.0	中国台湾七星岩以南远海
19540906	1830520	51.50	158.20	55	6.4	堪察加半岛东南近海
19540907	0035140	20.70	120.80		6.0	中国台湾七星岩以南远海
19540909	0104370	36.30	1.47		6.7	阿尔及利亚北部
19540909	0928420	36.50	1.50		6.0	阿尔及利亚北部
19540910	0544060	36.60	1.30		6.2	阿尔及利亚北部
19540912	0743490	40.90	143.80	20	6.4	日本本州东北部远海
19540913	0209550	-20.50	-175.80	150	6.7	汤加群岛
19540914	0048180	21.00	121.50		6.0	中国台湾七星岩东南
19540914	0720100	27.40	126.60		6.0	中国东海
19540915	1756090	-17.80	-178.60	540	6.9	斐济群岛
19540917	0113140	-4.40	153.40		6.0	新爱尔兰岛以东
19540917	0733240	24.20	121.80		6.0	中国台湾花莲东北滨海
19540917	1103180	-21.50	-177.00	250	7.0	汤加群岛
19540920	0039310	-1.80	120.50		6.0	苏拉威西岛

续表

年月日	时分秒	纬度（°）	经度（°）	震源深度（km）	震级	参考地震（M_S≥8后注M_W）
19540923	2143350	49.00	156.20		6.3	千岛群岛
19540928	1253060	-15.90	-172.60		6.0	萨摩亚群岛
19541003	0247220	-10.70	165.50		6.9	圣克鲁斯群岛
19541003	1118459	60.70	-150.50	73	6.8	阿拉斯加
19541003	2321430	-1.10	127.10		6.2	马鲁古群岛
19541007	0255350	-10.90	166.20		6.7	圣克鲁斯群岛
19541014	0135030	-7.60	127.60		6.5	西南群岛
19541017	2257190	31.50	-116.70		6.0	下加利福尼亚州
19541020	2341420	30.60	142.00	40	6.5	日本海沟
19541021	0010090	-41.30	80.20		6.7	圣波尔岛东南
19541021	0651440	13.90	-90.60	60	6.4	危地马拉
19541024	0944090	31.70	-116.00		6.0	下加利福尼亚州
19541031	2312540	-18.90	169.90		6.1	新赫布里底群岛
19541102	0824120	-8.60	118.60		6.6	努沙登加拉群岛
19541112	1226510	31.90	-116.00		6.2	下加利福尼亚州
19541115	1626440	18.80	145.80	192	6.4	马里亚纳群岛
19541118	0520000	48.80	155.00	100	6.0	千岛群岛
19541118	2044540	39.00	142.40	60	6.3	日本本州东北近海
19541119	0556010	40.80	132.00	540	6.4	日本海
19541121	0737310	-29.50	-177.50		6.3	克马德克群岛
19541123	2113010	52.60	159.90	55	6.3	堪察加半岛
19541125	1116350	40.27	-125.62		6.7	加利福尼亚州近海
19541125	2133420	-21.60	-179.50	603	6.5	斐济海
19541204	0700310	-5.10	152.80		6.4	新爱尔兰岛以东
19541204	1831130	10.90	-61.40	50	6.4	特立尼达岛北部近海
19541210	1300360	17.80	-81.80	80	6.3	加勒比海西北部
19541211	1257080	52.70	-32.00		6.5	冰岛以南
19541216	1107100	39.30	-118.10		7.1	内华达州
19541216	1111280	39.30	-118.20		6.9	内华达州
19541219	1023410	-23.10	-66.60	250	6.5	阿根廷北部
19541221	1157200	-3.30	145.60		6.2	俾斯麦群岛
19541221	1956290	40.82	-124.07		6.6	加利福尼亚州
19541228	0100410	-4.70	152.80		6.5	新爱尔兰岛以东
19541230	1132300	52.50	-168.40	55	6.4	阿留申群岛
19550105	0050140	-50.00	164.00		7.0	奥克兰群岛地区
19550105	1748380	-16.30	167.10		6.9	新赫布里底群岛
19550105	2342080	-16.10	167.60		6.8	新赫布里底群岛
19550106	0322380	-16.00	167.30		6.0	新赫布里底群岛

续表

年月日	时分秒	纬度（°）	经度（°）	震源深度（km）	震级	参考地震（M_S≥8后注M_W）
19550108	0734000	-12.60	166.70	224	6.8	新赫布里底群岛以北
19550113	0203430	53.20	-167.40		6.9	阿留申群岛
19550113	0235460	53.20	-167.40		6.2	阿留申群岛
19550120	0348520	15.50	-104.40		6.2	墨西哥西南远海
19550128	1702380	33.20	82.40		6.5	中国西藏西部地区
19550129	1703350	51.50	159.50		6.0	堪察加半岛东南近海
19550131	0503020	-12.50	-57.40		6.6	巴西马托格罗索州
19550131	1602070	46.60	153.20		6.5	千岛群岛
19550204	0721490	-17.20	66.80		6.0	中印度洋海岭北部
19550205	2041580	46.40	152.70	55	6.2	千岛群岛
19550206	0227519	70.70	-14.40		6.2	格陵兰海
19550213	1716560	56.20	160.50	160	6.0	堪察加半岛
19550214	1653180	3.40	126.30		6.2	马鲁古群岛
19550215	0621200	-13.80	167.30	60	6.0	新赫布里底群岛以北
19550218	2248340	30.30	67.10		6.2	巴基斯坦西部
19550223	1831420	-34.70	53.90		6.0	西印度洋海岭
19550227	2043250	-28.00	-175.50		7.8	克马德克群岛
19550301	0146130	-19.90	-36.70		6.0	巴西德林达德岛
19550301	0442580	65.30	-132.90		6.5	加拿大西部远海
19550306	0618120	-1.80	100.40	55	6.5	苏门答腊中部
19550306	1055290	9.60	122.50		6.1	菲律宾米沙鄢群岛
19550306	1333330	9.60	122.50		6.2	菲律宾米沙鄢群岛
19550307	0444460	-18.90	168.80		6.0	新赫布里底群岛
19550309	0226260	-30.50	-13.10		6.0	南大西洋
19550310	2110130	-15.10	-173.30		6.2	萨摩亚群岛
19550314	1312140	52.50	-173.50	75	7.0	阿留申群岛
19550318	0006430	54.00	161.00	55	7.4	堪察加半岛
19550322	0614120	25.90	98.40		6.0	中国云南泸水以西
19550322	1405060	-9.00	91.75		7.1	东印度洋海岭
19550323	1716210	-56.20	147.50		6.0	南太平洋海岭
19550328	0912250	29.80	129.80	96	6.3	琉球群岛
19550331	1817030	8.00	124.00	31	7.6	菲律宾棉兰老岛
19550331	2052560	8.10	123.20		6.4	菲律宾棉兰老岛
19550404	1111280	21.80	121.10		6.5	中国台湾七星岩近海
19550404	1924050	12.90	-86.90		6.1	尼加拉瓜
19550405	1509190	25.20	-109.60		6.8	加利福尼亚湾
19550406	1948440	-34.10	87.20		6.2	东印度洋海岭以南
19550410	1738140	7.80	124.10		6.4	菲律宾棉兰老岛
19550414	0129020	30.00	101.80		7.5	中国四川康定地区

年月日	时分秒	纬度（°）	经度（°）	震源深度（km）	震级	参考地震（M_S≥8后注M_W）
19550415	0340580	39.90	74.60		7.0	中国新疆乌恰以西
19550415	0413250	39.90	74.70		7.0	中国新疆乌恰以西
19550417	1835310	52.20	159.70	55	6.8	堪察加半岛东南近海
19550419	1647190	39.40	23.10		6.2	希腊中部
19550419	2024060	-29.90	-71.60		7.1	智利中部近海
19550420	0212300	-30.40	-72.30		6.5	智利中部
19550420	0548320	-30.40	-72.30		6.5	智利中部
19550421	0718190	39.30	23.10		6.0	希腊中部
19550422	1627380	46.00	150.50	128	6.7	千岛群岛
19550423	1639080	27.60	139.80	477	6.2	小笠原群岛
19550423	1828420	-24.60	-113.00		6.5	复活节岛西北
19550424	1259120	44.20	83.60		6.5	中国新疆精河地区
19550426	0303380	13.20	-89.40	60	6.5	萨尔瓦多近海
19550428	0035480	-8.60	-108.20		6.0	东太平洋海丘
19550428	1905020	51.80	-178.10		6.4	阿留申群岛
19550430	0143550	12.20	-86.60		6.0	尼加拉瓜
19550501	0955180	39.80	143.70	60	6.6	日本本州东北部远海
19550501	1358490	39.90	143.60	40	6.0	日本本州东北部远海
19550511	1104010	-0.20	-77.80		6.6	厄瓜多尔北部
19550513	0329560	19.30	-64.40		6.0	波多黎各岛东北远海
19550514	0604170	27.60	139.90	477	6.7	小笠原群岛
19550514	2000000	28.90	-126.20		6.0	下加利福尼亚州
19550517	1449500	7.00	94.00		7.3	尼科巴群岛
19550522	2345200	-11.40	-74.40	100	6.0	秘鲁中部
19550525	0309000	14.00	-92.50	100	6.0	危地马拉远海
19550525	1820530	47.90	157.20		6.0	千岛群岛地区
19550526	1623130	-10.00	160.70		7.0	所罗门群岛
19550528	0620410	-30.80	-65.20	200	6.7	阿根廷中北部
19550529	1534030	-10.30	110.50		6.5	爪哇南部近海
19550530	1231420	24.00	142.75	570	7.3	日本硫黄列岛以东
19550530	2327060	-3.20	136.90	128	6.3	新几内亚岛
19550531	0930590	-27.40	-177.70	100	6.6	克马德克群岛
19550531	1444160	42.10	141.30	128	6.0	日本北海道
19550531	1757094	-0.90	-91.80		6.0	厄瓜多尔科隆群岛
19550602	0018570	51.40	-179.80		6.7	阿留申群岛
19550602	0202110	51.40	-179.80		6.0	阿留申群岛
19550605	0153160	51.50	-179.80		6.2	阿留申群岛
19550605	0611210	24.20	121.40		6.0	中国台湾花莲北部
19550607	0048540	26.50	101.10		6.0	中国云南华坪地区<2>

续表

年月日	时分秒	纬度（°）	经度（°）	震源深度（km）	震级	参考地震（M_S≥8后注M_W）
19550611	2219370	-27.20	-63.10	600	6.0	阿根廷北部
19550612	2030430	48.50	155.40		6.0	千岛群岛
19550613	1353140	50.30	151.90		6.0	千岛群岛地区
19550614	0611230	20.00	-107.00		7.0	墨西哥哈利斯科州
19550614	1722010	36.40	141.80	40	6.1	日本本州以东远海
19550620	1207250	51.40	-179.50		6.8	阿留申群岛
19550621	1051060	52.30	161.70		6.0	堪察加半岛东南远海
19550623	2213330	44.40	148.80	55	6.0	日本北海道以东
19550628	0428053	86.60	70.30		6.0	北冰洋
19550703	1401530	36.90	70.80	80	6.3	兴都库什山区
19550703	1426340	51.60	177.60		6.4	阿留申群岛
19550704	1419520	51.40	177.40	55	6.5	阿留申群岛
19550706	0154240	51.40	157.50	55	6.1	堪察加半岛东南远海
19550708	1839100	-21.60	-178.80	540	6.0	斐济海
19550708	1903140	-5.60	110.10	603	6.0	爪哇海
19550710	1420490	-21.20	-174.30		6.2	汤加群岛
19550714	0951350	7.80	94.00		6.1	尼科巴群岛
19550716	0707100	37.60	27.20		6.8	土耳其西部沿岸
19550718	1130050	-14.40	167.30	192	6.0	新赫布里底群岛
19550719	0847370	39.70	68.00		6.0	塔吉克地区
19550719	2352231	56.30	-153.20		6.1	阿拉斯加湾
19550720	2100420	0.20	-78.40		6.0	厄瓜多尔北部
19550721	1145430	-15.40	-74.00	100	6.6	秘鲁南部沿海
19550724	1102130	35.70	140.70	16	6.1	日本本州东南近海
19550726	0404194	56.50	-153.10		6.0	阿拉斯加湾
19550727	0120510	33.80	134.30	10	6.0	日本四国地区
19550727	1819101	56.60	-152.80		6.2	阿拉斯加湾
19550728	0159320	-40.50	-71.80		6.0	智利南部
19550806	0831280	-21.00	-178.00	360	7.0	汤加以西
19550814	1643240	-31.50	-179.30		6.5	克马德克群岛
19550816	1147040	-6.20	155.00	192	7.0	所罗门群岛
19550821	1734150	-3.10	137.50	128	6.9	新几内亚岛
19550823	1409210	31.00	71.50	60	6.0	巴基斯坦中部
19550823	1532390	43.50	-127.40		6.2	俄勒冈远海
19550828	2013360	13.80	-90.80	60	6.8	危地马拉
19550830	1735290	28.00	139.20	540	6.0	小笠原群岛西北
19550903	1236210	13.80	-90.80	100	6.6	危地马拉
19550903	1623230	-0.40	121.90	287	6.6	北苏拉威西
19550904	1909370	42.80	144.90	55	6.0	日本北海道

续表

年月日	时分秒	纬度（°）	经度（°）	震源深度（km）	震级	参考地震（M_S≥8后注M_W）
19550908	0203190	-58.70	-19.60		6.5	南桑威奇海沟
19550908	0327160	-6.90	155.70		6.5	所罗门群岛
19550909	0942020	-2.10	100.30		6.6	苏门答腊中部
19550911	1754300	-6.90	155.20		6.0	所罗门群岛
19550912	0609240	32.20	29.60		6.7	塞浦路斯近海
19550913	0200400	52.00	-176.00	60	6.0	阿留申群岛
19550915	1230300	-4.80	134.20		6.7	新几内亚岛
19550920	1320200	-31.90	-177.70		6.5	克马德克群岛
19550921	0639400	-17.30	168.20		6.0	新赫布里底群岛
19550922	0325070	23.90	122.50		6.8	中国台湾花莲以东近海
19550923	1506230	26.60	101.80		6.8	四川渡口市地区<10>
19550924	0200460	-31.00	-177.80		6.0	克马德克群岛
19550924	1021280	22.10	121.50		6.0	中国台湾兰屿近海
19550925	1859330	6.00	126.70	100	6.5	菲律宾海沟
19550926	0828310	15.90	-92.20	200	6.9	墨西哥恰帕斯州
19550928	1809390	15.20	-97.30		6.0	墨西哥瓦哈卡州近海
19550929	1958250	40.10	141.20	96	6.0	日本本州东北近海
19551005	0858030	54.00	160.70	55	6.1	堪察加半岛东部近海
19551006	1103180	-37.60	-70.40	150	6.4	阿根廷智利接壤地区
19551009	1740180	-4.80	152.70	55	6.3	新爱尔兰岛
19551009	2313490	51.30	177.10	55	6.0	阿留申群岛
19551010	0857470	-5.00	152.50		7.3	新不列颠岛以东
19551013	0926490	-10.00	160.75	70	7.3	所罗门群岛
19551014	0843032	-3.70	-104.10		6.2	东太平洋海丘
19551019	0954430	49.50	155.50		6.4	千岛群岛地区
19551021	0432190	4.30	95.50	128	6.2	苏门答腊北部
19551021	1902410	-20.70	-179.10	603	6.3	斐济海
19551021	2309420	-0.50	123.40		6.5	北苏拉威西
19551025	1634200	16.00	-95.70		6.2	墨西哥瓦哈卡州近海
19551101	2346200	40.70	143.70	40	6.0	日本本州东北远海
19551104	2244050	-34.40	-70.10	100	6.7	智利阿根廷接壤地区
19551110	0144050	-15.60	-173.60	100	7.2	萨摩亚群岛
19551112	0532140	25.30	34.50		6.0	红海北部
19551113	2307080	-33.00	-179.00	100	6.0	克马德克群岛
19551114	1323210	17.40	145.80	150	6.0	马里亚纳群岛
19551115	1006470	55.30	-155.60		6.4	阿拉斯加
19551117	0653340	-26.20	-70.20	55	6.7	智利北部沿海
19551122	0324040	-24.40	-122.60		6.6	亨德森岛附近
19551123	0629300	50.70	157.20	70	7.1	堪察加半岛南部近海

续表

年月日	时分秒	纬度（°）	经度（°）	震源深度（km）	震级	参考地震（M_S≥8后注M_W）
19551124	0451240	19.20	121.10		6.0	菲律宾巴布延群岛
19551204	0201310	-35.00	180.00		6.0	克马德克群岛
19551204	1402050	33.50	48.70		6.0	伊朗哈马丹省
19551206	0431000	-20.20	-70.20		6.7	智利北部近海
19551207	1503120	26.70	142.30		6.9	小笠原群岛东
19551208	1735580	-3.60	152.20	413	6.4	新爱尔兰岛
19551214	1051450	21.60	92.70		6.5	缅甸孟加拉接壤地区
19551219	0313490	8.50	126.90		6.0	菲律宾海沟
19551227	0227540	-25.10	-177.80	200	6.0	汤加群岛
19560101	2308400	-7.00	129.10	192	6.2	班达海
19560103	1541090	49.20	155.80	55	6.0	千岛群岛地区
19560106	1215410	40.40	26.30		6.0	达达尼尔海峡
19560108	0711267	16.90	-99.60		6.3	墨西哥格雷罗州近海
19560108	2054160	-19.00	-70.50	40	7.1	智利北部近海
19560109	1205550	-22.90	179.00	650	6.5	斐济海
19560110	0852380	-25.50	-175.50		7.3	汤加群岛
19560111	0610060	7.70	94.00		6.3	尼科巴群岛
19560112	0546090	47.40	19.10		6.0	匈牙利布达佩斯附近
19560113	0327130	57.60	163.50		6.1	堪察加半岛
19560113	0327420	57.60	163.50		6.1	堪察加半岛
19560113	0616150	-29.70	167.90		6.0	斐济海
19560114	1408520	51.80	-172.90	55	6.0	阿留申群岛
19560116	2337400	-0.50	-80.50		7.3	厄瓜多尔近海
19560121	1735340	23.50	93.50		6.1	缅甸西北部
19560123	0347290	56.00	162.00	60	6.4	堪察加半岛
19560127	1338480	-25.30	-176.40		6.1	汤加群岛
19560128	0742500	-4.60	151.40	100	6.5	新不列颠岛
19560130	0843020	-37.30	177.40		6.2	新西兰普伦提湾
19560131	0917140	-3.50	152.00	400	7.1	新爱尔兰岛
19560201	0132570	-20.00	169.20		6.3	新赫布里底群岛
19560201	1341460	18.75	145.50	370	7.0	马里亚纳群岛
19560201	1510510	39.10	15.60	215	6.4	意大利西西里岛以北
19560209	1432380	31.75	-115.92		6.8	下加利福尼亚州
19560209	1524260	31.75	-115.92		6.2	下加利福尼亚州
19560209	1629530	31.60	-115.70		6.0	下加利福尼亚州
19560209	1848450	31.75	-115.92		6.0	下加利福尼亚州
19560210	0002430	37.30	142.20	60	6.4	日本本州东部远海
19560210	1812530	31.75	-115.92		6.0	下加利福尼亚州

续表

年月日	时分秒	纬度（°）	经度（°）	震源深度（km）	震级	参考地震（M_S≥8后注M_W）
19560212	1149270	18.90	119.90	40	6.5	中国南海东沙群岛
19560214	0052560	35.70	140.00	55	6.1	日本本州
19560214	1833340	31.50	-115.50		6.3	下加利福尼亚州
19560215	0120410	31.50	-115.50		6.5	下加利福尼亚州
19560217	0953540	-48.70	-15.70		6.1	南大西洋
19560218	0734220	30.00	137.50	480	7.3	日本本州以南远海
19560219	0218000	51.70	-131.40		6.6	夏洛特皇后群岛
19560220	2031370	39.80	30.35		6.4	土耳其西北
19560222	0959280	-3.60	68.60		6.1	阿拉伯-印度海岭
19560223	0121030	31.40	-42.50		6.0	北大西洋
19560224	0918530	-35.50	180.00		6.0	克马德克群岛
19560229	2051190	23.40	94.20	60	6.4	缅甸西北部
19560229	2125590	23.40	94.20		6.0	缅甸西北部
19560303	0005280	-15.20	-173.60		6.7	萨摩亚群岛
19560305	0342270	51.90	159.40		6.2	堪察加半岛南部近海
19560305	2329460	44.30	144.10		6.3	日本北海道岛
19560310	2137170	0.30	125.30	128	6.5	马鲁古海
19560313	1313139	7.40	-82.30		6.9	巴拿马南部近海
19560316	1932400	33.57	35.50	6	6.0	黎巴嫩
19560316	1943280	33.57	35.50		6.0	黎巴嫩
19560319	1736040	-5.80	150.00		6.4	新不列颠岛
19560320	0415000	51.50	159.50		6.0	堪察加半岛东南近海
19560321	0454470	40.70	48.30		6.0	里海沿岸
19560322	0634000	-3.30	-79.00	100	6.5	厄瓜多尔
19560325	2327390	51.90	159.00	55	6.5	堪察加半岛东南近海
19560326	0359390	52.00	158.40	96	6.2	堪察加半岛南部
19560402	1049550	2.00	96.80		6.5	苏门答腊北部
19560406	0711380	36.40	70.70	224	6.8	兴都库什山区
19560406	1627510	-13.00	167.00	200	6.0	瓦努阿图
19560407	1801000	-32.20	179.00	350	6.2	克马德克群岛
19560410	1316050	-2.80	102.20	128	6.8	苏门答腊中部
19560412	2234460	37.30	50.20		6.0	伊朗北部沿海
19560418	1100220	51.80	177.70		6.3	阿拉斯加
19560420	1515550	-7.20	129.20	150	6.0	班达海
19560422	0440540	-5.00	152.00		6.0	新不列颠岛
19560422	1721540	53.80	-161.50		6.5	阿拉斯加
19560423	0331430	42.40	144.90	55	6.6	日本北海道东南近海
19560425	0830048	-17.10	174.90	45	6.2	新赫布里底群岛
19560426	0741512	-16.90	174.70		6.0	新赫布里底群岛

续表

年月日	时分秒	纬度（°）	经度（°）	震源深度（km）	震级	参考地震（M_S≥8后注M_W）
19560426	1452200	51.50	143.50		6.0	萨哈林岛(库页岛)
19560501	0242120	-4.80	103.10	55	6.6	苏门答腊南部
19560505	0322360	-15.70	-173.10	100	6.0	萨摩亚群岛
19560507	1058190	-45.50	95.90		6.5	南极-澳大利亚海丘
19560513	0750330	29.90	70.00		6.2	巴基斯坦印度接壤地区
19560515	2256530	37.40	20.90		6.0	爱奥尼亚海
19560518	2208280	39.00	22.80		6.1	希腊中部
19560519	0130390	-6.90	155.70		6.4	所罗门群岛
19560519	2002170	-41.60	42.20		6.2	西印度洋海岭西
19560522	0301050	-15.30	-173.10		6.4	萨摩亚群岛
19560522	1336170	-4.00	152.60	540	6.5	新爱尔兰岛
19560523	2048280	-15.00	-179.00	430	7.5	斐济群岛
19560526	2021240	-19.10	-178.10	603	6.5	斐济群岛
19560604	0709180	52.10	-170.60		6.4	阿留申群岛
19560605	0559470	-49.60	-113.70		6.3	东太平洋海丘
19560608	0407270	35.20	67.50		6.3	兴都库什山区
19560609	1008250	-30.10	-71.50	150	6.8	智利中部近海
19560609	2313520	35.00	67.50		7.6	兴都库什山区
19560612	0854043	-8.70	-109.80		6.3	东太平洋海丘
19560623	0218010	56.30	163.70		6.7	堪察加半岛东部近海
19560624	2058390	-7.00	154.90		6.2	所罗门群岛
19560628	2258490	49.00	-129.40		6.3	温哥华岛
19560703	2326170	36.60	71.10	224	6.2	兴都库什山区
19560709	0311400	37.00	26.00		7.8	爱琴海南部
19560709	0324030	36.60	25.70		6.9	爱琴海南部
19560709	0956120	20.00	-73.00	160	6.9	海地北部近海
19560712	1501260	22.60	94.00	100	6.3	缅甸西部
19560716	1507070	22.25	96.00		7.0	缅甸中部
19560717	0734130	-7.00	126.40	477	6.8	班达海
19560718	0619350	-5.50	130.00	190	7.5	班达海
19560719	2040540	14.70	120.10		6.0	菲律宾吕宋岛西南
19560719	2326370	9.50	-84.20	96	6.2	哥斯达黎加近海
19560719	2338040	9.50	-85.00		6.2	哥斯达黎加近海
19560721	1532260	23.30	70.00		6.5	印度西部边境地区
19560722	0925110	-19.20	-69.50	100	6.0	智利北部
19560723	1926010	-23.60	-112.10		6.4	复活节岛西北
19560730	0914570	35.90	26.00		6.1	爱琴海南部
19560804	0949000	-5.20	152.00	130	6.3	新不列颠岛以东
19560809	2300468	-15.90	-175.00	272	6.7	汤加群岛

续表

年月日	时分秒	纬度（°）	经度（°）	震源深度（km）	震级	参考地震（M_S≥8后注M_W）
19560812	1659370	34.00	138.80	60	6.5	日本伊豆诸岛
19560814	0250120	-52.70	26.00		6.5	爱德华群岛西南
19560815	0520400	-0.30	101.50	287	6.4	苏门答腊中部
19560815	1051230	-0.10	122.90	140	6.3	北苏拉威西
19560815	1202550	43.20	16.00		6.0	克罗地亚南部滨海地区
19560815	1312100	45.40	151.50		6.3	千岛群岛
19560820	0533490	0.72	-79.80		6.2	巴拿马湾
19560823	1348260	-15.30	-68.70	100	6.4	玻利维亚西部
19560824	0427340	52.70	172.60	60	6.6	阿留申群岛
19560830	0424260	53.70	-163.90		6.2	阿拉斯加
19560910	1231540	0.00	101.50	250	6.2	苏门答腊中部
19560911	0232300	-16.20	-178.30		6.3	斐济群岛
19560911	0954370	13.50	-91.20	55	6.1	危地马拉
19560911	1544040	-17.00	169.00		6.0	新赫布里底群岛
19560911	2104050	49.50	155.40	55	6.2	堪察加半岛以南远海
19560915	0739070	-20.60	-69.40	100	6.6	智利北部
19560916	0837230	34.00	69.50		6.5	巴基斯坦东部边境
19560919	2347480	23.90	94.80	150	6.3	缅甸西北部边境
19560920	2152010	51.60	159.50		6.5	堪察加半岛东南近海
19560924	0604400	-15.00	-173.30		6.0	萨摩亚群岛
19560924	1020370	34.00	69.60		6.2	巴基斯坦东部边境
19560929	0903390	7.10	94.40		6.3	尼科巴群岛
19560929	2120550	38.00	140.50	20	6.2	日本本州
19560929	2320550	35.60	140.10	60	6.9	日本本州
19561002	1456300	53.10	159.60	60	6.3	堪察加半岛东南近海
19561003	0818470	-20.10	-69.40	150	6.5	智利北部
19561010	1531360	28.20	77.80		6.4	印度北部
19561011	0224350	46.00	151.00	110	7.6	千岛群岛
19561011	1648500	40.67	-125.77		6.0	加利福尼亚州近海
19561012	0237440	-15.50	-75.30	60	6.5	秘鲁南部沿海
19561012	1222520	42.20	144.60	50	6.3	日本北海道以南远海
19561013	0821120	36.30	71.30	90	6.1	兴都库什山区
19561019	1200420	-20.80	-179.00	630	6.0	斐济海
19561019	1505340	-55.90	-122.50		6.5	南太平洋
19561019	2047310	52.30	177.40		6.6	阿留申群岛
19561023	0841210	15.60	120.60	115	6.7	菲律宾吕宋岛西部
19561024	1442110	11.50	-86.50		7.3	尼加拉瓜西部近海
19561025	0521410	11.60	-86.50		6.2	尼加拉瓜近海
19561026	2250250	-13.70	166.90		6.5	新赫布里底群岛以北

年月日	时分秒	纬度（°）	经度（°）	震源深度（km）	震级	参考地震（M_S≥8后注M_W）
19561028	0328380	-33.20	-178.90		6.8	克马德克群岛
19561028	1045080	13.90	123.00		6.6	菲律宾吕宋岛东南
19561031	1403430	27.30	54.40		6.8	伊朗霍尔木兹甘省
19561104	0705450	-22.10	-175.50	60	6.8	汤加群岛
19561109	1306150	17.40	-94.10	150	6.3	特万特佩克地峡
19561110	0008340	10.70	-85.70	100	6.0	哥斯达黎加
19561110	1439560	15.60	120.30		6.0	菲律宾吕宋岛
19561113	0955290	-48.70	123.40		6.5	南极-澳大利亚海丘
19561114	0051280	36.70	71.10	85	6.4	兴都库什山区
19561114	2326000	36.50	71.00	150	6.5	兴都库什地区
19561117	2027170	54.60	-133.60		6.4	亚力山大群岛
19561119	1202440	12.20	144.00	150	6.0	马里亚纳群岛
19561121	0733290	38.30	142.40	40	6.1	日本本州东北远海
19561125	1807370	-14.60	167.70	100	6.0	新赫布里底群岛
19561126	2329410	-21.60	169.10		6.6	新赫布里底群岛
19561128	1927170	49.30	155.30	60	6.7	千岛群岛
19561129	0915310	27.10	141.20	80	6.5	小笠原群岛
19561203	0720060	52.60	-168.60		6.3	阿留申群岛
19561204	1007540	-45.50	-106.90		6.6	东太平洋海丘
19561204	2301340	15.00	-92.30	100	6.0	墨西哥恰帕斯州沿海
19561208	1610250	51.40	-179.20		6.5	阿留申群岛
19561215	1724370	-13.20	166.80	224	6.2	新赫布里底群岛以北
19561216	0141580	6.30	-77.60		6.4	哥伦比亚东部近海
19561218	0231100	-25.40	-70.10		7.0	智利北部
19561218	1753030	31.60	35.50		6.0	巴勒斯坦约旦接壤地区
19561220	1059570	-26.90	-175.90		6.4	克马德克群岛
19561221	0808570	51.30	-130.60		6.7	温哥华岛西北
19561221	2010060	33.70	139.50		6.4	日本伊豆诸岛
19561222	2312350	33.70	139.60		6.2	日本伊豆诸岛
19561223	0837390	22.10	144.30	100	6.5	马里亚纳群岛北
19561225	0933350	48.80	-28.00		6.3	北大西洋中脊
19561226	0746240	-10.00	166.00		6.0	圣克鲁斯群岛以北
19561227	0014110	-23.25	-176.75	240	7.1	汤加群岛
19561228	1424400	-38.30	177.50	150	6.5	新西兰东岸区
19561229	2022120	-21.80	-175.30		6.3	汤加群岛
19570102	0039240	52.70	-168.50		6.5	阿留申群岛
19570102	0217390	52.50	-168.40		6.9	阿留申群岛
19570102	0312540	52.60	-168.20		6.6	阿留申群岛

续表

年月日	时分秒	纬度（°）	经度（°）	震源深度（km）	震级	参考地震（M_S≥8后注M_W）
19570102	0330340	52.50	-168.50		6.0	阿留申群岛
19570102	0348500	53.00	-168.00		7.0	阿留申群岛
19570102	0403300	52.70	-168.70		6.7	阿留申群岛
19570102	1049320	52.60	-168.50		6.4	阿留申群岛
19570103	0041020	53.30	-167.60		6.4	阿留申群岛
19570103	1248300	43.90	130.60	593	7.0	中国黑龙江东宁地区
19570109	0752560	52.70	-167.50		6.3	阿留申群岛
19570117	2226510	33.10	137.60	364	6.0	日本本州以南远海
19570119	0516400	-20.80	-179.00	606	6.5	斐济海
19570124	0111190	-6.10	146.40	127	6.0	新几内亚岛
19570124	0716320	-12.50	-77.70		6.2	秘鲁近海
19570125	0336550	51.80	-177.00	47	6.4	阿留申群岛
19570128	0816220	-15.10	-173.30		6.4	萨摩亚群岛
19570130	1529030	-20.10	-174.10		6.1	汤加群岛
19570202	1145370	-21.40	169.60		6.0	新赫布里底群岛
19570203	1724480	53.80	159.10		6.3	堪察加半岛
19570205	0451200	25.70	-45.40		6.0	北大西洋中脊
19570206	2034560	50.30	105.20		6.4	蒙古色楞格省
19570209	1329250	-34.00	179.90	135	6.3	克马德克群岛
19570209	1638070	41.17	-126.30		6.0	加利福尼亚州远海
19570210	2232170	10.20	126.00		6.7	菲律宾米沙鄢群岛
19570210	2250540	10.20	125.60		6.8	菲律宾米沙鄢群岛
19570211	0114460	10.10	126.00		6.6	菲律宾米沙鄢群岛
19570211	1425400	10.00	126.30		6.2	菲律宾米沙鄢群岛
19570213	0029500	9.90	126.20		6.3	菲律宾米沙鄢群岛
19570217	1546500	16.30	-96.60	60	6.0	墨西哥瓦哈卡州
19570218	1449300	25.70	-45.50		6.1	北大西洋中脊
19570218	2349570	-11.40	-77.50	100	6.5	秘鲁中部沿海
19570219	0743590	36.20	21.60	30	6.2	爱奥尼亚海东南
19570220	2158280	2.10	97.00	31	6.3	苏门答腊北部
19570221	1430110	53.00	-171.30	115	6.6	阿留申群岛
19570223	2026140	23.90	121.60	35	7.2	中国台湾花莲以东近海
19570227	1306107	1.60	-90.70		6.0	厄瓜多尔科隆群岛
19570302	0027330	18.30	-78.10		6.5	牙买加西部
19570302	0810320	-5.90	151.10	39	6.0	新不列颠岛
19570305	1224370	33.10	-39.90		6.4	北大西洋中脊
19570308	1214140	39.30	22.70		6.8	希腊中部偏东
19570308	1221130	39.30	22.60		6.9	希腊中部偏东
19570308	2037570	39.30	23.00		6.0	希腊北部

续表

年月日	时分秒	纬度（°）	经度（°）	震源深度（km）	震级	参考地震（M_S≥8后注M_W）
19570308	2335090	39.20	22.80		6.2	希腊北部
19570309	1422280	51.30	-175.80		8.2	阿留申群岛　M_W8.6
19570309	1541510	50.60	-176.00		6.0	阿留申群岛
19570309	2039180	52.80	-169.60		7.1	阿留申群岛
19570310	0306130	52.10	-174.00		6.8	阿留申群岛
19570310	0308550	51.50	-174.00		6.6	阿留申群岛
19570310	1120460	52.00	-170.80		6.5	阿留申群岛
19570310	1236060	51.30	-170.70		6.0	阿留申群岛
19570310	1245310	51.00	-177.00		6.0	阿留申群岛
19570310	1310130	51.30	-179.90		6.1	阿留申群岛
19570310	1328300	51.40	-178.90		6.0	阿留申群岛
19570310	1526240	52.20	-172.40		6.5	阿留申群岛
19570310	1637450	51.50	-173.50		6.0	阿留申群岛
19570311	0312430	51.20	-176.70		6.8	阿留申群岛
19570311	0335000	52.50	-177.00		6.0	阿留申群岛
19570311	0958440	53.00	-169.30		7.0	阿留申群岛
19570311	1209120	2.00	97.10		6.4	苏门答腊北部
19570311	1455190	51.50	-178.70		7.2	阿留申群岛
19570311	1535540	51.30	-178.90		6.6	阿留申群岛
19570312	0728490	52.00	-173.40		6.5	阿留申群岛
19570312	1144540	51.40	-167.90		7.3	阿留申群岛
19570312	1246120	53.00	-168.30		6.0	阿留申群岛
19570313	0248210	51.80	-171.00		6.1	阿留申群岛
19570313	1542070	51.50	-178.60		6.9	阿留申群岛
19570313	1959230	53.90	-165.40		6.2	阿拉斯加
19570314	1447450	51.30	-176.40		7.2	阿留申群岛
19570315	0252090	52.80	-166.70		6.5	阿留申群岛
19570315	0257100	24.50	122.50		6.0	中国台湾宜兰近海
19570316	0234150	52.00	-179.00		7.2	阿留申群岛
19570317	0753520	52.00	-179.60		6.1	阿留申群岛
19570317	1617130	52.20	-165.90		6.4	阿拉斯加
19570317	2244450	53.80	-165.20		6.6	阿拉斯加
19570318	0225360	52.30	-170.90	76	6.2	阿留申群岛
19570318	2114200	-6.20	152.40		6.0	新不列颠岛以东
19570319	1128510	51.60	-176.80		6.0	阿留申群岛
19570319	1250540	51.60	-174.90		6.7	阿留申群岛
19570321	0844460	14.30	-92.90		6.1	墨西哥恰帕斯州近海
19570321	1635280	-3.00	144.50		6.3	俾斯麦群岛
19570322	1421100	53.70	-165.20		7.0	阿拉斯加

续表

年月日	时分秒	纬度（°）	经度（°）	震源深度（km）	震级	参考地震（M_S≥8后注M_W）
19570323	0512400	-5.50	131.00	150	7.3	班达海
19570324	0822220	50.90	-130.40		6.5	温哥华岛西北
19570324	1106100	52.40	-169.70		6.2	阿留申群岛
19570324	1136500	52.50	-171.50		6.0	阿留申群岛
19570325	0039270	52.90	-167.00		6.0	阿留申群岛
19570329	0510280	53.50	-166.90		6.7	阿留申群岛
19570329	2249510	52.80	-168.50		6.0	阿留申群岛
19570331	1008280	51.50	-178.50		6.1	阿留申群岛
19570401	1135310	50.70	-173.10		6.0	阿留申群岛
19570402	0039450	51.10	-173.00		6.1	阿留申群岛
19570402	2016590	51.00	-173.00		6.1	阿留申群岛
19570402	2127540	50.80	-173.20		6.2	阿留申群岛
19570404	0013022	58.10	-155.20	75	6.0	阿拉斯加
19570405	0249400	52.00	-172.10		6.4	阿留申群岛
19570405	0730280	-26.60	-177.20	100	6.7	克马德克群岛
19570407	1014090	-1.10	136.90		6.4	新几内亚岛
19570408	2018130	8.50	-82.80		6.3	巴拿马西部
19570409	0024430	30.50	138.40	457	6.8	日本本州以南远海
19570409	1102120	51.30	-178.60		6.0	阿留申群岛
19570410	0512052	15.50	-98.00		6.6	墨西哥瓦哈卡州远海
19570410	0909220	50.50	-176.90	20	6.2	阿留申群岛
19570410	1129590	56.00	-153.90		7.1	阿拉斯加
19570413	0630090	6.40	126.80		6.0	菲律宾棉兰老岛
19570413	1010540	5.20	126.10	100	6.0	菲律宾棉兰老岛
19570414	0711560	30.58	84.26		6.5	中国西藏隆格尔地区
19570414	1918010	-15.00	-174.00		7.5	萨摩亚群岛以西
19570414	2039010	51.10	-178.80		6.0	阿留申群岛
19570415	1038420	51.50	-179.00	39	6.0	阿留申群岛
19570415	2133060	52.00	-167.00		6.4	阿留申群岛
19570416	0404040	-4.50	107.50	600	7.5	爪哇海
19570417	0808060	-20.30	-175.90	200	6.0	汤加群岛
19570417	1324560	52.50	-168.70		6.0	阿留申群岛
19570417	1809320	14.50	-92.30	57	6.0	危地马拉近海
19570419	1544560	51.50	-168.20		6.7	阿留申群岛
19570419	2219300	52.20	-166.30	50	7.3	阿留申群岛
19570420	1230420	-5.80	147.60		6.6	新几内亚岛
19570421	2112290	7.70	-72.30	33	7.1	哥伦比亚东北部
19570424	1910130	36.40	28.60	48	6.9	土耳其西南近海
19570425	0225370	36.50	28.75	53	7.1	土耳其西南近海

续表

年月日	时分秒	纬度（°）	经度（°）	震源深度（km）	震级	参考地震（M_S≥8后注M_W）
19570426	0633360	36.20	28.90	23	6.3	土耳其西南近海
19570428	0123480	7.10	126.80	42	6.4	菲律宾棉兰老岛东南近海
19570429	2055580	-8.80	107.10		6.2	爪哇岛
19570430	0917000	51.90	-175.20		6.0	阿留申群岛
19570502	0355324	72.10	-68.00		6.0	巴芬湾
19570502	1034190	-55.90	-123.50		6.5	南太平洋
19570502	1129140	52.70	-168.80		6.3	阿留申群岛
19570502	1138540	52.70	-168.80		6.4	阿留申群岛
19570502	2136290	-7.50	120.20	600	6.6	佛罗勒斯海
19570504	1005450	-3.90	136.30		6.4	新几内亚岛
19570512	0447460	-60.90	-25.10		6.0	南桑威奇海沟
19570512	1129050	-9.00	107.20		6.7	爪哇岛以南
19570518	0524060	51.20	-171.30		6.2	阿留申群岛
19570521	0112040	21.70	144.30	113	7.0	马里亚纳群岛北
19570521	1136050	36.30	141.60		6.0	日本本州东北远海
19570521	1144060	38.70	14.10		6.1	意大利第勒尼安海
19570522	1329480	50.50	-176.90		6.6	阿留申群岛
19570524	0237500	3.70	-76.80	60	6.5	哥伦比亚西部
19570524	0336370	53.20	-167.50	36	6.0	阿留申群岛
19570526	0633320	40.50	30.75		7.2	土耳其西北沿岸
19570526	0936370	40.80	30.80		6.2	土耳其西北沿岸
19570527	1101270	40.70	31.00		6.2	土耳其西北沿岸
19570528	0551380	25.40	95.00	61	6.0	缅甸印度边境
19570530	0018550	-20.60	-174.20		6.0	汤加群岛
19570531	0216300	-27.60	-63.10	600	6.2	阿根廷北部
19570531	2217090	51.20	-179.20		6.4	阿留申群岛
19570604	1705120	-17.80	-178.60	589	6.4	斐济群岛
19570604	2018140	-2.70	101.30	78	6.2	苏门答腊中部
19570606	1949480	3.60	126.80		6.1	马鲁古群岛
19570610	0100200	-8.80	118.10	187	6.7	爪哇海沟
19570610	0313170	13.10	143.90	150	6.0	马里亚纳群岛南
19570611	1449420	-30.60	-178.00	100	7.0	克马德克群岛
19570611	1849320	17.90	120.20	44	6.8	菲律宾北部边境
19570611	2353560	51.60	-176.00		6.1	阿留申群岛
19570612	0828380	41.20	142.80	45	6.2	日本北海道南部近海
19570613	1040410	51.50	-175.10		7.0	阿留申群岛
19570614	0624250	51.90	-176.10	40	6.1	阿留申群岛
19570615	0044170	-33.80	56.40		6.3	西印度洋海岭中部
19570615	1818240	52.30	-171.30	28	6.0	阿留申群岛

续表

年月日	时分秒	纬度（°）	经度（°）	震源深度（km）	震级	参考地震（M_S≥8后注M_W）
19570618	0212200	14.40	95.70	43	6.4	安达曼海
19570618	1448210	14.50	95.70		6.7	安达曼海
19570618	1756060	-25.70	169.90		6.7	斐济海
19570619	0129590	-24.00	-176.00	73	6.3	汤加群岛
19570619	0801294	-16.60	-176.30	52	6.7	汤加群岛
19570620	0106410	19.20	145.70	120	6.0	马里亚纳群岛
19570622	0619130	15.90	-93.70	60	6.5	特万特佩克湾
19570622	2350270	-1.75	137.25		7.3	新几内亚岛
19570623	0327030	57.90	-137.70	16	6.0	亚力山大群岛
19570624	0949580	16.10	-93.80	92	6.2	特万特佩克湾
19570627	0009310	56.50	107.00		7.9	贝加尔湖地区
19570629	0748150	51.70	-166.60		6.3	阿留申群岛
19570701	1930220	24.40	93.80	80	6.8	孟加拉国东部边境
19570702	0042250	36.00	53.00	42	7.1	伊朗北部沿海
19570703	1224380	50.10	-179.10		6.4	阿留申群岛
19570704	0828590	-4.00	102.50	100	6.0	苏门答腊南部
19570705	1234050	-30.80	-178.10	124	6.1	克马德克群岛
19570707	1611250	-6.80	155.30	76	6.6	所罗门群岛
19570708	1530360	14.60	-91.10	121	6.0	危地马拉
19570709	0958130	-6.20	104.10	60	6.2	苏门答腊南部
19570710	0904130	7.70	-82.60	12	6.7	巴拿马近海
19570713	0932070	-15.30	-172.90		6.0	萨摩亚群岛
19570714	0623580	-27.00	-178.00	200	7.1	汤加群岛
19570714	0810530	-29.60	-177.80	39	6.8	克马德克群岛
19570714	0942270	-20.40	-174.10		6.4	汤加群岛
19570717	1110230	-11.60	166.40	116	6.3	圣克鲁斯群岛
19570719	1302150	24.60	122.70	100	6.0	中国台湾宜兰以东远海
19570720	1408120	42.70	145.50	100	6.0	日本北海道以东近海
19570720	1538490	-19.70	-174.20		6.2	汤加群岛
19570722	0616570	-33.30	-178.70		6.0	克马德克群岛
19570722	1016370	34.70	136.20	364	6.0	日本本州
19570723	0045100	51.40	-177.20		6.5	阿留申群岛
19570724	0157390	-29.60	-71.10	70	6.4	智利中部沿海
19570724	1102310	-18.00	169.10		6.5	新赫布里底群岛
19570725	0742240	51.20	-177.20		6.1	阿留申群岛
19570728	0840050	16.75	-99.00		7.9	墨西哥格雷罗州沿海
19570729	1715190	-23.30	-71.10	11	7.0	智利北部近海
19570804	0039120	-3.60	145.00		6.2	新几内亚岛
19570804	0606340	16.50	-99.70		6.2	墨西哥格雷罗州近海

续表

年月日	时分秒	纬度（°）	经度（°）	震源深度（km）	震级	参考地震（M_S≥8后注M_W）
19570804	1416160	16.80	-99.50		6.2	墨西哥格雷罗州近海
19570804	2108540	-45.60	35.90		6.5	爱德华群岛附近
19570809	0229210	-2.00	136.70		6.2	新几内亚岛
19570811	2138090	-17.90	169.00	17	6.3	新赫布里底群岛
19570815	2045220	-4.80	155.00	486	6.5	所罗门群岛
19570816	2331560	10.30	-103.80		6.5	墨西哥以南远海
19570818	0837010	12.20	123.80	21	6.5	菲律宾吕宋岛
19570818	2142380	50.10	156.40	75	6.5	堪察加半岛南近海
19570819	1134420	-10.30	160.80	27	6.5	所罗门群岛
19570820	0627080	-10.20	160.80		6.0	所罗门群岛
19570820	1201550	-10.40	161.10		6.5	所罗门群岛
19570822	1643370	-15.30	167.70		6.0	新赫布里底群岛
19570823	0200190	-5.50	154.00	60	6.4	所罗门海
19570826	1128520	-18.70	-63.70		6.4	玻利维亚
19570826	1358510	-2.00	-80.90	34	6.3	厄瓜多尔近海
19570902	0946290	-15.00	-173.50		6.2	萨摩亚群岛
19570902	1420140	51.70	-168.00		6.2	阿留申群岛
19570902	2127380	36.50	71.20	200	6.4	兴都库什山区
19570907	0648420	50.10	156.30	69	6.0	堪察加半岛南近海
19570907	1006450	51.20	-178.60		6.1	阿留申群岛
19570909	0013300	-48.00	99.70		6.0	南极-澳大利亚海丘
19570909	0900339	-15.20	-176.50		6.2	萨摩亚群岛
19570911	2322120	-15.90	-172.00		6.3	汤加群岛
19570912	0028020	16.90	-85.60	12	6.0	洪都拉斯北部远海
19570915	0522370	-5.30	107.80	300	6.0	爪哇海
19570924	0821070	5.50	127.00	31	7.6	菲律宾棉兰老岛
19570925	1636430	5.80	127.20	60	6.0	菲律宾海沟
19570926	1846450	5.90	126.90	18	6.0	菲律宾海沟
19570927	0408240	-1.20	127.10		6.2	马鲁古群岛
19570928	0027330	30.90	137.90	468	6.4	日本本州以南
19570928	1420010	-20.25	-178.50	600	7.5	斐济群岛
19570929	0813250	-25.20	-178.70	570	6.4	汤加群岛
19571002	1227540	10.90	-62.80		6.4	委内瑞拉北部近海
19571002	2058400	-6.40	69.70		6.0	查戈斯群岛西
19571003	0558180	-4.20	133.20	50	6.0	新几内亚岛
19571004	0526060	10.90	-62.80	32	6.6	委内瑞拉北部近海
19571007	1319530	51.60	159.30	40	6.5	堪察加半岛南近海
19571012	1857130	-8.30	110.30	87	6.4	爪哇岛
19571013	0419160	52.50	160.20		6.4	堪察加半岛东南近海

续表

年月日	时分秒	纬度（°）	经度（°）	震源深度（km）	震级	参考地震（M_S≥8后注M_W）
19571013	2033010	-60.40	150.90		6.5	南太平洋海岭
19571019	1828570	23.70	121.60	40	6.8	中国台湾花莲以东近海
19571019	2142000	44.20	146.10	146	6.3	日本北海道以东
19571023	0556560	52.50	-169.70	38	6.3	阿留申群岛
19571024	0017400	-14.90	167.90		6.2	新赫布里底群岛
19571024	2144310	25.00	-109.00		6.0	加利福尼亚湾
19571025	1003390	50.50	156.50	68	6.4	堪察加半岛南近海
19571026	0826190	-20.70	-178.50	602	6.2	斐济海
19571026	1417090	-1.80	115.90	87	6.4	加里曼丹岛
19571027	2232410	56.00	161.20	147	6.6	堪察加半岛
19571031	1007570	6.80	-82.60		6.6	巴拿马南部远海
19571102	1830340	-13.50	166.70	63	6.4	新赫布里底群岛
19571105	0954330	-13.00	168.80	650	6.0	圣克鲁斯群岛
19571107	0621560	-57.50	-143.50		6.0	南太平洋海岭
19571110	0236250	-7.20	155.60		6.5	所罗门群岛
19571110	0343490	-7.50	155.50		6.0	所罗门群岛
19571110	0528110	-24.30	-175.80		6.3	汤加群岛
19571110	0549030	-6.50	147.00	22	6.0	新几内亚岛
19571110	1920060	34.20	139.40		6.3	日本伊豆诸岛
19571113	1722470	-32.80	-179.30	35	6.6	克马德克群岛
19571115	0752330	8.50	123.60	66	6.0	菲律宾棉兰老岛
19571115	1630270	51.40	157.90	50	6.0	堪察加半岛南部
19571117	0557470	48.20	148.80	347	6.5	库页岛以东远海
19571118	1012000	51.30	-179.30		6.0	阿留申群岛
19571120	1240270	53.80	-164.70		6.5	阿拉斯加
19571123	0058450	52.90	-167.60	68	6.2	阿留申群岛
19571125	2235140	-1.80	115.90	100	6.3	加里曼丹岛
19571126	0510090	-1.90	115.90	44	6.3	加里曼丹岛
19571126	0815240	39.30	22.70		6.2	希腊中部偏东
19571126	1135440	51.20	-176.40		6.2	阿留申群岛
19571127	0308040	39.20	22.60		6.3	希腊中部偏东
19571128	2050110	-14.90	167.90		6.2	新赫布里底群岛
19571129	2219380	-20.75	-66.00	170	7.8	玻利维亚南部
19571130	2154100	47.20	154.20		6.2	千岛群岛
19571204	0337480	45.20	99.20		8.3	蒙古巴彦洪戈尔省　M_W8.1
19571204	1320080	45.00	101.40		6.5	蒙古巴彦洪戈尔省
19571206	0836190	45.00	150.70	60	6.6	千岛群岛
19571207	0316550	-6.90	123.60	550	6.0	佛罗勒斯海
19571210	1436030	-6.60	154.80	30	6.8	所罗门群岛

续表

年月日	时分秒	纬度（°）	经度（°）	震源深度（km）	震级	参考地震（M_S≥8后注M_W）
19571212	1838240	-13.60	166.70	25	6.0	新赫布里底群岛以北
19571213	0131570	6.80	-75.00	100	6.7	哥伦比亚北部
19571213	0145010	34.25	48.25		7.2	伊朗西部
19571213	2026200	52.10	-169.70	22	6.0	阿留申群岛
19571216	1727510	49.80	-126.60	12	6.0	温哥华岛西北
19571217	0510180	53.50	162.10	54	6.6	堪察加半岛东南远海
19571217	1350190	-12.50	167.00	140	7.5	瓦努阿图以北
19571223	1234080	35.20	-35.80	35	6.0	北大西洋
19571225	1626040	10.50	-62.60	29	6.0	帕里亚湾
19571228	1436400	-17.80	-64.70		6.0	玻利维亚中部
19571231	1428170	-45.00	166.10		6.5	新西兰南岛西南
19580105	0805080	1.80	122.30	482	6.0	苏拉威西海
19580105	1130440	56.70	121.10		6.5	外兴安岭林区
19580106	1124110	25.60	96.80		6.0	缅甸北部
19580107	0605090	38.90	70.30		6.0	塔吉克地区
19580109	1114030	-5.40	147.10	175	6.0	新几内亚岛
19580111	1319060	-23.70	-177.30	147	6.2	汤加群岛
19580113	0002240	52.40	176.70	100	6.5	阿留申群岛
19580113	0254390	-11.00	165.90	70	6.0	圣克鲁斯群岛
19580113	2014360	11.80	92.80	54	6.0	安达曼海
19580115	1914280	-16.50	-73.00	60	7.3	秘鲁南部沿海
19580115	2215440	-13.80	166.20	164	6.4	新赫布里底群岛以北
19580117	0715380	-51.60	139.80		6.0	南极-澳大利亚海岭
19580119	1407230	1.00	-79.50	40	7.8	厄瓜多尔北部近海
19580119	1443240	1.50	-79.00	60	6.8	厄瓜多尔北部近海
19580122	1829000	23.62	121.71	50	6.1	中国台湾花莲以东近海
19580123	0234100	44.30	146.00	140	6.0	日本北海道东北
19580124	0435540	56.50	106.00		6.0	贝加尔湖地区
19580124	0554060	56.30	163.20	61	6.5	堪察加半岛东部近海
19580124	2317305	60.20	-151.80	52	6.3	阿拉斯加
19580124	2353340	-17.90	-178.60	565	6.0	斐济群岛
19580127	0744080	-15.00	-174.10	47	6.4	萨摩亚群岛
19580130	0613250	-7.20	155.70		6.5	所罗门群岛
19580201	1610160	1.70	-79.30		6.9	厄瓜多尔北部近海
19580201	1802390	1.80	-79.20		6.5	厄瓜多尔北部近海
19580201	2045520	1.70	-79.20	46	6.5	厄瓜多尔北部近海
19580202	0812000	48.30	154.40	62	6.5	千岛群岛
19580207	2323360	31.50	104.00		6.2	中国四川茂汶北川

续表

年月日	时分秒	纬度（°）	经度（°）	震源深度（km）	震级	参考地震（M_S≥8后注M_W）
19580209	2229230	12.70	120.90		6.0	菲律宾吕宋岛以南
19580212	2343520	51.80	-175.20	50	6.0	阿留申群岛
19580215	0146450	43.80	147.50	38	6.3	日本北海道以东
19580216	0604120	38.60	142.00	59	6.3	日本本州东北部近海
19580217	0518420	36.50	70.70	210	6.6	兴都库什山区
19580218	2008440	-3.00	147.50		6.0	俾斯麦群岛
19580219	1925320	-7.80	107.60	86	6.1	爪哇岛
19580222	1050260	50.30	-175.50		6.7	阿留申群岛
19580223	0814480	-27.50	-63.00	600	6.0	阿根廷北部
19580223	0912270	28.60	139.60	450	6.4	小笠原群岛以西
19580223	1047410	23.90	142.50		6.5	日本硫黄列岛
19580224	1227090	45.10	99.60	11	6.3	蒙古巴彦洪戈尔省
19580227	2327540	20.80	120.20		6.5	中国台湾七星岩以南远海海中
19580303	1618230	55.60	166.30	45	6.4	阿留申群岛
19580309	1022330	-33.40	-179.40	50	6.5	克马德克群岛
19580311	0026060	25.10	124.40	120	7.0	中国台湾赤尾屿海域
19580313	2349250	12.60	122.90		6.1	菲律宾米沙鄢群岛
19580315	0024050	22.80	122.00		6.0	中国台湾绿岛以东海域
19580318	2220000	50.20	-172.90		6.2	阿留申群岛
19580320	0138050	50.50	-172.80		6.6	阿留申群岛
19580322	1011330	23.50	93.80	51	6.4	缅甸西部边境
19580322	1107470	35.30	67.40		6.2	兴都库什山区
19580328	1206240	36.50	71.00	188	6.8	兴都库什山区
19580403	0718330	34.90	27.50		6.3	爱琴海
19580404	1538080	-5.40	151.70	37	6.0	新不列颠岛
19580407	1530400	66.00	-155.60		7.3	阿拉斯加
19580407	1805030	38.40	143.20		6.9	日本本州东北部远海
19580407	1830140	38.40	143.30		6.4	日本本州东北部远海
19580407	1838190	38.50	143.30		6.0	日本本州东北部近海
19580407	1913210	45.10	98.40		6.8	蒙古巴彦洪戈尔省
19580408	0014160	65.90	-155.90		6.1	阿拉斯加
19580410	1150110	38.50	143.00	46	6.0	日本本州东北部近海
19580410	2312544	-4.10	-106.10		6.2	东太平洋海丘
19580411	0058180	38.60	143.00	36	6.4	日本本州东北近海
19580411	2311340	47.80	152.00	137	6.5	千岛群岛
19580412	1147050	26.90	-110.80		6.5	加利福尼亚湾
19580412	1325290	24.80	126.00	56	6.3	琉球群岛
19580413	0907240	65.80	-155.60		6.5	阿拉斯加
19580413	1229120	52.90	160.70	36	6.7	堪察加半岛东南近海

续表

年月日	时分秒	纬度（°）	经度（°）	震源深度（km）	震级	参考地震（M_S≥8后注M_W）
19580414	2132340	0.90	-79.50	25	6.8	厄瓜多尔北部近海
19580414	2248320	0.80	-79.80		6.4	厄瓜多尔北部近海
19580415	0130470	0.90	-79.60		6.5	厄瓜多尔北部近海
19580415	0352350	8.60	-84.50		6.4	哥斯达黎加以南远海
19580417	1132550	37.20	141.00	67	6.0	日本本州东部近海
19580419	0403250	26.40	-110.30		6.0	加利福尼亚湾
19580421	2014500	-15.10	-175.20		6.5	萨摩亚群岛
19580421	2237380	-4.40	104.20	161	6.6	苏门答腊
19580423	0257490	45.60	151.70		6.2	千岛群岛
19580428	1147400	-11.00	-74.00		6.5	秘鲁中部
19580430	1927320	-21.00	-67.50	150	6.0	玻利维亚南部
19580501	0029223	-13.22	167.22	210	6.3	新赫布里底群岛以北
19580501	1233410	26.50	140.50	441	6.1	小笠原群岛
19580502	2029180	16.70	-99.30		6.2	墨西哥格雷罗州近海
19580505	0631382	-9.60	27.80	60	6.4	扎伊尔南部
19580508	1240460	-24.00	-67.00	200	6.4	阿根廷北部
19580509	0044110	1.00	-94.50		6.0	厄瓜多尔科隆群岛
19580509	0440200	-31.00	-65.50	100	6.6	阿根廷中部
19580510	2254395	65.10	-152.10		6.3	阿拉斯加
19580511	0523556	65.10	-152.00		6.3	阿拉斯加
19580512	1650020	31.40	141.00	85	6.2	日本伊豆诸岛以南
19580517	0702270	-3.20	147.10		6.2	俾斯麦群岛
19580518	0232530	-13.10	166.50		6.3	新赫布里底群岛以北
19580518	1221180	-13.20	166.30		6.2	新赫布里底群岛以北
19580522	1508040	-3.40	146.20		6.1	俾斯麦群岛
19580525	2111450	-3.00	-77.00	100	6.5	秘鲁北部
19580526	1056450	53.30	-169.60	150	6.0	阿留申群岛
19580529	0521330	27.70	139.80	441	6.2	小笠原群岛西
19580530	1804530	52.70	-168.60		6.3	阿留申群岛
19580531	1932320	-15.00	168.50		7.2	新赫布里底群岛
19580603	1931520	-15.60	168.20		6.5	新赫布里底群岛
19580604	1429540	52.70	-167.20	19	6.1	阿留申群岛
19580606	0911180	7.90	-84.50		6.6	哥斯达黎加以南远海
19580606	1915310	5.40	-82.60		6.0	巴拿马以南远海
19580608	0038530	53.20	-166.80		6.0	阿留申群岛
19580612	1154170	7.70	-84.50	83	6.1	哥斯达黎加以南远海
19580612	2053010	52.90	-166.90		6.4	阿留申群岛
19580615	1454330	-18.00	-178.60	546	6.3	斐济群岛
19580617	1906480	24.50	142.30	79	6.6	日本硫黄列岛

续表

年月日	时分秒	纬度（°）	经度（°）	震源深度（km）	震级	参考地震（M_S≥8后注M_W）
19580619	0518080	49.90	155.90	70	6.4	堪察加半岛以西远海
19580623	0510080	48.80	102.60		6.1	蒙古布尔根省
19580625	0936330	-3.60	144.40		6.9	新几内亚岛
19580626	0438260	54.30	159.40	150	6.3	堪察加半岛
19580626	2329400	31.00	141.80	120	6.0	日本海沟
19580629	0325420	-15.50	-70.50	150	6.0	秘鲁南部
19580630	0842440	36.40	27.30	60	6.2	爱琴海
19580630	1826330	31.10	141.90	60	6.4	日本海沟
19580701	0553140	51.60	-176.90	67	6.0	阿留申群岛
19580703	0545140	-18.10	65.20		6.2	中印度洋海岭
19580703	0627490	-29.40	-179.60	410	6.2	克马德克群岛
19580703	1023070	-56.00	-124.30		6.0	南太平洋
19580704	1834140	5.80	124.90	85	6.0	菲律宾棉兰老岛
19580708	2248360	-42.90	42.10		6.0	西印度洋海岭西南
19580710	0615560	58.30	-136.50		7.9	亚力山大群岛
19580711	1910310	-21.10	-69.70	77	6.3	智利北部
19580712	0048310	-4.60	-105.90		6.1	东太平洋海丘
19580716	1254200	-29.30	-112.80		6.0	复活节岛西南
19580717	2059240	51.40	-176.70		6.0	阿留申群岛
19580718	0039310	51.40	-176.60	9	6.0	阿留申群岛
19580719	0630260	-4.30	138.40	150	6.6	新几内亚岛
19580719	1817030	0.70	129.80	101	6.8	马鲁古群岛
19580721	0725040	44.30	147.70	41	6.0	日本北海道东北
19580721	1437240	51.50	-178.40	57	6.2	阿留申群岛
19580723	1027270	31.20	141.90	54	6.3	日本海沟
19580726	0613540	-39.80	45.60		6.0	西印度洋海岭
19580726	1737080	-13.50	-69.00	620	7.5	秘鲁东南部
19580729	2137230	3.80	-26.60		6.2	大西洋中部
19580730	0247160	44.50	148.80		6.0	日本北海道东北
19580730	0445010	-2.80	139.40	72	6.1	新几内亚岛
19580803	0106280	-22.10	-179.00	550	6.3	斐济海
19580804	0413270	-6.20	129.90	199	6.3	班达海
19580806	2109180	-16.70	-173.10	54	6.3	汤加群岛
19580812	1925160	0.50	126.20	66	6.5	马鲁古海
19580813	2012590	50.60	-177.70		6.1	阿留申群岛
19580814	1455120	51.60	-175.40		6.5	阿留申群岛
19580815	1955430	53.50	160.20	60	6.8	堪察加半岛
19580815	2229210	1.70	125.00	197	7.0	北苏拉威西
19580816	1113470	-24.60	-175.60		6.0	汤加群岛

续表

年月日	时分秒	纬度（°）	经度（°）	震源深度（km）	震级	参考地震（M_S≥8后注M_W）
19580816	1317540	51.40	-176.10		6.0	阿留申群岛
19580816	1913440	34.40	47.80		6.7	伊朗西部
19580817	0908350	51.40	-176.20		6.0	阿留申群岛
19580817	1801080	-3.50	147.80		6.4	俾斯麦群岛
19580819	2148110	-1.20	149.20		6.0	俾斯麦群岛
19580820	0340090	-14.30	166.30		6.3	新赫布里底群岛
19580821	2059040	-18.10	-175.20	163	6.0	汤加群岛
19580822	2318340	-26.70	-115.50		6.0	复活节岛以西
19580827	0225346	-4.10	-104.40		6.0	东太平洋海丘
19580827	1516340	37.50	20.70		6.5	希腊爱奥尼亚海
19580828	0936040	-34.00	-70.00		6.0	智利阿根廷接壤地区
19580830	1838200	27.60	-111.70		6.0	加利福尼亚湾
19580831	2300170	63.30	-144.30	17	6.2	阿拉斯加
19580903	0344240	0.00	-17.80		6.3	大西洋中部
19580903	0810270	40.70	143.10	43	6.2	日本本州东北部远海
19580904	2151080	-33.50	-69.50		6.8	智利阿根廷接壤地区
19580908	0525430	52.00	159.40	67	6.4	堪察加半岛东南近海
19580909	1132120	46.10	151.60	58	6.0	千岛群岛
19580911	1801550	7.50	126.80	82	6.0	菲律宾棉兰老岛
19580914	1421373	56.60	121.00		6.4	外兴安岭
19580915	1945500	2.60	120.80	690	6.3	苏拉威西海
19580918	2053040	36.50	70.70	157	6.1	兴都库什山区
19580920	1709340	-6.50	154.90		6.3	所罗门群岛
19580921	0545180	38.40	141.90	61	6.0	日本本州东北近海
19580922	1905440	-33.70	-178.10		6.5	克马德克群岛
19580924	0344176	59.60	-142.90		6.1	阿拉斯加
19580925	0720000	8.10	-39.30		6.7	大西洋中部
19581001	0929430	-57.10	147.60		6.2	南太平洋海岭
19581001	1747150	52.70	-165.40		6.0	阿拉斯加
19581002	0424270	-58.00	-9.50		6.0	南大西洋
19581007	1232470	-5.40	152.00	40	6.4	新不列颠岛
19581009	1120170	-55.50	-27.50	120	6.3	南桑威奇群岛
19581010	0830260	53.60	160.20	100	6.5	堪察加半岛东南近海
19581011	1437480	-23.90	-66.50	207	6.0	阿根廷北部
19581012	1518470	27.90	126.30	256	6.8	中国东海
19581013	0858120	41.60	75.00		6.0	吉尔吉斯斯坦
19581019	1142470	-34.40	-178.30	35	6.0	克马德克群岛
19581020	0112400	-9.10	112.40	70	6.6	爪哇岛
19581021	0615120	-5.50	147.00	174	6.2	新几内亚岛

续表

年月日	时分秒	纬度（°）	经度（°）	震源深度（km）	震级	参考地震（M_S≥8后注M_W）
19581022	2342540	-14.90	167.80	46	6.3	新赫布里底群岛
19581028	1046320	30.63	84.48		6.5	中国西藏阿木中地区
19581029	0744100	51.50	179.40		6.6	阿留申群岛
19581101	0338390	-3.40	150.20		6.3	新爱尔兰岛附近
19581101	1216440	-17.60	167.90	61	6.2	新赫布里底群岛
19581104	0828280	28.00	140.90	60	6.0	小笠原群岛
19581104	0831060	28.00	140.80	60	6.0	小笠原群岛
19581104	2255160	-50.30	-114.60	266	6.1	东太平洋海丘
19581106	2258060	44.40	148.60	60	8.1	日本北海道以东　M_W8.4
19581107	0459590	44.70	149.10	43	6.0	日本北海道以东
19581107	0740450	44.60	148.70	56	6.1	日本北海道以东
19581107	1029190	43.70	147.90	80	6.0	日本北海道以东
19581107	1124290	44.40	148.80	48	6.0	日本北海道以东
19581108	0923000	51.90	159.40	56	6.8	堪察加半岛东南近海
19581112	2023300	44.50	148.80	40	7.3	日本北海道东北
19581113	0404420	44.10	148.30	37	6.2	日本北海道东北
19581114	0534580	44.30	148.90	35	6.0	日本北海道以东
19581114	1348310	-6.40	131.30	73	6.2	班达海
19581115	0900530	44.30	148.70	50	6.5	日本北海道东北
19581116	1744480	-15.80	-171.80		6.2	汤加海沟
19581119	0923520	44.20	148.90	100	6.0	日本北海道东北
19581120	0536350	52.20	158.80		6.0	堪察加半岛东南近海
19581120	1418080	45.20	149.50	61	6.1	千岛群岛地区
19581130	0132480	32.40	142.60	160	6.3	日本海沟
19581203	0948260	19.10	121.10		6.0	菲律宾巴布延群岛
19581204	1919260	11.70	-86.40	100	6.0	尼加拉瓜近海
19581206	0933510	6.50	-82.70	30	6.1	巴拿马南部远海
19581207	1758120	18.30	-105.20	82	6.0	墨西哥西南远海
19581208	1208300	44.60	149.20	54	6.0	千岛群岛地区
19581214	0711300	-34.90	-108.70		6.0	复活节岛以南
19581219	1114400	-16.00	-72.00	100	6.0	秘鲁南部
19581220	1920460	28.80	127.30		6.0	中国东海
19581221	0546290	44.55	80.87		6.5	中国新疆赛里木湖地区
19581225	0805420	-5.60	151.20	51	6.5	新不列颠岛
19581228	0534380	30.00	79.90		6.6	印度北部边境地区
19581230	0838060	-35.50	-106.50	61	6.0	复活节岛以南
19581231	0145570	-23.10	-178.50	394	6.0	汤加群岛以西
19590103	1117390	-14.80	-75.70		6.0	秘鲁南部沿海

续表

年月日	时分秒	纬度（°）	经度（°）	震源深度（km）	震级	参考地震（M_S≥8后注M_W）
19590105	0946580	-22.30	171.60	116	6.5	斐济海
19590108	0133570	15.30	-61.30	140	6.6	小安德烈斯群岛中部
19590111	0722430	14.70	-90.30	200	6.2	危地马拉
19590113	0115270	13.40	146.10		6.2	马里亚纳海沟
19590115	2120279	-25.50	179.90	469	6.5	斐济海
19590116	0131260	52.30	-171.10	41	6.2	阿留申群岛
19590118	2223216	-19.00	-178.10	475	6.2	斐济群岛
19590122	0510320	37.60	142.10	43	6.9	日本本州以东远海
19590124	0508380	37.40	141.20	86	6.4	日本本州以东近海
19590124	1942280	14.40	-92.40	86	6.0	危地马拉近海
19590124	1955140	37.50	-24.50		6.4	亚速尔群岛海区
19590127	0020247	18.00	-68.60	95	6.0	多米尼加
19590128	1004090	-30.70	-78.90		6.2	智利以西远海
19590129	2324305	70.90	7.30		6.0	挪威海
19590130	0019340	-9.80	160.90	59	6.2	所罗门群岛
19590130	1615580	-26.50	-71.00	100	6.0	智利北部近海
19590130	1809547	-31.60	179.30	422	6.0	克马德克群岛
19590130	2038580	43.50	144.20		6.4	日本北海道
19590130	2216480	43.50	144.40		6.5	日本北海道
19590201	0313350	36.70	71.00	234	6.3	兴都库什山区
19590205	0140505	57.40	-156.90	70	6.6	阿拉斯加
19590206	1433050	51.70	-176.00	40	6.0	阿留申群岛
19590207	0936540	-3.70	-81.70		7.2	秘鲁北部近海
19590208	0102260	49.10	-28.30		6.0	北大西洋
19590208	0546172	-23.30	-179.90	570	6.0	斐济海
19590209	0442330	50.00	-177.60		6.2	阿留申群岛
19590209	2113250	-4.80	153.70	87	6.0	新爱尔兰岛以东
19590211	1352160	16.10	-97.40		6.0	墨西哥瓦哈卡州
19590215	0359240	-59.50	-25.70		6.5	南桑威奇群岛
19590215	0442340	-59.70	-25.80		6.7	南桑威奇群岛
19590216	0039320	-1.00	-81.50		6.0	厄瓜多尔以西近海
19590217	1203040	51.10	-171.20		6.3	阿留申群岛
19590217	1249200	31.30	141.10	60	6.0	日本海沟
19590220	0412540	-30.50	-71.00	100	6.4	智利中部
19590220	1816200	15.90	-90.60	150	6.4	危地马拉
19590223	0158460	-5.80	149.40	45	6.0	新不列颠岛
19590223	1031200	53.10	158.70	131	6.2	堪察加半岛
19590227	2056430	27.50	129.00	91	6.5	琉球群岛
19590301	1649110	-1.10	134.20	100	7.0	新几内亚岛

续表

年月日	时分秒	纬度（°）	经度（°）	震源深度（km）	震级	参考地震（M_S≥8后注M_W）
19590302	0913440	-8.20	127.80		6.0	西南群岛
19590302	1551410	36.40	70.60	213	6.3	兴都库什山区
19590304	0052490	51.80	159.30		6.2	堪察加半岛东南近海
19590304	1957590	12.20	92.70		6.1	安达曼海
19590305	2255450	2.10	97.70	130	6.2	苏门答腊北部
19590309	2203030	15.10	-91.00	171	6.0	危地马拉
19590312	0129110	7.20	144.70		6.1	加罗林群岛中部
19590317	0825200	27.00	129.70		6.5	琉球群岛
19590318	0726470	36.70	141.10	90	6.0	日本本州东部近海
19590319	0825320	35.10	-36.10		6.2	亚速尔群岛
19590320	0102400	51.60	159.10		6.3	堪察加半岛东南近海
19590321	1947010	-21.40	-179.20	623	6.0	斐济海
19590323	0710200	39.60	-118.02		6.3	内华达州
19590327	0702090	17.20	-63.00	155	6.0	小安德烈斯群岛
19590331	0720453	-15.30	-173.00		6.0	萨摩亚群岛
19590401	0034210	27.60	-20.80		6.2	加那利群岛西南
19590405	2329310	-5.50	146.40	38	6.0	新几内亚岛
19590406	1412390	-10.10	120.40		6.5	努沙登加拉群岛
19590408	0123287	-32.70	179.50	393	6.2	克马德克群岛
19590408	1144260	-50.50	-73.00		6.2	阿根廷智利接壤地区
19590409	0618340	-36.30	76.80		6.0	阿姆斯特丹岛西北
19590409	1736110	6.80	-82.30		6.1	巴拿马南部远海
19590410	0547390	-25.70	178.30	598	6.2	汤加群岛
19590412	0954560	17.10	-95.00	124	6.3	特万特佩克湾
19590412	1522300	-4.40	134.20	100	6.3	新几内亚岛
19590412	2054026	-15.20	-173.70		6.2	萨摩亚群岛
19590414	0720280	57.90	-155.00	67	6.0	阿拉斯加
19590415	0015210	41.40	143.00		6.0	日本北海道以南近海
19590416	1614010	12.50	143.20	93	6.5	马里亚纳群岛
19590419	0726140	-45.10	-80.50		6.0	智利西南远海
19590419	1503307	58.20	-151.70	37	6.0	阿拉斯加
19590420	0327550	-6.00	148.80	70	6.0	新不列颠岛
19590422	1055050	53.80	-166.90	51	6.1	阿留申群岛
19590422	2026470	-36.50	-98.20		6.0	智利西南远海
19590424	0931330	11.50	-86.40		6.2	尼加拉瓜近海
19590424	1758034	-31.60	-178.20	25	6.6	克马德克群岛
19590425	0026390	36.60	28.40		6.3	土耳其西南近海
19590426	2040380	24.78	122.70	130	7.5	中国台湾宜兰以东近海
19590427	1309240	33.20	92.60		6.0	中国青海唐古拉山口地区

续表

年月日	时分秒	纬度（°）	经度（°）	震源深度（km）	震级	参考地震（M_S≥8后注M_W）
19590428	1109350	14.50	-92.50	52	6.6	墨西哥恰帕斯州近海
19590504	0715480	53.20	159.80	60	8.2	堪察加半岛东南　M_W8.0
19590505	1904190	53.60	158.80	20	6.1	堪察加半岛
19590507	0003260	-3.10	148.40		6.3	俾斯麦群岛
19590508	0515170	26.50	127.50		6.0	琉球群岛
19590508	1134520	53.70	160.40	67	6.0	堪察加半岛东南近海
19590512	0457390	55.10	168.20	17	6.5	阿留申群岛
19590512	0946510	-23.20	-65.00		6.8	阿根廷北部边境地区
19590512	2159560	51.20	-176.90		6.2	阿留申群岛
19590514	0636560	35.10	24.60		6.3	地中海克里特岛南
19590516	0616280	-4.90	153.30	60	6.5	新爱尔兰岛
19590518	0724080	52.50	173.70		6.1	阿留申群岛
19590521	1134230	-28.00	-69.00	60	6.0	阿根廷北部
19590524	1917400	17.60	-97.20	63	6.8	墨西哥瓦哈卡州
19590526	0413050	27.50	126.50	108	6.6	琉球群岛
19590529	1042540	-19.30	168.90	106	6.5	新赫布里底群岛
19590531	0928190	-6.40	155.90	63	6.4	所罗门群岛
19590601	1707220	-6.40	156.10	100	6.0	所罗门群岛
19590602	0237480	21.00	120.90		6.0	中国台湾七星岩以南近海
19590602	0352070	-25.50	-176.10		6.0	汤加群岛
19590602	0457210	21.00	121.20		6.5	中国台湾七星岩东南近海
19590602	0542370	21.30	121.40		6.0	中国台湾七星岩东南近海
19590607	1339380	0.10	-17.60		6.1	大西洋中部洋中脊
19590614	0011570	-20.40	-69.00	100	7.5	智利北部
19590618	1531280	54.10	160.20		6.8	堪察加半岛东南近海
19590618	1558380	54.10	161.00		6.5	堪察加半岛东南近海
19590623	1435000	39.07	-118.82		6.2	内华达州
19590625	0312430	36.50	71.40	84	6.0	兴都库什山区
19590627	1904395	-33.50	-179.80	163	6.7	克马德克群岛
19590627	1911280	41.90	80.00	20	6.8	中国新疆温宿以北
19590628	1943300	-9.50	122.50	50	6.4	努沙登加拉群岛
19590629	0716070	-7.30	155.20		6.1	所罗门群岛
19590701	0227470	28.10	139.50	533	6.3	小笠原群岛西
19590703	1755099	-16.20	172.80		6.8	新赫布里底群岛
19590703	1755530	-16.20	172.90		6.6	新赫布里底群岛
19590706	0910230	-26.90	-62.30	627	6.6	阿根廷北部
19590706	0923270	-26.80	-62.40	600	6.6	阿根廷北部
19590709	1605180	-20.50	-68.00	100	6.6	玻利维亚西南部
19590711	1201440	-36.80	78.70		6.3	圣波尔岛以北

续表

年月日	时分秒	纬度（°）	经度（°）	震源深度（km）	震级	参考地震（M_S≥8后注M_W）
19590712	0024225	-19.90	-177.70	369	6.2	斐济群岛
19590713	1228470	52.00	-172.00		6.5	阿留申群岛
19590718	1955020	15.70	120.60	146	6.9	菲律宾吕宋岛
19590719	1506100	-15.00	-70.50	200	7.0	秘鲁南部
19590720	0241100	-5.70	111.50	528	6.0	爪哇海
19590721	0743130	-14.30	167.80		6.1	新赫布里底群岛以北
19590721	0917560	18.90	-68.10	55	6.0	多米尼加
19590721	1229100	16.20	-97.80		6.2	墨西哥瓦哈卡州
19590721	1303310	15.80	-97.80		6.0	墨西哥瓦哈卡州近海
19590722	1924180	53.00	152.80	638	6.1	鄂霍次克海
19590722	2302260	-5.10	152.60	60	6.6	新不列颠岛以东
19590724	0123090	41.12	-125.30		6.0	加利福尼亚州近海
19590724	1617470	24.10	95.00	160	6.1	缅甸西部
19590805	0516380	11.90	125.30		6.0	菲律宾米沙鄢群岛
19590807	2145255	56.50	-153.50		6.0	阿拉斯加湾
19590808	0047360	54.90	163.00		6.3	堪察加半岛以东远海
19590812	0958220	-16.60	-177.20		6.5	斐济群岛
19590815	0857030	22.18	121.13		7.0	中国台湾恒春东
19590816	0051430	-21.00	169.10		6.3	新赫布里底群岛南
19590816	0121060	22.10	121.40		6.0	中国台湾兰屿近海
19590817	0133140	40.90	19.80		6.1	阿尔巴尼亚
19590817	2104430	-7.80	156.40		7.2	所罗门群岛
19590818	0034020	22.20	121.80	165	6.5	中国台湾兰屿近海
19590818	0637150	44.70	-110.80		7.1	美国怀俄明州
19590818	0756180	45.00	-110.50		6.5	美国怀俄明州
19590818	0841480	44.90	-110.80		6.0	美国怀俄明州
19590818	1526060	44.90	-110.72		6.5	美国爱达荷州
19590819	0404020	44.90	-111.62		6.0	加拿大纽芬兰省
19590821	0803150	-50.50	139.60		6.1	南极-澳大利亚海丘
19590821	0805340	-50.60	139.70		6.0	南极-澳大利亚海丘
19590821	0937490	-50.40	139.40		6.0	南极-澳大利亚海丘
19590824	2130480	-10.70	161.40		7.0	所罗门群岛
19590826	0825310	18.30	-94.40		6.9	特万特佩克湾
19590826	1027400	50.60	-130.50		6.5	温哥华岛西北
19590827	2353110	25.10	96.20		6.1	缅甸北部
19590828	1207474	63.40	-148.90	44	6.0	阿拉斯加
19590829	1703110	52.70	106.80		6.6	贝加尔湖地区
19590901	1137400	40.90	19.80		6.1	阿尔巴尼亚
19590903	0627310	-4.50	122.70		6.2	苏拉威西岛

续表

年月日	时分秒	纬度（°）	经度（°）	震源深度（km）	震级	参考地震（M_S≥8后注M_W）
19590904	1826410	-1.00	-24.00		6.1	巴西圣保罗岛
19590905	0607390	0.70	129.00		6.1	马鲁古群岛
19590910	0535040	-6.40	154.90		6.0	所罗门群岛
19590912	0153500	-3.60	146.00		6.5	俾斯麦群岛
19590912	1124280	-9.90	156.30		6.0	所罗门群岛
19590914	1315576	-24.10	-176.90	59	6.0	汤加群岛
19590914	1409500	-28.70	-177.70	73	7.7	克马德克群岛
19590914	1706214	-28.60	-177.40	43	6.6	克马德克群岛
19590914	1722270	46.30	151.40		6.2	千岛群岛
19590914	2224001	-28.90	-177.10	51	6.2	克马德克群岛
19590915	0559415	-28.40	-177.10		6.9	克马德克群岛
19590915	1105362	-21.90	-179.50	586	7.1	斐济海
19590915	1508270	43.50	147.10	79	6.0	日本北海道以东
19590916	0513500	35.20	26.00		6.4	克里特岛东南
19590916	1557059	-28.50	-176.60	12	6.2	克马德克群岛
19590925	0236510	22.10	121.43	25	6.7	中国台湾兰屿近海
19590926	0820480	43.30	-127.50		6.1	俄勒冈远海
19590929	1532035	-28.80	-176.70	40	6.6	克马德克群岛
19590930	2026000	-18.10	168.00		6.3	新赫布里底群岛南部
19591012	0321530	2.00	98.10		6.2	苏门答腊北部
19591015	0615340	0.00	120.10		6.7	北苏拉威西
19591015	0740360	44.70	148.70	81	6.2	日本北海道东北
19591019	0246580	44.20	147.90	60	6.5	日本北海道以东
19591019	0827220	-28.00	-176.80		6.3	克马德克群岛
19591019	1352431	-22.00	-179.50	591	6.5	斐济海
19591019	1555300	-54.50	-27.90		6.4	南桑威奇海沟
19591022	1934375	-21.40	-178.90	518	6.2	斐济海
19591024	2340350	41.60	69.90		6.0	乌兹别克东部
19591025	1557520	39.10	41.60		6.2	土耳其亚美尼亚
19591026	0735090	37.60	142.80		6.7	日本本州以东远海
19591026	1029120	51.90	157.00	144	6.0	堪察加半岛南部
19591027	0652490	45.90	151.20	40	6.6	千岛群岛
19591029	1419584	-28.80	-177.40	55	6.0	克马德克群岛
19591029	1430260	42.80	131.10	547	6.3	中国吉林珲春地区
19591030	0400257	65.90	136.90		6.0	契尔斯基山脉
19591031	0427120	-16.70	-177.90	416	6.6	斐济群岛
19591102	2003360	-5.60	151.00	67	6.4	新不列颠岛
19591103	0940050	-10.80	110.80		6.4	爪哇海沟
19591107	2216160	-23.60	-175.60		6.0	汤加群岛

续表

年月日	时分秒	纬度（°）	经度（°）	震源深度（km）	震级	参考地震（M_S≥8后注M_W）
19591108	1354570	44.10	140.60		6.5	日本海东北部
19591110	2056150	36.20	88.70		6.0	中国西藏木孜塔格峰附近
19591115	1025160	38.75	75.31	40	6.4	中国新疆乌恰附近
19591115	1708430	37.80	20.50		6.8	希腊爱奥尼亚海
19591116	1021170	0.90	-26.30		6.3	巴西圣保罗岛
19591119	1108410	-5.50	146.00	100	7.0	新几内亚岛
19591122	1626360	-54.60	-136.00		6.0	南太平洋海岭
19591126	0706200	-5.40	102.90		6.5	苏门答腊南部
19591126	2309240	-5.50	103.00		6.7	苏门答腊南部
19591127	0022220	37.70	20.20		6.0	爱奥尼亚海
19591127	0026110	37.80	20.10		6.0	爱奥尼亚海
19591128	0245478	-19.80	174.50		6.0	新赫布里底群岛
19591128	1234540	-28.60	-71.10		6.3	智利中部近海
19591128	2239140	-13.10	167.10		6.0	新赫布里底群岛以北
19591130	1518362	59.70	-151.30		6.1	阿拉斯加
19591201	1459400	-62.90	155.70		6.3	南太平洋海岭
19591202	0934160	-1.10	123.10	111	6.5	苏拉威西岛
19591214	1758360	5.40	125.60	173	6.2	菲律宾棉兰老岛
19591214	2149110	0.50	124.80		6.0	马鲁古海
19591214	2200510	52.40	-168.20		6.4	阿留申群岛
19591214	2321570	-59.80	-26.50		7.0	南桑威奇群岛
19591217	1648547	-36.20	-102.80		6.0	复活节岛以南
19591218	1624500	52.60	-168.40		6.4	阿留申群岛
19591221	1020346	-27.50	-176.30		6.0	汤加群岛
19591221	1114184	-27.50	-176.50	10	6.5	克马德克群岛
19591221	1119151	14.00	51.70		6.8	亚丁湾
19591225	1018520	-25.40	-68.70	111	6.5	智利阿根廷接壤地区
19591226	1819078	59.70	-151.30		6.2	阿拉斯加
19591226	2202320	52.40	160.00		6.7	堪察加半岛东南近海
19591227	0447450	52.40	160.00		6.2	堪察加半岛东南近海
19591227	0651320	52.30	159.90		6.3	堪察加半岛东南近海
19591227	1154490	52.60	160.10		6.3	堪察加半岛东南近海
19591227	1239090	-28.20	-63.10	650	6.0	阿根廷北部
19591227	1552540	56.10	162.50		6.8	堪察加半岛
19591228	0720320	52.40	160.00		6.6	堪察加半岛东南近海
19591228	1304300	52.30	160.30		6.4	堪察加半岛东南近海
19591229	2035130	17.50	145.40	369	6.2	马里亚纳群岛
19600102	0321520	-15.50	-68.00	150	6.0	玻利维亚西部

续表

年月日	时分秒	纬度（°）	经度（°）	震源深度（km）	震级	参考地震（M_S≥8后注M_W）
19600102	1221510	-55.60	-1.80		6.1	布维岛
19600103	2019300	39.50	15.50	250	6.2	意大利第勒尼安海
19600107	1328160	-56.00	-27.50		6.3	南桑威奇群岛
19600108	1445530	-55.50	-27.50		6.2	南桑威奇群岛
19600109	0724500	36.50	70.00	150	6.8	兴都库什山区
19600111	0310140	16.00	96.50		6.0	缅甸南部
19600112	0309100	-55.50	-27.00		6.1	南桑威奇群岛
19600113	1540340	-15.80	-72.80	200	8.0	秘鲁南部沿海 m_B7.5
19600115	0930240	-15.00	-75.00	150	7.0	秘鲁南部沿海
19600117	0257580	-14.50	-74.50	150	6.4	秘鲁南部
19600119	0216520	52.00	158.00		6.3	堪察加半岛南
19600119	0915052	-23.40	179.60	552	6.0	斐济海
19600121	1043330	-16.00	179.50		6.0	斐济群岛
19600123	0440560	-4.00	127.50		6.6	马鲁古群岛
19600123	0731140	-4.00	127.50		6.5	马鲁古群岛
19600123	1756300	-4.00	127.50		6.3	马鲁古群岛
19600124	0421481	-15.90	-179.40	27	6.4	斐济群岛
19600125	1629314	-15.80	-179.40	8	6.2	斐济群岛
19600126	0952000	39.50	39.50		6.1	土耳其亚美尼亚
19600131	0508180	33.50	134.50		6.3	日本四国岛
19600203	0220550	-37.40	178.30		6.0	新西兰普伦提湾
19600204	0346300	-4.50	153.50	100	6.5	新爱尔兰岛
19600204	1650300	39.00	143.00		6.3	日本本州东北远海
19600208	1245340	-58.00	-67.00		6.6	德雷克海峡
19600209	2355490	-4.00	128.00	100	6.7	马鲁古群岛
19600217	1232100	-30.30	-112.50		6.3	复活节岛西南
19600219	1036460	36.00	70.50	200	6.5	兴都库什山区
19600221	0046560	-42.50	173.10	60	6.0	新西兰坎特伯里区
19600223	1604500	-6.00	154.50		6.1	所罗门海
19600224	2137040	-7.50	156.00		6.6	所罗门群岛
19600226	2329250	50.50	-178.00		6.3	阿留申群岛
19600227	0810030	51.50	-178.00		6.1	阿留申群岛
19600229	2340140	30.45	9.60		6.4	摩洛哥西部
19600304	0353000	31.00	129.00	140	6.5	琉球群岛
19600305	1349160	1.00	129.00		6.8	马鲁古群岛
19600306	0222060	1.00	129.00		6.0	马鲁古群岛
19600308	1633380	-16.90	168.60	230	7.2	新赫布里底群岛
19600309	2354200	-16.00	-72.00	150	6.2	秘鲁南部
19600310	1344259	-15.10	-173.60	14	6.0	萨摩亚群岛

续表

年月日	时分秒	纬度（°）	经度（°）	震源深度（km）	震级	参考地震（M_S≥8后注M_W）
19600310	1432390	47.00	152.00	100	6.0	千岛群岛
19600312	2030390	-6.00	152.00		6.4	新不列颠岛
19600313	2353320	7.50	-77.00	60	6.0	哥伦比亚西北部
19600316	1739169	-15.50	-173.20		6.0	萨摩亚群岛
19600320	1707280	39.90	143.20		7.0	日本本州东北远海
19600321	0034500	39.50	143.00		6.4	日本本州东北远海
19600321	0918220	40.00	143.00		6.2	日本本州东北远海
19600322	0231170	-61.50	154.00		6.4	南太平洋海岭
19600323	0023220	39.50	143.00	20	6.6	日本本州东北远海
19600323	2222360	39.50	143.00		6.0	日本本州东北远海
19600327	0348280	-13.40	165.90		6.2	新赫布里底群岛以北
19600327	0857550	-13.30	165.80		6.3	新赫布里底群岛以北
19600327	2015450	19.00	-105.00		6.1	墨西哥哈利斯科州
19600327	2328260	-39.00	175.22	224	6.0	新西兰惠灵顿区
19600328	0013385	7.50	-81.80		6.5	巴拿马南部近海
19600328	0636000	-13.50	165.90		6.0	新赫布里底群岛以北
19600329	0630540	-16.90	167.20		6.7	新赫布里底群岛
19600329	2210200	-6.00	147.00		6.0	新几内亚岛
19600330	1049480	-13.50	165.90		6.0	新赫布里底群岛以北
19600405	0717450	-61.00	-26.00		6.1	南桑威奇海沟
19600407	1347293	-24.30	-179.80	483	6.0	斐济海
19600407	2355493	-21.50	-176.50	125	6.0	汤加群岛
19600413	1237380	15.50	-92.50		6.0	墨西哥恰帕斯州
19600415	0325380	-26.90	-113.40		6.4	复活节岛以西
19600415	1139010	40.50	142.00	150	6.0	日本本州东北远海
19600415	2205060	-13.50	166.00		6.3	瓦努阿图
19600424	0322230	-6.00	113.50	600	6.5	爪哇海
19600424	1214260	27.60	54.10		6.0	伊朗南部
19600429	1932120	-0.35	121.62		6.4	北苏拉威西
19600430	0401320	-0.35	121.62		6.2	北苏拉威西
19600430	2210070	-6.00	124.50	600	6.0	苏拉威西海
19600509	2013290	-4.50	-106.00	60	6.0	东太平洋海丘
19600511	1836000	-3.00	131.00		6.4	马鲁古群岛
19600512	2232320	7.50	-81.00		6.5	巴拿马南部沿海
19600513	1607110	54.80	-161.30		6.3	阿拉斯加
19600514	2219550	53.50	159.50		6.0	堪察加半岛
19600518	0635090	29.00	130.00	100	6.7	琉球群岛
19600519	0207000	36.00	71.00	200	6.2	兴都库什山区
19600519	1011510	-17.00	66.00		6.3	中印度洋海岭

续表

年月日	时分秒	纬度（°）	经度（°）	震源深度（km）	震级	参考地震（M_S≥8后注M_W）
19600520	1112310	-28.00	167.50		6.5	斐济海
19600521	1002520	-37.60	-73.10		7.3	智利康塞普西翁附近　M_W8.2
19600521	1053530	-37.50	-73.00		6.8	智利康塞普西翁附近
19600521	1147580	-38.00	-71.00		6.5	阿根廷、智利边境
19600521	1300060	-37.30	-72.90		6.5	智利康塞普西翁附近
19600522	0810540	-37.80	-72.65		6.0	智利康塞普西翁附近
19600522	1030390	-37.80	-72.90		6.8	智利康塞普西翁附近
19600522	1032420	-37.70	-72.70		7.2	智利康塞普西翁附近
19600522	1216440	-38.20	-73.20		6.3	智利康塞普西翁附近
19600522	1855570	-38.10	-72.70		6.8	智利康塞普西翁附近
19600522	1910400	-38.10	-72.20		6.9	智利康塞普西翁附近
19600522	1911140	-38.20	-72.60		8.5	智利康塞普西翁附近　M_W9.6
19600522	2356100	-42.50	-74.00	60	6.0	智利南部近海
19600523	0025420	-38.50	-74.00		6.6	智利中部近海
19600523	0051140	-37.40	-72.30		6.0	智利康塞普西翁附近
19600523	0053560	-39.50	-73.20		6.3	智利康塞普西翁附近
19600523	0134520	-39.50	-73.70		6.3	智利康塞普西翁附近
19600523	0143590	-38.50	-75.00		6.0	智利康塞普西翁附近
19600523	0246300	-41.50	-73.70		6.4	智利南部近海
19600523	0256170	-42.90	-75.30		6.3	智利南部近海
19600523	0513340	-38.10	-72.80		6.4	智利康塞普西翁附近
19600523	0709180	-47.90	-75.80		6.1	智利西南远海
19600523	0952200	-37.70	-72.00		6.0	智利康塞普西翁附近
19600523	1037590	-43.50	-73.70		6.2	智利南部
19600524	1446340	-44.20	167.70		6.7	新西兰西部区近海
19600524	2032430	-50.80	-73.20		6.0	阿根廷南部边境
19600525	0834360	-44.90	-75.60		6.9	智利南部近海
19600526	0510050	40.00	20.00		6.5	阿尔巴尼亚南部
19600527	2306540	-45.10	-76.20		6.2	智利南部近海
19600528	1105410	-37.80	-72.70		6.1	智利康塞普西翁附近
19600529	0739290	-37.70	-72.50		6.5	智利康塞普西翁附近
19600529	1405250	-37.50	-73.00		6.0	智利康塞普西翁附近
19600529	2123550	-43.00	-75.80		6.1	智利南部近海
19600531	0240010	-39.70	-75.50		6.4	智利中部远海
19600531	1102200	18.00	-62.00	27	6.4	小安德烈斯群岛北部
19600602	0558030	-46.20	-74.20		6.4	智利南部近海
19600602	0747110	-5.50	151.50		6.6	新不列颠岛
19600603	1314380	-17.50	-179.50	600	6.0	斐济群岛
19600603	1323428	-17.80	-179.30	617	6.0	斐济群岛

年月日	时分秒	纬度（°）	经度（°）	震源深度（km）	震级	参考地震（M_S≥8后注M_W）
19600604	0227060	20.00	-104.50		6.1	墨西哥哈利斯科州
19600606	0555450	-45.70	-73.10		6.9	智利南部
19600609	1123510	-18.00	169.00		6.2	瓦努阿图
19600610	2112042	-15.60	-173.80		6.0	萨摩亚群岛
19600611	0034480	-21.00	-64.50	300	6.2	玻利维亚南部
19600611	1514070	-9.00	152.50		6.6	所罗门群岛
19600611	1637400	-9.50	152.50		6.4	所罗门群岛
19600612	0719430	-36.00	-98.00		6.2	复活节岛以东南
19600613	0547050	-44.80	-76.60		6.0	智利南部近海
19600615	1536510	41.00	142.50	40	6.1	日本本州东北远海
19600615	2327400	-0.50	133.00		6.0	新几内亚岛
19600615	2332350	-26.00	178.50	600	6.2	汤加群岛
19600617	1635320	52.50	-173.50		6.2	阿留申群岛
19600620	0201090	-38.20	-72.80		7.0	智利康塞普西翁附近
19600620	1259410	-39.10	-73.10		6.9	智利康塞普西翁附近
19600621	0834390	-4.50	-105.00		6.0	东太平洋海丘
19600625	1441588	-30.20	-177.80	75	6.6	克马德克群岛
19600629	0157150	-42.90	-74.00		6.2	智利南部近海
19600629	0429250	-30.10	-177.70	89	6.1	克马德克群岛
19600703	2020460	50.50	-177.00		7.0	阿留申群岛
19600704	0428330	51.80	-131.20		6.7	夏洛特皇后群岛
19600704	1310050	51.80	-131.10		6.0	夏洛特皇后群岛
19600706	0516440	36.50	70.50	200	6.2	兴都库什地区
19600708	1251270	30.50	130.50	100	6.0	日本吐噶喇列岛
19600710	0005380	1.00	98.50	150	6.5	苏门答腊北部
19600711	1155140	-15.00	-172.00	24	6.4	萨摩亚群岛
19600713	0755580	-54.00	1.00		6.2	布维岛
19600717	0514560	36.00	69.00	200	6.0	兴都库什山区
19600718	0143290	-4.50	151.00	200	6.5	新不列颠岛
19600720	2059250	-20.50	169.00	200	6.0	新赫布里底群岛以南
19600724	0948560	56.00	164.00		6.2	堪察加半岛
19600725	0341050	55.00	163.00		6.5	堪察加半岛东部远海
19600725	1112000	54.00	159.60	100	7.0	堪察加半岛
19600727	1005070	-44.50	-76.00	25	6.3	智利南部近海
19600729	0024060	-19.50	170.50		6.5	新赫布里底群岛以南
19600729	1731450	40.00	142.50		6.8	日本本州东北近海
19600731	0255510	-6.00	150.00	100	6.8	新不列颠岛
19600731	0704360	-6.00	150.00	100	6.4	新不列颠岛
19600731	1455030	-43.60	-74.30	97	6.0	智利南部近海

续表

年月日	时分秒	纬度（°）	经度（°）	震源深度（km）	震级	参考地震（M_S≥8后注M_W）
19600801	0220500	28.00	54.30	67	6.2	伊朗南部
19600802	0507245	-22.20	171.40	104	6.4	斐济海
19600802	1342177	-4.90	-105.30		6.0	东太平洋海丘
19600804	0734485	51.20	179.00	20	6.3	阿留申群岛
19600809	0739180	40.32	-127.07	17	6.3	加利福尼亚州远海
19600809	1646302	-24.30	-177.10	75	6.3	汤加群岛
19600813	0711059	40.40	142.40	54	6.1	日本本州东北远海
19600813	1414520	-39.90	-74.80	61	6.9	智利中部近海
19600820	2008412	-35.70	-15.40	45	6.1	南大西洋海岭
19600823	2244534	-14.80	-176.40	40	6.1	萨摩亚群岛
19600824	0144125	56.20	164.10	45	6.0	堪察加半岛东部远海
19600825	1741568	52.50	-169.20	22	6.0	阿留申群岛
19600827	1816151	50.10	154.00	190	6.1	千岛群岛
19600901	0928195	-16.80	167.00	63	6.0	新赫布里底群岛
19600901	1035010	-16.50	167.60	27	6.0	新赫布里底群岛
19600901	1537130	56.20	-153.60		6.0	阿拉斯加湾
19600902	2202489	52.00	-171.40	49	6.0	阿留申群岛
19600903	1241349	-6.10	154.50	457	6.5	所罗门群岛
19600903	2346239	44.60	149.10	27	6.2	千岛群岛
19600906	1403018	-20.40	169.40	35	6.2	新赫布里底群岛以南
19600909	0339400	15.40	119.30	55	6.0	中国南海中沙群岛东
19600910	1044512	4.00	122.60	629	6.0	苏拉威西海
19600912	1217081	27.30	128.40	48	6.4	琉球群岛
19600917	0805300	49.60	155.20	28	6.2	堪察加半岛
19600917	1956083	-20.90	-174.40	2	6.0	汤加群岛
19600919	1901254	6.90	-77.50	66	6.2	哥伦比亚西部近海
19600922	0538100	-3.60	29.10		6.0	扎伊尔东部
19600922	0905325	-3.60	29.00	28	6.6	扎伊尔东部
19600922	0914555	-2.90	29.40		6.2	扎伊尔东部
19600929	1118529	19.00	144.70	469	6.3	马里亚纳群岛
19601001	1610569	52.20	-172.60	41	6.2	阿留申群岛
19601007	1518308	-7.40	130.70	45	6.8	东南群岛
19601008	0553011	40.00	129.70	608	6.7	日本海西部
19601008	2040066	7.90	92.90	84	6.0	尼科巴群岛
19601009	0900420	40.80	141.20	155	6.2	日本本州东北部近海
19601013	1452347	54.80	161.20	35	6.5	堪察加半岛东南近海
19601014	2119114	51.90	-172.10	50	6.5	阿留申群岛
19601020	1105576	-11.10	164.90		6.2	圣克鲁斯群岛
19601022	0822009	-10.40	161.20	93	6.6	所罗门群岛

续表

年月日	时分秒	纬度（°）	经度（°）	震源深度（km）	震级	参考地震（M_S≥8后注M_W）
19601028	0418398	71.30	-9.10		6.0	格陵兰海
19601028	1318143	52.20	157.40	96	7.0	堪察加半岛南部
19601028	2229266	34.60	141.10	96	6.2	日本本州东南远海
19601030	1214361	-23.40	-70.30	75	6.6	智利北部近海
19601030	2132477	-22.90	-68.00	60	6.5	智利北部
19601101	0846000	-38.50	-74.70	38	7.2	智利中部近海
19601102	1714540	-11.20	164.80	80	6.6	所罗门群岛
19601105	2020537	39.40	20.50	49	6.0	希腊西部沿海
19601106	0438167	53.20	159.80	32	6.3	堪察加半岛东南
19601106	0614481	-31.20	-177.60	6	6.4	克马德克群岛
19601106	2210060	52.90	-168.00	43	6.2	阿留申群岛
19601109	0317585	-60.90	-24.80	37	6.5	南桑威奇海沟
19601109	1043420	32.70	103.70	20	6.8	中国四川松潘
19601109	2006162	-23.40	-70.60	52	6.0	智利北部近海
19601110	1444488	-2.70	139.30	39	6.6	新几内亚岛
19601113	0920323	51.40	-168.80		7.0	阿留申群岛
19601120	2201530	-6.90	-80.80	55	6.7	秘鲁西北近海
19601122	0621450	-36.10	52.30	21	6.4	西印度洋海岭
19601122	1228580	-40.00	-74.30	107	6.5	智利中部近海
19601123	1412207	-24.60	-176.20		6.8	汤加群岛
19601124	0450158	-4.60	153.00	87	6.1	新爱尔兰岛
19601124	0652420	-24.90	-176.30	23	7.0	汤加群岛
19601201	2049504	49.00	-129.30		6.0	温哥华岛西
19601202	0910420	-24.40	-70.00	19	6.8	智利北部沿海
19601202	0937361	-23.40	-69.50	46	6.5	智利北部
19601206	0856084	8.70	-82.70	25	6.0	巴拿马西部
19601206	0856090	-21.40	-69.20	28	6.5	智利北部
19601211	1853032	-15.70	167.00	57	6.2	新赫布里底群岛
19601213	0736130	-52.10	161.00	25	7.2	奥克兰群岛地区
19601214	2351315	3.00	126.30	78	6.7	马鲁古群岛
19601222	2102412	-6.90	155.30	469	6.0	所罗门群岛
19601229	1036400	-44.80	-75.60	17	6.3	智利中部近海
19601230	0424189	42.90	104.40	60	7.0	蒙古南戈壁省
19601231	1808120	-43.90	-75.00	92	6.4	智利南部近海
19610102	1011569	-12.50	166.30	140	6.6	圣克鲁斯群岛
19610105	1406259	51.60	-176.30	37	6.7	阿留申群岛
19610105	1553560	-4.10	143.00	108	6.9	新几内亚岛
19610105	1757510	-21.20	169.50	53	6.7	新赫布里底群岛以南

续表

年月日	时分秒	纬度（°）	经度（°）	震源深度（km）	震级	参考地震（M_S≥8后注M_W）
19610105	1814367	-21.10	170.00	67	6.8	新赫布里底群岛以南
19610111	1159550	51.80	-171.00	47	6.2	阿留申群岛
19610114	1638556	53.90	-163.70	41	6.0	阿拉斯加
19610116	0720120	36.20	141.70	36	6.9	日本本州东部远海
19610116	1119465	35.70	140.60	157	6.3	日本本州东部近海
19610116	1212350	36.20	141.70	105	6.6	日本本州东部远海
19610116	1404053	36.30	141.20	127	6.1	日本本州东部近海
19610116	1541170	36.60	141.50	52	6.5	日本本州东部近海
19610119	1722169	49.70	155.80	31	6.0	堪察加半岛以南
19610120	1709157	56.60	-152.30	46	6.3	阿拉斯加湾
19610122	0324070	-12.30	165.90	25	7.0	圣克鲁斯群岛
19610126	1613251	-21.50	169.50	119	6.4	新赫布里底群岛以南
19610128	1943014	-21.30	169.50	50	6.2	新赫布里底群岛以南
19610131	0048355	56.20	-153.80	63	6.3	阿拉斯加湾
19610204	1906180	24.20	122.80	45	6.2	中国台湾花莲东北近海
19610206	2145135	-6.80	155.30	59	6.6	所罗门群岛
19610208	0804138	-10.60	-71.00	669	6.2	秘鲁东南部边境地区
19610209	0208181	-28.40	-177.50	45	6.5	克马德克群岛
19610211	2101102	-28.40	-177.60	61	6.5	克马德克群岛
19610212	2153435	43.70	147.60	45	6.9	日本北海道东北
19610212	2326345	44.00	147.70	23	6.1	日本北海道东北
19610213	1627209	43.70	149.60		6.1	日本北海道以东
19610214	0322007	43.80	147.90	20	6.2	日本北海道东北
19610215	1045159	43.70	147.40	69	6.3	日本北海道东北
19610216	1354537	43.20	148.00	71	6.2	日本北海道以东
19610223	0416243	38.40	142.80	116	6.3	日本本州东北远海
19610224	0304230	25.90	125.70	110	6.0	中国台湾赤尾屿近海
19610226	0548463	-32.90	-111.20	29	6.3	复活节岛西南
19610226	1810520	31.80	131.60	56	7.2	日本九州岛东南
19610305	0126261	-10.70	161.60	100	6.2	所罗门群岛
19610307	0643110	-43.30	-80.40	25	6.0	智利西南海中
19610307	1010340	-28.80	-175.60	20	7.4	克马德克群岛
19610307	1908361	-38.40	78.10	30	6.0	圣波尔岛以北
19610311	0131344	48.70	154.60	26	6.2	千岛群岛
19610311	0841036	11.70	43.00		6.0	亚丁湾
19610313	0803439	19.20	-107.30	49	6.2	墨西哥西南远海
19610315	1014555	-3.30	150.60	21	6.0	新爱尔兰岛
19610316	1345356	-8.20	122.00	74	6.5	努沙登加拉群岛
19610317	2010417	-24.00	-175.80	87	6.0	汤加群岛

续表

年月日	时分秒	纬度（°）	经度（°）	震源深度（km）	震级	参考地震（M_S≥8后注M_W）
19610318	1454560	-49.90	163.40	38	6.9	奥克兰群岛地区
19610320	0616211	11.30	-86.50	60	6.0	哥斯达黎加西南近海
19610320	1553208	-18.40	-175.30	228	6.6	汤加群岛
19610320	2342335	-24.10	-175.60		6.3	萨摩亚群岛
19610324	2257055	35.70	141.30		6.1	日本本州以东近海
19610328	0935554	0.20	123.60	83	6.9	北苏拉威西
19610328	1229127	51.70	-176.20	60	6.2	阿留申群岛
19610328	2101562	-22.10	-68.00	125	6.0	玻利维亚西南部
19610330	0849443	-15.20	-173.20		6.0	萨摩亚群岛
19610401	1518260	39.90	77.80	20	6.8	中国新疆巴楚以西
19610404	0946400	39.90	77.80		6.4	中国新疆巴楚以西
19610408	1759467	-38.20	-72.70	60	6.6	智利康塞普西翁附近
19610408	2136416	14.80	145.10	105	6.5	马里亚纳群岛
19610409	0921303	-26.00	178.30	626	6.4	汤加群岛
19610409	1535090	24.10	122.20		6.5	中国台湾花莲以东近海
19610412	2220336	13.10	-88.90	122	6.0	萨尔瓦多近海
19610413	1634390	39.80	77.70		6.8	中国新疆巴楚以西<20>
19610420	2139066	-15.70	-172.90	8	6.1	萨摩亚群岛
19610421	2010383	47.70	154.60	27	6.0	千岛群岛
19610423	0514311	26.20	129.80	110	6.0	琉球群岛
19610423	0901418	44.60	150.20	44	6.5	千岛群岛
19610426	0738541	44.60	149.90	20	6.1	千岛群岛
19610430	1115198	44.60	149.70	70	6.0	千岛群岛
19610502	2244486	-28.00	-176.80	45	6.6	克马德克群岛
19610507	0025408	-6.10	154.40	123	6.5	所罗门群岛
19610507	1022437	5.80	126.80	89	6.3	菲律宾棉兰老岛
19610508	1923354	-24.30	-69.70	48	6.0	智利北部
19610511	0838271	-37.20	-73.60	47	6.2	智利康塞普西翁附近
19610513	1919390	25.50	122.40	250	6.0	中国台湾基隆东北近海
19610516	2145240	30.00	132.00	25	6.0	琉球群岛地区
19610517	1929193	52.00	173.90	21	6.5	阿留申群岛
19610519	1637289	24.17	123.67	71	6.0	琉球群岛
19610522	1344344	-21.30	-174.40	53	6.2	汤加群岛
19610522	1732288	-23.00	-176.20	84	6.5	汤加群岛
19610523	0245160	36.70	28.50	70	6.5	土耳其西南近海
19610523	1644594	12.60	-87.30	138	6.3	尼加拉瓜西部沿海
19610601	2329212	10.60	39.80		6.3	埃塞俄比亚
19610602	0451106	10.40	39.90		6.4	埃塞俄比亚
19610604	0733030	34.15	81.90		6.5	中国西藏西部多木拉附近

续表

年月日	时分秒	纬度（°）	经度（°）	震源深度（km）	震级	参考地震（M_S≥8后注M_W）
19610607	1415189	-5.40	-11.60	17	6.2	大西洋中部
19610609	0936492	41.00	50.70	17	6.0	里海巴库附近
19610610	2131509	-24.20	-112.10	47	6.2	复活节岛西北
19610611	0510260	27.90	54.70	37	6.8	伊朗法尔斯省
19610611	1231268	28.20	54.60	36	6.1	伊朗南部
19610613	2137586	-21.70	-176.20	157	6.2	汤加群岛
19610615	2324438	45.90	151.20	36	6.0	千岛群岛
19610616	1031573	8.90	-73.40	94	6.5	委内瑞拉
19610617	1507337	14.20	-92.20	95	6.2	危地马拉近海
19610618	1355168	-31.50	179.80	406	6.2	克马德克群岛
19610619	1704370	36.50	70.90	200	6.6	兴都库什山区
19610620	0321295	12.20	44.30		6.1	亚丁湾
19610623	0855552	44.10	-128.90	56	6.3	俄勒冈远海
19610624	0936056	4.00	97.50	135	6.0	苏门答腊北部
19610625	1646386	21.80	143.50	33	6.0	马里亚纳群岛北
19610626	1447230	52.20	174.70	40	6.2	阿留申群岛
19610627	0703410	27.40	99.50	10	6.0	中国云南中甸地区
19610629	0922558	-13.90	166.00	37	6.3	新赫布里底群岛以北
19610704	0610448	18.00	146.40	145	6.5	马里亚纳群岛
19610706	2209294	-20.60	169.40	27	6.7	新赫布里底群岛以南
19610707	1310438	-5.70	149.70	57	6.7	新不列颠岛
19610708	0335205	-20.20	168.70		6.0	新赫布里底群岛以南
19610708	1534374	-20.10	168.70	26	6.2	新赫布里底群岛以南
19610711	0931426	8.00	93.10	17	6.2	尼科巴群岛
19610718	1403365	29.40	131.60	21	6.9	琉球群岛地区
19610719	1158437	29.80	131.50	31	6.0	琉球群岛地区
19610723	1403398	-18.60	168.20	44	6.2	新赫布里底群岛
19610723	2151050	-18.30	168.20	44	7.2	新赫布里底群岛
19610726	0919020	-37.60	176.90	230	6.0	新西兰普伦提湾
19610728	0105300	-2.20	-77.10	136	6.2	厄瓜多尔
19610728	0611387	-18.70	167.70	41	6.0	新赫布里底群岛
19610801	0539532	-9.90	160.50	50	6.5	所罗门群岛
19610801	0721122	-57.00	-25.10	44	6.2	南桑威奇海沟
19610801	0934407	-57.30	-26.10	31	6.0	南桑威奇海沟
19610808	1218231	51.20	-170.70		6.6	阿留申群岛
19610809	1602355	-19.20	168.80	44	6.0	新赫布里底群岛
19610811	1551340	42.90	145.20	37	7.0	日本北海道
19610814	1850544	-24.40	-175.70	53	6.0	汤加群岛
19610814	2328465	-20.40	169.40	97	6.2	新赫布里底群岛以南

续表

年月日	时分秒	纬度（°）	经度（°）	震源深度（km）	震级	参考地震（M_S≥8后注M_W）
19610815	1903557	33.00	142.40	39	6.3	日本海沟
19610817	2116301	46.40	149.30	160	6.7	千岛群岛
19610819	0509500	-10.80	-71.00	649	7.0	秘鲁东南部
19610819	0533350	36.10	136.70	30	7.2	日本本州
19610821	1606547	-18.00	-174.00	47	6.0	汤加群岛
19610823	0412359	38.90	68.70	25	6.3	塔吉克地区
19610827	1622128	47.00	154.00	45	6.5	千岛群岛
19610827	1647491	18.10	146.60	38	6.3	马里亚纳群岛
19610828	0741278	-12.80	169.40	640	6.0	圣克鲁斯群岛
19610831	0148380	-10.70	-70.90	626	7.2	秘鲁东南部
19610831	0157080	-10.50	-70.70	629	7.5	秘鲁巴西接壤地区
19610901	0009350	-59.50	-27.30	131	7.5	南桑威奇群岛
19610901	1850354	13.60	-92.50	37	6.4	危地马拉近海
19610904	0949107	51.40	-178.10	40	6.0	阿留申群岛
19610905	0613000	38.50	73.20	80	6.0	中国新疆乌孜别里山口地区
19610905	1134314	59.80	-150.80		6.2	阿拉斯加
19610908	1126330	-56.30	-27.10	125	7.7	南桑威奇群岛
19610913	2119260	-41.60	-73.20	154	6.5	智利南部
19610915	0146099	34.90	33.80	36	6.0	塞浦路斯岛
19610917	0841560	24.10	122.20	30	6.3	中国台湾花莲东近海
19610919	0225492	-20.50	-62.90	580	6.4	玻利维亚东南部
19610919	0946177	6.70	-82.40	33	6.3	巴拿马西南远海
19610920	1903377	-3.60	151.00	44	6.2	新爱尔兰岛
19610927	1208326	-59.30	-23.30		6.1	南桑威奇海沟
19610927	1920486	52.70	-168.70	42	6.0	阿留申群岛
19610927	1927007	52.40	-168.70	22	6.0	阿留申群岛
19610928	0123596	-3.90	102.00	78	6.3	苏门答腊中部
19610928	0324377	30.80	141.60	41	6.0	日本海沟
19610929	1906080	0.50	122.40	110	6.4	北苏拉威西
19611010	1724589	-4.70	138.20	36	6.0	新几内亚岛
19611018	1651573	-36.70	-73.00		6.8	智利中部近海
19611018	1810304	-36.90	-73.50	55	6.0	智利中部近海
19611019	1119201	-37.10	-70.60	149	6.2	阿根廷智利接壤地区
19611023	0008366	-60.20	-33.60		6.5	南桑威奇海沟
19611023	1439359	3.50	126.60	20	6.5	马鲁古群岛
19611026	0038228	-3.10	148.10		6.3	俾斯麦群岛
19611026	1527059	-0.30	98.70	34	6.4	苏门答腊北部
19611106	0528228	-13.30	166.50	59	6.0	新赫布里底群岛以北
19611109	0419420	-22.90	-67.90	84	6.0	智利北部边境

续表

年月日	时分秒	纬度（°）	经度（°）	震源深度（km）	震级	参考地震（M_S≥8后注M_W）
19611114	0442245	7.30	-82.40	29	6.2	巴拿马西南近海
19611115	0717060	42.80	145.50	43	6.9	日本北海道
19611116	0819541	18.50	-68.90	150	6.0	多米尼加
19611119	2321555	0.80	124.30	157	6.8	北苏拉威西
19611127	0557077	31.60	131.10		6.4	日本九州岛南
19611127	1710381	-0.40	127.60		6.4	马鲁古群岛
19611201	2113050	26.40	125.00	210	6.3	中国东海
19611205	1302357	-16.40	168.00	205	6.1	新赫布里底群岛
19611206	0548383	13.60	93.40	35	6.3	安达曼群岛
19611206	1335591	-23.60	-176.20	138	6.2	汤加群岛
19611206	1639376	49.30	155.40	60	6.3	千岛群岛
19611209	0215208	56.30	-153.50		6.1	阿拉斯加湾
19611209	1118084	-43.70	-75.20	34	6.8	智利南部近海
19611209	1949403	-21.90	179.90	564	6.0	斐济海
19611214	0710232	-3.10	140.90	44	6.0	新几内亚岛
19611220	1325344	4.60	-75.60	176	6.9	哥伦比亚西部
19611224	2343192	-38.30	-74.60	31	6.2	智利中部近海
19611227	2348017	-41.70	176.70	40	6.3	新西兰中部远海
19611230	0039271	52.30	177.60	56	6.8	阿留申群岛
19620104	0435413	33.70	135.20	43	6.4	日本本州岛西南
19620105	0023316	-15.00	-177.60		6.3	斐济群岛
19620105	0808025	-15.40	-172.60		6.2	克马德克群岛
19620107	1003143	43.25	17.10		6.0	克罗地亚南部滨海地带
19620108	0100227	18.40	-70.50	33	6.7	多米尼加
19620109	1240493	43.00	144.90	53	6.0	日本北海道
19620111	0505041	43.30	17.02		6.1	克罗地亚南部滨海地带
19620116	1135450	-30.50	-178.10	50	6.5	克马德克群岛
19620126	0522510	32.20	138.10	333	6.2	日本本州以南远海
19620126	0817399	35.40	22.70		6.4	克里特岛以东
19620128	0540041	-17.20	-171.90		6.2	汤加群岛
19620203	0037574	-1.30	137.50		6.6	新几内亚岛
19620205	2255519	35.90	139.10	136	6.2	日本本州
19620211	0242356	29.60	139.10	400	6.2	日本伊豆诸岛以南
19620211	1855328	-4.50	153.50	111	6.3	新爱尔兰岛
19620214	0636110	-37.50	-72.10	84	7.3	智利康塞普西翁附近
19620220	1605454	43.10	144.80	56	6.4	日本北海道
19620220	2202396	25.80	96.80		6.5	缅甸北部
19620223	2021286	-3.80	152.00	25	6.0	新不列颠岛

年月日	时分秒	纬度（°）	经度（°）	震源深度（km）	震级	参考地震（M_S≥8后注M_W）
19620227	1249502	-37.40	-72.50	63	6.5	智利康塞普西翁附近
19620301	2341115	-14.00	172.10		6.1	新赫布里底群岛以东
19620307	1101046	19.20	145.10	685	7.0	马里亚纳群岛北
19620311	1523407	52.30	178.00	135	6.1	阿留申群岛
19620311	1919094	9.00	126.50	51	6.5	菲律宾棉兰老岛
19620312	1140122	8.10	-82.90	58	6.8	巴拿马西南近海
19620317	2047323	10.90	-43.20	75	7.0	大西洋中部
19620318	1530355	40.60	19.50		6.2	阿尔巴尼亚南部
19620318	2018530	23.71	114.67	5	6.1	中国广东河源地区
19620319	0554369	0.20	123.60	150	6.5	北苏拉威西
19620321	2257539	-6.10	112.90	630	6.4	爪哇海
19620322	0019432	-6.00	113.00	575	6.0	爪哇海
19620322	1513135	-3.30	142.70	100	6.7	新几内亚岛
19620324	1259323	-5.70	145.20	98	6.8	新几内亚岛
19620326	1632436	-40.65	-73.30	32	6.2	智利南部
19620401	1211092	-4.20	143.60	80	6.5	新几内亚岛
19620407	0621384	10.00	144.40	50	6.0	加罗林群岛中部
19620410	2137126	37.90	20.10	35	6.3	爱奥尼亚海
19620412	0052430	38.10	142.50		7.2	日本本州东北
19620416	1320151	30.60	140.60	110	6.4	日本伊豆诸岛以南
19620418	1914366	-9.90	-78.90	23	6.3	秘鲁近海
19620419	2316045	69.80	138.80	17	6.2	契尔斯基山脉
19620420	0547511	20.50	-72.10		6.7	海地以北远海
19620422	0445203	15.50	-93.10	70	6.0	墨西哥恰帕斯州
19620423	0558120	42.50	143.80	66	7.2	日本北海道东南
19620425	1547294	38.40	142.50	56	6.3	日本本州东北远海
19620426	0726313	-17.30	-179.10	657	6.0	斐济群岛
19620430	0226210	38.70	141.10		6.4	日本本州北部
19620430	1616512	-18.10	-176.10		6.4	斐济群岛
19620503	0334490	-60.00	-32.90	20	6.0	南桑威奇海沟
19620505	1111493	34.10	139.30	57	6.1	日本伊豆诸岛
19620506	1900090	-60.20	-33.70		7.0	南桑威奇海沟
19620507	1739503	45.20	146.90	20	6.7	日本北海道东北
19620510	0003399	62.00	-150.10	82	6.0	阿拉斯加
19620510	0512159	52.40	-170.90	43	6.0	阿留申群岛
19620511	1411550	17.30	-99.60	37	7.0	墨西哥格雷罗州
19620515	0523510	-7.40	128.30	66	7.2	班达海
19620519	1458100	17.10	-99.60		7.0	墨西哥格雷罗州
19620521	1202520	37.10	96.00	25	6.8	中国青海北霍鲁逊湖地区

续表

年月日	时分秒	纬度（°）	经度（°）	震源深度（km）	震级	参考地震（M_S≥8后注M_W）
19620521	2115300	-19.80	-177.40	342	6.7	汤加群岛
19620522	0806399	-12.30	166.60	135	6.8	圣克鲁斯群岛
19620522	2203311	-5.40	151.90	54	6.7	新不列颠岛
19620531	0628261	22.00	142.70	258	6.3	马里亚纳群岛以北
19620602	1715138	29.90	130.70	54	6.3	琉球群岛
19620611	0715414	43.60	18.30		6.3	萨拉热窝附近
19620614	0751533	54.10	169.10	30	6.1	阿留申群岛
19620614	0755518	54.30	-169.20	60	6.0	阿留申群岛
19620614	2214150	26.30	126.10	10	6.0	中国东海
19620618	2342371	-4.90	152.00	100	6.5	新不列颠岛
19620621	0443433	5.70	-82.60		6.2	巴拿马以南近海
19620623	0944389	25.50	128.30		6.6	琉球群岛
19620623	0958270	19.20	121.30	45	6.0	菲律宾巴布延群岛
19620624	0121180	25.20	101.20		6.2	中国云南南华附近<18>
19620625	1110250	24.10	122.70		6.5	中国台湾花莲东北近海
19620629	1628038	62.40	-152.20	23	6.0	阿拉斯加
19620702	0832379	-10.60	166.00	114	6.2	圣克鲁斯群岛
19620703	1813356	-56.30	-142.50	25	6.2	南太平洋
19620705	1740553	30.90	141.80	23	6.0	日本海沟
19620706	2305322	36.60	70.40	203	6.9	兴都库什山区
19620707	0612489	51.30	178.60	60	6.0	阿留申群岛
19620711	1240307	11.90	122.10	25	6.0	菲律宾米沙鄢群岛
19620712	2205588	-3.90	-104.10	25	6.0	东太平洋海丘
19620713	0332005	10.40	122.60	66	6.0	菲律宾米沙鄢群岛
19620715	0647225	39.80	140.90	103	6.4	日本本州北部
19620716	1254431	62.30	-152.60	50	6.0	阿拉斯加
19620717	0532088	-43.00	-74.90	26	6.3	智利南部近海
19620717	1720229	43.10	144.50	30	6.0	日本北海道
19620725	0437429	18.90	-81.20		6.2	加勒比海
19620726	0814410	7.50	-82.80	21	7.4	巴拿马西南近海
19620730	1716430	-3.30	143.90	25	7.0	新几内亚岛
19620730	2018433	5.00	-76.30	45	6.9	哥伦比亚西部
19620801	0436576	-3.20	143.70		6.9	新几内亚岛
19620803	0856120	-23.20	-67.50	71	7.1	智利阿根廷接壤地区
19620806	0135305	32.00	-40.80	48	6.1	北大西洋
19620806	2051568	-26.90	-177.10	50	6.1	汤加群岛
19620811	0815440	25.20	123.30	140	6.5	中国台湾基隆以东近海
19620813	0635560	2.10	-83.50		6.4	哥伦比亚西南远海
19620817	0504315	10.60	121.60		6.3	菲律宾米沙鄢群岛

年月日	时分秒	纬度（°）	经度（°）	震源深度（km）	震级	参考地震（M_S≥8后注M_W）
19620818	1643559	62.30	-152.50	46	6.1	阿拉斯加
19620818	1746157	62.20	-152.50	40	6.1	阿拉斯加
19620819	1826380	44.70	81.60		6.4	中国新疆赛里木湖地区
19620821	1819333	41.15	15.10	34	6.1	意大利半岛南部
19620821	1844510	41.20	15.10		6.0	意大利半岛南部
19620821	2106001	-28.70	-176.80	55	6.3	克马德克群岛
19620821	2109503	-29.60	-111.90		6.3	复活节岛西南
19620824	0904229	-15.00	-173.30		6.0	萨摩亚群岛
19620826	0831487	-20.50	-178.50	561	6.0	斐济海
19620828	1059585	38.00	23.10	120	6.8	希腊雅典以西
19620831	1702434	51.30	-179.70	26	6.6	阿留申群岛
19620901	0346050	51.30	-179.70	25	6.4	阿留申群岛
19620901	0441415	51.30	-179.90	37	6.0	阿留申群岛
19620901	0452145	-15.90	168.20	244	6.0	新赫布里底群岛
19620901	0751082	51.30	-179.90	42	6.3	阿留申群岛
19620901	1920400	35.60	49.90	29	7.3	伊朗中央省
19620910	1543594	-21.10	-179.20	640	6.5	斐济海
19620912	2057004	36.50	69.20	50	6.6	阿富汗
19620915	2250463	48.50	156.80		6.6	千岛群岛地区
19620916	0305330	19.30	-103.10	100	6.0	墨西哥哈利斯科州
19620917	1755454	-21.00	-179.10	601	6.0	斐济海
19620918	0029052	7.50	-82.30	33	7.0	巴拿马西南近海
19620922	0651523	26.50	97.00		6.4	缅甸北部
19620924	1438217	42.80	145.30		6.4	日本北海道
19620929	1517477	-27.00	-63.60	575	6.4	阿根廷北部
19621001	1213574	27.90	54.90	16	6.5	伊朗南部
19621006	0423241	-17.40	167.70		6.6	新赫布里底群岛
19621006	0803317	-17.20	168.00		6.0	新赫布里底群岛
19621006	2331277	-17.50	167.50	42	6.0	新赫布里底群岛
19621008	2156190	24.40	121.90		6.5	中国台湾花莲东北近海
19621008	2224070	24.10	121.80	39	6.0	中国台湾花莲以东近海
19621009	2014383	-3.20	148.20		6.3	俾斯麦群岛
19621021	0205237	61.40	-149.20	71	6.0	阿拉斯加
19621025	2006100	-61.40	154.90		6.0	南太平洋海岭
19621031	1132290	5.60	-82.60		6.4	巴拿马以南远海
19621101	1533226	1.90	133.00	56	6.0	新几内亚岛
19621104	2253342	-43.20	-75.60		6.0	智利南部近海
19621108	0033138	-4.40	-105.50		6.2	东太平洋海丘
19621110	0133190	43.80	147.20	60	6.7	日本北海道以东

续表

年月日	时分秒	纬度（°）	经度（°）	震源深度（km）	震级	参考地震（M_S≥8后注M_W）
19621111	1609576	-12.90	166.50	77	6.2	圣克鲁斯群岛
19621111	2214187	-43.20	-76.00		6.2	智利南部近海
19621115	2325157	-8.70	-79.80	45	6.1	秘鲁近海
19621116	0718373	-32.30	-111.10	43	6.5	复活节岛以南
19621116	2110018	13.50	93.20		6.7	安达曼群岛
19621127	0653010	25.10	123.00	175	6.3	中国台湾基隆市东北近海
19621129	1906376	-17.30	168.50		6.1	新赫布里底群岛
19621207	1403370	29.20	139.20	411	6.9	小笠原群岛西北
19621208	1818291	-15.20	-173.70		6.5	萨摩亚群岛
19621208	2127222	-25.80	-63.40	620	6.8	阿根廷北部
19621208	2255012	50.50	-176.80		6.2	阿留申群岛
19621212	1008485	-4.80	153.80	94	6.4	新爱尔兰岛
19621217	1100160	2.10	122.90	383	6.0	苏拉威西海
19621221	0044197	-9.00	112.40	64	6.2	爪哇岛
19621221	0627491	52.50	-168.70		7.1	阿留申群岛
19621221	0842483	52.40	-168.50		6.6	阿留申群岛
19621221	0900414	52.40	-168.50		6.2	阿留申群岛
19621221	0910016	52.50	-168.50		6.6	阿留申群岛
19621221	0933155	42.40	142.30	27	6.4	日本北海道
19621222	0052234	-22.00	170.10		6.5	斐济海
19621222	0159503	-9.20	112.40	61	6.0	爪哇岛
19621222	1520310	52.50	-168.80	47	6.5	阿留申群岛
19621226	2225155	53.90	168.70		6.6	阿留申群岛
19621226	2325167	23.90	65.40	34	6.0	阿拉伯海北部
19621226	2346147	54.00	168.80		6.4	阿留申群岛
19621227	1402021	-4.90	145.10	35	6.0	新几内亚岛
19621227	1818420	39.90	142.00	36	6.3	日本本州北部近海
19621229	1041041	-20.00	-69.90	46	6.6	智利北部
19621229	1447414	-31.20	-177.90	43	6.2	克马德克群岛
19630101	2339055	56.50	-157.60	67	6.5	阿拉斯加
19630104	1216380	-4.70	154.00	69	6.0	新爱尔兰岛
19630106	2120565	47.40	155.90		6.1	千岛群岛
19630111	1212162	-45.00	-75.70		6.1	智利南部近海
19630127	1935143	41.20	49.80		6.1	里海西岸地区
19630128	1212198	-2.60	149.90		6.5	俾斯麦群岛
19630128	1300467	54.60	-161.60	51	6.7	阿拉斯加
19630129	0921143	49.70	154.90	126	6.4	千岛群岛
19630130	1010041	-55.60	-28.30		6.8	南桑威奇海沟

续表

年月日	时分秒	纬度（°）	经度（°）	震源深度（km）	震级	参考地震（M_S≥8后注M_W）
19630131	0506440	27.10	126.80	40	6.3	中国东海
19630204	2321090	48.50	154.90	85	6.0	千岛群岛
19630205	2039216	-38.40	-73.20	41	6.6	智利康塞普西翁附近
19630206	0121290	-38.40	-73.60		6.2	智利康塞普西翁附近
19630206	0155590	-7.90	119.90	306	6.1	佛罗勒斯海
19630213	0850070	24.40	122.20		7.0	中国台湾宜兰东南近海
19630213	1813551	-9.90	160.80	29	6.7	所罗门群岛
19630214	0704408	-7.20	128.20	197	6.5	班达海
19630214	2207543	-5.00	144.60	80	6.4	新几内亚岛
19630226	2014090	-7.50	146.20	171	7.3	新几内亚岛
19630227	0430008	-6.00	149.40	52	6.4	新不列颠岛
19630304	1338430	24.50	121.90		6.0	中国台湾宜兰东南近海
19630304	1543040	-4.50	-81.60		6.0	秘鲁以北近海
19630305	0705017	-4.50	-81.50	31	6.0	秘鲁以北近海
19630307	0522017	-27.00	-113.50		6.5	复活节岛以西
19630307	1216285	-44.30	-75.30	45	6.3	智利南部近海
19630310	0125592	56.20	-153.70		6.0	拉斯加湾
19630310	0253290	24.70	122.20		6.1	中国台湾宜兰近海
19630310	1051481	-29.90	-71.20	70	6.1	智利中部近海
19630316	0844460	46.80	154.80	26	7.0	千岛群岛
19630324	0207128	-9.70	120.40		6.2	努沙登加拉群岛
19630324	1244032	34.40	47.90		6.0	伊朗西部
19630324	2135244	51.80	-178.10	57	6.0	阿留申群岛
19630325	2017038	-56.30	149.90	39	6.0	南太平洋海岭
19630325	2246162	0.70	96.50	30	6.4	苏门答腊北部
19630326	0948140	-30.00	-177.70	45	7.0	克马德克群岛
19630326	1325026	-29.80	-177.90	42	7.0	克马德克群岛
19630326	1947460	44.40	146.70	110	6.2	日本北海道以东
19630326	2134411	36.00	135.70		6.5	日本本州西部沿海
19630328	0015476	66.30	-19.40	15	7.0	冰岛以北
19630330	0153285	-19.10	169.00	156	6.3	新赫布里底群岛
19630330	1651566	44.20	148.00		6.3	日本北海道东北
19630331	0530493	-29.90	-177.70	48	6.5	克马德克群岛
19630331	0707363	-6.10	149.00	60	6.3	新不列颠岛
19630331	1728527	0.80	96.60		6.0	苏门答腊北部
19630331	1922533	-30.00	-178.00	50	6.2	克马德克群岛
19630401	0428443	44.80	141.10	255	6.7	日本北海道岛
19630402	1618553	53.10	-171.70	42	6.4	阿留申群岛
19630403	1447556	-55.50	-128.10		6.5	南太平洋

续表

年月日	时分秒	纬度（°）	经度（°）	震源深度（km）	震级	参考地震（M_S≥8后注M_W）
19630406	1119233	63.40	-149.60	39	6.0	阿拉斯加
19630407	1528018	53.70	-170.10	200	6.0	阿留申群岛
19630407	2236034	-4.90	103.20	72	6.6	苏门答腊南部
19630412	0841567	-39.00	176.70	106	6.0	新西兰霍克湾区
19630413	0220575	-6.20	-76.50	125	6.7	秘鲁西北部
19630413	1431210	-3.40	135.40	31	6.0	新几内亚岛
19630416	0129220	-1.10	128.00	40	7.0	马鲁古群岛
19630416	0155109	-0.70	128.00	32	6.5	马鲁古群岛
19630416	1203444	-1.10	127.40	50	6.0	马鲁古群岛
19630417	0211261	-19.60	178.60		6.6	斐济海
19630419	0735210	35.70	97.00		7.0	中国青海阿拉克湖地区
19630421	0438250	24.22	122.37	40	6.0	中国台湾花莲东北近海
19630421	1038302	-3.20	146.90		6.0	俾斯麦海
19630423	0251158	46.70	103.50		6.0	蒙古前杭爱省
19630423	0955070	25.80	99.50	20	6.0	中国云南云龙地区
19630427	0842581	-0.90	128.40	27	6.1	马鲁古群岛
19630429	1451524	-64.00	159.20		6.0	南太平洋海岭
19630429	2144171	51.30	178.70	60	6.0	阿留申群岛
19630430	0058192	-0.90	128.80		6.5	马鲁古群岛
19630501	1003200	-19.00	168.90	140	7.0	新赫布里底群岛
19630502	2313128	63.20	-149.00	82	6.0	阿拉斯加
19630504	0556041	51.80	-175.40	70	6.0	阿留申群岛
19630506	0838320	-9.20	112.40	80	6.0	爪哇岛
19630508	0850560	54.90	-163.90	90	6.0	阿拉斯加
19630508	1022096	36.60	141.00	45	6.4	日本本州东部
19630510	2222427	-2.10	-77.60		6.5	厄瓜多尔
19630512	0942573	-57.00	159.40		6.2	麦阔里岛南
19630512	2008369	57.30	-154.00	26	6.5	阿拉斯加
19630512	2037178	56.10	163.10	69	6.0	堪察加半岛东部
19630517	0609204	15.70	120.10	99	6.2	菲律宾吕宋岛西南
19630517	2240067	-24.70	-177.30	70	6.0	汤加群岛
19630518	1220344	-8.20	115.60	65	6.0	努沙登加拉群岛
19630519	0103062	-46.30	-74.80	48	6.7	智利南部近海
19630519	2135470	23.80	-46.00	10	6.4	北大西洋
19630520	1138053	-30.70	-178.30	68	6.8	克马德克群岛
19630522	1356475	48.70	154.80	54	6.3	千岛群岛
19630522	1542515	4.30	127.90	82	6.0	马鲁古群岛
19630522	2153037	-8.20	115.70	47	6.0	努沙登加拉群岛
19630523	0333248	-15.00	-176.70	302	6.0	斐济群岛

续表

年月日	时分秒	纬度（°）	经度（°）	震源深度（km）	震级	参考地震（M_S≥8后注M_W）
19630525	1608006	-56.70	-24.80	29	6.2	南桑威奇海沟
19630526	2306540	55.20	160.10	34	6.0	堪察加半岛
19630527	0358466	55.20	160.10	49	6.0	堪察加半岛
19630528	2104154	47.50	152.60	166	6.0	千岛群岛
19630530	0656086	-54.30	144.10		6.0	南极-澳大利亚海丘
19630601	2113530	-15.30	-173.40		6.0	萨摩亚群岛
19630602	2104216	-58.30	-15.30		6.3	印度洋海盆地区
19630604	2104423	-1.20	127.30		6.2	马鲁古群岛
19630606	0518560	19.90	120.50	42	6.0	中国台湾恒春以南远海
19630610	0416384	-55.90	146.20		6.2	南极-澳大利亚海丘
19630610	0639041	-55.20	146.10	18	6.4	南极-澳大利亚海丘
19630616	1948250	55.60	-160.40	60	6.4	阿拉斯加
19630617	1830543	-65.70	-179.30		6.2	南太平洋海岭
19630617	1832099	60.50	-140.80		6.0	阿拉斯加
19630617	2302060	-4.10	102.20	70	6.2	苏门答腊南部
19630619	0909040	4.70	126.50	83	6.3	马鲁古群岛
19630619	1047246	25.00	92.10	51	6.2	孟加拉国北部
19630620	2246188	-28.00	-176.50	48	6.0	克马德克群岛
19630621	1526293	24.90	92.10	53	6.4	孟加拉国东部
19630624	0426310	59.50	-152.10		6.7	阿拉斯加
19630626	1409210	36.40	76.70	70	6.0	中国新疆麻扎以西
19630626	1742422	7.00	-82.30	34	6.2	巴拿马西南近海
19630628	0228507	-27.50	66.00	28	6.3	西印度洋海岭
19630628	2155368	46.70	153.30	12	6.8	千岛群岛
19630630	2204528	46.50	153.30		6.0	千岛群岛
19630704	1058132	-26.30	-177.70	158	6.8	汤加群岛
19630705	0548134	-11.60	-77.50	55	6.0	秘鲁沿海
19630709	0304370	46.30	153.70		6.0	千岛群岛
19630709	0924333	8.50	-83.00	31	6.1	巴拿马
19630710	0522571	46.30	152.90		6.5	千岛群岛
19630710	1952194	19.20	145.60	171	6.5	马里亚纳群岛北
19630714	0541430	10.40	-62.60	24	6.3	帕里亚湾
19630714	1706386	-39.40	174.90	159	6.0	新西兰惠灵顿区
19630716	1827184	43.10	41.50		6.7	高加索西部沿海
19630718	0458092	-61.00	-22.30		6.0	南桑威奇海沟
19630719	0546052	43.40	8.15		6.2	法国科西嘉岛以北
19630720	0636108	-57.60	148.50		6.4	南太平洋海岭
19630724	1132210	24.60	122.10		6.2	中国台湾宜兰东南近海
19630724	1904325	-9.00	158.20		6.0	所罗门群岛

续表

年月日	时分秒	纬度（°）	经度（°）	震源深度（km）	震级	参考地震（M_S≥8后注M_W）
19630726	0417167	42.10	21.50		6.0	南斯拉夫南部
19630728	1851367	46.60	153.10		6.0	千岛群岛
19630729	2014073	-30.20	-177.30	85	6.6	克马德克群岛
19630729	2016369	-29.70	-177.00		6.4	克马德克群岛
19630730	0545533	-29.60	-177.30		6.3	克马德克群岛
19630730	1351578	-55.90	-27.50		6.0	南桑威奇群岛
19630803	1021366	7.70	-35.80		6.9	大西洋中部
19630808	0214544	54.20	168.10		6.2	阿留申群岛
19630808	1116112	-5.80	151.00	48	6.0	新不列颠岛
19630809	1436459	-15.30	-175.70		6.0	斐济群岛
19630814	1843555	-3.40	135.40		6.2	新几内亚岛
19630815	0217160	27.90	139.60	500	6.0	小笠原群岛西
19630815	0611308	37.70	141.90	50	6.6	日本本州东北
19630815	1725060	-13.80	-69.30	543	7.7	秘鲁西南部
19630817	1112412	30.60	130.90		6.5	日本吐噶喇列岛
19630818	1843161	50.30	-176.90		6.0	阿留申群岛
19630822	1952250	-9.40	158.00		6.7	所罗门群岛
19630825	1218125	-17.50	-178.80	565	6.5	斐济群岛
19630829	0853500	39.80	74.20		6.5	中国新疆乌恰以西
19630829	1530314	-7.10	-81.60	23	6.5	秘鲁近海
19630904	1332123	71.30	-73.10		6.3	巴芬湾
19630906	0603521	36.40	130.60		6.0	日本海
19630907	0116551	36.40	130.60		6.0	日本海
19630908	1950298	-23.60	179.80	550	6.2	斐济海
19630909	0245455	-4.40	152.70	34	6.2	新爱尔兰岛
19630914	0352169	-31.40	-179.00		6.2	克马德克群岛
19630914	0717185	19.00	145.00	610	6.2	马里亚纳群岛
19630915	0046480	-10.40	165.60	43	7.3	圣克鲁斯群岛
19630917	0554337	-10.60	-78.20	61	6.4	秘鲁近海
19630917	1920060	-10.20	165.40	17	7.3	圣克鲁斯群岛
19630918	1658125	40.75	29.00		6.2	马尔马拉海
19630918	1718008	-3.30	139.90	90	6.0	新几内亚岛
19630922	0256243	-19.30	175.90	28	6.1	汤加群岛
19630923	0910568	-16.60	28.80		6.1	东非裂谷地带
19630924	1630160	-10.60	-78.00	80	7.0	秘鲁近海边
19630925	0703546	-16.70	28.70		6.4	东非裂谷地带
19630927	1125536	-17.20	174.70		6.0	新赫布里底群岛
19631003	2324347	32.20	131.60		6.4	日本九州
19631007	1314246	-23.60	179.90	550	6.0	斐济海

续表

年月日	时分秒	纬度（°）	经度（°）	震源深度（km）	震级	参考地震（M_S≥8后注M_W）
19631008	0017011	-15.10	-173.20		6.1	萨摩亚群岛
19631012	1126550	44.70	149.20	20	7.0	千岛群岛地区
19631013	0517510	44.90	149.60	60	8.2	千岛群岛地区 M_W8.6
19631013	1258216	45.00	150.10	50	6.0	千岛群岛
19631013	1559529	45.60	150.50	35	6.3	千岛群岛
19631014	0411140	44.70	150.60	45	6.0	千岛群岛
19631014	1321452	44.80	151.00	60	6.3	千岛群岛
19631014	1750150	45.20	151.30		6.3	千岛群岛
19631014	2112380	37.50	71.90	122	6.0	帕米尔山区
19631016	1542590	38.80	73.30		6.6	中国新疆乌孜别里山口地区
19631019	0218370	46.80	153.70	45	6.0	千岛群岛
19631020	0053110	44.90	150.30	26	7.0	千岛群岛
19631024	0726239	-4.90	102.90	50	6.3	苏门答腊南部
19631028	0755123	-24.30	-176.00		6.1	汤加群岛
19631028	1203198	52.80	159.80		6.2	堪察加半岛
19631031	0317420	-21.80	-175.00		6.2	汤加群岛
19631101	2059281	-22.50	-176.80	71	6.1	汤加群岛
19631101	2241238	44.90	148.90	60	6.0	千岛群岛
19631103	0310127	-3.50	-77.80		6.5	秘鲁厄瓜多尔接壤地区
19631104	0114328	-15.10	167.30	154	6.4	新赫布里底群岛
19631104	0117130	-6.90	129.50	108	6.5	班达海
19631106	0213168	-2.60	138.40		6.7	新几内亚岛
19631109	2115300	-8.80	-71.70	576	7.0	巴西西部边境地区
19631110	0100388	-9.20	-71.50	600	6.4	巴西西部边境地区
19631110	1717427	44.40	149.50	40	6.3	千岛群岛
19631115	2106340	44.30	149.00	50	6.5	千岛群岛
19631116	2243264	-22.30	-175.00		6.0	汤加群岛
19631117	0048026	7.60	-37.40		6.6	大西洋中部
19631118	1438289	29.90	-113.60	14	6.6	加利福尼亚湾
19631123	0750463	30.10	-114.00	14	6.2	加利福尼亚湾
19631124	1105568	28.20	140.10	260	6.1	小笠原群岛
19631203	2115104	-12.20	166.00		6.0	圣克鲁斯群岛
19631203	2303416	-22.40	-69.30	16	6.3	智利北部
19631204	1559421	-35.50	-102.80		6.0	复活节岛东南
19631210	0331211	-6.20	128.10	366	6.0	班达海
19631211	0047483	-15.10	-173.60		6.0	萨摩亚群岛
19631211	0231194	-17.80	-178.60	537	6.0	斐济群岛
19631211	1708123	51.10	-179.30	32	6.0	阿留申群岛
19631214	0751069	62.70	-149.20	70	6.2	阿拉斯加

续表

年月日	时分秒	纬度（°）	经度（°）	震源深度（km）	震级	参考地震（M_S≥8后注M_W）
19631215	1934455	-4.80	108.00	650	7.1	爪哇海
19631216	0151306	-6.40	105.40	64	6.4	苏门答腊南部
19631216	1347564	37.10	20.90	15	6.0	希腊爱奥尼亚海
19631216	1606352	-6.50	105.30	46	6.0	苏门答腊南部
19631218	0030010	-24.80	-176.50	32	7.4	汤加群岛
19631221	1309096	16.10	119.70		6.1	菲律宾吕宋岛西
19631228	0903529	-32.70	-178.90		6.3	克马德克群岛
19631231	1737321	-56.50	-26.00	30	6.8	南桑威奇群岛
19640101	1726430	45.40	151.90	45	6.2	千岛群岛
19640101	2002325	-3.20	139.70		6.0	新几内亚岛
19640105	2346107	-52.30	28.60		6.6	爱德华群岛西南
19640106	2345234	50.90	157.30		6.0	堪察加半岛
19640109	1831524	45.50	150.90		6.2	千岛群岛
19640110	0450431	42.00	142.60		6.2	日本北海道
19640114	1538138	-5.20	150.80	169	6.0	新不列颠岛
19640115	2136050	29.10	140.80	70	6.7	小笠原群岛北
19640117	0254230	45.40	151.30	55	6.1	千岛群岛
19640118	1204410	23.20	120.60		7.0	中国台湾台南东南
19640119	0913535	26.90	54.00		6.0	伊朗霍尔木兹甘省
19640120	1708366	-20.70	169.90	141	6.5	新赫布里底群岛
19640122	1558465	22.40	93.60	88	6.0	缅甸西部
19640122	2359436	-13.70	166.00		6.3	新赫布里底群岛
19640124	1717455	38.70	129.40	542	6.0	日本海西部
19640126	0909339	-16.30	-71.70	116	6.6	秘鲁南部
19640128	1409171	36.50	70.90	207	6.8	兴都库什山区
19640205	1130164	36.40	140.80	46	6.1	日本本州东南
19640206	1307209	55.80	-155.90		7.1	阿拉斯加湾
19640209	0200070	-16.50	-179.20	480	6.0	斐济海
19640212	2031532	-3.50	146.60		6.5	俾斯麦群岛
19640212	2233590	-15.30	-174.40		6.0	萨摩亚群岛
19640214	1629450	-5.10	151.70	55	6.5	新不列颠岛
19640225	0034320	-44.70	37.50		6.5	爱德华群岛以北
19640227	1510480	21.70	94.40	102	6.5	缅甸西部
19640315	2230260	36.20	-7.60	27	6.8	西班牙西南远海
19640316	0844330	44.80	146.80	140	6.0	日本北海道以东
19640318	0437270	52.50	153.60	440	6.5	鄂霍次克海
19640319	2144040	-15.10	-172.60		6.0	萨摩亚群岛
19640321	0342200	-6.40	127.90	367	6.6	班达海

续表

年月日	时分秒	纬度（°）	经度（°）	震源深度（km）	震级	参考地震（M_S≥8后注M_W）
19640328	0336130	61.10	-147.60	20	8.5	阿拉斯加安克蕾奇附近 M_W9.2
19640328	0454080	59.80	-149.40	25	6.3	阿拉斯加
19640328	0533526	60.20	-146.20	20	6.0	阿拉斯加
19640328	0535384	57.20	-153.00		6.4	阿拉斯加
19640328	0608442	60.10	-148.60	20	6.1	阿拉斯加
19640328	0643570	58.30	-151.30	25	6.6	阿拉斯加
19640328	0650489	57.10	-152.30		6.2	阿拉斯加
19640328	0710210	58.80	-149.50	20	6.3	阿拉斯加
19640328	0730300	57.40	-151.70	15	6.4	阿拉斯加
19640328	0833470	58.10	-151.10	25	6.0	阿拉斯加
19640328	0901000	56.50	-152.00	20	6.4	阿拉斯加湾
19640328	0905564	56.60	-153.20	25	6.0	阿拉斯加湾
19640328	0952560	59.70	-146.60	30	6.2	阿拉斯加
19640328	1035389	57.20	-152.40		6.4	阿拉斯加
19640328	1108260	60.10	-148.40	15	6.0	阿拉斯加
19640328	1130100	0.50	122.30	140	6.2	北苏拉威西
19640328	1220500	56.50	-154.00	25	6.6	阿拉斯加湾
19640328	1401576	56.50	-154.40	25	6.0	阿拉斯加湾
19640328	1447370	60.40	-146.50	10	6.3	阿拉斯加
19640328	1449140	60.40	-147.10	10	6.5	阿拉斯加
19640328	2029090	59.80	-148.70	40	6.7	阿拉斯加
19640329	0109360	59.80	-149.20	20	6.0	阿拉斯加
19640329	0129337	57.50	-151.30	20	6.3	阿拉斯加湾
19640329	0604440	56.10	-154.30	33	6.1	阿拉斯加湾
19640329	1008020	60.00	-148.60	20	6.0	阿拉斯加
19640329	1640580	59.70	-147.00	15	6.0	阿拉斯加
19640330	0218060	56.60	-152.90	25	6.6	阿拉斯加
19640330	0709340	59.90	-145.70	15	6.3	阿拉斯加
19640330	1609280	56.60	-152.10	25	6.0	阿拉斯加
19640331	0014120	45.30	151.00	60	6.0	千岛群岛
19640331	0901300	50.80	-130.20	15	6.1	温哥华岛西北
19640402	0111550	5.90	95.70	132	6.7	安达曼海
19640402	1556526	5.80	125.80	179	6.2	菲律宾棉兰老岛
19640402	2327524	-56.40	-25.10		6.0	南桑威奇群岛
19640403	0412419	4.00	96.60	70	6.2	苏门答腊北部
19640403	2233422	61.60	-147.60	40	6.2	阿拉斯加
19640404	0454017	60.10	-146.70	40	6.1	阿拉斯加
19640404	0840298	56.50	-152.60	15	6.0	阿拉斯加湾

续表

年月日	时分秒	纬度（°）	经度（°）	震源深度（km）	震级	参考地震（M_S≥8后注M_W）
19640404	0910551	56.90	-152.70	15	6.2	阿拉斯加湾
19640404	1746086	56.30	-154.40	25	6.6	阿拉斯加湾
19640404	1759433	56.40	-154.50	25	6.5	阿拉斯加湾
19640405	0122133	56.20	-153.50	25	6.1	阿拉斯加湾
19640405	1928181	60.20	-146.70	15	6.0	阿拉斯加
19640407	1928247	55.70	-151.90	20	6.0	阿拉斯加湾
19640408	0808118	-6.80	68.90		6.0	查戈斯群岛西
19640408	1058091	45.80	150.80	40	6.1	千岛群岛
19640410	0108002	58.40	-150.60	15	6.0	阿拉斯加
19640410	2144067	60.10	-153.70	10	6.0	阿拉斯加
19640412	0124312	56.60	-152.20	22	6.5	阿拉斯加湾
19640413	0320045	27.60	90.20	52	6.0	不丹
19640413	0830036	45.30	18.10		6.0	萨拉热窝以北
19640413	2125330	57.70	-153.90	30	6.0	阿拉斯加
19640415	1530471	56.50	-154.40	35	6.2	阿拉斯加湾
19640416	1926574	56.40	-152.90	30	6.4	阿拉斯加湾
19640417	0449305	56.40	-152.90	25	6.2	阿拉斯加湾
19640417	1318189	0.10	123.20	150	6.3	北苏拉威西
19640418	0527446	45.50	151.10		6.2	千岛群岛
19640419	1412219	-60.50	-58.30		6.0	南设得兰群岛
19640420	1156416	61.40	-147.30	30	6.6	阿拉斯加
19640423	0332510	-5.40	134.00		7.2	东南群岛
19640424	0556101	-5.10	144.20	106	6.9	新几内亚岛
19640427	0644251	-60.10	151.00		6.2	南太平洋海岭
19640430	1603314	-4.60	153.30	78	6.0	新爱尔兰岛
19640502	1611002	45.50	150.30	35	6.4	千岛群岛
19640506	1526355	56.70	-152.10	15	6.0	阿拉斯加湾
19640507	0545295	-4.00	34.90		6.7	坦桑尼亚北部
19640507	0758130	40.40	139.10	22	7.0	日本海
19640507	1111049	30.60	137.70	469	6.0	日本本州以南远海
19640507	2012493	40.50	139.00		6.5	日本海
19640512	1816419	56.60	-152.40	10	6.1	阿拉斯加湾
19640513	0525261	-32.80	-178.30		6.6	克马德克群岛
19640516	0838540	36.30	71.50	122	6.0	阿富汗北部
19640516	1607462	-32.80	-178.30		6.0	克马德克群岛
19640517	0050179	59.40	-142.70	35	6.0	阿拉斯加
19640517	1926305	35.20	-35.90		6.3	亚速尔群岛西南
19640520	0601148	-2.70	139.30	61	6.6	新几内亚岛
19640523	1122333	28.60	139.40	410	6.4	小笠原群岛西

续表

年月日	时分秒	纬度（°）	经度（°）	震源深度（km）	震级	参考地震（M_S≥8后注M_W）
19640524	0413053	-22.60	-174.10		6.0	汤加群岛
19640525	1944070	-9.10	88.90		6.0	东印度洋海岭
19640526	1059130	-56.50	-27.70	114	7.3	南桑威奇群岛
19640527	1902024	-56.40	-28.40	61	6.0	南桑威奇群岛
19640528	2328279	1.60	127.20	103	6.3	马鲁古群岛
19640530	1430453	36.20	141.10	49	6.5	日本本州东南
19640531	0040360	43.40	147.10	42	7.4	日本北海道以东
19640603	0249149	25.90	95.80	100	6.0	缅甸北部
19640606	1907514	-26.60	-114.40		6.0	复活节岛以西
19640610	2216448	5.00	127.40	146	6.4	菲律宾海沟
19640611	1055062	-56.00	-27.30		6.0	南桑威奇群岛
19640611	1701485	-2.00	140.80	18	6.1	新几内亚岛
19640611	2128082	-55.90	-27.70	135	6.1	南桑威奇群岛
19640613	0823456	10.00	93.00		6.0	安达曼岛南
19640613	1735578	23.00	94.00	61	6.0	缅甸西部
19640615	0005311	5.40	97.00		6.0	苏门答腊北部
19640616	0401400	38.40	139.30	12	7.4	日本本州新泻
19640616	0653050	38.70	139.00	15	6.2	日本本州新泻
19640616	0714571	38.50	139.20	16	6.2	日本本州新泻
19640616	1116031	-2.00	141.10	13	6.0	新几内亚岛
19640622	2123336	13.60	120.30	56	6.5	菲律宾吕宋岛西南
19640623	0126370	43.20	146.20	76	7.6	日本北海道以东
19640628	1251346	-1.70	149.60	7	6.3	俾斯麦群岛
19640630	1346216	-0.80	122.50	36	6.6	北苏拉威西
19640630	1548430	45.90	150.40		6.0	千岛群岛
19640630	2008285	46.60	144.60	383	6.2	库页岛东南远海
19640704	1049288	11.70	144.50	30	6.0	马里亚纳群岛
19640705	1907578	26.20	-110.20	29	6.3	加利福尼亚湾
19640706	0214360	26.20	-110.40	33	6.6	加利福尼亚湾
19640706	0722130	18.30	-100.50	91	7.4	墨西哥格雷罗州
19640706	1006023	-6.30	154.70	49	6.4	所罗门群岛
19640708	1155410	-5.50	129.80	189	7.0	班达海
19640709	1122054	-23.30	-175.70	43	6.4	汤加群岛
19640709	1639500	-15.60	167.60	127	7.2	新赫布里底群岛
19640712	0145256	38.60	139.20	13	6.1	日本本州新泻
19640712	2015590	24.90	95.30	155	6.0	缅甸西北部
19640713	1058477	23.70	94.70	117	6.0	缅甸西北部
19640715	2336015	44.80	149.60	54	6.3	千岛群岛地区
19640717	0234260	38.20	23.70	160	6.2	希腊雅典附近

续表

年月日	时分秒	纬度（°）	经度（°）	震源深度（km）	震级	参考地震（M_S≥8后注M_W）
19640717	0441051	49.30	158.60	50	6.3	堪察加半岛以南
19640721	0348591	-26.00	-178.00	222	6.4	汤加群岛
19640721	1313002	11.50	121.90	34	6.1	菲律宾米沙鄢群岛
19640723	1908066	59.90	-149.20	55	6.0	阿拉斯加
19640724	0650528	46.90	153.90		6.5	千岛群岛
19640724	0812400	47.20	153.80		7.0	千岛群岛
19640724	1054525	13.10	145.00	43	6.1	马里亚纳群岛南
19640724	1325183	47.00	153.70		6.2	千岛群岛
19640724	1702492	47.10	153.60		6.5	千岛群岛
19640725	1931070	-27.90	-70.90	26	6.4	智利中部近海
19640726	1834346	46.80	153.80		6.0	千岛群岛
19640728	1830043	-51.20	139.00		6.3	南极-澳大利亚海丘
19640728	2138435	14.30	96.20		6.5	安达曼海
19640731	0405062	44.60	151.60	53	6.4	千岛群岛
19640731	0552188	-6.10	149.40	63	6.6	新不列颠岛
19640804	1724292	46.50	151.10	40	6.0	千岛群岛
19640805	1106026	-32.10	-179.80	235	6.0	克马德克群岛
19640805	2223130	-41.10	-74.90	30	6.7	智利南部近海
19640808	1459412	31.70	140.20	110	6.4	日本伊豆诸岛以南
19640808	1545109	12.50	-87.80	63	6.0	萨尔瓦多近海
19640812	0651499	48.90	153.70	127	6.2	千岛群岛
19640813	0031141	-5.40	154.30	383	6.8	新爱尔兰岛以东
19640818	0444580	-26.40	-71.50	26	6.2	智利北部近海
19640823	1524053	-6.10	149.40	63	6.0	新不列颠岛
19640825	1347206	78.20	126.60	50	6.5	拉普帖夫海
19640830	0847347	-5.00	144.50	93	6.0	新几内亚岛
19640901	1716404	51.20	-170.60	25	6.0	阿留申群岛
19640904	1034131	-4.00	131.40		6.2	班达海北部
19640905	0253506	-5.80	154.00	70	6.5	所罗门群岛
19640912	1243190	-4.40	144.00	120	6.4	新几内亚岛
19640912	2207030	-49.00	164.50		7.3	奥克兰群岛地区
19640915	0857565	-56.40	-27.20		6.1	南桑威奇群岛
19640915	1529322	8.90	93.10	37	6.8	尼科巴群岛
19640916	0126269	10.90	93.10	47	6.3	安达曼群岛
19640916	0520461	-5.90	152.00	29	6.4	新不列颠岛东南
19640919	0508151	15.30	-94.00	42	6.0	特万特佩克湾
19640920	0325360	-6.80	108.90	240	6.0	爪哇海
19640925	2028335	-3.80	139.00	171	6.0	新几内亚岛
19640929	1400149	-20.40	-174.40	29	6.3	汤加群岛

续表

年月日	时分秒	纬度（°）	经度（°）	震源深度（km）	震级	参考地震（M_S≥8后注M_W）
19641002	1300397	-10.50	162.40	68	6.1	所罗门群岛
19641006	1431192	40.20	28.10	10	6.8	土耳其西北部
19641009	2134092	-16.20	-171.90		6.0	汤加群岛
19641011	2115039	-0.60	121.70		6.5	北苏拉威西
19641012	1542547	3.00	126.70	59	6.0	马鲁古群岛
19641012	2155332	-31.30	-110.80	25	6.2	复活节岛西南
19641013	2302260	35.80	71.10	120	6.0	阿富汗北部
19641015	2026535	44.70	149.80	50	6.1	千岛群岛地区
19641016	0659386	44.30	149.50		6.6	千岛群岛地区
19641016	0818283	44.60	149.40		6.2	千岛群岛
19641016	0918166	44.50	149.10		6.2	千岛群岛
19641018	0906260	2.90	65.70		6.3	阿拉伯-印度海岭
19641018	1232241	-7.00	124.00	574	6.9	佛罗勒斯海
19641021	2309190	28.00	93.80	37	6.6	中国西藏米林西南
19641023	0156032	19.80	-56.00	31	6.5	小安德烈斯群岛东北
19641026	1422578	2.20	126.80	48	6.0	马鲁古群岛
19641027	2124312	-45.60	96.10		6.2	南极-澳大利亚海丘
19641101	1226062	3.10	128.10	80	6.0	马鲁古群岛
19641102	0650582	-4.10	-76.90	91	6.5	秘鲁北部
19641106	1355537	-31.70	57.40		6.0	西印度洋海岭中部
19641107	1837437	0.40	100.10	107	6.0	苏门答腊中部
19641108	0243570	-49.00	163.70		6.4	奥克兰群岛地区
19641114	0356060	33.36	131.36	60	6.3	日本九州
19641116	2240440	1.00	118.80		6.7	北苏拉威西
19641117	0815410	-5.80	150.70	60	7.6	新不列颠岛
19641118	1434545	-6.00	148.20	49	6.2	新不列颠岛
19641118	2221019	-20.20	-174.10		6.0	汤加群岛
19641119	2335060	-6.00	150.80	3	6.9	新新不列颠岛
19641120	1921100	-4.90	145.40	152	6.0	新几内亚岛
19641124	1041335	-6.80	107.40	125	6.0	爪哇岛
19641124	1240402	13.20	124.90	97	6.3	菲律宾吕宋岛东南
19641124	1240514	13.10	124.70	5	6.7	菲律宾吕宋岛东南
19641125	0924089	-4.30	122.20	610	6.2	苏拉威西岛
19641126	1020060	24.90	122.00		6.3	中国台湾基隆以东近海
19641127	1347427	37.90	138.30	40	6.3	日本本州岛西北
19641127	1348320	37.90	138.30		6.3	日本本州岛西北
19641130	1227386	6.80	94.80		6.5	安达曼海
19641203	0350012	-15.00	66.80	46	6.3	中印度洋海岭北部
19641208	1749463	34.70	139.20	31	6.0	日本本州

续表

年月日	时分秒	纬度(°)	经度(°)	震源深度(km)	震级	参考地震(M_S≥8后注M_W)
19641209	1335424	-27.50	-63.20	586	6.0	阿根廷北部
19641210	1511055	40.40	138.90		6.4	日本海
19641211	1604582	38.90	130.00	550	6.0	日本海西部
19641212	0720000	-6.90	150.60		6.0	所罗门海
19641213	1315498	20.10	122.00		6.2	巴坦群岛
19641214	0159056	-54.90	-2.40		6.2	布维岛
19641222	0436347	28.20	57.00	42	6.1	伊朗霍尔木兹甘省
19641222	0801126	18.40	-68.80	115	6.0	多米尼加
19641222	2054353	31.90	-117.10	14	6.0	下加利福尼亚州
19641223	0546450	-59.40	-26.90		6.0	南桑威奇群岛
19641224	1845455	-4.40	153.10	93	6.0	新爱尔兰
19641227	1743214	12.90	125.40		6.2	菲律宾吕宋岛东南
19641228	1616110	-22.10	-179.60	611	6.8	斐济海
19641228	1704570	86.70	68.70		6.2	北冰洋
19641230	1527258	31.30	139.20	261	6.5	日本伊豆诸岛以南
19650102	1344189	19.10	145.80	142	6.5	马里亚纳群岛北
19650105	1805586	-20.30	-174.10		6.6	汤加群岛
19650108	2024560	-33.80	179.30		6.0	克马德克群岛
19650110	0737351	-5.80	147.30	113	6.5	新几内亚岛
19650110	1336307	-13.50	166.60	32	6.8	新赫布里底群岛
19650112	1008477	-56.00	-27.40		6.0	南桑威奇群岛
19650114	1846204	-38.80	176.00	82	6.0	新西兰惠灵顿区
19650116	1132374	-56.60	-27.40	101	6.1	南桑威奇群岛
19650117	2057413	-6.80	109.10	242	6.5	爪哇岛
19650121	0609580	-34.20	179.80		6.0	克马德克群岛
19650124	0011220	-2.40	126.00	6	7.7	马鲁古群岛 M_W8.2
19650125	1202514	-2.60	126.10		6.4	马鲁古群岛
19650129	0935257	54.80	161.70		6.2	堪察加半岛东部
19650202	0758156	-2.10	138.90	12	6.3	新几内亚岛
19650202	1556510	37.50	73.40	33	6.0	帕米尔山区
19650204	0325008	-51.80	139.70		6.0	南极-澳大利亚海丘
19650204	0453577	51.10	178.40	40	6.0	阿留申群岛
19650204	0501218	51.30	178.60	40	7.9	阿留申群岛 M_W8.7
19650204	0604580	51.70	174.90	35	6.0	阿留申群岛
19650204	0637054	52.60	172.00	35	6.2	阿留申群岛
19650204	0652517	52.20	173.10	33	6.0	阿留申群岛
19650204	0711227	51.10	177.70	35	6.3	阿留申群岛
19650204	0714587	52.00	173.90	25	6.0	阿留申群岛

续表

年月日	时分秒	纬度（°）	经度（°）	震源深度（km）	震级	参考地震（M_S≥8后注M_W）
19650204	0723120	51.90	173.20	25	6.0	阿留申群岛
19650204	0743432	52.70	172.90	33	6.0	阿留申群岛
19650204	0840409	51.30	179.50	40	7.1	阿留申群岛
19650204	1206043	52.60	172.10	25	6.6	阿留申群岛
19650204	1418279	53.00	171.00	30	6.4	阿留申群岛
19650204	1551255	53.10	170.80	40	6.2	阿留申群岛
19650204	1834073	51.20	176.70	35	6.0	阿留申群岛
19650204	2032251	51.60	176.60	40	6.0	阿留申群岛
19650204	2230051	51.80	174.20	31	6.0	阿留申群岛
19650205	0031355	52.00	176.60	40	6.0	阿留申群岛
19650205	0639496	51.80	175.10	25	6.2	阿留申群岛
19650205	0932093	52.30	174.30	41	6.5	阿留申群岛
19650205	1900419	52.00	173.20	27	6.2	阿留申群岛
19650205	2047133	51.90	174.60	35	6.0	阿留申群岛
19650205	2148258	51.10	178.30	25	6.0	阿留申群岛
19650205	2215595	51.50	176.70	25	6.0	阿留申群岛
19650206	0140332	53.20	-161.90	50	6.8	阿拉斯加
19650206	0402530	52.10	175.70	35	6.2	阿留申群岛
19650206	0714451	52.10	173.00	35	6.0	阿留申群岛
19650206	0846512	51.90	174.00	30	6.0	阿留申群岛
19650206	1650290	53.30	-161.80	60	6.6	阿拉斯加
19650206	1810288	51.50	176.50	35	6.0	阿留申群岛
19650207	0100125	52.20	172.10	30	6.0	阿留申群岛
19650207	0217092	51.40	173.40	40	6.3	阿留申群岛
19650207	1713082	52.20	173.10	30	6.0	阿留申群岛
19650208	0723082	51.80	174.60	33	6.0	阿留申群岛
19650208	1546499	55.10	-165.70	40	6.2	阿拉斯加
19650209	1737159	52.80	171.90	41	6.4	阿留申群岛
19650211	0233293	-21.80	-176.40	174	6.0	汤加群岛
19650212	0055062	52.20	172.80	25	6.1	阿留申群岛
19650215	1043198	3.00	125.90		6.2	马鲁古群岛
19650216	0318279	-17.65	167.95	35	6.9	新赫布里底群岛
19650217	1823517	21.60	142.80	290	6.0	马里亚纳群岛北
19650218	0426335	25.00	94.30	36	6.0	印度阿萨姆地区
19650218	0834054	51.80	176.40	15	6.0	阿留申群岛
19650218	2239458	-7.30	126.90		6.0	班达海
19650221	1114151	-15.10	-173.20		6.0	萨摩亚群岛
19650222	0914513	51.90	173.40	35	6.0	阿留申群岛
19650223	2111460	-25.70	-70.60	36	6.9	智利北部沿海

续表

年月日	时分秒	纬度（°）	经度（°）	震源深度（km）	震级	参考地震（M_S≥8后注M_W）
19650225	0451278	-5.50	152.00	35	6.4	新不列颠岛
19650225	0522145	52.10	173.20	35	6.3	阿留申群岛
19650225	1923330	-11.40	166.10	86	6.0	圣克鲁斯群岛
19650226	0855422	-6.70	102.70		6.0	苏门答腊南部
19650226	2336122	6.90	-73.00	146	6.0	哥伦比亚北部
19650227	0746291	28.50	-112.10	33	6.0	加利福尼亚湾
19650301	0728080	-5.10	151.70	63	6.0	新不列颠岛
19650301	2132118	15.40	-92.50	93	6.1	墨西哥恰帕斯州
19650302	0919416	-27.20	-177.90	39	6.0	汤加群岛
19650302	2136384	28.20	139.30	495	6.0	小笠原群岛西北
19650303	0317041	-27.20	-177.60		6.0	汤加群岛南
19650303	1514097	-5.50	151.90	44	6.9	新不列颠岛
19650304	0148541	-5.40	147.00	191	6.4	新几内亚岛
19650305	1003342	-5.10	134.40		6.0	东南群岛
19650307	1104393	51.80	176.40	35	6.1	阿留申群岛
19650309	1757530	39.40	24.00	18	6.3	爱琴海
19650312	0739170	51.50	-178.20	33	6.5	阿留申群岛
19650312	0842282	-56.00	-27.50		6.0	南桑威奇群岛
19650314	1553060	36.40	70.70	205	7.6	兴都库什山区
19650316	1646155	40.80	142.90	34	6.6	日本本州东北
19650317	1427124	52.80	171.90	23	6.3	阿留申群岛
19650319	1620514	-2.00	119.80	46	6.0	苏拉威西岛
19650321	1108162	-1.50	126.50		6.7	马鲁古群岛
19650322	0244475	-15.30	-173.40	51	6.5	萨摩亚群岛
19650322	2256265	-31.90	-71.50	46	6.0	智利中部近海
19650323	2354147	-15.20	-173.50	130	6.5	萨摩亚群岛
19650327	2356573	-2.60	126.20		6.2	马鲁古群岛
19650328	1322576	55.10	162.10		6.4	堪察加半岛
19650328	1633150	-32.40	-71.10	68	7.4	智利中部近海
19650329	1047376	40.80	142.80		6.7	日本本州东北远海
19650330	0227072	50.60	177.90	51	7.5	阿留申群岛
19650331	0947307	38.60	22.40	78	7.1	希腊中部
19650401	0708383	9.90	125.80	91	6.4	菲律宾棉兰老岛
19650401	2120438	-50.00	-114.10		6.0	东太平洋海丘
19650403	1120435	16.00	-97.90	16	6.1	墨西哥瓦哈卡州近海
19650403	1129130	16.10	-97.80	50	6.3	墨西哥瓦哈卡州近海
19650404	1330378	51.90	175.20	40	6.0	阿留申群岛
19650404	1536119	-26.90	-176.10		6.0	汤加群岛南
19650405	0312540	37.70	21.80	34	6.2	希腊西南部

续表

年月日	时分秒	纬度（°）	经度（°）	震源深度（km）	震级	参考地震（M_S≥8后注M_W）
19650405	1352134	44.60	151.10	90	6.0	千岛群岛地区
19650406	0531597	36.10	139.60	70	6.3	日本本州
19650406	0942282	-0.50	119.90		6.2	苏拉威西岛
19650408	1343528	52.20	173.50	46	6.2	阿留申群岛
19650408	2031002	-57.80	-29.80	97	6.0	南桑威奇群岛
19650409	2252243	-4.20	134.10		6.0	新几内亚岛
19650409	2357030	35.10	24.30	51	6.3	克里特岛南
19650410	1446507	-20.20	-173.70		6.0	汤加群岛
19650410	1654558	53.10	170.90	8	6.4	阿留申群岛
19650410	2232466	-17.80	-178.80	543	6.0	斐济群岛
19650410	2253048	-13.40	170.30	644	6.3	新赫布里底群岛
19650411	0011088	-42.70	173.90	7	6.2	新西兰近海
19650412	2026153	-32.30	-178.50	167	6.0	克马德克群岛
19650412	2041163	30.20	138.50	421	6.0	日本本州以南远海
19650416	2322186	64.70	-160.10	5	6.3	阿拉斯加
19650418	0633588	41.50	-127.10	20	6.0	加利福尼亚州远海
19650418	0939187	-59.80	-26.80	29	6.2	南桑威奇群岛
19650418	1241549	-59.70	-26.40	25	6.1	南桑威奇群岛
19650419	2341588	34.90	138.00	50	6.3	日本本州南部近海
19650420	0643088	52.40	172.00	35	6.3	阿留申群岛
19650420	1715194	14.80	146.90	60	6.0	马里亚纳海沟
19650425	0100116	24.50	142.70	15	6.0	日本硫黄列岛东北
19650425	1001097	-2.20	29.10	13	6.0	东非裂谷地带
19650426	2029074	54.50	-162.60	53	6.5	阿拉斯加
19650426	2215420	21.00	120.70	29	6.1	中国台湾恒春以南近海
19650427	1054280	-7.00	129.50	67	6.0	班达海
19650429	1528433	47.40	-122.40	57	6.8	西亚图
19650429	1548571	-5.60	110.20	504	6.3	爪哇海
19650502	0713420	28.54	128.54	30	6.0	琉球群岛
19650503	1001352	13.70	-89.10	23	6.3	萨尔瓦多
19650505	2302017	52.60	173.50	56	6.0	阿留申群岛
19650506	1424043	-6.10	149.10	74	6.0	新不列颠岛
19650508	0305385	18.40	120.40	56	6.0	菲律宾吕宋岛
19650517	1719310	22.50	121.30	50	6.8	中国台湾台东近海
19650519	0603589	-6.50	105.40	74	6.3	苏门答腊南部
19650520	0040100	-14.60	167.40	3	6.9	新赫布里底群岛
19650522	1031395	-21.10	-178.70	578	6.2	斐济海
19650523	2346120	52.20	175.00	22	6.1	阿留申群岛
19650524	2321106	13.00	124.50		6.2	菲律宾米沙鄢群岛

续表

年月日	时分秒	纬度（°）	经度（°）	震源深度（km）	震级	参考地震（M_S≥8后注M_W）
19650526	1944109	-56.10	-27.60	120	6.7	南桑威奇群岛
19650531	0838075	35.70	139.60	124	6.2	日本本州
19650531	1138280	-7.50	128.70	37	6.0	西南群岛
19650601	0432453	20.20	94.90	57	6.0	缅甸中部
19650602	2340235	15.90	-46.60		6.0	大西洋中部
19650607	1018570	-4.50	103.20		6.0	苏门答腊南部
19650610	0549000	35.90	70.50	125	6.0	阿富汗北部
19650611	0237347	51.80	174.10	35	6.0	阿留申群岛
19650611	0333449	44.70	148.70	47	6.5	日本北海道东北
19650611	0333460	44.50	148.80	58	6.9	日本北海道东北
19650612	1850113	-20.30	-68.90	103	6.5	智利北部
19650613	0706136	41.90	143.40		6.3	北海道以南近海
19650615	0920303	-37.90	177.50	61	6.2	新西兰东岸区
19650615	2310248	-20.80	173.70	15	6.4	新赫布里底群岛
19650618	0817376	25.00	93.80	46	6.0	印度阿萨姆地区
19650621	0021145	28.10	56.00	28	6.0	伊朗霍尔木兹甘省
19650622	2348071	7.10	123.50	60	6.3	菲律宾棉兰老岛
19650623	1109153	56.60	-152.90	36	6.4	阿拉斯加
19650623	1222222	56.60	-152.80	25	6.2	阿拉斯加湾
19650624	0745136	7.00	126.20	50	6.0	菲律宾棉兰老岛
19650627	1136100	23.70	121.70		6.0	中国台湾花莲东南近海
19650628	0333365	-5.10	153.00	50	6.2	新不列颠岛以东
19650630	0253140	-1.60	126.70		6.0	马鲁古群岛
19650630	0633318	51.70	176.50	60	6.2	阿留申群岛
19650701	2312454	-63.00	-163.70		6.0	南太平洋海岭
19650702	2058400	53.10	-167.70	59	7.1	阿留申群岛
19650703	1126120	22.40	101.60		6.1	中国云南景洪地区<15>
19650706	0304212	-22.50	172.90	54	6.0	斐济海
19650706	0318446	38.70	22.60	28	6.6	希腊中部
19650706	1836473	-4.50	155.10	510	6.4	所罗门群岛
19650707	2138505	32.70	138.70	240	6.1	日本本州以南远海
19650713	1937113	-4.20	143.30	101	6.0	新几内亚岛
19650717	0720305	-9.70	159.80	23	6.1	所罗门群岛
19650719	2353562	-25.60	180.00	497	6.0	斐济海
19650721	1752305	53.30	170.40	26	6.0	阿留申群岛
19650725	0340404	2.00	99.30	98	6.0	苏门答腊北部
19650725	1333052	41.30	146.60		6.0	北海道以南远海
19650728	2229049	-2.20	101.80	130	6.2	苏门答腊中部
19650729	0829220	51.10	-171.30	18	7.0	阿留申群岛

续表

年月日	时分秒	纬度（°）	经度（°）	震源深度（km）	震级	参考地震（M_S≥8后注M_W）
19650730	0720103	6.70	-73.00	174	6.1	哥伦比亚北部
19650801	1502561	46.90	143.80	400	6.0	库页岛东南近海
19650801	1641137	52.70	153.40	462	6.3	鄂霍次克海
19650801	2034168	-13.50	165.80	13	6.0	新赫布里底群岛
19650801	2344282	-32.50	-178.90	45	6.0	克马德克群岛
19650802	1319580	-55.90	157.70		7.1	麦阔里岛
19650802	1643014	7.40	-78.70	2	6.4	巴拿马湾
19650804	0105530	16.80	-94.50	117	6.0	特万特佩克湾
19650804	0847094	-13.20	167.00	209	6.0	新赫布里底群岛
19650805	0007505	-5.20	151.60	50	6.5	新不列颠岛
19650809	0234217	-7.00	123.10	576	6.0	佛罗勒斯海
19650811	0340560	-15.50	166.90	14	7.1	新赫布里底群岛
19650811	1952284	-15.60	167.00	23	6.7	新赫布里底群岛
19650811	2231490	-15.80	167.10	31	7.3	新赫布里底群岛
19650812	0801435	-15.90	167.40	26	6.6	新赫布里底群岛
19650812	1257097	-5.30	152.20	41	6.7	新不列颠岛以东
19650812	1804563	-15.90	167.40	45	6.0	新赫布里底群岛
19650813	1240080	-15.90	166.80	26	7.1	新赫布里底群岛
19650813	1756267	-16.60	167.60		6.5	新赫布里底群岛
19650813	2157387	-6.40	148.50	51	6.1	新不列颠岛
19650816	1236233	-0.60	-19.90		6.4	巴西圣保罗岛
19650817	1035041	5.30	96.20		6.3	苏门答腊北部
19650817	1114104	-5.20	152.60	47	6.0	新不列颠岛以东
19650817	1617415	-15.20	166.60	19	6.0	新赫布里底群岛
19650818	1451305	-16.10	166.90	11	6.3	新赫布里底群岛
19650820	0554500	-5.70	128.60	26	6.7	班达海
19650820	0942485	-19.00	-69.10	129	6.4	智利北部
19650820	2121515	-22.80	-176.20	79	6.2	汤加群岛
19650821	1850157	-18.00	-178.40	576	6.0	斐济群岛
19650823	1946040	16.30	-95.80	29	7.8	墨西哥瓦哈卡州
19650824	0056214	15.90	-96.20	12	6.0	墨西哥瓦哈卡州沿海
19650824	0448120	-1.00	136.50		6.0	新几内亚岛
19650827	1822028	44.60	148.90	38	6.2	千岛群岛地区
19650829	1246301	-15.70	167.60	10	6.0	新赫布里底群岛
19650830	1809439	-6.50	104.70	70	6.2	爪哇岛
19650901	0447350	-34.50	179.70	107	6.3	克马德克群岛
19650902	0426373	51.90	175.50	31	6.0	阿留申群岛
19650903	2138536	-5.20	153.70	54	6.0	新不列颠岛以东
19650904	1432500	58.30	-152.50	30	7.0	阿拉斯加湾

续表

年月日	时分秒	纬度（°）	经度（°）	震源深度（km）	震级	参考地震（M_S≥8后注M_W）
19650909	1002254	6.50	-84.40	27	6.3	哥斯达黎加以南远海
19650911	0653015	-5.30	153.00	67	6.3	新不列颠岛以东
19650911	2215148	7.00	-71.80	14	6.0	哥伦比亚
19650912	0840106	-6.40	151.60	29	6.5	新不列颠岛东南
19650912	2202345	-6.40	70.80	25	6.4	查戈斯群岛附近
19650913	1615445	-36.50	-97.50		6.0	智利西南远海
19650914	0827159	8.40	126.80		6.0	菲律宾海沟
19650917	1113564	-1.40	-77.60	190	6.6	厄瓜多尔
19650917	1621193	36.30	141.30	40	6.8	日本本州近海
19650918	2203188	8.20	126.80	85	6.2	菲律宾海沟
19650919	0847494	-0.90	99.70	93	6.0	苏门答腊中部
19650921	0138300	29.00	128.20	195	6.0	中国东海
19650922	0935253	-10.30	134.00	14	6.0	阿拉弗拉海
19650922	2208010	36.40	141.30	43	6.6	日本本州以东近海
19650925	0201178	-24.50	-175.90	25	6.0	汤加群岛
19650926	2133544	-54.80	-38.20		6.0	南极海岭
19650928	0506398	-28.10	-178.10	53	6.5	克马德克群岛
19650930	2347407	59.70	-143.40	19	6.0	阿拉斯加
19651001	0852058	50.10	178.30	32	6.6	阿留申群岛
19651001	1322284	-19.90	174.50	546	6.3	新赫布里底群岛
19651001	2234255	-60.70	-24.90		6.0	南桑威奇海沟
19651003	1046167	52.60	-170.60	22	6.2	阿留申群岛
19651003	1445268	49.50	156.50		6.1	堪察加半岛以南
19651003	1614549	-42.90	-75.40	30	6.4	智利南部近海
19651018	2150045	-1.10	127.90		6.6	马鲁古群岛
19651019	2048474	52.30	174.30	48	6.0	阿留申群岛
19651020	2354299	12.50	-87.40	70	6.0	尼加拉瓜西部近海
19651023	0600485	53.80	-165.50	16	6.2	阿拉斯加
19651025	2234243	44.20	145.30	180	6.8	日本北海道东北
19651028	0146459	51.80	176.50	65	6.0	阿留申群岛
19651101	0858372	-4.20	142.90	101	6.0	新几内亚岛
19651103	0139025	-9.10	-71.40	583	6.6	巴西西部边境
19651103	1821050	-22.30	-114.10	12	6.0	复活节岛西北
19651106	0921486	-22.10	-113.80		6.2	复活节岛西北
19651111	0251257	-60.60	153.70		6.1	南太平洋海岭
19651112	1752241	30.50	140.20	40	6.6	日本伊豆诸岛以南
19651113	0433550	43.90	87.80	60	6.6	中国新疆乌鲁木齐以东
19651113	1759417	-29.40	-68.10	45	6.0	阿根廷西北部
19651115	1118503	-0.30	-18.60	26	6.4	巴西圣保罗岛

年月日	时分秒	纬度（°）	经度（°）	震源深度（km）	震级	参考地震（M_S≥8后注M_W）
19651116	1524430	31.00	-41.50	17	6.3	北大西洋
19651116	1705379	25.24	125.12	77	6.2	琉球群岛
19651118	2158124	53.90	160.70	12	6.6	堪察加半岛东南
19651119	0708070	-29.60	-178.60	6	6.1	克马德克群岛
19651120	1505390	-7.30	129.20	132	6.2	班达海
19651121	1031497	-6.10	130.40	93	6.6	班达海
19651122	2025304	51.30	-179.80	40	6.0	阿留申群岛
19651123	0117312	3.00	124.80	45	6.3	苏拉威西海
19651127	0842242	32.90	140.60	70	6.1	日本伊豆诸岛南
19651127	1201519	-9.70	159.70	51	6.6	所罗门群岛
19651128	0356459	-45.60	-72.40		6.4	智利南部近海
19651128	0526056	36.10	27.70	89	6.5	南斯波拉提群岛
19651128	2131473	-4.90	103.20	87	6.0	苏门答腊南部
19651203	2117336	36.30	69.50	19	6.0	阿富汗中部
19651204	0211499	51.30	-170.60	18	6.2	阿留申群岛
19651205	1814502	52.60	173.20	36	6.0	阿留申群岛
19651206	1134537	18.90	-107.10	40	6.7	墨西哥西南远海
19651207	2219148	-6.40	146.30	109	6.4	新几内亚岛
19651208	1805252	-37.10	177.50	156	6.2	新西兰东岸区
19651209	0607486	17.30	-100.00	57	6.5	墨西哥格雷罗州沿海
19651209	1312557	-18.10	-178.10	653	6.0	斐济群岛
19651210	2153172	-11.30	166.20	52	6.0	圣克鲁斯群岛
19651213	1052085	44.70	150.10	35	6.2	千岛群岛
19651215	2305207	7.50	-82.20	15	6.6	巴拿马西南近海
19651222	0028462	52.40	160.50	5	6.2	堪察加半岛东南
19651222	1941230	58.40	-153.00	50	6.8	阿拉斯加
19651225	0257585	-18.10	-179.10	626	6.0	斐济群岛
19651226	0353166	-5.50	151.40	133	6.0	新不列颠岛
19651228	2032247	27.80	142.20	36	6.5	小笠原群岛
19651230	0616039	-16.80	-71.20	118	6.0	秘鲁南部沿海
19660105	1721287	13.38	95.60	32	6.0	安达曼群岛
19660111	1416319	33.75	137.20	27	6.0	日本本州南部近海
19660122	1427079	56.02	-153.77	30	6.2	阿拉斯加
19660128	0542140	-17.03	168.45	4	6.1	新赫布里底群岛
19660205	1512270	26.10	103.10		6.5	中国云南东川地区<4>
19660207	0426115	29.92	69.67	10	7.3	巴基斯坦中部
19660207	2306374	30.25	69.88	28	6.2	巴基斯坦中部
19660209	0440290	-56.75	-25.70	27	6.2	南桑威奇群岛

续表

年月日	时分秒	纬度（°）	经度（°）	震源深度（km）	震级	参考地震（M_S≥8后注M_W）
19660210	1421090	20.72	146.28	29	6.0	马里亚纳海沟
19660213	1044360	26.10	103.10		6.2	中国云南东川地区
19660217	1147573	-32.20	78.92	7	6.9	圣波尔岛以北
19660222	0502407	-5.40	151.57	59	6.6	新不列颠岛
19660306	0215570	31.50	80.50	50	6.6	中国西藏札达以东
19660307	2129140	37.35	114.92	10	6.8	中国河北邢台-隆尧<8>
19660308	0113430	-13.75	166.35	35	6.0	新赫布里底群岛
19660312	1631200	24.20	122.70	42	7.8	中国台湾花莲东北近海
19660317	1550323	-21.07	-179.15	627	7.0	汤加群岛
19660320	0142518	0.80	29.90	34	7.2	东非裂谷地带
19660322	0811360	37.50	115.08	9	6.7	中国河北宁晋
19660322	0819270	37.50	115.10	9	7.2	中国河北宁晋
19660323	0004330	23.90	123.00	40	6.2	中国台湾花莲以东近海
*19660326	1519040	37.68	115.27	15	6.2	中国河北衡水-南宫地区
**19660329	0611590	37.38	115.03	25	6.0	中国河北巨鹿以北
19660331	2338018	36.45	70.72	209	6.2	兴都库什山区
19660412	2337370	-38.22	-73.17	7	6.4	智利康塞普西翁地区
19660416	0127141	56.92	-153.60	23	6.0	阿拉斯加湾
19660423	0009330	-0.77	122.22	27	6.7	苏拉威西岛
19660423	0856460	-0.52	122.20	75	6.1	苏拉威西岛
19660501	1622542	-8.32	-74.23	137	6.8	秘鲁、巴西边境
19660505	1421220	24.30	122.50	53	6.3	中国台湾花莲东北近海
19660515	1446070	51.50	-178.35	33	6.3	阿留申群岛
19660525	1320566	-52.77	160.17	33	6.2	麦阔里岛
19660606	0746156	36.42	71.12	214	6.6	兴都库什山区
19660606	2047111	9.57	126.40	44	6.3	菲律宾米沙鄢群岛
19660607	1359349	11.25	139.57	37	6.9	加罗林群岛西部
19660613	1808366	-12.22	167.02	242	6.8	圣克鲁斯群岛
19660615	0059461	-10.42	160.88	34	7.3	所罗门群岛
19660615	0132540	-10.15	161.00	20	7.2	所罗门群岛
19660622	2029053	-7.20	124.68	523	6.2	班达海
19660627	1041080	29.60	80.80		6.8	中国西藏普兰地区
19660627	1059180	29.70	80.90	36	6.5	中国西藏普兰以南
19660629	2146560	-13.80	166.52	42	6.1	新赫布里底群岛
19660701	0550380	24.90	122.60	102	6.1	中国台湾宜兰东北近海
19660704	1833387	51.98	179.95	16	7.0	阿留申群岛
19660710	1612423	24.18	125.12	32	6.0	琉球群岛
19660711	2245520	-19.35	-173.32	8	6.0	汤加群岛

注：前加星号（*）中国首次考察现场成功预报的地震。

**中国华北地区十年大地震的最后 1 次 M≥6 活动。

续表

年月日	时分秒	纬度（°）	经度（°）	震源深度（km）	震级	参考地震（M_S≥8后注M_W）
19660719	0140550	56.23	164.82	20	6.4	堪察加半岛
19660721	1830150	-17.85	-178.55	589	6.0	斐济群岛
19660727	0448596	-24.12	-70.27	34	6.0	智利北部近海
19660801	2103009	30.07	68.62	40	6.7	巴基斯坦中部
19660807	0213043	50.57	-171.22	29	6.9	阿留申群岛
19660807	1736285	31.73	-114.50	32	6.6	加利福尼亚湾
19660815	0245340	13.27	121.35	24	6.1	菲律宾米沙鄢群岛
19660818	1033158	14.50	-91.78	73	6.4	危地马拉
19660819	1222105	39.17	41.55	26	6.7	土耳其亚美尼亚
19660820	1159090	39.42	40.97	14	6.0	土耳其亚美尼亚地区
19660822	1400040	53.02	171.10	6	6.2	阿留申群岛
19660822	1742101	-22.42	170.60	36	6.1	斐济海
19660828	1003033	-4.58	155.20	511	6.0	所罗门群岛
19660908	2115523	2.33	128.40	90	6.9	马鲁古群岛
19660912	1129371	-23.00	170.60	17	6.7	斐济海
19660914	2318419	-60.32	-27.25	27	6.9	南桑威奇群岛
19660915	1710480	22.90	121.40	53	6.0	中国台湾台东东北近海
19660925	0602288	18.37	-100.77	79	6.1	墨西哥米却肯州
19660928	1353352	-13.10	-76.37	66	6.0	秘鲁近海
19660928	1400190	27.50	100.10		6.4	中国云南中甸地区
19661007	1555113	-21.58	170.55	165	6.9	斐济海
19661014	0104430	36.50	87.40	14	6.0	中国新疆阿其克库勒地区
19661017	2141566	-10.73	-78.62	38	7.9	秘鲁西部近海　M_W8.2
19661019	0801351	-1.52	-15.37	42	7.3	阿森松岛西北
19661027	1421064	22.10	145.90	44	6.4	马里亚纳群岛北部
19661103	1624313	19.17	-67.92	22	6.0	多米尼加
19661105	1245139	-15.18	-175.10	31	6.0	汤加群岛
19661110	0302322	-31.95	-68.40	110	6.0	阿根廷西北部
19661112	1845000	-15.67	167.23	27	6.3	新赫布里底群岛
19661123	0219143	-14.90	166.83	52	6.0	新赫布里底群岛
19661129	2217312	-14.67	167.40	174	6.2	新赫布里底群岛
19661201	0456589	-14.02	167.03	136	6.2	新赫布里底群岛
19661210	1306315	-14.35	-92.02	53	6.5	秘鲁-智利海盆
19661210	1808159	-3.52	145.57	40	6.0	俾斯麦群岛
19661214	2107525	-4.88	144.05	70	6.5	新几内亚岛
19661216	2052160	29.60	80.80	19	6.1	中国西藏普兰地区
19661220	1226536	-26.05	-63.10	571	6.0	阿根廷北部
19661221	0852001	-19.95	169.73	244	6.9	新赫布里底群岛
19661223	1550213	-7.10	148.30	46	6.8	新不列颠岛

续表

年月日	时分秒	纬度（°）	经度（°）	震源深度（km）	震级	参考地震（M_S≥8后注M_W）
19661228	0818050	-25.50	-70.73	23	7.5	智利北部近海
19661231	1823088	-11.88	166.37	73	7.5	圣克鲁斯群岛
19661231	2215171	-12.10	165.70	36	7.0	圣克鲁斯群岛
19670101	0705480	-15.15	-173.63	23	6.4	萨摩亚群岛地区
19670105	0014401	48.22	102.90	24	7.0	蒙古布尔根省
19670117	0107542	-27.32	-63.23	586	6.4	阿根廷北部
19670117	1159315	38.32	142.20	39	6.4	日本本州东部近海
19670118	0534320	56.67	120.95	5	6.7	外兴安岭林区
19670119	1238314	-11.82	166.45	158	7.1	圣克鲁斯群岛
19670120	0157216	48.07	103.02	21	6.7	蒙古布尔根省
19670124	0929171	-0.80	-20.80	43	6.2	圣保罗岛以东
19670125	0150194	36.70	71.60	275	6.4	兴都库什山区
19670128	1352583	52.40	-169.53	42	6.9	阿留申群岛
19670128	1742016	52.35	-169.37	49	6.4	阿留申群岛
19670202	0625497	-57.97	-25.52	79	6.0	南桑威奇群岛
19670209	1524453	2.92	-74.82	36	7.4	哥伦比亚西部
19670213	2314223	52.82	-34.25	17	6.4	大西洋北部
19670214	0136040	13.75	96.47	13	7.0	安达曼群岛
19670215	1611118	-9.05	-71.33	598	6.8	巴西西部
19670217	1010520	-23.78	-175.13	21	6.5	汤加群岛
19670219	2214364	-9.12	113.03	88	6.6	爪哇岛南
19670304	0509260	21.40	121.90	125	6.1	中国台湾兰屿东南近海
19670304	0616218	-18.45	-175.37	219	6.0	汤加群岛
19670304	1758090	39.25	24.60	60	6.9	爱琴海
19670313	1606540	-40.12	-74.67		6.0	智利南部近海
19670314	0658060	28.40	94.40	19	6.2	中国西藏米林以南
19670319	0110482	-6.72	129.83	80	6.2	班达海
19670319	0401385	45.52	151.10	38	6.6	千岛群岛
19670324	0900200	-6.00	112.32	606	6.3	爪哇海
19670327	0858200	38.50	116.50		6.3	中国河北河间—大城<30>
19670327	1001419	-16.37	168.07	5	6.3	新赫布里底群岛
19670401	0554198	45.65	151.68	49	6.0	千岛群岛南部
19670401	1223346	45.55	151.62	36	6.1	千岛群岛
19670412	0451418	5.15	96.30	63	6.8	苏门答腊北部
19670501	0709030	39.60	21.28	34	6.1	希腊北部
19670521	1845132	-0.95	101.38	184	6.4	苏门答腊中部
19670527	1722560	51.85	176.08	11	6.3	阿留申群岛
19670612	2322422	47.57	154.27	24	6.4	千岛群岛

续表

年月日	时分秒	纬度（°）	经度（°）	震源深度（km）	震级	参考地震（M_S≥8后注M_W）
19670617	0500120	-58.35	-26.82	136	6.5	南桑威奇群岛
19670619	1707471	52.75	-166.90	44	6.5	阿留申群岛
19670621	1813049	64.70	-147.65	21	6.3	阿拉斯加
19670623	0505053	-5.85	130.42	89	6.7	班达海东部
19670701	2310086	54.43	-157.93	38	6.6	阿拉斯加湾
19670702	0703540	8.65	93.58	44	6.1	尼科巴群岛
19670706	1342276	52.57	-168.12	49	6.4	阿留申群岛
19670712	2100222	5.72	-82.72	29	6.2	巴拿马以南远海
19670716	1334301	-0.95	132.72	30	6.3	新几内亚岛
19670720	1536205	7.63	134.75	8	6.2	加罗林群岛西部
19670722	1656580	40.67	30.68		7.0	土耳其西北部沿海
19670726	1853011	39.53	40.37	30	6.0	土耳其亚美尼亚
19670729	1024247	6.83	-73.08	160	6.5	哥伦比亚
19670730	0000027	10.67	-67.40	26	6.5	委内瑞拉近海边
19670730	1335100	-5.23	153.48	13	6.8	新不列颠岛东南
19670812	0939457	-24.78	-177.37	144	6.5	克马德克群岛
19670813	2006523	35.42	135.48	367	6.5	日本本州
19670819	1528085	10.35	125.87	60	6.0	菲律宾米沙鄢群岛
19670821	0733016	3.72	95.73	40	6.7	苏门答腊北部
19670822	1302068	-60.83	-24.32		6.3	南桑威奇海沟
19670826	0036474	12.17	140.80	78	6.5	马里亚纳群岛西南
19670830	0422030	31.60	100.30		6.8	中国四川炉霍地区<10>
19670830	1108510	31.70	100.33		6.0	中国四川炉霍地区
19670903	2107300	-10.58	-79.67	29	7.4	秘鲁中部远海
19670907	0712377	2.65	124.27	288	6.2	苏拉威西岛
19670908	2237405	12.18	140.75	37	6.1	加罗林群岛北
19670909	1006445	-27.62	-63.15	577	6.7	阿根廷北部
19670920	0939157	-49.57	163.92	34	6.3	奥克兰群岛
19670922	1017554	44.55	149.60	17	6.1	千岛群岛
19670926	1611224	-30.10	-71.58	40	6.1	智利中部近海
19670928	0456533	-6.58	153.47	20	6.6	所罗门海
19670928	1544520	59.42	-147.12	4	6.1	阿拉斯加湾
19671003	1816058	10.93	-85.92	35	6.0	哥斯达黎加
19671004	1721204	-5.65	153.92	44	6.6	所罗门海
19671009	1721462	-21.10	-179.17	605	7.5	汤加群岛
19671015	0800526	11.90	-85.97	181	6.9	尼加拉瓜湖
19671018	0111458	79.80	2.90	42	6.7	格陵兰海
19671020	0102460	58.72	-24.88	22	6.0	冰岛以南远海
19671025	0059230	24.40	122.30	73	6.7	中国台湾花莲东北近海

续表

年月日	时分秒	纬度（°）	经度（°）	震源深度（km）	震级	参考地震（M_S≥8后注M_W）
19671104	1017145	-17.80	-178.98	568	6.3	斐济群岛
19671104	1430392	43.35	144.18	50	6.2	日本北海道
19671114	0528364	-5.45	147.05	194	6.0	俾斯麦海
19671115	2131545	-28.77	-71.18	35	6.3	智利中部近海
19671119	1729221	-22.55	170.83	37	6.3	斐济海
19671122	1519261	-22.67	170.95	34	6.3	斐济海
19671123	0835547	14.47	51.97	28	6.8	亚丁湾
19671123	1342026	80.20	-0.70	16	6.4	格陵兰海北部
19671126	0254010	-8.12	113.00	110	6.2	爪哇岛
19671130	0723504	41.40	20.43	21	6.7	阿尔巴尼亚
19671201	1357340	49.45	154.40	144	6.0	千岛群岛
19671210	2251233	17.53	73.83	27	6.7	印度西南部
19671221	0225210	-21.88	-70.07	20	7.5	智利北部近海
19671224	2003138	17.42	-61.18	42	6.8	小安德烈斯群岛北部
19671225	0123333	-5.25	153.70	55	7.2	新不列颠岛以东
19671225	1041316	-21.67	-70.67	48	6.8	智利北部近海
19671227	0917503	-21.28	-68.20	91	7.1	玻利维亚南部
19671227	1622484	-22.45	-174.60		6.0	汤加群岛
19671228	0626167	44.20	-128.98	33	6.3	俄勒冈远海
19680104	0057410	52.17	-171.35	8	6.3	阿留申群岛
19680106	2327224	-27.90	-70.97	49	6.3	智利北部近海
19680113	0703450	24.00	122.40	30	6.2	中国台湾花莲以东近海
19680114	1225062	-7.52	127.90	80	6.8	班达海
19680114	1743060	52.65	-171.25	3	6.3	阿留申群岛
19680115	0201041	37.77	13.02	3	6.0	西西里岛西北
19680119	0604360	-9.28	158.45	13	6.7	所罗门群岛
19680120	2121316	-30.07	-179.50	352	6.8	克马德克群岛
19680121	1642295	-1.43	-14.10	38	6.2	阿森松岛以北
19680126	0445417	-8.92	120.32	29	6.7	佛罗勒斯海
19680129	1019290	43.52	146.72	20	7.3	日本北海道以东
19680129	1642499	43.38	147.17	35	6.1	日本北海道以东
19680130	0301410	43.10	147.28	7	6.0	日本北海道以东
19680203	0536180	16.67	-99.38	29	6.1	墨西哥格雷罗州
19680204	1100508	42.95	147.12	38	6.4	日本北海道以东
19680212	0544451	-5.53	153.35	46	7.3	新不列颠岛以东
19680219	2245424	39.40	24.93	7	7.4	爱琴海
19680226	1050150	22.80	121.50	8	6.8	中国台湾绿岛近海
19680228	1208018	32.95	137.85	348	6.6	日本本州以南

续表

年月日	时分秒	纬度（°）	经度（°）	震源深度（km）	震级	参考地震（M_S≥8后注M_W）
19680303	2255366	1.57	122.52	433	6.0	苏拉威西海
19680305	1816410	9.64	126.23	72	6.1	菲律宾米沙鄢群岛
19680307	1322171	-5.82	151.03	38	6.5	新不列颠岛
19680310	0349251	52.07	-177.32	7	6.0	阿留申群岛
19680311	0826300	-16.12	-173.95	87	6.1	汤加群岛
19680319	0135496	-17.37	-172.65		6.1	汤加群岛
19680401	0042042	32.28	132.16	37	7.5	日本九州岛以东
19680401	0713182	32.14	132.12	40	6.8	日本九州岛以东
19680409	0229002	33.22	-116.18	12	6.6	加利福尼亚州南部
19680421	0834032	38.67	142.98		6.2	日本本州东部近海
19680423	2029146	58.68	-149.92	22	6.5	阿拉斯加
19680508	1217142	43.57	-127.88	30	6.4	俄勒冈远海
19680514	1405054	29.55	129.23	162	6.8	琉球群岛
19680515	1500300	-29.77	-179.00	31	6.5	克马德克群岛
19680516	0048570	40.85	143.37	9	7.9	日本本州东部近海　M_W8.3
19680516	1039010	41.52	142.82	26	7.5	日本北海道以南
19680516	1613458	39.77	143.53	31	6.4	日本本州东部远海
19680516	2304546	39.82	143.15	32	7.1	日本本州东部远海
19680517	1042443	39.68	143.45	18	6.2	日本本州东部远海
19680517	1602241	40.58	144.07	32	6.2	日本本州东部远海
19680519	0412360	35.65	141.90	11	6.0	日本本州东部近海
19680520	2005480	-30.83	-178.20		7.3	克马德克群岛地区
19680520	2109454	44.67	150.27	44	6.6	千岛群岛地区
19680521	0819580	44.82	150.17	14	6.3	千岛群岛地区
19680523	1724168	-41.72	172.02	21	7.2	新西兰南岛
19680524	1406234	40.90	143.10	27	6.5	日本本州东部远海
19680525	1152562	40.15	143.17	26	6.1	日本本州东部远海
19680528	1327198	-2.97	139.33	73	7.8	新几内亚岛
19680528	2229581	52.18	172.85	21	6.0	阿留申群岛
19680530	1942252	-31.02	-177.65	43	6.2	克马德克群岛
19680607	1157310	-1.85	120.10	27	6.8	苏拉威西岛
19680607	2130500	-2.08	120.45	12	6.0	苏拉威西岛
19680608	2324053	-48.93	31.22	37	6.6	爱德华群岛西南
19680612	1341494	39.47	142.88	31	7.3	日本本州东部近海
19680612	2326301	13.83	120.75	135	6.2	菲律宾吕宋岛南部
19680615	0708487	5.63	-82.60	16	6.0	巴拿马南部远海
19680615	1334148	-18.20	167.87	11	6.0	新赫布里底群岛
19680615	1740160	-0.27	-91.60	17	6.3	科隆群岛
19680616	0456029	-36.10	-15.90	34	6.1	南大西洋海岭

续表

年月日	时分秒	纬度（°）	经度（°）	震源深度（km）	震级	参考地震（M_S≥8后注M_W）
19680617	1152585	41.05	143.10	26	6.5	日本北海道南部
19680617	1809381	-12.35	166.50	63	6.2	圣克鲁斯群岛
19680617	1857299	38.73	143.60	34	6.3	日本本州东部远海
19680619	0813356	-5.55	-77.20	33	7.1	秘鲁北部
19680622	0112333	40.30	143.67	29	6.0	日本本州东部远海
19680702	0344517	17.60	-100.23	66	6.0	墨西哥格雷罗州
19680705	1128130	38.53	142.13	44	6.4	日本本州东部近海
19680710	2040301	40.23	143.30	21	6.0	日本本州东部远海
19680712	0044373	39.53	143.20	30	6.3	日本本州东部远海
19680712	0356240	39.58	143.27	1	6.1	日本本州东部远海
19680719	0456280	8.67	93.67	36	6.1	尼科巴群岛
19680723	1828030	18.87	-106.87	33	6.0	墨西哥西南远海
19680723	2302371	40.32	143.40	23	6.0	日本本州东部远海
19680725	0723020	-30.97	-178.12	17	7.1	克马德克群岛
19680725	1050327	45.58	146.73	30	6.0	日本北海道东北
19680728	2112370	55.38	166.68	14	6.4	科曼多尔群岛
19680729	1111590	-22.47	-174.85	29	6.0	汤加群岛
19680729	2352170	-0.27	133.47	25	6.0	新几内亚岛
19680730	2038423	-6.85	-80.42	36	6.4	秘鲁北部近海
19680801	2019215	16.30	122.10	31	7.0	菲律宾吕宋岛
19680802	1406435	16.55	-97.78	36	7.1	墨西哥瓦哈卡州
19680803	0454362	25.43	128.30	43	6.9	琉球群岛
19680803	0625074	16.45	122.30	52	6.6	菲律宾吕宋岛
19680804	1141238	6.60	126.77	96	6.2	菲律宾棉兰老岛
19680805	1617055	33.18	132.18	48	7.1	日本四国、九州之间
19680809	0308140	-22.45	-113.17	122	6.0	复活节岛西北
19680810	0207000	1.37	126.23	1	7.5	马鲁古群岛
19680810	0551490	1.40	126.27	41	6.6	马鲁古群岛
19680814	2214201	0.05	119.72	22	7.0	北苏拉威西
19680818	1838303	-10.20	159.90	534	6.8	所罗门群岛
19680821	1756486	-30.70	-178.95		6.4	克马德克群岛
19680828	2042202	15.55	122.02	42	6.2	菲律宾吕宋岛
19680831	1047413	34.15	59.00	25	7.4	伊朗霍腊散省
19680901	0727306	34.08	58.23	14	6.6	伊朗霍腊散省
19680903	0819526	41.80	32.38	5	6.6	土耳其西北部沿岸
19680908	1512244	-3.73	143.00	32	6.7	新几内亚岛
19680909	0037440	-8.62	-74.55	122	6.0	巴西、秘鲁接壤地区
19680911	1917137	34.02	59.53	34	6.0	伊朗霍腊散省
19680914	1348260	28.30	53.17	3	6.3	伊朗法尔斯省

续表

年月日	时分秒	纬度（°）	经度（°）	震源深度（km）	震级	参考地震（M_S≥8后注M_W）
19680916	1355357	-6.07	148.77	49	6.5	新不列颠岛
19680920	0600033	10.75	-62.70	103	6.6	委内瑞拉东北近海
19680921	1306008	42.07	142.65	57	6.8	日本北海道
19680925	0702519	-46.48	166.32		6.1	新西兰南岛
19680925	1038364	15.53	-92.65	114	6.0	特万特佩克湾
19680926	1802470	-30.52	-178.00	12	6.7	克马德克群岛
19680927	0358580	-6.88	129.20	151	6.2	班达海
19680927	1906440	-3.65	143.37	12	6.3	新几内亚岛
19680928	1353352	-13.10	-76.37	66	6.0	秘鲁近海
19681006	0847020	-14.90	-175.37	35	6.0	萨摩亚群岛以西
19681007	1920208	26.28	140.70	518	6.1	日本硫黄列岛
19681007	2049042	41.97	142.50	52	6.1	日本北海道
19681008	0743228	-39.85	87.73		6.0	圣波尔岛以东
19681014	0258518	-31.53	117.00	18	7.2	（？）澳大利亚西南部（？）
19681020	0708200	24.90	122.50	22	6.1	中国台湾宜兰东北近海
19681023	2104429	-3.37	143.28	21	7.0	新几内亚岛
19681024	1551160	6.05	126.97	44	6.1	菲律宾海沟
19681028	2332277	-12.40	166.42	49	6.5	圣克鲁斯群岛
19681029	2216165	65.45	-150.07	7	7.1	阿拉斯加
19681104	0907396	-14.20	172.02	596	6.1	新赫布里底群岛以东
19681109	2030390	2.38	126.90	10	6.1	马鲁古群岛
19681111	1441151	40.12	143.25	31	6.1	日本本州东部
19681116	0745486	-16.57	175.95	36	6.1	斐济群岛
19681125	1836523	5.05	126.77	25	6.4	菲律宾棉兰老岛
19681128	1036080	15.30	-94.75	27	6.4	特万特佩克湾
19681160	2016160	-5.92	-106.73	121	6.0	东太平洋海丘北部
19681205	0944114	63.95	-21.75	5	6.0	冰岛以西
19681207	0457572	-3.62	146.17	74	6.8	新几内亚岛
19681215	0214178	51.55	175.85	33	6.3	阿留申群岛
19681217	1202148	60.15	-152.82	82	7.3	阿拉斯加
19681219	1515587	53.42	160.20	51	6.0	堪察加东部近海
19690103	0316373	37.10	57.82	4	6.2	伊朗边境地区
19690105	1326428	-8.02	158.93	71	7.2	所罗门群岛
19690106	1533013	-10.57	164.45	32	7.5	圣克鲁斯群岛
19690111	0426230	-28.32	-176.78	35	6.6	克马德克群岛
19690114	2312062	36.10	29.18	22	6.3	土耳其西南部近海
19690119	0702079	44.88	143.20	238	7.1	日本北海道东北
19690119	1850524	-14.88	167.22	114	6.9	新赫布里底群岛

续表

年月日	时分秒	纬度（°）	经度（°）	震源深度（km）	震级	参考地震（M_S≥8后注M_W）
19690124	0233034	-21.87	-179.53	587	7.0	汤加群岛
19690126	1505353	55.83	162.85		6.3	堪察加东部近海
19690129	1744316	-17.15	-171.57	35	6.0	汤加群岛
19690130	1029403	4.77	127.50	72	7.7	马鲁古群岛
19690131	0044151	4.17	128.13	49	6.4	马鲁古群岛
19690202	0138470	3.88	128.33	48	6.0	马鲁古群岛
19690203	2141434	4.80	127.53	46	6.9	马鲁古群岛
19690204	0138270	-0.63	121.67	39	6.5	苏拉威西岛
19690204	0410160	-8.07	-80.08	27	6.5	秘鲁北部远海
19690210	2258033	-22.75	178.75	635	6.8	斐济群岛南
19690211	2208540	41.50	79.30	10	6.3	中国新疆乌什地区
19690211	2216115	-6.75	126.73	425	7.0	班达海
19690217	0043030	3.68	128.40	49	6.4	马鲁古群岛
19690220	0955290	3.57	128.15	2	6.4	马鲁古群岛
19690220	1030215	3.50	128.40	74	6.5	马鲁古群岛
19690220	1658150	3.57	128.33	49	6.1	马鲁古群岛
19690223	0037020	-3.17	118.90	53	7.4	苏拉威西岛
19690224	0008460	-6.22	131.00	48	6.4	班达海
19690228	0240312	35.97	-10.57	14	8.0	葡萄牙西南远海　M_W7.8
19690309	1348013	-4.10	135.65	14	6.5	新几内亚岛
19690310	0654163	-5.60	147.28	194	6.7	新几内亚岛
19690320	1618575	8.68	127.35	43	6.2	菲律宾海沟
19690327	1241363	4.72	127.65	32	6.6	马鲁古群岛以北
19690328	0148295	38.55	28.45	4	6.8	小亚细亚半岛
19690329	0915540	11.90	41.20	35	6.4	埃塞俄比亚北部
19690329	1104520	11.92	41.35	35	6.3	埃塞俄比亚北部
19690331	0715544	27.60	33.90		7.0	红海北部
19690331	1925270	38.48	134.52	397	6.3	日本海
19690405	0218300	12.00	41.35	19	6.5	埃塞俄比亚北部
19690407	2026305	76.55	130.85		6.1	拉普帖夫海
19690413	1524547	17.80	80.67	25	6.4	印度东部
19690413	2333173	-6.10	129.90	170	6.6	班达海
19690416	0122482	-3.55	150.90	39	6.7	新爱尔兰岛西南
19690416	1219378	-13.57	166.90	132	6.4	新赫布里底群岛以北
19690421	0219068	14.15	-91.02	76	6.0	危地马拉
19690421	0719270	32.15	131.97	39	7.0	日本九州岛东南
19690422	0631550	-26.67	-113.98	9	6.3	复活节岛以西
19690426	0558488	-30.65	-71.52	23	6.0	智利中部近海
19690501	1905245	-16.70	-174.65	200	6.5	汤加群岛

续表

年月日	时分秒	纬度（°）	经度（°）	震源深度（km）	震级	参考地震（M_S≥8后注M_W）
19690514	1932550	51.28	-179.85	22	6.9	阿留申群岛
19690530	1622475	-32.27	-177.95		6.1	克马德克群岛
19690608	2142074	28.26	129.37	44	6.0	日本九州东南
19690612	1513309	34.42	25.03	22	6.2	克里特岛以南远海
19690613	0848283	49.40	155.53	52	6.2	千岛群岛
19690614	0322571	-7.92	159.05	66	6.0	所罗门群岛
19690617	1926315	18.92	145.48	234	6.2	马里亚纳群岛
19690617	2358104	-52.52	159.70		6.6	麦阔里岛
19690629	1709110	-62.73	-166.30	14	6.0	南太平洋海岭
19690712	1916281	39.82	143.63	5	6.2	日本本州东北远海
19690716	0816504	52.20	158.95	44	6.1	堪察加东南远海
19690718	0524500	38.20	119.40	35	7.4	中国渤海中部
19690724	1241411	-45.60	35.00		6.0	爱德华群岛附近
19690725	2249430	22.31	111.80	5	6.4	中国广东阳江地区
19690801	2343430	45.42	150.88	25	6.3	千岛群岛
19690804	1719205	-5.70	125.42	531	6.6	班达海
19690805	0213080	1.25	126.22	21	6.9	马鲁古海峡
19690805	1632276	-5.30	153.70	78	6.0	新不列颠岛以东
19690808	1108132	-47.75	-15.65	18	6.0	南大西洋海岭
19690808	2044208	-6.13	129.68	193	6.9	班达海
19690811	2127302	43.58	147.62	45	7.4	日本北海道以东　M_W8.2
19690811	2127356	43.43	147.82	41	6.5	日本北海道以东
19690811	2127410	43.60	147.17	38	6.5	日本北海道以东
19690811	2140552	43.77	147.47		6.0	日本北海道以东
19690811	2352580	1.80	126.40	44	6.0	马鲁古海峡
19690812	0333378	43.10	147.70	35	6.2	日本北海道以东
19690812	0453330	43.23	147.73	10	6.2	日本北海道以东
19690812	0503305	43.45	147.97	70	6.6	日本北海道以东
19690812	0553302	43.73	148.42	44	6.8	日本北海道以东
19690812	0925398	43.17	147.67	40	6.1	日本北海道以东
19690812	0933422	43.45	147.65	27	6.0	日本北海道以东
19690812	1121233	43.92	148.62	39	6.6	日本北海道以东
19690812	2116116	42.87	146.77	32	6.4	日本北海道以东
19690812	2305550	43.35	148.00	15	6.0	日本北海道以东
19690813	0831331	43.92	147.85	41	6.0	日本北海道以东
19690813	2257083	44.07	148.30	36	6.0	日本北海道以东
19690814	1419036	43.13	147.43	46	6.5	日本北海道以东
19690815	0432021	43.17	147.78	40	6.2	日本北海道以东
19690815	0841548	21.57	143.10	320	6.1	马里亚纳群岛北

续表

年月日	时分秒	纬度（°）	经度（°）	震源深度（km）	震级	参考地震（M_S≥8后注M_W）
19690815	1002250	43.12	147.75	90	6.0	日本北海道以东
19690817	2013093	25.25	-109.23	38	7.1	加利福尼亚湾
19690819	0849543	43.60	148.12	39	6.4	日本北海道以东
19690820	0750098	47.87	153.75	111	6.0	千岛群岛北部
19690828	1354100	-31.65	-177.57	14	6.0	克马德克群岛
19690830	0711350	43.50	147.92	4	6.2	日本北海道以东
19690830	0828067	43.48	147.70	39	6.1	日本北海道以东
19690906	1430430	36.95	-11.83	67	6.0	葡萄牙西南远海
19690906	1449590	-8.88	157.95	31	6.3	所罗门群岛
19690906	1708044	-8.97	157.90	17	6.0	所罗门群岛
19690909	0515397	35.77	137.07	29	6.5	日本本州
19690912	0857069	51.27	-179.17	38	6.5	阿留申群岛
19690917	1840503	31.04	131.25	39	6.4	日本九州东南
19690920	0508578	58.35	-32.07		6.1	北大西洋
19690922	0146110	2.95	95.85	14	6.2	苏门达腊
19690923	2237220	18.93	-107.02	6	6.2	墨西哥西南远海
19690924	1803199	15.30	-45.77	37	6.2	北大西洋海岭
19690929	2003321	-33.08	19.52	37	6.5	南非西部
19690930	1751415	-31.93	-177.88		6.2	克马德克群岛
19691001	0505500	-11.75	-75.15	43	6.2	秘鲁中部
19691001	1710590	0.77	-85.00	53	6.1	厄瓜多尔远海
19691001	1953163	-60.85	-19.70		6.0	南桑威奇群岛
19691013	0656016	-18.77	169.30	244	6.9	新赫布里底群岛
19691017	0125115	23.08	94.70	124	6.4	缅甸西北部
19691021	2053469	51.30	-179.22	43	6.0	阿留申群岛
19691026	0637561	-16.10	-173.87	57	6.7	汤加群岛
19691026	1536524	44.83	17.30		6.0	贝尔格莱德以西
19691026	2139218	-53.37	23.60	31	6.1	大西洋印度洋海丘
19691027	0810582	44.85	17.22		6.6	贝尔格莱德以西
19691031	1133020	51.25	-178.95	22	6.8	阿留申群岛
19691101	1108243	23.18	-107.98	31	6.6	加利福尼亚湾
19691107	1834043	27.80	60.02	74	6.6	伊朗俾路支斯坦省
19691109	0907510	-16.25	167.90	186	6.1	新赫布里底群岛
19691113	0751308	-27.75	-71.67	43	6.0	智利北部近海
19691121	0205354	1.93	94.60	20	7.9	苏门答腊中部
19691122	2309392	57.70	163.55	51	7.9	堪察加东北近海
19691124	2114132	60.48	-58.87		6.8	美国爱达荷州
19691124	2251496	56.13	-153.65	28	6.2	阿拉斯加
19691126	1244050	-16.85	167.70	30	6.3	新赫布里底群岛

续表

年月日	时分秒	纬度（°）	经度（°）	震源深度（km）	震级	参考地震（M_S≥8后注M_W）
19691210	1954020	-14.92	167.02	39	6.3	新赫布里底群岛
19691214	0242104	1.98	126.93	51	6.1	马鲁古群岛
19691214	1837090	8.20	58.48	31	6.0	阿拉伯-印度海岭
19691223	1322510	57.33	163.13	11	6.0	堪察加东北近海
19691225	2132270	15.78	-59.63		7.1	小安德烈斯群岛
19691231	1901587	28.33	129.09	62	6.3	琉球群岛
19700104	1700370	24.20	102.70	13	7.8	中国云南通海　M_W7.2
19700106	0535520	-9.62	151.50	8	6.1	所罗门海
19700108	1712406	-34.85	178.78	189	6.1	克马德克群岛以南
19700110	1207086	6.80	126.75	68	7.3	菲律宾棉兰老岛
19700120	0719514	-25.85	-177.28	82	7.3	斐济群岛以南
19700120	1733031	42.47	143.03	25	6.6	日本北海道
19700121	1751374	7.02	-104.23	23	6.7	东太平洋海丘
19700126	1001200	-12.62	166.35	42	6.7	圣克鲁斯群岛
19700128	2306014	-20.68	-178.78	603	6.0	斐济群岛
19700130	0828229	-14.60	167.30	174	6.0	新赫布里底群岛
19700204	0508480	15.57	-99.47	18	6.9	墨西哥南部近海
19700205	2205585	12.57	122.08	8	6.8	菲律宾米沙鄢群岛
19700206	0011495	54.57	163.55	43	6.2	堪察加以东远海
19700206	2210397	23.10	101.00	15	6.2	中国云南普洱西南＜17＞
19700213	1543269	-5.95	113.02	616	6.4	爪哇海
19700214	1117164	-9.83	-75.55	36	6.0	秘鲁中部东
19700218	1523315	-20.82	-176.70	240	6.1	斐济群岛
19700219	0710028	27.58	94.13	12	6.1	中国西藏米林以南
19700224	0207344	30.65	103.30	15	6.2	中国四川大邑以西
19700224	0805434	59.57	-143.40	15	6.7	阿拉斯加
19700227	0707565	50.12	-179.58	7	6.3	阿留申群岛
19700228	1052311	52.58	-175.03	161	7.5	阿留申群岛
19700304	0330340	12.15	143.82	21	6.3	马里亚纳群岛南
19700309	1601110	-19.07	168.53	39	6.9	新赫布里底群岛
19700310	0458267	44.65	148.98	44	6.7	日本北海道东北
19700311	2238324	57.38	-153.97	16	6.4	阿拉斯加湾
19700315	1239156	-29.60	-69.42	99	6.0	阿根廷西北部边境
19700319	2333287	51.33	173.75	8	6.5	阿留申群岛
19700327	1836470	0.27	119.37	11	6.7	苏拉威西岛
19700328	2102235	39.20	29.50	18	7.4	小亚细亚半岛
19700329	1008204	-17.07	168.55	232	6.6	新赫布里底群岛
19700330	1646462	6.77	126.65	82	6.9	菲律宾棉兰老岛

续表

年月日	时分秒	纬度（°）	经度（°）	震源深度（km）	震级	参考地震（M_S≥8后注M_W）
19700407	0534062	15.77	121.70	40	7.5	菲律宾吕宋岛
19700408	1350283	38.33	22.55	23	6.4	希腊中部
19700408	2123540	15.42	121.75	7	6.6	菲律宾吕宋岛
19700411	0405429	59.72	-142.48	7	6.7	阿拉斯加湾
19700412	0401446	15.07	122.00	25	7.3	菲律宾吕宋岛东南
19700415	1314267	15.10	122.70	50	6.4	菲律宾吕宋岛东南
19700416	0533182	59.83	-142.42	7	7.4	阿拉斯加
19700418	2325300	43.03	147.28	4	6.0	日本北海道以东
19700419	0115470	59.65	-142.72	20	6.5	阿拉斯加湾
19700419	1329365	39.02	29.75	18	6.0	小亚细亚半岛
19700420	1039128	-18.78	169.28	243	7.0	新赫布里底群岛
19700426	1420270	52.92	171.45	12	6.0	阿留申群岛
19700429	1122358	14.55	-92.75	36	6.5	墨西哥恰帕斯州近海
19700429	1401212	14.60	-92.72	50	7.3	墨西哥恰帕斯州近海
19700430	0833010	14.60	-93.28	37	6.6	特万特佩克湾
19700501	0835236	14.60	-93.22	38	6.0	特万特佩克湾
19700504	1853210	-41.65	79.87		6.2	圣波尔岛以南
19700514	1812273	43.08	47.07		6.5	高加索山区北部
19700515	1713125	50.18	91.23	12	7.0	蒙古乌布苏省
19700520	2003350	-55.92	-28.07	6	6.0	南桑威奇群岛
19700527	1205083	27.22	140.28	406	7.0	小笠原群岛
19700527	1905379	40.28	142.97	18	6.5	日本本州东部远海
19700527	2235489	40.23	143.07	29	6.0	日本本州东部远海
19700529	0514420	-15.02	-173.47	70	6.8	汤加群岛
19700529	1902228	-11.72	166.37	85	6.8	圣克鲁斯群岛
19700531	2023284	-9.15	-78.82	48	7.7	秘鲁北部沿海
19700604	0409254	-9.87	-78.68	48	6.2	秘鲁北部近海
19700605	0453074	42.47	78.70	24	6.7	阿拉木图地区
19700605	1031539	63.25	146.17		6.2	西伯利亚东部
19700610	1617481	44.72	149.45	53	6.5	千岛群岛地区
19700611	0602524	-24.47	-68.45	87	6.4	智利、阿根廷边境
19700611	1646437	-58.85	157.60	64	7.0	麦阔里岛以南
19700614	0000088	-51.93	-74.13	10	6.7	智利南部近海
19700615	1114544	-54.30	-64.20	38	6.9	马尔维纳斯群岛
19700616	0510336	5.35	-82.67	17	6.3	巴拿马以南远海
19700619	1056135	-22.27	-70.55	44	6.3	智利北部近海
19700624	1309113	51.77	-130.76	22	7.7	夏洛特皇后群岛
19700625	0513590	-7.90	158.67	72	6.4	所罗门群岛
19700628	0130138	-8.75	124.03	50	6.6	帝汶岛、佛罗勒斯岛

续表

年月日	时分秒	纬度（°）	经度（°）	震源深度（km）	震级	参考地震（M_S≥8后注M_W）
19700709	1211575	43.72	148.32	39	6.0	日本北海道以东
19700711	2010541	-60.62	-25.27	45	6.0	南桑威奇群岛
19700716	2117442	-19.18	-173.37		6.4	汤加群岛
19700717	2004471	-22.00	-174.65		6.5	汤加群岛
19700718	0148389	51.35	-178.50	44	6.0	阿留申群岛
19700719	0922421	-4.00	152.28	20	6.0	新爱尔兰岛
19700725	2241126	32.15	131.46	47	6.8	日本九州岛以东
19700726	0710379	32.18	131.49	47	6.4	日本九州岛以东
19700729	1016204	26.02	95.37	68	6.4	印、缅边境地区
19700730	0052203	37.85	55.93	22	6.9	伊朗边境地区
19700730	0458457	14.37	51.75		6.3	亚丁湾
19700731	1708054	-1.45	-72.55	653	7.9	哥伦比亚南部
19700810	1515207	-13.92	166.65	46	6.3	新赫布里底群岛以北
19700811	1022200	-14.12	166.55	20	6.6	新赫布里底群岛
19700812	0139369	-13.88	166.52	43	6.7	新赫布里底群岛以北
19700812	0924156	12.00	-86.63	66	6.6	尼加拉瓜马那瓜
19700818	1752084	60.70	-145.37	30	6.3	阿拉斯加
19700824	1230199	-56.45	-142.60		6.4	南太平洋
19700828	0102476	-4.60	153.22	76	6.5	新爱尔兰岛
19700830	1746089	52.35	151.63	643	7.1	鄂霍次克海
19700901	0511160	17.70	147.65	39	6.3	马里亚纳群岛
19700905	0752272	52.27	151.48	560	6.6	鄂霍次克海
19700914	0944540	38.77	142.27	46	6.4	日本本州东部近海
19700923	1204546	-6.50	154.62	42	6.2	所罗门群岛
19700926	1202304	6.37	-77.47	8	6.4	哥伦比亚西部近海
19700927	0338369	6.52	-77.40	6	6.9	哥伦比亚西部近海
19700929	0603263	-13.52	166.58	60	6.3	新赫布里底群岛以北
19701010	0853045	-3.55	86.18	32	6.5	东印度洋海岭
19701010	2159400	-31.93	-177.88	7	6.3	克马德克群岛
19701011	0316500	-32.00	-178.10		6.6	克马德克群岛
19701014	1815385	43.35	147.82	43	6.4	日本北海道以东
19701014	2114001	43.40	147.00	36	6.0	日本北海道以东
19701016	0526151	39.25	140.70	37	6.2	日本北海道以东
19701025	1509510	9.17	93.90	36	6.4	尼科巴群岛
19701026	2053326	79.80	2.90	34	6.2	格陵兰海
19701029	0223250	-41.17	80.48	39	6.0	圣波尔岛东南
19701031	1753105	-4.97	145.45	45	7.1	新几内亚岛
19701103	0923120	-50.20	-114.30	94	6.3	东太平洋海丘
19701108	1458574	9.15	126.40	52	6.2	菲律宾棉兰老岛

续表

年月日	时分秒	纬度（°）	经度（°）	震源深度（km）	震级	参考地震（M_S≥8后注M_W）
19701108	2235464	-3.42	135.65		7.2	新几内亚岛
19701112	0607146	-5.10	145.12	22	6.3	新几内亚岛
19701113	1416217	11.77	123.97	18	6.5	菲律宾米沙鄢群岛
19701114	0758220	22.88	121.23	38	6.5	中国台湾台东以北
19701126	0311421	43.68	-127.62	14	6.0	俄勒冈远海
19701128	1108400	-20.93	-69.80	16	6.0	智利北部
19701128	2022512	-4.10	142.87	119	6.2	新几内亚岛
19701129	0601186	-11.67	-14.00	32	6.0	阿森松岛以南
19701201	1814360	-11.02	163.45	10	6.1	所罗门群岛
19701201	2109370	51.43	-175.32	32	6.0	阿留申群岛
19701202	1525465	-11.10	163.65	36	6.9	所罗门群岛
19701202	1554190	-11.02	163.40	25	7.0	所罗门群岛
19701203	0459490	7.40	-76.07	5	6.0	哥伦比亚东北部
19701204	1708480	-23.18	-70.10	29	6.5	智利北部近海
19701206	2020513	41.78	143.50	39	6.5	日本北海道以南
19701207	2135219	29.78	140.10	183	6.7	日本伊豆诸岛以南
19701208	1930062	-30.80	-71.15	46	6.4	智利中部近海
19701210	0434380	-3.97	-80.65	15	7.8	秘鲁西北部近海
19701219	1038056	-1.58	99.95	46	6.2	苏门答腊中部
19701228	2003255	-5.22	153.58	63	6.5	新爱尔兰岛
19701229	0226118	-10.57	161.38	70	6.4	所罗门群岛
19710103	1735445	-55.90	-2.40	43	6.8	大西洋脊南部
19710108	1445300	47.31	154.19	34	6.0	千岛群岛
19710110	0717047	-3.21	139.69	41	8.0	西伊里安 M_W7.7
19710110	1429568	-3.31	139.76	34	6.0	西伊里安
19710110	1658340	-3.48	140.07	10	6.0	西伊里安
19710125	0018252	-9.65	151.40	31	6.5	当特尔卡斯托群岛
19710125	1608161	51.46	-177.71	45	6.6	阿留申群岛
19710129	2158032	51.69	150.97	515	6.0	鄂霍茨克海
19710201	0519236	51.72	-172.95	37	6.0	阿留申群岛
19710204	1533295	0.53	98.72	40	7.2	苏门答腊北部
19710207	0229291	51.47	-176.81	40	7.0	阿留申群岛
19710208	2104191	-63.43	-61.36	12	7.2	南设得兰群岛
19710209	1400406	34.40	-118.43	9	6.6	加利福尼亚南部
19710221	1035197	-23.81	-67.20	166	6.5	智利阿根廷接壤地区
19710313	1547580	-18.35	173.53	25	6.0	斐济地区
19710313	1912248	-5.75	145.39	114	6.2	新几内亚地区
19710313	2351342	50.61	-129.99	22	6.1	温哥华岛远海

续表

年月日	时分秒	纬度（°）	经度（°）	震源深度（km）	震级	参考地震（M_S≥8后注M_W）
19710316	1232290	-10.93	163.80	21	6.2	所罗门群岛
19710316	2035150	8.43	127.23	20	6.2	菲律宾群岛
19710323	0215237	-22.96	-176.14	49	6.0	斐济南部
19710323	0926288	70.97	-6.86	29	6.6	格陵兰以东远海
19710323	0952120	41.44	79.17	29	6.0	中国新疆乌什以北<6>
19710323	2047160	41.42	79.20	14	6.1	中国新疆乌什以北
19710324	1354184	35.46	98.04	13	6.3	中国青海玛多以北<13>
19710326	0908102	-55.40	-128.70	33	6.0	南太平洋海底山脉
19710328	0823215	12.12	95.22	22	6.5	安达曼群岛
19710403	0449031	32.16	94.99	27	6.3	中国西藏巴青以东
19710403	0450458	32.10	95.19	33	6.5	中国西藏巴青以东
19710404	1015379	-56.27	-122.57	33	6.6	南太平洋
19710404	1839390	38.41	142.18	49	6.0	日本本州东部近海
19710407	0459370	2.45	129.13	29	7.2	新几内亚哈马黑拉附近
19710412	1903252	28.30	55.61	37	6.0	伊朗南部
19710418	1741300	-0.34	-91.59	54	6.0	加拉帕戈斯群岛
19710421	0642173	53.99	-161.51	21	6.1	阿拉斯加南部
19710428	1532010	22.98	101.02	11	6.7	中国云南普洱地区
19710429	1956140	12.63	122.28	18	6.1	吕宋岛地区
19710501	1415356	-22.32	171.62	144	6.2	洛亚蒂群岛
19710502	0608269	51.42	-177.21	38	7.1	阿留申群岛
19710504	0204310	-6.54	105.37	46	6.5	巽他海峡
19710507	0021130	-2.68	119.69	24	6.1	苏拉威西
19710508	0049450	-42.29	-71.79	146	6.0	智利阿根廷接壤地区
19710509	0825011	-39.78	-104.87	29	6.3	南太平洋
19710510	1153538	7.99	126.95	41	6.1	棉兰老
19710512	0625154	37.64	29.72	30	6.3	土耳其西南部
19710517	1104069	-1.59	-77.69	172	6.2	厄瓜多尔
19710518	2244393	63.92	146.10		7.4	西伯利亚东部
19710522	1643593	38.85	40.52	3	7.0	土耳其东部
19710522	2003319	32.36	92.11	29	6.5	中国西藏安多地区
19710525	0543261	39.05	29.71	16	6.0	土耳其西部
19710525	1300205	31.31	131.34	53	6.0	日本九州
19710526	0613148	31.35	131.46	52	6.3	日本九州
19710529	0852441	31.39	131.43	51	6.0	日本九州
19710530	1544196	25.20	96.41	40	6.4	缅甸北部
19710531	0513586	25.22	96.51	22	6.3	缅甸北部
19710608	0745577	-4.42	102.32	74	6.5	苏门答腊南部
19710610	1959533	41.10	138.52	233	6.0	日本海东部

续表

年月日	时分秒	纬度（°）	经度（°）	震源深度（km）	震级	参考地震（M_S≥8后注M_W）
19710611	1256027	18.02	-69.79	35	6.7	多米尼加
19710611	1358376	51.67	176.04	19	6.9	阿留申群岛
19710614	1348537	56.18	123.59	15	6.2	俄罗斯东部
19710615	2204204	41.39	79.18	96	6.0	中国吉尔吉斯斯坦接壤地区
19710617	2100392	-25.40	-69.06	76	7.3	智利北部
19710626	1927110	-5.18	96.90		6.7	苏门答腊西南
19710702	0534289	12.42	123.84	35	6.1	吕宋岛地区
19710708	1907073	-7.03	129.70	92	7.0	班达海
19710709	0303169	-32.51	-71.21	40	7.9	智利中部滨海区
19710711	0951382	-32.19	-71.72	36	6.4	智利中部滨海区
19710714	0611289	-5.52	153.86	43	8.0	新爱尔兰地区　M_W8.0
19710714	0737220	-4.95	153.48	84	6.1	新爱尔兰地区
19710714	0741110	-5.60	153.79	50	7.2	新爱尔兰地区
19710714	1738470	-5.16	153.23	16	6.3	新爱尔兰地区
19710714	1827440	-5.17	153.32	32	6.3	新爱尔兰地区
19710717	0532434	6.98	94.65	144	6.1	尼科巴群岛
19710718	1431178	-4.86	153.32	48	6.6	新爱尔兰地区
19710719	0014452	-5.78	153.80	37	7.0	新爱尔兰地区
19710719	1537420	-5.50	150.56	3	6.4	新爱尔兰地区
19710725	1251435	12.44	123.71	42	6.5	吕宋岛地区
19710725	1414258	-6.01	129.82	175	6.2	班达海
19710725	1541225	52.13	173.03	36	6.3	阿留申群岛
19710726	0123212	-4.93	153.18	43	7.5	新爱尔兰地区　M_W8.1
19710726	0148344	39.81	77.22	41	6.7	中国新疆阿图什东北
19710726	0225030	-5.16	152.26	77	6.4	新不列颠地区
19710726	1535410	-5.69	151.47	52	6.1	新不列颠地区
19710726	1915330	-5.86	151.31	49	6.1	新不列颠地区
19710727	0202445	-2.79	-77.35	88	7.0	秘鲁、厄瓜多尔边境
19710727	1425300	13.71	95.87	29	6.0	安达曼群岛
19710727	2047575	-5.20	152.85	41	6.4	新不列颠地区
19710728	0110231	-5.14	152.87	24	6.4	新不列颠地区
19710802	0724560	41.37	143.44	45	7.0	北海道
19710802	1300000	41.32	143.52	37	6.2	北海道
19710804	0024369	36.42	70.73	207	6.1	兴都库什山区
19710805	0158532	-0.85	-22.07	43	7.0	大西洋中部海岭
19710809	1212015	-5.88	154.31	60	6.2	所罗门群岛
19710809	2001370	-5.68	152.12	15	6.2	新不列颠地区
19710811	1423350	-62.66	155.80	65	6.0	坎贝尔岛以南
19710813	1648480	-6.15	154.12	32	6.0	所罗门群岛

年月日	时分秒	纬度（°）	经度（°）	震源深度（km）	震级	参考地震（M_S≥8后注M_W）
19710813	2029180	-6.16	154.09	31	6.2	所罗门群岛
19710814	0901330	-15.69	-178.33	39	6.5	斐济地区
19710814	0902530	-15.56	-178.30	52	6.6	斐济地区
19710819	2215382	49.29	155.49	32	6.1	千岛群岛
19710820	2136060	13.30	-92.41	9	6.2	墨西哥西部远海
19710823	0407585	-4.03	145.97		6.7	新几内亚北部滨海区
19710823	2155181	45.55	150.95	38	6.0	千岛群岛
19710824	1633210	52.18	91.56	12	6.0	贝加尔湖西部地区
19710905	1835270	46.54	141.15	14	7.2	萨哈林(库页岛)南部
19710905	1933460	46.38	141.18	5	6.3	萨哈林(库页岛)
19710906	1337101	46.76	141.39	21	6.1	萨哈林(库页岛)
19710908	1148259	46.44	141.09	17	6.7	萨哈林(库页岛)
19710908	1659548	46.20	141.03	27	6.5	萨哈林(库页岛)
19710909	2301068	44.34	150.85	7	6.2	千岛群岛地区
19710913	0418015	17.95	-69.73	42	6.2	多米尼加
19710914	0311062	23.00	100.80		6.2	中国云南思茅地区
19710914	0520278	-6.46	151.55	22	6.3	新不列颠地区
19710915	1329344	31.52	140.13	61	6.2	日本本州南部
19710915	1455073	39.17	143.39	30	6.4	日本本州远海
19710916	0622367	-5.93	130.68	107	6.4	班达海
19710924	0109595	39.42	143.28	13	6.2	日本本州远海
19710925	0436137	-6.54	146.64	111	6.5	新几内亚东部
19710927	1901464	46.41	141.16	27	6.5	萨哈林(库页岛)
19710927	2220034	-3.17	148.41	33	6.3	俾斯麦海
19710930	0817598	26.88	-110.80	29	6.6	加利福尼亚湾
19710930	2124108	-0.45	-4.89	30	6.0	南大西洋
19710930	2131261	61.61	140.40	33	6.4	西伯利亚东部
19711003	1324381	-14.60	171.69	10	6.5	新赫布里底群岛
19711004	0130336	-5.89	154.14	64	6.6	所罗门群岛
19711014	2236348	-54.40	2.50	9	6.3	大西洋-印度洋海岭
19711016	0515244	-5.96	154.40	71	6.5	所罗门群岛
19711023	0141090	-54.75	146.42	4	6.2	麦阔里岛西
19711023	2233310	11.83	142.52	26	6.5	阿加尼亚
19711024	0137290	11.86	142.38	21	6.5	阿加尼亚
19711024	0221010	11.86	142.35	21	6.0	阿加尼亚
19711025	0346371	-13.12	166.42	40	6.0	新赫布里底
19711027	1758379	-15.57	167.24	49	7.2	新赫布里底
19711028	1513372	-5.57	153.99	107	6.6	新爱尔兰地区
19711028	1800009	-13.40	166.43	33	6.3	新赫布里底

续表

年月日	时分秒	纬度（°）	经度（°）	震源深度（km）	震级	参考地震（M_S≥8后注M_W）
19711029	2309323	-13.48	166.40	34	6.0	新赫布里底
19711030	2048497	23.01	121.39	47	6.0	中国台湾台东东北近海
19711105	2211151	10.11	92.93	53	6.4	安达曼群岛
19711108	0306340	27.04	54.47	11	6.3	伊朗南部
19711120	0727595	-23.45	-179.88	533	6.5	斐济南部
19711121	0557120	-11.87	166.55	119	6.9	圣克鲁斯群岛
19711124	1935285	52.85	159.22	99	7.0	堪察加远海
19711202	1718240	44.77	153.33	38	6.4	千岛群岛
19711204	0225515	-6.02	154.56	77	6.5	所罗门群岛
19711205	0550071	49.53	-129.47	5	6.0	温哥华岛地区
19711207	0326207	-54.44	5.80	33	6.1	大西洋-印度洋海岭
19711208	1605280	-22.85	-70.45	42	6.3	智利北部滨海区
19711211	0725193	-6.11	154.49	63	6.2	所罗门群岛
19711215	0829566	56.04	163.17	39	7.9	堪察加滨海区
19711216	1225470	55.88	163.50	24	6.0	堪察加滨海区
19711217	1906073	55.53	163.83	33	6.6	堪察加滨海区
19720101	2205540	-16.85	174.90	11	6.8	斐济地区
19720104	0316507	22.50	122.07	6	7.2	中国台湾绿岛以东近海
19720106	0030180	-4.60	151.86	166	6.0	新不列颠地区
19720107	0625460	-2.09	138.96	12	6.2	伊里安岛
19720108	0527537	20.95	120.26	36	6.7	菲律宾
19720108	1134497	-55.72	-28.75	56	6.2	克罗德群岛
19720112	0959103	-6.84	-71.77	575	6.2	巴西西部
19720115	2021470	40.17	78.96	9	6.2	中国新疆柯坪地区＜6＞
19720117	2142310	-1.94	99.59	27	6.0	苏门答腊中部
19720118	2155150	-4.84	145.10	23	6.5	新几内亚近海
19720119	1500553	-4.74	145.00	37	6.6	新几内亚近海
19720120	1136287	36.39	70.72	214	6.2	兴都库什山区
19720122	1308494	14.02	-91.05	94	6.5	危地马拉
19720122	2150396	-20.43	172.85	33	6.8	新赫布里底
19720123	2117526	-13.18	166.32	33	6.9	新赫布里底
19720124	0355441	-13.07	166.40	38	6.2	新赫布里底地区
19720124	0430035	3.53	123.82	423	6.0	苏拉威西海
19720125	0206230	22.56	122.37	29	8.0	中国台湾绿岛以东近海　M_W7.5
19720125	0341240	23.06	122.14	34	7.6	中国台湾台东东北近海
19720126	2300221	-20.19	-178.89	637	6.3	斐济地区
19720128	0116220	-19.38	169.13	127	6.1	新赫布里底
19720208	0337520	19.36	122.06	45	6.2	菲律宾群岛

续表

年月日	时分秒	纬度（°）	经度（°）	震源深度（km）	震级	参考地震（M_S≥8后注M_W）
19720212	1851573	-15.36	-173.30	5	6.3	汤加群岛
19720214	2329516	-11.43	166.37	101	7.5	圣克鲁斯群岛
19720225	0117148	-60.59	-25.50	40	6.1	大西洋-印度洋海岭
19720229	0922593	33.38	140.97	50	7.1	日本本州南部
19720301	0928534	40.46	-125.32	4	6.0	加利福尼亚北部远海
19720302	2010078	33.45	141.00	54	6.1	本州东部远海
19720307	0745207	-28.25	-178.27	181	6.5	克马德克群岛地区
19720308	0345251	-3.74	131.39	29	6.0	印尼斯兰岛
19720318	2317399	33.60	141.38	37	6.2	日本本州远海
19720319	1557500	40.84	141.98	72	6.0	本州东部近海
19720320	0733487	-6.79	-76.76	52	6.5	秘鲁北部
19720320	2331485	51.27	-179.21	43	6.0	阿留申群岛
19720322	1027421	49.05	153.60	135	6.5	千岛群岛
19720324	0338244	56.14	-157.14	42	6.0	阿拉斯加
19720325	1215295	-3.59	150.16	39	6.4	新爱尔兰地区
19720325	2259401	43.33	146.03	40	6.1	千岛群岛
19720330	0534504	-25.69	179.58	479	7.0	斐济南部
19720401	2351230	-49.35	-164.09	33	6.3	奥克兰群岛地区
19720402	2130020	-13.15	166.16	3	6.5	新赫布里底
19720404	2243067	-7.47	125.56	375	6.6	班达海
19720410	0206500	28.39	52.78	11	7.1	伊朗南部
19720411	0221109	0.99	-26.30		6.8	大西洋海岭中部
19720417	1049444	24.10	122.44	48	6.1	中国台湾花莲东北近海
19720424	0120580	-31.40	-110.99	116	6.1	智利海岭
19720424	0957212	23.60	121.55	29	7.3	中国台湾花莲东南部近海
19720425	1930080	13.38	120.34	38	7.6	棉兰老岛地区
19720428	2332106	-5.13	154.23	413	6.0	所罗门群岛
19720504	0748176	-15.94	167.53	46	6.9	新赫布里底
19720504	2139570	35.15	23.56	14	6.5	克里特岛
19720505	2316290	-4.22	152.71	37	6.5	新不列颠地区
19720507	2206300	-53.77	-134.29	15	6.3	太平洋海底山脉南部
19720517	0527490	13.36	120.05	12	6.2	棉兰老岛地区
19720522	0604011	16.60	122.19	36	7.0	吕宋岛地区
19720522	2045551	-17.76	-175.05	208	7.3	汤加群岛
19720528	0155233	-11.05	116.97	45	6.7	松巴哇南部
19720608	1853428	-30.34	-71.58	39	6.8	智利中部近海
19720611	1641027	3.86	124.26	336	7.5	苏拉威西海
19720612	1947355	53.25	-166.78	27	6.3	阿留申群岛
19720624	1529223	36.28	69.69	47	6.5	兴都库什山区

续表

年月日	时分秒	纬度（°）	经度（°）	震源深度（km）	震级	参考地震（M_S≥8后注M_W）
19720704	1016131	9.42	122.54	64	6.0	菲律宾南部
19720705	1016389	49.45	-127.19	26	6.1	温哥华岛地区
19720722	1641021	31.38	91.41	17	6.0	中国西藏那曲以西
19720723	1913086	50.10	-129.30	31	6.6	温哥华岛地区
19720729	0504217	0.06	123.44	151	6.0	北苏拉威西
19720730	2013540	-4.64	152.26	2	6.0	新不列颠地区
19720730	2145158	56.77	-135.91	29	8.0	阿拉斯加东南部　M_W7.6
19720730	2317215	-5.75	130.51	76	6.4	班达海
19720801	1906338	2.35	127.56	91	6.0	马鲁古海峡
19720802	2138506	55.98	163.26	30	6.3	堪察加远海
19720803	0440529	51.20	-178.13	24	6.4	阿留申群岛
19720804	1138080	56.19	-135.42	18	6.4	阿拉斯加东南
19720804	1751126	49.13	155.96	47	6.6	千岛群岛
19720804	2001360	-11.23	162.11	18	6.1	所罗门群岛
19720804	2230350	-11.10	162.05	18	6.0	所罗门群岛
19720805	0531290	-11.28	162.15	10	6.1	所罗门群岛
19720806	0714410	-11.09	162.17	10	6.3	所罗门群岛
19720807	0924130	-16.66	-172.01	20	6.1	萨摩亚地区
19720817	2344086	-6.04	152.90	26	7.0	新不列颠地区
19720818	0023500	-6.05	152.63	22	6.0	新不列颠地区
19720828	1857580	-21.31	-174.27	17	6.2	汤加群岛
19720830	1029514	-3.51	144.92	16	6.3	新几内亚北部近海
19720902	0149385	29.41	130.64	51	6.6	琉球群岛
19720903	0631210	-5.58	151.24	26	6.1	新不列颠地区
19720903	1648295	35.94	73.33	45	6.5	克什米尔西北部
19720904	1811125	-11.78	166.31	64	7.0	圣克鲁斯群岛
19720905	0523034	-6.95	129.72	94	6.1	班达海
19720905	1718295	1.90	128.20	154	6.2	菲律宾南部
19720905	1730356	-19.89	169.08	49	6.2	新赫布里底
19720908	1134423	71.42	-10.39	6.6	6.6	北极地区扬马延岛附近
19720909	0244050	-15.35	-175.60	48	6.2	汤加群岛
19720910	0603256	-20.17	168.77	34	6.0	洛亚尔蒂群岛
19720911	1335491	-3.29	130.75	37	6.0	新几内亚
19720913	0413197	37.96	22.38	75	6.2	希腊南部
19720913	1433377	-20.36	168.89	30	6.5	洛亚尔蒂群岛
19720917	1407153	38.35	20.27	33	6.6	希腊南部
19720918	2035350	-9.93	119.60	23	6.2	松巴岛
19720919	0136481	19.55	-70.22		6.1	多米尼加
19720922	1957240	22.37	121.16	8	6.6	中国台湾台东南部近海

续表

年月日	时分秒	纬度（°）	经度（°）	震源深度（km）	震级	参考地震（M_S≥8后注M_W）
19720923	0214261	22.28	121.28	26	6.4	中国台湾台东南部近海
19720924	2009362	-6.22	131.15	33	6.5	马鲁古群岛
19720927	0901410	-16.47	-172.17	10	6.4	萨摩亚地区
19721001	2349375	7.46	123.77	632	6.0	棉兰老岛地区
19721006	1642545	-6.08	149.83	57	6.4	新不列颠地区
19721013	0446110	52.89	-162.98	35	6.0	阿拉斯加南部
19721020	0433499	20.60	-29.69	39	6.0	北大西洋
19721020	0817492	18.79	-106.74	35	6.5	墨西哥西南远海
19721026	1705056	27.48	128.57	63	6.0	琉球群岛
19721027	0923083	-19.94	168.87	34	6.2	新赫布里底
19721028	0227104	-7.33	146.83	2	6.0	新几内亚东部
19721028	0316522	-15.30	167.49	129	6.6	新赫布里底
19721030	1648113	-6.30	154.77	69	6.2	所罗门群岛
19721102	1955233	-20.03	168.91	37	7.4	洛亚尔蒂群岛
19721104	0349564	-20.07	169.14	49	6.3	新赫布里底
19721104	2135585	-8.19	112.27	99	6.5	爪哇地区
19721104	2348230	-20.18	168.93	26	6.1	洛亚尔蒂群岛
19721105	0005517	-9.82	122.17	45	6.1	萨武海
19721109	1841130	23.87	121.61	22	6.3	中国台湾花莲近海
19721113	0443476	15.63	-95.10	40	6.7	墨西哥西南近海
19721116	1243049	35.67	69.91	120	6.0	兴都库什山区
19721121	0247164	23.87	121.66	27	6.2	中国台湾花莲近海
19721121	0359110	-6.56	154.12	48	6.4	所罗门群岛
19721127	1517398	-5.30	126.62	412	6.2	班达海
19721202	0019520	6.41	126.62	73	7.4	棉兰老岛
19721202	0140515	6.39	126.67	84	6.0	棉兰老岛
19721204	1016115	33.34	140.82	62	7.3	日本本州南部
19721204	1751176	-1.52	136.67		6.0	实珍群岛
19721205	2159527	-1.53	136.69	20	6.1	实珍群岛
19721206	0143261	-3.01	139.18	44	6.0	伊里安岛
19721208	0748410	-1.91	99.63	28	6.2	苏门答腊中部
19721208	1813030	-1.92	99.69	24	6.4	苏门答腊中部
19721210	1826078	44.68	149.37	16	6.0	千岛群岛
19721216	1130190	-7.00	155.81	83	6.2	所罗门群岛
19721217	0018328	44.60	149.28	36	6.2	千岛群岛
19721218	1357040	-1.76	99.77	33	6.2	苏门答腊中部
19721222	1219000	-55.58	-28.29	26	6.7	南桑威奇群岛地区
19721222	1622080	-16.18	-172.48	33	6.0	萨摩亚地区
19721223	0629429	12.33	-86.13	5	6.2	尼加拉瓜

续表

年月日	时分秒	纬度（°）	经度（°）	震源深度（km）	震级	参考地震（M_S≥8后注M_W）
19721227	2259272	76.75	-107.00	16	6.2	格陵兰以东远海
19721229	0451020	-30.51	-71.08	61	6.0	智利中部近海
19730101	1142361	-35.56	-15.59	24	6.0	南大西洋
19730105	1354292	-39.02	175.23	147	6.8	新西兰北岛
19730106	1552409	-14.66	166.41	24	6.1	新赫布里底
19730110	1132285	-11.06	162.37	35	6.0	所罗门群岛
19730115	0902591	27.06	140.22	487	6.0	小笠原群岛
19730117	0830534	13.41	122.87	44	7.3	菲律宾米沙鄢群岛
19730118	0928137	-6.88	150.03	38	6.6	新不列颠地区
19730122	0037593	18.54	-105.11	38	6.1	墨西哥西南远海
19730123	0449451	-12.10	166.52	90	6.3	圣克鲁斯群岛
19730127	1308499	-0.14	124.00	112	6.0	马鲁古海
19730130	2101138	18.53	-102.93	48	7.7	墨西哥米却肯州
19730131	2055542	28.22	139.30	508	7.0	小笠原群岛
19730201	0514199	-22.53	-66.19	214	6.4	阿根廷北部
19730201	0727421	-17.72	-175.07	207	6.4	汤加群岛
19730206	1037070	31.33	100.49	5	7.6	中国四川新龙地区＜8＞
19730207	1606258	31.50	100.33	35	6.0	中国四川新龙地区
19730208	1009096	-45.58	96.31	40	6.2	印度洋东南部
19730210	1153290	18.78	-103.79	42	6.1	墨西哥西南部近海
19730214	1611144	-30.54	-177.39	29	6.8	克马德克群岛
19730219	0842527	-45.49	35.17	33	6.0	厄加勒斯海盆
19730224	0738268	-19.16	168.68	53	6.3	新赫布里底
19730225	0535571	-61.10	-38.01	41	6.3	南奥克尼群岛
19730225	1031420	-1.75	99.65	58	6.4	苏门答腊中部
19730228	0637544	50.51	156.58	62	7.6	千岛群岛
19730304	1757430	54.73	161.70	24	6.4	堪察加东部近海
19730309	1006340	6.32	127.38	25	6.6	菲律宾南部
19730312	1939216	50.78	157.19	62	6.1	千岛群岛
19730316	0051465	2.18	126.65	11	6.5	马鲁古海峡
19730317	0457125	-19.41	169.39	193	6.1	新赫布里底
19730318	1106148	2.09	126.55	33	6.6	马鲁古海峡
19730319	1141079	52.78	173.85	81	6.0	阿留申群岛
19730323	0655325	51.27	174.16	21	6.2	阿留申群岛
19730323	1942409	29.30	130.41	51	6.1	琉球群岛
19730324	0034388	31.74	139.37	27	6.0	日本本州南部
19730326	0237204	23.45	123.92	7	6.2	琉球群岛西南
19730328	2355440	23.40	123.83	6	6.2	琉球群岛西南

续表

年月日	时分秒	纬度（°）	经度（°）	震源深度（km）	震级	参考地震（M_S≥8后注M_W）
19730401	0712410	11.63	43.00	65	6.1	埃塞俄比亚
19730403	1354010	4.70	-75.67	146	6.2	哥伦比亚北部
19730405	2216580	43.54	147.77	19	6.0	千岛群岛
19730407	0300596	7.00	91.32	39	6.5	尼科巴群岛地区
19730407	1222493	-58.50	-13.60	36	6.7	大西洋西南
19730408	1241028	-15.81	167.24	38	6.5	新赫布里底
19730412	1349150	50.86	157.43	46	6.4	千岛群岛
19730414	0834011	10.62	-84.90	32	6.0	哥斯达黎加
19730417	1234273	-4.32	134.26	28	6.5	伊里安岛
19730424	2130062	4.96	-78.12	20	6.5	巴拿马南部
19730425	2134330	-59.38	-26.12	19	6.3	南桑威奇群岛
19730426	2026270	20.05	-155.16	9	6.2	夏威夷群岛
19730504	1127137	2.25	126.74	33	6.2	马鲁古海峡
19730504	2356061	-1.46	99.80	48	6.1	苏门答腊中部
19730512	1620107	-3.79	152.11	18	6.0	新爱尔兰地区
19730526	1219342	51.29	-179.71	35	6.0	阿留申群岛
19730528	2027123	-17.80	65.58	32	6.2	马斯克林群岛
19730529	0614180	53.97	-163.71		6.4	阿留申群岛
19730531	2339520	24.31	93.52	1	6.0	印、缅边境
19730601	0722575	-47.92	99.69	33	6.6	印度洋山脊东南
19730602	2357024	44.14	83.60	12	6.0	中国新疆博乐东南<8>
19730605	0312240	-17.22	167.81	5	6.1	新赫布里底
19730607	1834430	14.32	-91.83	34	6.7	危地马拉
19730609	0821296	-10.31	161.42	91	6.3	所罗门群岛
19730611	0842048	53.68	161.53	36	6.6	堪察加远海
19730615	1120431	53.49	161.40	21	6.4	堪察加远海
19730615	1120523	53.61	161.38	33	6.4	堪察加远海
19730617	0355019	43.12	145.74	41	7.9	北海道
19730617	2037520	42.65	146.08	10	6.3	北海道远海
19730618	1745436	42.41	145.92	30	6.0	北海道
19730619	0334160	8.12	137.32	8	6.2	加罗林群岛西部
19730620	1201540	-28.63	-176.68	24	6.0	克马德克群岛
19730622	0607336	42.88	146.34	17	6.3	北海道远海
19730624	0243228	43.29	146.43	26	7.2	千岛群岛
19730624	0304143	43.14	146.89	19	6.0	千岛群岛
19730624	0507441	43.02	146.62	24	6.2	千岛群岛
19730626	1802237	42.89	147.07	38	6.1	北海道远海
19730626	2231550	43.01	146.66	10	7.0	千岛群岛
19730701	1333344	57.86	-137.42	30	7.4	阿拉斯加东南远海

续表

年月日	时分秒	纬度（°）	经度（°）	震源深度（km）	震级	参考地震（M_S≥8后注M_W）
19730703	0637354	12.27	125.32	47	6.0	菲律宾中部
19730703	0703471	12.21	125.29	56	6.6	菲律宾中部
19730703	1659304	57.99	-138.04		6.4	阿拉斯加东南远海
19730705	2246150	13.18	124.65	18	6.4	吕宋岛地区
19730714	0451200	35.16	86.40	22	7.3	中国西藏北部
19730714	1339294	35.21	86.54	29	6.0	中国西藏北部
19730716	1812550	17.18	-100.85	29	6.1	墨西哥南部
19730720	0812540	36.45	141.05	49	6.0	本州东部近海
19730721	0419137	-24.83	-179.19	373	6.0	斐济南部
19730731	1051138	-26.96	-71.11	33	6.3	智利北部远海
19730731	2044532	-8.80	161.00	37	6.0	所罗门群岛
19730801	0131311	-14.33	167.29	202	7.5	新赫布里底
19730805	1547330	-16.22	-173.08	33	6.2	汤加群岛
19730807	0341220	-26.86	-70.82	2	6.2	智利北部近海
19730807	0639009	-54.32	-136.68	33	6.1	南太平洋
19730809	1044252	43.38	146.46	44	6.0	千岛群岛
19730811	0715382	32.94	104.02	20	6.5	中国四川松潘地区<12>
19730813	0828194	-4.50	144.10	109	6.5	新几内亚北部近海
19730816	0358071	23.07	101.12	5	6.3	中国云南普洱地区
19730816	1216580	51.32	-176.65	24	6.1	阿留申群岛
19730818	0825470	11.45	121.38	30	6.5	菲律宾中部
19730821	1402443	-5.31	102.51	34	6.0	苏门答腊南部
19730822	0639237	-32.81	-179.12	51	6.0	克马德克群岛南部
19730822	1814366	57.09	-154.12	33	6.2	阿留申群岛
19730825	0344310	10.57	138.51	11	6.1	加罗林群岛西部
19730828	0950391	18.25	-96.58	75	6.6	墨西哥南部
19730828	1502043	-0.15	-17.97	77	7.2	罗曼什海沟
19730830	1825424	7.24	-72.85	179	6.2	哥伦比亚北部
19730905	1303141	39.57	143.16	35	6.4	本州东部远海
19730908	0725410	33.29	86.82	11	6.0	中国西藏北部
19730909	1825496	39.53	143.24	19	6.3	本州东部远海
19730910	0743323	42.48	131.05	552	6.4	东北中俄接壤地区
19730911	2318504	25.65	124.58	137	6.7	中国钓鱼岛东南近海
19730913	0619454	9.20	126.19	64	6.0	棉兰老岛
19730918	1332517	-54.58	-132.53	33	6.0	南太平洋海岭
19730920	2043385	9.23	123.92	542	6.5	菲律宾中部
19730921	0713340	-4.40	-102.10	33	6.0	加拉帕戈斯群岛
19730921	0731031	-4.37	-102.04	33	6.2	加拉帕戈斯群岛
19730925	1617279	-54.97	146.25	33	6.3	太平洋南部

续表

年月日	时分秒	纬度（°）	经度（°）	震源深度（km）	震级	参考地震（M_S≥8后注M_W）
19730929	0044003	41.93	130.99	567	7.7	中国和朝鲜接壤地区
19730930	0617522	35.67	140.64	56	6.1	本州东部近海
19731005	0545273	-32.92	-71.88	8	6.9	智利中部近海
19731005	0547502	-33.00	-71.90	33	6.7	智利中部近海
19731006	1507385	-61.05	-21.70	33	6.8	大西洋西南部
19731009	0757350	-14.34	-167.06	27	6.5	新赫布里底
19731018	1049393	19.42	-104.98	56	6.0	墨西哥西南近海
19731025	0641103	13.86	120.22	53	6.1	棉兰老岛地区
19731025	1408585	-21.96	-63.65	517	6.2	苏拉威西南部
19731029	0527269	-2.96	139.34	48	6.1	西伊里安北部近海
19731106	0936059	51.64	175.48	40	6.8	阿留申群岛
19731106	1826320	51.52	-175.27	18	6.4	阿留申群岛
19731108	0859129	49.99	156.33	60	6.3	千岛群岛
19731111	0243074	49.99	156.31	62	6.0	千岛群岛
19731119	1301566	38.99	141.93	56	6.3	本州东部近海
19731125	0919151	33.84	135.41	60	6.1	本州南部近海
19731128	0812298	-42.07	42.10	31	6.0	西印度洋海岭
19731129	1057443	35.18	23.81	37	6.2	克里特岛
19731130	0809555	-15.18	167.43	124	6.8	新赫布里底群岛
19731201	2318051	43.25	146.75	42	6.4	千岛群岛
19731208	0610025	-0.22	98.32	22	6.1	苏门答腊南部
19731209	1955460	-19.90	169.67	26	6.6	新赫布里底群岛
19731209	2057594	-19.80	169.76	37	6.3	新赫布里底群岛
19731228	0531038	-23.88	180.0	517	7.0	斐济群岛以南
19731228	1341460	-14.56	166.80	13	7.3	新赫布里底群岛
19731229	0019308	-15.13	166.92	43	7.1	新赫布里底群岛
19731229	0820163	54.66	168.63	32	6.5	克马德克群岛
19731230	1639309	-15.37	166.54	10	6.8	新赫布里底群岛
19740102	1042277	-22.49	-68.26	83	7.5	智利北部
19740105	0833502	-12.28	-76.30	92	6.3	秘鲁近海
19740108	2147209	-38.84	46.43	24	6.2	大西洋-印度洋洋脊
19740110	0851138	-14.45	166.87	36	7.2	新赫布里底群岛
19740111	0536343	-14.19	166.54	37	6.2	新赫布里底群岛
19740122	1328190	55.16	162.10	28	6.0	堪察加东部近海
19740124	1912495	42.03	143.89	27	6.4	北海道地区
19740126	0535385	18.58	-103.40	47	6.1	墨西哥米却肯州近海
19740130	0953139	-5.15	134.15	51	6.2	新几内亚以南
19740131	0703589	31.85	131.74	43	6.1	日本九州

续表

年月日	时分秒	纬度（°）	经度（°）	震源深度（km）	震级	参考地震（M_S≥8后注M_W）
19740131	2330050	-7.39	155.92	32	7.2	所罗门群岛
19740201	0312310	-7.28	155.62	12	7.2	所罗门群岛
19740202	1956157	-6.12	104.17	63	6.0	苏门答腊南部远海
19740204	2010420	-7.35	155.82	46	6.1	所罗门群岛
19740206	0404090	53.75	-164.70	7	6.6	阿留申群岛
19740216	0153530	11.50	92.53	88	6.2	安达曼群岛
19740219	0330220	13.98	122.17	19	6.4	吕宋岛地区
19740222	0036546	33.17	136.98	391	6.3	本州南部近海
19740228	1359171	-36.72	176.99	12	6.3	新西兰北岛远海
19740228	2020104	9.51	-83.95	34	6.7	哥斯达黎加
19740303	0450491	35.57	140.75	49	6.0	日本本州东部近海
19740303	1422381	-20.01	169.77	19	6.1	新赫布里底群岛
19740306	0140304	12.33	-86.42	138	6.3	尼加拉瓜
19740306	1929098	-6.47	129.10	26	6.3	班达海
19740309	2014280	-7.48	156.20	47	6.4	所罗门群岛
19740309	2018088	-7.48	156.01	57	6.2	所罗门群岛
19740318	1056123	-14.91	-172.83	25	6.1	萨摩亚
19740323	1428330	-23.93	179.88	504	6.2	斐济以南
19740323	2025520	-21.86	173.73	33	6.1	新赫布里底群岛
19740324	0421051	12.57	144.24	74	6.3	马里亚纳南部
19740406	0153450	55.15	-160.57	8	6.2	阿拉斯加
19740406	0355570	55.05	-160.51	6	6.4	阿拉斯加
19740427	0724536	-26.28	-175.78	44	6.1	汤加群岛南部
19740507	0225119	-16.67	-177.37	33	6.1	斐济群岛地区
19740508	2333274	34.57	138.75	10	7.0	日本本州南部近海
19740510	0812056	-4.30	-102.07	33	6.0	加拉帕戈斯海丘
19740510	1925170	28.19	103.98	17	7.1	中国云南大关以北＜8＞
19740511	0043459	1.87	126.48	43	6.0	马鲁古海峡
19740513	1854290	-6.64	102.65	13	6.4	苏门答腊西南
19740515	1859561	49.98	156.22	58	6.7	千岛群岛
19740517	1522065	-11.17	-75.01	100	6.0	秘鲁北部
19740517	1711550	25.09	125.54	51	6.1	琉球群岛西南
19740517	2055121	-6.55	106.77	141	6.1	爪哇岛地区
19740526	0132116	-17.69	167.80	13	6.2	新赫布里底群岛
19740531	1405019	27.36	-111.13	26	6.3	加利福尼亚湾
19740604	0414138	-15.89	-175.04	256	6.6	汤加群岛
19740607	2248512	5.68	-82.84	33	6.2	巴拿马以南
19740612	1625452	10.61	-63.47	11	6.1	委内瑞拉近海
19740619	0255212	-33.57	56.85	41	6.6	大西洋-印度洋洋脊

年月日	时分秒	纬度（°）	经度（°）	震源深度（km）	震级	参考地震（M_S≥8后注M_W）
19740622	0812530	-22.07	-113.58	85	6.0	土阿莫土群岛以东海域
19740624	2034330	-56.03	-27.47	52	6.1	南桑威奇群岛
19740625	0505150	-54.70	-131.66	4	6.1	南太平洋南部
19740625	1722179	-26.02	84.30	20	6.8	南印度洋
19740627	0149104	33.86	139.20	24	6.4	日本本州以南
19740701	1651527	-22.14	-64.74	16	6.1	阿根廷北部
19740702	2326268	-29.22	-175.94	33	7.3	克马德克群岛
19740703	2325140	-29.37	-176.13	77	6.7	克马德克群岛
19740704	1930411	45.20	93.86	16	7.1	蒙古西部
19740708	0545383	36.44	141.17	45	6.3	本州以东近海
19740713	0118232	7.76	-77.57	12	7.7	巴拿马哥伦比亚接壤地区
19740728	1134593	46.22	153.14	50	6.7	千岛群岛
19740729	0315178	46.20	152.83	46	6.3	千岛群岛
19740729	0716273	46.01	152.88	46	6.4	千岛群岛
19740730	0512404	36.42	70.76	209	7.1	兴都库什山区
19740801	0508007	56.59	-152.35	10	6.5	阿留申群岛
19740801	0555369	56.59	-152.22	23	6.5	阿留申群岛
19740801	0759554	56.52	-152.43	22	6.0	阿留申群岛
19740808	1916430	24.50	122.69	2	6.4	中国台湾宜兰近海
19740811	0113550	39.34	73.76	7	7.3	中国、塔吉克斯坦接壤地区
19740811	2121371	39.46	73.62	26	6.4	中国、塔吉克斯坦接壤地区
19740813	0346199	51.49	178.11	47	6.1	阿留申群岛
19740816	0941311	51.42	-177.85	43	6.0	阿留申群岛
19740818	1044110	-38.34	-73.27	19	7.2	智利中部近海
19740824	1041115	52.44	-168.27	40	6.0	阿留申群岛
19740825	0118416	32.18	142.37	45	6.1	日本本州以南
19740827	1256010	39.52	73.82	19	6.0	中国、塔吉克斯坦接壤地区
19740903	0555097	18.26	119.20	34	6.2	菲律宾群岛
19740907	2043150	-9.80	108.49	60	6.9	爪哇以南
19740921	1240260	-23.78	-175.88	68	6.3	汤加群岛
19740923	1928183	-0.28	12.83	41	6.4	加蓬
19740927	0310068	33.67	141.30	35	6.1	日本本州以东远海
19740927	0547240	43.12	146.56	5	6.9	千岛群岛
19741001	0407277	12.07	141.12	40	6.0	马里亚纳南部
19741003	1421293	-12.24	-77.58	9	8.0	秘鲁近海　M_W8.1
19741004	2224328	26.38	66.65	32	6.3	巴基斯坦
19741007	2153080	-58.08	-27.26	286	6.0	南桑威奇群岛
19741008	0950580	17.37	-61.99	41	7.6	背风群岛
19741009	0732006	44.64	150.09	34	6.5	千岛群岛

续表

年月日	时分秒	纬度（°）	经度（°）	震源深度（km）	震级	参考地震（M_S≥8后注M_W）
19741010	0648155	41.05	143.09	33	6.2	北海道
19741010	0656497	40.99	143.15	36	6.6	本州东部远海
19741010	2132189	-4.15	102.83	89	6.3	苏门答腊南部
19741011	0833527	-60.70	153.94	33	6.1	麦阔里岛以西
19741012	0614510	40.54	143.58	17	6.3	本州以东远海
19741016	0545112	52.17	-32.00	41	7.2	北大西洋山脊
19741021	0412287	-17.97	-178.49	596	6.0	斐济群岛
19741023	0614520	-8.40	154.03	18	7.2	所罗门群岛
19741029	0314186	-6.93	129.52	156	6.9	班达海
19741108	2123222	42.53	141.75	125	6.0	北海道
19741109	1259510	-12.44	-77.46	6	7.5	秘鲁近海
19741109	1910558	-6.44	105.38	55	6.3	苏门答腊南部
19741110	0425319	-15.91	-178.47	31	6.1	斐济群岛
19741114	0448530	58.77	-154.56	18	6.5	阿拉斯加
19741115	2332432	35.85	141.10	44	6.4	本州以东近海
19741119	0458240	-3.20	150.59	18	6.1	新不列颠地区
19741120	0414501	-15.12	167.16	62	7.0	新赫布里底群岛
19741120	1321416	-53.59	-28.26	36	6.0	大西洋西南
19741129	2205235	30.71	138.44	429	6.4	日本本州以南
19741203	0306357	-5.04	129.99	32	6.5	班达海
19741204	0307470	0.50	97.89	20	7.0	苏门答腊中部
19741205	1157311	-7.65	-74.46	156	6.5	秘鲁巴西接壤地区
19741207	0734110	51.81	-170.80	30	6.0	阿留申群岛
19741221	0828530	-14.62	-174.91	8	6.2	萨摩亚群岛
19741224	0655470	-2.30	99.01	32	7.1	苏门答腊中部
19741225	0249090	51.66	174.59	7	6.2	阿留申群岛
19741228	1211466	35.06	72.91	45	6.2	巴基斯坦
19741231	2021128	14.15	-91.88	71	6.1	危地马拉
19750101	0355118	61.92	-149.72	58	6.2	阿拉斯加
19750102	0858562	46.83	151.51	12	6.3	千岛群岛
19750108	0158525	-2.99	101.68	73	6.2	苏门答腊中部
19750112	1747231	-33.64	-177.94	23	6.2	克马德克群岛
19750114	1937181	-4.93	130.03	23	6.2	班达海
19750114	1949050	-4.93	130.09	82	6.4	班达海
19750115	1134410	29.41	101.78	29	6.2	中国四川
19750115	2029540	-7.98	112.20	141	6.3	爪哇岛
19750117	0930366	-17.86	-174.57	99	6.3	汤加群岛
19750117	1028070	-2.86	126.16	17	6.0	马鲁古海

续表

年月日	时分秒	纬度（°）	经度（°）	震源深度（km）	震级	参考地震（M_S≥8后注M_W）
19750119	0801580	32.39	78.50	1	6.9	中国、尼泊尔接壤地区
19750120	1731075	35.04	141.37	6	6.0	日本本州东部近海
19750123	1419168	32.99	131.06	17	6.2	日本九州
19750125	0208418	7.18	-77.76	40	6.8	巴拿马哥伦比亚接壤地区
19750202	0843399	53.08	173.58	10	7.6	阿留申群岛
19750204	1136058	40.66	122.63	16	7.3	中国辽宁海城—营口　M_W7.0
19750207	0451410	-7.24	149.58	9	6.6	新不列颠地区
19750209	0445251	-6.80	106.60	27	6.0	爪哇岛
19750216	0458553	-7.20	146.05	169	6.1	新几内亚南部
19750217	0338202	17.65	97.84	6	6.2	缅甸西部
19750222	0836068	51.32	-179.44	42	6.9	阿留申群岛
19750222	2204335	-24.98	-178.88	333	6.7	斐济群岛以南
19750223	0258418	8.02	124.06	630	6.0	棉兰老岛
19750304	1117490	-4.90	130.05	29	6.3	班达海
19750305	0022170	-2.39	126.15	7	6.6	马鲁古海
19750307	0704433	27.47	56.25	31	6.1	伊朗南部
19750313	1526470	-29.89	-71.40	28	6.9	智利中部近海
19750313	1845299	-21.75	170.53	86	6.9	洛亚尔蒂群岛
19750317	2211020	-2.57	138.26	34	6.0	伊里安岛
19750318	1721247	-4.26	-77.01	111	6.2	秘鲁北部
19750318	1844163	35.12	86.54	31	6.0	中国西藏北部
19750323	0732377	22.68	122.84	29	7.0	中国台湾绿岛以东近海
19750325	0641300	-27.95	-66.53	152	6.5	阿根廷北部
19750327	0515079	40.45	26.12	15	6.7	土耳其西部
19750328	0231063	42.04	-112.41	5	6.2	美国爱达荷州
19750405	0934376	10.08	-69.65	36	6.2	委内瑞拉
19750405	1750017	52.51	159.62	43	6.1	堪察加东部远海
19750406	0955210	52.19	160.00	50	6.7	堪察加半岛东南近海
19750406	1034577	52.30	159.90	36	6.9	堪察加东部远海
19750409	0626222	-4.06	152.75	131	6.2	新不列颠
19750411	0010358	-50.84	139.19	33	6.2	澳大利亚以南远海
19750416	0127189	71.49	-10.36	15	6.9	扬马延岛
19750420	1140400	-36.40	-98.82	31	6.2	南太平洋海岭
19750420	1735520	33.14	131.29	12	6.4	日本九州
19750423	1114490	16.47	-98.86	17	6.2	墨西哥格雷罗州
19750428	1106437	35.80	79.86	33	6.1	中国、克什米尔接壤地区
19750505	0518463	33.13	92.84	8	6.4	中国青海西南部接壤地区
19750506	1018201	31.09	141.95	25	6.2	日本本州南部
19750510	1427440	-38.03	-72.78	30	7.6	智利中部

年月日	时分秒	纬度（°）	经度（°）	震源深度（km）	震级	参考地震（M_S≥8后注M_W）
19750511	0656400	49.34	156.14	15	6.0	千岛群岛
19750513	2118420	1.03	126.02	37	6.3	马鲁古海峡
19750523	1601485	22.70	122.61	1	6.4	中国台湾绿岛以东近海
19750525	1904333	57.33	-150.18	26	6.1	阿拉斯加湾
19750526	0911516	35.98	-17.56	34	8.1	大西洋中脊　M_W7.9
19750527	1018389	0.75	122.61	97	6.2	苏拉威西海
19750530	1745000	26.55	96.92	53	6.4	缅甸北部
19750530	1746255	-50.32	139.38	33	6.1	澳大利亚以南远海
19750604	0224329	35.83	79.92	31	6.1	中国、克什米尔接壤地区
19750610	1347185	43.18	147.36	24	7.4	千岛群岛
19750610	1437501	43.25	147.79	41	6.0	千岛群岛
19750610	1458530	43.27	147.46	1	6.3	千岛群岛
19750610	1521150	43.22	147.36	10	6.0	千岛群岛
19750613	0608372	12.28	125.37	49	6.0	菲律宾群岛中部
19750613	1808178	43.26	147.39	72	7.0	千岛群岛
19750614	1838033	43.47	147.72	48	6.5	千岛群岛
19750614	2336308	36.31	143.30	42	6.0	日本本州远海
19750615	0019367	43.50	147.65	65	6.6	千岛群岛
19750615	0022410	43.97	147.00	33	6.4	千岛群岛
19750616	2235234	-3.10	148.00	39	6.3	俾斯麦海
19750622	0224007	30.07	142.15	53	6.4	日本本州以南
19750622	2244102	43.13	147.19	21	6.4	千岛群岛
19750625	1920447	18.95	-107.16	35	6.0	墨西哥哈利斯科州远海
19750629	1037406	38.79	130.09	549	7.4	日本海
19750630	1854143	44.73	-110.68	7	6.1	美国黄石公园
19750708	0937289	29.49	-113.40	36	7.0	加利福尼亚湾
19750708	1204380	21.42	94.62	112	7.1	缅甸北部
19750708	2246158	32.84	142.43	20	6.0	日本本州以南
19750710	1829158	6.51	126.65	81	6.8	棉兰老岛地区
19750714	2327550	-40.44	78.50	30	6.2	中印度洋中脊
19750716	1938220	-30.93	-177.48	19	6.1	克马德克群岛
19750720	1437406	-6.64	155.09	54	7.4	所罗门群岛
19750720	1954291	-7.15	155.21	49	7.1	所罗门群岛
19750720	2305198	-6.63	154.66	58	6.0	所罗门群岛
19750721	0204020	-6.78	155.32	67	6.2	所罗门群岛
19750721	0238578	-6.84	155.41	63	6.6	所罗门群岛
19750722	1920143	-7.23	155.71	39	6.0	所罗门群岛
19750730	0917124	-10.09	123.84	13	6.1	东帝汶
19750802	1018197	53.48	-161.39	46	6.5	阿拉斯加以南

续表

年月日	时分秒	纬度（°）	经度（°）	震源深度（km）	震级	参考地震（M_S≥8后注M_W）
19750806	2224316	-2.51	146.03	33	6.2	新几内亚北部
19750810	1025454	-22.73	-66.62	187	6.1	阿根廷北部
19750812	1421059	32.07	137.88	399	6.2	日本本州以南
19750814	1744249	-6.90	147.77	53	6.1	新几内亚东部
19750815	0728245	54.92	167.87	41	7.1	阿留申群岛地区
19750823	1506424	10.04	125.86	68	6.3	菲律宾群岛中部
19750902	1531589	-10.13	121.70	65	6.0	萨武海
19750906	0920120	38.51	40.77	32	6.6	土耳其东部
19750911	2200013	7.05	-104.18	66	6.4	墨西哥远海
19750919	0337110	-34.74	81.88	27	6.2	阿姆斯特丹岛
19750919	1754374	41.86	142.76	52	6.1	北海道
19750924	0147470	-20.45	-173.96	12	6.1	汤加群岛
19750924	1103004	-11.83	-14.46	29	6.1	大西洋中部
19750924	1719378	25.20	-109.26	33	6.2	加利福尼亚湾
19750925	1234070	-7.24	127.97	20	6.0	班达海
19750929	1436265	-0.46	124.80	61	6.2	马鲁古海
19750930	1817531	-4.85	102.26	63	6.1	苏门答腊南部
19751001	0330014	-4.83	102.24	47	7.2	苏门答腊南部
19751001	0413270	-4.83	102.04	19	6.3	苏门答腊南部
19751003	0514244	30.27	66.33	14	6.7	巴基斯坦北部
19751003	1731356	30.44	66.41	24	6.5	巴基斯坦北部
19751006	2224181	-12.54	166.46	69	6.9	圣克鲁斯群岛
19751007	0828083	0.91	-26.71	23	6.7	中大西洋中脊
19751011	1435153	-24.91	-175.16	11	7.5	汤加群岛以南
19751011	1454592	-24.20	-175.10	33	6.2	汤加群岛以南
19751011	1800597	-3.36	148.53	33	6.2	俾斯麦海
19751017	0331518	-7.54	128.76	106	6.3	班达海
19751017	1939125	57.39	-149.03	31	6.0	阿拉斯加湾
19751020	2225285	-16.42	-177.45	33	6.1	斐济地区
19751021	1712200	11.66	121.69	1	6.2	菲律宾群岛中部
19751021	2029181	-12.43	166.51	76	6.0	圣克鲁斯群岛
19751021	2306220	11.65	121.58	26	6.4	菲律宾群岛中部
19751022	1559470	11.63	121.71	23	6.2	菲律宾群岛中部
19751026	1041332	6.54	126.81	61	6.1	棉兰老岛
19751027	1826430	7.91	126.96	26	6.0	棉兰老岛
19751028	0654221	-22.91	-70.48	39	6.3	智利北部近海
19751030	0141321	42.05	142.66	62	6.0	北海道地区
19751031	0828024	12.47	126.01	48	7.6	菲律宾群岛中部
19751101	0117342	13.82	144.79	117	6.3	马里亚纳群岛

续表

年月日	时分秒	纬度（°）	经度（°）	震源深度（km）	震级	参考地震（M_S≥8后注M_W）
19751101	0614540	-18.39	-177.88	405	6.3	斐济群岛
19751106	1236173	12.50	126.06	30	6.1	菲律宾群岛中部
19751115	1528317	18.23	-102.22	44	6.0	墨西哥米却肯州
19751115	2039298	12.91	125.88	35	6.3	菲律宾群岛
19751119	0618337	-24.01	179.09	551	6.0	斐济群岛以南
19751124	0757595	43.27	147.58	17	6.0	千岛群岛
19751124	1438243	-6.47	102.83	49	6.1	苏门答腊南部
19751125	0806570	-9.29	156.56	135	6.0	所罗门群岛
19751129	0217550	11.93	125.89	17	6.2	菲律宾群岛
19751129	1046560	-57.79	-25.51	51	6.2	南桑威奇群岛地区
19751129	1335410	19.48	-155.17	8	6.2	夏威夷群岛
19751129	1447411	19.46	-155.14	11	7.0	夏威夷群岛
19751130	2030170	52.61	167.16	22	6.7	阿留申群岛
19751209	0914424	-14.92	-172.88	49	6.4	萨摩亚群岛
19751211	2017079	-11.54	-74.52	94	6.0	秘鲁
19751217	0535214	5.25	95.83	40	6.4	苏门答腊北部
19751221	1054172	51.93	151.57	546	6.1	鄂霍次克海
19751225	2322203	-4.07	142.11	102	6.6	新几内亚
19751226	1556391	-16.22	-172.47	33	7.5	萨摩亚地区
19751227	0741523	42.96	147.27	25	6.0	北海道远海
19751228	1524518	-8.00	115.05	207	6.3	巴厘岛
19751229	0339440	-56.80	-68.42	18	6.5	斯科舍海岭
19751229	0507580	26.73	97.07	34	6.1	缅甸北部
19760101	0129350	-28.78	-177.39	23	6.9	克马德克群岛
19760106	2108239	51.57	159.24	70	6.5	堪察加东部远海
19760106	2217464	51.59	159.27	23	6.2	堪察加东部远海
19760107	2334253	51.67	159.32	44	6.2	堪察加东部远海
19760109	2354363	-15.80	167.85	173	6.1	新赫布里底群岛
19760113	1329158	66.25	-16.54	5	6.7	冰岛地区
19760114	1556330	-29.48	-177.57	29	7.8	克马德克群岛
19760114	1647370	-29.02	-177.42	56	7.6	克马德克群岛
19760114	2243427	-28.66	-176.63	31	6.2	克马德克群岛
19760115	0045575	-29.19	-176.46	33	6.2	克马德克群岛
19760115	0200130	-29.12	-176.63	47	6.4	克马德克群岛
19760115	0330090	-29.54	-176.80	33	6.7	克马德克群岛
19760115	0606477	-30.14	-176.78	33	6.3	克马德克群岛
19760115	1612223	-30.29	-177.10	33	6.3	克马德克群岛
19760118	0446261	77.79	18.34	47	6.7	斯瓦巴德群岛

续表

年月日	时分秒	纬度（°）	经度（°）	震源深度（km）	震级	参考地震（M_S≥8后注M_W）
19760121	1005190	44.74	149.15	5	7.2	千岛群岛
19760121	1802040	58.93	163.57	7	6.1	堪察加半岛
19760122	0807107	44.15	149.62	49	6.1	千岛群岛
19760123	0545305	7.46	119.89	615	6.6	弗洛勒斯海
19760124	2148227	-28.65	-177.38	54	6.0	克马德克群岛
19760125	1223544	44.62	149.69	48	6.3	千岛群岛
19760127	1108504	-29.74	-176.71	33	6.0	克马德克群岛
19760201	1114569	17.15	-100.23	47	6.0	墨西哥格雷罗州
19760202	0300150	51.48	159.46	23	6.0	堪察加东部远海
19760203	2357558	54.52	162.02	38	6.2	堪察加东部近海
19760204	0901439	15.28	-89.19	5	7.9	危地马拉
19760211	2143566	-15.27	-172.30	41	6.0	萨摩亚地区
19760213	1033459	13.98	120.16	54	6.0	棉兰老岛
19760214	0310376	-57.39	-64.46	40	6.0	火地岛附近
19760214	2031448	8.10	108.71	111	6.3	爪哇岛
19760215	0154190	12.98	125.74		6.4	菲律宾群岛
19760215	2123223	-28.62	-176.84	54	6.2	克马德克群岛
19760222	0511070	-3.47	145.54	22	6.0	新几内亚北部近海
19760222	0558240	52.18	-169.55	18	6.1	阿留申群岛
19760223	0902301	22.97	121.73	20	6.2	中国台湾省台东县近海
19760223	1514151	51.42	-130.56	6	6.2	温哥华岛以西
19760303	2250124	-8.36	121.46	50	6.1	弗洛勒斯地区
19760304	0250015	-14.77	167.12	98	7.1	新赫布里底
19760308	0439540	-10.62	165.06	25	6.3	圣克鲁斯群岛
19760308	2006342	-11.88	166.41	78	6.3	圣克鲁斯群岛
19760313	0522464	-6.34	154.76	73	6.0	所罗门群岛
19760320	0107001	24.32	121.81	50	6.0	中国台湾花莲近海
19760324	0446094	-29.92	-177.80	75	7.2	克马德克群岛
19760327	0849323	-38.91	78.08	35	6.0	中印度洋
19760329	0539363	3.96	-85.88	35	6.9	中美州远海
19760405	1654390	40.27	112.19	17	6.2	中国内蒙和林格尔东南
19760406	1349119	-3.94	152.04	21	6.1	新爱尔兰地区
19760408	0240239	40.31	63.72	10	7.1	乌兹别克斯坦
19760408	0259014	40.18	63.79	5	6.2	乌兹别克斯坦
19760409	0708500	0.85	-79.46	19	6.8	厄瓜多尔近海
19760410	1712083	-17.70	-178.46	548	6.1	斐济群岛
19760414	1526167	-51.95	139.74	33	6.2	澳大利亚以南
19760422	1703075	28.71	52.12	19	6.1	伊朗南部
19760429	0632489	-28.19	-176.71	62	6.1	克马德克群岛

续表

年月日	时分秒	纬度（°）	经度（°）	震源深度（km）	震级	参考地震（M_S≥8后注M_W）
19760504	1356300	-44.58	167.64	19	6.2	新西兰南岛
19760505	0452480	-29.93	-177.62	10	6.9	克马德克群岛
19760506	2000125	46.35	13.26	12	6.8	奥地利-意大利边境
19760511	1129069	-51.45	139.64	33	6.1	澳大利亚以南
19760511	1550431	-51.60	139.76	40	6.1	澳大利亚以南
19760511	1659450	37.45	20.36	10	6.6	伊奥尼亚海
19760515	2155550	-11.62	-74.45	5	6.7	秘鲁中部
19760517	0258411	40.35	63.45	14	7.2	乌兹别克斯坦
19760518	0604445	-60.39	154.40	33	6.2	麦阔里岛以西
19760519	0407164	4.49	-75.77	161	6.4	哥伦比亚西部
19760519	1910406	-31.30	-177.67	72	6.0	克马德克群岛
19760522	0300210	-5.60	154.29	107	6.0	所罗门群岛
19760523	0601160	-5.02	153.65	122	6.3	新爱尔兰地区
19760523	1632312	-10.51	-78.30	56	6.1	秘鲁近海
19760524	1124269	31.34	141.80	42	6.2	日本本州以南
19760529	1223184	24.51	98.95	3	7.3	中国云南龙陵地区＜24＞
19760529	1400194	24.54	98.60	4	7.4	中国云南龙陵地区＜21＞
19760530	0308545	-41.50	-75.34	27	6.3	智利南部远海
19760531	0508300	24.37	98.62	25	6.5	中国云南龙陵地区
19760531	1835040	24.20	98.70	18	6.2	中国云南龙陵地区
19760603	1644403	-5.13	153.55	95	7.1	新爱尔兰地区
19760604	0423336	38.35	142.75	28	6.0	本州东部近海
19760605	0820092	-10.08	161.06	79	6.0	所罗门群岛
19760607	0736553	14.06	124.87	28	6.5	吕宋岛
19760607	1426399	17.45	-100.65	48	6.9	墨西哥格雷罗州
19760609	0020379	24.94	98.74	13	6.2	中国云南腾冲地区
19760615	0609025	0.52	134.75	36	6.4	伊里安岛以西地区
19760619	1500454	-17.90	65.36	21	6.3	马斯克林群岛地区
19760620	0438061	24.79	125.99	21	6.0	琉球群岛西南
19760620	2053090	3.40	96.28	1	7.2	苏门答腊北部
19760623	1349581	0.53	134.84	35	6.0	伊里安岛以西
19760626	1030586	3.78	126.81	26	6.5	泰国南部
19760626	1918575	-4.58	140.14	33	7.3	西伊里安岛
19760629	1830059	-33.78	-177.83	19	6.2	克马德克群岛以南
19760701	1124047	-29.51	25.17	29	6.1	南非南部
19760703	1633238	24.27	98.71	33	6.0	中国云南腾冲地区
19760710	1137140	47.31	145.75	402	6.2	鄂霍次克海
19760711	1654335	7.48	-78.28	25	7.1	巴拿马
19760711	2041479	7.41	-78.05	3	7.4	巴拿马

续表

年月日	时分秒	纬度（°）	经度（°）	震源深度（km）	震级	参考地震（M_S≥8后注M_W）
19760714	0713237	-8.21	114.87	37	6.9	巴厘地区
19760717	2106331	-4.18	152.76	62	6.5	新不列颠地区
19760721	1510451	24.78	98.68	4	6.6	中国云南腾冲地区<16>
19760726	0141266	-21.85	-113.28	33	6.2	复活节岛以北
19760726	0256394	4.93	118.34	29	6.3	加里曼丹东北
*19760727	1942540	39.40	118.00	22	7.8	中国河北唐山市区　M_W7.6
19760727	2317310	39.37	117.79	24	6.2	中国河北唐山市区
19760728	1045372	39.70	118.50	37	7.1	中国河北滦县　M_W7.0
19760728	1715019	-20.20	170.07	5	6.3	新赫布里底群岛
19760728	2017441	43.18	45.57	18	6.5	高加索东部
19760731	0046560	-30.32	-177.87	6	6.5	克马德克群岛
19760802	1055252	-20.59	169.31	43	6.6	新赫布里底群岛
19760812	2326471	26.70	97.04	31	6.2	缅甸北部
19760816	1406450	32.78	104.09	9	7.2	中国四川松潘—平武
19760816	1611050	6.22	124.10	8	8.0	棉兰老岛 M_W8.0
19760817	0111103	10.09	125.90	33	6.2	菲律宾群岛
19760817	0419276	7.22	122.99	17	6.9	棉兰老岛
19760821	0656520	-6.77	129.62	165	6.6	班达海
19760821	2149520	32.59	104.24	15	6.7	中国四川省松潘—平武
19760823	0330060	32.49	104.18	17	7.2	中国四川省松潘—平武
19760823	0342443	6.52	124.07	55	6.1	棉兰老岛
19760825	1229566	13.10	124.48	39	6.1	吕宋岛
19760830	0837544	1.03	147.56	51	6.0	加罗林群岛以南
19760914	2249324	-3.69	138.06	72	6.0	伊里安岛
19760915	0315187	46.30	13.19	2	6.2	奥地利
19760915	0921186	46.34	13.12	12	6.3	奥地利
19760922	0016066	44.78	149.21	51	6.4	千岛群岛
19760922	2007018	40.06	106.33	17	6.2	中国内蒙古阿拉善左旗
19760930	2334140	-30.30	-177.65	31	6.2	克马德克群岛
19761001	0333550	-30.48	-177.42	16	6.0	克马德克群岛
19761005	1802153	-6.43	152.99	19	6.5	新不列颠
19761015	1647594	26.82	125.63	46	6.1	中国台湾赤尾屿东北近海
19761029	0251074	-4.54	139.93	33	7.0	伊里安岛
19761102	0713170	-29.36	77.65	47	6.5	印度洋中部
19761102	1929301	26.77	125.27	215	6.2	中国台湾赤尾屿东北近海
19761106	1804060	27.66	101.04	21	6.7	中国四川盐源西北＜15＞
19761107	0400504	33.86	59.23	6	6.6	伊朗东部接壤地区
19761107	1709071	8.52	126.41	64	6.7	棉兰老岛

*中国华北十年大地震组合序列活动的主震。

续表

年月日	时分秒	纬度（°）	经度（°）	震源深度（km）	震级	参考地震（M_S≥8后注M_W）
19761107	2049140	6.98	123.89	32	6.0	棉兰老岛
19761108	0819281	38.12	142.26	44	6.3	日本本州东部近海
19761111	0316130	4.98	-78.13	15	6.2	巴拿马以南
19761115	1353026	39.50	117.73	27	6.9	中国天津宁河地区
19761116	1820490	-41.76	80.07	18	6.4	印度洋中部
19761118	0324007	-8.84	156.97	33	6.4	所罗门群岛
19761118	0543414	-4.25	135.14	33	6.3	伊里安岛
19761122	0446260	-38.50	78.61	33	6.0	印度洋中部
19761124	1222160	39.05	44.04	10	7.5	伊朗、俄国接壤地区
19761125	1406341	-19.50	-177.70	424	6.2	斐济群岛
19761126	1119249	41.33	-125.66	11	6.9	加利福尼亚北部远海
19761127	2142121	36.52	71.05	190	6.0	阿富汗、俄罗斯接壤地区
19761130	0040565	-20.57	-68.93	70	7.6	智利、玻利维亚接壤地区
19761209	0951004	44.50	-129.89	15	6.0	温哥华岛以南远海
19761211	1808020	7.65	93.90	8	6.0	尼克巴群岛
19761212	0108511	28.04	139.67	503	6.0	小笠原群岛地区
19761213	0636560	27.33	101.01	21	6.4	中国四川盐源地区<15-25>
19761214	1606404	28.27	130.67	11	6.9	琉球群岛
19761220	2033077	48.84	-129.13	6	6.9	温哥华岛地区
19761223	0938590	41.81	-125.91	15	6.0	加利福尼亚北部远海
19761228	1351562	-21.27	-68.64	85	6.3	智利、玻利维亚接壤地区
19770101	1901399	-2.51	126.68	27	6.2	菲律宾群岛
19770101	2139440	38.19	90.97	43	6.4	中国新疆南部
19770102	0955293	-10.16	119.03	19	6.4	马鲁古海地区
19770106	0611414	-3.65	144.50	33	7.0	新几内亚北部近海
19770117	0623405	26.80	142.66	70	6.1	小笠原群岛地区
19770117	2127163	-24.92	-68.68	67	6.8	智利—阿根廷接壤地区
19770118	0541468	-41.74	174.30	22	6.0	新西兰南岛
19770119	0046158	37.02	95.73	15	6.3	中国青海北部
19770119	1354056	5.04	126.63	55	6.0	棉兰老岛
19770131	1426151	40.11	70.86	20	6.3	塔吉克斯坦东部
19770204	0746341	-24.66	-63.39	555	6.5	阿根廷北部
19770205	0329190	-66.49	-82.45	31	6.3	太平洋南部
19770210	2241072	-60.96	-22.96	33	6.0	南桑威奇群岛地区
19770216	1040227	0.54	126.05	49	6.1	马鲁古海峡
19770218	2051304	33.15	141.06	46	6.3	日本本州东部远海
19770219	0753236	-41.31	80.52	33	6.0	印度洋中部
19770219	2234054	53.54	169.96	44	6.9	阿留申群岛

年月日	时分秒	纬度（°）	经度（°）	震源深度（km）	震级	参考地震（M_S≥8后注M_W）
19770225	0118532	-6.27	147.59	54	6.0	新几内亚东部地区
19770302	0953233	6.74	123.74	52	6.2	棉兰老岛
19770304	1921541	45.83	26.72	86	7.2	罗马尼亚东部
19770308	2317300	0.44	99.89	32	6.6	苏门答腊北部
19770309	1427562	41.66	131.05	556	6.8	日本海
19770318	2143530	16.73	122.29	40	7.3	吕宋岛
19770319	1056220	44.16	148.23	43	6.3	千岛群岛
19770319	1935099	16.80	122.34	53	6.0	吕宋岛
19770321	2118536	27.59	56.38	24	7.1	伊朗南部
19770322	1157303	27.60	56.43	30	6.1	伊朗南部
19770323	0719108	-14.79	-177.92	33	6.2	斐济群岛
19770323	1710250	-14.66	-177.95	40	6.0	斐济群岛
19770326	0436187	52.35	-168.17	70	6.3	阿留申群岛
19770401	1336241	27.57	56.30	23	6.2	伊朗南部
19770402	0715229	-16.79	-172.02	33	7.5	萨摩亚地区
19770404	1752204	7.39	-34.87	36	6.0	大西洋中脊
19770406	1336379	31.99	50.70	43	6.5	伊朗中部
19770409	0404130	-10.03	-71.23	569	6.1	秘鲁—巴西接壤地区
19770420	2313123	-9.90	160.44	49	6.8	所罗门群岛
19770420	2342530	-9.94	160.48	33	7.3	所罗门群岛
19770420	2349134	-9.76	160.69	33	7.5	所罗门群岛
19770421	0145504	26.85	142.65	34	6.5	小笠原群岛
19770421	0424090	-10.00	160.77	31	7.2	所罗门群岛
19770421	0718527	-10.29	160.73	48	6.0	所罗门群岛
19770422	0311010	-10.20	160.65	57	6.2	所罗门群岛
19770512	1117500	39.29	117.71	3	6.1	中国东北部
19770512	1117522	39.20	117.70	19	6.2	中国河北唐山市区
19770512	1220006	21.68	92.96	39	6.0	缅甸西部接壤地区
19770513	1113329	28.42	139.59	448	6.0	小笠原群岛地区
19770521	0535230	15.64	120.85	197	6.4	吕宋岛
19770525	1455453	4.21	95.74	67	6.2	苏门答腊北部
19770528	0551484	-1.82	120.46	53	6.2	苏拉威西
19770530	1516010	52.43	-169.77	25	6.2	阿留申群岛
19770613	1147424	13.33	124.69	41	6.5	吕宋岛
19770614	2139337	-14.02	-14.49	21	6.0	南大西洋脊
19770618	2210537	-9.76	159.75	38	6.1	所罗门群岛
19770622	1208337	-22.91	-175.74	69	8.3	汤加群岛　M_W8.1
19770628	1618160	22.71	-45.14	35	6.0	北大西洋海岭
19770628	1918360	22.68	-45.11	31	6.0	北大西洋脊

续表

年月日	时分秒	纬度（°）	经度（°）	震源深度（km）	震级	参考地震（M_S≥8后注M_W）
19770629	0724305	-7.73	127.77	109	6.1	班达海
19770702	0055100	-9.94	160.54	19	6.0	所罗门群岛
19770703	1439138	1.42	126.36	44	6.3	马鲁古海峡
19770706	1128315	-21.00	-178.58	592	6.0	斐济群岛
19770721	1153223	-53.82	158.84	33	6.7	麦阔里岛地区
19770721	1345544	16.86	122.39	37	6.8	吕宋岛
19770722	1716425	-33.79	-179.58	48	6.3	克马德克群岛以南
19770724	0622500	-15.29	-173.07	17	6.2	汤加群岛
19770729	1115410	-8.04	155.56	3	7.2	所罗门群岛
19770804	0111108	-56.11	-27.83	103	6.2	南桑威奇群岛
19770810	0707299	-8.28	107.67	80	6.1	爪哇岛
19770811	0142471	-17.58	-174.39	53	6.7	汤加群岛
19770818	1159421	46.76	153.63	36	6.1	千岛群岛
19770819	0608548	-11.16	118.41	33	8.1	松巴哇以南　M_W8.3
19770819	1323365	-10.94	119.14	33	6.0	松巴地区
19770820	0351552	16.69	-86.68	35	6.1	加勒比海
19770820	0921505	-11.19	119.14	33	6.0	松巴以南
19770820	1916326	-11.10	119.09	33	6.5	松巴以南
19770825	1805119	-10.88	119.26	51	6.2	松巴地区
19770826	1950023	-59.54	-20.59	33	7.2	大西洋西南
19770827	0712200	-8.10	125.38	4	6.8	东帝汶
19770829	1423410	17.46	119.80	11	6.6	菲律宾
19770831	0042052	7.38	-76.21	30	6.7	哥伦比亚
19770902	1036325	-11.04	119.17	74	6.1	松巴以南
19770904	0848421	-13.74	166.74	59	6.4	新赫布里底群岛
19770904	1540550	51.11	178.39	14	6.7	阿留申群岛
19770904	1710270	51.12	178.24	6	6.9	阿留申群岛
19770904	1724466	51.31	177.91	24	7.2	阿留申群岛
19770904	2320444	51.11	178.30	37	6.0	阿留申群岛
19770911	2319190	34.95	23.05	4	6.1	希腊克里特岛
19770913	0021525	-15.48	-173.22	33	6.2	汤加群岛
19770917	0523315	11.80	143.12	43	6.1	马里亚纳以南
19770919	0513080	-1.92	126.64	26	6.2	马鲁古海
19770923	0557558	-11.29	118.10	34	6.5	松巴哇以南
19771007	1210433	-9.99	117.29	29	6.3	松巴哇地区
19771007	1736463	-9.83	117.26	31	6.0	松巴哇地区
19771010	1153529	-25.87	-175.37	24	7.1	汤加群岛
19771014	0455345	-15.78	-173.01	33	6.2	汤加群岛
19771016	0159368	47.18	153.78	29	6.0	千岛群岛

续表

年月日	时分秒	纬度（°）	经度（°）	震源深度（km）	震级	参考地震（M_S≥8后注M_W）
19771016	2109182	-9.83	117.11	39	6.0	松巴哇地区
19771017	1726404	-27.93	173.13	33	6.7	新西兰以南
19771022	1757156	-27.96	-62.82	592	6.1	阿根廷
19771104	0952580	51.63	-175.97	51	6.2	阿留申群岛
19771117	1720326	33.71	140.09	112	6.1	日本本州以南
19771118	0520103	32.65	88.39	24	6.6	中国西藏中部
19771118	1017390	-4.42	101.99	21	6.5	苏门答腊南部
19771122	1556443	-10.20	161.16	95	6.4	所罗门群岛
19771123	0926234	-31.04	-67.76	4	7.1	阿根廷北部
19771123	0935004	-31.02	-67.51	33	6.0	阿根廷北部
19771127	0219534	11.84	125.54	42	6.0	菲律宾群岛
19771127	0836066	46.36	153.24	41	6.1	千岛群岛
19771128	0631291	-31.44	-67.44	17	6.0	阿根廷北部
19771203	1341180	3.52	95.91	21	6.0	苏门答腊北部远海
19771204	0550344	-23.90	-176.00	43	6.1	汤加群岛以南
19771208	0615172	-24.09	-175.65	38	6.0	汤加群岛以南
19771210	0546225	27.68	56.63	44	6.2	伊朗南部
19771213	0114205	17.33	-54.91	51	6.6	北大西洋中脊
19771218	1647158	39.86	77.30	21	6.2	中国新疆西克尔库勒＜28＞
19771219	2334333	30.93	56.48	26	6.3	伊朗东部
19771220	0850394	48.57	153.06	153	6.0	千岛群岛
19771221	0100340	25.54	143.25	42	6.7	火山列岛地区
19771222	0445164	29.58	127.89	46	6.5	中国东海
19771223	2102080	39.19	143.22	20	6.5	本州以东远海
19771223	2114226	39.18	143.20	10	6.0	本州以东远海
19771228	0245331	16.54	40.32	10	7.1	红海
19771231	0753139	-15.37	-71.71	125	6.0	秘鲁南部
19780106	0441210	18.79	121.91	19	6.1	吕宋
19780113	2003033	44.56	149.58	50	6.2	千岛群岛
19780114	0324418	34.80	139.23	24	7.0	本州以南近海
19780114	1520537	-30.29	-177.48	43	6.1	克马德克群岛
19780114	2231452	34.76	138.83	2	6.1	本州以南近海
19780115	0656320	-30.17	-177.41		6.0	克马德克群岛
19780124	0554219	44.62	149.68	45	6.1	千岛群岛
19780125	2318589	-5.39	151.73	64	6.3	新不列颠地区
19780128	1936361	-26.00	-177.24	81	6.2	斐济群岛以南
19780209	2135150	-30.63	-177.60	34	7.0	克马德克群岛
19780209	2221455	-30.72	-177.25	33	6.8	克马德克群岛

续表

年月日	时分秒	纬度（°）	经度（°）	震源深度（km）	震级	参考地震（M_S≥8后注M_W）
19780210	0056216	-30.78	-177.48	33	6.0	克马德克群岛
19780210	1932363	-30.23	-177.16	33	6.3	克马德克群岛
19780211	0005240	-30.40	-177.27	35	6.3	克马德克群岛
19780211	0126268	-5.72	-32.89	33	6.1	大西洋中脊
19780220	0436584	38.83	142.03	60	6.4	本州以东近海
19780221	0714059	-4.94	125.25	537	6.0	班达海
19780221	0714546	-4.88	125.35	517	6.3	班达海
19780222	0607361	14.23	-91.46	93	6.1	危地马拉
19780222	1800347	29.33	130.53	49	6.1	琉球群岛
19780302	1435003	55.01	164.76	44	6.0	阿留申群岛
19780303	1048113	-15.32	-173.43	33	6.2	汤加群岛
19780303	1053212	55.06	164.70	45	6.2	阿留申群岛
19780304	0446364	-21.87	-174.80	33	6.1	汤加群岛
19780304	1458127	-4.66	153.06	75	6.6	新爱尔兰地区
19780306	0022188	-35.84	-102.67	33	6.0	太平洋南部
19780307	0248391	31.92	137.62	436	6.1	日本本州以南
19780307	0248476	31.99	137.61	441	7.0	日本本州以南
19780315	2204418	26.45	140.76	278	6.7	小笠原群岛
19780316	0159565	29.95	66.27		6.3	巴基斯坦
19780317	1100410	-22.91	-175.30	47	6.2	汤加群岛
19780319	0139148	17.06	-99.73	41	6.9	墨西哥格雷罗州
19780322	0050348	43.86	148.84	60	7.0	千岛群岛
19780322	2134354	43.99	148.91	53	6.9	千岛群岛
19780323	0031014	44.22	148.87	36	7.3	千岛群岛
19780323	0149357	43.79	148.81	49	6.4	千岛群岛
19780323	0237001	44.09	148.68	45	6.1	千岛群岛
19780323	0314263	44.27	148.90	56	7.4	千岛群岛
19780323	0315270	44.70	148.17	82	7.1	千岛群岛
19780323	0350524	44.41	149.58	48	6.8	千岛群岛
19780323	0814311	44.18	149.02	45	6.0	千岛群岛
19780323	1912255	44.31	149.60	48	6.8	千岛群岛
19780324	0042367	29.68	-67.45	28	6.1	北大西洋
19780324	1947543	44.11	148.62	62	7.6	千岛群岛
19780324	2105485	42.84	78.60	34	7.3	阿拉木图地区
19780324	2208580	44.02	148.92	44	6.2	千岛群岛
19780325	2352108	43.71	148.50	16	6.0	千岛群岛
19780327	1036060	-8.62	125.07	70	6.2	帝汶
19780403	0948378	-4.94	133.99	62	6.1	东南群岛
19780404	0040292	32.98	82.26	19	6.2	中国西藏西部

续表

年月日	时分秒	纬度（°）	经度（°）	震源深度（km）	震级	参考地震（M_S≥8后注M_W）
19780404	2111437	10.06	-77.89	51	6.1	巴拿马北部
19780406	2329535	35.26	141.18	35	6.1	本州东部近海
19780410	2052218	-11.39	116.68	59	6.5	松巴哇以南
19780411	0241410	-9.43	148.94	12	6.0	新几内亚东部
19780412	0342037	56.52	-152.61	10	7.1	阿留申群岛
19780415	2333481	38.39	15.09	18	6.3	西西里岛
19780418	1727294	5.14	127.44	118	6.5	菲律宾群岛
19780421	1522579	36.64	71.26	230	6.0	阿富汗、俄国接壤地区
19780425	0424529	4.69	124.61	37	6.0	苏拉威西海
19780429	0421110	-9.88	160.50	49	6.1	所罗门群岛
19780429	1925240	24.64	122.73	38	6.5	中国台湾宜兰近海
19780506	1116060	29.82	66.19	2	6.2	巴基斯坦
19780511	0023374	51.65	-176.08	56	6.0	阿留申群岛
19780513	0708486	-14.60	167.31	182	7.0	瓦努阿图
19780523	0750283	31.07	130.10	160	6.7	日本九州
19780524	0616560	51.24	-179.24	28	6.7	阿留申群岛
19780526	2358220	24.29	142.70	30	6.7	火山群岛地区
19780527	1017130	24.19	142.83	8	6.0	火山群岛地区
19780529	1720294	-44.87	-79.60	33	6.0	智利南部远海
19780531	0107262	12.58	-87.29	116	6.3	尼加拉瓜近海
19780603	0457144	-57.10	-141.00	33	6.0	南太平洋
19780604	1930232	40.40	63.66	33	6.0	乌兹别克斯坦
19780611	1428016	-15.26	-173.61	88	6.1	汤加群岛
19780611	1455274	49.24	-129.41	14	6.2	温哥华岛以西
19780612	0814274	38.23	142.02	48	7.4	本州以东近海
19780614	1134204	38.38	142.41	39	6.4	本州以东近海
19780614	1232350	8.28	122.43	29	6.8	棉兰老岛
19780614	1334056	8.24	122.36	41	6.6	棉兰老岛
19780616	0533328	38.24	143.18	38	6.2	本州以东远海
19780616	0757015	7.85	126.38	153	6.1	棉兰老岛
19780617	1511287	-17.06	-172.28		7.4	汤加群岛
19780620	2003215	40.78	23.24	3	6.5	希腊北部
19780621	1110387	48.27	148.66	380	6.2	千岛群岛西北
19780624	0931434	-5.05	102.38	36	6.8	苏门答腊南部
19780702	0401339	-15.27	-175.45	25	6.3	汤加群岛
19780704	0240548	32.67	131.22	125	6.1	琉球群岛
19780708	0306479	0.55	126.24	43	6.0	马鲁古半岛
19780711	1217077	-7.86	-71.35	643	6.1	巴西西部
19780713	1325170	52.26	-168.83	11	6.0	阿留申群岛

续表

年月日	时分秒	纬度（°）	经度（°）	震源深度（km）	震级	参考地震（M_S≥8后注M_W）
19780717	1326163	-14.95	-175.81	305	6.4	萨摩亚地区
19780719	0932063	56.83	-151.56	13	6.0	阿留申群岛
19780722	1151473	-4.20	152.84	45	6.0	新不列颠地区
19780723	1442395	22.19	121.42	34	7.3	中国台湾兰屿近海
19780724	1945351	-20.64	172.57	37	6.3	瓦努阿图
19780803	0607330	52.15	96.94	9	6.0	俄国中部
19780803	1811166	-26.52	-70.66	49	7.0	智利北部近海
19780803	2325300	-0.14	131.80	16	6.3	马鲁古群岛
19780805	0412449	-3.55	151.03	38	6.0	新爱尔兰地区
19780805	1852112	-4.03	102.39	66	6.2	苏门答腊南部
19780808	0746229	-12.38	166.43	86	6.1	圣克鲁斯群岛
19780813	2053524	-17.81	-178.31	581	6.0	斐济群岛
19780814	1846234	49.83	156.32	80	6.0	千岛群岛
19780814	2345013	-7.90	146.91	145	6.1	新几内亚东部地区
19780815	1237132	-30.62	-178.07	39	6.4	克马德克群岛
19780821	2205029	-47.53	32.30	8	6.3	爱德华王子群岛
19780823	0038324	10.21	-85.25	58	7.2	哥斯达黎加
19780901	0416437	-17.42	167.90	37	6.2	新赫布里底群岛
19780901	0956018	-7.53	156.50	37	6.2	所罗门群岛
19780902	0157342	24.81	121.87	115	6.8	中国台湾花莲近海
19780903	0021167	44.45	38.01	43	6.0	高加索西部
19780905	0342333	24.01	121.79	23	6.0	中国台湾花莲近海
19780906	0401536	-20.21	168.76	33	6.1	洛亚蒂群岛
19780906	1107447	-13.35	167.13	215	6.5	瓦努阿图
19780910	2324148	14.25	-91.58	87	6.0	危地马拉
19780911	0740566	24.92	124.87	55	6.6	琉球群岛西南
19780915	1139254	48.21	154.33	48	6.0	千岛群岛
19780916	1535567	33.37	57.44	34	7.4	伊朗东部
19780923	1632127	-13.94	167.18	217	7.0	瓦努阿图
19780930	0904311	16.60	95.88	7	6.2	缅甸南部
19781008	1420042	39.40	74.76	50	6.0	中国新疆南部
19781011	0149004	33.47	140.95	50	6.1	日本本州南
19781030	1823352	13.84	-91.13	69	6.4	危地马拉近海
19781101	1948240	39.34	72.56	7	6.9	吉尔吉斯斯坦东部
19781104	1522195	37.71	48.95	37	6.2	伊朗西北部
19781104	2229360	-11.59	161.79	129	7.0	所罗门群岛
19781104	2251557	-11.21	162.13	42	6.3	所罗门群岛
19781105	2202082	-11.14	162.16	39	7.0	所罗门群岛
19781107	1734011	-11.02	162.22	47	6.0	所罗门群岛

续表

年月日	时分秒	纬度（°）	经度（°）	震源深度（km）	震级	参考地震（M_S≥8后注M_W）
19781109	0051296	-10.79	161.34	38	6.1	所罗门群岛
19781115	0747214	47.79	146.54	26	6.1	千岛群岛西北
19781127	2350249	-10.92	162.16	62	6.1	所罗门群岛
19781129	1952490	16.07	-96.55	23	7.9	墨西哥瓦哈卡州
19781201	1535197	-10.22	161.48	85	6.0	所罗门群岛
19781201	1710299	8.64	122.20	43	6.1	棉兰老岛
19781206	1153396	13.26	-89.75	78	6.0	圣萨尔瓦多
19781206	1402045	44.55	146.67	118	8.1	千岛群岛　M_W7.8
19781209	0417046	45.27	150.12	45	6.0	千岛群岛
19781212	1144170	7.32	123.40	36	7.0	棉兰老岛
19781214	0705218	32.14	49.64	40	6.5	伊朗西部
19781214	1925572	0.55	126.06	40	6.2	马鲁古海峡
19781215	0830333	52.07	175.18	34	6.0	阿留申群岛
19781218	1015540	-54.60	2.10	7	6.3	布韦岛地区
19781220	1551584	3.90	126.81	38	6.0	塔劳群岛
19781221	1436537	-11.28	162.65	30	6.4	所罗门群岛
19781223	1123137	23.17	122.00	47	7.0	中国台湾台东近海
19781225	2357558	10.37	-103.80	10	6.7	墨西哥远海
19790110	0126044	26.55	60.95	4	6.3	伊朗南部
19790110	1505435	26.48	61.02	3	6.4	伊朗南部
19790111	0628130	-4.05	101.30	27	6.5	苏门答腊南部
19790112	0359014	14.32	-91.60	89	6.1	危地马拉
19790116	0950069	33.96	59.53	10	7.0	伊朗东部
19790116	1505040	-45.64	96.13	2	6.0	印度洋东南海岭
19790125	0408175	-30.02	-177.47	38	6.3	克马德克群岛
19790126	1004335	17.53	-100.79	45	7.1	墨西哥格雷罗
19790127	1815019	-18.52	168.15	35	6.2	新赫布里底群岛
19790127	1857540	54.80	-161.29	12	6.0	阿拉斯加半岛
19790128	1945210	11.92	-43.70	15	6.0	北大西洋海岭
19790207	2102047	5.23	127.36	114	6.0	菲律宾群岛
19790211	2222215	6.02	126.01	149	6.0	棉兰老岛
19790213	0534316	55.62	-156.97	71	7.0	阿拉斯加南部
19790216	0031152	-13.61	166.66	47	6.2	瓦努阿图
19790216	1008519	-16.52	-72.60	42	7.1	秘鲁近海
19790218	0523521	-43.50	41.40	10	6.1	爱德华王子群岛地区
19790220	0632374	40.22	143.55	46	6.7	本州东部远海
19790228	2127066	60.74	-141.55	17	7.4	阿拉斯加东南
19790308	1449490	1.02	120.40	4	6.3	米那哈沙半岛

续表

年月日	时分秒	纬度（°）	经度（°）	震源深度（km）	震级	参考地震（M_S≥8后注M_W）
19790312	0638119	-56.16	-122.30	10	6.0	复活岛山区
19790314	1107110	17.76	-101.30	3	8.1	墨西哥格雷罗近海
19790315	1252260	23.18	101.09	6	6.8	中国云南普洱地区
19790316	1535247	5.20	96.33	49	6.3	苏门答腊北部
19790320	1300069	-36.73	78.77	1	6.1	中印度洋海岭
19790323	1932309	18.02	-69.04	74	6.4	多米尼加地区
19790329	0201321	41.95	83.38	24	6.0	中国新疆库车东北＜25＞
19790329	0707220	32.44	97.26	45	6.2	中国西藏东部
19790410	0142221	3.02	127.01	38	7.2	塔劳群岛
19790412	0014207	-18.03	-178.12	616	6.0	斐济群岛
19790414	1000246	-35.77	-102.50	12	6.7	太平洋南部
19790415	0619414	42.04	19.05	4	7.1	南斯拉夫南部滨海地区
19790415	2214523	5.66	123.59	545	6.5	棉兰老到
19790419	2247120	-1.21	98.20	30	6.4	苏门答腊中部
19790422	0950130	33.00	-39.72	8	6.1	北大西洋海岭
19790422	1816337	-0.05	123.03	108	6.2	米那哈沙半岛
19790423	2154356	-52.93	159.84	10	6.0	麦阔里群岛地区
19790424	0145087	-20.82	-178.67	596	6.1	斐济群岛
19790428	1138183	-27.53	-71.05	27	6.4	智利北部近海
19790501	0039330	9.30	125.57	30	6.2	棉兰老岛
19790501	1303376	-21.22	169.72	77	6.8	洛亚蒂群岛地区
19790507	1252069	-6.39	105.93	123	6.0	巽他海峡
19790513	0626084	19.00	145.42	256	6.3	马里亚纳
19790514	2303585	-22.95	-69.09	51	6.5	智利北部
19790516	0227044	-35.64	-16.22	25	6.2	南大西洋海岭
19790518	2322250	0.66	126.08	27	6.5	马鲁古海峡
19790520	0813584	56.65	-156.72	55	6.0	阿拉斯加半岛
19790520	1937483	-27.26	-71.03	67	6.1	智利北部近海
19790520	2259116	29.93	80.27	16	6.0	尼泊尔、印度接壤地区
19790521	2222230	-15.44	-70.05	209	6.7	秘鲁南部
19790523	0040378	50.29	159.69	3	6.0	千岛群岛地区
19790524	1723179	42.24	18.75	5	6.4	南斯拉夫南部滨海地区
19790525	1645305	52.68	-166.97	46	6.4	阿留申群岛
19790530	0938553	-8.32	115.92	40	6.1	巴厘地区
19790531	1626200	-24.64	-176.98	33	6.0	斐济群岛南部
19790602	0947587	-30.73	117.21	6	6.0	澳大利亚西部
19790610	0632522	-36.21	-97.80	10	6.0	智利西部高地
19790610	0649553	8.14	-38.12	31	6.4	大西洋中部海岭
19790614	1144451	38.79	26.57	15	6.0	爱琴海

续表

年月日	时分秒	纬度（°）	经度（°）	震源深度（km）	震级	参考地震（M_S≥8后注M_W）
19790622	0630548	17.04	-94.62	108	6.5	墨西哥恰帕斯州
19790625	0529058	-5.00	145.58	190	6.8	新几内亚东部地区
19790627	0950019	7.11	-82.31		6.3	巴拿马南部
19790701	2038056	8.36	-82.91	36	6.7	巴拿马、哥斯达黎加边境地区
19790704	0607432	43.88	146.72	62	6.2	千岛群岛
19790708	0855469	-22.15	-179.57	588	6.0	斐济群岛南部
19790709	1057220	31.45	119.24	10	6.0	中国江苏溧阳西南＜13＞
19790709	1608091	-5.61	153.30	36	6.3	新爱尔兰地区
19790713	0810124	33.87	131.91	74	6.2	日本九州
19790721	1212120	13.98	-93.37	11	6.1	墨西哥恰帕斯远海
19790724	1931198	-11.16	107.72	32	7.1	爪哇以南
19790728	1522538	49.97	142.59	17	6.0	萨哈林岛(库页岛)
19790805	0053482	-22.86	-177.47	204	6.1	斐济群岛南部
19790810	1442461	-52.68	18.70	3	6.0	非洲西南
19790813	0303462	-4.86	153.50	73	6.0	新爱尔兰地区
19790816	2131249	41.85	130.86	566	6.5	北朝鲜东部接壤地区
19790817	1259070	-17.67	167.83	12	6.3	瓦努阿图
19790819	0710070	61.33	159.04	31	6.0	西伯利亚东部
19790820	0350523	36.48	70.15	231	6.2	兴都库什山区
19790822	1828549	52.23	157.33	129	6.5	堪察加半岛
19790824	0426545	8.95	-83.49	43	6.8	哥斯达黎加
19790824	1659289	41.16	108.13	18	6.0	中国内蒙古五原＜30＞
19790825	0844045	10.72	41.68	13	7.0	北大西洋海岭
19790826	1147250	-17.61	167.63	6	6.2	瓦努阿图
19790826	1431258	19.04	122.12	43	6.9	菲律宾
19790912	0517561	-1.71	136.05	33	7.5	伊里安岛
19790913	0633030	-1.18	136.49	28	6.1	伊里安岛
19790916	1755482	3.47	128.06	50	6.1	加罗林群岛
19790919	2135368	42.80	13.04	6	6.2	意大利中部
19790923	2243390	-60.57	-50.36	3	6.1	南桑德韦奇群岛
19790929	1837100	1.16	94.20	10	7.2	苏门答腊北部远海
19791001	1414127	15.79	-92.25	183	6.3	墨西哥、危地马拉接壤地区
19791012	1025231	-46.54	165.91	33	7.1	新西兰南岛西部远海
19791015	2316578	32.86	-115.46		6.9	加利福尼亚、墨西哥接壤地区
19791017	0543031	18.49	145.39	601	6.5	马里亚纳海沟
19791017	2329254	-1.18	136.59	24	6.1	伊里安岛
19791018	0335267	51.82	177.12	60	6.6	阿留申群岛
19791020	0141103	-8.40	115.83	37	6.4	巴厘地区
19791022	0558480	0.66	125.99	26	6.3	马鲁古群岛

续表

年月日	时分秒	纬度（°）	经度（°）	震源深度（km）	震级	参考地震（M_S≥8后注M_W）
19791023	0819023	-10.60	161.36	37	6.2	所罗门群岛
19791023	0951060	-10.68	161.35	17	7.0	所罗门群岛
19791027	1435575	13.79	-90.89	62	6.9	危地马拉近海
19791027	2143253	13.75	-90.76	70	6.9	危地马拉近海
19791102	0132232	-13.40	166.70	71	6.4	瓦努阿图
19791102	1553069	-7.76	108.18	94	6.2	爪哇岛
19791105	0151123	17.89	-68.61	92	6.0	莫纳岛
19791106	1138308	-9.50	159.26	24	6.2	所罗门群岛
19791109	1438215	-17.75	-178.72	550	6.4	斐济群岛
19791109	1639273	-13.32	166.69	62	6.1	瓦努阿图
19791113	1905031	-4.44	102.00	50	6.8	苏门答腊南部
19791113	2043392	-23.61	-174.85	32	6.9	汤加群岛
19791114	0221181	34.03	59.81	3	7.2	伊朗东部
19791116	1521269	-16.73	179.99	36	6.9	斐济群岛
19791116	1810468	-1.94	134.17	19	6.4	伊里安岛
19791119	2217235	5.89	126.33	115	6.2	棉兰老
19791122	0241150	-24.26	-67.16	150	6.7	智利、阿根廷接壤地区
19791123	2340297	4.81	-76.20	105	7.0	哥伦比亚
19791124	1918592	-18.93	-176.52	1	6.2	斐济群岛
19791127	1710330	34.08	59.79	9	7.5	伊朗东部
19791202	0525179	22.92	121.43	38	6.1	中国台湾地区
19791207	0923560	34.14	59.92		6.5	伊朗东部
19791211	1726185	28.95	140.94	126	6.0	小笠原群岛
19791212	0759044	1.62	-79.34	28	8.2	厄瓜多尔近海　M_W8.1
19791215	0002419	-3.41	102.59	30	6.8	苏门答腊南部
19791217	1958230	-8.49	115.82	22	6.6	巴厘地区
19791218	1037584	11.60	-86.29	57	6.0	尼加拉瓜近海
19791223	0834015	3.55	126.86	56	6.1	塔劳群岛
19800101	1642386	38.75	-27.75		7.5	亚速尔群岛
19800102	2058455	6.00	126.13	72	7.3	棉兰老岛
19800103	1811561	0.02	67.17	43	6.0	卡尔斯伯格海岭
19800112	1531400	33.58	57.26	14	6.4	伊朗东部
19800112	1557024	41.67	143.62	38	6.1	北海道地区
19800114	0410535	16.55	40.30	3	6.1	红海
19800114	1219345	-22.39	-174.89		6.0	汤加群岛
19800116	1549150	-14.51	-73.42	92	6.1	秘鲁西部
19800119	0702343	51.31	-178.50	42	6.0	阿留申群岛
19800123	0151485	52.35	160.02	69	6.2	堪察加以东远海

续表

年月日	时分秒	纬度（°）	经度（°）	震源深度（km）	震级	参考地震（M_S≥8后注M_W）
19800123	0234136	52.34	160.10	38	6.1	堪察加半岛东部远海
19800203	1158405	-17.62	-171.16	36	6.2	汤加群岛
19800204	0345564	-57.97	-7.19	10	6.2	大西洋西南
19800206	0550555	-7.89	156.24	45	6.5	所罗门群岛
19800207	1049059	-53.93	158.96	10	6.1	麦阔里岛地区
19800207	1049163	-54.20	158.80		6.5	麦阔里岛地区
19800207	1059090	-54.27	158.80	1	6.1	麦阔里岛地区
19800212	0320222	-4.70	153.17	62	6.2	新爱尔兰地区
19800215	1425511	44.51	149.55	54	6.3	千岛群岛
19800219	1727320	6.73	92.59	2	6.0	尼科巴群岛地区
19800222	0302450	30.55	88.65	14	6.6	中国西藏申扎以南
19800222	2115403	-10.68	161.66	54	6.1	所罗门群岛
19800223	0551038	43.47	146.59	49	7.2	千岛群岛
19800223	2238520	43.14	146.88	35	6.2	千岛群岛
19800227	2117205	-6.02	150.12	52	6.7	新不列颠地区
19800227	2135221	-6.12	150.24	77	6.7	新不列颠地区
19800229	1113275	6.33	126.90	112	6.3	棉兰老岛
19800302	2328587	26.99	126.73	41	6.4	琉球群岛
19800303	0035450	12.17	144.03	21	6.0	马里亚纳以南
19800307	0825093	-16.68	-72.76	53	6.3	秘鲁近海
19800308	1429564	-22.79	171.39	42	6.0	洛亚蒂群岛地区
19800308	2212110	-22.67	171.42	36	6.6	洛亚蒂群岛地区
19800308	2344140	27.07	126.62	2	6.7	中国东海
19800321	0859446	22.98	121.43	26	6.1	中国台湾台东近海
19800322	1027377	55.73	161.44	46	6.0	堪察加东部近海
19800324	0359503	52.94	-167.70	25	7.0	弗克斯群岛
19800324	0402203	52.78	-167.80	33	6.0	阿留申群岛
19800326	2043364	23.86	-45.57		6.5	北大西洋海岭
19800329	0407420	-4.63	154.89	494	6.7	所罗门群岛
19800331	1241482	16.09	121.94	46	6.4	吕宋岛
19800401	1111520	-20.51	-173.53	12	6.0	汤加群岛
19800401	1621470	4.10	97.55	24	6.4	苏门答腊北部
19800405	1623081	27.84	142.76	22	6.0	小笠原群岛地区
19800411	2155524	-22.95	171.16	40	6.6	洛亚蒂群岛地区
19800413	0541464	9.00	126.27	66	6.4	棉兰老岛
19800413	1804345	-23.53	-177.27	102	7.5	斐济群岛
19800414	1239045	-10.87	164.22	33	6.2	圣克鲁斯群岛
19800420	0237520	11.78	57.75	26	6.6	阿拉伯海
19800422	0534145	32.12	137.72	402	6.5	日本本州以南

续表

年月日	时分秒	纬度（°）	经度（°）	震源深度（km）	震级	参考地震（M_S≥8后注M_W）
19800503	0930091	51.21	173.61	38	6.4	阿留申群岛
19800504	1835195	38.09	49.07	36	6.6	里海
19800508	0803370	34.50	140.42	57	6.4	本州东部近海
19800509	2232427	-55.88	147.16	10	6.5	麦阔里岛以西
19800512	1637370	-14.52	167.93	38	6.0	瓦努阿图
19800514	1126013	-6.03	154.56	62	6.4	所罗门群岛
19800515	1858293	-6.16	125.72	67	6.5	班达海
19800518	2002565	43.31	20.87		6.2	南斯拉夫南部
19800525	1633444	37.60	-118.80		6.3	加利福尼亚、内华达接壤地区
19800525	1944513	37.45	-118.82		6.4	加利福尼亚、内华达接壤地区
19800526	1841387	-19.42	-69.33	73	6.5	智利北部
19800527	1301379	-18.61	-174.70	55	6.0	汤加群岛
19800527	1451003	37.49	-118.78	22	6.3	加利福尼亚、内华达边境地区
19800528	1951200	38.48	14.27	19	6.2	西西里岛
19800609	0328200	32.32	-114.92		6.8	下加利福尼亚州
19800609	1242038	9.68	126.67	48	6.0	棉兰老岛
19800616	2048588	-7.36	128.58	168	6.0	班达海
19800618	0918319	-5.19	152.19	56	6.6	新不列颠地区
19800618	0932207	22.01	121.44	71	6.0	中国台湾台东近海
19800618	1049098	-15.25	-173.53	37	6.0	汤加群岛
19800618	1714522	9.50	126.60	29	6.7	棉兰老到
19800619	0640433	9.56	126.71	41	6.0	棉兰老岛
19800619	0831340	-30.18	-177.91	16	6.1	克马德克群岛
19800621	2019250	-58.07	-10.68		6.0	大西洋西南
19800623	2013210	-28.96	-176.64	49	6.1	克马德克群岛地区
19800623	2104379	-28.73	-176.83	46	6.0	克马德克群岛地区
19800624	0627549	-6.03	103.82	59	6.0	苏门答腊西南
19800624	0735447	33.00	88.55	3	6.1	中国西藏北部
19800625	2318216	-5.24	151.71	59	6.5	新不列颠地区
19800629	0720064	34.81	139.29	19	6.9	本州以南近海
19800708	0439294	6.63	125.77	185	6.3	棉兰老岛
19800708	2319200	-12.49	166.37	29	7.4	圣克鲁斯群岛
19800709	0211573	39.29	22.91	47	6.3	希腊中部
19800709	0235516	39.23	22.59	31	6.1	希腊中部
19800709	2056532	-12.70	165.80		6.7	圣克鲁斯群岛
19800714	1615034	-29.32	-177.24	55	6.8	克马德克群岛
19800714	1641210	-29.29	-176.99	19	6.2	克马德克群岛
19800716	1956471	-4.45	143.53	87	7.8	新几内亚
19800717	1942230	-12.48	166.06	29	7.7	圣克鲁斯群岛

续表

年月日	时分秒	纬度（°）	经度（°）	震源深度（km）	震级	参考地震（M_S≥8后注M_W）
19800719	1152190	-29.00	-69.69	97	6.7	智利、阿根廷接壤地区
19800720	2120036	-17.88	-178.61	588	6.0	斐济群岛
19800721	2120245	-12.30	166.50	76	6.2	圣克鲁斯群岛
19800722	0706240	-20.30	169.61	131	6.4	瓦努阿图
19800729	0311569	-13.09	166.34	53	6.9	瓦努阿图
19800729	1458416	29.63	81.09	23	6.8	尼伯尔
19800730	0656158	5.24	-82.69	3	6.1	巴拿马以南
19800802	1547250	-11.10	165.44	25	6.5	圣克鲁斯群岛
19800809	0545080	15.93	-88.52	9	7.0	洪都拉斯
19800821	1207230	-41.37	80.51	26	6.2	印度洋中部高地
19800824	2010050	-15.23	-173.52	39	6.0	汤加群岛
19800903	2212401	3.23	-78.14	42	6.1	巴拿马以南
19800904	1054020	59.37	-143.70	28	6.1	阿拉斯加
19800924	1754235	35.53	140.15	69	6.4	本州以东近海
19800926	1520388	-3.25	142.33	52	6.5	新几内亚北部近海
19800928	1825595	-6.30	154.81	64	6.0	所罗门群岛
19801002	1906520	19.92	122.41	9	6.0	菲律宾群岛
19801004	0437353	-15.72	-179.28	38	6.0	斐济群岛
19801008	1604469	-5.34	103.12	43	6.5	苏门答腊南部
19801009	1619394	-15.35	-173.36	41	6.4	汤加群岛
19801010	1225221	36.16	1.40		7.7	阿尔及利亚
19801010	1539088	36.25	1.61	3	6.6	阿尔及利亚
19801024	0325365	-21.95	170.09	46	6.7	洛亚蒂群岛
19801024	1453345	18.22	-98.20	65	7.4	墨西哥中部
19801025	0700092	-22.09	170.13	33	6.6	洛亚蒂群岛
19801025	1100076	-21.78	169.60	27	7.1	洛亚蒂群岛
19801025	1620049	-22.30	170.39	32	6.5	洛亚蒂群岛
19801026	0514205	11.78	125.50	60	6.2	菲律宾萨马岛
19801027	1304510	-13.04	166.18	6	6.0	瓦努阿图
19801029	1744140	-21.42	169.51	31	6.6	洛亚蒂群岛
19801030	0953067	-22.26	169.55	36	6.0	洛亚蒂群岛
19801101	2252218	18.92	-107.72	28	6.0	墨西哥哈利斯科远海
19801104	2026019	53.84	160.62	43	6.1	堪察加以东近海
19801108	1027320	41.15	-124.30	5	7.6	加利福尼亚北部近海
19801111	1036577	-51.49	28.98		6.9	非洲南部
19801119	1900450	27.40	88.80	1	6.8	锡金
19801123	1834522	40.86	15.33		7.0	意大利南部
19801130	1224419	-19.44	-175.83	221	6.4	汤加群岛
19801211	1815030	-21.35	-68.10	77	6.5	智利-玻利维亚接壤地区

续表

年月日	时分秒	纬度（°）	经度（°）	震源深度（km）	震级	参考地震（M_S≥8后注M_W）
19801215	0812450	-17.59	-172.31	30	6.5	汤加群岛
19801217	0047548	-21.40	169.87	84	6.2	洛亚蒂群岛
19801217	1621580	49.44	-129.57		6.8	温哥华岛以西
19801219	0116556	34.50	50.67	29	6.2	伊朗北部
19801219	0257576	-21.25	-174.41	31	6.0	汤加群岛
19801219	2332418	30.63	140.85	82	6.4	日本本州以南
19801230	1548360	0.07	97.21	11	6.2	苏门答腊北部
19801231	1032125	45.99	151.47	45	6.9	千岛群岛
19810102	0737005	2.13	-79.16	27	6.1	哥伦比亚西部近海
19810102	1539469	29.28	128.10	229	7.2	琉球群岛
19810107	2136231	19.11	121.17	42	6.0	菲律宾北部近海
19810118	0306470	-61.11	-55.54	27	6.2	南设得兰群岛
19810118	0943340	38.54	143.10	20	6.2	日本东部远海
19810118	1146535	38.56	143.07	28	6.3	日本东部远海
19810118	1811291	38.61	142.91	38	6.6	日本东部远海
19810118	1817267	38.71	142.75	49	7.5	日本以东远海
19810119	0114058	38.63	142.97	35	6.2	日本东部远海
19810119	1510599	-4.56	139.28	24	6.7	伊里安岛西部
19810119	2144251	-3.46	146.10	22	6.2	俾斯麦海
19810122	1934430	38.28	142.71	35	6.9	日本东部远海
19810123	0458308	42.48	142.15	110	7.2	日本北海道南部海域
19810123	1022347	38.18	142.87	30	6.3	日本东部远海
19810123	2113480	31.01	101.11	12	6.9	中国四川道孚地区
19810123	2154416	-29.68	60.83	10	6.8	西印度洋海岭
19810129	0451374	24.49	121.88	43	6.4	中国台湾宜兰近海
19810130	0852430	51.82	176.14	22	7.0	阿留申群岛
19810130	1449230	51.61	176.02	22	6.1	阿留申群岛
19810201	1317111	51.41	176.71	18	6.4	阿留申群岛
19810201	2243240	53.02	162.41	6	6.2	堪察加半岛以东
19810217	1518320	-21.59	169.36	13	6.8	新赫布里底群岛南
19810219	0823009	-21.55	169.47	24	6.0	新赫布里底群岛南
19810219	1936103	44.61	149.38	23	6.4	千岛群岛
19810220	0940558	-33.56	-178.96	33	6.0	克马德克群岛
19810222	2145470	-22.11	174.76	41	6.0	新赫布里底群岛东南
19810224	0552484	-21.40	169.15	34	6.2	新赫布里底群岛东南
19810224	1617020	-6.04	148.77	79	6.3	新不列颠岛
19810224	2053370	38.23	22.97	18	6.8	希腊科林西亚湾
19810225	0235535	38.17	23.12	30	6.3	希腊科林西亚湾

续表

年月日	时分秒	纬度（°）	经度（°）	震源深度（km）	震级	参考地震（M_S≥8后注M_W）
19810226	1718160	-13.77	166.50	58	6.2	新赫布里底群岛西北
19810228	2156120	-6.41	-81.39	22	6.4	秘鲁西北地区海域
19810302	1213462	22.88	121.47	28	6.2	中国台湾花莲近海
19810304	2158072	38.24	23.26	32	6.3	希腊科林西亚湾
19810306	1943003	3.93	-85.88	33	6.9	巴拿马西南远海
19810309	2238518	18.82	-103.95	53	6.1	墨西哥南部科利马州远海
19810321	2252395	-5.43	146.76	228	6.0	俾斯麦海
19810323	1928090	-33.62	-71.93	28	6.4	智利圣地亚哥西海域
19810326	1804413	-19.52	-69.01	109	6.2	玻利维亚西南
19810326	2130031	3.43	128.01	45	6.5	马鲁古海峡
19810330	1704423	-2.24	138.87	33	6.0	伊里安岛北部
19810401	1803360	-27.28	-63.27	544	6.3	阿根廷北部
19810408	2342463	45.59	152.24	22	6.2	千岛群岛附近
19810409	0837095	-59.86	150.26	10	6.1	麦阔里岛以南
19810410	1648190	-23.36	-175.40	41	6.0	克马德克群岛以北
19810411	0529286	14.23	119.13	0	6.1	中国南海中沙群岛以东
19810413	0304081	37.28	142.28	28	6.2	日本海沟
19810424	2150077	-13.40	166.44	45	6.6	新赫布里底群岛西北
19810425	0536413	-22.23	179.42	586	6.0	斐济海
19810426	1209290	33.10	-115.66	6	6.0	加利福尼亚
19810427	1817340	-57.68	148.36	10	6.4	麦阔里岛以南
19810428	2114471	-23.70	179.99	522	6.8	斐济群岛南远海
19810430	1441417	43.23	149.94	49	6.2	千岛群岛南部远海
19810502	0604546	36.35	71.08	29	6.7	克罗泽海盆以东
19810502	1604546	36.40	71.15	217	6.7	阿富汗东北部
19810506	2134494	-2.07	-80.99	36	6.4	厄瓜多尔西部海域
19810506	2136072	-1.95	-80.99	36	6.6	厄瓜多尔西部海域
19810508	2334473	42.65	139.20	223	6.2	日本北海道西部海域
19810509	1606258	-5.14	154.74	75	6.2	所罗门群岛
19810513	0139540	5.82	126.98	140	6.3	菲律宾棉兰老南部远海
19810522	0255174	-6.58	132.26	27	6.0	东南群岛
19810525	0525094	-48.55	164.70	0	7.7	新西兰南海域
19810528	2218562	-5.68	151.47	81	6.2	俾斯麦海
19810603	0547495	-36.00	-17.10	10	6.6	大西洋南部
19810607	2140360	16.57	145.48	316	6.0	马里亚纳海沟
19810609	2208186	34.51	91.42	10	6.5	中国青海可可西里山区
19810611	0724251	29.90	57.72	31	7.2	伊朗克尔曼
19810620	1231491	-21.38	169.44	42	6.2	新赫布里底群岛
19810625	1951222	-41.71	80.15	10	6.2	中印度洋海岭以南

续表

年月日	时分秒	纬度（°）	经度（°）	震源深度（km）	震级	参考地震（M_S≥8后注M_W）
19810626	0051044	-30.27	-178.96	169	6.2	克马德克群岛
19810704	0441074	-30.42	-178.85	156	6.2	克马德克群岛
19810706	0308341	-22.29	171.64	114	7.3	新赫布里底群岛东南
19810707	2110597	-0.04	-18.73	10	6.9	大西洋圣保罗岛远海
19810712	0127564	67.70	-161.44	34	6.1	阿拉斯加西北部
19810714	1718472	-36.85	78.49	10	6.0	阿姆斯特丹岛以北
19810715	0759097	-17.29	167.59	30	7.1	新赫布里底群岛
19810728	1722230	29.99	57.77	11	7.2	伊朗克尔曼
19810729	0111132	-21.61	169.67	41	6.1	新赫布里底群岛南
19810729	0144315	-5.51	154.14	117	6.3	所罗门群岛
19810730	1511147	-5.88	154.25	66	6.2	所罗门海
19810807	1135226	-5.18	151.76	76	6.2	新不列颠岛
19810819	2250498	-9.14	67.19	10	6.2	查戈斯群岛以西
19810823	1200210	48.71	157.37	2	6.0	堪察加半岛南部远海
19810825	0716584	-22.89	-175.82	33	6.1	汤加群岛海域
19810901	0929309	-15.08	-173.12	20	7.5	萨摩亚群岛
19810903	0535416	43.53	147.05	21	6.5	日本北海道东北远海
19810904	1550519	33.89	-119.04	5	6.0	加利福尼亚州
19810906	1102414	-21.50	169.61	36	6.2	新赫布里底群岛南
19810907	1906005	30.66	141.78	18	6.2	日本海域
19810912	0715538	35.68	73.60	30	6.3	巴基斯坦东北部
19810914	1244301	18.34	-68.86	172	6.0	多米尼加
19810917	0823251	-22.54	170.49	30	6.5	新赫布里底群岛东南
19810919	0650560	23.01	101.35	8	6.0	中国云南思茅地区
19810921	1424443	-22.22	170.48	45	6.1	新赫布里底群岛东南
19810925	1430510	-30.19	-177.96	23	6.0	克马德克群岛
19810925	1501212	38.54	143.28	20	6.0	日本东京东北远海
19810928	1756133	-29.41	-179.03	274	6.5	克马德克群岛
19810930	1153265	37.57	-118.82	0	6.0	加利福尼亚
19810930	2303480	-4.76	-112.01	10	6.1	东太平洋海域
19811001	1704424	50.72	160.40	15	6.1	堪察加半岛南部远海
19811004	0001306	-4.52	146.20	18	6.2	俾斯麦海
19811007	0302127	-20.70	-178.65	606	6.1	斐济群岛海域
19811007	1319230	-11.40	66.30	31	6.2	查戈斯群岛以西
19811009	1219413	-9.98	162.06	62	6.3	所罗门群岛
19811015	0147539	40.30	142.33	53	6.3	日本本州东北海域
19811016	0325400	-33.15	-73.10	18	7.3	智利圣地亚哥西远海
19811017	0644558	-7.11	129.06	189	6.1	班达海
19811017	1435413	-45.40	-15.15	10	6.2	大西洋南桑德韦奇群岛

续表

年月日	时分秒	纬度（°）	经度（°）	震源深度（km）	震级	参考地震（M_S≥8后注M_W）
19811023	1326219	-8.79	106.46	33	6.1	爪哇以南远海
19811025	0322160	18.18	-102.01	28	7.9	墨西哥南部
19811028	0434175	-31.38	-110.79	10	6.3	东太平洋海丘
19811103	1347350	43.56	-127.70	10	6.6	美国西部远海
19811104	1438090	-20.01	-174.23	21	6.0	太平洋努库阿洛法
19811106	1647470	-3.52	143.86	15	6.7	俾斯麦海
19811107	0329504	-32.17	-71.43	57	6.9	智利圣地亚哥西海域
19811107	0942535	-17.39	66.72	10	6.4	印度洋海岭北部
19811114	0905320	23.78	32.63	25	6.0	埃及北部
19811116	1353181	-22.11	169.52	27	6.2	新赫布里底群岛以南
19811116	1942388	-33.88	-179.61	39	6.0	克马德克群岛
19811118	1737451	-29.65	-176.96	15	6.2	克马德克群岛
19811122	1505225	18.75	120.86	39	6.8	菲律宾北部远海
19811123	1017228	42.98	146.20	38	6.1	日本北海道东北海域
19811124	2330320	-22.50	170.57	18	6.5	新赫布里底群岛东南
19811127	1721443	42.93	131.19	525	6.2	中国东北中俄接壤地区
19811202	0624435	40.93	142.61	66	6.1	日本北海道南部海域
19811202	1901570	-15.70	88.43	30	6.0	东印度洋海域
19811206	1250488	-6.14	152.03	35	6.0	所罗门海
19811213	0139160	-6.39	154.92	64	6.0	所罗门群岛
19811219	1410511	39.22	25.25	10	7.1	土耳其以西远海
19811224	0533200	-30.01	-177.63	20	6.7	克马德克群岛
19811226	1705290	-30.03	-177.73	8	7.2	克马德克群岛
19811227	1739133	38.91	24.92	10	6.6	土耳其以西远海
19820101	1851026	26.84	142.74	30	6.7	日本小笠原群岛
19820103	1409510	-0.92	-21.84	10	6.5	大西洋圣保罗岛东南远海
19820104	0605026	18.00	145.67	607	6.3	马里亚纳群岛
19820104	2220532	-23.10	-177.27	192	6.0	太平洋汤加塔布岛
19820111	0610062	13.85	124.32	38	7.0	菲律宾卡坦端内斯岛
19820111	0649200	14.01	124.37	36	6.5	菲律宾卡坦端内斯岛
19820112	0144483	-52.53	28.09	10	6.0	厄加勒斯海盆南部
19820112	0548190	13.15	-87.56	10	6.4	洪都拉斯
19820113	0006418	-9.53	152.21	23	6.0	所罗门海
19820114	0953430	-9.43	151.98	11	6.0	所罗门海
19820115	1348200	-9.55	152.21	21	6.0	所罗门海
19820118	1927250	39.96	24.39	10	7.0	土耳其以西远海
19820120	0425120	7.06	93.95	16	6.6	格雷特海峡
19820120	0709170	7.15	93.88	25	6.6	格雷特海峡

年月日	时分秒	纬度（°）	经度（°）	震源深度（km）	震级	参考地震（$M_S \geq 8$后注M_W）
19820123	1410407	23.92	121.74	17	6.5	中国台湾东部近海
19820123	1737292	31.68	82.28	25	6.6	中国西藏西南亚热
19820124	0608577	14.07	124.30	43	6.5	菲律宾卡坦端内斯岛
19820125	0529339	53.26	-165.65	62	6.1	阿拉斯加半岛
19820130	0235109	16.73	-61.44	65	6.2	小安德烈斯群岛
19820210	2038018	-22.69	-66.62	200	6.1	阿根廷北部
19820220	1326506	-10.89	166.01	34	7.0	圣克鲁斯群岛
19820220	1918241	33.67	141.17	46	6.4	日本南方群岛北部
19820221	0925179	-6.03	102.63	27	6.1	苏门答腊南部远海
19820224	0422399	4.38	97.65	50	6.2	苏门答腊北部
19820227	1616533	22.33	143.59	117	6.4	马里亚纳群岛
19820304	0911505	-22.42	173.69	53	6.1	新赫布里底群岛东南
19820307	1541540	-25.19	-175.55	12	6.0	克马德克群岛以北
19820310	2158445	-56.05	-27.37	105	6.1	南桑德韦奇群岛
19820311	1032262	-9.52	118.35	33	6.4	松巴哇岛
19820312	0527440	13.92	123.56	14	6.0	菲律宾中部
19820321	0232059	42.23	142.46	26	7.1	日本北海道浦河、广尾
19820321	1022343	42.28	142.55	25	6.0	日本北海道
19820321	1335023	-18.54	-175.12	196	6.0	斐济群岛以东
19820325	0505397	-52.89	-46.98	10	6.1	南极海岭
19820327	1345361	-11.15	162.94	72	6.0	所罗门群岛
19820328	0352295	-31.55	-178.60	35	6.3	克马德克群岛
19820328	2324497	-12.75	-76.04	85	6.3	秘鲁西南部
19820329	1220265	-15.49	-179.62	33	6.3	斐济群岛
19820329	2133563	0.09	123.31	199	6.1	马鲁古海
19820406	1956532	14.28	-92.11	66	6.6	危地马拉南部远海
19820410	1625345	17.45	-83.47	10	6.4	开曼海沟
19820412	0034420	-30.32	-177.82	18	6.0	克马德克群岛
19820416	1404573	-15.86	-172.98	86	6.0	萨摩亚群岛
19820417	0921023	19.89	120.54	43	6.6	菲律宾北部
19820418	1131000	-28.22	-114.06	42	6.0	东太平洋海丘
19820419	1154258	-22.65	-66.04	235	6.0	阿根廷北部
19820419	1442155	19.90	120.49	9	6.4	菲律宾北部远海
19820502	1119370	-29.39	-177.19	18	6.4	克马德克群岛
19820507	0536205	-0.62	123.28	101	6.3	苏拉威西岛
19820507	0538356	-60.75	-21.00	10	6.9	南桑德韦奇群岛
19820531	1021168	55.07	165.40	46	7.0	堪察加半岛以东远海
19820531	1518540	7.79	135.76	22	6.4	加罗林群岛
19820531	2013082	38.76	142.22	47	6.1	日本东京以东远海

续表

年月日	时分秒	纬度（°）	经度（°）	震源深度（km）	震级	参考地震（$M_S \geqslant 8$后注M_W）
19820601	0414171	-41.41	-74.97	44	6.3	智利南部海域
19820602	1237343	-18.11	-172.51	33	6.7	汤加群岛
19820607	0652346	16.51	-98.25	19	7.2	墨西哥东南部
19820607	1059386	16.58	-98.34	20	7.2	墨西哥东南部
19820609	0308347	-5.66	150.99	80	6.3	新不列颠岛
19820611	0038100	-17.61	-174.45	125	6.9	汤加群岛
19820614	1641044	-4.70	103.04	59	6.1	苏门答腊南部
19820615	2324288	31.85	99.92	10	6.0	中国四川甘孜以北
19820619	0621579	13.29	-89.39	83	7.6	萨尔瓦多以南海域
19820622	0418403	-7.33	126.08	449	7.3	西南群岛以北
19820625	1023522	-6.24	103.52	35	6.3	苏门答腊南部远海
19820627	1617148	-55.42	160.23	10	6.1	麦阔里岛地区
19820630	0157353	44.56	151.03	45	7.0	千岛群岛南部远海
19820701	0741537	51.39	-179.94	51	6.1	阿留申群岛
19820704	0120082	27.90	137.04	554	6.8	日本南方群岛西部远海
19820707	1043040	-51.15	160.64	10	7.0	麦阔里岛地区
19820717	2202050	-21.72	173.16	13	6.1	新赫布里底群岛东南
19820723	1423550	36.36	141.63	37	7.3	日本东京以东海域
19820723	1754000	36.11	141.90	14	6.4	日本东京以东远海
19820725	0801282	36.41	141.79	39	6.0	日本海沟
19820731	0629132	51.76	176.08	18	6.2	阿留申群岛
19820803	0604391	13.81	146.36	43	6.0	马里亚纳群岛
19820805	2032530	-12.59	166.11	28	6.8	新赫布里底群岛西北
19820807	2056247	-11.16	115.42	55	6.3	爪哇东南远海
19820812	0213103	-4.34	153.12	58	6.3	俾斯麦海
19820817	2222200	33.71	22.94	1	6.2	地中海
19820819	1559031	6.75	-82.72	10	7.0	巴拿马南部远海
19820823	1640204	36.40	141.44	43	6.2	日本海沟
19820826	0522576	-2.71	-79.88	52	6.0	厄瓜多尔
19820903	0132012	43.86	148.32	42	6.4	日本北海道东北远海
19820903	0340070	43.78	148.42	2	6.1	日本北海道东北远海
19820903	2339401	-15.36	-173.09	42	6.2	萨摩亚群岛
19820904	0208090	-15.41	-173.00	33	6.0	萨摩亚群岛
19820904	1331161	-25.55	-176.24	45	6.1	汤加群岛南海域
19820906	0147032	29.40	140.43	179	6.9	日本南方群岛北部海域
19820906	0748520	56.86	-151.62	10	6.2	阿拉斯加湾
19820908	2112264	-34.24	58.10	10	6.0	西印度洋海域
19820912	0922247	52.71	-166.99	42	6.2	阿拉斯加半岛南部远海
19820914	1817070	-7.25	148.00	34	6.2	所罗门海

续表

年月日	时分秒	纬度（°）	经度（°）	震源深度（km）	震级	参考地震（M_S≥8后注M_W）
19820915	2022578	-14.53	-70.80	153	6.2	秘鲁南部
19820917	1328248	-23.45	-179.87	543	6.0	斐济群岛南海域
19820920	1257452	-27.03	-175.87	33	6.0	克马德克群岛以北
19820921	0128188	-9.55	152.29	21	6.1	所罗门海
19820928	1514365	-24.38	-176.65	42	6.4	汤加群岛南海域
19821007	0715563	-7.17	125.81	511	6.3	班达海
19821019	1619049	-11.39	163.13	40	6.0	所罗门群岛
19821020	2001576	23.87	121.87	37	6.2	中国台湾花莲以东近海
19821111	0043526	-6.61	101.70	96	6.5	苏门答腊南部远海
19821118	1457513	-1.73	-76.73	190	6.0	厄瓜多尔、秘鲁接壤地区
19821119	0427140	-10.61	-74.69	14	6.9	秘鲁中部
19821121	2327128	55.48	162.94	44	6.9	堪察加半岛以东远海
19821203	2230003	-13.32	167.19	261	6.0	圣克鲁斯群岛
19821205	0548260	-9.86	161.18	103	6.2	所罗门群岛
19821213	0912510	14.67	44.23	18	6.3	也门扎马尔地区
19821216	0040486	36.13	68.98	35	7.0	阿富汗东北部
19821217	0243038	24.56	122.53	88	6.2	中国台湾宜兰近海
19821219	1743575	-24.15	-175.97	40	7.5	汤加群岛南海域
19821220	0033040	-57.44	-25.77	48	6.2	南桑德韦奇群岛
19821220	0258151	-23.70	-175.89	71	6.0	汤加群岛南海域
19821220	0554340	-24.45	-175.85	6	6.0	克马德克群岛北
19821220	1435400	-24.63	-175.71	0	6.0	汤加群岛南海域
19821220	1745290	-23.90	-175.80	33	6.2	汤加群岛南海域
19821220	1746130	-23.62	-175.95	72	6.1	汤加群岛南海域
19821225	1228027	-8.42	123.06	33	6.0	东帝汶西北
19821228	0152316	33.82	139.45	20	6.0	日本伊豆群岛
19821228	0637427	33.90	139.45	20	6.8	日本伊豆群岛
19821228	1349260	19.93	121.34	13	6.0	菲律宾北部远海
19821229	0702322	33.82	139.38	20	6.1	日本伊豆群岛
19821231	0347246	-21.21	-68.53	92	6.0	玻利维亚南部
19830105	0201000	54.68	162.85	11	6.3	堪察加半岛东部海域
19830108	1121320	-15.43	-173.30	55	6.1	萨摩亚群岛地区
19830108	1504545	-3.12	148.27	10	6.1	俾斯麦海
19830109	2103538	55.13	163.27	30	6.9	堪察加半岛东部海域
19830114	1820482	55.87	-154.22	0	6.4	阿拉斯加半岛东南远海
19830116	2210117	-5.45	147.05	228	6.5	俾斯麦海
19830117	1241301	38.07	20.25	14	7.1	希腊西部
19830118	1523372	-57.98	-24.35	55	6.6	南桑德韦奇群岛

续表

年月日	时分秒	纬度（°）	经度（°）	震源深度（km）	震级	参考地震（M_S≥8后注M_W）
19830122	0644347	-6.69	102.87	15	6.8	苏门答腊南部远海
19830124	0817389	16.14	-95.25	50	6.9	墨西哥特万特佩克湾
19830124	2309217	12.91	93.59	81	6.1	印度安达曼群岛
19830126	0440119	-49.84	-114.33	10	6.4	东太平洋海丘
19830126	0443209	-50.00	-113.80	10	6.7	东太平洋海丘
19830126	1602183	-30.44	-179.30	208	6.0	克马德克群岛地区
19830128	0315108	2.60	124.08	373	6.1	苏拉威西海
19830207	1506266	26.89	57.59	25	6.0	伊朗东南部
19830207	1823153	-29.69	-177.73	40	6.1	克马德克群岛地区
19830208	0658421	51.76	159.56	25	6.0	堪察加半岛南部海域
19830212	0847134	5.70	126.31	58	6.2	菲律宾棉兰老东南远海
19830213	0140092	39.99	75.24	17	6.7	中国新疆乌恰地区
19830214	0023198	10.54	140.96	41	6.1	加罗林群岛
19830214	0320051	55.03	-159.19	46	6.6	阿拉斯加半岛以南海域
19830214	0810043	54.99	-159.24	37	6.0	阿拉斯加半岛南部海域
19830220	1049544	5.60	126.30	68	6.3	菲律宾棉兰老东南远海
19830226	0710581	49.23	155.56	48	6.3	千岛群岛北部海域
19830228	0544221	44.06	148.09	26	6.1	千岛群岛
19830304	1411344	39.52	143.31	25	6.0	日本海沟
19830308	1321460	-3.49	177.64	29	6.0	吉尔伯特群岛
19830308	1706370	11.03	-62.34	84	6.0	委内瑞拉南部海域
19830310	0027466	43.76	147.45	21	6.0	日本北海道东部海域
19830311	0310427	-6.99	147.39	72	6.0	俾斯麦海
19830312	0136370	-4.07	127.90	26	6.4	班达海以北
19830314	1212484	39.37	54.60	33	6.0	里海
19830315	1127420	-8.17	-80.00	24	6.0	秘鲁西部近海
19830315	1958330	5.37	126.52	61	6.6	菲律宾棉兰老岛地区
19830318	0905505	-4.89	153.57	94	7.6	俾斯麦海
19830320	1345479	-4.67	153.25	74	6.1	俾斯麦海
19830321	0053391	-4.05	127.90	25	6.3	班达海以北
19830321	0744190	-21.59	-175.32	83	6.7	汤加群岛南海域
19830323	0609291	-6.48	154.64	36	6.2	所罗门海
19830323	2351055	38.23	20.29	13	6.5	希腊西部
19830403	0250028	8.80	-83.11	44	7.8	巴拿马、哥斯达黎加接壤地区
19830404	0251345	5.71	94.72	82	6.5	印度尼科巴群岛东南
19830404	1904221	52.92	159.81	52	6.0	堪察加半岛南部近海
19830404	2312472	49.41	155.58	51	6.5	千岛群岛北部海域
19830405	0650293	39.96	75.30	5	6.1	中国新疆乌恰地区
19830407	1929154	8.03	-82.67	37	6.0	巴拿马、哥斯达黎加接壤地区

续表

年月日	时分秒	纬度（°）	经度（°）	震源深度（km）	震级	参考地震（M_S≥8后注M_W）
19830408	0228290	11.40	57.52	32	6.6	阿拉伯、印度洋海岭西北
19830411	0818102	10.43	-62.71	38	6.3	委内瑞拉北部
19830412	1207544	-4.84	-78.09	102	7.3	秘鲁北部
19830417	1406580	-20.72	169.16	32	6.1	新赫布里底群岛南
19830418	1058491	27.78	62.07	44	6.5	伊朗东南部
19830422	0037404	14.92	99.05	32	6.3	泰国西部
19830424	0329180	-24.01	-175.90	33	6.0	汤加群岛南海域
19830424	0908490	-8.74	157.51	9	6.1	所罗门群岛
19830430	1403460	41.50	143.84	9	6.7	日本北海道南部海域
19830501	1810407	46.41	153.39	24	6.2	千岛群岛南部海域
19830502	2342377	36.24	-120.27	7	6.6	利福尼亚州科林加
19830509	1058258	-40.89	-74.92	23	6.1	智利南部海域
19830509	1553031	8.26	-82.95	39	6.5	巴拿马、哥斯达黎加接壤地区
19830509	2009154	19.97	-109.43	10	6.2	下加利福尼亚半岛远海
19830510	1102361	-5.39	150.94	116	6.1	俾斯麦海
19830510	1827316	-4.76	152.51	69	6.3	俾斯麦海
19830512	1051500	17.61	-46.55	10	6.0	大西洋海岭
19830512	1102450	17.64	-46.57	31	6.0	大西洋海岭
19830515	0023581	-18.96	-175.60	20	6.4	汤加群岛北部
19830526	0259588	40.48	139.09	16	7.1	日本本州北部
19830601	0159500	-16.96	-174.61	135	6.2	萨摩亚群岛
19830601	1058450	-15.94	-172.69	33	6.1	萨摩亚群岛
19830609	1249027	40.25	139.01	22	6.4	日本本州北部
19830609	1304007	40.22	139.05	30	6.2	日本本州北部
19830609	1846042	51.42	-174.11	46	6.1	阿留申群岛
19830610	0213232	75.53	122.75	10	6.0	加拿大麦克卢尔海峡
19830610	2239108	-24.37	-176.21	64	6.0	克马德克群岛北部
19830612	1012433	1.55	127.32	125	6.1	马鲁古群岛
19830621	0625268	41.35	139.10	6	7.1	日本本州北部近海
19830621	1448079	24.13	122.39	43	6.3	中国台湾东部近海
19830624	0718223	21.77	103.31	18	6.8	越南西北部
19830624	0906463	24.17	122.39	48	6.9	中国台湾花莲东北近海
19830625	1003168	-32.92	-178.76	44	6.0	克马德克群岛
19830628	0325167	60.22	-141.27	14	6.0	阿拉斯加和加拿大接壤地区
19830703	0249282	20.19	122.41	221	6.1	巴林塘海峡以北
19830703	1714216	9.77	-83.53	12	6.7	哥斯达黎加
19830705	0558218	-55.86	-123.38	10	6.2	太平洋道格提岛西北远海
19830705	1111405	-22.59	171.02	38	6.5	新赫布里底群岛
19830705	1201270	40.33	27.21	7	6.3	土耳其西北部

年月日	时分秒	纬度（°）	经度（°）	震源深度（km）	震级	参考地震（M_S≥8后注M_W）
19830705	1637080	-57.87	-25.73	45	6.1	南桑德韦奇群岛
19830707	1605410	-22.58	170.84	48	6.0	新赫布里底群岛
19830707	2035374	-7.41	27.88	10	6.0	扎伊尔沙巴区
19830711	1256288	-60.90	-53.10	10	7.2	南极半岛以北
19830712	1134195	27.61	56.42	42	6.1	伊朗南部
19830712	1510036	61.04	-147.37	37	7.0	阿拉斯加南部
19830714	1947467	5.54	126.47	46	6.0	菲律宾棉兰老东南远海
19830718	1252441	12.69	-87.21	90	6.5	尼加拉瓜
19830722	0239544	36.21	-120.37	9	6.2	加利福尼亚州
19830724	2307318	53.91	158.36	190	6.0	堪察加半岛南部
19830724	2338097	-8.24	119.40	47	6.0	松巴海峡
19830731	1026006	-20.12	-126.94	10	6.1	阿克提思群岛东
19830802	0217427	20.45	122.14	175	6.2	巴林塘海峡以北
19830806	1543519	40.14	24.74	2	7.0	希腊东北部
19830813	2228177	-8.69	111.17	64	6.6	爪哇岛
19830817	1055574	55.79	161.33	94	7.0	堪察加半岛东部
19830817	1217558	18.23	120.80	26	6.7	菲律宾吕宋岛北部
19830825	2023334	33.51	131.51	128	6.2	日本九州
19830827	1849470	8.14	126.04	2	6.0	菲律宾棉兰老东部
19830830	0850150	-16.68	-172.05	20	6.2	萨摩亚群岛南海域
19830907	1922049	60.97	-147.47	43	6.7	阿拉斯加南部
19830912	1542083	36.52	71.10	205	6.3	阿富汗东北部
19830914	0835178	-3.70	-79.26	99	6.1	厄瓜多尔、秘鲁接壤地区
19830916	0809271	-23.98	-179.80	515	6.0	斐济群岛南
19830917	0556567	4.76	95.05	67	6.1	苏门答腊北部近海
19830917	1211404	-16.65	-177.38	16	6.4	萨摩亚群岛
19830917	1246540	-60.42	-27.03	20	6.1	南桑德韦奇群岛
19830921	1920444	24.08	122.16	44	6.7	中国台湾花莲近海
19830923	1229234	24.02	122.26	35	6.2	中国台湾花莲近海
19830923	2344308	8.43	-83.42	46	6.3	巴拿马、哥斯达黎加接壤地区
19830924	1717535	-3.61	151.20	10	6.0	俾斯麦海
19831003	1333354	33.96	139.51	12	6.3	日本伊豆群岛
19831004	1852120	-26.55	-70.62	5	7.7	智利西部近海
19831009	1125400	-26.16	-70.59	13	6.5	智利西部近海
19831012	0339412	8.08	-82.68	34	6.2	巴拿马、哥斯达黎加近海
19831015	1056510	-8.12	156.35	7	6.8	所罗门群岛
19831016	0532250	1.09	121.00	8	6.0	北苏拉威西
19831016	0959450	-23.74	-70.23	55	6.2	智利西部近海
19831017	1325215	-20.56	-173.84	30	6.1	汤加群岛海域

续表

年月日	时分秒	纬度（°）	经度（°）	震源深度（km）	震级	参考地震（M_S≥8后注M_W）
19831017	1936216	37.59	-17.41	10	6.8	伊比利亚海盆
19831021	0814171	-30.70	-69.17	107	6.0	智利、阿根廷接壤地区
19831022	0421379	-60.75	-25.60	24	7.1	南桑德韦奇群岛
19831022	0553237	-60.46	-24.91	33	6.4	南桑德韦奇群岛
19831022	1307407	-60.69	-25.41	44	6.3	南桑德韦奇群岛
19831025	0003620	1.16	120.89	7	6.0	北苏拉威西
19831027	1943489	1.12	120.89	28	6.2	北苏拉威西
19831028	0556538	-31.42	-179.52	10	6.0	克马德克群岛
19831028	1406074	44.10	-113.81	10	7.6	美国西部爱达荷州
19831030	0412281	40.35	42.18	16	7.1	土耳其埃尔祖鲁姆地区
19831031	1737530	-9.10	119.09	57	6.0	松巴海峡
19831103	0741112	-4.00	-79.40	89	6.5	厄瓜多尔
19831105	1948246	33.92	89.95	33	6.0	中国青海雁石坪以西
19831105	2109437	35.17	115.25	15	6.0	中国山东菏泽地区
19831107	0839218	1.43	128.18	43	6.2	哈马黑拉岛
19831107	0842300	1.32	128.04	55	6.1	哈马黑拉岛
19831107	1626310	1.54	128.22	26	6.5	哈马黑拉岛
19831115	1735046	31.24	141.95	18	6.0	日本海沟
19831116	1613000	19.49	-155.44	4	6.7	夏威夷岛东北
19831120	0044400	43.75	148.35	5	6.3	日本北海道以东远海
19831120	2032177	-7.49	130.59	34	6.0	东南群岛
19831122	1421017	0.48	-79.79	39	6.7	厄瓜多尔
19831124	0530347	-7.47	128.20	183	6.2	西南群岛
19831125	1956079	-40.45	155.57	19	6.2	塔斯曼海
19831125	2154146	-5.50	152.06	50	6.0	新不列颠岛
19831126	2018235	7.34	-82.32	10	6.4	巴拿马、哥斯达黎加近海
19831130	0256467	41.80	142.77	52	6.1	日本北海道南部近海
19831130	1746008	-6.85	72.04	10	7.7	查戈斯群岛
19831201	0545380	-6.61	71.41	33	6.0	查戈斯群岛
19831202	0309059	14.07	-91.95	68	7.2	危地马拉西南海域
19831203	0123530	-15.37	-173.03	18	6.2	萨摩亚群岛
19831203	1743180	-6.50	71.40	34	6.4	查戈斯群岛
19831208	1318008	3.74	148.97	44	6.0	加罗林群岛
19831211	0913504	8.14	137.21	33	6.4	加罗林群岛
19831212	0926091	-7.63	127.34	158	6.0	西南群岛
19831215	1411291	-3.21	145.43	63	6.2	俾斯麦海
19831216	1315573	39.34	72.96	35	6.3	帕米尔山区
19831220	1658311	-2.38	145.06	10	6.2	俾斯麦海
19831220	1846316	-2.47	145.08	9	6.0	俾斯麦海

续表

年月日	时分秒	纬度（°）	经度（°）	震源深度（km）	震级	参考地震（M_S≥8后注M_W）
19831221	1205060	-28.13	-63.15	592	7.0	阿根廷北部
19831221	2332123	-5.51	151.91	42	6.2	俾斯麦海
19831222	0102051	-5.44	151.88	49	6.3	俾斯麦海
19831222	0411293	11.85	-13.51	11	6.7	几内亚
19831230	2352395	36.42	70.75	209	6.2	阿富汗东北部
19840101	0903401	33.62	136.80	386	6.4	日本南部远海
19840101	2208122	-22.66	-66.01	246	6.1	玻利维亚、阿根廷接壤地区
19840102	2209561	-57.00	-142.60	10	6.2	南太平洋海岭以东
19840104	2240418	45.40	151.31	40	6.3	千岛群岛
19840108	1524151	-2.82	118.76	43	6.8	望加锡海峡
19840113	0229020	-3.88	-78.47	112	6.0	厄瓜多尔、秘鲁接壤地区
19840116	1227240	-30.03	-112.26	93	6.4	东太平洋海丘
19840117	1531569	36.47	141.23	48	6.0	日本东京东北近海
19840119	1634453	6.00	146.56	30	6.1	加罗林群岛
19840123	0734570	29.28	130.44	38	6.0	琉球群岛
19840127	1301396	36.48	71.05	164	6.0	阿富汗东北部
19840201	0728284	49.05	146.63	568	6.3	萨哈林岛（库页岛）东部远海
19840201	1422092	34.57	70.48	44	6.1	阿富汗和巴基斯坦接壤地区
19840207	2133200	-9.96	160.49	4	7.5	所罗门群岛
19840208	0039530	-9.82	160.29	43	6.0	所罗门群岛
19840210	1651210	28.29	-112.14	3	6.1	加利福尼亚湾
19840216	1718402	36.47	70.86	192	6.3	阿富汗东北部
19840217	1632220	-6.60	130.15	164	6.1	班达海
19840222	0544371	39.52	54.11	34	6.0	里海
19840225	0641000	-7.09	103.48	12	6.3	苏门答腊南部远海
19840226	0818168	-17.32	-70.53	88	6.1	秘鲁南部
19840301	1921245	-4.72	-106.22	10	6.2	东太平洋海丘东北部
19840305	0333515	8.17	123.77	656	6.4	菲律宾棉兰老西部
19840306	0040511	-38.26	177.22	89	6.1	新西兰北岛
19840306	0217210	29.35	138.92	454	6.1	日本小笠原群岛
19840319	2028383	40.35	63.36	15	7.4	咸海
19840321	0244243	49.15	155.31	41	6.0	千岛群岛
19840324	0944023	44.04	148.12	42	7.3	南千岛群岛
19840327	2006330	-4.61	145.83	25	6.5	伊里安岛东部
19840406	0413186	-55.56	147.05	10	6.0	麦阔里岛
19840406	2308227	-18.95	168.89	185	6.5	新赫布里底群岛
19840418	0649125	-15.88	-174.35	135	6.0	萨摩亚群岛
19840420	0631103	50.06	148.77	578	6.0	萨哈林岛（库页岛）以东

续表

年月日	时分秒	纬度（°）	经度（°）	震源深度（km）	震级	参考地震（M_S≥8后注M_W）
19840422	0614220	-0.51	-19.85	10	6.3	大西洋中部
19840423	2140342	47.44	146.73	399	6.0	萨哈林岛以东（库页岛）
19840423	2229570	22.05	99.17	8	6.3	中、缅边境
19840424	0411285	30.89	138.48	398	6.1	日本南方群岛西北远海
19840424	2115196	37.26	-121.72	8	6.0	加利福尼亚州
19840506	1519113	24.22	93.53	32	6.0	印度东部地区
19840507	1749427	41.76	13.90	16	6.0	意大利中部
19840508	0337155	-30.35	-177.67	39	6.0	克马德克群岛
19840509	2356090	-34.17	-70.27	114	6.0	智利、阿根廷接壤地区
19840517	1653505	-36.38	52.81	10	6.1	西印度洋海岭
19840521	1537522	32.61	121.60	31	6.1	中国江苏东南黄海水域<16>
19840521	1539007	32.67	121.51	31	6.2	中国江苏东南黄海水域<16>
19840523	0516340	-51.88	161.08	10	6.1	奥克兰群岛
19840525	2353532	-54.80	-136.00	10	6.1	太平洋道格提岛西北远海
19840526	0358571	-43.66	38.80	10	6.2	厄加勒斯海盆以东
19840526	2242470	-10.83	164.23	19	6.2	所罗门群岛
19840530	0749437	-4.86	151.55	171	6.1	俾斯麦海
19840608	0141130	-5.83	104.09	17	6.4	苏门答腊南部
19840611	0205347	-30.68	-71.20	50	6.1	智利中部
19840615	1422254	-15.83	-174.80	267	6.1	萨摩亚群岛
19840618	1120155	-15.66	-72.45	95	6.0	秘鲁南部
19840622	1555294	-58.47	-15.97	10	6.4	大西洋南部
19840624	1117119	18.02	-69.30	20	7.1	小安德烈斯群岛
19840624	1329398	-43.56	170.65	6	6.0	新西兰南岛
19840701	1012208	36.50	70.93	202	6.0	阿富汗东北部
19840702	0450444	16.82	-98.46	46	6.2	墨西哥近海
19840705	0521510	-6.10	154.44	53	6.3	所罗门群岛海域
19840709	2319038	-5.76	111.29	537	6.1	爪哇海
19840717	1414130	-56.44	-27.43	92	6.5	南桑德韦奇群岛
19840719	2325121	28.11	129.52	41	6.4	琉球群岛
19840723	1603400	1.35	126.40	26	6.3	马鲁古海峡
19840803	1430598	14.36	-92.35	51	6.0	危地马拉西南海域
19840806	1201538	-0.07	122.52	259	6.1	托米尼湾
19840806	1906381	32.39	131.96	45	7.1	日本九州
19840812	1151394	-24.40	-69.33	86	6.0	智利北部
19840814	0102081	61.81	-149.11	13	6.1	阿拉斯加南部
19840823	1949180	11.59	-86.54	65	6.2	尼加拉瓜、哥斯达黎加接壤地区
19840826	0500458	-23.56	-179.00	554	6.1	斐济群岛南
19840828	1904294	27.47	128.58	49	6.1	琉球群岛

续表

年月日	时分秒	纬度（°）	经度（°）	震源深度（km）	震级	参考地震（M_S≥8后注M_W）
19840831	1542101	-17.90	172.12	15	6.0	新赫布里底群岛以东
19840910	0314096	40.39	-126.80	5	6.6	美国西部远海
19840911	0716386	-15.54	167.62	156	6.4	新赫布里底群岛
19840913	2348512	35.78	137.49	18	6.7	日本本州中部
19840917	0641434	-17.99	65.66	10	6.0	印度洋海岭
19840917	0908490	-32.12	-178.38	6	6.2	克马德克群岛
19840918	1702407	34.01	141.64	20	7.0	日本伊豆群岛以东远海
19840920	1656258	34.16	141.58	41	6.0	日本伊豆群岛以东远海
19840920	2153561	34.08	`141.55	40	6.1	日本伊豆群岛以东远海
19840921	0929491	34.02	141.66	10	6.0	日本东京东部近海
19840922	2144122	-32.15	-178.24	10	6.0	克马德克群岛
19840928	0003346	-25.88	-175.90	21	6.6	汤加群岛南海域
19840928	1040245	-31.60	-110.85	10	6.2	东太平洋海丘
19841002	0137100	-18.59	167.97	15	6.0	新赫布里底群岛
19841004	1631529	-9.97	118.73	36	6.1	松巴岛西部
19841012	1821474	-16.63	177.11	13	6.1	斐济群岛
19841013	0203477	-18.20	-175.60	40	6.0	萨摩亚群岛南
19841013	0532391	-15.73	177.30	10	6.0	斐济群岛
19841013	1718135	15.05	-94.28	26	6.1	墨西哥特万特佩克湾
19841015	1021022	-15.75	-173.65	80	6.5	萨摩亚群岛南
19841019	1437470	-15.85	-173.96	86	6.1	汤加群岛
19841020	1759162	-24.05	-66.84	180	6.0	阿根廷北部
19841026	0849248	1.64	126.32	57	6.0	马鲁古海峡
19841026	2022180	39.15	71.35	7	6.5	帕米尔山区
19841029	2318058	5.76	125.61	161	6.0	菲律宾棉兰老岛
19841030	0105536	-17.15	-174.07	177	6.0	萨摩亚群岛以南
19841030	1720286	-31.85	-177.49	10	6.1	克马德克群岛
19841101	0448505	8.16	-38.77	10	7.5	大西洋海岭
19841101	1843441	55.18	163.57	49	6.8	堪察加半岛东部海域
19841106	0758513	-18.85	67.33	10	6.1	中印度洋海岭北部
19841115	0246219	-22.00	170.91	119	6.9	新赫布里底群岛
19841117	0649310	0.22	98.05	42	7.6	苏门答腊以东远海
19841117	1020595	47.47	154.45	43	6.1	千岛群岛东部远海
19841117	1345466	-18.70	-178.04	421	6.0	斐济群岛
19841117	1859152	12.27	140.80	37	6.1	马里亚纳群岛
19841117	2243360	-18.34	-175.61	6	6.1	斐济群岛
19841120	0815178	5.13	125.17	218	6.4	菲律宾群岛南部远海
19841121	1433190	-14.49	171.18	16	6.3	新赫布里底群岛
19841121	1817500	-14.49	171.04	13	6.0	新赫布里底群岛

续表

年月日	时分秒	纬度（°）	经度（°）	震源深度（km）	震级	参考地震（M_S≥8后注M_W）
19841122	0050439	-30.90	-13.53	10	6.3	南大西洋海岭
19841123	0445534	-7.97	102.27	33	6.7	爪哇西南海域
19841123	0446060	-14.32	171.29	25	6.9	新赫布里底群岛
19841123	0712300	-14.12	171.32	20	6.5	新赫布里底群岛
19841127	2334055	7.66	124.43	46	6.0	菲律宾棉兰老岛
19841128	1029210	26.65	97.08	4	6.0	缅甸马科、孙布拉蚌地区
19841202	0609444	20.33	-115.79	10	6.3	墨西哥雷维利亚希黑多群岛
19841202	2109288	-3.84	151.96	35	6.0	俾斯麦海
19841203	0408317	44.15	148.20	35	6.3	南千岛群岛
19841207	1019116	-1.39	-15.02	10	6.0	巴西圣保罗岛东南
19841210	1022053	-14.86	-75.26	61	6.4	秘鲁南部
19841211	2322183	-22.63	-68.67	88	6.5	智利北部
19841217	2330180	44.34	149.14	7	6.1	南千岛群岛
19841217	2357000	44.14	149.02	56	6.4	南千岛群岛
19841220	1626159	11.39	-86.35	72	6.0	尼加拉瓜、哥斯达黎加接壤地区
19841221	1847511	-6.10	149.86	44	6.0	新不列颠岛
19841228	1037544	56.19	163.31	36	7.5	堪察加半岛东部海域
19841228	1820150	-36.57	177.79	18	6.2	新西兰北部海域
19841230	2136538	-36.67	177.64	12	6.8	新西兰北部远海
19850102	0532495	55.43	-157.86	35	6.0	阿拉斯加半岛东南远海
19850105	1111305	10.21	-80.03	25	6.3	巴拿马以南海域
19850110	1747558	10.80	-43.46	7	6.0	大西洋中部
19850111	1441570	0.20	123.63	179	6.3	马鲁古海
19850117	2144114	-3.66	141.74	27	6.0	伊里安岛北部
19850118	1500079	-29.33	-70.83	72	6.0	智利中部
19850121	0055190	-0.95	128.47	3	6.8	哈马黑拉海
19850126	0307032	-33.07	-68.58	41	6.0	阿根廷中部
19850126	2136110	32.55	131.18	123	6.0	日本九州
19850131	0432581	-46.01	165.16	10	6.1	新西兰南部海域
19850203	0450528	-20.54	-174.00	37	6.0	汤加群岛
19850206	1043540	-38.03	178.97	12	6.0	新西兰北岛
19850223	1341581	-10.25	161.11	113	6.2	所罗门群岛
19850228	1110191	-19.14	168.65	63	6.0	新赫布里底群岛
19850228	2053472	27.49	128.48	56	6.2	琉球群岛
19850301	1711170	-2.03	119.68	10	6.4	苏拉威西岛
19850302	1547339	-1.95	119.74	47	6.6	苏拉威西岛
19850303	2247079	-33.08	-71.72	36	7.8	智利中部近海　M_W8.0
19850303	2338326	-33.06	-71.30	37	6.4	智利中部

续表

年月日	时分秒	纬度（°）	经度（°）	震源深度（km）	震级	参考地震（M_S≥8后注M_W）
19850304	0032219	-33.24	-71.78	33	6.7	智利中部近海
19850304	0317580	-34.13	-71.91	63	6.5	智利中部近海
19850304	0332547	-32.87	-71.83	77	6.5	智利中部近海
19850304	0606583	-33.79	-71.94	43	6.1	智利中部沿海
19850304	1501118	-33.76	-71.19	77	6.1	智利中部
19850304	1903097	-32.76	-71.58	52	6.2	智利中部沿海
19850306	2231519	55.20	161.95	36	6.0	堪察加半岛东部
19850307	2108062	-14.07	-72.66	80	6.2	秘鲁南部
19850309	1408046	66.22	-149.98	12	6.2	阿拉斯加
19850313	1934579	43.50	-127.62	10	6.5	美国西部远海
19850316	1454014	16.98	-62.46	20	6.8	小安德烈斯群岛
19850317	1041392	-32.68	-71.63	40	6.8	智利中部沿海
19850318	1949430	7.76	123.52	14	6.6	菲律宾棉兰老
19850319	0401082	-33.15	-71.69	40	6.9	智利中部沿海
19850322	1442557	-6.61	105.40	45	6.3	巽他海峡
19850325	0514357	-34.14	-72.10	48	6.5	智利中部沿海
19850327	1248105	44.38	146.71	138	6.0	南千岛群岛
19850328	1607067	40.32	140.37	165	6.4	日本本州北部地区
19850403	1306219	-32.64	-71.68	46	6.1	智利中部沿海
19850403	2021369	28.27	139.55	475	6.4	日本南方群岛以西远海
19850407	0019341	-56.37	-122.51	10	6.3	太平洋道格提岛西北远海
19850408	1915064	-4.10	136.28	14	6.1	伊里安岛西部
19850409	0157025	-34.00	-71.45	61	7.3	智利中部沿海
19850409	2210170	-55.98	-27.01	63	6.1	南桑德韦奇群岛
19850410	1626204	29.96	138.95	418	6.3	日本南方群岛北部海域
19850411	1155144	-35.63	179.01	97	6.1	新西兰北部远海
19850412	0612482	-11.34	165.64	61	6.2	所罗门群岛东南
19850413	0105587	-9.19	114.26	88	6.2	爪哇东南近海
19850413	0300048	1.65	126.50	36	6.7	马鲁古海
19850418	0552531	25.88	102.86	5	6.2	中国云南禄劝地区
19850419	1743116	11.69	-86.81	83	6.3	尼加拉瓜、哥斯达黎加接壤地区
19850420	1823481	9.00	-77.40	39	6.3	哥伦比亚北部
19850421	1353001	-5.16	130.45	75	6.1	班达海
19850423	1615110	15.32	120.63	181	6.8	菲律宾吕宋岛
19850424	0107151	16.53	120.88	32	6.3	菲律宾吕宋岛
19850428	0830295	-39.71	-75.70	10	6.3	智利南部海域
19850429	0219590	41.51	142.06	65	6.2	日本本州北部近海
19850501	1327571	-9.21	-71.22	613	6.3	巴西西部
19850502	0855160	48.83	156.19	42	6.7	千岛群岛东北部远海

续表

年月日	时分秒	纬度（°）	经度（°）	震源深度（km）	震级	参考地震（M_S≥8后注M_W）
19850506	1710042	-37.62	179.46	40	6.2	新西兰北部远海
19850509	1905238	-51.44	177.91	52	6.0	奥克兰群岛以西
19850510	1535507	-5.59	151.07	27	7.0	俾斯麦海
19850514	1325012	-10.72	41.26	37	6.1	坦桑尼亚莫桑比克近海
19850514	1811121	-10.63	41.33	33	6.1	莫桑比克东北近海
19850515	2012430	-56.72	-25.40	10	6.6	南桑德韦奇群岛
19850516	1420280	-29.04	77.78	30	6.2	中印度洋海岭
19850519	0807470	53.57	160.53	54	6.2	堪察加半岛东部远海
19850519	1809163	-30.21	-71.33	44	6.2	智利中部滨海地带
19850520	1511389	35.56	87.20	19	6.3	中国西藏木孜塔格峰地区
19850524	2204445	51.41	-178.43	43	6.0	阿留申群岛
19850531	0724320	12.28	144.27	18	6.1	马里亚纳群岛南部
19850602	1626585	-37.77	-73.64	33	6.4	智利中部近海
19850603	0245305	13.14	-90.19	51	6.3	危地马拉、萨尔瓦多接壤地区
19850603	1206213	-15.30	-173.47	33	6.6	萨摩亚南部
19850604	0356285	4.92	127.52	110	6.2	苏拉威西海
19850605	2304562	-4.64	153.20	74	6.0	所罗门海
19850606	0240133	0.97	-28.44	10	6.7	巴西东部远海圣保罗岛
19850610	1537006	-27.97	-66.90	152	6.1	阿根廷北部
19850612	1722525	24.63	122.12	30	6.3	中国台湾宜兰近海
19850621	0431110	-28.44	-175.87	24	6.2	克马德克群岛远海
19850623	1301340	-11.01	163.60	12	6.6	所罗门群岛东南
19850623	1357440	-11.00	163.74	21	6.0	所罗门群岛东南
19850623	1949530	-10.94	163.84	16	6.1	所罗门群岛东南
19850702	1348191	-33.76	56.43	10	6.1	西印度洋海岭
19850703	0311319	-54.84	146.44	10	6.3	麦阔里岛西北
19850703	0436533	-4.44	152.81	46	7.3	新不列颠岛东北
19850703	1555488	-17.23	167.83	28	6.2	新赫布里底群岛
19850706	0337180	-29.70	-177.78	45	6.1	克马德克群岛
19850707	1125119	-32.94	-72.07	31	6.0	智利中部近海
19850708	0131506	36.48	70.12	223	6.5	阿富汗东北部
19850708	1937372	-59.61	149.80	10	6.1	麦阔里岛西南
19850717	1931280	51.62	-172.99	17	6.1	阿留申群岛
19850718	0025264	-37.05	78.24	10	6.0	阿姆斯特丹岛以北
19850722	0926500	-6.24	148.74	17	6.9	新不列颠岛
19850728	2259550	-60.30	-27.00	33	6.4	南桑德韦奇群岛
19850729	0754445	36.21	70.90	102	7.0	阿富汗东北部
19850802	0746520	36.19	70.81	107	6.2	阿富汗东北部
19850804	0236238	7.46	123.47	34	6.4	菲律宾棉兰老

年月日	时分秒	纬度（°）	经度（°）	震源深度（km）	震级	参考地震（M_S≥8后注M_W）
19850804	0454028	-44.99	-75.69	28	6.1	智利南部海域
19850809	1959442	16.93	120.19	22	6.3	菲律宾吕宋岛西部远海
19850811	0019015	11.15	140.23	24	6.1	加罗林群岛
19850811	0959420	54.15	168.69	29	6.1	堪察加半岛以东远海
19850812	0004492	-38.43	-73.55	17	6.2	智利康塞普西翁附近
19850812	0349181	37.77	141.77	52	6.5	日本本州东部远海
19850821	1126275	-9.16	-78.88	45	6.2	秘鲁西部近海
19850823	1241564	39.49	75.27	7	7.1	中国新疆乌恰地区
19850826	1408228	-6.82	148.89	33	6.0	所罗门海
19850827	0739145	-17.52	-173.28	38	6.3	萨摩亚群岛
19850828	2050490	-21.00	-178.99	629	6.4	斐济群岛南
19850910	0407470	-6.37	149.75	10	6.3	不列颠岛
19850911	1747310	-15.35	-173.54	30	6.1	萨摩亚群岛
19850911	2045512	39.36	75.44	26	6.6	中国新疆乌恰地区
19850915	0129233	-4.12	136.25	10	6.1	伊里安岛西部
19850915	0242545	-4.09	136.07	10	6.1	伊里安岛西部
19850915	0757536	17.98	-97.16	63	6.0	墨西哥南部
19850919	1317501	18.54	-102.32	29	8.4	墨西哥米却肯州　M_W8.0
19850921	0137151	17.81	-101.69	42	7.8	墨西哥格雷罗州
19850926	0727470	-34.61	-178.57	16	6.9	克马德克群岛
19850926	0833290	-33.62	-71.56	63	6.0	智利中部
19850927	0339088	-9.81	159.85	33	6.6	所罗门群岛
19850927	1010159	-22.08	-174.60	11	6.0	汤加群岛
19851005	1524025	62.22	-124.26	10	7.1	加拿大西北部
19851006	1200487	-18.93	169.46	264	6.1	新赫布里底群岛
19851008	0947215	-22.99	-66.38	216	6.1	阿根廷北部
19851009	0114590	-6.76	107.04	104	6.1	爪哇西部
19851009	0933326	54.73	-159.65	30	6.7	阿拉斯加半岛南部远海
19851010	1323525	41.55	142.10	69	6.2	日本北海道南部近海
19851012	0212520	-21.55	-176.39	103	6.1	汤加群岛
19851013	1559505	40.32	69.82	10	6.0	乌兹别克斯坦
19851018	0419047	46.29	146.27	254	6.0	日本北海道北部远海
19851023	0049112	-11.12	125.15	14	6.0	努沙登加拉群岛
19851024	0148557	-31.37	-68.61	107	6.0	阿根廷中西部
19851025	1812196	-7.08	124.28	595	6.1	班达海西南
19851027	1934572	36.43	6.78	10	6.0	阿尔及利亚东北部
19851029	1313400	36.75	54.81	13	6.4	伊朗北部
19851029	1410410	-9.57	150.97	20	6.4	所罗门海
19851031	1933091	53.21	-166.92	51	6.0	阿拉斯加半岛西南部远海

续表

年月日	时分秒	纬度（°）	经度（°）	震源深度（km）	震级	参考地震（M_S≥8后注M_W）
19851031	2149198	-28.69	-63.14	589	6.1	阿根廷北部
19851102	1949248	-17.98	175.88	10	6.1	斐济群岛以西
19851107	1912318	-35.21	-179.32	49	6.4	克马德克群岛
19851107	2334320	7.73	137.02	17	6.2	加罗林群岛
19851108	1840259	27.94	140.61	52	6.3	日本南方群岛
19851112	0334183	-36.51	-98.18	10	6.1	秘鲁、智利接壤地区
19851114	2217462	55.02	-160.12	33	6.1	阿拉斯加半岛南部近海
19851116	0412187	-38.59	78.35	10	6.3	阿姆斯特丹岛以北
19851117	0940221	-1.83	134.84	10	7.3	伊里安岛西部海域
19851122	0845240	-5.94	149.45	39	6.0	新不列颠岛
19851128	0225426	-14.03	166.22	33	6.9	新赫布里底群岛
19851128	0349555	-13.98	166.19	43	6.9	新赫布里底群岛
19851206	2226257	-1.63	134.93	25	6.1	伊里安岛西部海域
19851214	0646110	3.69	126.65	25	6.1	马鲁古海峡
19851216	0244374	11.71	-85.86	31	6.4	尼加拉瓜
19851216	0803110	-14.10	166.16	42	6.5	新赫布里底群岛
19851216	0804080	-14.06	166.23	44	6.5	新赫布里底群岛
19851221	0113233	-13.98	166.51	52	7.0	新赫布里底群岛
19851221	0206320	-14.04	166.56	58	6.1	新赫布里底群岛
19851221	0246351	-14.11	166.63	49	6.1	新赫布里底群岛
19851221	1002000	-14.13	166.47	43	6.0	新赫布里底群岛
19851223	0516035	62.19	-124.27	6	7.4	加拿大西北部
19851224	0409411	-35.10	54.26	10	6.1	西印度洋海岭
19851227	0538536	-5.76	104.18	25	7.0	苏门答腊南部
19851228	1541050	-13.16	166.45	48	6.2	新赫布里底群岛
19851228	2310506	-5.80	104.30	15	6.4	苏门答腊南部
19851230	1113150	-5.53	150.69	116	6.2	新不列颠岛
19860115	2017313	-21.37	170.31	144	6.7	新赫布里底群岛
19860115	2017443	-21.30	170.13	169	6.2	新赫布里底群岛
19860116	1304312	24.76	122.03	10	6.5	中国台湾宜兰近海
19860128	1232168	8.78	94.14	27	6.2	印度安达曼海
19860203	2047369	27.87	139.51	527	6.4	日本南方群岛以西远海
19860210	1833446	39.54	143.32	18	6.0	日本本州东部远海
19860212	0259329	36.43	140.98	51	6.3	日本本州东部近海
19860224	1941467	-8.95	156.75	10	6.0	所罗门群岛
19860306	0005377	40.37	51.60	28	6.5	里海
19860306	1231241	-6.98	155.79	72	6.3	所罗门群岛
19860307	0246525	-4.99	151.68	119	6.4	新不列颠岛

续表

年月日	时分秒	纬度（°）	经度（°）	震源深度（km）	震级	参考地震（M_S≥8后注M_W）
19860314	1655520	-30.10	-176.52	33	6.1	克马德克群岛
19860322	1031060	24.78	122.96	24	6.1	中国台湾花莲东部远海
19860322	1119340	24.76	122.85	21	6.2	中国台湾花莲以东海域
19860322	1206330	24.75	122.89	28	6.2	中国台湾花莲东部远海
19860324	0201299	28.54	130.03	34	6.3	琉球群岛
19860324	1931380	-2.49	138.69	18	6.7	伊里安岛北部近海
19860325	1710540	-6.23	104.16	22	6.0	苏门答腊南部沿海
19860326	2206574	-7.11	-71.62	603	6.0	巴西西部
19860408	1802448	-7.95	-73.87	174	6.5	巴西、秘鲁交界
19860411	1722200	54.09	-168.01	29	6.2	阿留申群岛
19860414	0025190	-13.97	166.78	81	6.0	新赫布里底群岛
19860414	1452107	-57.78	-24.38	11	6.4	南桑德韦奇
19860416	1252120	43.87	147.58	1	6.3	南千岛群岛
19860420	0703294	-2.38	139.35	22	6.7	伊里安岛北部近海
19860426	1415077	36.52	71.10	185	6.0	阿富汗东北部
19860427	0324064	-31.16	-13.43	10	6.2	南大西洋海岭
19860430	0707196	18.37	-103.01	38	7.3	墨西哥西南
19860502	1030029	55.15	163.77	15	6.5	堪察加半岛东部海域
19860505	0335380	38.02	37.79	4	6.2	土耳其多安谢希尔
19860505	0546379	18.16	-102.65	39	6.2	墨西哥西南部
19860507	2043290	51.42	-174.84	5	6.3	阿留申群岛
19860507	2247090	51.54	-174.84	19	7.7	阿留申群岛　M_W8.0
19860508	0111023	51.09	-176.70	32	6.7	阿留申群岛
19860508	0115160	51.14	-176.81	40	6.4	阿留申群岛
19860508	0204010	51.16	-176.92	38	6.2	阿留申群岛
19860508	0403502	51.12	-176.48	33	6.3	阿留申群岛
19860508	0537204	51.35	-175.41	18	6.5	阿留申群岛
19860509	0108105	51.21	-176.89	33	6.1	阿留申群岛
19860509	1623488	-17.17	-65.62	13	6.0	玻利维亚
19860509	1904265	51.46	-174.27	18	6.0	阿留申群岛
19860511	0124262	26.73	125.26	200	6.6	琉球群岛
19860515	0638359	52.33	-174.72	15	6.5	阿留申群岛
19860516	1651124	47.20	154.09	25	6.0	千岛群岛
19860517	1620237	52.26	-174.29	26	6.9	阿留申群岛
19860520	0525484	24.14	121.66	29	6.8	中国台湾花莲近海
19860521	0547111	43.63	148.38	40	6.6	南千岛群岛
19860526	1840451	-21.78	-179.10	590	6.5	斐济群岛南
19860526	1906164	-20.15	178.85	543	6.8	斐济群岛海域
19860527	0854051	-7.04	124.11	600	6.0	班达海以西

续表

年月日	时分秒	纬度（°）	经度（°）	震源深度（km）	震级	参考地震（M_S≥8后注M_W）
19860608	1102260	43.15	146.44	60	6.0	日本北海道东部近海
19860611	1348040	10.60	-62.93	33	6.5	委内瑞拉北部地区
19860616	1048273	-21.93	-178.96	557	6.6	斐济群岛劳群岛南
19860617	1038224	5.71	126.80	82	6.2	棉兰老岛东南海域
19860617	1813120	5.65	125.28	38	6.4	菲律宾棉兰老南部
19860618	0805157	51.66	-176.90	56	6.5	阿留申群岛
19860619	0909101	56.39	-152.86	17	6.8	阿拉斯加湾
19860619	2001440	-30.16	-178.05	33	6.0	克马德克群岛
19860619	2318271	-30.88	-177.75	10	6.0	克马德克群岛
19860620	1712472	31.22	86.82	33	6.4	中国西藏文部地区
19860624	0253112	34.83	140.60	61	6.3	日本东京东南远海
19860624	0311330	-4.44	143.97	121	7.3	伊里安岛东部
19860628	0503519	-20.02	-176.10	250	6.4	汤加群岛
19860629	1157432	-27.97	-177.92	10	6.2	克马德克北
19860630	2252127	11.18	-86.11	69	6.0	哥斯达黎加西部近海
19860706	1924231	34.45	80.20	9	6.1	中国西藏西部松西地区
19860707	1626565	10.31	56.81	8	6.1	索马里海盆东北
19860708	0920436	34.01	-116.73	8	6.1	加利福尼亚棕榈泉
19860709	2310564	1.94	126.55	58	6.5	马鲁古海峡
19860710	0129365	1.84	126.41	42	6.1	马鲁古海峡
19860713	0912128	15.98	-93.96	103	6.2	墨西哥东南沿海
19860716	1241296	-19.52	169.16	121	6.6	新赫布里底群岛南
19860718	1722380	10.78	-69.43	5	6.3	委内瑞拉西北部
19860719	0559355	47.24	151.13	136	6.3	千岛群岛
19860719	2232310	53.49	-167.40	2	6.1	阿留申群岛
19860721	1442254	37.53	-118.44	8	6.3	内华达
19860725	2341070	26.45	125.92	12	6.6	琉球群岛
19860730	1131489	24.62	121.77	23	6.0	中国台湾花莲近海
19860810	0440531	1.96	128.25	137	6.5	哈马黑拉岛
19860814	1939135	1.82	126.54	35	7.1	马鲁古海峡
19860814	2255060	2.14	126.99	25	6.0	马鲁古海峡
19860816	1719234	1.90	126.53	39	6.0	马鲁古海峡
19860817	1527380	2.31	127.02	13	6.1	马鲁古海峡
19860817	1531199	2.15	127.18	40	6.1	马鲁古海峡
19860818	0159546	-20.48	-174.22	20	6.2	汤加海域
19860820	2123539	34.56	91.64	25	6.4	中国青海可可西里地区
19860823	2347494	-34.51	179.29	33	6.3	克马德克群岛
19860826	0943005	37.74	101.52	8	6.5	中国青海门源地区
19860830	2128360	45.54	26.31	137	7.3	罗马尼亚布加勒斯特

续表

年月日	时分秒	纬度（°）	经度（°）	震源深度（km）	震级	参考地震（M_S≥8后注M_W）
19860831	0923080	23.03	144.09	75	6.1	日本小笠原群岛东南远海
19860905	0247179	-59.48	-29.50	28	6.3	南桑德韦奇群岛
19860911	0018255	-5.18	152.50	56	6.4	所罗门海
19860912	2357158	56.19	-153.40	31	6.8	阿拉斯加湾
19860913	0928245	-60.79	-36.74	10	6.3	南桑德韦奇群岛
19860913	1517213	-31.76	-179.91	211	6.2	克马德克群岛
19860913	1724343	37.08	22.15	28	6.2	希腊南部扎金索斯
19860916	1820169	19.36	146.31	41	6.4	马里亚纳群岛北部海域
19860917	2125150	10.44	56.97	10	6.2	索马里海盆东北
19861004	0200098	2.98	128.05	126	6.0	马鲁古群岛
19861013	2117506	37.13	141.04	63	6.0	日本中部
19861014	1653107	-5.06	153.61	63	6.6	所罗门海
19861017	0732525	-5.27	131.48	80	6.0	班达海
19861020	0646099	-28.13	-176.40	29	7.9	克马德克群岛
19861020	1441250	-27.99	-176.14	29	6.2	克马德克群岛
19861021	1103010	-27.74	-176.48	39	6.1	克马德克群岛
19861022	0859328	-10.66	166.05	203	6.1	圣克鲁斯群岛
19861023	1548460	-11.04	165.19	32	6.6	新赫布里底群岛
19861023	1623490	-11.11	165.54	23	6.4	新赫布里底群岛
19861024	0258464	-5.62	153.88	43	6.0	所罗门海
19861025	2047028	-17.65	168.07	35	6.3	新赫布里底群岛
19861030	0128547	-21.65	-176.64	189	6.9	汤加群岛
19861107	1948565	-28.55	-176.45	15	6.0	克马德克群岛
19861111	0002273	2.39	126.79	36	6.1	马鲁古海峡
19861114	2120056	23.95	121.77	38	7.3	中国台湾花莲东部近海
19861114	2304356	23.92	121.83	22	6.7	中国台湾花莲东部近海
19861115	0017425	23.90	121.84	30	6.3	中国台湾花莲东部近海
19861115	0724065	23.92	121.74	23	6.1	中国台湾东部近海
19861122	0041434	34.46	139.54	9	6.3	日本伊豆诸岛北部
19861123	0139219	-3.37	-77.41	88	6.4	厄瓜多尔、秘鲁接壤地区
19861125	1359415	44.13	16.36	22	6.0	克罗地亚南部滨海地区
19861130	2015328	38.94	142.01	56	6.2	日本本州东部近海
19861201	1230019	-27.35	-176.38	33	6.0	克马德克群岛北
19861201	1253443	-27.07	-176.40	0	6.2	克马德克群岛北
19861205	0656345	-51.30	139.21	10	6.3	南极-澳大利亚海丘
19861207	1417081	43.29	25.94	7	6.0	保加利亚大特尔诺沃
19861219	0341543	-10.00	119.12	25	6.2	松巴岛西部
19861220	0821210	-28.25	-176.87	29	6.3	克马德克群岛北
19861221	0110516	-28.05	-176.76	17	6.5	克马德克群岛北

续表

年月日	时分秒	纬度（°）	经度（°）	震源深度（km）	震级	参考地震（M_S≥8后注M_W）
19861222	1418380	-56.89	-48.80	10	6.3	南极半岛东海域
19861225	1717367	-44.93	-79.30	10	6.2	智利南部远海
19861228	2004368	-38.78	78.77	10	6.2	阿姆斯特丹岛以北
19861229	1549586	15.23	119.89	48	6.0	菲律宾吕宋岛西部近海
19861230	1532138	-20.36	-174.08	24	6.3	汤加群岛
19870103	1535016	-3.45	146.20	5	6.2	俾斯麦海
19870103	1630270	-3.43	146.31	5	6.3	俾斯麦海
19870103	2204050	-14.99	167.92	15	6.4	新赫布里底群岛
19870104	1752369	5.92	-82.61	10	6.2	巴拿马南部远海
19870105	1211570	52.62	-169.43	33	7.0	阿留申群岛
19870105	2252465	41.95	81.32	15	6.1	中国新疆拜城地区
19870106	0507485	23.99	121.78	41	6.1	中国台湾花莲东部近海
19870109	0614460	39.85	141.64	79	6.2	日本本州北部
19870109	0801370	-19.41	-176.58	39	6.4	汤加群岛
19870114	1103493	42.52	142.83	108	6.9	日本北海道
19870124	0809214	41.48	79.33	29	6.4	中国新疆乌什地区
19870129	0243472	1.29	126.26	45	6.4	马鲁古海峡
19870130	2229430	-60.05	-26.88	53	7.1	南桑德韦奇群岛
19870206	1223483	37.02	141.72	37	6.4	日本本州东部远海
19870206	1316176	37.00	141.70	44	6.8	日本本州东部远海
19870207	1157340	-5.82	147.65	21	6.1	俾斯麦海
19870208	1748489	1.62	126.60	17	6.1	马鲁古海峡
19870208	1833591	-6.07	147.65	62	7.3	俾斯麦海
19870210	0059307	-19.36	-177.52	410	6.4	斐济群岛东
19870211	0612520	18.86	121.03	13	6.0	菲律宾北部巴布延群岛
19870211	0756180	-15.84	167.27	65	6.3	新赫布里底群岛
19870213	0718270	0.70	126.17	20	6.5	马鲁古海峡
19870217	0616190	-32.76	-179.32	60	6.5	克马德克群岛
19870218	0000510	51.29	-179.28	22	6.0	阿留申群岛
19870223	0243404	-57.98	-25.52	27	6.2	南桑德韦奇群岛
19870223	1549539	-15.83	167.89	225	6.3	新赫布里底群岛
19870225	1956356	38.08	91.16	26	6.1	中国青海西部油泉子地区
19870227	0831545	53.44	-167.29	10	7.1	阿留申群岛
19870302	0142347	-37.93	176.78	20	6.6	新西兰北部海域
19870302	0557429	-45.74	96.09	10	6.1	南极-澳大利亚海丘
19870303	0132118	46.32	151.96	92	6.5	千岛群岛
19870305	0917056	-24.39	-70.26	63	7.4	智利西部沿海
19870305	1055080	-24.47	-70.69	3	6.5	智利西部沿海

续表

年月日	时分秒	纬度（°）	经度（°）	震源深度（km）	震级	参考地震（M_S≥8后注M_W）
19870306	0154490	0.07	-77.64	5	6.4	厄瓜多尔、哥伦比亚接壤地区
19870306	0410423	0.12	-77.80	10	7.2	厄瓜多尔、哥伦比亚接壤地区
19870306	0706431	-24.08	-70.11	32	6.0	智利西部沿海
19870306	0939535	-24.13	-70.12	33	6.1	智利西部沿海
19870310	0022357	-18.44	-72.01	38	6.1	秘鲁南部近海
19870312	1218123	15.68	-94.55	38	6.0	墨西哥特万特佩克湾
19870313	0821470	-23.79	-177.35	18	6.3	斐济群岛东南远海
19870316	1549385	-6.42	147.65	45	6.1	伊里安岛东部
19870318	0336283	32.00	131.81	36	6.1	日本九州
19870319	2251393	-20.42	-176.13	218	6.4	汤加海域
19870321	1041362	52.04	-177.56	95	6.5	阿留申群岛
19870322	0249195	51.60	-173.59	46	6.3	阿留申群岛
19870322	0323560	-24.04	-70.12	28	6.0	智利西部沿海
19870326	1832202	-21.29	-174.42	33	6.1	汤加群岛
19870401	0148045	-22.88	-66.25	215	6.4	阿根廷北部
19870407	0040457	37.34	141.69	48	6.6	日本本州近海
19870408	1742379	11.62	-86.46	65	6.6	尼加拉瓜
19870409	0048561	1.25	128.43	52	6.1	哈马黑拉岛
19870414	0208161	18.79	146.92	41	6.1	马里亚纳群岛北部海域
19870416	1923253	37.07	141.51	50	6.0	日本本州近海
19870421	1528401	-22.73	170.24	15	6.3	新赫布里底群岛以南
19870422	2013256	37.14	141.44	51	6.6	日本本州近海
19870425	1216513	16.01	120.24	100	6.8	菲律宾吕宋岛
19870425	1922100	2.38	98.92	30	7.1	苏门答腊北部
19870426	1547391	-57.37	-24.50	15	6.4	南桑德韦奇群岛
19870428	1532280	2.02	99.08	6	6.1	苏门答腊北部
19870429	0145250	27.43	56.13	27	6.1	伊朗南部
19870429	1427364	-19.01	-177.75	395	6.3	斐济群岛东南
19870505	1540473	36.47	70.68	200	6.1	阿富汗东北部
19870506	0406150	51.26	-179.88	26	6.6	阿留申群岛
19870506	1239490	-5.69	152.67	18	6.0	所罗门海
19870507	0305482	46.75	139.22	417	6.6	鞑靼海峡西南
19870511	0959361	4.47	127.71	114	6.3	马鲁古海峡
19870512	0130275	7.09	126.71	45	6.3	菲律宾棉兰老东部近海
19870514	1604260	-5.64	-81.38	26	6.0	秘鲁西部近海
19870518	0153513	25.23	94.21	53	6.2	印度东北部
19870518	0307345	49.24	147.69	546	6.4	萨哈林岛（库页岛）以东
19870518	0723240	-2.20	100.03	34	6.2	明打威海峡
19870518	0727010	8.26	125.36	20	6.1	菲律宾棉兰老

续表

年月日	时分秒	纬度（°）	经度（°）	震源深度（km）	震级	参考地震（M_S≥8后注M_W）
19870519	1256261	-30.34	-71.48	44	6.1	智利中部近海
19870525	1131549	63.80	-19.65	8	6.3	冰岛
19870606	1840290	10.68	126.09	26	6.4	菲律宾东部海域
19870607	0549459	20.42	121.34	29	6.2	中国台湾屏东以南远海
19870609	0619259	-6.31	148.82	60	6.0	新不列颠岛
19870610	1951279	-60.37	-27.33	15	6.3	南桑德韦奇群岛
19870614	0507316	10.44	126.14	52	6.1	菲律宾东部海域
19870615	0018530	-7.09	129.49	164	6.0	班达海
19870617	0132536	-5.56	130.83	67	6.9	班达海
19870618	1001070	17.34	121.36	39	6.0	菲律宾吕宋岛北部
19870618	1403183	-10.72	162.28	102	6.4	所罗门群岛
19870621	0546101	54.20	-162.66	34	6.6	阿留申群岛
19870624	0330303	-21.15	173.59	30	6.3	新赫布里底群岛
19870625	0249400	47.31	-27.45	10	6.0	冰岛海盆以南
19870627	0017047	-2.13	138.18	22	6.5	伊里安岛北部近海
19870627	0909048	-14.09	-75.99	51	6.0	秘鲁南部
19870706	0106077	-27.00	-108.32	10	6.7	东太平洋海丘
19870706	0249433	-14.07	167.81	52	6.4	新赫布里底群岛
19870706	0304589	-13.98	167.79	33	6.2	新赫布里底群岛
19870708	1150148	-26.97	-108.15	10	6.2	东太平洋海丘
19870709	0727355	-56.40	-25.68	43	6.0	南桑德韦奇群岛
19870710	1849500	55.13	165.46	7	6.6	堪察加东部远海
19870714	2346039	49.64	147.84	578	6.0	萨哈林岛（库页岛）以东
19870715	0716143	17.52	-97.14	72	6.0	墨西哥南部海域
19870717	0157386	1.48	-85.31	10	6.2	厄瓜多尔以西远海
19870808	1548537	-19.04	-70.01	42	7.3	智利北部沿海
19870813	1523071	-17.90	-70.95	39	6.6	秘鲁南部
19870815	1804200	-28.09	-70.87	17	6.3	智利中部沿海
19870816	2138480	-34.97	179.62	76	6.1	新西兰北部远海
19870903	0640118	-58.86	158.48	15	6.7	奥克兰群岛南远海
19870903	0801341	-59.50	158.93	15	6.7	奥克兰群岛南远海
19870904	0427098	49.30	156.33	41	6.4	千岛群岛
19870907	1132276	39.37	54.76	39	6.0	里海
19870907	1157078	-31.13	-177.92	23	6.3	克马德克群岛
19870908	0258509	6.55	-82.55	10	6.0	巴拿马南部海域
19870908	0308075	6.51	-82.56	10	6.0	巴拿马南部海域
19870913	2008516	-34.37	-69.96	10	6.0	智利、阿根廷接壤地区
19870917	0447164	-4.12	145.70	38	6.1	伊里安岛东部
19870922	1343370	-0.99	-78.05	6	6.4	厄瓜多尔、哥伦比亚接壤地区

续表

年月日	时分秒	纬度（°）	经度（°）	震源深度（km）	震级	参考地震（$M_S \geq 8$后注M_W）
19870922	1621390	-1.07	-78.10	35	6.0	厄瓜多尔、哥伦比亚接壤地区
19870922	2205180	76.41	134.31	27	6.0	波弗特海
19870923	1514560	-50.68	139.22	6	6.1	南极-澳大利亚海丘
19870928	1147070	-18.46	168.09	22	6.5	新赫布里底群岛
19870928	1216540	-18.31	168.00	46	6.2	新赫布里底群岛
19870928	1346164	-18.53	168.12	43	6.2	新赫布里底群岛
19870930	0139290	-18.18	167.86	64	6.3	新赫布里底群岛
19871001	1442189	34.05	-118.16	17	6.1	加利福尼亚惠蒂尔
19871003	1100051	36.51	71.49	93	6.1	阿富汗巴基斯坦接壤地区
19871006	0419060	-17.93	-172.24	16	7.0	汤加群岛
19871006	2011354	52.95	159.93	36	6.7	堪察加半岛南部
19871007	0051342	-22.90	-68.07	87	6.0	玻利维亚、智利接壤地区
19871008	0320449	-19.62	-173.12	37	6.0	汤加群岛
19871012	1357050	-7.30	154.36	23	6.8	所罗门海
19871016	2047595	-6.21	149.06	32	7.1	新不列颠岛
19871025	1646142	5.44	36.80	15	6.7	埃塞俄比亚
19871025	1654056	-2.29	138.37	33	6.8	伊里安岛北部近海
19871027	2158178	-28.66	-62.96	614	6.0	阿根廷北部
19871029	2023399	4.83	127.74	146	6.4	马鲁古群岛
19871031	0852290	-6.94	-80.59	15	6.0	秘鲁西部
19871101	0842070	-28.69	-177.47	63	6.0	克马德克群岛
19871103	0814540	-17.07	-173.81	34	6.2	汤加群岛
19871107	1623544	5.66	126.61	69	6.4	菲律宾南部近海
19871114	2223020	19.68	-108.98	51	6.0	加利福尼亚南部远海
19871117	0340104	12.49	-87.07	93	6.5	尼加拉瓜
19871117	0846504	58.82	-143.25	10	7.5	阿拉斯加湾
19871118	1246457	-26.30	-70.50	48	6.7	智利西部沿海
19871118	1301536	58.92	-143.12	10	6.2	阿拉斯加湾
19871118	1627050	12.84	124.80	21	6.2	菲律宾米沙鄢群岛以北
19871124	0154167	33.23	-115.65	5	6.2	美国西南部和墨西哥接壤地区
19871124	1315566	33.12	-116.02	2	6.5	美国西南部和墨西哥接壤地区
19871126	0143141	-8.26	124.16	33	6.5	东努沙登加拉
19871126	1728550	-16.39	168.14	23	6.3	新赫布里底群岛
19871127	0002078	-0.22	125.07	33	6.3	马鲁古海
19871127	1333180	-16.36	168.12	31	6.3	新赫布里底群岛
19871130	1923156	58.80	-142.60	10	8.0	阿拉斯加湾　M_W7.9
19871130	1948222	58.34	-142.76	10	6.1	阿拉斯加湾
19871204	1951379	-5.79	154.58	164	6.3	美拉尼西亚布干维尔岛
19871207	1226118	-13.63	167.40	48	6.3	新赫布里底群岛

续表

年月日	时分秒	纬度（°）	经度（°）	震源深度（km）	震级	参考地震（M_S≥8后注M_W）
19871207	1314362	-13.56	167.44	43	6.2	新赫布里底群岛
19871212	0451537	29.75	140.16	194	6.5	日本南方群岛
19871217	0208182	35.38	140.35	48	6.6	日本本州
19871228	0816194	-28.07	-70.63	34	6.0	智利中西部沿海
19880112	0729300	-28.71	-177.45	27	6.4	克马德克群岛
19880115	0840193	-20.69	-176.03	170	6.2	斐济群岛东部远海
19880119	0325208	4.26	124.68	334	6.1	苏拉威西海
19880119	0730318	-24.73	-70.54	33	7.1	智利中西部沿海
19880122	0357256	-19.78	133.92	5	6.2	澳大利亚北部
19880122	1204580	-19.80	133.95	5	6.6	澳大利亚北部
19880205	1401027	-24.76	-70.46	36	7.2	智利中西部滨海地带
19880205	1849310	-24.92	-70.55	22	6.4	智利中西部滨海地带
19880206	1450454	24.67	91.56	33	6.0	孟加拉国
19880206	1515412	-6.55	131.98	43	6.2	东南群岛
19880206	1803483	-17.87	-66.95	228	6.0	玻利维亚
19880206	2129590	-16.12	-173.85	81	6.0	汤加群岛
19880207	0846568	60.38	-153.24	130	6.1	阿拉斯加南部
19880207	1815062	50.76	173.44	36	6.4	阿留申群岛
19880208	1351336	17.75	-100.97	50	6.1	墨西哥格雷罗州海域
19880216	0422363	51.56	175.00	33	6.1	阿留申群岛
19880219	0415134	-7.45	128.32	177	6.1	西南群岛
19880220	0125564	-7.14	127.03	296	6.2	班达海
19880221	1655208	13.31	145.74	55	6.0	马里亚纳群岛南部海域
19880222	1913130	-20.77	-69.76	28	6.6	智利北部
19880224	0352020	13.45	124.63	18	7.0	菲律宾米沙鄢群岛东北远海
19880226	0617319	-37.28	48.02	10	7.1	西印度洋海岭
19880227	1346137	-20.93	-173.76	15	6.0	汤加群岛
19880229	0531366	55.16	167.40	8	7.1	堪察加半岛以东远海
19880305	0158588	-52.24	114.60	10	6.0	南极-澳大利亚海丘
19880306	2235362	57.27	-142.79	10	8.0	阿拉斯加湾 M_W7.8
19880306	2314363	57.74	-142.94	10	6.2	阿拉斯加湾
19880307	1521070	41.62	152.13	10	6.1	日本北海道东南远海
19880308	1538254	2.19	125.31	35	6.0	马鲁古海
19880308	1627190	51.32	176.83	33	6.1	阿留申群岛
19880309	2133537	-17.35	-74.18	33	6.0	秘鲁南部近海
19880310	0617170	10.24	-60.54	12	6.8	委内瑞拉东北近海
19880310	1025036	-21.01	-178.61	605	6.2	斐济群岛东南
19880311	0344575	9.12	-82.96	22	6.3	巴拿马、哥斯达黎加接壤地区

续表

年月日	时分秒	纬度（°）	经度（°）	震源深度（km）	震级	参考地震（M_S≥8后注M_W）
19880312	0432102	10.19	-60.62	51	6.1	委内瑞拉东北近海
19880313	1259158	-37.33	51.86	10	6.0	西印度洋海岭
19880316	0548029	10.24	-60.62	48	6.2	委内瑞拉东北近海
19880317	1202440	-6.05	-76.60	48	6.4	秘鲁北部
19880318	2251200	-3.65	146.61	35	6.2	俾斯麦海
19880320	1041470	-9.94	153.82	7	6.1	所罗门海
19880321	2331251	77.59	125.52	34	6.7	加拿大帕特里克岛以西
19880325	1936465	62.11	-124.16	10	6.8	加拿大西北部
19880326	2258417	38.36	73.26	109	6.0	塔吉克东南部
19880328	1836270	-35.95	-102.88	10	6.0	东太平洋海丘
19880330	0212431	30.85	50.18	36	6.1	伊朗西南部
19880330	2350563	-24.90	-70.44	35	6.1	智利中西部沿海
19880402	1426291	-15.40	-173.09	33	6.3	萨摩亚群岛南
19880403	1427100	4.71	94.46	36	6.4	苏门答腊北部远海
19880404	1543033	30.42	131.13	35	6.0	日本九州南部近海
19880408	2313236	-3.38	145.74	28	6.4	俾斯麦海
19880408	2321124	-3.46	145.70	33	6.1	俾斯麦海
19880409	0404210	-10.89	166.83	20	6.1	所罗门群岛以东
19880409	0422320	-10.85	166.72	50	6.2	所罗门群岛以东
19880412	2319554	-17.21	-72.25	33	7.2	秘鲁南部沿海
19880413	0039308	-17.34	-72.55	16	6.8	秘鲁南部沿海
19880413	1048050	-9.00	157.33	3	6.0	所罗门海
19880417	0511354	-58.47	-25.18	40	6.3	南桑德韦奇群岛
19880419	2048544	1.87	127.32	101	6.1	马鲁古海峡
19880420	0425367	0.97	-30.27	10	6.1	巴西东部远海圣保罗岛
19880425	1010353	-7.84	158.26	58	6.4	所罗门群岛
19880426	0147319	57.84	-143.02	10	6.0	阿拉斯加湾
19880501	2306310	-55.90	-27.62	117	6.1	南桑德韦奇群岛
19880503	2322100	-22.80	170.27	26	6.2	新赫布里底群岛南
19880505	1004144	-26.82	-113.27	10	6.4	东太平洋海丘
19880505	2232487	-26.73	-113.67	10	6.0	东太平洋海丘
19880506	1446183	11.46	-85.96	101	6.5	尼加拉瓜
19880506	1634055	-13.38	-76.24	51	6.1	秘鲁南部
19880507	0159271	42.55	143.71	81	6.2	日本北海道
19880508	1944543	14.95	120.15	42	6.2	菲律宾吕宋岛西部
19880516	2307400	-13.94	166.26	39	6.0	新赫布里底群岛
19880517	1425560	-11.51	170.68	55	6.0	圣克鲁斯群岛
19880520	1458436	08.11	-38.40	10	6.0	北大西洋海岭
19880521	0008249	-1.12	98.22	28	6.0	西苏门答腊自治区

续表

年月日	时分秒	纬度（°）	经度（°）	震源深度（km）	震级	参考地震（M_S≥8后注M_W）
19880521	1428400	-32.91	-71.71	46	6.0	智利中部近海
19880522	0939562	53.62	-163.30	34	6.1	阿留申群岛
19880523	0028016	-28.54	-68.73	92	6.0	智利、阿根廷交界
19880530	2111090	-7.49	128.38	67	6.4	班达海
19880603	2327358	-44.86	167.64	82	6.4	新西兰南部近海
19880605	1822515	-15.39	167.52	137	6.4	新赫布里底群岛北
19880611	1217270	-15.21	-173.53	42	6.1	萨摩亚群岛南
19880612	1339402	-10.77	165.16	35	6.5	所罗门群岛东南
19880617	1252040	-10.67	165.22	49	6.0	所罗门群岛东南
19880618	1842035	13.59	-91.11	61	6.1	危地马拉南海域
19880618	2249424	26.81	-111.04	10	6.9	下加利福尼亚
19880619	2019532	12.40	121.07	17	6.5	菲律宾中部
19880621	0626170	24.87	-45.87	25	6.3	北大西洋海岭
19880624	0857510	10.18	-60.56	24	6.1	委内瑞拉东北近海
19880627	0607540	-20.24	169.30	91	6.2	新赫布里底群岛南
19880628	1640192	-56.43	147.10	10	6.1	南极-东印度洋海盆
19880702	1001326	-14.33	167.12	177	6.4	新赫布里底群岛
19880703	1143128	8.93	137.91	15	6.5	加罗林群岛
19880705	2032060	-5.91	148.78	44	6.6	新不列颠岛
19880706	1554176	41.72	144.24	19	6.6	日本北海道南部海域
19880706	1655188	41.65	144.22	19	6.0	日本北海道南部海域
19880717	0323049	20.06	122.07	9	6.0	菲律宾巴林塘海峡
19880718	1322115	54.59	168.43	23	6.1	堪察加半岛以东远海
19880719	0100206	-19.56	-175.06	146	6.4	汤加群岛海域
19880720	2315351	23.95	121.67	37	6.0	中国台湾花莲东部近海
19880723	0738101	48.70	90.56	19	6.4	蒙古西部
19880723	1425371	-22.07	174.89	19	6.0	斐济群岛南
19880723	1517085	-6.52	152.79	17	6.6	所罗门海
19880723	1711383	-6.47	153.01	37	6.4	所罗门海
19880725	0646020	-6.07	133.66	27	6.6	东南群岛
19880727	2155141	-13.21	167.02	213	6.3	新赫布里底群岛
19880727	2244401	-13.30	166.95	227	6.0	新赫布里底群岛
19880728	1712284	-22.12	-65.72	235	6.0	玻利维亚、阿根廷接壤地区
19880730	2107181	44.74	149.87	35	6.0	千岛群岛南部远海
19880731	1250114	-22.26	171.02	85	6.2	新赫布里底群岛
19880731	1522487	-31.89	57.47	10	6.0	马达加斯加海盆以南
19880804	0618433	-42.81	-85.88	6	6.0	智利海盆以南
19880806	0036255	25.13	95.15	100	7.0	印度缅甸接壤地区
19880806	0626598	-7.21	151.00	56	6.1	所罗门海

续表

年月日	时分秒	纬度（°）	经度（°）	震源深度（km）	震级	参考地震（M_S≥8后注M_W）
19880806	0903219	36.52	71.07	193	6.4	阿富汗东北部
19880808	1959322	63.63	2.33	10	6.2	挪威海
19880810	0438274	-10.32	160.86	40	7.3	所罗门群岛
19880810	0456410	-10.19	160.79	47	6.1	所罗门群岛
19880810	0638452	-10.25	160.83	63	6.3	所罗门群岛
19880810	1146470	-28.16	-112.66	10	6.2	东太平洋海丘
19880810	1311218	-14.95	167.28	147	6.5	新赫布里底群岛
19880811	1600056	29.96	51.59	18	6.1	伊朗西南部
19880811	1604459	29.95	51.69	36	6.2	伊朗西南部
19880814	1753105	-27.27	-71.09	38	6.8	智利中西部近海
19880814	1855273	-5.24	153.65	78	6.2	所罗门海
19880815	0959267	8.71	126.32	78	6.1	菲律宾凉牙湾
19880817	0159076	-7.69	107.16	27	6.0	爪哇西部
19880817	1134518	-27.08	-70.99	38	6.1	智利中西部近海
19880820	0819370	-16.43	167.18	17	6.2	新赫布里底群岛
19880827	1630170	-15.87	-172.06	28	6.0	萨摩亚群岛南
19880907	1153255	30.31	137.50	502	6.5	日本南部远海
19880914	2214071	-23.56	-68.07	124	6.0	智利北部
19880919	1858379	-23.53	-175.23	42	6.0	汤加群岛南部
19880925	2128047	36.43	70.72	210	6.1	阿富汗东北部
19880926	0823214	35.53	141.02	41	6.2	日本本州东部海域
19881001	0943246	-35.33	-106.09	10	6.0	东太平洋海丘
19881004	1537560	-3.53	150.45	20	6.1	俾斯麦海
19881008	0446251	-18.82	-172.41	42	6.9	汤加群岛
19881008	2132040	4.17	126.56	43	6.0	苏拉威西海
19881010	1820256	-28.59	-177.57	28	6.6	克马德克群岛
19881013	0032130	61.85	169.65	33	6.2	西伯利亚东部
19881016	1209256	21.84	121.76	17	6.2	中国台湾屏东南部近海
19881016	1234058	37.93	20.92	25	6.0	希腊西部
19881017	0556543	51.28	159.37	38	6.0	堪察加半岛南部海域
19881019	0008403	37.06	141.80	38	6.1	日本本州东部远海
19881023	0637447	49.11	156.07	30	6.0	千岛群岛
19881026	0215125	36.53	70.90	217	6.0	阿富汗东北部
19881028	1037560	-0.35	122.20	45	6.1	托米尼海
19881028	1449260	-16.28	-174.24	99	6.1	萨摩亚群岛南
19881101	2231069	-57.30	-25.08	15	6.2	南桑德韦奇群岛
19881103	1447110	13.87	-90.55	70	6.7	萨尔瓦多西南海域
19881103	1942179	19.09	-67.26	29	6.1	波多黎各海沟
19881105	0214300	34.35	91.85	5	6.8	中国青海西南部茶目错地区

续表

年月日	时分秒	纬度（°）	经度（°）	震源深度（km）	震级	参考地震（M_S≥8后注M_W）
19881105	1215514	-22.06	170.17	44	6.2	新赫布里底群岛南
19881106	1303199	22.80	99.59	18	7.4	中国云南澜沧西北<13>
19881106	1315420	23.20	99.46	16	7.2	中国云南澜沧西北
19881107	0324294	26.55	126.45	110	6.1	琉球群岛
19881107	0350010	-22.19	175.01	22	6.4	斐济群岛南
19881107	2315360	1.53	126.36	22	6.8	马鲁古海峡
19881114	0215386	-3.56	150.33	33	6.4	俾斯麦海
19881115	0841440	52.10	-171.09	31	6.1	阿留申群岛
19881117	0655460	12.37	124.56	19	6.7	菲律宾米沙鄢群岛北部
19881118	1938551	-6.13	149.74	65	6.5	新不列颠岛
19881120	0911093	-47.83	99.74	10	6.0	南极-澳大利亚海丘
19881121	1655526	37.93	-26.14	10	6.0	阿根廷海盆以东
19881125	0835415	-47.92	99.47	10	6.3	南极-澳大利亚海丘
19881125	2346042	48.06	-71.22	28	6.1	加拿大东部
19881130	0813300	22.76	99.84	15	6.5	中国云南澜沧
19881205	1605328	-15.31	-173.52	44	6.0	萨摩亚群岛南
19881206	1320424	29.92	51.64	17	6.0	伊朗西南部
19881207	0741243	40.96	44.16	5	7.1	亚美尼亚斯皮塔克地区
19881208	1259000	6.90	-82.76	10	6.2	巴拿马南远海
19881209	0749262	-59.91	-25.95	36	6.2	南桑德韦奇群岛
19881213	0401392	71.13	-7.69	10	6.0	格陵兰海
19881216	0957172	-29.82	-177.91	33	6.2	克马德克群岛
19881224	0426519	-23.51	-66.68	168	6.0	阿根廷北部
19881224	1309407	-5.10	149.76	369	6.0	俾斯麦海
19890102	0152084	-18.63	-174.57	112	6.5	汤加群岛
19890103	0441080	29.45	131.44	11	6.0	琉球群岛东北远海
19890106	1904054	46.77	153.85	38	6.0	千岛群岛南部远海
19890106	1908269	36.37	141.80	40	6.1	日本本州东部远海
19890108	1957076	51.45	-174.91	45	6.1	阿留申群岛
19890108	2237310	51.38	-174.79	33	6.0	阿留申群岛
19890109	1342367	46.95	153.43	14	6.7	千岛群岛南部远海
19890110	0554590	-3.15	130.61	29	6.5	斯兰海
19890112	1947410	46.76	153.83	33	6.2	千岛群岛南部远海
19890113	1801570	46.48	153.61	35	6.3	千岛群岛南部远海
19890117	0035244	-6.17	148.99	46	6.3	新不列颠岛
19890119	0317489	-4.03	-105.86	10	6.2	太平洋海丘东部
19890122	2220170	41.78	144.28	18	6.3	日本北海道南部远海
19890127	0834512	56.16	164.35	28	6.6	堪察加半岛东部远海

续表

年月日	时分秒	纬度（°）	经度（°）	震源深度（km）	震级	参考地震（M_S≥8后注M_W）
19890204	1924080	5.93	-82.67	10	6.2	巴拿马南部远海
19890204	2210406	-4.65	153.07	68	6.5	俾斯麦海
19890208	2346428	-55.66	-26.82	33	6.0	南桑德韦奇群岛
19890210	1115233	2.29	126.78	37	7.0	马鲁古海峡
19890213	1215191	4.99	126.92	81	6.1	马鲁古海峡
19890214	0620200	-10.47	161.38	21	6.3	所罗门群岛
19890216	1636521	-56.41	-121.98	10	6.1	南极-东印度洋海盆
19890222	1025455	56.16	153.66	33	6.3	阿拉斯加湾
19890225	1126340	-30.02	-177.91	19	6.6	克马德克群岛
19890227	2339104	2.35	128.01	49	6.1	哈马黑拉岛
19890228	0051269	2.29	127.97	53	6.5	哈马黑拉岛
19890301	0242031	43.84	148.94	46	6.3	千岛群岛东南远海
19890301	0325050	21.74	97.98	11	6.1	缅甸东部
19890306	1439449	35.63	140.58	60	6.0	日本本州千叶
19890308	1144320	1.01	126.22	30	6.0	马鲁古海峡
19890310	1414104	-4.34	152.79	55	6.0	俾斯麦海
19890310	2149458	-13.70	34.45	30	6.2	马拉维地区
19890311	0505014	-17.82	-174.78	242	6.7	汤加群岛
19890317	0221555	27.14	127.42	91	6.1	琉球群岛
19890317	1933066	-34.47	-178.40	42	6.3	克马德克群岛
19890330	2039230	-19.45	-175.88	173	6.0	斐济群岛
19890405	2347486	-20.99	-69.06	110	6.0	智利北部
19890406	0805569	-19.25	168.97	167	6.2	新赫布里底群岛南
19890408	0306021	-15.70	-173.02	38	6.0	萨摩亚群岛
19890411	0356369	49.46	159.16	16	6.6	堪察加半岛南部远海
19890415	2034101	29.97	99.23	21	6.6	中国四川巴塘地区
19890416	1051168	04.67	-32.67	10	6.0	巴西圣保罗岛西北远海
19890419	0008196	-31.37	-177.79	11	6.1	克马德克群岛
19890420	0808517	9.23	-79.04	67	6.1	秘鲁西部近海
19890420	2259542	57.17	122.01	26	6.8	西伯利亚东部
19890425	0213209	30.01	99.43	8	6.6	中国四川巴塘地区
19890425	0513316	-5.08	143.50	86	6.1	伊里安岛
19890425	1429010	16.81	-99.31	21	7.3	格雷罗州海岸
19890427	0220056	30.61	140.76	94	6.2	日本南方群岛北部
19890428	1738250	-4.33	101.39	21	6.1	明打威群岛以南
19890430	0822543	10.99	-68.31	20	6.3	委内瑞拉北部近海
19890501	0845190	-4.22	101.36	12	6.2	明打威群岛以南
19890503	0553030	30.07	99.49	25	6.3	中国四川巴塘地区
19890503	1541300	30.04	99.53	7	6.3	中国四川巴塘地区

续表

年月日	时分秒	纬度（°）	经度（°）	震源深度（km）	震级	参考地震（M_S≥8后注M_W）
19890505	1828405	-8.28	-71.39	606	6.7	巴西西部
19890507	0038186	23.54	99.54	33	6.2	中国云南耿马地区
19890514	0059490	-30.62	-178.39	28	6.6	克马德克群岛
19890515	2334334	-9.80	159.53	22	6.3	所罗门群岛
19890517	0504360	57.09	122.11	27	6.5	西伯利亚
19890519	0221568	54.29	-165.58	108	6.1	阿留申群岛
19890520	1601437	-30.58	-178.27	29	6.0	克马德克群岛
19890521	2156469	-17.88	-178.61	559	6.4	斐济群岛
19890523	1054462	-52.37	160.64	10	8.1	麦阔里岛以北　M_W8.1
19890523	1711428	-51.88	160.57	10	6.0	麦阔里岛以北
19890524	0805470	-3.76	123.29	19	6.2	苏拉威西岛
19890524	1331146	56.15	164.20	19	6.8	堪察加半岛东部海域
19890524	1543346	56.17	164.13	36	6.1	堪察加半岛东部海域
19890527	0301247	-55.24	-133.14	10	6.1	南极-东印度洋海盆
19890527	2008377	30.13	50.88	33	6.1	伊朗西南部
19890531	0554200	-45.16	167.08	14	6.0	新西兰南部海域
19890608	0951569	-19.46	-173.74	23	6.0	汤加群岛
19890611	1324324	35.11	-35.00	10	6.1	北大西洋海岭
19890614	1017353	12.86	143.37	128	6.0	马里亚纳群岛南部海域
19890616	1051179	57.80	-154.29	43	6.1	阿拉斯加湾
19890616	2342367	31.84	138.13	376	6.3	日本伊豆诸岛西南远海
19890625	2037346	1.15	-79.60	28	6.4	厄瓜多尔北部海域
19890626	0327042	19.42	-155.12	3	6.2	夏威夷群岛
19890626	1038396	39.10	-28.23	11	6.2	亚速尔群岛
19890628	2124117	-57.70	-147.20	10	6.0	南极-东印度洋海盆
19890629	0018400	-22.98	-175.32	36	6.1	汤加群岛南
19890703	1709550	51.62	-175.24	26	6.0	阿留申群岛
19890714	2042461	-8.04	125.16	52	6.4	西南群岛、帝汶
19890722	0502141	2.31	128.23	170	6.6	哈马黑拉岛
19890724	1053140	-18.92	176.78	43	6.0	斐济群岛
19890730	0929167	-52.61	13.01	10	6.0	印度洋海丘
19890731	1707273	-7.98	121.24	14	6.3	佛罗勒斯岛以北
19890801	0018045	-4.49	138.97	14	6.2	伊里安岛西部
19890803	1107180	-60.01	-26.50	33	6.0	南桑德韦奇群岛
19890803	1131209	23.05	121.93	11	6.7	中国台湾台东东部近海
19890806	0636308	1.87	128.27	133	6.0	哈马黑拉岛
19890806	2253567	42.74	145.12	48	6.0	日本北海道南部近海
19890807	2334547	-4.40	-104.90	10	6.0	东太平洋海丘东北
19890812	0040100	0.80	126.83	46	6.3	马鲁古群岛

续表

年月日	时分秒	纬度（°）	经度（°）	震源深度（km）	震级	参考地震（M_S≥8后注M_W）
19890812	1646449	8.69	125.73	70	6.0	菲律宾棉兰老
19890812	2046400	-20.62	-173.74	38	6.1	汤加群岛
19890814	1751110	-19.04	176.63	54	6.0	斐济群岛
19890820	1116566	11.77	41.96	12	6.4	吉布提
19890820	1146281	11.88	41.82	10	6.1	吉布提
19890820	1156170	11.85	41.97	9	6.4	吉布提
19890820	1325272	12.01	41.79	10	6.2	吉布提
19890820	1326198	11.93	41.86	10	6.1	吉布提
19890820	1925566	11.89	41.82	12	6.0	吉布提
19890821	0109067	11.86	41.86	16	6.3	吉布提
19890821	0503056	11.93	41.77	10	6.1	吉布提
19890821	1825403	-4.10	154.49	483	6.3	俾斯麦海
19890821	2312411	24.07	122.48	40	6.3	中国台湾花莲东部近海
19890829	0416230	18.05	-105.69	17	6.6	墨西哥哈利斯科州
19890904	0520557	-4.24	136.69	9	6.0	伊里安岛西部
19890904	1314586	55.58	-156.86	11	7.5	阿拉斯加湾
19890904	1457280	-33.13	-178.75	37	6.0	克马德克群岛
19890907	1331590	-30.25	-177.96	26	6.1	克马德克群岛
19890909	0140363	2.50	-79.75	7	6.1	厄瓜多尔北部远海
19890913	0331290	-18.92	-174.95	60	6.0	汤加群岛
19890913	1140488	-35.63	-17.42	12	6.4	南大西洋海岭
19890914	1910297	1.66	127.37	141	6.3	哈马黑拉岛
19890916	0205076	40.36	51.57	42	6.8	里海
19890916	0403038	-32.45	-14.26	10	6.0	南大西洋海岭
19890916	2320547	16.45	-93.70	124	6.0	墨西哥恰帕斯州
19890917	0053386	40.22	51.79	41	6.4	里海
19890920	1319329	51.17	178.80	40	6.3	阿留申群岛
19890922	0225490	31.54	102.45	4	6.5	中国四川金川以东地区
19890925	1417522	-20.38	169.24	78	6.1	新赫布里底群岛南部
19891007	1548280	51.28	-179.03	11	6.8	阿留申群岛
19891007	1642311	51.16	-179.25	35	6.4	阿留申群岛
19891007	1742320	51.14	-179.26	5	6.2	阿留申群岛
19891007	1752450	51.11	-179.25	18	6.0	阿留申群岛
19891009	1801080	51.76	171.84	26	6.1	阿留申群岛
19891015	1005051	-60.30	150.00	10	6.0	南太平洋海岭
19891018	0004148	37.06	-121.79	8	7.1	加利福尼亚洛马普列塔
19891018	1140539	-10.19	161.05	77	6.2	所罗门群岛
19891022	2035381	-7.32	128.62	129	6.0	西南群岛
19891026	1706420	39.81	143.57	9	6.3	日本本州东部远海

续表

年月日	时分秒	纬度（°）	经度（°）	震源深度（km）	震级	参考地震（M_S≥8后注M_W）
19891027	0145540	39.82	143.73	3	6.6	日本本州东部远海
19891027	0742219	-59.63	-26.00	33	6.0	南桑德韦奇群岛
19891027	2104540	-11.01	162.33	45	6.9	所罗门群岛
19891029	0309118	39.60	143.50	16	6.2	日本本州东部远海
19891029	0525405	39.60	143.33	22	6.9	日本本州东部远海
19891029	1909130	36.78	2.44	6	6.0	阿尔及利亚北部近海
19891029	1921525	36.74	2.44	10	6.0	阿尔及利亚北部近海
19891101	0949240	2.51	128.14	20	6.0	哈马黑拉岛
19891101	1825352	39.85	142.82	29	7.3	日本本州东部近海
19891101	1836325	39.60	143.28	22	7.0	日本本州东部远海
19891101	1952454	39.54	143.67	30	6.2	日本本州东部远海
19891106	2052220	-11.29	162.40	43	6.2	所罗门群岛
19891114	1432042	-9.15	124.71	34	6.2	帝汶
19891120	0419048	29.88	57.72	18	6.1	伊朗克尔曼
19891121	1437397	-50.18	162.60	10	6.0	麦阔里岛西北远海
19891124	0035093	1.00	126.02	41	6.3	马鲁古海峡
19891125	0749441	-2.18	138.88	26	6.1	伊里安岛北部近海
19891129	0100151	-15.84	-73.19	74	6.2	秘鲁南部
19891206	0519467	-6.19	130.47	103	6.1	班达海
19891207	1259330	25.92	59.00	11	6.1	伊朗东南部
19891207	1338451	-6.44	146.40	106	6.2	伊里安岛东部
19891208	1023070	10.08	126.48	4	6.2	菲律宾棉兰老东北远海
19891209	2038129	0.19	123.44	195	6.8	马鲁古海
19891212	0833560	-4.67	130.88	75	6.1	班达海
19891215	1843461	8.32	126.72	24	7.2	菲律宾棉兰老东部近海
19891216	2325350	40.07	143.35	17	6.1	日本本州东部远海
19891217	1434258	8.54	126.75	42	6.1	菲律宾棉兰老东部近海
19891220	0008205	8.11	126.84	21	6.7	菲律宾棉兰老东部近海
19891220	0835203	8.19	126.85	39	6.2	菲律宾棉兰老东部近海
19891221	1649135	45.26	150.04	47	6.1	千岛群岛以南
19891225	1424328	60.07	-73.48	5	6.4	加拿大翁加瓦半岛
19891225	1950203	1.69	127.22	117	6.0	马鲁古群岛
19891226	0130144	-41.64	-83.98	10	6.2	智利南部太平洋海域
19891227	2001060	-4.38	102.99	75	6.1	苏门答腊南部
19891230	2315350	-3.39	146.28	32	6.4	俾斯麦海
19891230	2318511	-3.41	145.95	33	6.4	俾斯麦海
19900104	0532200	-15.42	-172.91	43	6.2	萨摩亚群岛
19900105	1010215	-8.71	106.55	29	6.1	爪哇西南远海

续表

年月日	时分秒	纬度（°）	经度（°）	震源深度（km）	震级	参考地震（M_S≥8后注M_W）
19900106	2144564	-10.64	92.97	15	6.1	东印度洋海岭
19900107	0906434	-15.95	-74.28	49	6.0	秘鲁南部
19900108	1944320	52.00	-169.60	15	6.0	阿留申群岛
19900109	1851292	24.74	95.26	121	6.3	缅甸中部
19900110	0311180	39.61	143.33	42	6.1	日本本州东部远海
19900114	0303192	37.80	91.97	12	6.5	中国青海西部茫崖
19900114	2103590	-29.89	-177.42	31	6.0	克马德克群岛
19900118	1245236	-30.17	-177.72	13	6.1	克马德克群岛
19900118	1959240	-5.29	150.62	153	6.0	新不列颠岛
19900120	0127101	35.89	53.00	25	6.2	伊朗北部里海滨海地区
19900122	1726123	3.92	96.13	53	6.0	苏门答腊西北部海域
19900124	1933320	14.62	119.45	31	6.4	菲律宾吕宋岛东部近海
19900202	1853410	-5.27	151.12	51	6.0	新不列颠岛
19900204	0758100	-10.24	110.29	20	6.1	爪哇以南远海
19900205	0516443	37.08	71.27	92	6.5	阿富汗东北部
19900208	0715280	9.75	124.70	25	6.6	菲律宾米沙鄢群岛南部
19900208	0747002	9.74	124.65	33	6.7	菲律宾米沙鄢群岛南部
19900217	0227597	29.49	130.72	48	6.5	琉球群岛东北远海
19900218	1222011	-5.55	149.36	170	6.3	俾斯麦海
19900219	0534375	-40.36	176.08	25	6.4	新西兰北岛
19900219	0648102	-15.47	166.40	12	6.9	新赫布里底群岛
19900220	0653399	34.72	139.25	14	6.7	日本本州伊豆大岛
19900221	1820153	16.85	-62.33	119	6.3	小安德烈斯群岛
19900224	1913148	-15.53	-175.23	33	6.0	斐济群岛
19900226	1906367	-26.60	-114.73	14	6.2	东太平洋海丘
19900301	0223210	53.33	159.98	10	6.0	堪察加半岛南部
19900303	1216274	-22.07	175.16	33	7.4	斐济群岛以南
19900303	1235000	-21.56	175.75	39	7.0	斐济群岛以南
19900303	1244225	-22.40	174.17	33	6.9	斐济群岛西南
19900304	1946195	28.91	66.37	10	6.4	巴基斯坦格拉德、奎达
19900305	1638125	-18.31	168.09	21	6.9	新赫布里底群岛
19900305	2047066	36.90	73.02	60	6.4	帕米尔山区
19900308	0947436	58.51	-153.08	55	6.2	阿拉斯加近海
19900312	1441196	51.45	-175.06	14	6.4	阿留申群岛
19900313	1940350	-3.39	-76.91	123	6.1	厄瓜多尔、秘鲁接壤地区
19900316	1552440	24.93	-109.04	15	6.0	下加利福尼亚湾
19900318	2319296	-20.29	66.77	20	6.0	中印度洋海岭
19900321	1646013	-31.16	-179.12	109	6.4	克马德克群岛
19900325	1316091	9.82	-84.77	43	7.4	哥斯达黎加

续表

年月日	时分秒	纬度（°）	经度（°）	震源深度（km）	震级	参考地震（M_S≥8后注M_W）
19900325	1322559	9.96	-84.78	22	7.6	哥斯达黎加
19900325	1417208	37.04	72.95	50	6.6	帕米尔山区
19900325	2135240	9.55	-84.69	38	6.0	哥斯达黎加尼科亚湾
19900326	2247164	9.28	125.64	36	6.0	菲律宾棉兰老北部
19900331	1931424	42.84	146.99	19	6.2	日本北海道东南近海
19900403	2257012	11.42	-86.32	55	7.0	尼加拉瓜西部海域
19900403	2312151	11.46	-86.40	67	6.9	尼加拉瓜西部海域
19900404	0419254	11.58	-86.45	64	6.1	尼加拉瓜西部海域
19900405	2112355	15.14	147.59	11	7.5	马里亚纳群岛
19900405	2252570	15.59	147.58	20	6.3	马里亚纳群岛
19900405	2333340	15.46	147.75	14	6.0	马里亚纳群岛
19900406	1457190	15.20	147.59	11	6.0	马里亚纳群岛
19900409	0931110	-25.79	-176.02	27	6.2	克马德克群岛北
19900414	0800144	27.28	140.06	464	6.5	日本南方群岛
19900417	0159300	39.38	75.03	15	6.3	中国新疆乌恰地区
19900417	1134092	07.38	-35.29	10	6.3	北大西洋海岭
19900418	1339200	1.22	122.92	33	7.3	北苏拉威西
19900418	1833034	1.29	123.04	47	6.2	北苏拉威西
19900419	0105098	1.32	123.09	44	6.2	北苏拉威西
19900419	1240411	1.10	123.47	45	6.1	北苏拉威西
19900421	1854571	-36.84	-73.15	39	6.1	智利中部海岸近海
19900426	0937111	36.02	100.28	10	7.0	中国青海共和、兴海地区
19900426	0937463	36.20	100.22	10	6.8	中国青海共和、兴海地区
19900426	1540376	1.11	122.92	52	6.1	北苏拉威西
19900428	0123127	8.90	-83.49	30	6.8	哥斯达黎加东南
19900430	1808305	-25.07	-112.45	10	6.0	东太平洋海丘
19900501	1612215	58.85	-156.83	210	6.2	阿拉斯加
19900502	2250320	-5.65	150.15	103	6.2	新不列颠岛
19900508	0001401	6.90	-82.63	10	6.7	巴拿马西南海域
19900509	0421196	-56.34	-27.10	113	6.2	南桑德韦奇群岛
19900511	1310195	41.84	130.96	567	6.4	北朝鲜东北部边境地区
19900512	0450087	49.05	141.88	603	6.6	萨哈林岛（库页岛）
19900513	0423104	-40.28	176.05	24	6.4	新西兰北岛
19900514	2134058	-35.84	-71.40	87	6.5	智利中部
19900515	1425211	36.03	70.44	117	6.2	阿富汗东北部
19900515	2133299	-31.88	-178.04	39	6.0	克马德克群岛
19900517	2328011	26.66	127.89	40	6.5	琉球群岛
19900520	0222012	5.07	32.16	15	7.6	苏丹南部
19900520	0732395	-18.20	-175.20	259	6.2	汤加群岛

续表

年月日	时分秒	纬度（°）	经度（°）	震源深度（km）	震级	参考地震（M_S≥8后注M_W）
19900522	1325331	-36.27	-97.87	10	6.0	秘鲁-智利海盆南部
19900524	1934470	5.33	31.84	37	6.1	苏丹南部
19900524	2000082	5.36	31.87	16	7.3	苏丹南部
19900524	2009231	-7.36	120.36	589	7.1	佛罗勒斯海
19900525	0203273	-2.91	130.32	15	6.1	斯兰海
19900527	2149357	74.22	8.75	29	6.1	挪威海
19900529	1831127	57.02	-153.51	25	6.2	阿拉斯加近海
19900530	0234030	-6.03	-77.21	3	6.8	秘鲁北部
19900530	1040064	45.85	26.66	89	7.1	罗马尼亚东部弗朗恰
19900531	0017482	45.81	26.77	90	6.3	罗马尼亚东部弗朗恰
19900531	0735296	17.35	-100.65	38	6.4	墨西哥格雷罗州近海
19900601	0122107	35.64	140.60	58	6.1	日本本州东部
19900601	1108350	-26.01	-176.59	68	6.0	克马德克群岛
19900607	0925192	-3.53	144.45	29	6.3	俾斯麦海
19900614	0740557	11.67	122.00	18	7.4	菲律宾班乃岛
19900614	1247285	47.85	85.06	54	7.2	哈萨克斯坦东部
19900616	0453444	27.94	127.99	41	6.3	琉球群岛
19900617	0451459	27.45	65.74	15	6.5	巴基斯坦西南部
19900620	2100109	36.99	49.35	19	7.8	伊朗鲁德巴尔地区
19900621	0902148	36.65	49.83	15	6.1	伊朗鲁德巴尔地区
19900623	0501444	-0.60	146.47	24	6.0	俾斯麦群岛西北远海
19900623	2138197	-21.55	-176.49	192	6.4	汤加群岛以南
19900626	1208306	-22.00	-179.50	598	6.0	斐济海
19900704	0224406	25.42	124.56	122	6.0	琉球群岛以北远海
19900706	0502240	45.31	150.22	11	6.1	南千岛群岛
19900709	1511204	5.40	31.67	13	6.6	苏丹南部
19900711	1514037	59.34	-136.67	10	6.0	加拿大西北部
19900712	2308222	14.65	-60.45	24	6.1	加勒比海向风群岛
19900714	0554258	00.04	-17.38	11	6.7	南大西洋海岭西北部
19900716	0726347	15.70	121.22	25	7.7	菲律宾吕宋岛
19900716	0939210	16.54	120.94	7	6.1	菲律宾吕宋岛
19900716	1451345	-32.42	-69.90	90	6.0	阿根廷中西部
19900716	1914545	24.22	121.77	38	6.1	中国台湾花莲东部近海
19900717	1806330	16.47	120.87	5	6.1	菲律宾吕宋岛
19900717	2114440	16.45	121.09	30	6.6	菲律宾吕宋岛
19900718	0800161	16.51	121.06	37	6.3	菲律宾吕宋岛
19900725	1442360	53.66	-156.78	1	6.1	阿拉斯加湾
19900726	0653566	27.34	65.58	19	6.0	巴基斯坦西南部
19900727	1238018	-15.40	167.42	146	6.9	新赫布里底群岛

续表

年月日	时分秒	纬度（°）	经度（°）	震源深度（km）	震级	参考地震（M_S≥8后注M_W）
19900802	0524090	-31.64	-71.71	40	6.1	智利中部
19900803	0915040	47.97	84.97	16	6.6	新疆阿尔泰山区中、俄接壤地区
19900805	0134578	29.51	137.70	522	6.6	日本南方群岛西部远海
19900805	0336255	36.42	141.14	50	6.2	日本本州东部远海
19900805	1742324	-01.06	-13.90	10	6.4	南大西洋海岭北部
19900810	1544293	0.34	126.20	37	6.0	马鲁古海峡
19900810	1747380	-19.78	-177.41	383	6.2	斐济群岛东南
19900812	2125248	-19.48	169.12	164	6.5	新赫布里底群岛
19900814	1513299	35.46	-35.72	10	6.4	北大西洋海岭
19900817	1307190	-11.16	161.97	46	6.7	所罗门群岛
19900818	1355075	-40.24	78.35	10	6.1	中印度洋海岭南部
19900818	1852391	7.56	94.00	38	6.2	印度尼科巴群岛
19900821	0057283	-33.44	-178.03	33	6.1	克马德克群岛
19900825	1547520	0.54	126.07	2	6.2	马鲁古海峡
19900827	1517137	-6.86	125.50	529	6.0	班达海西部
19900902	0426470	-0.13	-80.28	8	6.5	厄瓜多尔西部沿海
19900908	2031578	-20.54	-174.17	33	6.1	汤加群岛
19900909	0535461	-5.18	151.75	75	6.1	俾斯麦海
19900911	1409030	22.68	120.89	38	6.1	中国台湾屏东县
19900914	0920170	-60.77	-22.91	15	6.0	南桑德韦奇群岛
19900917	1347267	-53.17	159.64	10	6.1	麦阔里岛海域
19900918	0318389	51.44	177.85	33	6.0	阿留申群岛
19900923	1754030	-17.72	167.61	10	6.1	新赫布里底群岛
19900923	2113117	33.37	138.47	34	6.7	日本伊豆诸岛以西远海
19900923	2209084	33.34	138.50	36	6.3	日本伊豆诸岛以西远海
19900928	1944504	-13.61	167.05	207	6.4	新赫布里底群岛西北
19900930	1905017	24.26	125.21	28	6.1	琉球群岛东北远海
19901002	1506448	-23.99	-174.66	9	6.1	汤加群岛南
19901010	0554543	-23.48	179.01	553	6.0	斐济群岛南
19901013	0020200	15.74	147.95	14	6.0	马里亚纳海沟
19901015	0135410	-2.22	92.23	9	6.9	东印度洋海岭
19901015	1950250	-10.11	114.61	85	6.0	爪哇东南远海
19901016	0613148	49.05	155.02	87	6.3	千岛群岛
19901017	1216280	-25.64	-176.28	37	6.0	克马德克群岛北
19901017	1430152	-11.01	-70.77	626	6.9	秘鲁南部
19901020	0807277	37.07	103.80	12	6.1	中国甘肃景泰地区
19901021	1510436	-4.00	-77.28	116	6.0	秘鲁北部
19901025	1101406	8.33	126.52	63	6.0	菲律宾棉兰老
19901106	1845530	28.23	55.47	16	6.8	伊朗南部

续表

年月日	时分秒	纬度（°）	经度（°）	震源深度（km）	震级	参考地震（M_S≥8后注M_W）
19901106	2014300	53.45	169.83	25	7.4	阿留申群岛
19901112	1228500	42.94	78.07	9	6.5	阿拉木图地区
19901113	0235083	46.18	138.68	14	6.4	鞑靼海峡西南
19901115	0234300	3.89	97.40	29	7.3	苏门答腊西北部
19901115	0448131	3.99	97.34	39	6.0	苏门答腊西北部
19901116	0720120	-59.71	-26.20	50	6.1	南桑德韦奇群岛
19901118	2028161	17.75	-63.03	100	6.0	加勒比海背风群岛
19901120	0903376	0.18	127.03	122	6.2	马鲁古海
19901121	0148284	51.64	-171.36	49	6.1	阿留申群岛
19901122	2049110	-5.60	150.98	66	6.0	俾斯麦海
19901123	0741580	5.56	125.87	129	6.0	菲律宾南部近海
19901123	2235340	4.75	-75.55	136	6.1	秘鲁北部
19901202	0844019	-26.74	-114.15	10	6.3	东太平洋海丘
19901205	1608515	-5.26	131.43	77	6.3	班达海
19901210	0934310	-5.92	142.27	21	6.0	伊里安岛东部
19901211	1441425	-15.39	-173.13	13	6.0	萨摩亚群岛
19901213	0301472	23.91	121.65	7	6.5	中国台湾花莲东部近海
19901213	1226440	1.15	124.06	63	6.0	北苏拉威西
19901213	1950200	23.71	121.62	22	7.0	中国台湾花莲东部近海
19901213	2319000	23.70	121.59	10	6.2	中国台湾花莲东部近海
19901213	2328050	23.86	121.69	13	6.3	中国台湾花莲东部近海
19901217	1100312	6.70	-82.00	19	6.5	巴拿马西南海域
19901219	0020251	23.72	121.58	10	6.0	中国台湾花莲东部近海
19901219	1348229	52.62	160.67	22	6.1	堪察加半岛东部近海
19901221	0529284	-20.51	-174.07	13	6.3	汤加群岛
19901221	0657432	41.01	22.30	13	6.2	希腊东部
19901222	1727561	9.96	-84.24	20	6.3	哥斯达黎加
19901222	1901433	-14.96	168.03	37	6.1	新赫布里底群岛北
19901225	1421542	23.75	121.58	23	6.4	中国台湾花莲东部近海
19901228	2232172	-14.88	66.79	17	6.0	中印度洋海岭
19901229	1323540	8.28	94.07	16	6.3	印度尼科巴群岛
19901230	1914202	-5.10	150.98	191	7.1	新不列颠岛
19910101	0006322	18.09	-105.86	39	6.5	墨西哥西南远海
19910103	0141260	-29.54	-111.83	10	6.2	东太平洋海丘
19910103	1318493	-7.16	148.56	14	6.1	新不列颠岛
19910103	1329170	-7.14	148.47	23	6.0	新不列颠岛
19910105	1457112	23.55	95.96	18	7.4	缅甸德贝金、曼德勒
19910106	0301590	0.59	98.62	67	6.0	苏门答腊北部近海

续表

年月日	时分秒	纬度（°）	经度（°）	震源深度（km）	震级	参考地震（$M_S \geqslant 8$后注M_W）
19910108	2204097	-18.07	-173.54	37	6.1	汤加群岛北部
19910109	1508530	-5.36	151.84	21	6.0	新不列颠岛
19910118	0136275	23.76	121.31	11	6.1	中国台湾花莲东部近海
19910118	1045184	-51.18	139.39	10	6.4	澳大利亚海丘
19910123	0112289	51.96	178.81	100	6.6	白令海
19910125	1738366	-2.14	139.02	22	6.2	伊里安岛西部
19910128	1258460	-41.94	171.66	6	6.1	新西兰南岛北部近海
19910128	1800539	-41.97	171.72	19	6.1	新西兰南岛北部近海
19910131	2303334	35.99	70.45	140	6.5	阿富汗东北部库纳尔
19910207	0350262	51.69	174.15	15	6.1	阿留申群岛
19910209	0208495	-15.58	-177.03	28	6.0	斐济群岛
19910209	1618580	-9.91	159.13	10	6.4	所罗门群岛
19910209	1630327	-9.83	159.16	10	6.5	所罗门群岛
19910210	1242376	8.73	-39.86	10	6.3	北大西洋海岭
19910214	2331216	-22.55	-112.94	10	6.4	东太平洋海丘
19910216	0123360	48.28	154.34	8	6.1	千岛群岛
19910218	0237285	8.91	126.51	50	6.6	菲律宾棉兰老凉牙湾
19910220	0448072	-22.60	-113.03	10	6.0	东太平洋海丘
19910221	0235343	58.43	-175.45	20	6.9	白令海
19910225	1430276	40.36	78.98	21	6.4	中国新疆柯坪地区
19910301	1730271	10.90	-84.67	209	6.2	尼加拉瓜和哥斯达黎加接壤地区
19910303	1520246	-21.86	-175.05	16	6.0	汤加群岛
19910305	1349050	3.27	-83.34	6	6.0	巴拿马西南部远海
19910305	2235500	-3.93	102.40	78	6.0	明打威海峡
19910308	1136284	60.86	167.02	13	6.9	堪察加半岛
19910308	1154579	60.81	167.06	10	6.6	堪察加半岛
19910310	1228268	4.66	-76.66	86	6.0	哥伦比亚西部
19910311	2115567	-51.07	29.28	10	6.3	厄加勒斯海盆
19910316	0602135	10.13	-85.24	59	6.7	哥斯达黎加西部滨海区
19910320	1308590	-5.77	-80.88	43	6.0	秘鲁西部
19910321	0553124	-9.69	-79.72	25	6.3	秘鲁西部远海
19910326	0358237	21.71	121.77	18	6.5	中国台湾绿岛东南近海
19910326	1234571	19.77	-70.31	23	6.2	多米尼加
19910401	0353049	15.77	95.73	15	6.6	缅甸伊洛瓦底江口地区
19910401	0525274	-4.91	152.01	91	6.0	新不列颠岛
19910404	0322588	7.07	-78.14	37	6.5	巴拿马湾
19910404	1523209	-6.04	-77.13	21	6.6	秘鲁北部
19910405	0419493	-5.97	-77.10	17	7.4	秘鲁北部
19910405	1550471	-14.23	-75.50	49	6.2	秘鲁南部

续表

年月日	时分秒	纬度（°）	经度（°）	震源深度（km）	震级	参考地震（M_S≥8后注M_W）
19910406	1434210	-15.00	-175.52	21	6.7	汤加群岛以北
19910408	1334038	52.44	157.86	139	6.0	堪察加半岛南部
19910414	0808567	27.19	127.48	91	6.2	琉球群岛以西
19910419	1125365	-14.97	-174.94	36	6.1	汤加群岛以北
19910419	2148324	-6.92	129.55	97	6.2	班达海
19910421	2312223	-18.36	46.37	19	6.1	马达加斯加
19910422	2156514	9.70	-83.07	4	8.1	哥斯达黎加　M_W7.6
19910423	0537104	9.51	-82.67	49	6.0	巴拿马边境地区
19910424	0457203	9.08	126.78	57	6.2	菲律宾棉兰老凉牙湾
19910424	0513102	2.57	-79.74	24	6.2	厄瓜多尔北部远海
19910424	1913023	9.76	-83.52	13	6.6	哥斯达黎加
19910429	0912481	42.41	43.67	17	7.1	格鲁吉亚北部
19910429	1812232	-11.26	-77.68	59	6.3	秘鲁中部
19910429	1830410	42.51	43.89	10	6.4	格鲁吉亚北部
19910501	0718420	62.58	-151.54	109	6.6	阿拉斯加
19910503	0214180	28.09	139.67	471	6.5	小笠原群岛
19910504	0342547	9.57	-82.42	10	6.6	巴拿马西部
19910507	1309288	39.39	144.69	10	6.1	日本本州以东远海
19910512	1612373	12.29	47.47	10	6.0	沙特阿拉伯南部
19910513	1628139	-3.46	82.80	10	6.1	东印度洋海岭
19910517	0231262	-4.36	142.73	62	6.0	伊里安岛中部
19910519	0058010	1.15	122.98	31	6.7	北苏拉威西
19910519	0119535	1.38	123.12	59	6.0	北苏拉威西
19910521	1100210	-7.52	126.53	32	6.2	班达海
19910524	2050551	-16.54	-70.70	124	6.7	秘鲁南部
19910530	1317433	54.59	-161.59	37	7.1	阿拉斯加南
19910531	0528080	-6.06	130.65	79	6.4	班达海
19910607	1151250	-7.11	122.76	505	6.6	佛罗勒斯海
19910609	0745036	-20.25	-176.19	277	6.2	汤加群岛
19910610	1735496	23.77	-45.38	10	6.7	北大西洋海岭
19910611	0526315	8.43	-103.00	10	6.2	墨西哥南部远海
19910615	0059204	42.44	44.02	9	6.5	格鲁吉亚北部
19910615	0113171	-58.29	-24.25	17	6.7	南桑德韦奇群岛
19910615	1115331	15.13	120.39	47	6.2	菲律宾吕宋岛
19910615	2302144	10.08	125.91	74	6.1	菲律宾中部
19910616	0207455	15.20	120.41	43	6.2	菲律宾吕宋岛
19910620	0518551	1.19	122.82	56	7.0	北苏拉威西
19910622	0030260	23.90	-108.54	4	6.0	墨西哥西部
19910623	2122291	-26.75	-63.30	558	6.8	阿根廷北部

续表

年月日	时分秒	纬度（°）	经度（°）	震源深度（km）	震级	参考地震（M_S≥8后注M_W）
19910624	0459047	58.40	-137.24	10	6.1	美国西部亚历山大群岛
19910628	1443541	34.24	-118.03	11	6.2	美国西南部
19910701	1332429	-15.89	-75.07	33	6.1	秘鲁南部
19910702	0514270	-1.10	99.83	29	6.3	西苏门达腊
19910702	0608079	-23.19	-179.14	414	6.0	汤加群岛
19910704	1143106	-8.09	124.68	29	6.5	帝汶岛
19910706	1219499	-13.19	-72.22	112	6.3	秘鲁南部
19910709	0653344	23.23	-65.51	10	6.0	北亚美利加海盆
19910712	1042219	45.36	20.99	11	6.0	南斯拉夫和罗马尼亚接壤地区
19910713	0250149	42.19	-125.65	11	6.9	美国西部远海
19910713	1215135	48.73	154.93	42	6.0	千岛群岛
19910714	0909128	36.42	71.15	219	6.7	阿富汗东北部
19910720	1148430	54.54	-161.74	2	6.2	阿拉斯加南
19910721	2259138	3.03	128.49	74	6.2	马鲁古海峡东北
19910723	1325489	3.81	95.96	61	6.2	苏门答腊北部近海
19910803	0833179	29.31	129.09	20	6.0	琉球群岛
19910806	0217330	3.86	95.41	27	6.3	苏门答腊北部近海
19910806	1449330	35.81	141.06	46	6.3	日本东南近海
19910808	0209445	1.04	122.67	12	6.4	北苏拉威西
19910814	1915030	-13.58	167.61	12	6.4	新赫布里底群岛
19910815	1336016	-16.10	167.97	192	6.3	新赫布里底群岛
19910816	2226169	41.72	-125.42	7	6.2	美国西部远海
19910817	1929396	40.27	-124.13	12	6.1	美国西部近海
19910817	2217150	41.85	-125.41	14	7.2	美国西部远海
19910826	2054210	6.88	94.55	5	6.3	格雷特海峡
19910903	0844488	33.69	138.74	27	6.5	伊豆群岛以西
19910903	0905286	-17.86	-116.01	9	6.3	东太平洋海丘
19910903	1156166	-17.87	-116.00	11	6.1	东太平洋海丘
19910918	0948141	14.60	-91.01	11	6.7	危地马拉
19910928	2026575	-5.80	150.97	38	6.5	新不列颠岛
19910930	0021479	-20.90	-178.57	579	6.7	斐济群岛
19911008	0331140	45.60	149.09	130	6.3	北海道东北
19911012	1626250	-13.73	166.69	41	6.5	新赫布里底群岛
19911013	1812205	-56.12	-122.60	10	6.3	东太平洋海丘西南
19911014	1558140	-9.11	158.47	35	7.1	所罗门群岛
19911014	1616540	-9.04	158.63	9	6.7	所罗门群岛
19911014	1655531	-9.02	158.36	19	6.2	所罗门群岛
19911017	0905150	-15.25	-173.54	0	6.0	萨摩亚群岛以南
19911018	1722540	-24.26	-177.54	188	6.0	汤加群岛西南

续表

年月日	时分秒	纬度（°）	经度（°）	震源深度（km）	震级	参考地震（M_S≥8后注M_W）
19911023	2359430	51.23	178.34	21	6.0	阿留申群岛
19911027	1617225	-22.07	-67.42	104	6.0	玻利维亚和阿根廷接壤地区
19911030	1035465	-15.33	-173.19	59	6.1	萨摩亚群岛以南
19911101	1623226	-30.25	-177.99	21	6.4	克马德克群岛
19911107	0559335	-26.38	-177.85	183	6.2	汤加群岛西南
19911107	0921220	-7.30	128.59	124	6.3	班达海
19911111	1745570	17.91	-105.55	8	6.1	墨西哥西南远海
19911113	1112156	8.38	126.41	57	6.5	菲律宾凉牙湾以南
19911119	2228506	4.60	-77.41	15	7.6	哥伦比亚西部
19911120	0923104	-36.50	178.33	85	6.2	新西兰南岛北部远海
19911121	1238250	5.84	126.88	42	6.2	菲律宾棉兰老东南
19911126	1041334	51.83	-176.13	45	6.2	阿留申群岛
19911126	1940490	42.01	142.58	61	6.1	北海道南部近海
19911127	0503315	48.23	154.78	28	6.0	千岛群岛
19911203	1033401	-26.46	178.70	562	6.1	克马德克群岛以北
19911207	1159008	45.39	151.36	50	6.0	千岛群岛
19911211	0629460	-22.60	-175.21	77	6.0	汤加群岛
19911211	1703095	-17.78	-115.99	10	6.4	东太平洋海丘
19911211	2039401	-23.39	171.02	45	6.4	新赫布里底群岛
19911213	0012575	-7.28	128.64	169	6.0	班达海
19911213	0233527	45.52	151.50	37	6.3	千岛群岛
19911213	0545290	45.49	151.51	26	6.1	千岛群岛
19911213	1859066	45.45	151.65	19	6.6	千岛群岛
19911213	1921269	45.31	151.54	44	6.0	千岛群岛
19911213	1955093	45.32	151.22	49	6.5	千岛群岛
19911213	1958160	45.40	151.48	2	6.4	千岛群岛
19911213	2012450	45.50	151.90	2	6.1	千岛群岛
19911215	1856053	-17.54	-70.44	103	6.0	秘鲁南部
19911217	0341092	-62.43	155.00	10	6.2	南太平洋海岭
19911219	0133416	45.23	151.18	35	6.9	千岛群岛
19911219	0137300	45.30	151.00	16	6.6	千岛群岛
19911220	0835370	44.98	151.23	49	6.4	千岛群岛
19911222	0843134	45.48	151.02	25	7.2	千岛群岛
19911222	1020520	45.50	151.64	23	6.6	千岛群岛
19911222	2115423	-4.88	103.17	59	6.4	苏门答腊东南部
19911223	1310050	45.78	151.93	24	6.2	千岛群岛
19911227	0405582	-55.96	-25.19	10	7.5	南桑德韦奇群岛
19911227	0909378	51.04	98.15	14	6.9	蒙古北部
19911228	0052107	-56.10	-24.72	10	6.9	南桑德韦奇群岛

续表

年月日	时分秒	纬度（°）	经度（°）	震源深度（km）	震级	参考地震（M_S≥8后注M_W）
19911229	1839106	-4.42	132.76	47	6.3	伊里安岛西部远海
19920102	1640408	48.73	-129.22	10	6.1	美国西部远海
19920109	1539047	-8.94	-109.30	10	6.0	东太平洋海丘以北
19920113	1158260	1.35	127.38	141	6.2	北苏拉威西
19920115	0658327	18.02	-70.62	10	6.1	多米尼加
19920120	1337049	27.93	139.47	521	6.0	南方群岛
19920122	0106558	38.46	140.40	119	6.1	日本本州北部
19920201	1904050	35.17	139.75	103	6.0	日本本州中部
19920202	0022050	-51.85	139.52	12	6.1	澳大利亚海丘
19920202	0031301	-51.67	139.59	10	6.2	澳大利亚海丘
19920206	0112382	-5.71	103.13	35	6.7	苏门答腊南部
19920213	0129137	-15.90	166.26	10	6.7	新赫布里底群岛
19920217	0001567	79.17	124.52	10	6.1	北冰洋拉普帖夫海
19920221	2209556	14.01	-92.19	58	6.2	危地马拉和墨西哥接壤地区
19920226	0345196	11.74	57.76	10	6.1	阿拉伯海
19920227	2005270	-6.19	147.58	66	6.5	俾斯麦海
19920302	1229399	52.88	159.88	42	7.1	堪察加半岛南部近海
19920303	0118340	-14.44	167.17	177	6.0	新赫布里底群岛
19920303	0427580	44.13	149.22	2	6.0	千岛群岛
19920304	0349544	-3.02	147.92	19	6.5	俾斯麦海
19920305	0855057	11.52	42.83	6	6.6	吉布提
19920305	1439101	52.87	159.62	45	6.3	堪察加半岛南部近海
19920307	0153374	10.23	-84.31	74	6.4	哥斯达黎加
19920307	1837126	-3.47	146.40	15	6.2	俾斯麦海
19920311	1943003	-3.38	146.62	28	6.1	俾斯麦海
19920313	1718394	39.72	39.63	23	7.2	土耳其东部埃尔津詹地区
19920313	1750040	-9.21	152.34	46	6.4	所罗门海
19920315	0101277	23.53	123.57	37	6.0	琉球群岛西南
19920315	1616253	39.53	39.93	29	6.1	土耳其东部埃尔津詹地区
19920319	0634290	17.21	120.87	32	6.2	菲律宾吕宋岛
19920320	1845050	-56.49	-27.26	55	6.2	南桑德韦奇群岛
19920326	1414120	51.23	-179.74	29	6.1	阿留申群岛
19920331	0332026	-49.91	-113.81	10	6.1	东太平洋海丘
19920403	0319541	-5.70	151.14	48	6.5	新不列颠岛
19920405	1413412	11.35	-86.41	32	6.1	尼加拉瓜东南近海
19920406	1354403	50.65	-130.06	10	7.0	美国西部远海
19920406	1446433	-1.85	97.78	32	6.1	明打威群岛以西
19920406	1516097	50.59	-129.84	10	6.0	美国西部远海
19920407	0337031	-4.18	130.98	55	6.3	班达海东北部

续表

年月日	时分秒	纬度（°）	经度（°）	震源深度（km）	震级	参考地震（M_S≥8后注M_W）
19920407	2247291	-16.88	168.12	16	6.0	新赫布里底群岛
19920413	0120009	51.14	5.76	21	6.0	比利时—德国接壤地区
19920418	0916520	-5.46	102.94	26	6.7	苏门达腊南部近海
19920419	1832209	23.90	121.60	26	6.3	中国台湾花莲以东近海
19920423	0450234	33.91	-116.48	12	6.7	美国西南部拉斯韦加斯以南
19920423	1418354	22.43	98.93	12	6.5	缅甸东部
19920423	1532493	22.43	98.88	10	6.7	缅甸东部
19920424	0707238	27.52	66.09	25	6.4	巴基斯坦南部
19920424	1738528	-9.04	-109.77	10	6.1	东太平洋海丘以北
19920425	1806048	40.36	-124.05	15	7.4	美国西部尤里卡地区
19920426	0741413	40.51	-124.25	20	6.5	美国西部近海
19920426	1118263	40.47	-124.36	22	6.6	美国西部近海
19920430	1144391	35.07	26.63	20	6.2	希腊克里特岛地区
19920507	0623361	41.12	144.70	13	6.0	北海道以南
19920512	1805426	-16.53	-172.34	15	6.5	萨摩亚群岛以南
19920515	0705057	-6.09	147.57	61	7.1	俾斯麦海
19920515	0808030	41.01	72.46	51	6.3	哈萨克斯坦东部
19920516	0408270	-56.00	-27.50	132	6.2	南桑威奇群岛
19920516	2057590	-13.67	-76.15	52	6.1	秘鲁西南近海
19920517	0949187	7.30	126.75	33	7.0	菲律宾棉兰老东部
19920517	1015331	7.21	126.80	51	7.4	菲律宾棉兰老东部
19920518	0302232	-33.55	-71.95	42	6.2	智利中部
19920518	2319207	7.40	-82.33	18	6.6	巴拿马西南远海
19920520	1220329	33.35	71.33	16	6.2	巴基斯坦北部白沙瓦、科哈特地区
19920522	2140373	-3.54	144.13	33	6.1	俾斯麦海
19920523	1030362	13.45	-90.03	79	6.2	危地马拉和圣萨尔瓦多接壤地区
19920525	0251300	-4.80	139.71	16	6.3	伊里安岛中部
19920525	1655043	19.60	-77.87	23	7.7	古巴东南近海
19920527	0513390	-11.11	165.22	23	6.9	所罗门群岛
19920527	0535117	-10.90	165.17	33	6.3	所罗门群岛
19920527	0605450	-11.33	165.11	26	6.1	所罗门群岛
19920528	0927050	-30.64	-178.15	10	6.1	克马德克群岛
19920528	2124508	47.56	155.52	49	6.3	千岛海沟
19920529	2152277	31.22	141.83	23	6.1	伊豆群岛以南
19920530	1242020	30.68	141.71	13	6.0	伊豆群岛以南
19920530	1630018	14.44	-92.95	53	6.6	墨西哥和危地马拉接壤地区
19920531	0620057	30.66	141.74	18	6.1	伊豆群岛以南
19920602	2105010	-16.11	92.88	14	6.0	东印度洋海岭
19920603	0610544	51.09	178.74	22	6.0	阿留申群岛

续表

年月日	时分秒	纬度（°）	经度（°）	震源深度（km）	震级	参考地震（M_S≥8后注M_W）
19920604	0404054	27.96	128.11	24	6.1	琉球群岛西北
19920606	2140408	1.06	124.06	18	6.2	北苏拉威西
19920607	1426010	-24.26	-176.22	78	6.0	汤加海沟
19920610	0213469	1.08	124.11	44	6.2	北苏拉威西
19920612	1106300	2.60	125.78	81	6.3	马鲁古海峡
19920615	0248561	24.00	95.97	17	6.6	缅甸北部
19920615	2039149	-0.07	123.08	165	6.1	托米尼湾以东
19920616	0551035	45.67	142.29	314	6.0	北海道以北
19920617	0839153	-60.38	-57.00	10	6.2	南设得兰群岛
19920621	1743098	-37.71	176.84	13	6.2	新西兰北岛北部近海
19920622	0400413	-60.76	-22.05	12	6.4	南桑德韦奇群岛
19920622	1517420	16.87	147.05	51	6.1	马里亚纳群岛
19920625	0630513	-28.30	-176.77	20	6.5	克马德克海沟
19920626	1132270	6.16	-82.37	9	6.1	巴拿马西南远海
19920627	1416200	18.98	-80.57	10	6.1	大安德烈斯群岛
19920628	1157359	34.25	-116.48	5	8.0	美国西南部大熊湖地区　M_W7.3
19920628	1505313	34.27	-116.78	10	6.7	美国西南部
19920710	0931275	44.62	149.48	20	6.5	千岛群岛
19920711	1044206	-22.50	-178.39	382	6.7	斐济群岛以南
19920712	1108560	41.44	142.07	69	6.3	北海道以南
19920713	1811357	-3.89	-76.59	114	6.4	厄瓜多尔和秘鲁接壤地区
19920716	0000380	39.36	143.38	9	6.2	日本本州东部近海
19920717	0419321	44.71	150.24	47	6.1	千岛群岛以南
19920718	0836588	39.37	143.35	29	7.2	日本本州东部近海
19920718	0839073	39.41	143.02	56	6.7	日本本州东部近海
19920718	0909550	39.53	143.53	16	6.0	日本本州东部近海
19920718	1020116	39.40	143.16	25	6.7	日本本州东部近海
19920718	1059391	39.43	143.30	22	6.0	日本本州东部近海
19920718	1148213	39.13	143.24	36	6.1	日本本州东部近海
19920718	1202396	39.16	143.23	17	6.0	日本本州东北部近海
19920718	1356546	39.45	143.05	27	6.2	日本本州东北部近海
19920718	2118558	39.22	143.17	28	6.1	日本本州东北部近海
19920718	2136260	30.77	137.44	493	6.0	日本以南远海
19920720	0746475	78.63	5.50	10	6.8	斯匹次卑尔根群岛以西
19920725	0253287	38.66	143.07	21	6.1	日本本州东北部近海
19920729	0430480	39.52	143.48	16	6.5	日本本州东北部近海
19920730	0824490	29.57	90.18	31	6.3	中国西藏拉萨市尼木地区
19920802	0550130	-0.85	127.64	30	6.0	马鲁古海
19920802	1203203	-7.12	121.76	484	6.5	佛罗勒斯海

续表

年月日	时分秒	纬度（°）	经度（°）	震源深度（km）	震级	参考地震（M_S≥8后注M_W）
19920804	2108433	-12.13	166.59	106	6.5	新赫布里底群岛
19920807	1819203	57.59	-142.94	14	7.2	阿拉斯加湾
19920809	1949443	4.05	126.51	80	6.0	马鲁古海峡以北
19920811	1514550	32.61	141.89	11	6.5	伊豆群岛东南
19920813	2043040	-6.12	148.89	83	6.0	俾斯麦海
19920815	1902081	5.15	-75.57	107	6.2	哥伦比亚西部
19920819	0057404	50.46	-174.93	10	6.2	阿留申群岛
19920819	0204374	42.12	73.60	27	7.5	吉尔吉斯斯坦
19920819	0212540	42.09	73.52	6	6.0	吉尔吉斯斯坦
19920819	0312040	42.07	73.29	15	6.5	吉尔吉斯斯坦
19920819	0320277	42.06	73.25	17	6.6	吉尔吉斯斯坦比什凯克地区
19920824	0659408	41.95	140.74	129	6.3	北海道
19920824	1940300	-56.68	-26.81	56	6.2	南桑德韦奇群岛
19920828	1818462	-0.99	-13.60	16	7.3	南大西洋海岭
19920829	1919075	33.24	138.15	308	6.4	伊豆诸岛以西
19920830	2009063	-17.92	-178.71	572	6.2	斐济群岛
19920901	1641146	23.75	121.72	66	6.1	中国台湾花莲以东近海
19920902	0016015	11.75	-87.37	41	7.7	尼加拉瓜西南近海
19920902	0550026	-6.02	112.18	638	6.0	爪哇海
19920902	1829006	11.26	-86.74	42	6.3	尼加拉瓜西南近海
19920905	2148188	12.05	-87.39	63	6.3	尼加拉瓜西南
19920909	1308549	76.20	7.26	24	6.3	斯匹次卑尔根群岛以西
19920910	1043201	-22.60	-174.90	38	6.5	汤加群岛以南
19920910	1503200	10.25	-86.50	41	6.1	哥斯达黎加
19920911	0357265	-6.08	26.64	11	6.6	扎伊尔
19920915	2104027	-14.16	167.26	212	6.5	新赫布里底群岛
19920924	1817117	-61.22	154.09	10	6.1	南太平洋海岭
19920926	2215574	1.30	129.13	28	6.6	哈马黑拉岛以东
19920927	1748133	53.96	-157.28	33	6.1	阿留申海域
19920928	0741284	13.43	-90.73	68	6.5	危地马拉南部近海
19920928	1406042	24.07	122.65	43	6.3	中国台湾花莲以东近海
19920930	0327592	51.38	-178.63	26	6.3	阿留申群岛
19920930	0533580	51.26	-178.05	16	6.7	阿留申群岛
19920930	0603260	51.22	-178.12	40	6.1	阿留申群岛
19920930	0942511	51.12	-178.16	14	6.0	阿留申群岛
19921006	1028274	-5.46	151.22	75	6.1	俾斯麦海
19921011	1924273	-19.26	168.91	137	6.7	新赫布里底群岛
19921011	2320348	50.47	153.18	283	6.0	千岛群岛
19921012	1309554	29.76	31.14	22	6.1	埃及开罗

续表

年月日	时分秒	纬度（°）	经度（°）	震源深度（km）	震级	参考地震（M_S≥8后注M_W）
19921015	2237098	-14.54	166.68	60	6.6	新赫布里底群岛
19921017	0251530	-19.23	169.55	26	6.1	新赫布里底群岛
19921017	0832409	6.88	-76.76	14	7.2	哥伦比亚西部
19921018	1308539	-6.29	130.20	112	6.4	班达海
19921018	1511597	7.15	-76.84	10	7.8	哥伦比亚西部
19921019	1011146	3.18	-82.86	35	6.1	巴拿马西南远海
19921019	1203300	-19.37	169.59	23	6.0	新赫布里底群岛
19921020	0440018	55.47	166.31	27	6.2	阿留申群岛
19921020	1547560	-24.44	-176.12	57	6.1	汤加群岛以南
19921021	1211150	-6.87	144.17	25	6.2	伊里安岛东部
19921022	0904235	-30.19	-177.25	26	6.6	克马德克群岛
19921022	2308270	-30.07	-177.03	16	6.4	克马德克群岛
19921023	1304415	-5.36	152.63	39	6.4	俾斯麦群岛东南部
19921023	1331320	-5.33	152.69	47	6.0	俾斯麦群岛东南部
19921023	2124380	-9.45	122.60	52	6.3	萨武海水域
19921023	2319452	42.57	45.12	16	6.6	高加索地区
19921024	0823009	-29.64	-177.35	19	6.5	克马德克群岛
19921024	2300327	-30.10	-177.29	38	6.0	克马德克群岛
19921025	0029180	-29.95	-177.33	24	6.1	克马德克群岛
19921029	0724279	-6.71	154.69	74	6.4	所罗门群岛
19921029	0729570	6.81	123.87	30	6.0	菲律宾棉兰老莫罗湾
19921030	0249505	29.95	139.10	419	6.5	伊豆诸岛以南远海
19921031	1434269	-2.36	141.23	38	6.2	伊里安岛北部近海
19921031	1446290	-2.32	141.21	45	6.0	伊里安岛北部近海
19921104	0159271	-61.58	154.78	10	6.4	南太平洋海岭
19921104	1813160	-14.27	167.61	32	6.0	新赫布里底群岛
19921104	2132364	-31.58	-71.53	35	6.3	智利中部
19921105	1953257	-5.25	152.61	44	6.0	俾斯麦群岛东南部
19921106	1908095	38.11	26.96	17	6.1	土耳其西部
19921108	0343210	-15.73	-179.72	13	6.6	斐济群岛
19921110	0958117	51.47	-177.62	40	6.0	阿留申群岛
19921111	2126110	51.17	-179.24	12	6.0	阿留申群岛
19921112	1500394	-53.74	-51.70	10	6.3	南极海岭
19921112	2228530	-22.26	-178.11	304	6.2	斐济群岛以南
19921117	0646431	-5.83	130.65	60	6.3	班达海
19921118	2110412	38.30	22.45	12	6.2	希腊科林斯湾
19921121	0507213	35.86	22.51	65	6.2	希腊基西拉海峡
19921121	2239332	-56.62	-26.20	20	6.8	南桑德韦奇群岛
19921121	2311513	-56.35	-25.70	33	6.8	南桑德韦奇群岛

续表

年月日	时分秒	纬度（°）	经度（°）	震源深度（km）	震级	参考地震（M_S≥8后注M_W）
19921122	0027519	-56.44	-25.70	35	6.6	南桑德韦奇群岛
19921124	1203355	1.28	-101.37	10	6.0	阿尔巴特罗斯海台
19921125	0602257	-4.05	102.20	62	6.2	明打威群岛以南
19921128	0313337	-31.28	-71.98	12	6.7	智利中部
19921130	0932377	35.69	-34.58	20	6.5	北大西洋海岭
19921207	0211427	43.86	147.17	49	6.1	千岛群岛
19921208	0708421	9.27	93.53	88	6.1	安达曼群岛东南
19921212	0529263	-8.48	121.90	28	7.7	佛罗勒斯岛
19921212	0543460	-8.62	121.97	13	6.0	佛罗勒斯岛
19921212	0638323	-8.54	121.91	42	6.3	佛罗勒斯岛
19921218	0314061	-6.51	147.16	46	6.2	伊里安岛东部
19921219	1214199	51.88	158.43	34	6.0	堪察加半岛南部近海
19921220	2052458	-6.57	130.43	66	7.0	班达海
19921222	0454193	-6.66	130.55	95	6.0	班达海
19921223	0300430	-6.54	130.44	87	6.1	班达海
19921224	0034189	-15.36	-173.11	67	6.2	汤加群岛以北
19921226	1457390	-0.99	-78.02	12	6.0	厄瓜多尔
19921226	1952243	-0.27	-19.31	10	7.0	南大西洋海岭西北
19921227	1621189	38.86	142.37	41	6.0	日本本州东北部近海
19921227	2149058	-6.10	113.11	622	6.1	爪哇海
19921231	2017079	-32.13	-178.07	16	6.3	克马德克群岛
19930103	1708135	-4.07	129.55	54	6.2	班达海
19930104	0126178	3.29	128.13	74	6.2	马鲁古自治区北部
19930104	2041124	-22.06	-174.81	44	6.1	汤加塔布岛
19930107	0742276	0.20	16.99	15	6.1	圣保罗岛以东海域
19930110	1439028	-59.32	-26.35	77	6.7	南桑德韦奇海沟
19930113	1850422	-50.86	139.46	10	6.3	南极-澳大利亚海丘
19930115	1106069	42.95	144.20	104	7.0	日本北海道
19930118	1242045	30.84	90.38	10	6.1	中国西藏当雄地区
19930119	0905036	-44.95	35.00	10	6.1	爱德华群岛
19930119	1439261	38.68	133.56	447	6.4	日本海
19930120	0230548	3.10	97.69	71	6.0	苏门答腊北部
19930120	0408270	-8.33	121.39	36	6.1	佛罗勒斯岛
19930120	1731157	-7.18	128.60	33	6.3	班达海
19930123	1822121	54.50	-161.62	23	6.0	阿拉斯加半岛
19930126	2032068	23.01	101.10	32	6.2	中国云南思茅地区
19930206	1242526	-56.53	-25.70	40	6.0	南桑德韦奇海沟
19930207	1327454	37.64	137.31	32	6.9	日本本州中部西海岸

续表

年月日	时分秒	纬度（°）	经度（°）	震源深度（km）	震级	参考地震（M_S≥8后注M_W）
19930208	0424472	-4.82	101.90	30	6.0	苏门答腊西南近海
19930210	1053118	-7.75	105.31	76	6.0	爪哇岛西南海域
19930213	1055580	-14.99	-176.89	51	6.1	斐济群岛以东
19930218	1010500	0.48	-19.40	16	6.1	圣保罗岛以东海域
19930301	0139281	-3.73	138.54	93	6.4	伊里安岛西部
19930306	0305499	-10.94	164.19	20	7.2	所罗门群岛
19930306	0639447	-10.82	164.44	33	6.0	所罗门群岛
19930306	1002071	-26.52	-177.34	18	6.5	大洋洲米内瓦礁脉
19930306	1130348	12.52	-87.69	70	6.3	尼加拉瓜西部沿海
19930306	1626570	-11.05	163.42	26	6.7	所罗门群岛
19930309	0129147	-55.70	146.98	10	6.1	南极-澳大利亚海丘
19930309	0745439	-59.63	-25.77	33	6.3	南桑德韦奇群岛以南
19930309	0810212	-59.67	-25.70	33	6.1	南桑德韦奇群岛以南
19930310	1239251	-59.68	-25.71	42	6.6	南桑德韦奇群岛以南
19930312	1401350	-14.35	-178.27	5	6.1	斐济群岛
19930313	1712264	19.62	38.78	10	6.1	苏丹、沙特红海地区
19930315	1608570	-26.69	-70.91	19	6.7	智利北部西海岸
19930317	0435586	-37.61	-74.95	9	6.0	智利中部西海岸
19930319	0148053	-26.74	-70.98	29	6.1	智利北部
19930320	0920341	-56.07	-27.84	125	6.3	南桑德韦奇群岛
19930320	1451597	29.03	87.33	12	6.4	中国西藏拉孜地区
19930321	0504573	-17.95	-178.52	560	6.2	斐济群岛
19930325	0708197	41.74	143.50	41	6.0	北海道以南海域
19930405	0400061	-59.79	-26.28	36	6.4	南桑德韦奇群岛
19930405	0416351	-59.79	-26.30	33	6.4	南桑德韦奇群岛
19930405	1651407	-59.78	-26.23	40	6.1	南桑德韦奇群岛
19930414	0558339	51.00	-168.84	41	6.0	乌姆纳克岛附近
19930416	1408385	-17.76	-178.85	564	6.2	斐济群岛
19930417	2032442	-16.57	-177.37	10	6.2	斐济群岛
19930418	0916221	-11.66	-76.52	95	6.1	秘鲁首都利马附近
19930418	1410383	-53.97	-133.81	10	6.2	南太平洋海岭
19930419	2101548	4.02	128.27	76	6.6	菲律宾海沟
19930427	1304054	-55.69	-27.10	33	6.1	南桑德韦奇群岛
19930502	1126553	-56.41	-24.58	13	6.6	南桑德韦奇群岛
19930502	1526030	-21.15	-175.87	124	6.1	汤加塔布岛
19930511	1826507	7.23	126.65	57	6.6	棉兰老岛
19930513	1159472	55.00	-160.39	33	6.9	阿拉斯加半岛
19930515	0309387	16.74	-98.39	20	6.4	墨西哥格雷罗州沿岸
19930515	0312350	16.81	-98.36	29	6.1	墨西哥格雷罗州沿岸

续表

年月日	时分秒	纬度（°）	经度（°）	震源深度（km）	震级	参考地震（M_S≥8后注M_W）
19930515	2152230	51.34	-178.69	12	6.4	阿留申群岛
19930516	2144489	-15.29	-173.29	21	6.5	汤加群岛和西萨摩亚群岛海区
19930517	1602540	-5.34	152.01	19	6.2	新不列颠
19930517	2320521	37.13	-117.81	26	6.0	加利福尼亚内华达州
19930518	1019359	19.92	122.47	187	6.7	巴林塘海峡
19930524	2351206	-23.32	-66.59	221	6.5	阿根廷北部
19930525	2316428	55.01	-160.56	30	6.2	阿拉斯加半岛
19930527	0852000	-29.29	-178.29	117	6.3	克马德克群岛
19930529	0650137	19.10	-26.48	12	6.5	北大西洋佛得角群岛
19930530	1412266	-3.68	142.68	52	6.2	伊里安岛东部
19930530	1708549	1.52	127.27	92	6.1	马鲁古群岛
19930603	0938263	-14.92	167.31	159	6.0	新赫布里底群岛
19930606	1323275	15.74	146.56	66	6.5	马里亚纳群岛
19930608	1303370	51.18	157.82	75	7.4	千岛群岛
19930608	2317410	-31.52	-69.24	108	6.2	阿根廷西部
19930610	1748383	-24.39	-176.01	34	6.1	克马德克海沟
19930612	0545217	-11.07	162.88	15	6.0	所罗门群岛
19930612	1826421	-4.36	135.16	10	6.0	伊里安岛西部
19930612	2033264	51.24	157.69	49	6.1	千岛群岛
19930618	1152346	-28.86	-176.84	16	6.6	克马德克海沟
19930618	1738340	-28.86	-176.84	71	6.4	克马德克海沟
19930618	1757465	-28.68	-176.85	11	6.6	克马德克海沟
19930630	2347374	-20.90	172.86	36	6.1	新赫布里底群岛
19930705	0052411	-24.92	-112.42	10	6.1	复活节岛附近
19930706	0253039	-24.56	-111.89	10	6.6	复活节岛
19930709	1537545	-19.77	-177.51	406	6.1	斐济群岛东南
19930710	2040590	9.81	-83.60	19	6.1	哥斯达黎加
19930711	1336222	-25.23	-70.05	52	6.7	智利中部地区
19930712	1317110	42.89	139.23	8	7.6	北海道西部奥尻岛
19930712	1409060	43.05	139.40	32	6.2	北海道以西海域
19930712	1422501	42.46	139.44	35	6.1	北海道以西海域
19930712	1445044	43.18	139.25	22	6.1	北海道以西海域
19930712	1601058	42.85	139.37	16	6.3	北海道以西海域
19930717	0135392	-29.98	-71.56	47	6.0	智利中部西海岸
19930722	0457050	6.49	-71.18	8	6.4	哥伦比亚西北部
19930722	0616095	-54.43	-119.30	10	6.0	道格提岛东北海域
19930728	0551111	10.21	-104.11	21	6.1	太平洋克利帕顿岛
19930803	0720018	51.28	-130.48	10	6.2	温哥华岛西北近海
19930803	1243057	28.78	34.57	10	6.1	埃及西奈半岛

续表

年月日	时分秒	纬度（°）	经度（°）	震源深度（km）	震级	参考地震（M_S≥8后注M_W）
19930804	1131160	-1.66	99.60	15	6.6	明打威群岛以东
19930807	0000364	26.61	125.67	150	6.6	琉球群岛
19930807	1753251	-23.93	179.85	531	6.0	大洋洲米内瓦礁脉以西
19930807	1942441	42.04	139.86	26	6.5	北海道地区
19930808	0834255	12.93	144.82	66	7.5	马里亚纳海沟，关岛地区
19930809	1242479	36.35	70.87	212	6.1	阿富汗东北部
19930810	0051510	-45.06	166.91	8	6.9	新西兰西南海岸
19930810	0946386	-38.49	177.55	32	6.2	新西兰北岛
19930811	1417393	13.16	145.67	34	6.1	马里亚纳群岛
19930813	1102227	-35.92	178.49	110	6.1	新西兰北岛东北海域
19930816	0433508	12.98	144.93	35	6.0	马里亚纳群岛
19930820	0506510	-6.03	142.71	1	6.3	伊里安岛东部
19930825	0525322	-44.76	-79.93	10	6.0	智利南部以西远海
19930829	0957537	-7.03	129.60	139	6.1	西南群岛
19930901	1148400	-4.33	102.59	86	6.0	苏门答腊明古鲁沿岸
19930901	1403190	2.99	96.14	36	6.4	苏门答腊北部西海岸
19930903	0316080	14.51	-92.70	65	6.1	墨西哥恰帕斯州南部
19930903	1235051	14.57	-92.81	66	7.0	墨西哥恰帕斯州南部
19930904	2139362	-9.63	122.47	60	6.0	努沙登加拉群岛
19930906	0356024	-4.66	153.20	71	6.5	俾斯麦群岛
19930907	0248540	-31.79	-179.46	30	6.3	克马德克群岛
19930909	2152080	-56.22	-27.32	70	6.1	南桑德韦奇群岛
19930910	1858567	14.41	-92.79	61	6.9	墨西哥恰帕斯州南部
19930910	1912551	14.74	-92.69	36	7.6	墨西哥南部海岸
19930911	1929469	14.40	-92.42	70	6.0	墨西哥恰帕斯州南部
19930912	0322392	13.90	-90.50	68	6.1	危地马拉南部沿海
19930912	0822349	-29.68	-177.19	37	6.1	克马德克群岛
19930913	1237515	-29.64	-177.10	20	6.1	克马德克群岛
19930913	2258171	11.30	-86.45	59	6.2	尼加拉瓜西南海岸
19930918	0502276	36.45	71.60	117	6.1	阿富汗和巴基斯坦接壤地区
19930919	1410592	14.44	-93.31	36	6.8	墨西哥南部近海
19930920	1017422	0.76	-29.35	10	6.4	大西洋圣保罗岛附近
19930921	0328556	42.31	-122.00	11	6.0	加利福尼亚和俄勒冈接壤地区
19930922	1237086	-6.47	154.94	67	6.1	所罗门海
19930926	0331213	9.96	138.17	62	6.1	加罗林群岛
19930927	1337306	-53.64	-51.49	17	6.8	南极海岭
19930929	1116075	0.49	121.59	136	6.6	印尼米那哈沙半岛
19930930	1827512	15.18	-94.86	30	6.8	墨西哥特万特佩克湾
19931002	0842328	38.17	88.66	14	6.4	中国新疆若羌地区

续表

年月日	时分秒	纬度（°）	经度（°）	震源深度（km）	震级	参考地震（M_S≥8后注M_W）
19931004	2054382	-21.44	-174.28	34	6.1	汤加塔布岛
19931005	0509488	-6.13	128.97	36	6.0	班达海
19931011	1554229	32.05	137.97	367	6.7	日本本州岛以南
19931013	0206000	-5.90	146.03	24	6.7	巴布亚新几内亚
19931013	0307310	-5.95	146.16	33	6.5	巴布亚新几内亚
19931016	0305304	-5.90	146.19	27	6.3	巴布亚新几内亚
19931019	0402221	-22.41	-65.98	275	6.0	玻利维亚、阿根廷接壤地区
19931021	0736550	-56.30	-139.10	10	6.2	南太平洋海盆
19931024	0553326	11.34	125.42	75	6.3	菲律宾米沙鄢群岛
19931024	0752185	16.83	-98.73	39	7.0	墨西哥南部海岸
19931025	1027046	-5.93	145.98	33	6.8	巴布亚新几内亚
19931026	1138220	38.48	98.67	8	6.0	中国青海天峻以北地区
19931029	0409065	51.49	-178.17	40	6.2	阿留申群岛附近
19931101	0319570	-57.00	-147.50	10	6.1	南太平洋海岭
19931105	2237201	-3.20	148.35	14	6.0	俾斯麦群岛
19931111	0028310	50.18	-177.45	3	6.0	阿留申群岛
19931111	1646431	13.71	-90.71	70	6.1	危地马拉和萨尔瓦多接壤地区
19931113	0016521	16.39	-98.66	40	6.2	墨西哥南部滨海区
19931113	0118042	51.91	158.66	34	6.9	堪察加半岛东部近海
19931117	1118510	51.79	158.67	24	6.1	堪察加半岛东部近海
19931119	0143240	54.27	-164.17	30	6.6	阿拉斯加半岛
19931119	0905395	7.35	-34.72	10	6.1	佛得角海盆以南海域
19931120	1924519	60.17	-153.11	124	6.2	阿拉斯加半岛北部
19931125	2024010	-0.91	-13.31	10	6.0	大西洋圣保罗岛东南海域
19931126	2320065	-9.61	158.14	35	6.1	所罗门群岛
19931209	0432216	0.49	126.03	31	6.7	马鲁古海峡
19931209	1138307	0.42	125.91	38	6.4	马鲁古海峡
19931210	0859395	20.84	121.23	37	6.0	菲律宾以北巴坦群岛
19931213	1143440	-20.48	-173.76	34	6.2	汤加群岛
19931214	0631210	-20.59	-173.45	38	6.0	汤加群岛
19931216	2011221	53.78	171.39	9	6.1	阿留申群岛
19931220	1356150	-6.85	131.37	6	6.5	东南群岛
19931229	0748120	-20.27	169.82	19	6.7	新赫布里底群岛
19931229	0800530	-20.24	169.77	24	6.5	新赫布里底群岛
19931229	0839430	-20.02	169.91	25	6.5	新赫布里底群岛
19931229	0842220	-20.14	169.86	42	6.4	新赫布里底群岛
19940103	0552277	36.03	100.12	8	6.0	中国青海共和、兴海地区
19940103	1324138	-49.02	164.64	16	6.4	奥克兰群岛附近

续表

年月日	时分秒	纬度（°）	经度（°）	震源深度（km）	震级	参考地震（M_S≥8后注M_W）
19940104	1931599	-4.32	135.16	11	6.1	伊里安岛西部
19940110	1553508	-13.34	-69.41	605	6.5	秘鲁和玻利维亚接壤地区
19940111	0051564	25.21	97.21	10	6.4	缅甸东北部
19940113	0943068	-17.29	-14.50	10	6.1	南大西洋海岭
19940117	1230546	34.14	-118.58	16	7.0	加利福尼亚洛杉矶
19940117	2333298	34.23	-118.79	10	6.0	加利福尼亚南部
19940119	0153387	-3.22	136.00	57	6.8	西伊里安岛西部
19940121	0224300	1.03	127.78	20	7.1	哈马黑拉岛
19940121	1800183	-4.86	103.71	96	6.1	苏门答腊南部
19940125	0712451	10.64	-41.72	30	6.4	北大西洋海岭
19940205	2334100	0.59	30.03	14	6.3	乌干达和扎伊尔接壤地区
19940211	2117334	-18.81	169.16	224	6.6	新赫布里底群岛
19940212	0416272	-10.76	-128.84	15	6.9	马克萨斯群岛以东
19940212	1758244	-20.56	169.34	28	6.8	新赫布里底群岛
19940215	1707443	-4.97	104.33	23	7.4	苏门答腊南部
19940215	2111567	-20.41	168.87	20	6.0	新赫布里底群岛
19940216	0646575	-20.04	168.92	13	6.2	新赫布里底群岛
19940216	0648231	-20.07	169.00	33	6.1	新赫布里底群岛
19940216	0648598	-19.28	168.51	13	6.2	新赫布里底群岛
19940218	0419072	-45.38	96.20	10	6.0	南极-澳大利亚海丘
19940222	1753334	-21.50	-113.70	10	6.2	东太平洋海丘
19940223	0802047	30.81	60.57	6	6.3	伊朗塞拉希
19940224	0011130	30.77	60.52	13	6.5	伊朗东部塞拉希
19940226	0231111	30.85	60.55	9	6.2	伊朗东部塞拉希
19940301	0349000	29.10	52.62	9	6.5	伊朗南部设拉子
19940306	0801432	-21.51	-113.71	10	6.0	东太平洋海丘
19940309	2328048	-17.95	-178.43	534	7.1	斐济群岛
19940314	0430170	-1.11	-23.54	10	7.2	巴西海盆北部圣保罗岛
19940315	0336216	11.16	-88.08	23	6.1	中亚美利加海沟
19940330	1329143	8.99	126.29	68	6.3	棉兰老岛
19940331	2240519	-21.99	-179.52	571	6.5	大洋洲图瓦纳岛以南
19940405	0935460	51.27	-178.14	23	6.1	阿留申群岛
19940406	0703240	26.16	96.84	9	6.0	缅甸北部地区
19940406	1213440	-17.33	167.83	12	6.0	新赫布里底群岛
19940408	0110408	40.57	143.75	13	6.8	日本本州东海岸近海
19940410	1736576	14.73	-92.00	104	6.0	墨西哥和危地马拉接壤地区
19940410	2345560	23.71	126.87	10	6.1	琉球群岛以南
19940411	1120206	11.67	42.90	12	6.0	吉布提地区
19940413	2222280	-3.14	135.99	13	6.3	西伊里安岛西部

年月日	时分秒	纬度（°）	经度（°）	震源深度（km）	震级	参考地震（M_S≥8后注M_W）
19940416	0955207	-31.60	-71.33	36	6.0	智利中部
19940418	1729570	-6.49	154.92	49	6.4	所罗门群岛
19940421	0351481	-5.74	154.08	57	6.4	所罗门群岛
19940423	1500540	-14.19	167.56	18	6.3	新赫布里底群岛
19940427	0923271	-21.52	-173.62	34	6.0	汤加群岛
19940427	1411480	13.08	119.62	28	6.1	菲律宾民都洛岛以西
19940429	0711293	-28.25	-63.22	554	6.8	阿根廷北部
19940430	0328410	31.36	131.43	46	6.3	日本九州岛附近
19940501	1200360	36.93	67.16	19	6.4	阿富汗北部接壤地区
19940501	2126090	10.85	-85.94	58	6.0	哥斯达黎加西海岸
19940502	1714039	-1.10	97.54	38	6.4	明打威群岛以西
19940503	1636455	10.34	-60.75	48	6.3	委内瑞拉东北近海
19940504	0637379	-17.09	168.27	221	6.3	新赫布里底群岛
19940505	0514499	64.55	-17.48	9	6.0	冰岛
19940506	1820385	-59.98	-18.60	10	6.0	南桑德韦奇群岛以西
19940509	1236380	-2.03	99.77	31	6.3	明打威海峡西北
19940510	0149031	-19.71	-69.81	53	6.0	智利北部
19940510	0636286	-28.51	-63.02	604	6.5	阿根廷北部
19940511	0818160	-2.02	99.78	21	6.5	明打威海峡西北
19940511	2114337	-2.06	99.70	28	6.3	明打威海峡西北
19940518	0354006	44.68	149.45	26	6.0	千岛群岛东南
19940523	0141442	18.23	-100.54	69	6.1	墨西哥南部
19940523	0536044	24.10	122.48	39	6.1	中国台湾花莲以东近海
19940523	0646152	35.54	24.74	68	6.2	希腊东南克里特岛
19940523	1516574	24.04	122.55	26	6.1	中国台湾花莲以东近海
19940524	0205593	-15.76	-74.77	62	6.0	秘鲁南部海岸
19940524	0400422	23.91	122.45	16	7.0	中国台湾花莲以东近海
19940525	0403410	-4.19	135.51	33	6.3	西伊里安岛西部
19940525	1842194	7.65	94.28	24	6.0	格雷特海峡
19940526	0826527	35.28	-4.12	11	6.4	摩洛哥北部沿海
19940529	1411514	20.54	94.18	40	6.4	缅甸西部
19940531	1741558	7.46	-72.01	12	6.3	哥伦比亚和委内瑞拉接壤地区
19940602	1817370	-10.41	112.93	39	7.3	爪哇岛南部海域
19940603	1125070	3.55	-78.77	9	6.1	哥伦比亚西部近海
19940603	2106594	-10.43	112.96	26	6.6	爪哇岛南部海域
19940603	2121090	-10.53	113.00	45	6.3	爪哇岛南部海域
19940604	0057504	-10.74	113.43	11	6.5	爪哇岛南部海域
19940605	0109315	24.46	121.86	20	6.9	中国台湾花莲近海
19940605	0145020	-10.32	113.50	26	6.2	爪哇岛南部海域

续表

年月日	时分秒	纬度（°）	经度（°）	震源深度（km）	震级	参考地震（M_S≥8后注M_W）
19940606	2047439	2.99	-76.03	33	7.2	哥伦比亚西部滨海地区
19940609	0033167	-13.87	-67.51	640	7.4	秘鲁和玻利维亚接壤地区 M_W8.2
19940613	2115066	-5.55	151.84	48	6.0	新不列颠地区
19940615	0922589	-10.33	113.64	35	6.2	爪哇岛南部海域
19940615	1028504	-10.20	113.76	29	6.2	爪哇岛南部海域
19940616	1012506	-7.41	128.17	142	6.2	班达海
19940618	0325150	-43.11	171.61	11	6.9	新西兰南岛
19940620	0909031	29.01	52.64	9	6.2	伊朗南部设拉子
19940629	1822330	32.55	93.69	5	6.2	中国西藏索县以北地区
19940630	0923222	36.41	71.16	232	6.2	阿富汗东北部
19940701	1012417	40.20	53.36	45	6.1	里海
19940704	2136400	14.92	-97.29	1	6.5	墨西哥东南近海
19940709	1557591	-37.15	-95.17	26	6.0	秘鲁智利海盆以南
19940713	0235560	-16.64	167.48	31	7.3	新赫布里底群岛
19940713	0313160	-16.80	167.27	9	6.7	新赫布里底群岛
19940713	1145224	-7.50	127.85	150	6.7	西南群岛
19940721	1836308	42.37	132.91	459	7.1	大彼得湾
19940721	1855578	41.31	132.48	500	6.0	大彼得湾以南海域
19940722	1657460	-7.75	158.43	2	6.0	所罗门群岛
19940724	1755370	-16.95	167.60	2	6.4	新赫布里底群岛
19940725	0439181	-57.00	-25.58	33	6.0	南桑德韦奇群岛
19940725	2200245	-56.37	-27.38	90	6.2	南桑德韦奇群岛
19940729	0017457	52.40	-168.34	11	6.2	阿留申乌姆纳克岛
19940802	1417515	52.42	158.04	138	6.2	堪察加半岛东南
19940804	2215370	-6.31	131.61	27	6.2	班达海东南群岛
19940814	0046254	44.60	150.10	57	6.0	千岛群岛东南部
19940814	0131173	44.58	149.99	54	6.4	千岛群岛东南部
19940816	1009343	37.86	142.50	28	6.3	日本本州岛以东近海
19940818	0045470	-7.46	31.71	24	6.2	坦桑尼亚
19940818	0113058	35.50	-0.11	9	6.0	阿尔及利亚北部海岸
19940818	0442571	44.63	150.14	15	6.6	千岛群岛
19940818	0445256	44.90	150.27	47	6.6	千岛群岛
19940819	1002516	-26.60	-63.38	558	6.4	阿根廷北部
19940819	2102460	17.99	96.41	12	6.1	缅甸南部
19940820	0221080	44.57	149.36	1	6.5	千岛群岛东南部
19940820	0438506	44.59	149.19	24	6.1	千岛群岛东南部
19940821	1555590	56.75	117.92	13	6.5	雅布洛诺夫山以北
19940822	1726397	-11.59	166.45	164	6.5	圣克鲁斯群岛
19940828	1837209	44.78	150.04	19	6.7	千岛群岛东南

年月日	时分秒	纬度（°）	经度（°）	震源深度（km）	震级	参考地震（M_S≥8后注M_W）
19940830	0613354	44.63	150.06	49	6.0	千岛群岛东南
19940830	1942479	-6.96	124.16	615	6.0	土干比西群岛以南
19940831	0907264	43.61	146.01	82	6.6	北海道以东近海
19940901	1515535	40.44	-125.69	10	6.9	加利福尼亚东部海岸
19940901	1538552	-10.95	166.25	158	6.0	圣克鲁斯群岛
19940901	1612407	41.18	21.20	12	6.0	南斯拉夫东南
19940903	0902540	-31.36	-111.02	7	6.0	东太平洋海丘
19940903	1746410	-21.17	173.65	27	6.1	大洋洲亨特尔岛
19940911	1201090	-15.95	166.68	6	6.2	新赫布里底群岛
19940912	0629561	-31.11	-71.73	49	6.0	智利中部西海岸
19940912	1130140	-8.94	106.48	30	6.1	爪哇岛南部近海
19940912	1223436	38.84	-119.65	14	6.0	加利福尼亚州
19940913	1001327	7.14	-76.67	14	6.4	哥伦比亚西北部
19940916	0620198	22.52	118.75	19	7.2	南中国海
19940917	1222160	-32.18	-71.66	32	6.0	智利西海岸
19940923	0759386	-3.38	148.59	33	6.0	俾斯麦海
19940927	2304517	5.66	-79.18	33	6.0	哥伦比亚西部海域
19940928	1639533	-5.76	110.42	660	6.2	爪哇海
19941001	1635200	-17.73	167.68	10	6.5	新赫布里底群岛
19941001	1746378	-17.77	167.85	35	6.1	新赫布里底群岛
19941004	1322577	43.66	147.38	28	7.8	北海道以东海域　M_W8.3
19941004	1342507	43.71	147.30	48	6.9	北海道以东海域
19941004	1442360	43.92	147.96	31	6.2	北海道以东海域
19941004	1521055	43.97	147.81	33	6.5	北海道以东海域
19941004	1524158	43.43	147.95	20	7.2	北海道以东海域
19941004	1601030	43.70	148.05	18	6.7	北海道以东海域
19941004	1606244	43.45	147.94	43	6.7	北海道以东海域
19941004	1643411	43.30	147.77	39	6.2	北海道以东海域
19941004	1809360	43.60	147.53	8	6.1	北海道以东海域
19941004	1916270	43.67	147.56	22	6.1	北海道以东海域
19941005	0400470	43.26	148.06	39	6.0	北海道以东海域
19941005	2037290	43.46	147.48	13	6.1	北海道以东海域
19941005	2039480	43.84	147.34	38	6.3	北海道以东海域
19941007	1523597	42.76	146.15	2	6.2	北海道以东海域
19941008	0954340	43.74	148.20	9	6.4	北海道以东海域
19941008	2144077	-1.21	127.99	17	6.8	哈马黑拉岛南部
19941009	0755346	43.89	147.95	39	7.4	北海道以东海域
19941009	0807010	43.62	148.09	12	6.3	北海道以东海域
19941009	0848525	43.83	148.15	16	6.3	北海道以东海域

续表

年月日	时分秒	纬度（°）	经度（°）	震源深度（km）	震级	参考地震（M_S≥8后注M_W）
19941011	0137214	-32.12	-71.45	57	6.1	智利中部西海岸
19941012	0643420	13.86	124.58	26	6.1	菲律宾卡坦端内斯岛
19941013	0504291	-1.18	127.89	43	6.2	马鲁古群岛
19941015	0039257	-3.80	152.16	9	6.0	新不列颠岛地区
19941016	0509593	45.74	147.21	102	7.0	千岛群岛南部
19941018	1712506	43.51	147.16	59	6.2	北海道以东海域
19941027	1745580	43.44	-127.52	20	6.4	俄勒冈西部滨海地区
19941028	2351134	24.67	122.23	44	6.0	中国台湾花莲东北部海域
19941031	1148158	3.03	96.25	46	6.4	雪马路岛附近
19941105	0216030	-57.25	157.63	18	6.0	麦阔里岛以南
19941109	1821026	43.49	147.19	55	6.0	北海道以东海域
19941111	0848299	-15.64	-72.56	122	6.0	秘鲁南部
19941114	1915305	13.55	121.14	32	7.2	菲律宾民都洛岛
19941115	2018115	-5.62	110.26	568	6.0	爪哇海
19941115	2039377	47.41	154.86	12	6.4	千岛群岛以东海域
19941116	0654045	-56.56	-142.30	10	6.0	南太平洋海岭以西
19941120	1659054	-2.00	135.96	16	6.1	伊里安岛西北
19941121	0816341	25.54	96.67	14	6.2	缅甸北部
19941210	0339317	-23.57	-70.55	37	6.1	智利北部西海岸
19941210	1617392	18.12	-101.43	54	6.8	墨西哥格雷罗州近海
19941213	0823480	16.27	-98.45	16	6.0	墨西哥南部近海
19941215	1120190	-37.46	177.59	11	6.2	新西兰以北海域
19941227	1732519	-32.05	179.86	221	6.3	克马德克群岛以南
19941228	1219193	40.48	143.49	25	7.3	日本本州东北近海
19941228	1259490	40.31	143.75	3	6.8	日本本州东北近海
19941228	1328350	40.16	143.44	28	6.1	日本本州东北近海
19941228	1359150	40.25	143.69	8	6.3	日本本州东北近海
19941228	2052284	40.10	142.73	40	6.3	日本本州东北沿海
19941228	2237479	40.29	143.66	21	6.6	日本本州东北近海
19941228	2254478	40.22	143.59	30	6.0	日本本州东北近海
19941231	0257188	20.49	109.36	20	6.3	北部湾中国琼州海峡
19950101	0659550	40.65	143.60	7	6.7	日本本州以东海域
19950103	1611571	-57.68	-65.97	14	6.0	德雷克海峡
19950104	0628393	-56.00	-123.30	10	6.0	道格提岛以北
19950106	2159322	9.22	126.20	63	6.3	菲律宾
19950106	2237373	40.23	142.23	51	7.0	日本本州东部近海
19950107	0236089	40.26	142.40	50	6.2	日本本州东部近海
19950109	1800187	35.93	141.40	39	6.0	日本东京东部近海

续表

年月日	时分秒	纬度（°）	经度（°）	震源深度（km）	震级	参考地震（M_S≥8后注M_W）
19950110	1009495	20.42	109.44	25	6.1	中国北部湾琼州海峡
19950112	1026490	43.93	147.13	51	6.0	日本北海道以东近海
19950116	1814460	51.22	179.16	12	6.2	阿留申群岛
19950116	2046519	34.55	135.04	19	7.3	日本大阪神户地区
19950119	0955352	-7.41	128.35	174	6.2	班达海
19950119	1505062	5.09	-72.94	37	7.1	哥伦比亚中部
19950120	1129125	14.03	-91.85	68	6.0	危地马拉
19950121	0730233	2.52	126.98	51	6.1	马鲁古海峡
19950121	0847301	43.26	146.75	66	6.5	北海道以东近海
19950121	0918196	5.04	-72.98	44	6.0	哥伦比亚中部
19950127	2016525	-4.44	134.48	22	6.8	伊里安岛西部
19950202	1253534	10.76	-42.57	10	6.0	北大西洋海岭
19950203	0231352	-62.71	155.70	10	6.5	南太平洋海岭
19950203	0317460	-27.28	-175.40	49	6.3	克马德克群岛北
19950205	2251058	-37.66	178.89	21	7.4	新西兰北岛以东
19950205	2353340	2.39	126.78	93	6.3	马鲁古海峡
19950206	1019498	-37.92	179.02	12	6.2	新西兰北岛以东
19950208	1840259	4.13	-76.60	77	6.3	哥伦比亚西部滨海地区
19950210	0145010	-38.11	178.68	12	6.6	新西兰北岛以东
19950211	2245360	12.60	-81.57	27	6.0	圣安德烈斯岛
19950213	0011470	-37.64	178.60	25	6.1	新西兰北岛以东
19950213	0841162	-1.30	127.53	33	6.0	马鲁古群岛
19950213	0843400	-1.26	127.52	34	6.3	马鲁古群岛
19950213	1229560	-1.25	127.50	39	6.3	马鲁古群岛
19950213	1504268	-1.32	127.52	35	6.5	马鲁古群岛
19950214	2047407	43.87	148.04	37	6.2	日本北海道以东海域
19950219	0017466	5.18	126.40	95	6.0	米安加斯岛
19950219	0403164	40.56	-125.53	10	6.8	美国西部近海
19950221	0209500	46.02	151.54	26	6.0	千岛群岛
19950223	0501229	39.78	143.66	9	6.4	日本本州岛东北
19950223	0519023	24.17	121.68	43	6.4	中国台湾花莲以东近海
19950223	0527403	39.72	143.51	37	6.2	日本本州岛东北海域
19950223	2103028	35.02	32.23	20	6.1	地中海东部
19950228	2112102	6.91	-82.09	21	6.1	巴拿马南部近海
19950306	1843402	2.69	118.22	17	6.0	苏拉威西海
19950308	0345589	16.57	-59.56	8	6.5	背风群岛东部海域
19950311	1521112	43.94	148.14	38	6.2	日本北海道以东海域
19950314	1733515	54.80	-161.28	40	6.1	阿拉斯加半岛
19950319	1834030	-4.25	135.04	11	6.1	伊里安岛西部

续表

年月日	时分秒	纬度（°）	经度（°）	震源深度（km）	震级	参考地震（M_S≥8后注M_W）
19950319	2353156	-4.16	135.10	39	7.0	伊里安岛西部
19950320	0035480	-4.17	134.98	12	6.1	伊里安岛西部
19950325	2244300	-11.08	166.12	89	6.3	圣克鲁斯群岛
19950326	0216139	-56.01	-28.39	49	6.2	南桑德韦奇群岛以北
19950326	0521170	54.82	-161.42	17	6.2	阿拉斯加半岛
19950331	1401410	38.24	135.12	363	6.2	日本海
19950401	0550202	52.24	159.04	44	6.1	勘察加半岛以东
19950403	1154440	24.06	122.30	36	6.1	中国台湾花莲以东海域
19950404	1721057	6.13	126.99	101	6.1	米安加斯岛
19950407	2206597	-15.34	-173.52	47	7.5	萨摩亚群岛
19950408	0120079	-15.33	-173.44	38	6.1	萨摩亚群岛
19950408	1745164	21.80	142.69	302	6.4	马里亚纳群岛
19950414	0032540	30.29	-103.32	5	6.1	美国南部地区
19950414	1315176	-60.77	-20.02	10	6.0	南桑德韦奇海沟东南
19950417	0714353	33.76	-38.58	10	6.2	北大西洋海岭
19950417	2328070	45.88	151.30	23	6.8	千岛群岛
19950418	0349340	-2.06	140.50	3	6.3	伊里安岛北部
19950419	0350043	43.92	148.19	26	6.3	北海道以东海域
19950420	0845117	6.26	126.84	98	6.5	棉兰老岛东南近海
19950421	0002486	11.97	125.71	28	6.0	菲律宾萨马岛东部近海
19950421	0009544	12.01	125.67	20	6.9	菲律宾萨马岛东部近海
19950421	0030110	11.94	125.58	15	7.2	菲律宾萨马岛东部近海
19950421	0034465	12.07	125.58	21	7.4	菲律宾萨马岛东部近海
19950421	0517019	12.03	125.87	27	7.1	菲律宾萨马岛东部近海
19950423	0255530	51.32	179.71	0	6.5	阿留申群岛
19950423	0507580	12.37	125.49	1	6.9	菲律宾萨马岛东北部
19950427	1244400	1.36	-85.02	9	6.4	厄瓜多尔西部远海
19950428	1630014	43.92	148.01	38	6.9	北海道以东海域
19950428	1708428	43.90	148.12	37	6.3	北海道以东海域
19950428	1744180	-1.94	55.62	40	6.1	印度洋塞舌尔群岛以北
19950429	0943580	11.86	125.96	15	6.3	菲律宾萨马岛东部
19950502	0606080	-3.78	-76.93	117	6.6	秘鲁北部
19950502	2352450	-60.45	153.60	10	6.1	麦阔里岛以南
19950504	0218518	1.88	128.53	55	6.3	印尼哈马黑拉岛
19950505	0353440	12.63	125.28	5	7.0	菲律宾萨马岛北部
19950505	0439117	12.63	125.26	42	6.1	菲律宾萨马岛北部
19950505	1301404	-10.05	119.00	33	6.0	松巴岛
19950505	1719224	-8.72	111.15	106	6.0	爪哇岛以南
19950505	2248060	-18.55	168.75	127	6.0	新赫布里底群岛

续表

年月日	时分秒	纬度（°）	经度（°）	震源深度（km）	震级	参考地震（M_S≥8后注M_W）
19950506	0159070	24.96	95.29	118	6.3	缅甸东北部
19950508	1805100	11.47	125.98	37	6.2	菲律宾米沙鄢群岛附近
19950508	1807340	11.45	125.82	78	6.2	菲律宾米沙鄢群岛
19950508	1808100	11.46	125.99	41	6.1	菲律宾米沙鄢群岛附近
19950513	0847131	40.17	21.69	14	6.8	希腊西北部
19950514	1133188	-8.41	125.11	11	6.6	东帝汶
19950514	1225553	-8.64	125.25	26	6.0	东帝汶
19950516	2012460	-22.98	169.89	30	7.4	新喀里多尼亚东南海域
19950516	2148061	17.89	96.49	11	6.5	缅甸南部
19950516	2231112	43.31	147.85	36	6.1	北海道以东海域
19950517	1123510	-23.05	170.10	31	6.0	新喀里多尼亚东南海域
19950518	0006277	-0.84	-22.01	12	6.9	巴西圣保罗岛附近
19950522	0345010	-22.72	170.03	6	6.0	新喀里多尼亚东南海域
19950522	0349572	-22.79	170.06	37	6.1	新喀里多尼亚东南海域
19950523	2210121	-55.88	-3.40	10	6.5	大西洋-印度洋海丘
19950525	0911351	40.20	143.43	31	6.1	日本本州东北海域
19950527	1303520	52.60	142.85	8	7.7	萨哈林岛(库页岛)涅夫捷戈尔斯克市区
19950527	1432470	-23.91	-176.00	55	6.8	大洋洲米内瓦礁脉
19950527	1435400	-24.00	-175.86	102	6.8	大洋洲米内瓦礁脉
19950529	0729460	-10.35	164.13	26	6.4	所罗门群岛
19950531	1608410	19.00	-107.41	32	6.4	墨西哥西部海域
19950614	1111491	12.15	-88.36	36	6.6	萨尔瓦多南部海域
19950615	0015472	38.40	22.27	3	6.6	希腊西部滨海区
19950615	0030597	38.36	22.40	5	6.5	希腊西部滨海区
19950621	1528511	-61.75	154.55	10	6.7	麦阔里岛以南
19950621	1633074	-11.56	-77.52	82	6.6	秘鲁西海岸滨海地区
19950624	0658084	-3.96	153.91	404	6.6	新爱尔兰岛
19950625	0210360	-3.30	150.51	7	6.2	俾斯麦群岛
19950625	0659068	24.58	121.69	57	6.1	中国台湾花莲以东近海
19950627	1009583	18.83	-81.73	10	6.5	开曼群岛
19950627	1716346	-3.96	151.10	391	6.1	俾斯麦群岛
19950629	0745090	48.78	154.45	56	6.3	千岛群岛
19950629	1224029	-19.49	169.26	134	6.1	新赫布里底群岛
19950630	1159000	24.75	-110.25	29	6.2	南下加利福尼亚州
19950630	1341432	24.42	-110.27	10	6.2	南下加利福尼亚州
19950703	1950507	-29.35	-177.55	38	7.2	克马德克群岛
19950703	2156515	-29.10	-177.62	53	6.4	克马德克群岛
19950708	0542519	39.66	143.44	4	6.2	日本本州东部海域
19950708	1715279	53.55	-163.72	35	6.1	乌尼马克海峡

续表

年月日	时分秒	纬度（°）	经度（°）	震源深度（km）	震级	参考地震（M_S≥8后注M_W）
19950708	2349441	-24.22	-176.32	20	6.2	米内瓦礁脉
19950709	2031321	21.99	99.17	12	6.4	缅甸东部地区
19950711	2146400	21.98	99.20	13	7.3	缅甸东部地区
19950712	1547000	-23.23	170.83	31	6.1	洛亚尔提群岛以南
19950712	1838498	12.30	125.06	33	6.0	菲律宾萨马岛
19950726	2342048	2.52	127.71	86	6.3	马鲁古海峡
19950727	0551200	-12.58	79.23	24	6.3	印度洋中部
19950728	1429109	-21.27	-175.36	94	6.8	汤加群岛
19950729	1618470	30.39	138.46	458	6.0	南方群岛以西
19950730	0511234	-23.30	-70.21	43	8.1	智利北部安托法加斯塔地区　M_W8.0
19950730	0525062	-23.17	-70.61	33	6.9	智利北部安托法加斯塔地区
19950730	0547022	-23.25	-70.35	33	7.0	智利北部安托法加斯塔地区
19950730	0817220	-23.87	-70.19	61	6.3	智利北部安托法加斯塔地区
19950730	1035397	-24.25	-70.66	11	6.2	智利北部安托法加斯塔地区
19950730	1056124	-23.16	-70.80	33	6.3	智利北部安托法加斯塔地区
19950730	2105474	-23.39	-70.59	14	6.3	智利北部安托法加斯塔地区
19950731	0848319	-10.46	-78.27	71	6.0	秘鲁中部西海岸近海
19950802	0014095	-23.19	-70.63	33	6.1	智利北部安托法加斯塔地区
19950803	0157198	-23.06	-70.59	17	6.4	智利北部安托法加斯塔地区
19950803	0818524	-28.21	-69.21	90	6.0	智利和阿根廷接壤地区
19950814	0437214	-4.90	151.50	165	7.0	新不列颠岛
19950816	1027305	-5.82	154.17	47	7.8	所罗门海
19950816	1121417	-14.91	167.20	133	6.0	新赫布里底群岛
19950816	1528594	-5.10	153.88	112	6.0	所罗门海
19950816	1611431	-5.54	153.83	33	6.0	所罗门海
19950816	1624299	-5.42	153.72	43	6.6	所罗门海
19950816	2058500	28.43	128.10	14	6.1	东海海域
19950816	2310293	-5.79	154.30	78	6.9	所罗门海
19950816	2350362	50.26	176.03	33	6.4	阿留申群岛
19950817	0015563	-6.01	154.19	59	6.1	所罗门海
19950817	1001291	-5.22	153.48	47	6.2	所罗门海
19950818	0216268	-55.79	-28.84	38	6.1	南桑德韦奇群岛以西海域
19950819	2143307	5.18	-75.57	106	6.6	哥伦比亚西部滨海地区
19950823	0706041	18.81	145.23	614	6.9	马里亚纳群岛
19950823	1314428	-56.86	-141.48	12	6.3	太平洋南部
19950824	0155365	18.83	145.05	612	6.4	马里亚纳群岛
19950824	0628564	18.80	145.10	622	6.2	马里亚纳群岛
19950824	0755266	18.84	145.15	586	6.0	马里亚纳群岛
19950826	0657180	-5.69	153.58	28	6.1	所罗门海

续表

年月日	时分秒	纬度（°）	经度（°）	震源深度（km）	震级	参考地震（M_S≥8后注M_W）
19950828	1046144	26.27	-110.36	12	6.6	加利福尼亚湾
19950829	0725489	-48.01	99.49	10	6.4	南极-澳大利亚海丘
19950831	1710380	-15.81	166.41	32	6.2	新赫布里底群岛
19950906	2248510	15.06	-94.20	15	6.3	墨西哥东南海域
19950908	0115287	-56.12	-122.48	10	6.3	太平洋南部
19950908	1725450	14.88	-94.24	1	6.0	中亚美利加海沟
19950909	2058404	-20.17	-69.35	77	6.0	智利北部安托法加斯塔地区
19950914	1404348	16.88	-98.60	44	7.6	墨西哥雷瓦哈卡州
19950917	1709200	-17.12	66.69	9	6.4	中印度洋海岭
19950922	0539307	-6.04	146.56	44	6.0	伊里安岛东部
19950923	0234160	-5.99	146.64	51	6.0	伊里安岛东部
19950923	1605500	-5.57	104.07	51	6.6	苏门答腊岛东南部
19950923	2231539	-10.71	-78.58	39	6.3	秘鲁中部西海岸滨海地区
19951001	1557126	38.06	30.15	5	6.4	土耳其西部
19951003	0151282	-2.73	-77.90	60	7.5	厄瓜多尔
19951003	1245010	-2.78	-77.86	38	6.6	厄瓜多尔
19951003	1608150	-30.64	-71.88	18	6.0	智利中部西海岸滨海地区
19951003	1701037	-2.87	-77.88	57	6.1	厄瓜多尔和秘鲁接壤地区
19951006	0523174	65.16	-148.57	1	6.7	阿拉斯加州中部
19951006	1139300	-19.94	-175.92	150	6.1	汤加群岛
19951006	1809467	-2.01	101.50	37	7.4	苏门答腊北部
19951009	1343436	-21.43	170.12	123	6.0	洛亚尔提群岛
19951009	1535553	19.12	-104.20	42	7.8	墨西哥西南海岸滨海地区 M_W8.0
19951012	1652534	18.84	-103.98	16	6.2	墨西哥西南海岸滨海地区
19951014	0800534	-25.75	-177.56	176	6.0	米内瓦礁脉
19951018	1037281	28.10	130.43	37	7.3	琉球群岛奄美群岛
19951018	2326001	28.32	130.29	34	6.5	琉球群岛奄美群岛
19951019	0032077	28.35	130.26	39	6.7	琉球群岛奄美群岛
19951019	0241370	28.11	130.23	21	7.1	琉球群岛奄美群岛
19951021	0238577	16.83	-93.53	166	6.4	墨西哥恰帕斯州
19951023	2246500	25.99	102.24	3	6.6	中国云南元谋地区
19951029	1924322	0.83	126.03	64	6.1	马鲁古海峡
19951101	0035326	-28.88	-71.38	20	7.0	智利中部拉塞雷纳和科金博地区
19951101	0935567	28.24	130.19	29	6.1	琉球群岛奄美群岛
19951102	2213450	-6.72	130.35	98	6.1	班达海
19951105	1629593	-4.93	103.23	44	6.2	苏门答腊南部
19951106	0218435	-19.10	-68.31	57	6.1	玻利维亚西部
19951108	0714180	1.82	95.06	29	7.2	苏门答腊以西海域
19951113	0217530	3.59	126.78	53	6.1	塔劳群岛

续表

年月日	时分秒	纬度（°）	经度（°）	震源深度（km）	震级	参考地震（M_S≥8后注M_W）
19951113	0738468	-15.11	-173.46	39	6.0	西萨摩亚西南海域
19951113	0843154	56.08	114.49	26	6.2	贝加尔湖以东地区
19951121	1817048	-33.22	-71.94	43	6.0	智利中部西海岸滨海地区
19951122	0415119	28.81	34.80	9	7.7	埃及北部近海
19951122	1327565	3.12	95.99	52	6.2	苏门答腊以西近海
19951124	0618564	-42.95	171.77	7	6.2	新西兰南岛
19951124	1724117	44.43	149.11	28	6.6	千岛群岛
19951127	1552567	44.46	149.17	21	6.2	千岛群岛
19951130	2337395	44.25	149.36	54	6.3	千岛群岛
19951201	0520289	10.16	-104.02	10	6.8	太平洋克利帕顿岛
19951202	1713230	44.29	149.21	58	6.9	千岛群岛
19951202	1728140	44.27	149.56	15	6.1	千岛群岛
19951202	1940070	44.30	149.53	15	6.0	千岛群岛
19951203	1801102	44.53	149.31	46	7.5	千岛群岛
19951203	1814250	44.96	150.74	9	7.2	千岛群岛
19951203	1822434	44.57	150.06	43	7.2	千岛群岛
19951203	1858062	44.63	150.51	34	6.8	千岛群岛
19951203	1915398	44.45	149.56	36	6.5	千岛群岛
19951203	1931190	44.17	149.96	11	6.3	千岛群岛
19951203	1941440	44.65	150.36	20	6.2	千岛群岛
19951203	1954170	44.34	149.80	22	6.1	千岛群岛
19951203	2007204	44.62	149.73	42	6.0	千岛群岛
19951203	2034500	44.18	149.90	11	6.3	千岛群岛
19951203	2043210	44.60	150.44	24	6.0	千岛群岛
19951203	2138399	44.59	150.19	50	6.5	千岛群岛
19951205	0632069	-9.00	124.69	38	6.3	帝汶以北
19951205	1849321	39.43	40.11	26	6.2	土耳其埃尔津詹地区
19951207	1930241	44.82	149.56	28	6.2	千岛群岛
19951210	2223122	44.26	149.78	16	6.5	千岛群岛
19951210	2248099	44.14	149.70	48	6.4	千岛群岛
19951210	2346598	-21.50	-178.06	409	6.3	汤加塔布岛西南海域
19951211	1409243	18.97	-105.45	20	6.6	墨西哥南部海岸滨海地区
19951211	1944120	18.67	-105.46	32	6.2	墨西哥南部海岸滨海地区
19951214	0632160	-34.70	-179.20	52	6.2	克马德克群岛以南
19951218	0205560	52.64	142.74	20	6.3	萨哈林岛(库页岛)
19951218	0457049	34.54	97.37	32	6.2	中国青海野牛沟以西地区
19951219	2328131	-3.68	140.23	70	6.2	伊里安岛中部
19951225	0443232	-6.92	129.20	133	6.6	班达海
19951227	1521213	-57.28	-25.70	42	6.0	南桑德韦奇群岛

续表

年月日	时分秒	纬度（°）	经度（°）	震源深度（km）	震级	参考地震（M_S≥8后注M_W）
19951229	1301416	9.90	-70.13	45	6.0	委内瑞拉
19951230	0326112	-4.35	-104.62	10	6.3	东太平洋海丘
19951230	1211062	40.71	143.43	26	6.7	日本本州岛东北海域
19951230	1217362	40.77	143.33	25	6.2	日本本州岛东北海域
19951231	0726125	53.81	160.47	47	6.2	勘察加半岛东部
19960101	0134156	-20.54	-174.03	35	6.2	汤加群岛
19960101	0805100	0.68	119.98	15	7.6	望加锡海峡
19960101	0914330	0.51	119.86	22	6.3	望加锡海峡
19960101	0957529	53.82	159.51	33	7.2	勘察加半岛
19960107	1314340	-6.98	155.83	74	6.1	所罗门群岛
19960108	1004481	53.29	142.74	8	6.3	萨哈林岛（库页岛）
19960110	2236010	-6.17	133.57	19	6.1	阿拉弗拉海
19960111	0351340	-8.49	158.72	92	6.2	所罗门群岛
19960112	0217320	-23.27	170.79	22	6.1	洛亚尔提群岛
19960119	1902007	-10.37	-78.74	52	6.0	秘鲁西海岸
19960122	0859540	-2.97	141.63	28	6.2	伊里安岛北部
19960122	2319576	-60.60	-25.97	10	6.3	南桑德韦奇群岛
19960127	1748100	9.17	126.47	44	6.1	棉兰老岛
19960130	2200088	-32.97	-178.39	14	6.2	克马德克群岛
19960130	2229566	-33.10	-178.30	33	6.4	克马德克群岛
19960131	2030390	44.40	149.44	3	6.2	千岛群岛
19960201	0718025	44.84	146.33	153	6.0	北海道以东国后岛以北
19960203	1114200	27.29	100.29	10	7.0	中国云南丽江地区
19960204	1658040	27.01	100.29	1	6.1	中国云南丽江地区
19960207	2119066	55.30	-156.42	16	6.2	阿拉斯加半岛
19960207	2136456	45.26	149.89	37	6.7	千岛群岛
19960212	0908122	-11.07	118.74	43	6.3	努沙登加拉群岛
19960214	2031090	45.32	150.42	56	6.5	千岛群岛
19960216	0944586	-1.47	-15.30	11	6.7	南大西洋海岭北部
19960216	1522592	37.33	142.46	44	6.5	日本本州岛东部近海
19960217	0559320	-0.94	136.95	50	7.9	实珍群岛　M_W8.2
19960217	0817180	-0.96	137.24	48	6.0	实珍群岛
19960217	0842130	-0.85	136.62	60	6.5	实珍群岛
19960217	0854570	-1.22	136.77	27	6.0	实珍群岛
19960217	1421200	-0.56	135.83	6	6.4	实珍群岛
19960217	2017470	-0.89	136.11	9	6.6	实珍群岛
19960217	2018077	-0.86	136.09	33	6.5	实珍群岛
19960218	0022236	-0.68	135.86	33	6.0	实珍群岛

续表

年月日	时分秒	纬度（°）	经度（°）	震源深度（km）	震级	参考地震（M_S≥8后注M_W）
19960218	0225340	-1.35	136.54	17	6.3	实珍群岛
19960218	2349283	-1.24	-14.29	10	7.0	南大西洋海岭北部
19960219	0710070	-42.04	-75.27	8	6.1	智利西南沿海
19960219	2348400	-20.25	169.11	45	6.0	洛亚尔提群岛
19960221	1251017	-9.69	-79.77	10	7.1	秘鲁西部近海
19960222	1340565	-33.53	-71.44	66	6.2	智利首都地区
19960222	1459064	45.27	148.60	100	6.5	择捉岛
19960225	0308140	15.96	-98.09	7	7.4	墨西哥南部近海
19960225	0417109	-22.36	-175.84	33	6.1	汤加群岛
19960225	0917580	16.15	-97.90	20	6.0	墨西哥南部海岸滨海地区
19960225	1417200	12.97	-91.10	24	6.1	危地马拉南部近海
19960228	0944093	1.72	126.13	107	6.3	马鲁古海峡
19960302	0150045	-5.94	146.57	53	6.2	巴布亚新几内亚
19960303	1455154	11.72	-86.86	61	7.1	尼加拉瓜西南滨海地区
19960303	1458579	11.68	-86.89	33	6.4	尼加拉瓜西南近海
19960303	1637379	11.96	-86.81	88	7.2	尼加拉瓜西南近海
19960305	1452300	24.08	122.27	42	6.8	中国台湾花莲以东近海
19960305	1732109	24.02	122.28	39	6.1	中国台湾花莲以东近海
19960307	0838575	-23.28	-70.29	31	6.2	智利西北部
19960309	1615363	43.28	148.03	36	6.3	北海道以东海域
19960309	1617160	43.65	147.87	33	6.3	北海道以东海域
19960310	0856222	-13.05	-69.44	34	6.0	秘鲁东南部
19960312	1843420	48.44	88.21	10	6.0	中国新疆北部与蒙古接壤地区
19960316	2204067	28.97	138.98	482	6.0	南方群岛鸟岛
19960317	1448572	-14.71	167.31	169	6.4	新赫布里底群岛
19960318	1030202	-6.21	147.69	76	6.0	伊里安岛
19960319	1500260	40.01	76.71	25	6.8	中国新疆阿图什地区
19960319	1712390	15.85	-97.29	3	6.2	墨西哥南部近海
19960320	0453240	15.89	-97.27	12	6.0	墨西哥南部近海
19960322	0324180	51.28	178.68	4	6.7	阿留申群岛
19960322	0401442	51.10	178.84	44	6.1	阿留申群岛
19960322	0446090	51.21	178.82	41	6.7	阿留申群岛
19960327	1234500	16.57	-98.01	29	6.2	墨西哥南部近海
19960327	2052083	11.82	-88.01	45	6.0	尼加拉瓜西南海域
19960328	0728286	11.90	57.86	10	6.0	阿拉伯海
19960328	1951075	52.25	-168.82	30	6.1	阿留申群岛
19960328	2303478	-1.05	-78.71	18	6.0	厄瓜多尔
19960329	0328577	24.08	122.20	41	6.0	中国台湾花莲以东近海
19960330	1256003	52.16	-168.74	35	6.0	阿留申群岛

续表

年月日	时分秒	纬度（°）	经度（°）	震源深度（km）	震级	参考地震（M_S≥8后注M_W）
19960330	1305179	52.23	-168.75	36	6.6	阿留申群岛
19960331	2341429	-11.30	165.73	33	6.1	圣克鲁斯群岛
19960401	0610538	14.58	-93.56	36	6.0	墨西哥东南近海
19960406	2204413	44.06	149.16	33	6.0	千岛群岛
19960411	1124266	-10.84	161.55	39	6.0	所罗门群岛
19960412	0945103	7.03	94.46	33	6.0	安达曼海
19960416	0030541	-24.25	-177.00	111	6.8	米内瓦礁脉海域
19960418	0612540	12.84	124.99	8	6.2	菲律宾米沙鄢群岛
19960419	0019312	-23.96	-70.02	49	6.7	智利北部
19960423	0653351	17.23	-101.47	30	6.0	墨西哥南部近海
19960427	0031342	-19.12	168.68	51	6.3	新赫布里底
19960427	0840421	2.39	-79.38	10	6.4	哥伦比亚西南近海
19960429	1440430	-6.54	155.04	57	6.8	所罗门群岛
19960501	0921230	-6.66	154.89	25	6.0	所罗门群岛
19960502	1334282	-4.54	154.89	490	6.0	新爱尔兰岛
19960503	0332450	40.77	109.65	10	6.4	中国内蒙古包头附近
19960503	0404218	47.85	-121.76	15	6.0	美国西北部
19960504	1649220	13.82	146.31	14	6.0	马里亚纳群岛
19960507	2319587	43.63	147.66	38	6.2	北海道以东海域
19960511	0935050	-3.35	135.86	11	6.0	伊里安岛
19960511	1343480	-6.68	155.05	60	6.2	所罗门群岛
19960530	0304330	-56.71	-26.44	39	6.1	南桑德韦奇群岛
19960602	0248470	30.52	-41.88	10	6.9	北大西洋海岭
19960602	0252096	10.79	-42.27	10	7.4	北大西洋海岭
19960602	0937462	27.46	128.58	38	6.2	琉球群岛
19960603	0815393	-9.36	157.23	34	6.0	所罗门群岛
19960603	1050139	-9.42	157.25	33	6.2	所罗门群岛
19960603	1955319	46.77	153.72	33	6.1	千岛群岛
19960604	0413170	-49.98	-114.78	10	6.0	东太平洋海丘
19960606	1735361	-41.28	80.67	10	6.3	圣波尔岛附近
19960608	2319140	51.42	-178.12	23	6.3	阿留申群岛
19960610	0104480	-13.53	167.14	212	6.1	圣克鲁斯群岛
19960610	0403357	51.55	-177.61	34	7.7	阿留申群岛
19960610	0534418	51.11	-177.86	42	6.3	阿留申群岛
19960610	1524572	51.40	-176.85	33	7.3	阿留申群岛
19960610	1536300	51.17	-176.73	36	6.8	阿留申群岛
19960611	1040082	51.25	-176.24	33	6.1	阿留申群岛
19960611	1652135	17.19	-68.30	41	6.0	大安德烈斯群岛
19960611	1822530	12.65	125.20	16	6.9	菲律宾米沙鄢群岛

续表

年月日	时分秒	纬度（°）	经度（°）	震源深度（km）	震级	参考地震（M_S≥8后注M_W）
19960611	1834137	12.72	125.20	43	6.8	菲律宾米沙鄢群岛
19960612	0216480	51.38	-178.21	31	6.0	阿留申群岛
19960614	1504408	12.86	125.04	29	6.1	菲律宾米沙鄢群岛
19960617	1122182	-7.11	122.61	589	6.8	班达海
19960621	1357120	51.55	159.08	33	7.2	勘察加半岛东南近海
19960622	0032137	-53.82	8.74	10	6.2	大西洋-印度洋海丘
19960622	1450085	51.37	159.12	43	6.6	勘察加半岛东南近海
19960622	1647150	75.78	134.63	23	6.5	新西伯利亚群岛
19960623	1245093	51.68	159.10	44	6.1	勘察加半岛东南近海
19960626	0322053	27.70	139.88	491	6.0	南方群岛
19960630	1132364	51.68	159.74	38	6.5	勘察加半岛东南近海
19960703	0644420	30.11	88.19	8	6.0	中国西藏南部
19960707	1049596	58.59	157.70	10	6.4	舍列霍夫湾
19960715	2123380	17.57	-101.05	48	7.1	墨西哥格雷罗州
19960716	0348289	56.05	165.00	37	7.1	乌斯季堪察加
19960716	1007360	1.03	120.33	25	6.5	米那哈沙半岛
19960718	2255040	51.52	159.30	35	6.0	勘察加半岛东南
19960719	2343041	-48.30	31.50	10	6.1	爱德华群岛
19960720	0000416	36.13	27.05	27	6.2	地中海
19960722	0830232	13.03	-88.81	81	6.0	萨尔瓦多南部近海
19960722	1419357	1.02	120.48	34	6.9	米那哈沙半岛
19960723	0332138	-26.91	-177.18	44	6.5	克马德克群岛以北
19960723	0520043	-26.95	-177.15	33	6.1	克马德克群岛以北
19960725	1249370	-50.11	-114.00	10	6.0	东太平洋海丘
19960730	1738334	14.49	119.99	57	6.0	吕宋岛苏比克湾
19960731	2230355	-27.59	65.59	10	6.1	西印度洋海岭
19960802	1255317	-10.81	161.40	54	7.0	所罗门群岛
19960805	0208578	-15.36	-173.08	41	6.1	萨摩亚群岛阿皮亚
19960805	2139151	-1.97	-81.03	23	6.1	厄瓜多尔以西近海
19960805	2238206	-20.72	-178.29	531	6.8	图瓦纳岛地区
19960808	1710510	53.07	-167.12	26	6.2	阿留申群岛荷兰港
19960810	1812214	38.91	140.56	36	6.2	日本本州岛
19960811	0131110	-13.44	166.83	49	6.2	新赫布里底群岛
19960812	1700286	-0.25	125.13	51	6.2	马鲁古海
19960813	1933440	-15.65	-13.25	36	6.1	南大西洋海岭
19960815	0733530	-13.32	166.85	45	6.2	新赫布里底群岛
19960819	0419160	51.44	-178.35	29	6.0	阿留申群岛
19960819	0624120	-41.38	80.43	17	6.0	印度洋圣波尔岛
19960823	2156060	-4.11	-104.40	10	6.1	太平洋科隆群岛西南远海

续表

年月日	时分秒	纬度（°）	经度（°）	震源深度（km）	震级	参考地震（M_S≥8后注M_W）
19960823	2218563	-4.02	-104.14	10	6.2	太平洋科隆群岛西南远海
19960827	0212420	13.70	-91.27	33	6.1	危地马拉南部近海
19960828	1716184	9.39	-84.33	43	6.1	哥斯达黎加南部沿海
19960830	2113421	52.30	151.49	581	6.0	鄂霍次克海以南
19960904	1906504	9.38	-84.25	35	6.6	哥斯达黎加南部
19960905	0814190	-22.18	-113.41	51	6.8	东太平洋海丘
19960905	0910207	-22.07	-113.21	10	6.2	东太平洋海丘
19960905	0946596	-22.02	-113.11	10	6.3	东太平洋海丘
19960905	2044092	42.78	17.92	10	6.1	前南斯拉夫地区
19960905	2342072	21.93	121.51	24	6.9	中国台湾兰屿东南近海
19960909	0020410	-31.88	-71.44	54	6.1	智利中部西海岸
19960911	0237153	35.59	141.02	54	6.5	日本本州岛东部
19960914	1310540	-10.94	166.03	76	6.2	圣克鲁斯群岛
19960920	0003200	9.59	126.35	51	6.2	菲律宾棉兰老岛北部
19960920	0410282	9.47	126.32	40	6.3	菲律宾棉兰老岛北部
19960920	0411050	9.44	126.33	35	6.2	菲律宾棉兰老岛北部
19960920	1224380	9.47	126.48	7	6.0	菲律宾棉兰老岛北部
19960921	0123340	-6.18	146.18	12	6.0	伊里安岛
19960924	1142191	15.20	-61.45	148	6.6	向风群岛
19960925	2116090	9.26	108.73	27	6.1	爪哇岛以南海中
19960928	1410412	10.07	125.39	224	6.0	菲律宾苏里高海峡
19961001	1550238	12.38	58.07	10	6.0	索科特拉岛
19961002	0948031	11.77	125.52	47	6.2	菲律宾萨马岛
19961002	1124490	45.12	151.19	37	6.6	千岛群岛
19961009	1310504	34.53	32.10	19	7.0	土耳其南部近海
19961009	1419378	34.52	32.13	37	6.2	土耳其南部近海
19961010	1521030	3.49	97.88	20	6.5	苏门答腊北部
19961014	2326243	-7.18	155.52	59	6.6	所罗门群岛
19961018	1050226	30.55	131.15	17	6.7	日本本州岛以南
19961018	1119179	0.41	126.22	40	6.1	马鲁古海峡
19961019	1401043	31.87	131.81	40	6.0	日本九州岛以东近海
19961019	1444431	31.87	131.73	41	7.1	日本九州岛以东近海
19961019	1453476	-20.41	-178.44	573	6.2	图瓦纳岛
19961022	2037214	-50.10	-116.20	10	6.0	东太平洋海丘
19961022	2215030	63.46	-145.47	11	6.2	阿拉斯加州
19961024	1931541	66.96	-173.24	20	6.6	楚科奇半岛
19961101	0332300	-1.31	149.56	0	6.2	美拉尼西亚
19961104	1724577	7.38	-77.40	10	6.5	哥伦比亚和巴拿马接壤地区
19961105	0941320	-31.22	-179.95	341	6.0	克马德克群岛

续表

年月日	时分秒	纬度（°）	经度（°）	震源深度（km）	震级	参考地震（M_S≥8后注M_W）
19961106	2000591	28.04	143.58	9	6.6	小笠原群岛
19961107	0610172	9.83	126.32	40	6.0	棉兰老岛东北部
19961111	0047200	-32.51	-179.04	21	6.0	克马德克群岛
19961111	0922256	19.33	94.97	60	6.2	缅甸南部地区
19961112	1659440	-15.05	-75.66	33	8.0	秘鲁伊卡省卡瓦亚斯港滨海区　M_W7.7
19961113	0241404	-14.81	-75.69	35	6.2	秘鲁伊卡省卡瓦亚斯港滨海区
19961113	0247332	-15.35	-75.48	33	6.3	秘鲁伊卡省卡瓦亚斯港滨海区
19961113	1232097	-15.51	-75.43	33	6.2	秘鲁伊卡省卡瓦亚斯港滨海区
19961114	1144060	-14.76	-75.74	28	6.0	秘鲁伊卡省卡瓦亚斯港滨海区
19961114	1254007	-15.35	-75.50	22	6.3	秘鲁伊卡省卡瓦亚斯港滨海区
19961114	1347387	-21.39	-176.52	203	6.1	汤加塔布岛
19961115	0849340	-14.88	-75.61	62	6.0	秘鲁伊卡省卡瓦亚斯港滨海区
19961117	1917497	11.12	-86.13	103	6.3	尼加拉瓜西南沿海水域
19961119	1044463	35.31	78.20	36	7.1	中国新疆喀喇昆仑山口地区
19961120	0227491	34.38	141.17	41	6.4	日本伊豆诸岛以东
19961120	1758040	16.36	120.49	29	6.1	吕宋岛仁牙因湾
19961128	2126022	-0.70	-24.59	10	6.3	大西洋圣保罗岛附近
19961202	2217585	31.78	131.47	44	6.7	日本九州岛
19961203	1256567	-18.42	-172.22	33	6.0	汤加瓦乌群岛
19961205	0351057	14.49	-92.32	71	6.1	墨西哥和危地马拉接壤地区
19961209	0354167	-7.89	107.57	55	6.4	爪哇岛以南近海
19961209	1128540	29.86	-42.83	47	6.1	北大西洋海岭
19961210	0836178	0.84	-29.92	10	6.7	大西洋圣保罗岛附近
19961218	1012277	-25.16	-70.70	35	6.1	智利中部近海
19961221	0128479	36.10	139.81	65	6.3	日本本州岛
19961222	1453291	43.19	138.92	239	6.5	日本北海道以西近海
19961226	2048230	-2.23	138.92	30	6.1	伊里安岛
19961229	0343304	-6.89	131.13	51	6.0	东南群岛
19961230	1941510	-4.01	128.14	26	6.0	马鲁古群岛
19961231	1241409	15.78	-93.04	90	6.1	墨西哥马德雷山
19970101	2232330	-0.12	123.87	125	6.0	马鲁古海
19970103	0358130	-19.13	-174.81	61	6.0	米内瓦礁脉
19970109	1343308	41.02	74.32	16	6.0	吉尔吉斯斯坦贾拉拉巴德西南
19970110	1045075	-3.06	139.62	40	6.0	西伊里安
19970111	2028288	18.17	-102.83	49	7.4	墨西哥米却肯州
19970117	1120218	-8.87	123.54	110	6.4	萨武海
19970117	1553126	28.80	129.97	27	6.4	琉球群岛
19970121	0147120	39.37	77.00	8	6.2	中国新疆伽师地区

续表

年月日	时分秒	纬度（°）	经度（°）	震源深度（km）	震级	参考地震（M_S≥8后注M_W）
19970121	0148310	39.52	76.96	37	6.3	中国新疆伽师地区
19970123	0215198	-22.05	-65.69	247	6.6	玻利维亚
19970129	2319220	-12.85	166.30	35	6.0	新赫布里底群岛
19970204	1037512	37.74	57.29	36	7.2	伊朗呼罗珊省
19970207	0841151	-19.87	-173.23	39	6.2	汤加群岛
19970209	1232330	-14.45	-76.27	10	6.2	秘鲁南部滨海
19970226	1827107	-47.48	100.10	10	6.1	南极一澳大利亚海丘
19970227	2108027	29.96	68.20	34	7.3	巴基斯坦俾路支省
19970227	2130380	30.04	67.97	43	6.2	巴基斯坦俾路支省
19970228	1132140	43.96	147.89	37	6.0	北海道以东
19970228	1259228	38.09	48.04	39	6.4	伊朗大不里士
19970304	1303470	29.40	68.78	24	6.0	巴基斯坦俾路支省
19970309	1143449	-29.68	-71.11	42	6.1	智利中部西海岸近海
19970311	0525587	-31.10	-177.73	15	6.0	克马德克群岛
19970311	1922000	7.76	127.67	8	6.6	塔劳群岛
19970317	0805506	-6.66	105.48	51	6.3	巽他海峡
19970320	0850410	30.13	68.02	33	6.1	巴基斯坦
19970323	2048488	30.94	-41.52	10	6.1	北大西洋海岭
19970326	0208578	51.28	179.53	36	6.6	阿留申群岛
19970326	0831468	31.95	130.37	6	6.6	日本九州岛
19970326	1818353	2.78	128.21	134	6.1	马鲁古群岛
19970401	1833323	-18.25	-69.48	114	6.3	秘鲁和智利接壤地区
19970401	1842080	-18.22	-69.25	56	6.0	秘鲁和智利接壤地区
19970405	1223303	-6.54	147.46		6.2	所罗门海
19970405	2346190	39.54	76.88	23	6.3	中国新疆伽师地区
19970406	0436350	39.54	77.00	31	6.2	中国新疆伽师地区
19970408	1807108	18.40	120.96	78	6.2	吕宋岛以东近海
19970411	0534440	39.56	76.95	20	6.5	中国新疆伽师地区
19970415	1819100	39.62	76.98	22	6.2	中国新疆伽师地区
19970421	1211290	-13.51	166.55	40	6.9	新赫布里底群岛
19970421	1228320	-13.57	166.33	58	7.2	新赫布里底群岛
19970422	0931289	11.16	-61.09	47	7.0	特立尼达岛以东
19970423	0347170	-13.62	166.40	22	6.3	新赫布里底群岛
19970423	1944299	13.93	144.94	114	6.1	马里亚纳群岛
19970425	0911358	-48.33	-10.15	13	6.1	大西洋一印度洋海丘
19970428	1207383	-42.41	42.58	10	6.3	爱德华群岛东北
19970501	1137342	18.99	-107.27	15	7.0	墨西哥西南远海
19970503	1645560	-31.64	-179.34	48	7.0	克马德克群岛
19970508	1329247	51.67	-170.87	33	6.1	乌姆纳克南

续表

年月日	时分秒	纬度（°）	经度（°）	震源深度（km）	震级	参考地震（M_S≥8后注M_W）
19970510	0757300	33.88	59.82	7	7.5	阿富汗和伊朗接壤地区
19970511	2216155	-36.12	-97.68	10	6.2	秘鲁智利海盆
19970512	1345264	10.24	121.71	33	6.0	菲律宾米沙群岛
19970513	0538272	31.96	130.30	7	6.5	日本九州地区
19970513	1413463	36.48	71.00	198	6.4	印度和阿富汗接壤地区
19970521	1410281	-20.39	169.23	69	6.5	新赫布里底群岛
19970522	0750553	18.67	-101.66	85	6.6	墨西哥米却肯州
19970525	2322328	-32.11	-179.82	323	6.2	克马德克群岛
19970527	0800317	-15.35	-173.21	33	6.2	萨摩亚群岛
19970529	1702389	-35.94	-102.50	10	6.4	东太平洋南部
19970602	2124390	-57.86	-25.64		6.1	南桑德韦奇群岛
19970610	2153556	-35.75	-108.10	10	6.5	东太平洋海丘
19970617	2103405	51.31	-179.31	33	6.4	阿留申群岛
19970624	2304537	-1.89	127.93	42	6.1	马鲁古群岛
19970625	0950134	34.42	131.60	13	6.1	日本本州岛
19970625	1938443	33.94	59.45	35	6.2	伊朗东部边境地区
19970626	1921085	-49.76	-114.65	10	6.0	东太平洋海丘
19970706	0954000	-30.05	-71.81	14	6.9	智利中部近海
19970707	1124408	1.04	97.63	56	6.2	苏门答腊尼亚斯岛
19970709	1924103	10.50	-63.55	3	7.4	委内瑞拉
19970714	1609310	43.16	146.43	7	6.2	北海道以东海域
19970719	1222540	-29.20	-71.59	4	6.0	智利中部近海
19970719	1422089	16.34	-98.19	31	7.0	墨西哥南部沿海
19970720	0030209	52.51	-167.56	14	6.2	北太平洋海盆
19970725	0733270	-30.49	-71.98	17	6.0	智利中部滨海地区
19970727	0521270	-30.50	-71.89	18	6.2	智利中部滨海地区
19970728	0646540	22.36	142.80	18	6.2	马里亚纳群岛
19970731	2154199	-6.66	130.92	43	6.0	班达海
19970804	1854012	-15.30	-175.16	55	6.2	西萨摩亚西
19970808	2227201	-15.61	-179.08	10	6.4	斐济群岛
19970810	0920311	-16.05	124.42	10	6.5	澳大利亚西北部
19970813	0445032	25.13	125.87	40	6.2	琉球群岛
19970815	0737492	-4.40	-105.73	10	6.5	东太平洋海丘
19970817	2011112	-13.56	167.42	26	6.0	新赫布里底群岛
19970820	0715140	4.31	96.51	25	6.2	苏门答腊北部
19970820	1351168	-41.79	80.18	10	6.5	南极－澳大利亚海丘
19970829	0654004	-15.17	-175.56	33	6.4	西萨摩亚西南海域
19970829	0814070	-3.52	144.37	36	6.6	俾斯麦群岛
19970902	1213231	3.88	-75.70	196	6.3	哥伦比亚西部滨海区

年月日	时分秒	纬度（°）	经度（°）	震源深度（km）	震级	参考地震（M_S≥8后注M_W）
19970903	0622438	-55.27	-128.97	10	6.1	南太平洋
19970904	0423357	-26.50	-178.32	608	6.3	汤加群岛
19970910	1257070	-21.40	-174.34	10	6.4	汤加群岛
19970920	1611295	-28.74	-177.58	11	7.0	克马德克群岛
19970926	0940253	43.09	12.82	10	6.4	意大利翁布里亚区
19970930	0627240	31.98	141.99	35	6.2	本州岛东南远海
19971005	1804231	-59.74	-29.44	274	6.1	南桑德韦奇群岛
19971006	1230075	9.76	125.80	124	6.2	棉兰老岛东南近海
19971008	2120577	41.92	144.84	17	6.1	北海道东南海域
19971013	1339360	36.35	22.10	13	6.5	希腊南部近海
19971014	0953110	-22.14	-176.72	105	7.2	汤加群岛
19971015	0103330	-30.89	-71.14	54	7.4	智利拉塞雷纳
19971015	0254198	-16.10	-73.60	46	7.1	秘鲁南部海岸
19971015	0311122	51.42	-177.85	46	6.2	阿留申群岛
19971017	0955177	-57.27	148.00	10	6.1	南极-东太平洋海盆
19971019	1553391	-21.96	-174.89	35	6.1	汤加群岛
19971028	0615192	-4.35	-76.68	128	7.0	秘鲁北部
19971103	1917350	-30.76	-71.16	55	6.2	智利中部近海
19971105	2345309	27.88	142.61		6.1	日本海沟
19971108	1002534	35.12	87.37	38	7.5	中国西藏北部玛尼以北地区
19971114	2138494	38.82	25.82	2	6.0	土耳其西南沿海
19971115	0705163	43.79	145.03	158	6.0	日本北海道
19971115	1859250	-15.13	167.34	129	6.9	新赫布里底群岛
19971118	1307383	37.48	20.69	10	6.8	爱奥尼亚海
19971118	1541280	-29.20	-177.54	38	6.2	克马德克群岛
19971121	1123030	22.22	92.68	30	6.1	印度和缅甸接壤地区
19971123	0350580	39.93	138.87	7	6.2	日本海
19971125	1214361	1.21	122.56	46	6.6	米那哈沙半岛
19971128	2253426	-13.77	-68.80	600	6.5	玻利维亚
19971205	1126538	54.80	162.01	25	8.0	堪察加半岛
19971205	1848207	53.72	161.72	17	6.9	堪察加半岛
19971205	1904020	53.77	161.54	2	6.2	堪察加附近
19971206	1059046	53.95	161.87	29	6.5	堪察加半岛
19971206	1237223	54.85	162.04	41	6.0	堪察加半岛
19971207	1756174	54.64	162.83	22	6.7	堪察加半岛
19971211	0756297	3.97	-75.77	182	6.0	哥伦比亚西部滨海地区
19971216	1148320	16.20	-98.81	9	6.4	墨西哥瓦哈卡州
19971217	0438480	50.00	-179.00	20	6.5	阿留申群岛
19971222	0205516	-5.56	147.84	190	6.7	新爱尔兰岛

续表

年月日	时分秒	纬度（°）	经度（°）	震源深度（km）	震级	参考地震（M_S≥8后注M_W）
19971230	1343191	25.40	96.59	33	6.1	缅甸北部
19980101	0611223	23.94	142.02	91	6.4	南方群岛
19980104	0611565	-22.23	170.91	76	6.6	大洋洲享特尔岛海域
19980110	0350380	41.11	114.50	5	6.3	中国河北张北地区
19980110	0454256	-12.03	-72.06	33	6.5	秘鲁南部
19980110	0820101	14.40	-91.57	70	6.9	危地马拉南部
19980112	1014097	-31.02	-71.34	53	6.8	智利中部
19980112	1636202	-15.88	-179.32	23	6.5	斐济群岛
19980114	1724108	-15.80	-179.27	37	6.5	斐济群岛
19980119	1824006	-44.89	-79.70	10	6.0	智利南部近海
19980130	1216093	-23.84	-70.16	44	7.2	智利北部
19980203	0302002	15.92	-96.24	29	6.5	墨西哥南部安赫尔港
19980204	1433215	37.08	70.08	33	6.2	阿富汗巴达赫尚省
19980207	0119021	24.78	141.84	556	6.3	南方群岛
19980216	2353199	52.68	-33.66	10	6.8	南乔治亚岛
19980219	0421280	-10.95	-74.41	18	6.1	秘鲁中部
19980219	1414515	-4.51	129.05	39	6.3	马鲁古群岛
19980220	1218060	36.51	71.12	231	6.1	阿富汗和塔吉克斯坦接壤地区
19980303	0224451	14.38	-91.48	73	6.0	危地马拉南部
19980314	1940318	30.16	57.61	44	7.3	伊朗克尔曼省
19980320	2108092	-50.01	162.95	10	6.3	新西兰南部远海
19980321	1633124	80.11	2.50	10	6.7	格棱兰海
19980321	1822295	36.44	70.12	237	6.0	阿富汗北部
19980322	0108577	-11.41	66.27	10	6.2	印度洋中脊
19980325	0312255	-62.83	149.67	10	8.0	南极洲远海　M_W8.1
19980329	0715002	-0.50	-17.97	10	6.1	圣保罗岛以东海域
19980329	1948130	-17.67	-178.99	500	6.9	斐济群岛
19980401	1756240	-0.50	99.32	62	7.0	苏门答腊中部
19980401	2242591	-40.28	-74.92	19	6.7	智利中部近海
19980403	2201519	-8.08	-74.92	170	6.1	秘鲁和巴西接壤地区
19980410	1500530	32.45	60.09	33	6.0	伊朗比尔詹德地区
19980410	1640396	-1.22	-15.65	10	6.2	大西洋圣保罗岛
19980410	1643405	-33.54	-179.56	36	6.0	克马德克群岛
19980411	0044361	-23.72	-176.05	35	6.1	汤加群岛
19980412	1055319	46.25	13.67	5	6.3	意大利和南斯拉夫接壤地区
19980412	2349348	-15.66	-71.88	33	6.0	秘鲁南部
19980415	1523040	58.54	164.38	9	6.2	堪察加半岛以东
19980425	0607330	-35.51	-17.30	10	6.3	南大西洋海岭

续表

年月日	时分秒	纬度（°）	经度（°）	震源深度（km）	震级	参考地震（M_S≥8后注M_W）
19980427	1840378	-2.98	136.29	46	6.1	伊里安岛
19980503	2330241	22.30	125.32	51	7.6	琉球群岛
19980510	0606039	13.72	-90.87	76	6.3	危地马拉南部近海
19980513	2302065	-5.17	151.77	67	6.4	巴布亚新几内亚
19980514	1856222	40.28	143.26	23	6.1	日本本州岛东部近海
19980516	0222026	-22.21	-179.50	570	6.7	图瓦纳岛
19980521	0534239	0.18	119.57	20	6.5	望加锡海峡
19980521	2231272	-43.36	41.55	38	6.0	西印度洋海岭
19980522	0448505	-17.86	-65.54	24	7.1	玻利维亚爱基莱地区
19980523	1744467	8.18	123.79	646	6.0	棉兰老岛
19980527	2041360	52.22	159.45	43	6.1	堪察加半岛以东
19980530	0622290	37.15	70.12	30	7.1	阿富汗巴达赫尚省
19980530	1818159	39.04	143.40	33	6.2	日本本州岛以东近海
19980601	0534042	52.88	160.02	49	6.5	堪察加半岛以东
19980607	2320148	15.99	-93.79	92	6.1	墨西哥特万特佩克湾
19980618	0417556	-11.48	-14.07	10	6.3	南大西洋海岭
19980623	0136319	10.56	-76.39	35	6.0	加勒比海
19980624	1044311	-37.28	-17.36	10	6.2	南大西洋海岭
19980627	1355535	36.85	35.32	47	6.5	土耳其南部
19980629	2337160	-60.39	153.33	10	6.3	南太平洋海岭
19980709	0519075	38.61	-28.57	10	6.6	亚速尔群岛
19980709	1419217	38.69	48.48	55	6.1	阿塞拜疆和伊朗接壤地区
19980709	1445350	-30.48	-178.97	82	6.8	克马德克群岛
19980716	1156360	-11.09	166.17	109	7.1	圣克鲁斯群岛
19980717	0451160	23.49	120.67	18	6.1	中国台湾嘉义
19980717	0849230	-3.20	141.67	34	7.0	巴布亚新几内亚
19980717	2203532	-4.71	103.02	59	6.0	苏门答腊岛东南近海
19980720	0106012	30.17	88.25	58	6.0	中国西藏谢通门以北地区
19980724	1844007	21.44	121.97	7	6.2	中国台湾兰屿东南远海
19980725	0239260	-13.64	166.84	60	6.3	圣克鲁斯群岛
19980729	0714250	-32.27	-71.22	56	6.6	智利中部滨海地区
19980729	1800313	-2.72	138.97	44	6.4	伊里安岛
19980804	1859223	-0.55	-80.32	47	7.5	厄瓜多尔
19980805	1254259	-54.72	-135.60	10	6.0	南太平洋海岭
19980810	0952155	7.41	94.24	33	6.3	安达曼海
19980820	1500084	51.58	175.18	36	6.4	阿留申群岛
19980823	1357156	11.69	-88.05	55	6.8	太平洋水域
19980827	0903366	39.58	77.34	33	6.4	中国新疆伽师地区
19980828	1240586	-0.15	125.08	73	6.3	马鲁古海

续表

年月日	时分秒	纬度（°）	经度（°）	震源深度（km）	震级	参考地震（M_S≥8后注M_W）
19980829	0830214	-55.75	-27.06	33	6.1	南桑德韦奇群岛
19980830	0148090	17.09	148.14	31	6.2	马里亚纳群岛
19980830	1133348	51.04	-130.39	10	6.2	加拿大夏洛特群岛
19980902	0837313	5.40	126.72	67	6.9	菲律宾海沟
19980903	0758169	39.74	140.76	8	6.2	日本本州岛
19980903	1737560	-29.37	-71.62	12	6.9	智利中部滨海地区
19980907	0039303	-36.24	-97.74	10	6.0	太平洋东部海岭
19980908	0910070	13.21	143.99	179	6.0	马里亚纳群岛
19980914	2316471	51.58	-173.18	35	6.2	阿留申群岛
19980915	0835490	-5.47	151.59	64	6.2	新不列颠岛
19980921	1209428	-13.62	166.79	55	6.0	圣克鲁斯群岛
19980928	1334304	-8.17	112.44	157	6.6	爪哇岛
19980928	1923245	3.83	126.41	45	6.1	塔劳群岛
19981001	0341133	13.75	-45.56	10	6.1	北大西洋海岭
19981008	0451404	-16.05	-71.35	112	6.1	秘鲁南部
19981009	1154356	11.30	-86.52	65	6.2	尼加拉瓜南部滨海地区
19981011	2336230	-56.68	-142.60	10	6.1	南太平洋
19981028	1625047	0.82	125.96	46	6.3	马鲁古海峡
19981108	0725500	-9.13	121.45	47	6.0	佛罗勒斯岛
19981109	0530145	-6.95	128.99	35	6.9	班达海
19981109	0538440	-6.96	128.96	33	6.9	班达海
19981115	0244080	-21.56	-176.45	112	6.1	汤加群岛
19981117	0357592	7.69	-82.82	17	6.2	巴拿马布里卡角南部海域
19981119	1539214	22.67	125.77	23	6.3	琉球海沟
19981125	1805250	-7.89	158.66	43	6.5	所罗门群岛
19981129	1410270	1.98	124.88	45	7.7	印尼马鲁古海
19981206	0047142	1.30	126.27	43	6.3	马鲁古海峡
19981216	0018465	31.32	131.33	52	6.0	日本九州大隅海峡
19981216	1745068	1.11	126.13	52	6.4	马鲁古海峡
19981227	0038265	-21.81	-176.33	149	6.7	汤加群岛
19990112	0232289	26.72	140.25	476	6.1	南方群岛
19990116	1044398	56.28	-147.42	21	6.0	阿拉斯加湾
19990119	0335400	-4.72	153.27	181	6.5	新爱尔兰岛
19990121	2202180	38.63	142.82	41	6.0	日本本州岛以东近海
19990124	0037065	30.61	131.14	48	6.3	日本大隅海峡
19990124	0800085	-26.45	74.50	10	6.6	中印度洋海岭
19990125	1819182	4.47	-75.68	24	6.4	哥伦比亚亚美美亚市附近
19990127	1013555	6.77	-82.67	17	6.0	巴拿马西南海域

续表

年月日	时分秒	纬度（°）	经度（°）	震源深度（km）	震级	参考地震（M_S≥8后注M_W）
19990128	0810042	52.86	-169.17	56	6.3	阿留申群岛
19990130	0351050	41.59	88.45	21	6.1	中国新疆库鲁克塔格地区
19990131	0507141	43.25	46.90	35	6.1	高加索山区
19990203	0113592	-20.44	-174.18	45	6.2	汤加群岛
19990203	0635540	-6.20	104.08	15	6.0	苏门答腊孔雀港附近
19990204	1928007	4.05	95.28	55	6.2	苏门答腊米拉务以西
19990206	2148018	-12.89	166.68	111	7.2	圣克鲁斯群岛
19990211	1408546	34.31	69.24	46	6.0	阿富汗东北部
19990213	1445110	-3.53	144.87	4	6.2	俾斯麦群岛
19990214	2112280	-15.52	167.96	32	6.0	新赫布里底群岛
19990222	0100320	-21.38	169.65	23	6.2	洛亚尔提群岛
19990222	1349013	24.09	122.61	45	6.1	中国台湾花莲东部远海
19990225	1858296	51.63	104.91	10	6.5	贝加尔湖以南地区
19990302	0712217	35.59	141.72	39	6.0	本州岛部近海
19990304	0538268	28.28	57.20	33	6.5	伊朗东南部巴姆地区
19990304	0851590	5.39	122.92	15	6.7	苏拉威西海
19990307	2035435	-16.02	-179.41	33	6.1	斐济群岛
19990308	1225468	52.07	159.43	37	7.1	堪察加半岛东南
19990318	1755421	41.09	142.97	30	6.1	北海道南部海域
19990320	1047450	51.56	-177.72	26	6.8	阿留申群岛
19990321	1616023	55.90	110.23	10	6.4	贝加尔湖以北地区
19990321	1617038	55.95	110.18	10	6.3	贝加尔湖以北地区
19990330	0959092	10.71	-70.45	16	6.1	委内瑞拉
19990331	0554450	6.11	-82.71	10	6.5	巴拿马西南海域
19990401	2136217	-4.36	152.71	35	6.1	新爱尔兰岛
19990403	0617161	-16.58	-72.53	63	6.7	秘鲁南部近海
19990403	1010306	13.22	-87.63	34	6.3	中美洲半塞卡湾
19990405	1108042	-5.63	149.63	152	7.1	巴布亚新几内亚
19990406	0451059	24.46	-46.36	10	6.0	北亚美利加海盆东
19990406	0822155	-6.53	147.03	48	6.2	伊里安岛
19990408	1310340	43.61	130.41	564	6.8	中国吉林延边地区
19990413	1038390	-21.43	-176.43	85	6.6	斐济群岛
19990420	1904032	-31.87	-179.02	49	6.3	克马德克群岛
19990429	0746089	28.85	131.06	35	6.0	琉球群岛地区
19990505	2241285	14.30	-94.75	16	6.0	特万特佩克湾
19990506	2300513	29.53	51.92	17	6.8	伊朗法尔斯省
19990507	1413555	56.50	-152.86	41	6.7	科迪亚克岛
19990508	1944352	45.46	151.64	55	6.0	千岛群岛
19990508	2212492	14.25	-92.09	71	6.0	危地马拉近海

续表

年月日	时分秒	纬度（°）	经度（°）	震源深度（km）	震级	参考地震（M_S≥8后注M_W）
19990510	2033036	-5.18	150.90	150	7.2	新不列颠岛
19990511	0100402	-36.25	-110.70	10	6.1	东太平洋海丘
19990512	1759228	43.07	143.82	104	6.1	日本北海道
19990516	0051209	-4.73	152.50	77	6.4	新爱尔兰岛
19990516	1525529	-2.60	138.22	50	6.0	伊里安岛
19990517	1007585	-5.20	152.81	47	6.6	所罗门海
19990606	0708118	13.93	-90.91	86	6.3	危地马拉近海
19990615	2042054	18.37	-97.44	64	7.0	墨西哥南部
19990618	1055292	5.46	126.69	67	6.3	棉兰老岛东南近海
19990621	1743064	18.44	-101.54	78	6.4	墨西哥米却肯近海
19990703	0530119	26.30	140.56	449	6.0	南方群岛
19990707	1852580	49.20	155.55	41	6.0	千岛群岛
19990709	0504484	-6.59	154.88	78	6.0	所罗门群岛
19990711	1414160	15.79	-88.32	6	7.1	洪都拉斯
19990719	0217055	-28.58	-177.60	50	6.2	克马德克群岛以北
19990726	0133205	-5.16	151.95	72	6.1	新不列颠岛
19990728	0016579	-28.73	-177.52	37	6.2	克马德克群岛
19990728	1008234	-30.34	-178.07	47	6.1	克马德克群岛
19990801	0839048	-30.39	-177.83	10	6.1	克马德克群岛
19990814	0016524	-5.87	104.73	105	6.4	苏门答腊岛东南部
19990817	0001386	40.76	29.95	17	7.9	土耳其北部伊兹米特市附近
19990818	0116490	-37.34	177.27	155	6.0	新西兰北岛远海
19990820	1002237	9.26	-84.06	45	7.6	哥斯达黎加南部滨海地区
19990821	1049528	9.07	-83.98	42	6.0	哥斯达黎加南部地区
19990822	0935400	-40.47	-74.85	34	6.4	智利中部近海
19990822	1240460	-16.05	168.02	29	6.3	新赫布里底群岛
19990826	0739291	-3.47	145.65	33	6.1	俾斯麦群岛
19990828	1240088	-1.25	-77.53	219	6.0	厄瓜多尔
19990829	0046135	3.06	65.82	10	6.0	阿拉伯—印度海岭
19990907	1156496	38.12	23.58	9	6.0	希腊雅典地区
19990915	0301213	-20.80	-67.18	185	6.0	玻利维亚
19990917	1454500	-13.81	167.22	212	6.2	新赫布里底群岛
19990918	2128345	51.16	157.52	73	6.0	堪察加半岛南端
19990920	1747163	23.85	120.87	13	7.4	中国台湾南投集集镇
19990920	1757184	23.80	121.19	51	6.1	中国台湾南投余震
19990920	1803446	23.59	121.27	33	6.6	中国台湾南投余震
19990920	1811564	23.81	121.21	54	6.8	中国台湾南投余震
19990920	1816216	23.77	121.22	57	6.7	中国台湾南投余震
19990920	2146385	23.50	120.86	1	7.0	中国台湾南投余震

续表

年月日	时分秒	纬度（°）	经度（°）	震源深度（km）	震级	参考地震（M_S≥8后注M_W）
19990922	0014385	23.82	121.13	25	6.6	中国台湾南投余震
19990922	0014415	23.77	121.15	42	6.5	中国台湾南投余震
19990922	0049440	23.70	121.10	40	6.1	中国台湾南投余震
19990925	2352500	23.82	121.08	22	7.0	中国台湾南投余震
19990928	0500432	54.39	168.15	35	6.3	科罗多尔群岛海
19990930	1631158	16.07	-96.93	60	7.9	墨西哥南部滨海地区　M_W7.5
19991003	0210139	-13.42	-111.40	10	6.1	东太平洋海丘
19991010	0703080	-2.08	134.26	67	6.3	马鲁古群岛
19991013	0133404	54.65	-161.21	30	6.2	阿拉斯加半岛
19991016	0946450	34.58	-116.44	5	7.5	洛杉矶附近
19991018	0243230	-56.19	-26.61	25	6.4	南桑德韦奇海沟
19991022	0218575	23.49	120.42	22	6.2	中国台湾南投余震
19991023	0212055	-4.84	153.41	92	6.0	新爱尔兰岛
19991024	0421390	44.58	149.44	17	6.0	千岛群岛
19991101	1753032	23.41	121.61	58	6.4	中国台湾南投余震
19991108	1645418	36.52	71.23	214	6.3	阿富汗北部
19991111	1805440	1.25	100.21	215	6.0	苏门答腊中部
19991112	1657198	40.81	31.19	10	7.6	土耳其萨卡里亚省
19991115	0542431	-1.37	88.97	10	7.2	东印度洋海岭
19991117	0327456	-6.03	148.74	82	6.5	新不列颠岛
19991117	1136375	-6.02	148.73	70	6.0	新不列颠岛
19991118	1427461	0.53	126.07	67	6.2	马鲁古海
19991119	1356478	-6.32	148.70	45	6.7	所罗门海
19991121	0351145	-21.70	-68.76	101	6.2	智利、玻利维亚
19991121	0638366	-63.19	-164.50	10	6.0	南太平洋海岭
19991121	0646201	18.92	-107.15	10	6.3	墨西哥西南远海
19991126	0028560	55.13	165.35	5	6.2	堪察加半岛以东海域
19991126	0256080	-30.46	-177.65	41	6.0	克马德克群岛
19991126	1321160	-16.32	168.13	35	7.3	新赫布里底群岛
19991127	2241090	-4.69	153.13	72	6.0	新爱尔兰岛
19991129	0346302	-1.30	89.01	10	6.8	东印度洋海岭
19991130	0401478	-18.86	-69.11	79	6.1	智利北部
19991130	1623350	-21.41	169.16	39	6.0	洛亚尔提群岛
19991201	1923062	17.62	-82.35	10	6.7	开曼海沟
19991205	2200325	29.89	138.76	432	6.1	日本本州以南
19991206	2312287	57.39	-154.57	20	7.0	科迪亚克岛
19991207	0019480	57.35	-154.56	26	6.3	科迪亚克岛
19991207	2129420	-15.95	-173.92	77	6.1	汤加群岛
19991210	1838280	-36.29	-97.37	5	6.4	智利以西远海

续表

年月日	时分秒	纬度（°）	经度（°）	震源深度（km）	震级	参考地震（M_S≥8后注M_W）
19991211	1803405	15.76	119.80	70	7.0	菲律宾吕宋岛西部近海
19991215	0441140	-5.81	150.97	43	6.1	新不列颠岛
19991216	1036182	-28.91	-13.29	10	6.0	南大西洋海岭
19991218	1744550	-2.44	139.72	15	6.0	伊里安岛
19991219	0048391	12.81	144.64	69	6.0	阿加尼亚
19991221	1414592	-6.80	105.62	73	6.5	爪哇岛
19991224	1926059	-56.10	146.90	10	6.2	麦阔里岛以西
19991224	2235394	-56.35	147.08	10	6.0	麦阔里岛以西
19991225	1838506	-28.17	-176.72	33	6.1	克马德克群岛
19991228	1246588	5.66	-82.67	10	6.0	巴拿马以南
19991229	0519469	18.24	-101.49	67	6.1	墨西哥南部
19991229	1329195	-10.95	165.39	33	6.9	圣克鲁斯群岛
19991229	2253570	-11.14	165.26	33	6.2	圣克鲁斯群岛
20000105	0740370	-11.32	165.38	6	6.0	圣克鲁斯群岛
20000106	1042253	58.13	-136.93	1	6.4	亚历山大群岛
20000106	2131040	16.12	119.39	19	6.3	吕宋岛以西近海
20000108	0119420	-9.86	159.93	3	6.4	所罗门群岛
20000108	1159247	-23.22	-70.19	62	6.4	智利北部西海岸地区
20000108	1647146	-16.86	-174.20	131	6.8	汤加群岛
20000109	2154420	-18.82	174.35	49	6.3	瓦努阿图
20000114	2337075	25.54	101.09	32	6.4	中国云南姚安西
20000120	0941535	43.70	-126.56	10	6.0	美国西部近海
20000123	0842243	57.54	-149.11	10	6.0	阿拉斯加湾
20000126	1326539	-17.33	-173.97	33	6.1	汤加群岛
20000128	1421058	43.05	146.84	46	6.8	北海道以东近海
20000128	1639232	26.06	124.55	185	6.3	日本先岛群岛
20000206	1133568	-5.93	150.91	72	6.7	新不列颠岛
20000213	0257078	42.86	131.68	502	6.0	中国吉林与俄国远东接壤地区
20000215	0205036	17.62	145.45	556	6.0	马里亚纳群岛
20000218	0806170	16.59	-46.58	21	6.0	北大西洋海岭
20000220	0827241	8.95	-84.09	30	6.1	哥斯达黎加南部
20000221	1629390	18.54	-107.05	24	6.0	墨西哥西南海域
20000225	0144030	-19.58	173.82	64	7.0	斐济群岛西南
20000226	0811485	13.76	144.82	133	6.0	马里亚纳群岛
20000226	1824416	9.44	-78.64	75	6.0	巴拿马地区
20000229	2244570	-18.07	168.95	26	6.0	新赫布里底群岛
20000303	2209158	-7.34	128.62	162	6.5	班达海
20000303	2222442	-6.85	143.82	35	6.4	伊里安岛

续表

年月日	时分秒	纬度（°）	经度（°）	震源深度（km）	震级	参考地震（M_S≥8后注M_W）
20000304	0224215	-60.16	150.30	10	6.2	南极-东印度洋海盆
20000312	2221312	15.10	-92.43	63	6.2	墨西哥恰帕斯州近海
20000321	0526061	3.14	128.16	91	6.0	马鲁古群岛
20000328	1100204	22.26	143.72	110	6.9	南方群岛东南
20000407	1908312	-17.70	65.93	10	6.0	中印度洋海岭
20000421	0435192	51.41	-178.14	45	6.2	阿留申群岛
20000423	0927230	-28.29	-62.94	604	6.4	阿根廷
20000504	0421187	-1.17	123.54	54	7.3	印尼曼涯群岛
20000506	1344150	-11.32	165.42	17	6.1	圣克鲁斯群岛
20000512	1843152	-23.78	-66.74	193	6.8	阿根廷
20000512	2310265	35.91	70.68	77	6.2	兴都库什山区
20000514	2008348	-4.30	123.13	40	6.1	苏拉威西岛
20000530	0639010	-63.60	-172.40	10	6.4	南太平洋海岭
20000602	1113491	44.43	-130.18	10	6.1	美国西部近海
20000603	0854491	35.51	140.44	61	6.1	日本本州岛
20000604	1628288	-4.69	102.14	53	7.8	苏门答腊南部近海
20000604	1639460	-4.64	102.02	37	7.7	苏门答腊南部近海
20000604	1752124	28.66	65.31	8	6.1	巴基斯坦南部
20000606	0241501	40.70	32.98	10	6.3	土耳其西部
20000606	0958087	-5.09	102.75	49	6.3	苏门答腊南部海域
20000606	1457016	29.41	131.46	27	6.3	琉球群岛地区
20000606	2116410	36.82	135.51	2	6.1	日本海
20000607	2146559	26.80	97.19	33	6.9	缅甸北部
20000607	2345250	-4.61	101.94	20	7.0	苏门答腊南部近海
20000609	0127175	-5.14	152.51	57	6.2	爱尔兰岛以南
20000609	0800242	-5.60	102.73	38	6.1	苏门答腊南部近海
20000609	0841580	-11.44	162.20	24	6.2	所罗门群岛
20000609	2331460	30.45	137.74	494	6.2	南方群岛以西
20000610	1823299	23.86	121.19	36	6.6	中国台湾南投余震
20000611	1155121	-50.60	139.59	10	6.0	南极-澳大利亚海丘
20000614	0215280	-25.63	178.06	631	6.1	克马德克群岛
20000614	1700509	4.50	127.68	116	6.1	菲律宾海沟
20000615	1110470	29.33	132.10	12	6.0	琉球群岛地区
20000616	0755351	-33.81	-70.06	114	6.3	智利、阿根廷接壤地区
20000617	1540419	63.92	-20.47	10	7.0	冰岛南部沿海
20000618	1444132	-13.80	97.42	10	7.9	印度洋可可群岛
20000621	0051470	63.91	-20.74	10	6.9	冰岛南部
20000625	0634478	31.10	131.24	47	6.2	日本九州岛
20000701	0701556	34.18	139.16	9	6.6	日本伊豆诸岛

续表

年月日	时分秒	纬度（°）	经度（°）	震源深度（km）	震级	参考地震（M_S≥8后注M_W）
20000707	1546467	51.40	179.98	48	6.2	阿姆奇特卡岛
20000708	0452552	-5.41	102.70	9	6.0	苏门答腊岛南部海域
20000708	1857451	34.16	139.16	10	6.2	日本伊豆诸岛
20000711	0132266	57.45	-154.41	43	6.5	阿拉斯加半岛东
20000715	0130313	34.34	139.24	13	6.4	日本伊豆诸岛
20000716	0321434	20.29	122.14	18	6.3	巴林塘海峡
20000716	0357480	-7.77	150.89	27	6.5	所罗门海
20000716	1725240	-12.43	166.54	42	6.3	圣克鲁斯群岛
20000717	2253443	36.26	70.96	114	6.1	兴都库什山区
20000720	1839194	36.49	140.94	51	6.1	日本本州
20000721	0153369	9.42	-85.32	42	6.6	哥斯达黎加
20000728	2028082	23.41	120.93	33	6.2	中国台湾南投余震
20000730	1225456	33.90	139.38	8	6.9	日本伊豆诸岛
20000730	1248562	33.94	139.30	13	6.0	日本伊豆诸岛
20000731	2301553	-29.56	-176.26	57	6.3	克马德克群岛
20000803	0109430	-12.14	166.42	73	6.5	圣克鲁斯群岛
20000803	1922081	-17.68	-71.97	10	6.0	秘鲁南部近海
20000804	2113033	48.75	142.24	13	7.3	萨哈林岛(库页岛)
20000806	0727149	28.80	139.60	417	6.9	南方群岛
20000807	1433568	-6.98	123.43	666	6.1	佛罗勒斯海
20000809	0008410	-15.72	167.98	30	6.1	新赫布里底
20000809	1141443	18.16	-102.58	16	6.9	墨西哥南部
20000809	2256030	-16.87	174.34	67	6.4	斐济群岛以西
20000815	0430082	-31.56	179.74	356	6.5	克马德克群岛以西
20000817	0004297	-22.02	-174.65	39	6.2	汤加群岛
20000818	0152227	34.17	139.19	19	6.0	日本伊豆诸岛
20000821	0916258	-52.96	-46.20	10	6.1	南极海岭
20000822	1655147	38.13	57.39	15	6.2	土库曼和伊朗接壤地区
20000824	1136453	-5.98	102.75	33	6.2	苏门答腊岛南部海域
20000828	1505535	-4.05	127.46	63	6.6	班达海
20000828	1538106	-3.93	127.45	39	6.0	班达海
20000828	1929260	-4.14	127.31	46	6.3	班达海
20000828	1929328	-4.10	127.32	33	6.2	班达海
20000901	1156520	1.45	96.55	31	6.5	苏门答腊尼亚斯岛
20000910	0854471	24.10	121.57	40	6.2	中国台湾花莲以东近海
20000910	1906159	-1.11	129.38	38	6.3	哈马黑拉岛东南
20000911	1717535	-15.91	-173.66	117	6.1	汤加群岛
20000912	0027589	35.37	99.37	12	6.7	中国青海兴海西南地区
20000912	1627247	-5.43	101.82	36	6.6	苏门答腊西南海域

续表

年月日	时分秒	纬度（°）	经度（°）	震源深度（km）	震级	参考地震（M_S≥8后注M_W）
20000914	1459580	-15.84	179.90	36	6.1	斐济群岛
20000916	1726237	-30.48	-178.20	63	6.0	克马德克群岛
20000922	1822029	-4.99	102.10	34	6.3	苏门答腊西南海域
20000926	0617535	-17.26	-173.88	68	6.1	汤加群岛
20000928	2323427	-0.25	-80.60	19	6.5	厄瓜多尔西部
20001001	1903260	-4.03	127.35	20	6.0	班达海
20001002	0225328	-7.85	30.82	40	6.6	坦葛尼克湖地区
20001003	0413286	40.19	143.14	19	6.3	日本本州岛东北
20001004	1437450	11.15	-62.48	113	6.1	西班牙港西北
20001004	1658469	-15.39	166.91	42	6.8	新赫布里底
20001005	1339126	31.89	-40.92	10	6.2	北大西洋海岭
20001006	0430175	35.38	133.16	1	7.2	日本本州岛南部
20001007	1157404	10.00	119.27	33	6.0	印尼松巴岛
20001025	0526390	-34.59	-109.63	10	6.1	东太平洋海丘
20001025	0932243	-6.66	105.62	44	6.8	喀拉喀托火山
20001027	0421540	26.26	140.56	412	6.1	南方群岛
20001029	0836551	-5.37	153.87	10	6.0	所罗门群岛
20001030	0307112	17.55	-61.21	46	6.2	加勒比海背风群岛
20001031	1843200	-18.09	-175.23	33	6.2	汤加群岛
20001101	1035540	-45.01	167.12	12	6.3	新西兰南岛西部
20001106	1140271	56.24	-153.42	20	6.2	特里尼提群岛
20001107	0018062	-55.61	-29.81	10	6.9	南桑德韦奇群岛
20001107	0101504	-5.58	151.55	46	6.0	新不列颠岛
20001108	0659595	7.14	-77.84	17	6.8	巴拿马和哥伦比亚接壤地区
20001110	2010530	36.55	4.77	10	6.0	阿尔及利亚北部滨海地区
20001113	1557211	42.45	144.76	28	6.0	北海道东南近海
20001116	0454562	-3.98	152.18	28	7.6	巴布亚新几内亚
20001116	0511178	-5.35	153.50	33	6.4	新爱尔兰岛东南海域
20001116	0521240	-5.20	153.16	54	6.4	新爱尔兰岛南
20001116	0547340	-5.17	153.27	38	6.4	新爱尔兰岛南
20001116	0742170	-5.22	153.07	34	7.8	新爱尔兰岛附近
20001116	0745350	-4.86	153.23	49	6.2	新爱尔兰岛附近
20001116	0923150	-5.04	153.27	49	6.1	新爱尔兰岛附近
20001116	1105420	-5.32	152.96	48	6.1	新爱尔兰岛南
20001117	2101562	-5.52	151.80	31	7.2	新不列颠岛
20001117	2145540	-5.46	152.01	53	6.3	新不列颠岛
20001118	0017000	-5.32	153.17	48	6.0	新不列颠岛
20001118	0205520	-5.14	153.15	64	6.4	新爱尔兰岛南
20001118	0655050	-5.27	151.71	87	6.6	新不列颠岛

续表

年月日	时分秒	纬度（°）	经度（°）	震源深度（km）	震级	参考地震（M_S≥8后注M_W）
20001121	2121060	-5.45	152.78	39	6.0	新不列颠岛附近
20001123	1843189	-4.62	153.03	63	6.0	新爱尔兰岛
20001125	1809115	40.22	49.93	51	6.6	阿塞拜疆巴库地区
20001125	1810462	40.19	49.95	22	6.5	阿塞拜疆巴库地区
20001129	1025105	-25.00	-70.96	35	6.5	智利北部西海滨海区
20001129	1035454	63.92	-150.39	7	6.2	阿拉斯加州
20001203	1255186	51.66	-178.16	59	6.1	阿留申群岛
20001204	0443099	14.88	-93.96	33	6.5	墨西哥南部近海
20001205	2211350	52.50	-167.94	42	6.0	阿留申群岛
20001206	1711066	39.49	54.81	33	7.4	土库曼斯坦
20001206	2257423	-4.26	152.73	49	6.4	新爱尔兰岛
20001212	0526463	6.03	-82.66	10	6.3	巴拿马南部远海
20001218	0119213	-21.15	-179.12	618	6.3	图瓦纳岛
20001219	1311474	11.71	144.81	36	6.1	马里亚纳海沟
20001220	1123542	-39.02	-74.73	11	6.5	智利中部近海
20001220	1649434	-9.28	154.49	37	6.7	伍德拉克岛
20001221	0101350	-5.85	151.13	96	6.4	新不列颠岛
20001222	1013017	44.79	147.20	145	6.1	北海道东北择捉岛
参考件 2001～2008 年全球 M≥6 级地震目录						
20010101	0657040	6.88	126.66	33	7.0	菲律宾群岛地区
20010102	0730089	6.73	126.93	77	6.1	菲律宾群岛地区
20010102	2317441	-11.19	162.41	52	6.0	所罗门群岛
20010103	1447527	43.85	147.79	61	6.4	千岛群岛以东
20010109	1649290	-14.97	167.19	113	6.7	瓦努阿图群岛
20010110	1602436	56.99	-153.46	33	7.5	阿拉斯加州科迪亚克岛
20010111	0004067	49.17	-128.90	10	6.2	加拿大温哥华岛地区
20010113	1733346	13.00	-88.73	83	8.2	圣萨尔瓦多市区　M_W7.7
20010114	0858258	22.11	143.84	94	6.4	日本火山列岛地区
20010115	0552158	-40.34	78.33	10	6.4	印度洋海岭
20010116	1325011	-4.01	101.67	33	7.0	苏门答腊南部
20010116	1325093	-4.07	101.74	28	6.8	苏门答腊南部
20010119	0810163	-11.71	166.36	63	6.1	所罗门群岛
20010126	0316403	23.44	70.31	16	8.1	印度古迹拉特邦　M_W7.6
20010126	0423423	23.42	70.12	10	6.3	印度古迹拉特邦
20010128	0102107	23.53	70.60	10	6.0	印度古迹拉特邦
20010129	2321256	-0.72	133.28	33	6.1	印尼伊里安查亚省地区
20010213	1422060	13.70	-88.87	8	7.0	圣萨尔瓦多市区
20010213	1928305	-4.75	102.48	36	7.4	苏门答腊南部
20010214	1404287	-19.60	177.38	33	6.1	斐济群岛以南

续表

年月日	时分秒	纬度（°）	经度（°）	震源深度（km）	震级	参考地震（M_S≥8后注M_W）
20010214	1416593	-19.70	177.43	10	6.0	斐济群岛以南
20010216	0559096	-7.14	117.49	526	6.3	印尼巴厘海
20010217	2011308	53.97	-133.76	20	6.2	加拿大夏洛特皇后群岛
20010218	1304534	-47.43	32.60	10	6.0	爱德华王子群岛地区
20010224	0723505	1.33	126.34	56	7.0	印度尼西亚马鲁古海北部
20010226	0558222	46.77	144.49	390	6.6	鄂霍次克海
20010228	1230180	-21.99	170.13	34	6.5	新喀里多尼亚
20010228	1305364	-22.00	170.00	41	6.5	新喀里多尼亚以东
20010228	1854318	47.15	-122.63	56	6.8	美国华盛顿州
20010306	0917364	-54.53	157.28	10	6.3	麦夸里岛地区
20010314	1856217	0.39	121.92	135	6.1	印尼米纳哈沙半岛
20010315	0122437	8.69	93.96	33	6.3	印度尼科巴群岛地区
20010319	0552155	-4.04	128.01	33	6.4	印度尼西亚班达海
20010319	0556530	-3.98	127.87	6	6.2	印度尼西亚班达海
20010323	1130120	44.12	148.04	43	6.2	千岛群岛
20010324	0627539	34.10	132.55	52	6.9	日本四国岛
20010404	0744072	-5.27	132.34	10	6.1	印尼阿鲁群岛地区
20010409	0900573	-32.75	-73.15	10	6.8	智利中部沿岸远海
20010413	1533547	-59.73	-25.68	33	6.1	南桑威奇群岛地区
20010414	2327270	30.12	141.77	10	6.2	日本本州东南
20010419	2058262	-7.34	155.99	18	6.0	所罗门群岛
20010419	0313259	-7.43	155.89	12	6.2	所罗门群岛
20010419	2143426	-7.41	155.84	17	6.6	所罗门群岛
20010428	0449519	-18.06	-176.94	341	6.7	斐济群岛地区
20010518	0205332	0.41	97.83	33	6.2	苏门答腊北部
20010519	1736267	-19.94	-177.49	375	6.0	斐济群岛地区
20010520	0421445	18.86	-104.47	33	6.5	墨西哥哈利斯科州近海
20010525	0040506	44.21	148.35	33	6.9	千岛群岛
20010525	0506086	-7.86	110.13	131	6.2	印尼爪哇岛
20010529	2337228	-7.05	155.09	19	6.1	所罗门群岛
20010603	0241584	-29.68	-178.62	178	6.0	新西兰克马德克群岛
20010605	0900095	-6.88	146.34	35	6.2	巴布亚新几内亚
20010605	1513583	-6.79	146.42	10	6.1	巴布亚新几内亚东部地区
20010614	1948480	51.15	-179.86	18	6.5	阿留申群岛
20010615	0617453	18.86	146.96	33	6.0	马里亚纳群岛
20010616	0213404	-15.18	-173.41	33	6.1	萨摩亚群岛
20010623	2033093	-16.30	-73.56	2	8.4	秘鲁阿雷基帕省滨海地区　M_W8.4
20010623	2127358	-17.18	-72.64	33	6.0	秘鲁阿雷基帕省滨海地区
20010623	2309580	-16.66	-73.53	10	6.9	秘鲁阿雷基帕省滨海地区

续表

年月日	时分秒	纬度（°）	经度（°）	震源深度（km）	震级	参考地震（M_S≥8后注M_W）
20010624	1318500	44.19	148.45	20	6.0	千岛群岛
20010626	0418327	-17.83	-71.63	33	7.2	秘鲁阿雷基帕省滨海地区
20010626	1251146	-16.71	-73.60	21	6.2	秘鲁阿雷基帕省滨海地区
20010701	0146063	-4.30	152.91	29	6.0	新爱尔兰地区
20010703	1310463	21.64	142.99	325	6.0	马里亚纳群岛
20010704	0706310	-21.74	-176.73	179	5.9	斐济群岛地区
20010704	1209033	-17.19	-65.73	33	6.1	玻利维亚中部
20010705	1353496	-16.08	-73.84	62	6.4	秘鲁阿雷基帕省滨海地区
20010707	0938437	-17.57	-72.01	33	7.7	秘鲁阿雷基帕省滨海地区
20010708	1754190	-6.68	152.11	10	6.2	新不列颠岛地区
20010724	0500089	-19.52	-69.25	33	6.4	智利北部
20010726	0021386	39.10	24.27	19	6.8	爱琴海
20010802	2341067	56.25	163.77	16	6.8	堪察加东岸近海
20010806	0353001	-55.50	-123.30	10	6.4	东太平洋海岭南部
20010806	0356100	-55.54	-123.42	10	6.0	东南太平洋海盆
20010813	2011257	41.03	142.31	57	6.3	日本本州东岸近海
20010821	0652069	-36.80	-179.72	30	7.0	新西兰北岛以东
20010823	2145063	-3.41	146.34	33	6.1	俾斯麦海
20010825	0202000	7.60	-82.79	8	6.3	巴拿马以南
20010902	1006513	-54.41	-136.86	10	6.2	太平洋-南极洲海岭
20010907	0245589	-13.18	97.31	10	6.6	南印度洋
20010911	1456507	-0.62	133.13	33	6.3	苏门答腊中部
20010915	1504390	-22.45	-174.92	44	6.2	汤加群岛
20010929	0240064	-18.49	168.17	26	6.3	瓦努阿图群岛
20010930	1901193	-18.47	168.12	34	6.1	瓦努阿图群岛
20011007	0221129	-3.34	142.93	33	6.1	巴布亚新几内亚北岸近海
20011008	1814254	52.54	160.30	28	7.0	堪察加东岸近海
20011008	1820403	52.65	160.19	49	6.7	堪察加东岸近海
20011009	2353386	47.71	155.07	f	6.4	堪察加东岸近海
20011012	0502353	52.71	-132.18	20	6.1	加拿大夏洛特皇后群岛
20011012	1502196	12.72	144.98	62	7.1	马里亚纳群岛以南
20011019	0328440	-4.09	123.98	33	7.1	印度尼西亚班达海
20011021	0029287	-37.10	178.98	79	6.4	新西兰北岛东岸远海
20011026	2305504	-18.51	168.15	26	6.3	瓦努阿图群岛
20011031	0910205	-5.96	150.22	33	6.7	新不列颠岛地区
20011109	0047574	9.81	-82.21	18	6.2	巴拿马和哥斯达黎加接壤地区
20011113	1043230	53.62	170.36	33	6.1	克曼多尔群岛地区[俄]
20011114	0926104	35.93	90.59	11	8.2	中国青海昆仑山口西　M_W7.8
20011115	0103067	-1.54	-15.66	10	6.2	阿森松岛以北大西洋海域

年月日	时分秒	纬度（°）	经度（°）	震源深度（km）	震级	参考地震（M_S≥8后注M_W）
20011120	2108140	-6.93	128.92	6	6.0	印度尼西亚班达海
20011122	2322237	-16.34	178.10	33	6.2	斐济群岛
20011122	2324509	-16.27	178.00	33	6.3	斐济群岛
20011202	0247577	-12.79	166.66	112	6.0	所罗门群岛
20011202	1301537	39.44	141.16	123	6.6	日本本州东部
20011203	1132341	-16.45	-177.39	33	6.1	斐济群岛地区
20011207	1927343	-44.10	168.73	5	6.0	新西兰南岛
20011208	2029344	28.24	129.56	35	6.1	日本琉球群岛
20011212	1253204	-17.21	167.65	50	6.2	瓦努阿图群岛
20011212	1402354	-42.79	124.68	10	7.1	澳大利亚以南
20011218	0403004	23.92	122.81	28	7.5	中国台湾花莲以东远海
20011223	2252539	-9.64	159.57	12	7.1	所罗门群岛
20011229	1432226	-6.03	102.76	33	6.1	苏门答腊西南
20020101	1129227	6.28	125.75	168	6.1	菲律宾棉兰老岛
20020102	1722532	-17.67	167.85	54	7.5	瓦努阿图群岛
20020103	1017399	-17.69	167.98	32	6.4	瓦努阿图群岛
20020110	0556060	-17.61	167.86	23	6.0	瓦努阿图群岛
20020110	1114573	-3.26	142.41	11	6.7	巴布亚新几内亚北岸近海
20020113	1410561	-5.67	151.07	41	6.1	新不列颠岛地区
20020113	1623298	-5.44	152.15	f	6.0	新爱尔兰岛
20020115	0448002	-17.41	167.80	10	6.0	瓦努阿图群岛
20020115	0456276	-17.41	167.85	10	6.0	瓦努阿图群岛
20020115	0713015	-6.25	105.30	33	6.7	印度尼西亚巽他海峡
20020115	0901170	-5.58	151.15	50	6.1	新不列颠岛地区
20020122	0453521	35.57	26.63	88	6.2	希腊克里特岛
20020128	1350311	49.38	155.61	53	5.8	千岛群岛
20020128	1509549	-15.36	-173.16	25	6.0	萨摩亚群岛
20020201	2155208	45.40	136.68	353	6.1	海参崴附近
20020203	0711315	38.52	31.20	22	6.5	土耳其西部
20020205	1327256	-5.39	151.32	44	6.4	新不列颠岛地区
20020219	0035459	-3.78	150.98	10	6.0	新爱尔兰地区
20020228	0150510	-5.74	151.31	58	6.2	新不列颠岛地区
20020303	1208067	36.47	70.45	195	7.2	兴都库什山区
20020303	1208180	36.50	70.52	209	6.5	兴都库什山区
20020305	2116097	6.03	124.27	33	7.2	菲律宾棉兰老岛
20020308	1827548	5.79	124.21	33	6.0	菲律宾棉兰老岛
20020319	2214166	-6.51	129.89	166	6.0	印度尼西亚马鲁古群岛
20020325	1456377	36.01	69.27	33	6.5	兴都库什山区
20020326	0345487	23.30	124.04	33	7.1	日本琉球群岛西南部

续表

年月日	时分秒	纬度（°）	经度（°）	震源深度（km）	震级	参考地震（M_S≥8后注M_W）
20020328	0456226	-21.66	-68.31	125	6.2	智利和玻利维亚接壤地区
20020331	0652507	24.27	122.18	33	7.4	中国台湾花莲以东远海
20020401	1959327	-29.63	-71.27	73	6.3	智利中部近海
20020408	0348556	-51.04	139.28	10	6.0	西印度洋-南极洲海岭
20020411	2156566	-14.43	167.72	10	6.0	瓦努阿图群岛
20020412	0400280	35.99	69.35	37	6.3	兴都库什山区
20020418	0502458	16.98	-100.94	20	6.7	墨西哥格雷罗州
20020418	1608369	-27.52	-70.49	62	6.6	智利北部近海
20020424	1100008	-56.18	-122.33	10	6.3	东太平洋海岭南部
20020426	0715112	53.50	160.55	60	6.0	堪察加半岛
20020426	1606051	13.03	144.69	69	7.0	马里亚纳群岛
20020509	2341348	2.65	128.40	208	6.0	印尼哈马黑拉岛
20020514	1656114	-36.42	79.26	10	6.1	中印度洋海岭
20020515	0346062	24.69	121.89	9	6.6	中国台湾花莲以东近海
20020525	0536325	53.90	-161.08	33	6.5	美国阿拉斯加半岛
20020526	0010198	1.81	127.33	97	6.0	印尼哈马黑拉岛
20020528	0404231	-28.94	-66.77	25	6.1	阿根廷卡塔马卡省
20020528	1645176	24.06	122.30	22	6.0	中国台湾花莲以东海域
20020606	2353515	-0.93	148.40	25	5.9	巴布亚新几内亚以北海中
20020610	2248362	10.98	140.77	31	6.0	加罗林群岛
20020613	0127193	-47.82	99.74	10	6.8	东南印度洋海岭
20020616	0246163	8.92	-83.96	47	6.6	哥斯达黎加沿岸远海
20020617	2126255	-12.66	166.42	55	6.6	所罗门群岛
20020618	1356228	-30.79	-71.04	54	6.5	智利中部近海
20020622	0258215	35.59	49.02	10	6.7	伊朗西北部
20020627	0550385	-7.00	104.09	33	7.3	苏门答腊岛西南
20020627	0716123	-13.34	167.05	203	6.2	瓦努阿图群岛
20020628	1719306	43.76	130.67	568	7.1	中国吉林延吉以东边境地区
20020629	0239047	-12.48	166.54	66	6.3	所罗门群岛
20020630	2129367	-22.24	179.24	627	6.0	斐济群岛以南
20020703	2300184	-5.12	147.37	33	6.2	新不列颠岛地区
20020711	0736249	24.06	122.33	33	6.0	中国台湾花莲以东远海
20020713	2006238	30.58	69.90	10	6.0	巴基斯坦中部
20020730	0655059	-57.86	-23.37	15	6.1	南桑威奇群岛地区
20020731	0016448	7.94	-82.81	10	6.9	巴拿马以南
20020807	2359148	7.85	-82.89	10	6.3	巴拿马以南
20020813	0605378	-7.10	104.04	33	6.2	苏门答腊岛西南
20020814	1312401	7.76	136.96	10	6.1	加罗林群岛西部
20020814	1357551	14.04	146.28	55	6.5	马里亚纳群岛

续表

年月日	时分秒	纬度（°）	经度（°）	震源深度（km）	震级	参考地震（M_S≥8后注M_W）
20020815	0530300	-1.29	121.34	37	6.0	印尼苏拉威西岛
20020819	1101023	-21.70	-179.46	588	7.4	斐济群岛地区
20020819	1103152	-23.62	178.49	676	6.2	斐济群岛以南
20020819	1108224	-23.87	178.45	650	7.6	斐济群岛以南
20020819	1123051	-23.92	178.33	665	6.6	斐济群岛以南
20020820	1059318	31.02	142.03	5	6.3	日本本州东南
20020824	1840529	43.05	146.13	38	6.0	千岛群岛
20020908	1844238	-3.30	142.92	13	7.4	巴布亚新几内亚北岸近海
20020913	2228294	13.01	93.11	21	6.8	印度尼西亚安达曼群岛
20020915	0839315	44.76	130.04	574	6.2	中国黑龙江牡丹江市东部
20020916	1323011	-3.30	142.66	10	6.3	巴布亚新几内亚北岸近海
20020917	1120234	-3.29	142.75	10	6.2	巴布亚新几内亚北岸近海
20020920	1543359	-1.70	134.31	10	6.3	印度尼西亚伊里安查亚省
20020924	0357209	-31.45	-69.14	105	6.3	阿根廷圣胡安省
20020924	0413117	-10.52	161.22	10	6.1	所罗门群岛
20020924	2254215	-10.65	161.17	10	6.3	所罗门群岛
20020924	2301280	-10.66	161.29	11	6.3	所罗门群岛
20021003	1608299	23.30	-108.50	10	6.4	加利福尼亚湾
20021003	1905116	-7.51	115.68	325	6.2	印尼巴厘海
20021004	1905499	-20.98	-178.97	628	6.1	斐济群岛地区
20021006	1546346	-8.22	118.34	19	6.3	印度尼西亚松巴哇岛地区
20021008	0123588	-41.99	88.36	10	6.0	东南印度洋海岭
20021010	1050222	-1.75	134.26	25	7.5	印度尼西亚伊里安查亚省
20021010	1228251	-1.53	134.04	5	6.2	印度尼西亚伊里安查亚省
20021010	1229352	-1.46	134.02	9	6.2	印度尼西亚伊里安查亚省
20021010	2120029	-1.51	134.08	42	6.0	印度尼西亚伊里安查亚省
20021012	2009099	-8.32	-71.67	516	6.9	巴西西部
20021013	20550735	-14.63	-175.38	9	6.1	萨摩亚群岛地区
20021014	1412434	41.16	142.25	58	6.1	日本北海道地区
20021016	1012234	51.87	157.26	123	6.4	堪察加东岸近海
20021017	1752434	-3.63	140.18	28	6.0	印度尼西亚伊里安查亚省
20021019	1209050	44.16	149.87	33	6.6	千岛群岛
20021023	1127201	63.55	-148.07	20	7.3	美国阿拉斯加州中部
20021024	0608387	-1.95	29.05	19	6.3	刚果民主共和国
20021024	2153430	6.04	94.43	64	6.0	苏门答腊岛北部
20021031	0135159	-3.45	148.66	6	6.0	俾斯麦海
20021102	0126118	2.98	96.11	31	7.8	苏门答腊岛北部
20021102	0946467	3.01	96.44	26	6.5	苏门答腊岛北部
20021103	0337445	38.91	141.96	57	6.2	日本本州东岸近海

年月日	时分秒	纬度（°）	经度（°）	震源深度（km）	震级	参考地震（M_S≥8后注M_W）
20021103	2212412	63.63	-147.61	11	8.1	美国阿拉斯加州中部 M_W7.9
20021107	1514085	51.20	179.37	46	6.7	阿留申群岛
20021112	0146497	-56.58	-27.72	119	6.1	南桑威奇群岛地区
20021115	1305405	-55.67	-35.91	28	6.0	南乔治亚岛地区
20021115	1958336	-55.81	-36.34	10	6.7	南乔治亚岛地区
20021117	0453551	47.77	145.99	484	6.3	千岛群岛西北
20021120	2132274	35.35	74.59	13	6.5	克什米尔东部
20021126	0048168	51.49	-173.52	31	6.1	阿留申群岛
20021210	2102199	34.34	141.72	8	6.1	日本本州东岸远海
20021211	0349413	-3.88	135.13	21	6.2	印度尼西亚伊里安查亚省
20021212	0830449	-4.83	153.30	52	6.5	所罗门群岛
20021217	0432567	-56.94	-24.72	33	6.5	南桑威奇群岛地区
20021218	1412226	-57.18	-25.28	10	6.1	南桑威奇群岛地区
20021220	1414415	-3.06	147.96	33	6.2	阿德默勒尔蒂群岛地区
20021230	0449101	7.32	123.28	17	6.4	菲律宾棉兰老岛
20030104	0515053	-20.65	-177.63	390	6.0	斐济群岛地区
20030110	1311568	-5.28	153.69	71	6.3	所罗门群岛
20030120	0843077	-10.53	160.81	97	7.6	所罗门群岛
20030122	0206360	18.90	-104.08	27	7.9	墨西哥哈利斯科州近海
20030122	0258511	4.52	97.55	33	6.0	苏门答腊岛北部
20030127	0526231	39.48	39.85	10	6.4	土尔其东部
20030127	1756260	-45.96	35.29	10	6.4	爱德华王子群岛地区
20030210	0449313	-5.98	149.81	33	6.1	新不列颠岛地区
20030212	2233329	-3.68	144.26	24	6.3	巴布亚新几内亚北岸近海
20030215	1101589	12.20	124.04	3	6.5	菲律宾萨马岛
20030219	0332357	53.64	-164.73	15	6.7	阿留申群岛
20030224	0203434	39.52	77.21	26	6.6	中国新疆南部
20030309	1036236	-6.81	130.94	54	6.0	印度尼西亚塔宁巴尔群岛
20030310	0209382	1.70	127.28	107	6.3	印度尼西亚哈马黑拉岛
20030311	0727320	-4.70	153.22	36	6.8	新爱尔兰地区
20030312	0447500	39.39	77.45	1	6.2	中国新疆伽师地区
20030312	2341339	26.65	-110.58	10	6.6	加利福尼亚湾
20030314	0706131	-0.44	132.91	32	6.0	印度尼西亚伊里安查亚省
20030315	1941300	52.23	160.35	41	6.1	堪察加东岸远海
20030317	1636173	51.24	177.91	33	7.1	阿留申群岛
20030317	1855480	51.29	177.93	33	6.0	阿留申群岛
20030319	0003429	-9.42	156.63	34	6.0	所罗门群岛
20030325	0253267	-8.33	120.67	46	6.2	印度尼西亚弗勒洛斯岛
20030330	1813333	-3.23	127.50	32	6.0	印尼塞兰岛

续表

年月日	时分秒	纬度（°）	经度（°）	震源深度（km）	震级	参考地震（M_S≥8后注M_W）
20030331	0106514	-6.19	151.44	33	6.1	巴布亚新几内亚东
20030417	0048386	37.52	96.51	15	6.3	中国青海中部
20030417	1450496	-54.80	1.18	10	6.0	新不列颠岛地区
20030427	1603418	-20.85	169.74	84	6.0	瓦努阿图群岛
20030429	1044401	-7.03	103.67	33	6.0	苏门答腊岛西南
20030429	1044404	-7.03	103.67	33	6.0	苏门答腊岛西南
20030501	0027047	39.00	40.46	10	6.6	土尔其东部
20030504	1315174	-30.88	-178.27	57	6.5	新西兰克马德克群岛
20030504	2008451	-30.70	-178.29	35	6.2	新西兰克马德克群岛
20030505	1550087	0.19	127.36	127	6.2	印度尼西亚哈马黑拉岛
20030505	2304460	3.64	128.01	62	6.2	印度尼西亚哈马黑拉岛以北
20030509	2026162	-48.15	32.35	10	6.3	爱德华王子群岛地区
20030513	2121141	-17.29	167.69	33	6.1	瓦努阿图群岛
20030514	0603336	18.36	-58.63	20	6.9	北大西洋海岭
20030519	1627111	17.63	-105.47	10	6.1	墨西哥哈利斯科州沿岸远海
20030521	1844205	36.99	3.66	14	7.1	地中海西部
20030521	1851133	37.09	3.59	24	6.0	地中海西部
20030526	0924339	38.87	141.52	71	7.0	日本本州东岸近海
20030526	1923292	2.36	128.92	42	6.9	印度尼西亚哈马黑拉岛
20030526	2313311	6.77	123.81	587	6.6	菲律宾棉兰老岛
20030526	2326319	6.80	123.92	582	6.2	菲律宾棉兰老岛
20030603	2358028	-17.37	-72.79	33	6.1	秘鲁近海
20030607	0032414	-5.11	152.53	7	6.6	新不列颠岛地区
20030610	0840308	23.48	121.71	44	6.0	中国台湾花莲以东近海
20030612	0859203	-6.00	154.80	184	6.1	所罗门群岛
20030615	1924353	51.56	176.85	34	6.5	阿留申群岛
20030616	2208028	55.48	159.94	182	6.6	堪察加半岛
20030620	0619401	-7.63	-71.71	572	6.6	巴西西部
20030620	1330430	-30.62	-71.54	43	7.0	智利中部远海
20030623	1212315	51.45	176.71	1	7.1	阿留申群岛
20030626	1411448	12.33	123.90	9	6.0	菲律宾萨马岛
20030628	1529418	-3.43	146.22	10	6.3	菲律宾萨马岛
20030701	0552245	4.59	122.64	617	6.0	苏拉威西海
20030702	2352272	42.28	144.89	31	6.0	日本北海道地区
20030715	1846382	-3.90	152.27	33	6.4	新爱尔兰地区
20030715	2027507	-2.64	68.36	10	7.9	卡尔斯伯格海岭
20030721	1353599	-5.50	148.81	197	6.4	新不列颠岛地区
20030721	1516320	25.97	101.26	10	6.3	中国四川南部与云南省接壤地区
20030723	1638374	-15.55	-13.38	10	6.0	中大西洋海岭南部
20030725	0937477	-1.56	149.68	39	6.3	新爱尔兰地区
20030725	2213317	38.48	141.06	13	6.3	新爱尔兰地区

续表

年月日	时分秒	纬度（°）	经度（°）	震源深度（km）	震级	参考地震（M_S≥8后注M_W）
20030727	0204112	-21.12	-176.56	211	6.3	斐济群岛地区
20030727	0625318	47.10	139.21	468	6.6	东西伯利亚东南近海
20030804	0437209	-60.53	-43.45	10	7.8	南极洲斯科舍海
20030814	0514542	38.99	20.56	12	6.3	希腊和阿尔巴尼亚接壤地区
20030821	0402100	29.03	59.77	26	6.0	伊朗巴姆地区
20030821	1212473	-45.09	167.09	7	7.5	新西兰南岛西岸远海
20030821	1412291	-45.22	167.14	40	6.4	新西兰南岛
20030828	0448201	-49.75	-114.94	10	6.1	东太平洋海岭南部
20030902	1828002	-15.29	-173.17	10	6.2	萨摩亚群岛
20030906	0208144	-4.55	-106.01	10	6.1	东太平洋海岭中部
20030907	1316031	-22.38	172.08	33	6.3	洛亚蒂群岛东南
20030907	1319228	-22.44	172.06	50	6.4	洛亚蒂群岛东南
20030907	1320142	-22.22	172.24	33	6.1	洛亚蒂群岛东南
20030907	1342552	-15.69	167.05	33	6.0	瓦努阿图群岛
20030912	0655564	-5.27	151.50	51	6.1	新不列颠群岛地区
20030917	2134473	-21.43	-68.27	126	6.0	智利北部
20030921	1816127	19.87	95.63	5	7.1	缅甸西南部
20030922	0445365	19.80	-70.66	10	7.0	多米尼加
20030925	1950073	41.75	143.87	33	8.2	日本北海道地区　M_W8.3
20030925	2057130	41.68	143.65	31	6.1	日本北海道地区
20030925	2107598	41.68	143.60	32	7.5	日本北海道地区
20030926	0626563	42.09	144.70	29	6.1	日本北海道地区
20030926	2038192	41.98	144.53	12	6.0	日本北海道地区
20030927	1133251	50.01	87.78	16	7.7	西伯利亚西南部
20030927	1158067	49.98	88.09	10	6.3	西伯利亚西南部
20030927	1852461	50.08	87.76	4	6.9	西伯利亚西南部
20030929	0236552	2.40	144.37	41	6.5	日本北海道地区
20030930	0801333	-60.20	-33.43	10	6.0	南极洲斯科舍海
20030930	1408405	-30.66	-177.37	33	6.5	新西兰克马德克群岛地区
20030930	1522279	-30.74	-177.23	15	6.0	新西兰克马德克群岛地区
20031001	0103263	50.16	87.71	18	7.0	西伯利亚西南部
20031007	0455288	-16.51	-170.20	10	6.0	萨摩亚群岛地区
20031008	0906569	42.59	144.55	45	6.7	日本北海道地区
20031008	2315163	42.20	144.69	24	6.2	日本北海道地区
20031011	0008485	41.89	144.37	28	6.0	日本北海道地区
20031011	0111304	43.90	148.20	46	6.0	日本北海道地区
20031017	1019091	-5.50	154.18	150	6.5	所罗门群岛
20031018	2227150	0.49	126.11	51	6.1	印度尼西亚马鲁古海北部
20031022	1145303	-6.07	147.76	46	6.1	新不列颠岛地区

续表

年月日	时分秒	纬度（°）	经度（°）	震源深度（km）	震级	参考地震（M_S≥8后注M_W）
20031025	1241352	38.40	100.96	9	6.1	中国甘肃民乐以南地区
20031025	1247572	38.35	101.00	1	6.0	中国甘肃民乐以南地区
20031031	0106306	37.85	142.61	23	7.1	日本本州东岸远海
20031101	1310079	37.76	143.10	10	6.1	日本本州东岸远海
20031102	0532153	-45.05	166.66	10	6.4	新西兰南岛西岸远海
20031106	1038053	-19.28	168.89	120	6.2	瓦努阿图群岛
20031109	1952372	-0.59	-19.74	9	6.4	中大西洋海岭中部
20031111	1539331	-30.61	-179.14	30	6.0	新西兰克马德克群岛地区
20031111	1848250	22.37	143.37	109	6.1	日本火山列岛地区
20031112	0029470	1.52	126.46	49	6.0	印度尼西亚马鲁古海北部
20031112	0826440	33.24	137.05	382	6.2	日本本州南岸近海
20031117	0643060	51.10	178.64	27	7.6	阿留申群岛
20031118	1714243	12.11	125.47	48	6.5	菲律宾萨马岛
20031125	2019500	-5.66	150.95	63	6.5	新不列颠岛地区
20031201	0138354	42.88	80.52	33	6.1	中国新疆伊宁以南边境地区
20031205	2126098	55.59	165.76	10	6.8	科曼多尔群岛地区
20031209	1244008	51.29	-179.30	27	6.1	阿留申群岛
20031210	0438148	23.10	121.38	28	6.9	中国台湾台东滨海
20031221	0740457	-0.79	-20.61	10	6.2	中大西洋海岭中部
20031222	0847061	42.25	144.64	28	6.0	日本北海道地区
20031222	1915566	35.67	-121.05	10	6.4	美国加利福尼亚州中部
20031225	0711117	8.36	-82.82	33	6.7	巴拿马-哥斯达黎加边境地区
20031225	2042336	-22.15	169.54	6	6.3	新喀里多尼亚岛附近
20031226	0156532	28.97	58.30	15	7.0	伊朗东南部巴姆地区
20031226	2126041	-22.28	169.35	10	6.6	新喀里多尼亚岛附近
20031227	1601002	-21.89	169.73	10	6.3	新喀里多尼亚岛附近
20031227	2238026	-21.62	169.83	11	6.6	新喀里多尼亚岛附近
20031227	2255020	-21.66	169.71	10	6.4	新喀里多尼亚岛附近
20031229	0130542	42.39	144.64	29	6.1	日本北海道地区
20040101	2331489	17.59	-101.36	27	6.1	墨西哥格雷罗州沿岸近海
20040103	0807341	-22.40	169.72	17	6.1	新喀里多尼亚岛
20040103	0809024	-22.24	169.56	10	6.0	新喀里多尼亚岛
20040103	0813098	-22.39	169.66	16	6.0	新喀里多尼亚岛
20040103	0821492	-22.37	169.57	25	6.1	新喀里多尼亚岛
20040103	1623176	-22.30	169.66	9	6.8	新喀里多尼亚岛
20040103	1634301	-22.49	169.87	33	6.4	新喀里多尼亚岛
20040103	1638278	-22.30	169.94	12	6.0	新喀里多尼亚岛
20040111	0432463	-36.69	53.44	5	6.0	西南印度洋海岭
20040115	0726506	-3.53	151.07	2	6.2	新爱尔兰地区

年月日	时分秒	纬度（°）	经度（°）	震源深度（km）	震级	参考地震（M_S≥8后注M_W）
20040116	1807540	7.66	-37.66	10	6.3	中大西洋海岭中部
20040125	1143104	-16.85	-174.17	130	6.8	汤加群岛
20040128	2215287	-3.11	127.32	17	6.5	印度尼西亚塞兰岛
20040129	0352509	-50.24	-114.73	10	6.1	东太平洋海岭南部
20040129	0948428	6.28	127.00	222	6.0	菲律宾群岛
20040204	1159460	8.32	-82.96	29	6.3	巴拿马和哥斯达黎加接壤地区
20040205	2105030	-3.65	135.52	28	6.9	印度尼西亚伊里安查亚地区
20040205	2124141	-3.80	135.36	16	6.1	印度尼西亚伊里安查亚地区
20040207	0242342	-4.03	135.09	15	7.5	印度尼西亚伊里安查亚地区
20040207	0425003	-4.19	134.41	15	6.2	印度尼西亚伊里安查亚地区
20040208	0858487	-3.71	135.37	14	6.8	印度尼西亚伊里安查亚地区
20040221	0234431	-58.79	-15.60	10	6.5	南桑威奇群岛以东
20040222	0646269	-1.58	100.41	51	6.1	苏门答腊岛南部
20040223	1604453	-14.82	-175.55	15	6.3	萨摩亚群岛地区
20040224	0227464	35.26	-4.00	9	6.7	直布罗陀海峡
20040309	2256406	-32.47	-178.24	18	6.3	新西兰克马德克群岛地区
20040309	2258299	-32.47	-178.17	10	6.0	新西兰克马德克群岛地区
20040314	1630408	-17.28	-172.26	12	6.2	萨摩亚群岛地区
20040318	2004228	-23.96	-176.01	10	6.0	汤加群岛地区
20040327	1847276	33.99	89.18	9	6.2	中国西藏东北部
20040405	2124010	36.56	71.00	169	6.4	兴都库什山区
20040409	1523345	-13.17	167.17	231	6.0	所罗门群岛
20040411	1806114	42.77	144.95	50	6.1	日本北海道地区
20040414	0154086	55.29	162.65	57	6.0	堪察加东岸近海
20040415	2006543	-19.38	169.61	10	6.0	瓦努阿图群岛
20040416	1658360	-24.85	-175.71	17	6.1	汤加群岛以南
20040416	2157026	-5.22	102.69	34	6.1	苏门答腊岛南部
20040417	1558265	-7.43	128.39	158	6.2	印尼班达海
20040422	1416025	-3.35	146.95	20	6.0	俾斯麦海
20040423	0150301	-9.55	122.73	88	6.4	印度尼西亚萨武海
20040424	0744095	-21.96	-174.72	4	6.1	汤加群岛
20040429	0057251	10.72	-86.11	53	6.4	哥斯达黎加远海
20040503	0436475	-37.81	-73.42	17	6.8	智利中部近海
20040507	0126418	-21.93	170.19	17	6.1	洛亚蒂群岛东南
20040511	0828472	0.42	97.83	23	6.5	苏门答腊北部
20040513	0958412	-3.62	150.71	6	6.3	新爱尔兰地区
20040516	1058394	-12.03	166.27	24	6.0	所罗门群岛
20040519	0704117	22.69	121.47	26	6.5	中国台湾绿岛附近
20040528	1238430	36.32	51.59	17	6.6	伊朗北部

续表

年月日	时分秒	纬度（°）	经度（°）	震源深度（km）	震级	参考地震（M_S≥8后注M_W）
20040529	2056109	34.17	141.43	35	6.9	日本本州东岸远海
20040530	2111237	-31.31	-177.18	10	6.0	新西兰克马德克群岛
20040602	0850366	-32.82	-179.41	43	6.2	新西兰克马德克群岛以南
20040609	2249430	-51.59	139.67	10	6.0	西印度洋-南极洲海岭
20040609	2252073	-51.60	139.64	10	6.2	西印度洋-南极洲海岭
20040610	1519563	55.70	160.00	187	6.4	堪察加半岛
20040625	0235066	-6.77	130.40	73	6.0	印尼班达海
20040628	0949463	54.82	-134.49	20	7.2	加拿大夏洛特皇后群岛
20040629	0701292	10.64	-87.18	9	6.1	哥斯达黎加远海
20040708	1030471	47.17	151.37	123	6.1	千岛群岛
20040711	2308418	30.72	83.67	8	6.6	中国西藏隆格尔地区
20040715	0427133	-17.70	-178.77	560	6.7	斐济群岛地区
20040716	2358175	-65.76	-179.87	10	6.1	太平洋-南极洲海岭
20040719	0801480	49.55	-127.01	26	6.5	加拿大温哥华岛地区
20040722	0945155	26.51	128.85	33	6.0	日本琉球群岛
20040725	1435178	-2.49	103.97	582	6.8	苏门答腊岛南部
20040728	0356295	-0.52	133.10	31	6.4	印度尼西亚伊里安查亚省
20040801	1903095	-63.69	-166.65	10	6.0	太平洋-南极洲海岭
20040807	0930158	51.77	-166.24	8	6.1	阿留申群岛以南
20040828	1341271	-34.98	-70.31	7	6.6	智利和阿根廷接壤地区
20040905	1007072	33.07	136.73	19	7.3	日本本州西部南岸近海
20040905	1457174	33.21	137.07	10	7.4	日本本州南岸近海
20040905	1457283	33.21	137.13	1	6.1	日本本州南岸近海
20040906	1242589	-55.40	-29.16	11	7.2	南桑威奇群岛地区
20040906	2329349	33.20	137.29	17	6.5	日本本州南岸近海
20040907	1153045	-28.57	-65.88	22	6.4	阿根廷北部地区
20040908	1458260	33.20	137.19	30	6.3	日本本州南岸近海
20040911	2152343	-58.02	-25.52	36	6.2	南桑威奇群岛地区
20040913	0300102	43.98	151.41	0	6.2	千岛群岛以东
20040915	1910491	14.25	120.37	109	6.0	菲律宾吕宋岛
20040917	1125460	15.77	95.76	12	6.2	缅甸南岸近海
20040919	2026033	52.19	174.08	29	6.1	阿留申群岛
20040928	1529530	-52.50	28.05	10	6.2	非洲以南远海
20040928	1715242	35.79	-120.29	9	6.0	美国加利福尼亚州中部
20041004	1920339	14.59	147.02	8	6.1	马里亚纳群岛地区
20041006	2230559	-0.70	134.55	18	6.2	印度尼西亚伊里安查亚省
20041008	0827524	-10.94	162.12	38	7.0	所罗门群岛
20041008	1436066	13.89	120.60	121	6.4	菲律宾民都洛岛
20041009	2126550	11.42	-86.71	58	7.3	尼加拉瓜近海

年月日	时分秒	纬度（°）	经度（°）	震源深度（km）	震级	参考地震（M_S≥8后注M_W）
20041009	2207480	14.60	146.85	50	6.0	马里亚纳群岛地区
20041009	2338211	-60.68	-51.10	10	6.2	南极洲斯科舍海
20041015	0408496	24.53	122.77	100	6.5	中国台湾宜兰以东远海
20041020	1832235	-14.03	166.57	60	6.0	瓦努阿图群岛
20041023	0855586	37.30	138.77	9	6.7	日本本州东部
20041023	0903119	37.36	138.89	14	6.6	日本本州东部
20041023	0911560	37.27	138.70	18	6.2	日本本州东部
20041023	0934057	37.34	138.90	23	6.4	日本本州东部
20041026	2253046	-57.07	-24.79	17	6.6	南桑威奇群岛地区
20041102	1002117	49.21	-128.83	13	6.7	加拿大温哥华岛地区
20041102	1032493	-31.20	-178.94	18.	6.1	新西兰克马德克群岛
20041103	0831458	14.47	146.82	32	6.3	马里亚纳群岛地区
20041104	1403102	43.56	146.87	62	6.0	千岛群岛
20041105	0518334	-4.36	143.92	120	6.2	巴布亚新几内亚
20041108	1555010	24.02	122.52	40	6.5	中国台湾花莲以东近海
20041109	2358241	-11.19	163.66	25	6.9	所罗门群岛
20041111	1002467	42.03	144.35	41	6.3	日本北海道地区
20041111	1733111	-11.27	162.09	41	6.5	所罗门群岛
20041111	1734538	-11.17	162.18	30	6.7	所罗门群岛
20041111	2126424	-8.15	124.74	23	7.3	帝汶岛地区
20041111	2207078	-8.01	125.17	41	6.3	帝汶岛地区
20041111	2249517	-8.29	124.70	42	6.3	帝汶岛地区
20041115	0906554	4.74	-77.47	15	7.4	哥伦比亚西岸近海
20041120	0807220	9.59	-84.15	25	6.6	哥斯达黎加沿岸远海
20041120	2201444	13.35	-90.28	40	6.3	危地马拉沿岸近海
20041121	1141073	15.73	-61.68	21	6.5	背风群岛
20041122	2026231	-46.50	164.83	8	7.2	新西兰南岛西岸远海
20041126	0225004	-3.65	135.41	5	7.1	印度尼西亚伊里安查亚省
20041128	0235099	-26.71	-113.96	10	6.4	复活节岛地区
20041128	0736456	-3.71	135.46	39	6.3	印度尼西亚伊里安查亚省
20041128	1832128	42.90	145.21	43	6.8	日本北海道地区
20041206	1415102	42.77	145.25	36	6.6	日本北海道地区
20041214	2320118	18.98	-81.40	9	7.5	洪都拉斯以北
20041218	0646192	48.87	156.37	16	6.6	千岛群岛
20041223	1459007	-49.71	161.58	10	7.8	麦夸里岛以北　M_W8.1
20041223	1949595	-49.89	161.78	14	6.0	麦夸里岛以北
20041226	0058521	3.41	95.90	26	8.9	印尼北苏门答腊省班达亚齐近海　M_W9.0
20041226	0121191	6.33	93.39	30	6.2	尼科巴群岛地区
20041226	0125470	5.46	94.28	30	7.2	苏门答腊班达亚齐近海

续表

年月日	时分秒	纬度（°）	经度（°）	震源深度（km）	震级	参考地震（M_S≥8后注M_W）
20041226	0251590	12.48	92.51	21	6.6	安达曼群岛地区
20041226	0259110	3.19	94.42	20	6.7	苏门答腊班达亚齐近海
20041226	0308423	13.75	93.04	30	6.4	安达曼群岛地区
20041226	0314125	7.39	94.23	30	6.3	尼科巴群岛地区
20041226	0319120	3.53	94.26	34	6.5	苏门答腊班达亚齐近海
20041226	0324532	4.47	94.15	26	6.3	苏门答腊班达亚齐近海
20041226	0340155	5.50	94.33	43	6.5	苏门答腊班达亚齐近海
20041226	0350199	5.49	94.25	45	6.5	苏门答腊班达亚齐近海
20041226	0351134	5.06	94.81	52	6.5	苏门答腊班达亚齐近海
20041226	0400564	6.82	94.09	28	6.2	苏门答腊北部近海
20041226	0402541	5.02	94.80	48	6.5	苏门答腊岛北部近海
20041226	0410095	5.46	92.94	27	6.3	苏门答腊岛北部近海
20041226	0421269	6.85	92.93	32	7.7	印度尼科巴群岛地区
20041226	0501086	9.29	92.21	30	6.4	尼科巴群岛地区
20041226	0516092	9.07	93.75	22	6.1	尼科巴群岛地区
20041226	0520246	12.14	92.43	15	6.0	安达曼群岛地区
20041226	0551383	6.41	93.45	29	6.0	尼科巴群岛地区
20041226	0602266	8.32	94.07	22	6.2	尼科巴群岛地区
20041226	0611028	9.18	93.85	25	6.2	尼科巴群岛地区
20041226	0621585	10.62	92.37	27	6.1	安达曼群岛地区
20041226	0738241	13.12	93.05	24	6.1	安达曼群岛地区
20041226	0752271	8.01	94.05	19	6.3	尼科巴群岛地区
20041226	0759362	3.17	93.86	33	6.2	苏门答腊班达亚齐近海
20041226	0802334	5.33	94.47	38	6.0	苏门答腊班达亚齐近海
20041226	0920008	8.95	92.28	17	6.8	尼科巴群岛地区
20041226	0930537	7.22	93.78	30	6.3	尼科巴群岛地区
20041226	1018118	8.79	93.75	30	6.3	尼科巴群岛地区
20041226	1019298	13.44	92.74	27	6.4	安达曼群岛地区
20041226	1051195	7.69	92.33	39	6.5	尼科巴群岛地区
20041226	1056006	10.09	93.83	30	6.2	安达曼群岛地区
20041226	1057407	12.42	92.43	33	6.3	安达曼群岛地区
20041226	1104590	13.52	92.85	14	6.5	安达曼群岛地区
20041226	1356380	2.76	94.48	27	6.3	苏门答腊班达亚齐近海
20041226	1506316	3.65	94.11	18	6.3	苏门答腊班达亚齐近海
20041226	1512196	6.62	92.99	18	6.3	尼科巴群岛地区
20041226	1919538	2.67	94.03	29	6.6	苏门答腊北部远海
20041227	0032148	5.49	94.44	32	6.1	苏门答腊北部
20041227	0049275	12.97	92.38	2	6.0	安达曼群岛地区
20041227	0837370	6.43	93.23	32	6.0	尼科巴群岛地区

续表

年月日	时分秒	纬度（°）	经度（°）	震源深度（km）	震级	参考地震（M_S≥8后注M_W）
20041227	0939046	5.30	94.61	30	6.1	苏门答腊北部
20041227	1001378	7.55	92.76	33	6.0	尼科巴群岛地区
20041227	1005037	4.73	95.15	49	6.0	苏门答腊北部
20041227	2010468	2.90	95.60	10	6.2	苏门答腊远海
20041229	0150534	9.04	93.76	24	6.1	尼科巴群岛地区
20041229	0556485	8.76	93.17	30	6.4	度尼科巴群岛地区
20041229	0605139	8.79	93.15	25	6.2	尼科巴群岛地区
20041229	0619038	9.46	93.74	33	6.5	尼科巴群岛地区
20041231	0223587	7.06	92.55	14	6.7	尼科巴群岛地区
20041231	1204577	6.18	92.93	23	6.4	尼科巴群岛地区
20041231	1207468	10.75	90.77	33	6.0	安达曼群岛
20050101	0625448	5.10	92.30	11	7.1	苏门答腊岛北部远海
20050101	1908078	7.34	94.46	55	6.1	尼科巴群岛地区
20050102	0827419	3.24	95.46	8	6.2	苏门答腊岛北部远海
20050102	1535567	6.36	92.79	30	6.6	尼科巴群岛地区
20050104	0913123	10.67	92.36	23	6.1	安达曼群岛地区
20050104	1914491	10.56	91.73	10	6.0	安达曼群岛地区
20050106	0056299	5.32	94.83	49	6.1.	苏门答腊岛北部
20050109	2212565	4.93	95.11	40	6.0	苏门答腊岛北部
20050112	0840037	-0.88	-21.19	10	6.3	中大西洋海岭中部
20050114	0833145	-4.24	152.72	10	6.0	新爱尔兰地区
20050115	1347051	-6.46	105.24	58	6.0.	苏门答腊岛南部
20050116	0825045	-25.53	-176.30	16	6.1	汤加群岛以南
20050116	2017528	10.93	140.84	24	6.7	加罗林群岛西部
20050117	1050326	10.99	140.68	12	6.0	加罗林群岛西部
20050118	1409062	42.95	144.87	42	6.0	日本北海道地区
20050121	1245315	34.02	141.55	10	6.1	日本本州东岸远海
20050121	1345141	-1.13	-80.83	10	6.0	厄瓜多尔沿岸近海
20050122	2030174	-7.73	159.48	29	6.3	所罗门群岛
20050123	2010122	-1.20	119.93	11	6.0	印度尼西亚苏拉威西岛
20050124	0416474	7.33	92.48	30	6.4	印度尼西亚尼科巴群岛地区
20050124	2323261	-1.36	-80.79	16	6.1	厄瓜多尔沿岸近海
20050124	2326503	-1.40	-80.91	10	6.0	厄瓜多尔沿岸近海
20050125	1644161	37.62	43.70	41	6.0	土耳其东部
20050126	2200426	2.70	94.60	22	6.5	苏门答腊岛北部远海
20050128	0926188	-1.18	-81.50	10	6.1	厄瓜多尔沿岸远海
20050128	1546453	-1.09	-81.16	10	6.0	厄瓜多尔沿岸远海
20050131	0105336	37.53	20.16	31	6.0	伊奥尼亚海
20050202	0230259	14.08	144.71	158	6.0	马里亚纳群岛

续表

年月日	时分秒	纬度（°）	经度（°）	震源深度（km）	震级	参考地震（M_S≥8后注M_W）
20050205	0334257	16.01	145.87	142	6.1	马里亚纳群岛
20050205	0403138	2.26	94.99	30	6.3	苏门答腊岛北部远海
20050205	1223189	5.29	123.34	525	6.4	苏拉威西海
20050205	1735469	8.11	94.18	30	6.3	印度尼科巴群岛地区
20050207	2002177	-4.53	153.19	36	6.0	新爱尔兰地区
20050208	1448220	-14.25	167.26	206	6.1	瓦努阿图群岛
20050209	1327253	4.80	95.12	44	6.1	苏门答腊岛北部
20050209	1846100	26.09	144.00	24	6.2	日本小笠原群岛地区
20050210	1653200	-23.10	169.22	9	6.4	新喀里多尼亚岛
20050214	1706526	-0.13	98.73	47	6.2	苏门答腊岛南部
20050214	1805593	15.77	-61.74	11	6.0	加勒比海背风群岛
20050214	2338087	41.73	79.44	22	6.2	中国新疆阿克苏北部边境地区
20050215	1442259	4.76	126.42	39	6.2	印度尼西亚塔劳群岛
20050216	0819415	8.10	93.94	11	6.1	印度尼科巴群岛地区
20050216	2027525	-36.32	-16.56	10	6.6	中大西洋海岭南部
20050217	0531281	4.70	95.16	47	6.0	苏门答腊岛北部
20050219	0004436	-5.56	122.13	10	6.6	印度尼西亚弗洛勒斯海
20050222	0225229	30.75	56.82	14	6.7	伊朗中北部
20050222	0320073	12.58	123.18	17	6.0	菲律宾吕宋岛
20050225	2304040	38.11	72.71	114	6.1	中国新疆帕米尔山区
20050226	1256526	2.91	95.59	36	7.0	苏门答腊北部远海
20050302	1042122	-6.53	129.93	201	6.7	印度尼西亚班达海
20050304	1905199	2.67	126.41	59	6.1	印度尼西亚马鲁古海北部
20050305	1906515	24.64	121.93	3	6.3	中国台湾花莲近海
20050305	1908017	24.72	121.92	10	6.1	中国台湾花莲近海
20050306	0439594	-11.05	163.04	10	6.1	所罗门群岛
20050306	0521434	84.95	99.39	10	6.3	俄罗斯北地群岛以北
20050313	0331231	27.09	61.89	54	6.2	伊朗东南部
20050314	0155556	39.35	40.89	5	6.1	土耳其东部
20050315	0015211	11.24	-86.07	30	6.0	尼加拉瓜沿岸近海
20050317	1337371	15.14	-91.38	197	6.1	安达曼群岛北
20050319	1502427	-20.41	-174.34	18	6.0	汤加群岛
20050319	1734462	-21.89	-179.55	598	6.1	汤加群岛
20050320	0153418	33.81	130.13	10	7.3	日本本州岛
20050321	1223541	-24.98	-63.47	579	6.5	阿根廷萨尔塔省
20050321	1243124	-24.73	-63.51	570	6.2	阿根廷萨尔塔省
20050323	1359170	-55.47	-1.54	10	6.0	南极洲布韦岛地区
20050325	0104530	5.49	94.37	39	6.1	苏门答腊岛北部
20050326	1540345	-4.89	129.94	10	6.0	班达海
20050328	1609365	2.09	97.11	30	8.6	苏门答腊岛北部　M_W8.6

续表

年月日	时分秒	纬度（°）	经度（°）	震源深度（km）	震级	参考地震（M_S≥8后注M_W）
20050328	1638431	1.23	97.49	30	7.0	苏门答腊岛北部
20050328	1830446	0.92	97.87	36	6.6	苏门答腊岛中部
20050328	1902199	1.01	97.82	30	6.3	苏门答腊岛北部
20050328	2313010	0.17	97.04	38	6.1	苏门答腊岛中部
20050329	0516299	2.65	96.58	30	6.1	苏门答腊岛北部
20050330	1619411	2.99	95.41	22	6.9	苏门答腊岛北部远海
20050330	1729217	2.93	95.42	25	6.1	苏门答腊岛北部远海
20050330	1741572	-22.46	-179.75	588	6.1	斐济群岛地区
20050331	0139061	-18.55	176.01	10	6.1	斐济群岛地区
20050331	0146178	-18.45	175.99	10	6.0	斐济群岛地区
20050331	0723538	1.70	97.12	22	6.2	苏门答腊岛北部
20050402	1252366	78.61	6.10	10	6.6	挪威斯瓦尔巴群岛地区
20050403	0059214	0.37	98.32	30	6.2.	苏门答腊岛中部
20050403	0310565	2.02	97.94	36	6.3	苏门答腊岛北部
20050407	1146050	0.61	97.42	26	6.2	苏门答腊岛中部
20050407	2004411	30.49	83.66	11	6.6	中国西藏隆格尔以南
20050408	0151387	0.68	97.38	30	6.3	苏门答腊岛中部
20050408	0548379	-0.22	97.73	20	6.8	苏门答腊岛西南
20050408	1138175	-23.14	169.26	10	6.1	新喀里多尼亚岛
20050409	1516279	56.17	-154.52	14	6.5	美国阿拉斯加半岛
20050410	1029113	-1.64	99.61	19	7.0	苏门答腊岛南部
20050410	1045494	-1.61	99.62	30	6.5	苏门答腊岛南部
20050410	1114196	-1.71	99.78	30	6.9	苏门答腊岛南部
20050410	1155307	-1.71	99.72	29	6.0	苏门答腊岛南部
20050410	1724394	-1.59	99.72	30	6.6	苏门答腊岛南部
20050410	2222157	35.60	140.40	43	6.1	日本本州东岸近海
20050411	0611118	2.17	96.76	24	6.4	苏门答腊岛北部
20050411	1220060	-3.48	145.91	11	6.5	俾斯麦海
20050411	1454070	-7.29	-77.89	129	6.1	秘鲁北部
20050411	1708539	-21.98	170.61	68	6.5	洛亚蒂群岛东南
20050416	1638039	1.81	97.66	31	6.7	苏门答腊岛北部
20050428	1407337	2.13	96.80	22	6.5	苏门答腊岛北部
20050504	0857011	-19.41	-173.83	22	6.2	汤加群岛
20050505	1912214	5.71	-82.85	18	6.3	巴拿马以南
20050510	0109051	-6.23	103.14	17	6.8	苏门答腊岛西南
20050512	1115353	-57.38	-139.23	10	6.4	太平洋-南极洲海岭
20050512	2052033	-7.50	156.11	10	6.4	太平洋-南极洲海岭
20050514	0505185	0.59	98.46	34	7.0	苏门答腊岛中部
20050514	1026445	-45.61	96.05	10	6.1	东南印度洋海岭

续表

年月日	时分秒	纬度（°）	经度（°）	震源深度（km）	震级	参考地震（M_S≥8后注M_W）
20050516	0354146	-32.59	-179.35	34	6.4	新西兰克马德克群岛以南
20050518	1027064	-15.32	-173.24	10	6.1	萨摩亚群岛地区
20050519	0154529	1.99	97.04	30	7.3	苏门答腊岛北部
20050520	1240424	-24.53	178.84	565	6.0	斐济海
20050521	0511354	-3.29	-80.99	39	6.4	秘鲁北部近海
20050521	2301161	5.28	94.80	55	6.0	苏门答腊岛北部
20050529	2144273	-30.11	-178.01	18	6.1	新西兰克马德克群岛
20050531	0204153	31.40	131.20	34	6.0	日本九州岛
20050601	2006415	28.88	94.63	25	6.1	中国西藏墨脱附近
20050603	0042019	1.46	97.15	24	6.1	苏门答腊岛北部
20050604	1450467	-6.32	146.85	26	6.1	巴布亚新几内亚东部地区
20050608	0628109	2.17	96.72	23	6.3	苏门答腊岛北部
20050613	2244340	-19.99	-69.20	115	7.8	智利北部
20050614	1710123	51.24	179.31	17	6.8	阿留申群岛
20050615	0250542	41.29	-125.95	16	7.3	美国加利福尼亚州北部沿岸远海
20050615	1013594	-4.59	153.19	74	6.0	新爱尔兰地区
20050615	1952248	-44.87	-80.56	10	6.4	智利南部远海
20050617	0621426	40.77	-126.57	12	6.7	美国加利福尼亚州北部远海
20050627	1135456	18.78	-107.30	20	6.2	墨西哥哈利斯科州远海
20050630	2126360	8.45	-82.87	37	6.1	巴拿马-哥斯达黎加边境地区
20050702	0216437	11.24	-86.17	27	6.9	尼加拉瓜沿岸近海
20050704	1136057	-42.28	42.37	10	6.0	爱得华王子群岛地区
20050705	0152030	1.82	97.08	21	7.2	苏门答腊岛北部
20050709	2359170	-1.17	119.96	32	6.1	苏拉威西岛
20050710	0446312	-36.31	-97.26	10	6.1	智利海岭
20050711	2306017	-27.00	-176.32	10	6.1	新西兰克马德克群岛地区
20050723	0734568	35.50	139.98	61	6.0	日本本州东岸近海
20050723	0851436	-30.25	-178.07	10	6.0	新西兰克马德克群岛
20050724	1542062	7.92	92.19	16	7.6	印度尼科巴群岛地区
20050730	1103491	-61.47	154.25	10	6.0	南极洲巴勒尼群岛地区
20050730	1513201	5.18	94.48	38	6.0	苏门答腊岛北部
20050803	1103151	11.25	-85.54	14	6.8	尼加拉瓜
20050804	1027125	-26.63	-114.50	10	6.0	复活节岛地区
20050807	0217460	-47.09	33.62	10	6.0	爱得华王子群岛地区
20050807	1135261	-14.45	-177.29	10	6.0	斐济群岛地区
20050807	1441010	-14.44	-177.24	10	6.0	斐济群岛地区
20050811	0908468	-22.68	169.51	10	6.1	洛亚蒂群岛东南
20050816	0246284	38.28	142.04	36	7.2	日本本州东岸近海
20050824	1014476	38.48	143.15	10	6.3	日本本州东岸远海

续表

年月日	时分秒	纬度（°）	经度（°）	震源深度（km）	震级	参考地震（M_S≥8后注M_W）
20050824	1015282	38.56	142.99	10	6.3	日本本州东岸近海
20050826	1816336	14.42	52.37	10	6.0	亚丁湾东部
20050827	1838209	6.82	-82.43	10	6.2	巴拿马以南
20050830	1810455	38.48	143.18	21	6.4	日本本州东岸近海
20050905	0737313	-56.41	-142.39	10	6.1	太平洋-南极洲海岭
20050906	0116024	24.08	122.19	32	6.2	中国台湾花莲以东近海
20050909	0726437	-4.54	153.47	90	6.1	新爱尔兰地区
20050916	0031424	-5.62	153.59	10	6.0	新爱尔兰地区
20050921	0225081	43.89	146.15	103	6.1	千岛群岛
20050922	0007213	-16.67	-172.65	10	6.0	萨摩亚群岛地区
20050923	1348305	16.13	-87.47	23	6.0	洪都拉斯以北
20050925	1255:66	-17.51	167.80	30	6.0	瓦努阿图群岛
20050926	0155377	-5.68	-76.40	115	7.6	秘鲁北部
20050929	1550240	-5.44	151.84	25	6.7	新不列颠岛地区
20050929	1823260	-5.56	151.87	28	6.0	新不列颠岛地区
20051005	1007224	-20.53	-174.28	15	6.1	汤加群岛
20051008	0350408	34.54	73.59	26	7.9	巴基斯坦阿伯塔巴德地区　M_W7.6
20051008	0426112	34.65	73.12	10	6.6	巴基斯坦阿伯塔巴德地区
20051008	1046288	34.73	73.10	8	6.8	巴基斯坦阿伯塔巴德地区
20051009	0830011	34.67	73.18	7	6.0	巴基斯坦阿伯塔巴德地区
20051011	1505397	4.82	95.10	30	6.2	苏门答腊岛北部
20051015	1006170	46.82	154.11	42	6.1	千岛群岛
20051015	1551081	25.31	123.35	192	6.4	中国钓鱼岛西南水域
20051017	0712431	-49.52	164.19	10	6.0	新西兰奥克兰群岛地区
20051017	0946539	38.20	26.50	10	6.0	爱琴海
20051019	1144428	36.40	140.84	32	6.3	日本本州东岸近海
20051020	2140041	38.15	26.75	10	6.0	爱琴海
20051023	1008147	37.38	134.56	380	6.0	日本海
20051025	1940430	-7.15	145.98	175	6.1	新几内亚东部地区
20051029	0405560	-45.21	96.90	8	6.4	东南印度洋海岭
20051101	2113325	-3.59	127.32	12	6.0	印尼塞兰岛
20051105	1048212	-3.15	148.14	25	6.1	俾斯麦海
20051110	1929541	57.47	120.59	6	6.4	西伯利亚东南部
20051114	2138514	38.11	144.90	11	7.3	日本本州东岸近海
20051117	1926545	-22.36	-67.89	147	6.6	智利和玻利维亚接壤地区
20051119	1410130	2.16	96.79	21	6.8	苏门答腊岛北部远海
20051121	1536310	31.02	130.00	145	6.0	日本九州岛
20051122	1511316	-5.15	145.28	68	6.0	巴布亚新几内亚东部地区
20051127	1022192	26.77	55.86	10	6.1	伊朗阿巴斯港地区

续表

年月日	时分秒	纬度（°）	经度（°）	震源深度（km）	震级	参考地震（M_S≥8后注M_W）
20051130	1653425	6.27	124.03	13	6.4	菲律宾棉兰老岛
20051202	1313095	38.09	142.12	29	6.7	日本本州东岸近海
20051203	1610396	29.34	130.29	26	6.2	日本琉球群岛
20051205	1219566	-6.22	29.83	22	7.1	坦葛尼喀湖地区
20051207	2332516	-30.01	-177.64	21	6.3	新西兰克马德克群岛
20051211	1420450	-6.58	152.22	17	6.3	新不列颠岛地区
20051211	1554139	57.44	120.76	10	6.1	西伯利亚东南部
20051212	2147461	36.36	71.09	224	6.2	阿富汗和塔吉克斯坦接壤地区
20051213	0316064	-15.27	-178.57	10	6.8	斐济群岛地区
20051216	1024589	12.25	-89.52	34	6.0	日本本州东岸近海
20051216	1832164	38.51	141.90	42	6.0	日本本州东岸近海
20051220	0551126	12.23	140.99	22	6.0	马里亚纳群岛以南
20051221	0709052	-0.07	124.67	25	6.0	印度尼西亚马鲁古海南部
20051221	1432389	6.64	-82.75	7	6.1	中美洲远海
20051222	1220029	-54.72	-135.87	10	6.3	太平洋-南极洲海岭
20051230	1826439	7.53	-82.27	10	6.0	巴拿马以南
20060102	0610492	-60.93	-21.58	10	7.5	南桑威奇群岛以东
20060102	2213405	-19.93	-178.18	582	6.4	斐济群岛地区
20060104	0832324	28.16	-112.12	14	7.1	加利福尼亚湾
20060105	0840458	-56.55	-24.95	10	6.1	南桑威奇群岛群岛地区
20060106	0339586	6.64	-82.34	7	6.0	巴拿马以南
20060108	1134556	36.31	23.21	66	6.6	希腊南部
20060115	1158291	-7.83	122.60	264	6.0	印度尼西亚弗洛勒斯岛地区
20060120	0853529	31.07	-41.42	10	6.1	中大西洋海岭北部
20060123	0602595	-17.42	167.71	31	6.1	瓦努阿图群岛
20060123	2050450	6.86	-77.79	14	6.3	哥伦比亚西岸近海
20060127	1658537	-5.47	128.13	397	6.7	印度尼西亚班达海
20060131	1915516	2.70	96.07	20	6.2	苏门答腊岛北部
20060202	1248434	-17.75	-178.39	597	6.1	斐济群岛地区
20060203	2034127	11.90	92.41	30	6.3	安达曼群岛地区
20060216	1454390	-15.98	-173.02	10	6.0	汤加群岛
20060218	1553346	-16.80	167.21	22	6.0	瓦努阿图群岛
20060218	1559221	-5.19	152.05	44	6.1	新不列颠岛地区
20060222	2219078	-21.32	33.58	11	7.6	莫桑比克
20060223	0123422	-21.37	33.53	10	6.0	莫桑比克
20060226	0308278	-23.61	-179.99	535	6.4	斐济群岛地区
20060226	0418421	-15.28	-176.24	32	6.0	斐济群岛地区
20060228	0731027	28.12	56.87	18	6.3	伊朗东南部巴姆地区
20060305	0807566	-20.12	-175.66	205	6.1	汤加群岛

续表

年月日	时分秒	纬度（°）	经度（°）	震源深度（km）	震级	参考地震（M_S≥8后注M_W）
20060306	1813084	-40.10	78.49	10	6.2	中印度洋海岭
20060309	1755554	0.79	-26.12	10	6.0	中大西洋海岭中部
20060310	1012186	-60.42	-46.51	10	6.1	南桑威奇群岛西
20060314	0657339	-3.60	127.21	30	6.7	印度尼西亚班达海
20060324	1227054	-3.24	143.14	12	6.1	巴布亚新几内亚北岸近海
20060331	0117010	33.50	48.78	7	6.2	伊朗西部
20060331	1321004	-29.61	-176.82	17	6.7	克马德克群岛
20060401	1002196	22.87	121.28	9	6.7	中国台湾台东近海
20060407	0830459	-16.54	176.98	22	6.5	斐济群岛
20060412	0106587	56.40	163.99	28	6.4	科曼多尔群岛地区
20060415	2240542	22.80	121.36	18	6.2	中国台湾台东近海
20060417	2349592	-12.49	166.48	31	6.1	所罗门群岛
20060419	2036483	2.65	93.24	30	6.4	苏门答腊岛远海
20060420	2325022	60.95	167.09	22	7.9	西伯利亚东部
20060421	0432438	60.53	165.82	9	6.5	西伯利亚东部
20060421	1114153	61.35	167.52	12	6.6	西伯利亚东部
20060425	1826172	1.99	97.00	21	6.6	苏门答腊岛北部
20060426	0146039	-57.48	147.57	10	6.0	麦夸里岛以西
20060429	1658063	60.49	167.52	11	7.4	西伯利亚东部
20060430	0043102	44.52	102.39	7	6.2	蒙古南部
20060430	1933189	-15.52	-173.10	10	6.2	萨摩亚群岛
20060430	2012190	-27.28	-71.24	19	6.1	智利北部近海
20060430	2132550	-27.22	-71.22	35	6.4	智利北部近海
20060430	2140584	-27.21	-71.06	12	6.6	智利北部近海
20060501	0747599	8.16	-82.88	13	6.2	巴拿马以南
20060503	1526403	-20.19	-174.12	55	7.9	汤加群岛　M_W7.9
20060504	1125261	-20.58	-174.04	11	6.0	汤加群岛
20060508	0916571	-4.85	102.35	36	6.1	苏门答腊岛南部
20060509	1102213	60.76	165.85	5	6.2	西伯利亚东部
20060510	0242510	52.51	-169.26	18	6.6	阿留申群岛
20060511	1722520	23.31	94.31	30	6.0	缅甸和印度接壤地区
20060513	0311416	5.52	94.43	34	6.1	苏门答腊岛北部
20060516	1039233	-31.78	-179.31	151	6.5	克马德克群岛地区
20060516	1528259	0.09	97.05	12	7.3	苏门答腊岛西南
20060516	2055477	-20.75	-174.15	15	6.0	汤加群岛
20060517	0306162	-20.64	-173.95	10	6.1	汤加群岛
20060519	1444249	-0.14	124.71	35	6.0	印度尼西亚马鲁古海南部
20060521	0207364	1.55	-85.31	10	6.0	厄瓜多尔近海
20060522	1112004	60.77	165.74	16	7.5	西伯利亚东部

续表

年月日	时分秒	纬度（°）	经度（°）	震源深度（km）	震级	参考地震（M_S≥8后注M_W）
20060522	1308017	54.28	158.43	184	6.3	堪察加半岛
20060526	2253589	-7.96	110.45	12	6.7	印度尼西亚爪哇岛
20060528	0312088	-5.72	151.13	34	6.5	新不列颠岛地区
20060528	0336186	-19.91	-174.54	49	6.1	汤加群岛
20060605	0634318	1.02	-28.16	10	6.0	中大西洋海岭中部
20060609	0558278	-17.53	-178.75	564	6.1	汤加群岛
20060611	2001263	33.13	131.14	139	6.5	日本九州岛
20060614	0418425	51.75	177.08	14	6.7	阿留申群岛
20060614	0446424	51.95	177.13	29	6.2	阿留申群岛
20060615	0649488	45.39	97.35	9	6.3	蒙古西南部
20060618	1828021	33.03	-39.70	9	6.0	中大西洋海岭北部
20060621	1234527	6.94	92.45	16	6.5	尼科巴群岛地区
20060622	1053116	45.42	149.34	95	6.0	千岛群岛
20060624	2115009	-0.39	123.19	26	6.1	印度尼西亚米纳哈沙半岛
20060627	0239353	52.21	176.18	33	6.0	阿留申群岛
20060627	0259153	-19.86	-178.29	569	6.2	斐济群岛地区
20060627	1807227	6.50	92.79	28	6.4	印度尼西亚尼科巴群岛
20060628	2102099	26.92	55.87	11	6.0	伊朗南部
20060706	0357507	39.12	71.84	7	6.1	塔吉克斯坦
20060708	2040010	51.21	-179.31	22	6.4	阿留申群岛
20060716	1142414	-28.72	-72.54	10	6.1	智利中部远海
20060717	0819288	-9.25	107.41	34	7.4	印度尼西亚爪哇岛
20060717	0905174	-9.88	107.89	10	6.3	印度尼西亚爪哇岛以南
20060717	0913050	-9.09	107.76	10	6.5	印度尼西亚爪哇岛
20060717	1009068	-9.03	107.73	10	6.0	印度尼西亚爪哇岛以南
20060717	1107365	-9.51	107.65	35	6.1	印度尼西亚爪哇岛以南
20060717	1545598	-9.42	108.32	21	6.5	印度尼西亚爪哇岛
20060717	1609551	-9.37	108.77	26	6.1	印度尼西亚爪哇岛以南
20060719	1057369	-6.53	105.39	45	6.0	印度尼西亚爪哇岛
20060719	1148583	-5.47	150.68	28	6.4	新不列颠岛地区
20060719	1808579	-5.33	150.69	10	6.1	新不列颠岛地区
20060723	0822042	-0.34	123.29	28	6.2	印尼米纳哈沙半岛
20060727	1116404	1.71	97.15	20	6.6	苏门答腊岛北部
20060728	0740118	24.18	122.53	33	6.1	中国台湾花莲以东远海
20060730	0120593	26.86	-111.21	10	6.2	加利福尼亚湾
20060802	1445046	-11.17	116.85	15	6.1	印度尼西亚松巴哇以南
20060807	2218540	-15.78	167.80	140	6.5	瓦努阿图群岛
20060811	1430407	18.56	-101.06	60	6.0	墨西哥格雷罗州
20060811	2054144	2.40	96.35	22	6.6	苏门答腊岛北部

续表

年月日	时分秒	纬度（°）	经度（°）	震源深度（km）	震级	参考地震（M_S≥8后注M_W）
20060815	0305100	-4.67	126.73	10	6.1	印度尼西亚班达海
20060815	2353473	-21.19	-176.25	158	6.1	汤加群岛
20060816	1838594	-28.82	61.74	7	6.1	西南印度洋海岭
20060817	1111355	55.62	161.69	55	6.1	千岛群岛
20060820	0301024	49.82	156.41	26	6.0	千岛群岛
20060820	0341475	-61.03	-34.37	10	6.9	南极洲斯科舍海
20060824	2150367	51.15	157.52	43	6.5	千岛群岛
20060825	0044462	-24.41	-67.03	184	6.4	堪察加东岸近海
20060901	1018516	-6.76	155.51	38	6.6	所罗门群岛
20060909	0413120	-7.21	120.11	571	6.1	印度尼西亚弗洛勒斯海
20060910	1456082	26.32	-86.61	14	6.1	墨西哥湾
20060916	0945239	-3.08	129.44	17	6.1	印度尼西亚塞兰岛
20060917	0934141	-31.75	-67.18	141	6.2	阿根廷西部
20060919	1329543	-26.15	-175.60	18	6.1	汤加群岛以南
20060919	1358569	-9.90	107.35	12	6.1	印度尼西亚爪哇岛以南
20060928	0136483	46.46	153.36	11	6.0	千岛群岛
20060928	0622097	-16.59	-172.03	28	6.6	萨摩亚群岛地区
20060930	1750231	46.35	153.17	11	6.8	千岛群岛
20060930	1756161	46.19	153.17	10	6.6	千岛群岛
20061001	0906023	46.47	153.24	19	6.5	千岛群岛
20061003	1803146	-18.87	169.00	171	6.3	新赫布里底群岛
20061008	1350241	-23.55	-175.27	10	6.1	汤加群岛地区
20061009	1001467	20.65	120.02	10	6.4	菲律宾群岛地区
20061012	1446299	24.15	122.63	35	6.1	中国台湾花莲以东远海
20061012	1805582	-31.30	-71.33	45	6.4	智利中部远海
20061013	1347399	46.25	153.28	8	6.3	千岛群岛
20061015	1707493	19.88	-155.93	38	6.7	夏威夷群岛
20061015	1714121	20.13	-155.98	18	6.5	夏威夷群岛
20061017	0125122	-5.88	150.98	32	6.9	新不列颠岛地区
20061020	1048560	-13.46	-76.68	23	6.9	秘鲁近海
20061020	1431002	13.43	121.47	22	6.0	菲律宾民都洛岛
20061020	1727033	13.49	121.53	25	6.0	菲律宾民都洛岛
20061021	1823210	13.37	121.38	18	6.1	菲律宾民都洛岛
20061022	0855168	-45.73	95.99	10	6.1	东南印度洋海岭
20061023	2117200	29.35	140.27	11	6.5	日本本州东南
20061107	1738336	-6.48	151.20	10	6.5	新不列颠岛地区
20061113	0126342	-26.04	-63.22	551	6.4	阿根廷北部
20061113	1612290	-6.38	151.23	11	6.1	新不列颠岛地区
20061115	1114136	46.59	153.27	10	8.0	千岛群岛 M_W8.3

续表

年月日	时分秒	纬度（°）	经度（°）	震源深度（km）	震级	参考地震（M_S≥8后注M_W）
20061115	1125090	47.52	152.65	10	6.3	千岛群岛
20061115	1129228	46.37	154.48	10	6.1	千岛群岛以东
20061115	1134581	46.65	155.30	10	6.4	千岛群岛
20061115	1140551	46.48	154.73	10	6.2	千岛群岛以东
20061115	1226158	47.42	153.86	10	6.0	千岛群岛
20061115	1925260	47.01	154.98	10	6.0	千岛群岛
20061115	2122215	47.28	154.15	12	6.3	千岛群岛
20061115	2125225	47.14	153.51	10	6.0	千岛群岛
20061116	0620208	46.36	154.47	9	6.0	千岛群岛
20061117	1803123	28.59	129.90	22	6.3	琉球群岛
20061118	1355212	4.75	94.78	32	6.0	苏门答腊北部远海
20061119	1857336	-4.52	-104.83	10	6.2	东太平洋海岭中部
20061129	0132179	2.52	128.28	39	6.0	印度尼西亚哈马黑拉岛
20061130	1133170	-21.30	-174.68	13	6.4	汤加群岛
20061130	2120116	-53.84	-134.36	10	6.0	太平洋-南极洲海岭
20061201	1401475	-8.25	118.78	43	6.3	印度尼西亚爪哇岛
20061206	2039491	-53.98	159.00	10	6.0	麦夸里岛地区
20061207	1910219	46.15	154.39	16	6.4	千岛群岛
20061212	1548033	3.73	124.68	213	6.2	印度尼西亚塔劳群岛
20061217	1251087	-21.26	-174.47	14	6.0	汤加群岛
20061217	2139175	0.63	99.86	30	6.1	苏门答腊岛北部
20061222	1950446	10.65	92.36	24	6.2	安达曼群岛地区
20061224	1739074	-2.12	139.04	29	6.0	印度尼西亚伊里安查亚近海
20061225	2001005	42.16	76.16	11	6.0	吉尔吉斯斯坦伊塞克湖地区
20061226	1226211	21.80	120.55	10	7.4	中国台湾南部七星岩近海
20061226	1234138	21.97	120.49	10	7.1	中国台湾南部七星岩近海
20061230	0830498	13.31	51.37	15	6.6	亚丁湾东部
20070108	1248417	8.05	92.45	17	6.4	尼科巴群岛地区
20070108	1721504	39.82	70.31	18	6.4	塔吉克斯坦
20070111	1431252	-3.62	127.35	43	6.2	印尼班达海
20070113	0423233	46.23	154.50	22	8.1	千岛群岛　M_W8.1
20070113	0918304	45.57	153.76	0	6.0	千岛群岛以东
20070115	1817600	34.92	138.67	170	6.0	日本本州南岸近海
20070117	2318503	10.10	58.72	10	6.2	卡尔斯伯格海岭
20070119	0244235	-10.02	109.74	26	6.0	印尼爪哇岛以南
20070120	0245504	-5.55	130.46	141	6.0	印尼班达海
20070120	0621053	-55.32	-29.45	10	6.3	南桑威奇群岛地区
20070121	1127450	1.08	126.36	24	7.5	印尼马鲁古海北部
20070121	1154181	0.94	125.92	66	6.2	印尼马鲁古海北部

续表

年月日	时分秒	纬度（°）	经度（°）	震源深度（km）	震级	参考地震（M_S≥8后注M_W）
20070121	1232419	1.10	126.09	64	6.1	印尼马鲁古海北部
20070125	1059184	22.60	121.95	40	6.1	中国台湾地区
20070130	0454496	-54.92	146.29	10	6.6	麦夸里岛以西
20070130	2137500	21.17	144.77	52	6.6	马里亚纳群岛地区
20070131	0315557	-29.90	-177.92	61	6.4	新西兰克马德克群岛
20070204	2056593	19.40	-78.41	10	6,7	古巴地区
20070204	2117471	-55.95	-123.01	10	6.5	东太平洋海岭南部
20070212	1035249	35.92	-10.24	30	6.2	亚速尔-圣文森特角海岭
20070212	1245292	5.42	126.49	19	6.0	菲律宾棉兰老岛
20070214	1949571	0.38	97.26	6	6.2	印尼苏门答腊岛北部
20070217	0002574	41.80	143.51	33	6.2	日本北海道地区
20070220	0804275	-1.03	127.07	28	6.5	印尼哈马黑拉岛
20070220	1425291	-1.05	127.01	30	6.0	印尼哈马黑拉岛
20070224	0236221	-6.97	-80.45	10	6.4	秘鲁北部沿岸远海
20070228	2313175	-55.29	-29.22	21	6.3	南桑威奇群岛地区
20070306	0349400	-0.53	100.46	23	6.7	印尼苏门答腊岛南部
20070306	0549287	-0.50	100.47	30	6.8	印尼苏门答腊岛南部
20070308	0503328	29.96	140.22	140	6.0	日本本州东南
20070308	1114299	-58.16	-7.67	4	6.0	南桑威奇群岛以东
20070309	0322429	43.23	133.51	441	6.3	俄罗斯东南沿岸近海
20070313	0259013	26.14	-110.64	10	6.0	加利福尼亚湾
20070317	1742245	1.13	126.34	23	6.0	印尼马鲁古海北部
20070317	2243101	4.61	-78.48	10	6.1	巴拿马以南
20070318	0211076	4.64	-78.46	18	6.1	巴拿马以南
20070325	0040031	-20.57	169.35	36	7.2	洛亚蒂群岛东南
20070325	0041570	37.33	136.57	3	7.2	日本本州西岸近海
20070325	0108197	-20.75	169.36	35	6.9	瓦努阿图群岛
20070328	2117119	-6.25	29.68	14	6.1	坦噶尼喀湖地区
20070331	1249032	-56.10	-123.30	5	6.1	所罗门群岛
20070401	2039565	-8.45	157.03	10	7.9	所罗门群岛　M_W8.1
20070401	2046210	-9.49	156.92	35	6.0	所罗门群岛
20070401	2047332	-7.17	155.80	17	7.7	所罗门群岛
20070401	2111349	-7.32	155.78	15	6.9	所罗门群岛
20070401	2115275	-7.35	155.62	42	6.9	所罗门群岛
20070401	2145382	-7.32	155.68	11	6.6	所罗门群岛
20070401	2229546	-7.43	155.49	18	6.1	所罗门群岛
20070401	2241023	-7.80	155.80	14	6.0	所罗门群岛
20070401	2245363	-7.12	155.44	16	6.0	所罗门群岛
20070401	2257238	-7.56	156.08	14	6.3	所罗门群岛

续表

年月日	时分秒	纬度（°）	经度（°）	震源深度（km）	震级	参考地震（M_S≥8后注M_W）
20070401	2325316	-7.48	156.15	35	6.0	所罗门群岛
20070402	0249393	-45.40	-72.80	18	6.0	智利南部
20070402	1049196	-7.31	156.23	49	6.1	所罗门群岛
20070402	1202231	-8.69	157.59	12	6.1	所罗门群岛
20070402	2320230	-8.62	157.40	13	6.1	所罗门群岛
20070403	1204272	-7.83	155.83	4	6.3	所罗门群岛
20070403	2026096	-20.65	168.99	8	6.0	瓦努阿图群岛
20070404	0039509	-7.18	156.08	57	6.0	所罗门群岛
20070404	0634367	-7.80	156.52	20	6.2	所罗门群岛
20070404	1100282	-20.69	168.97	17	6.3	洛亚蒂群岛
20070404	1102304	-20.66	169.04	15	6.3	瓦努阿图群岛
20070405	0356494	37.38	-24.63	4	6.7	亚速尔群岛
20070407	0709257	37.35	-24.51	9	6.4	亚速尔群岛地区
20070407	0951519	2.92	95.69	31	6.4	印尼苏门答腊岛北部西岸远海
20070413	0542233	17.24	-100.20	35	6.2	墨西哥格雷罗州
20070413	1824199	-35.02	-108.82	10	6.1	东太平洋海岭南部
20070416	1320386	-58.07	148.20	18	6.3	麦夸里岛以西
20070420	0026439	25.66	125.12	30	6.6	琉球群岛西南部
20070420	0031016	25.68	125.14	19	6.1	琉球群岛西南部
20070420	0145568	25.66	125.11	12	6.7	琉球群岛西南部
20070420	0223333	25.62	125.06	5	6.4	琉球群岛西南部
20070421	1753450	-45.23	-72.49	24	6.5	瓦努阿图群岛
20070425	1334162	-14.32	166.85	68	6.0	瓦努阿图群岛
20070427	0802494	5.37	94.61	33	6.2	印尼苏门答腊岛北部
20070429	1241587	52.01	-179.96	127	6.5	安德烈亚诺夫群岛[阿留申群岛]
20070504	1206528	-1.35	-15.05	10	6.3	阿森松岛以北[大西洋]
20070505	0851402	34.27	82.03	14	6.2	中国西藏地区
20070516	0856132	20.58	100.76	1	6.9	老挝
20070529	0936059	-1.02	127.48	24	6.0	印尼哈马黑拉岛
20070530	2022136	52.15	157.22	122	6.1	堪察加半岛
20070602	2134595	23.06	101.02	11	6.7	中国云南省
20070607	0040410	-3.34	146.82	22	6.3	俾斯麦海
20070618	0618482	-3.58	151.03	23	6.0	新爱尔兰地区
20070624	0025174	-55.61	-2.43	10	6.4	中大西洋海岭南部
20070626	2223043	-10.50	108.21	18	6.0	印尼爪哇岛以南
20070628	0252110	-7.96	154.62	18	6.7	所罗门群岛
20070701	1434116	-5.99	130.63	130	6.0	印尼班达海
20070703	0826009	0.72	-30.26	10	6.4	中大西洋海岭中部
20070713	2154449	51.90	-176.27	46	6.1	安德烈亚诺夫群岛

续表

年月日	时分秒	纬度（°）	经度（°）	震源深度（km）	震级	参考地震（M_S≥8后注M_W）
20070715	0927373	-15.42	168.62	24	6.3	瓦努阿图群岛
20070715	1308018	52.53	-168.08	13	6.2	福克斯群岛
20070715	1326157	52.43	-168.04	10	6.1	福克斯群岛
20070716	0113219	37.56	138.48	7	7.0	日本本州西岸近海
20070716	1417377	36.86	134.82	349	6.4	日本海
20070717	0939310	-26.25	-177.69	29	6.1	斐济群岛以南
20070718	0007397	-26.28	-177.70	37	6.1	斐济群岛以南
20070721	1534529	-22.21	-65.75	291	6.0	阿根廷胡胡伊省
20070725	2337333	7.10	92.51	28	6.4	尼科巴群岛地区
20070726	0540180	2.89	127.57	40	6.5	印尼马鲁古海北部
20070727	1446297	-21.50	170.98	22	6.0	瓦努阿图群岛地区
20070729	0454375	53.67	169.70	39	6.0	科曼多尔群岛地区
20070730	2242064	19.31	95.59	17	6.1	缅甸
20070731	1507351	27.35	126.91	8	6.3	中国东海
20070801	1708550	-15.67	167.70	150	6.2	瓦努阿图群岛
20070802	0237446	46.95	141.79	21	6.8	萨哈林岛(库页岛)
20070802	0321474	51.36	-179.98	54	6.4	拉特群岛
20070803	0041147	-62.86	145.52	1	6.0	澳大利亚以南
20070807	0002230	27.33	126.85	10	6.4	中国东海
20070808	1704580	-6.09	107.58	294	6.5	印尼爪哇岛
20070812	1205205	-11.34	166.24	43	6.1	圣克鲁斯群岛
20070815	2022130	50.34	-177.57	19	6.4	安德烈亚诺夫群岛
20070815	2340585	-13.38	-76.56	41	8.2	秘鲁沿岸近海　M_W8.0
20070816	0019164	-14.22	-75.92	55	6.2	秘鲁沿岸近海
20070816	0403069	50.28	-177.59	36	6.0	安德烈亚诺夫群岛
20070816	0404091	-13.62	-76.80	37	6.0	秘鲁沿岸近海
20070816	0516567	-14.28	-76.09	25	6.4	秘鲁沿岸近海
20070816	0839282	-9.83	159.46	10	6.5	所罗门群岛
20070817	0304073	-5.28	129.47	42	6.1	印尼班达海
20070818	0252361	-13.81	-76.30	33	6.0	秘鲁沿岸近海
20070819	0122390	-13.61	-76.61	13	6.0	秘鲁沿岸近海
20070820	1346199	6.11	127.45	24	6.3	菲律宾群岛地区
20070820	2130469	-5.39	140.87	17	6.1	新几内亚
20070820	2242284	8.13	-39.25	1	6.8	中大西洋海岭中部
20070901	1914239	24.99	-109.66	10	6.1	加利福尼亚湾
20070902	0105190	-11.59	165.82	38	7.2	圣克鲁斯群岛
20070902	0234117	-11.83	165.80	29	6.1	圣克鲁斯群岛
20070903	1614544	45.80	150.10	101	6.3	千岛群岛
20070906	1751272	24.34	122.25	58	6.1	中国台湾地区

续表

年月日	时分秒	纬度（°）	经度（°）	震源深度（km）	震级	参考地震（M_S≥8后注M_W）
20070910	0149143	3.00	-77.90	29	7.1	巴拿马以南
20070912	1110269	-4.46	101.40	36	8.6	印尼苏门答腊岛南部　M_W8.4
20070912	1302098	-2.97	101.23	51	6.3	印尼苏门答腊岛南部
20070912	1440075	-3.26	101.33	49	6.1	印尼苏门答腊岛南部
20070912	2349044	-2.62	100.73	36	8.2	印尼苏门答腊岛南部　M_W7.9
20070913	0126360	-1.97	99.70	25	6.4	印尼苏门答腊岛南部
20070913	0230032	-1.67	99.59	25	6.6	印尼苏门答腊岛南部
20070913	0335286	-2.16	99.57	20	7.7	印尼苏门答腊岛南部
20070913	0948444	3.79	126.46	24	6.3	印尼塔劳群岛
20070913	1609172	-3.21	101.37	51	6.0	印尼苏门答腊岛南部
20070914	0601337	-4.16	101.10	33	6.7	印尼苏门答腊岛南部
20070919	0727512	-2.78	100.83	38	6.1	印尼苏门答腊岛南部
20070920	0831149	-2.02	100.06	31	6.9	印尼苏门答腊岛南部
20070926	1236267	-5.04	153.44	32	6.2	所罗门群岛
20070926	1543025	-1.82	99.40	31	6.3	印尼苏门答腊岛南部
20070927	1957465	-21.14	169.38	20	6.2	瓦努阿图群岛
20070928	0044460	-21.35	169.31	2	6.1	洛亚蒂群岛东南
20070928	0101499	-21.24	169.39	14	6.2	瓦努阿图群岛
20070928	0125163	-21.17	169.36	13	6.2	洛亚蒂群岛东南
20070928	0135531	-21.18	169.48	17	6.4	洛亚蒂群岛东南
20070928	0151012	-21.31	169.45	19	6.0	洛亚蒂群岛东南
20070928	1338576	22.01	142.71	254	6.4	日本火山列岛地区
20070929	0532438	2.90	95.57	32	6.1	印尼苏门答腊岛北部西岸远海
20070929	0537071	2.90	95.52	33	6.1	印尼苏门答腊岛北部西岸远海
20070930	0208312	10.54	145.80	19	6.9	加罗林群岛以东
20070930	0523347	-49.25	164.19	10	7.4	新西兰奥克兰群岛地区
20070930	0947534	-49.17	164.42	18	6.5	新西兰奥克兰群岛地区
20071002	0343405	-4.27	101.18	33	6.2	印尼苏门答腊岛南部
20071002	1800087	54.54	-161.78	45	6.5	美国阿拉斯加半岛
20071002	1803553	54.42	-161.71	48	6.2	美国阿拉斯加半岛
20071004	1240314	2.55	92.89	37	6.4	印尼苏门答腊岛北部西岸远海
20071006	1238546	18.76	147.17	62	6.1	马里亚纳群岛
20071010	0019178	-1.79	99.38	32	6.2	印尼苏门答腊岛南部
20071013	1745517	-21.21	169.29	22	6.2	瓦努阿图群岛
20071015	1229335	-44.74	167.51	2	6.7	新西兰南岛
20071015	2128250	-44.76	167.54	19	6.1	新西兰南岛
20071016	2105432	-25.74	179.50	501	6.3	斐济群岛以南
20071023	1956484	-1.98	99.79	34	6.0	印尼苏门答腊岛南部
20071024	2102518	-3.95	100.99	30	7.1	印尼苏门答腊岛西南

续表

年月日	时分秒	纬度（°）	经度（°）	震源深度（km）	震级	参考地震（M_S≥8后注M_W）
20071025	1350037	46.06	154.18	14	6.2	千岛群岛以东
20071031	0330181	18.96	145.38	222	6.4	马里亚纳群岛
20071031	1344215	51.50	-178.40	37	6.0	阿留申群岛
20071102	2231433	-55.56	-128.78	10	6.1	太平洋-南极洲海岭
20071110	0113389	-51.42	161.60	23	6.3	麦夸里岛以北
20071112	0025439	10.47	145.79	7	6.0	加罗林群岛以东
20071114	1540498	-22.32	-69.78	34	7.9	智利北部沿岸近海
20071114	1744051	-23.29	-70.42	43	6.1	智利北部沿岸近海
20071115	1503096	-22.90	-70.41	32	6.7	智利北部沿岸近海
20071115	1506008	-22.74	-70.08	35	7.0	智利北部沿岸近海
20071115	1515489	-22.89	-70.28	28	6.5	智利北部沿岸近海
20071115	1718213	-23.01	-174.96	35	6.3	汤加群岛地区
20071116	0313004	-2.34	-77.79	124	6.6	秘鲁-厄瓜多尔边境地区
20071119	0052127	-21.21	-178.67	559	6.0	斐济群岛地区
20071119	1520023	-22.02	173.57	1	6.0	瓦努阿图群岛地区
20071120	1252597	-6.90	155.75	53	6.0	所罗门群岛
20071120	1528287	-29.97	-177.94	58	6.0	新西兰克马德克群岛
20071120	1755518	-22.88	-70.51	14	6.1	智利北部沿岸近海
20071122	0848305	-5.81	147.10	77	6.3	新几内亚东部地区
20071122	2302127	4.72	95.07	47	6.1	印尼苏门答腊岛北部西岸远海
20071125	0251584	-2.85	101.05	63	6.0	印尼苏门答腊岛南部
20071125	1602183	-8.35	118.34	36	6.5	印尼松巴哇岛地区
20071125	1953083	-8.23	118.53	32	6.4	印尼松巴哇岛地区
20071126	1351398	37.37	141.60	40	6.0	日本本州东岸近海
20071127	0427008	16.23	119.84	47	6.0	菲律宾吕宋岛
20071127	1150012	-10.98	162.21	37	6.6	所罗门群岛
20071129	1900200	14.99	-61.22	147	6.7	背风群岛
20071209	0728208	-26.10	-177.36	150	6.6	斐济群岛以南
20071213	0723423	-23.23	-70.53	31	6.2	智利北部沿岸近海
20071213	1551300	-15.27	-172.32	33	6.0	萨摩亚群岛地区
20071215	0939542	-6.66	131.13	65	6.3	印尼塔宁巴尔群岛地区
20071216	0809200	-22.89	-70.13	57	6.8	智利北部沿岸近海
20071219	0930285	51.40	-179.53	36	6.8	安德烈亚诺夫群岛
20071219	0944219	51.13	-179.26	50	6.0	安德烈亚诺夫群岛
20071220	0755200	-38.95	178.01	42	6.6	新西兰北岛东岸远海
20071221	0723371	51.29	-178.98	40	6.0	安德烈亚诺夫群岛
20071221	0724358	51.34	-178.97	38	6.1	安德烈亚诺夫群岛
20071222	0711108	-2.37	139.11	36	6.0	印尼伊里安查亚省北岸近海
20071222	1226192	2.13	96.78	33	6.2	印尼苏门答腊岛北部西岸远海

续表

年月日	时分秒	纬度（°）	经度（°）	震源深度（km）	震级	参考地震（M_S≥8后注M_W）
20071226	2204566	52.59	-168.25	36	6.5	福克斯群岛
20080101	1855014	-5.95	146.91	48	6.0	新几内亚东部地区
20080104	0729195	-2.79	100.92	41	6.0	印尼苏门答腊岛南部
20080105	1101053	51.26	-130.76	10	7.0	加拿大夏洛特皇后群岛
20080105	1144482	51.15	-130.54	10	6.7	加拿大夏洛特皇后群岛
20080106	0514210	37.26	22.70	84	6.2	希腊南部
20080107	0312293	-0.77	134.12	29	6.2	印尼伊里安查亚省地区
20080109	0826485	32.40	85.26	28	6.8	中国西藏地区
20080109	1440010	51.64	-131.17	10	6.2	加拿大夏洛特皇后群岛地区
20080110	0137209	43.84	-126.91	10	6.4	美国俄勒冈州沿岸远海
20080115	1752163	-21.99	-179.58	597	6.0	斐济群岛地区
20080116	1154454	32.44	85.20	14	6.2	中国西藏自治区
20080120	2026070	2.43	126.90	50	6.0	印尼马鲁古海北部
20080122	0755489	-15.26	-175.32	7	6.1	汤加群岛
20080122	1049262	-15.40	-175.54	35	6.1	萨摩亚群岛地区
20080122	1714583	1.03	97.45	41	6.5	印尼苏门答腊岛北部
20080130	0732481	-7.26	127.82	38	6.1	印尼班达海
20080203	0734108	-2.39	28.89	4	6.0	刚果民主共和国
20080204	1701313	-20.19	-69.95	43	6.5	智利北部沿岸近海
20080208	0938137	10.73	-41.90	4	7.3	中大西洋海岭北部
20080210	1222033	-60.78	-25.59	10	6.6	南桑威奇群岛地区
20080212	1250197	16.43	-94.24	86	6.2	墨西哥瓦哈卡州
20080213	1958454	-8.24	128.67	17	6.0	帝汶海
20080214	1009232	36.52	21.67	32	6.9	希腊南部
20080214	1208571	36.38	21.83	35	6.0	希腊南部
20080220	0808315	2.76	95.96	31	7.7	印尼苏门答腊岛北部西岸远海
20080220	1827070	36.30	21.78	17	6.3	希腊南部
20080221	0246181	77.06	18.57	11	6.6	挪威斯瓦尔巴群岛
20080221	1416045	41.10	-114.88	10	6.6	美国内华达州
20080223	1557192	-57.22	-23.50	0	6.9	南桑威奇群岛地区
20080224	1446235	-2.42	99.92	35	6.7	印尼苏门答腊岛南部
20080225	0836339	-2.49	99.92	30	7.7	印尼苏门答腊岛南部
20080225	1806050	-2.38	99.86	33	6.7	印尼苏门答腊岛南部
20080225	2102198	-2.24	99.81	33	7.1	印尼苏门答腊岛南部
20080226	1818306	-3.81	100.94	36	6.2	印尼苏门答腊岛西南
20080227	0654239	26.88	142.45	35	6.4	日本小笠原群岛地区
20080303	0237284	-2.18	99.77	32	6.4	印尼苏门答腊岛南部
20080303	0931067	46.39	153.13	37	6.8	千岛群岛
20080303	1349449	20.01	121.34	35	6.0	菲律宾群岛地区

续表

年月日	时分秒	纬度（°）	经度（°）	震源深度（km）	震级	参考地震（$M_S \geqslant 8$后注M_W）
20080303	1411151	13.42	125.72	26	6.8	菲律宾群岛地区
20080306	0121587	2.57	128.32	121	6.0	印尼哈马黑拉岛
20080312	1123343	-16.62	167.40	16	6.5	瓦努阿图群岛
20080312	1136588	-16.57	167.19	35	6.2	瓦努阿图群岛
20080314	2232140	27.05	142.55	39	6.2	日本小笠原群岛地区
20080315	1443267	2.71	94.57	24	6.3	印尼苏门答腊岛北部西岸远海
20080318	0822486	-29.30	-177.33	35	6.0	新西兰克马德克群岛地区
20080320	1410389	6.21	126.98	31	6.1	菲律宾群岛地区
20080320	2232581	35.55	81.51	10	7.3	中国新疆南部
20080320	2250314	35.34	81.47	10	6.2	中国新疆南部
20080320	2312024	35.52	81.45	20	6.5	中国新疆南部
20080329	1730516	2.93	95.28	24	6.8	印尼苏门答腊岛北部西岸远海
20080402	0848495	-4.33	102.65	61	6.0	印尼苏门答腊岛南部
20080409	1113171	-20.18	168.88	10	6.2	瓦努阿图群岛
20080409	1123422	-20.18	168.97	51	6.2	瓦努阿图群岛
20080409	1246129	-20.04	168.91	31	7.2	瓦努阿图群岛
20080409	1303068	-20.21	168.88	36	6.4	瓦努阿图群岛
20080409	1411447	-20.10	168.86	41	6.0	洛亚蒂群岛
20080409	1421181	-20.11	168.82	22	6.0	瓦努阿图群岛
20080409	1447496	-20.01	168.87	25	6.2	洛亚蒂群岛
20080411	1745050	-20.35	168.91	24	6.1	瓦努阿图群岛
20080412	0030125	-55.59	158.54	10	7.0	麦夸里岛地区
20080412	0046281	43.83	147.52	64	6.0	千岛群岛
20080415	0303064	13.64	-90.73	35	6.2	危地马拉沿岸近海
20080415	2259542	51.90	-179.37	26	6.7	安德烈亚诺夫群岛
20080416	0035482	-18.64	-175.73	7	6.3	汤加群岛
20080416	0554218	51.88	-179.10	26	6.7	安德烈亚诺夫群岛
20080418	2039078	-17.39	-179.01	556	6.0	斐济群岛地区
20080419	0558441	-20.30	168.81	28	6.3	瓦努阿图群岛
20080423	1828412	22.94	121.75	2	6.4	中国台湾地区
20080426	2334495	-49.06	164.29	9	6.0	新西兰奥克兰群岛地区
20080428	1557514	-58.85	-24.84	10	6.2	南桑威奇群岛地区
20080428	1833357	-19.81	169.06	34	6.1	瓦努阿图群岛
20080428	2026519	-20.17	168.93	24	6.1	瓦努阿图群岛
20080502	0133372	51.86	-177.53	14	7.0	安德烈亚诺夫群岛
20080507	1602026	36.18	141.54	19	6.6	日本本州东岸近海
20080507	1616362	36.16	141.76	23	6.4	日本本州东岸近海
20080507	1645187	36.16	141.53	27	7.2	日本本州东岸近海
20080509	2151297	12.52	143.18	76	6.6	马里亚纳群岛以南

续表

年月日	时分秒	纬度（°）	经度（°）	震源深度（km）	震级	参考地震（M_S≥8后注M_W）
20080512	0628016	31.00	103.32	19	8.0	中国四川汶川—青川地区
20080512	0643144	31.21	103.71	10	6.3	中国四川汶川—青川地区
20080512	1111025	31.21	103.62	10	6.3	中国四川汶川—青川地区
20080513	0707085	30.89	103.19	9	6.1	中国四川汶川—青川地区
20080514	2147403	-56.77	-142.31	10	6.0	太平洋-南极洲海岭
20080517	1708255	32.24	104.98	9	6.1	中国四川汶川—青川地区
20080519	1008363	42.50	131.87	513	6.0	中国东北边境地区
20080519	1426450	1.64	99.15	10	6.4	印尼苏门答腊岛北部
20080520	1353356	51.16	178.76	27	6.1	拉特群岛
20080523	1935348	7.31	-34.90	8	6.7	中大西洋海岭中部
20080524	1920425	4.33	-73.76	8	6.0	哥伦比亚
20080525	0821410	32.56	105.42	18	6.4	中国四川汶川—青川地区
20080525	1918257	56.09	-153.78	22	6.4	美国阿拉斯加州以南
20080529	1546003	64.00	-21.01	9	6.6	冰岛
20080531	0437560	-41.20	80.48	9	6.5	中印度洋海岭
20080601	0157237	20.12	121.35	31	6.5	菲律宾群岛地区
20080601	1431030	-59.38	149.66	10	6.1	麦夸里岛以西
20080603	1620504	-10.51	161.27	84	6.2	所罗门群岛
20080605	0216469	-38.84	-91.62	10	6.0	西智利海岭
20080606	1342490	-7.49	127.89	122	6.0	帝汶海
20080608	1225297	37.96	21.52	16	6.5	希腊
20080613	2343454	39.03	140.88	7	7.7	日本本州东岸近海
20080622	2356300	67.70	141.28	18	6.7	俄罗斯西伯利亚东部
20080626	2119156	-20.77	-173.34	38	6.1	汤加群岛地区
20080627	1140140	11.01	91.82	17	6.8	安达曼群岛地区
20080627	1307082	10.89	91.78	17	6.0	安达曼群岛地区
20080628	1254464	10.85	91.71	15	6.3	安达曼群岛地区
20080630	0617430	-58.23	-22.10	8	6.8	南桑威奇群岛地区
20080705	0212045	53.88	152.89	632	6.7	鄂霍次克海
20080706	0908213	45.39	150.96	17	6.0	千岛群岛
20080713	1458330	21.01	121.15	14	6.6	中国台湾地区
20080715	0326347	35.80	27.86	52	6.1	希腊佐泽卡尼索斯群岛
20080719	0239287	37.55	142.21	22	7.2	日本本州东岸近海
20080719	0927015	-11.04	164.49	11	6.6	圣克鲁斯群岛地区
20080719	1101177	-11.07	164.62	10	6.2	圣克鲁斯群岛地区
20080721	1130293	37.19	142.05	22	6.0	日本本州东岸近海
20080723	1526200	39.80	141.46	108	6.5	日本本州东部
20080724	0143161	50.97	157.58	27	6.1	千岛群岛
20080724	0709301	32.75	105.54	10	6.0	中国四川汶川—青川地区

年月日	时分秒	纬度（°）	经度（°）	震源深度（km）	震级	参考地震（M_S≥8后注M_W）
20080725	0029230	51.28	178.98	21	6.0	拉特群岛
20080728	2140474	-10.58	163.10	10	6.1	圣克鲁斯群岛地区
20080801	0832437	32.03	104.72	11	6.2	中国四川汶川—青川地区
20080804	2045140	-5.92	130.20	173	6.0	印尼班达海
20080805	0949173	32.76	105.49	6	6.5	中国四川汶川—青川地区
20080809	0601485	-60.65	153.77	10	6.2	麦夸里岛以西
20080810	0820334	11.06	91.81	20	6.3	安达曼群岛地区
20080815	1025165	12.90	124.32	10	6.0	菲律宾吕宋岛
20080816	0401086	52.27	98.21	12	6.0	俄罗斯-蒙古边境地区
20080819	1630132	-15.09	-173.48	8	6.0	汤加群岛
20080821	1224309	25.04	97.70	10	6.1	缅甸-中国边境地区
20080825	1321588	30.90	83.52	12	6.9	中国西藏地区
20080826	2100366	-7.64	-74.38	154	6.2	秘鲁-巴西边境地区
20080827	0135322	51.61	104.16	16	6.4	俄罗斯贝加尔湖地区
20080828	1522232	-0.25	-17.36	12	6.3	阿森松岛以北
20080830	0654076	-6.15	147.26	75	6.1	新几内亚东部地区
20080830	0830530	26.24	101.89	11	6.3	中国四川汶川—青川地区
20080901	0400394	-25.39	-177.64	171	6.0	斐济群岛以南
20080903	1125145	-26.74	-63.22	569	6.0	阿根廷圣地亚哥-德尔埃斯特罗省
20080908	0303159	-19.96	169.11	36	6.2	瓦努阿图群岛
20080908	1852070	-13.50	166.97	110	6.7	瓦努阿图群岛
20080910	1100341	26.74	55.83	12	6.3	伊朗南部
20080910	1308147	8.09	-38.71	9	7.0	中大西洋海岭中部
20080911	0020509	41.89	143.75	25	7.3	日本北海道地区
20080912	2307506	56.31	164.07	12	6.2	堪察加东岸近海
20080918	0141030	-4.55	-106.00	11	6.0	东太平洋海岭中部
20080924	0233056	17.61	-105.50	12	6.5	墨西哥哈利斯科州沿岸远海
20080925	0147112	30.84	83.49	4	6.2	中国西藏自治区
20080927	0309048	13.48	120.55	11	6.2	菲律宾民都洛岛
20080929	1519316	-29.76	-177.68	36	7.1	克马德克群岛
20081005	0912361	-30.18	-177.18	10	6.3	克马德克群岛
20081005	1552494	39.53	73.82	27	7.0	中国新疆喀什以西边境地区
20081005	1555243	39.36	73.66	35	6.0	中国新疆喀什以西边境地区
20081005	2256289	33.89	69.47	10	6.3	阿富汗东南部
20081006	0830456	29.81	90.35	12	6.7	中国西藏自治区
20081007	1000481	79.82	-115.45	10	6.0	北冰洋
20081009	1749586	-21.03	-174.42	10	6.0	汤加群岛
20081011	0906108	43.37	46.25	16	6.0	高加索东部
20081011	1040141	19.16	-64.83	23	6.3	维尔京群岛

续表

年月日	时分秒	纬度（°）	经度（°）	震源深度（km）	震级	参考地震（M_S≥8后注M_W）
20081016	1941257	14.42	-92.36	24	6.8	墨西哥恰帕斯州沿岸近海
20081019	0510339	-21.86	-173.82	29	7.0	汤加群岛
20081022	1255574	-18.41	-175.35	233	6.0	汤加群岛
20081023	1004350	-2.63	145.57	10	6.3	阿德默勒尔蒂群岛地区
20081028	2309577	30.64	67.35	15	6.9	巴基斯坦
20081029	1132431	30.60	67.46	14	6.7	巴基斯坦
20081030	1515411	-9.02	-108.25	10	6.2	东太平洋海岭中部
20081102	1348428	51.55	-174.37	36	6.1	安德烈亚诺夫群岛
20081103	1921585	1.14	97.25	10	6.1	印尼苏门答腊岛北部
20081106	0911060	-29.85	-177.44	19	6.1	克马德克群岛地区
20081107	0719357	-14.83	168.03	13	6.3	瓦努阿图群岛
20081110	0122026	37.56	95.83	19	6.6	中国青海
20081116	1702327	1.27	122.09	30	7.0	印尼米纳哈沙半岛
20081119	0611208	8.27	-82.97	32	6.4	巴拿马哥斯达黎加接壤地区
20081121	0705349	-8.95	159.55	118	6.1	所罗门群岛
20081122	1601017	-4.35	101.26	24	6.7	印尼苏门答腊岛西南
20081122	1611492	-4.48	101.42	23	6.3	印尼苏门答腊岛西南
20081122	1849424	-1.23	-13.93	10	6.3	阿森松岛以北
20081124	0902588	54.20	154.32	492	6.6	鄂霍次克海
20081128	0850479	-4.76	101.76	25	6.2	印尼苏门答腊岛西南
20081203	2316549	38.59	142.88	14	6.1	日本本州东岸近海
20081208	1839095	-53.01	106.82	11	6.6	南印度洋海岭
20081209	0623598	-31.23	-176.92	18	6.6	新西兰克马德克群岛地区
20081210	1315344	-12.34	166.57	51	6.0	圣克鲁斯群岛
20081211	2140519	0.06	123.43	129	6.1	印尼马鲁古海南部
20081213	0845363	-48.98	123.40	10	6.1	西印度洋-南极洲海岭
20081218	2119284	-32.46	-71.73	18	6.3	智利中部沿岸远海
20081218	2150280	-32.47	-72.05	25	6.2	智利中部沿岸近海
20081219	0831515	47.01	-27.29	5	6.0	中大西洋海岭北部
20081220	1029231	36.54	142.43	19	6.7	日本本州东岸远海
20081220	2105162	-31.19	-13.34	4	6.7	中大西洋海岭南部
20081221	0916447	36.54	142.32	13	6.2	日本本州东岸远海
20081224	0911343	-17.29	-171.91	9	6.3	萨摩亚群岛地区
20081225	0320294	5.75	125.38	206	6.0	律宾棉兰老岛
20081225	2240236	23.42	64.50	13	6.0	巴基斯坦南部远海
20081230	1949526	-4.30	101.22	20	6.3	印尼苏门答腊岛南部